U0150322

本书获

中央林业草原生态保护恢复资金
（国家级自然保护区补助）项目的支持
贵州大学生物科学国家级一流
本科专业建设项目的支持

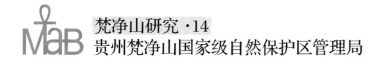

梵净山研究·14
贵州梵净山国家级自然保护区管理局

梵净山藻类植物

王晓宇　李巧玉　石磊　编著

中国林业出版社

内容简介

　　本书是在对贵州梵净山国家级自然保护区藻类植物资源系统调查的基础上进行研究的总结。全书分为概论及各论两篇阐述：概论主要介绍了梵净山国家级自然保护区的自然概况、藻类植物研究历史概况、藻类植物的物种组成，优势科、属分布情况和生态分析，物种新记录，以及对藻类植物的保护探讨。各论主要记述了梵净山国家级自然保护区藻类植物共计752个物种，属下分类单位（种、变种、变型）共计924个，隶属于9门15纲33目67科172属。分别对其形态特征、生境及分布进行了介绍，每种均附有1到多张显微彩色照片。书末列有参考文献，并附有中文名索引和学名索引。

图书在版编目（CIP）数据

梵净山藻类植物 / 王晓宇, 李巧玉, 石磊编著. --
北京 : 中国林业出版社, 2023.5
　ISBN 978-7-5219-2020-8

　Ⅰ.①梵… Ⅱ.①王… ②李… ③石… Ⅲ.①梵净山
—藻类植物—图集 Ⅳ.①Q949.2-64

　中国版本图书馆CIP数据核字(2022)第248649号

策划编辑：肖静
责任编辑：肖静　邹爱
装帧设计：北京八度出版服务机构
————————————————

出版发行　中国林业出版社
　　　　（100009，北京市西城区刘海胡同7号，电话83143577）
电子邮箱：cfphzbs@163.com
网址：www.forestry.gov.cn/lycb.html
印刷：河北京平诚乾印刷有限公司
版次：2023年5月第1版
印次：2023年5月第1次
开本：889mm×1194mm　1/16
印张：44.75
字数：1022千字
定价：480.00元

《梵净山研究》编辑委员会

总 主 编：尚 空

副总主编：姚茂海　　雷孝平　　胡瑞峰　　吴 瑾　　杨 妮

编　　委：（以姓氏拼音为序）

蔡国庆	陈东升	陈会明	陈跃康	崔多英	苟光前
何汝态	候祥文	胡瑞峰	胡政坤	江 龙	匡中帆
雷孝平	黎启方	李海波	李巧玉	李筑眉	林昌虎
刘家仁	刘文耀	罗应春	邱 阳	冉 伟	尚 空
石 磊	孙 超	田太安	田 宇	王 华	王立亭
王晓宇	魏 刚	吴 瑾	吴兴亮	吴忠荣	熊源新
杨传东	杨华江	杨 妮	杨 宁	杨 伟	姚茂海
喻理飞	袁汉筠	张 泓	张金发	张 涛	钟华富

《梵净山藻类植物》编著成员

王晓宇（贵州大学）

李巧玉（贵阳康养职业大学）

石　磊（梵净山国家级自然保护区管理局）

梵净山世界自然遗产地勘界成果(总图)
Demarcation Result of the Fanjingshan World Natural Heritage Property(General Drawing)

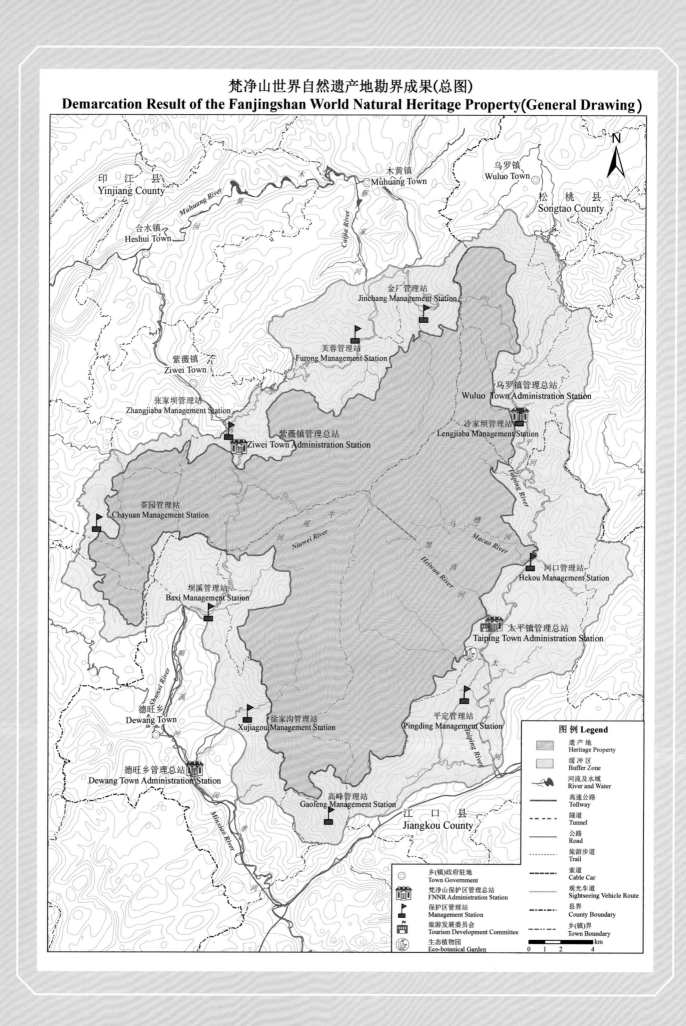

序 言

　　梵净山是武陵山脉的主峰，最高点海拔2572m，具有明显的中亚热带山地季风气候特征。本区为多种动植物区系地理成分汇集地，动植物种类丰富，珍稀动物、古老和孑遗植物种类多，植被类型多样，垂直带谱明显，为我国西部中亚热带山地典型的原生植被保存地。梵净山建立自然保护区的历史可追溯到1954年第一届全国人民代表大会第三次会议。在此次会议上，竺可桢教授等科学家提议，要在全国重要的原始林区建立"禁猎禁伐区"，其中就包括贵州的梵净山，并于1956年在梵净山建立了梵净山经营所。这些都可以认为是贵州梵净山国家级自然保护区的前身，说明了国家对这一区域的重视。1978年正式建立了贵州省重点自然保护区，1986年晋升为国家级自然保护区——贵州梵净山国家级自然保护区，在本书中简称为"梵净山国家级自然保护区"；同年，被联合国教科文组织列入世界"人与生物圈"保护区网络成员，成为中国第四个国际生物圈保护区。保护类型为森林生态系统，主要保护对象是以黔金丝猴、珙桐等为代表的珍稀野生动植物及原生性森林生态系统。本地区森林覆盖率达97%。梵净山国家级自然保护区内的原始森林被认定为是世界上同纬度保护最完好的原始森林，区内物种丰富，其中不乏7000万至200万年前第三纪、第四纪的古老动植物种类，成为人类难得的生物资源基因库和举世瞩目的生物多样性研究基地；梵净山出露地层古老，有寒武纪窗口之称。由于这些特点，梵净山很早就成为中外科学工作者的研究对象。早在20世纪30年代，就有中国科学家如蒋英、陈焕镛、钟补求、焦启源等，奥地利科学家韩马列迪，美国科学家史德威等到梵净山做过植被调查工作。20世纪60年代，简竹坡教授带领中国科学院植物研究所人员对梵净山的植被，特别是水青冈群落进行了详尽的调查。与此同时，国内的大专院校、科研单位，特别是贵州的科技工作者也到梵净山开展了大量的调查研究工作，在兽类、鸟类、两栖类、地质、水文等方面获得了丰富的资料。但遗憾的是，这些资料大多分散而不系统，没有在更多的领域发挥应有的作用。20世纪80年代，由于梵净山国家级自然保护区刚正式建立，保护区的上级管理机构和保护区自身的管理机构迫切需要对梵净山有较全面的了解，实现科学管理和合理利用梵净山的资源，对梵净山的研究进入了一个较全面的综合考察阶段。这一阶段的工作主要包括了20世纪80年代初期，由贵州省环境保护局组织周政贤教授、邓峰林高级工程师等主持的梵净山综合考察，涉及动物、植物、地质、土壤、气候环境等12个学科，近30位专家参与。20世纪80年代中后期，在之前考察的基础上，又经贵州省林业厅、林业部安排，由梵净山国家级自然保护区管理处组织，省内外20余所大专院校和科研单位参与，进行了长达10年的综合考察和专题研究。到20世纪90年代初期，这些工作取得了大量的成果，包含生物、环境、保护区的社会经济、保护区规划等30多个专题的研究，查明梵净山国家级自然保护区内生物物种达3000余种，并编著了《梵净山科学考察集》《梵净山研究》《黔金丝猴的野外生态》三部专著，作为梵净山第一次本底调查的资料正式出版。这些成果对加深中外科学工作者对梵净山重要性的认识，指导梵净山国家级自然保护区的工作，补充国内生物多样性的资料都起到了重要的支撑作用，特别是在针对梵净山国家级自然保护区的保护和开发利用的决策上，起到关键作用。这些成果的科学性和应用性使其均获得国家或省部级的奖励，如《梵净山研究》获得国家科技进步三等奖；《梵净山研究》《黔金丝猴的野外生态》还分别获得国家优秀科技图书二等奖。

20世纪，对梵净山的研究虽然取得了重大成果，作出了重大贡献，但是，由于梵净山蕴含的资源太丰富，没有认识和涉及的领域还很多，对于一些已经调查研究的课题也还需要进一步深化。因此，梵净山国家级自然保护区管理局（以下简称"管理局"）在上级部门的支持下，继续对梵净山的环境、资源、人文地理等方面开展更深入的研究。管理局决定，在这次大范围全面深入的调查研究的基础上把梵净山国家级自然保护区建设成一个真正的科学研究基地和教学基地，发挥一个开放的科研平台的作用，和国内外的科技工作者一起共同研究梵净山，共同保护梵净山，充分体现和利用梵净山的科研价值，并将其研究成果应用于社会。现在，梵净山国家级自然保护区管理局已经与北京林业大学、北京动物园、贵州大学、中国科学院昆明分院、贵州科学院、贵州省地质矿产局等建立了长期的合作伙伴关系，研究的内容涉及地质地貌、动物、植物、环境保护、人文地理、旅游、中草药资源、保护生物学、社区经济等方面。在研究手段上，除了常规的深入保护区实地调查外，还大量采用遥感遥测、红外相机定点监测、卫星照片分析等手段。这些都使这一阶段的研究工作更加深入，获取的资料更加丰富。仅从物种的多样性上看，现查明的生物物种就较第一次本底调查的物种增加了1倍，达到7000多种。从仍在开展的调查工作来看，这个数字还将继续增加。通过自2000年以来10余年的调查研究工作，至今已经取得了大量的成果。根据国家林业和草原局及贵州省林业局的要求，由于第一次本底调查距今已经有20余年，以前的资料已经不能满足现在的需要，要求管理局尽快完成第二次本底调查研究。管理局决定，从2000年起，在以前研究工作的基础上，进一步深化调查研究工作，并从2012年到2023年分批将这些成果编著出版，作为第二次本底调查的资料。显然，参加第二次本底调查研究的国内外研究单位和研究工作者更多，所获得的资料比第一次本底调查更为深入、详尽和专业，仅用一两本综合各学科的专著的形式是无法概括的，因此决定：采用《梵净山研究》系列著作的方式来出版这些成果，根据各个学科的资料篇幅，原则上一个学科撰写出版一本专著，或相邻的两个学科撰写出版一本专著。这样，《梵净山研究》将包括约20本专著。在资料使用上，除文字论述、图表分析外，还要求附研究对象的实物照片，例如，针对物种多样性的研究，就必须有研究物种的照片；针对地质地貌的研究，就要有地质结构、地貌特征的照片。我们认为：这种方式，将使《梵净山研究》更真实地反映梵净山国家级自然保护区的本底；同时，不仅专业人员能用，一些对某些学科有兴趣的业余爱好者也能用，而大量的照片也将起到保存这一阶段现实的效果。我们设想：《梵净山研究》系列著作将成为反映梵净山研究工作的资料库，在这一阶段第二次本底调查的工作基本结束后，对梵净山的研究工作还将继续进行和深入，新的认识和成果还将不断出现，也将通过《梵净山研究》不断反映。这种形式不仅能持续地反映针对梵净山的研究轨迹和取得的研究成果，而且将使这些研究成果更有效地服务于社会实践。

《梵净山研究》编辑委员会

2017.8

前　言

　　梵净山位于贵州省铜仁市的江口县、印江土家族苗族自治县、松桃苗族自治县三县交界处，是武陵山脉的主峰，最高海拔2572m。在梵净山至今保存有大面积原生性较强的森林，为多种植物区系地理成分汇集地。区内植物种类丰富，植被类型多样，垂直带谱明显，为中国西部中亚热带山地典型的原生植被保存地。梵净山原始古朴的生物群体极具科学研究价值和保护价值。国务院于1986年确定其为国家级自然保护区，联合国教科文组织于同年将梵净山接纳为世界"人与生物圈"保护区网络的成员单位。梵净山被誉为地球绿洲，动物、植物基因库，是人类的宝贵遗产。

　　藻类植物是一群具有光合色素，能独立生活的自养原植体植物。植物体为单细胞个体，或为多细胞的丝状体、球状体、枝状体等，没有根、茎、叶的分化。藻类植物是水生生态系统中主要的生产者，通过光合作用固定无机碳，同时释放氧气。据统计，地球上大部分的氧气都是由藻类植物产生的。蓝藻在生态系统中的作用还表现在固氮能力上。具有异形胞的蓝藻，具有同化空气中的氮的能力，可增加土壤、水体的有机氮，是生物氮肥资源的主要来源。同时，一些具有胶被的丝状藻类具有黏质的生物胶被，能与岩壁、土壤沙砾黏结形成生物结皮，组成植被演替的先锋植物，对环境的生态恢复和植被的演化具有重要作用。

　　本次调查从2018年开始，至2021年完成，历经4年，在梵净山国家级自然保护区境内不同地点采集藻类植物样品共计400余份，标本采集主要线路如下。

　　①锦江流域：大河堰（牛尾河）—坝溪—德旺—红石梁。

　　②清水江流域：大园子—张家坝—紫薇镇。

　　③金厂河流域：张家坝—核桃坪—坪坝村—金厂—木黄。

　　④太平河流域：乌罗镇—转弯塘—冷家坝—核桃坪—凯文—快场—黑湾河—寨沙侗寨—马槽河—盘溪河—马马沟—亚木沟—太平。

　　⑤清渡河流域：缠溪老屋基—公馆—靛厂—茶园坨。

　　⑥黑湾河流域：黑湾河村—鱼坳—回乡坪—金顶等。

　　取样生境有河沟、小溪、水塘、池塘、水田、沼泽、滴水岩壁等水生环境，以及林下阴湿石表，土表、树干、叶面等亚气生、气生环境。

经室内鉴定分析，已知梵净山国家级自然保护区藻类植物共9个门类15个纲33目67科172属，属下分类单位（种、变种、变型）共计924个。

在本书的编著过程中，笔者得到了贵州梵净山国家级自然保护区管理局、贵州大学、贵州康养职业大学、铜仁学院等单位的大力支持和帮助，收集了大量的梵净山基础资料，尤其是在野外调查过程中，得到了梵净山国家级自然保护区管理局4个管理总站林管员和护林员的大力支持，标本采集得到贵州省农业科学院罗会教授、李兴忠实验师的协助；本书还得到了苟光前教授、江龙教授、雷孝平高级工程师、何汝态高级工程师以及梵净山管理局尚空局长和前任领导鲁文俊同志的关心和指导，在此一并表示感谢。

本研究成果可有效地服务于社会实践。为从事藻类植物的研究人员、环境监测的工作者及植物学学习和实践的高校学生提供一部有价值的工具用书。作者的能力和水平有限，不当和错误之处敬请读者批评指正。

编著者

2022年7月

目 录

第一篇

01

概 论

一、自然概况

（一）地理位置和气候特征

梵净山位于贵州省东部的江口县、印江土家族苗族自治县、松桃苗族自治县三县交界处，地理坐标为北纬27°49′50″～28°1′30″、东经108°45′55″～108°48′30″，处于我国亚热带中心地带。梵净山是武陵山脉的主峰，屹立于云贵高原向湘西丘陵的过渡地带上，海拔高差逾2000m。由于海拔的变化，山体的气候条件有明显的差异，呈现气候的垂直分带。根据气象资料，从山顶到山麓年平均气温为6～17℃，1月平均气温为3.1～5.1℃，7月平均气温为15～27℃，大于或等于10℃积温1500～5500℃。由于梵净山所处的地理位置，其降水主要受东南季风的影响，又因为高大的山体对气候的调整作用，保护区内的降水量自山体中心向四周呈逐渐降低趋势，从2600mm逐渐降低至1100mm，年平均相对湿度80%以上，具有我国典型的中亚热带季风山地湿润气候特征（周正贤等，1990）。

（二）地质地貌

梵净山是武陵山脉西南段最高的山体，在地质历史中经历了多种地质事件，是我国华南地区地质演化的重要窗口，保存着较完全的岩石构造组合。梵净山的主体处于区域性穹状背斜的核部，受其控制的梵净山区的地貌形态，从总体上来说也是穹状山体。由于山体主峰向四周有急剧的坡降，所以水系呈放射状分流。梵净山系的走向主要受皱褶控制并与轴向基本一致，呈NNE20°左右延伸。山体的主山脊由海拔2000m以上的若干座主峰构成，其走向呈NNE-SSW向绵延，成为乌江与沅江水系的分水岭。山体产生的屏障作用使山脊东南和西北两侧的地形、水文和气候等均有差别（何立贤等，1990）。

（三）土壤与植被

地形、气候、植被和母岩等成土条件的复杂性和差异性，决定了梵净山国家级自然保护区（以下简称梵净山保护区）内土壤类型的多样性，保护区内分布面积最多的是山地黄壤和暗黄棕壤。根据资料（张凤海等，1990；林昌虎，2020），东南坡在海拔600m以下，西北坡在海拔800m以下范围内主要是山地黄红壤，pH4.5～5.0，植被为以钩栲（*Castanopsis tibetana*）、狭叶润楠（*Machilus rehderi*）等为主的常绿阔叶林和毛竹（*Phyllostachys pubescens*）林；分布于海拔700～1500m的低山和低中山地带的主要是山地黄壤，pH4.2～5.0，植被是以甜槠（*Castanopsis eyrei*）、青冈（*Cyclobalanopsis glauca*）为主的常绿阔叶林，局部地区遭到破坏后种植了杉木（*Cunninghamia lanceolata*）和马尾松（*Pinus massoniana*）等树种；海拔1400～2000m的是暗黄棕壤，pH 3.6～5.8，植被为常绿落叶阔叶混交林，主要树种是褐叶青冈（*Cyclobalanopsis stewardiana*）、巴东栎（*Quercus engleriana*）、光叶水青冈（*Fagus lucida*）和华西箭竹（*Fargesia nitida*）；海拔2200m以上的山顶和山脊主要是山地灌丛草甸土，pH4.3～4.6，植被为矮小灌丛，如杜鹃花属（*Rhododendron*）植物、箭竹及湿生草被，灌丛枝干上和地表长满苔藓。

（四）水系

梵净山为乌江与沅江水系的分水岭。区内冲沟密布，故有"九十九溪"之称，水系呈典型的放射状向四周分流，其中属江口县境内的主要有黑湾河、盘溪河、瓦溪河、马槽河、黄泥沟、廖家河、凯土河、牛尾河；属印江县境内的主要有肖家河、于家沟、淘金河；属松桃县境内的主要有鱼泉沟、乱石河，河流总长度超过200km，以上河流年平均流量为12.37m³/s，且长年不断流（周正贤等，1990）。

二、藻类植物研究历史概况

为了解梵净山保护区藻类植物研究历史概况，以"梵净山""梵净山国家级自然保护区""藻""浮游植物""浮游藻类""底栖植物""底栖藻类""铜仁"为关键词，从CNKI数据库、读秀数据库检索梵净山国家级自然保护区藻类植物研究的相关资料，统计分析得到梵净山藻类植物研究的发展历程如下。

梵净山藻类植物的采集始于20世纪80年代。1988年4—5月，中国科学院水生生物研究所藻类考察组对武陵山区大部分地区（贵州东北部、湖南西部）进行藻类资源的实地调查，调查区域涵盖了梵净山国家级自然保护区。施之新等学者将此次研究结果在专著《西南地区藻类资源考察专集》中发表。2016年，路岑等发表论文《贵州梵净山固氮蓝藻资源及综合利用》，分析了梵净山固氮蓝藻植物资源的组成及分布特征。2015—2016年，梁正其等对梵净山南麓锦江河浮游藻类植物进行调查和分析，共鉴定到浮游植物6门17目23科45属101种。众多科学工作者对梵净山藻类资源的考察、采集积累了丰富的资料，为今后进一步摸清梵净山藻类植物资源和分布打下了坚实基础。

三、藻类植物的物种组成

本次调查于梵净山保护区中的不同区域采集到400余份藻类植物样品，通过显微观察及鉴定，得出保护区藻类植物隶属于9个门类15个纲33目67科172属752种，924个属下分类单位包括105个原变种、208个变种、21个变型。

（一）藻类植物的多样性

这些物种在各门中的分布情况分别为：蓝藻门15科29属108种，112个属下分类单位，包括2个原变种和6个变种；红藻门2科2属2种，包括1变种；金藻门3科4属5种；黄藻门2科2属3种；硅藻门10科46属277种，380个属下分类单位，包括57个原变种、102个变种、16个变型；隐藻门1科1属2种；甲藻门3科5属8种，包括1个变种；裸藻门4科9属62种，70个属下分类单位，包括7个原变种、12个变种、1个变型；绿藻门27科74属285种，342个属下分类单位，包括39个原变种、74个变种、5个变型（表1-1）。

表1-1　物种在各门类中数量的分布情况

	纲数	目数	科数	属数	物种数（含变种、变型）	原变种数	变种数	变型数	分类单位
蓝藻门	1	4	15	29	108	2	6	0	112
红藻门	2	2	2	2	2	0	1	0	2
金藻门	2	3	3	4	5	0	0	0	5
黄藻门	1	2	2	2	3	0	0	0	3

（续）

	纲数	目数	科数	属数	物种数（含变种、变型）	原变种数	变种数	变型数	分类单位
硅藻门	2	6	10	46	277	57	102	16	380
隐藻门	1	1	1	1	2	0	0	0	2
甲藻门	1	1	3	5	9	0	1	0	8
裸藻门	1	1	4	9	62	7	12	1	70
绿藻门	4	13	27	74	285	39	74	5	342
合计	15	33	67	172	752	105	209	21	924

在752种藻类中，绿藻门植物最为丰富，占总种数的37.9%，其次是硅藻门，占总种数的36.8%。各门类藻类植物物种丰富度依次为绿藻门（285种）>硅藻门（277种）>蓝藻门（108种）>裸藻门（62种）>甲藻门（8种）>金藻门（5种）>黄藻门（3种）>隐藻门（2种）、红藻门（2种）。

（二）保护区藻类植物优势科

种数大于或等于15种的优势科有13个，其中，绿藻门的鼓藻科（Desmidiaceae）最为丰富，为138种；其次是硅藻门的舟形藻科（Naviculaceae），共103种（表1-2）。

表1-2　藻类植物物种数大于或等于15种的优势科

门	科名	学名	种数
蓝藻门	颤藻科	Oscillatoriaceae	25
	色球藻科	Chroococcaceae	15
硅藻门	舟形藻科	Naviculaceae	103
	桥弯藻科	Cymbellaceae	47
	异极藻科	Gomphonemaceae	21
	菱形藻科	Nitzschiaceae	21
	脆杆藻科	Fragilariaceae	19
	双菱藻科	Surirellaceae	16
	曲壳藻科	Achnanthaceae	15
裸藻门	裸藻科	Euglenaceae	53
绿藻门	鼓藻科	Desmidiaceae	138
	栅藻科	Scenedesmaceae	36
	小球藻科	Chlorellaceae	21

（三）藻类植物的优势属

种数大于或等于10种的优势属有20个，其中，绿藻门的鼓藻属（*Cosmarium*）最为丰富，共52种；其次为硅藻门的羽纹藻属（*Pinnularia*）34种、绿藻门的新月藻属（*Closterium*）28种（表1-3）。

表1-3　藻类植物物种数大于或等于10种的优势属

属名	学名	种数	属名	学名	种数
鼓藻属	*Cosmarium*	52	舟形藻属	*Navicula*	13
羽纹藻属	*Pinnularia*	34	菱形藻属	*Nitzschia*	13
新月藻属	*Closterium*	28	颤藻属	*Oscillatoria*	12
栅藻属	*Scenedesmus*	25	内丝藻属	*Encyonema*	12
异极藻属	*Gomphonema*	21	曲壳藻属	*Achnanthes*	12
角星鼓藻属	*Staurastrum*	20	双菱藻属	*Surirella*	12
裸藻属	*Euglena*	18	粘球藻属	*Gloeacapsa*	11
桥弯藻属	*Cymbella*	17	水绵属	*Spirogyra*	11
囊裸藻属	*Trachelomonas*	16	凹顶鼓藻属	*Euastrum*	11
短缝藻属	*Eunotia*	14	色球藻属	*Chroococcus*	10

（四）各门类中的种和属分布情况

1. 蓝藻植物的种类组成

梵净山国家级自然保护区共记录到蓝藻植物108种（含变种和变型），隶属1纲4目15科29属。从种类数量来看，保护区蓝藻以颤藻属（*Oscillatoria*）（12种）占优势，其次为粘球藻属（*Gloeacapsa*）（11种）、色球藻属（*Chroococcus*）（10种）（表1-4）。

表1-4　蓝藻植物的种数

属名	学名	种数	属名	学名	种数	属名	学名	种数
颤藻属	*Oscillatoria*	12	眉藻属	*Calothrix*	4	隐球藻属	*Aphanocapsa*	1
粘球藻属	*Gloeacapsa*	11	鱼腥藻属	*Anabaena*	4	束球藻属	*Gomphosphaeria*	1
色球藻属	*Chroococcus*	10	集胞藻属	*Synechocystis*	3	肾胞藻属	*Nephrococcus*	1
鞘丝藻属	*Lyngbya*	8	织线藻属	*Plectonema*	3	石囊藻属	*Entophysalis*	1
粘杆藻属	*Glocothece*	7	单歧藻属	*Tolypothrix*	3	管胞藻属	*Chamaesiphon*	1
裂面藻属	*Merismopedia*	5	隐杆藻属	*Aphanothece*	2	皮果藻属	*Dermocarpa*	1
伪枝藻属	*Scytonema*	5	集球藻属	*Synechococcus*	2	裂须藻属	*Schizothrix*	1
念珠藻属	*Nostoc*	5	腔球藻属	*Coelosphaerium*	2	翅线藻属	*Petalonema*	1
真枝藻属	*Stigonema*	5	席藻属	*Phormidium*	2	双须藻属	*Dichothrix*	1
星球藻属	*Asterocapsa*	4	螺旋藻属	*Spirulina*	2			

2. 甲藻、黄藻、金藻、隐藻、红藻植物的种类组成

梵净山国家级自然保护区甲藻植物共记录到8种（含变种和变型），隶属1纲1目3科5属；黄藻植物记录到3种，隶属1纲2目2科2属；金藻植物记录到5种，隶属2纲3目3科4属；隐藻植物记录到2种，仅记录到1个属；红藻植物记录到2种，隶属2纲2目2科2属（表1-5）。

表1-5　甲藻、黄藻、金藻、隐藻、红藻植物的种数

门类	属名	学名	种数	门类	属名	学名	种数
甲藻门	裸甲藻属	*Gymnodinium*	2	金藻门	锥囊藻属	*Dinobryon*	2
	多甲藻属	*Peridinium*	2		金钟藻属	*Chrysopyxis*	1
	拟多甲藻属	*Peridiniopsis*	2		金瓶藻属	*Lagynion*	1
	薄甲藻属	*Glenodinium*	1		黄群藻属	*Synura*	1
	角甲藻属	*Ceratium*	1	隐藻门	隐藻属	*Cryptomonas*	2
黄藻门	黄丝藻属	*Tribonema*	2	红藻门	紫球藻属	*Porphyridium*	1
	无隔藻属	*Vaucheria*	1		串珠藻属	*Batrachospermum*	1

3. 硅藻植物的种类组成

梵净山国家级自然保护区硅藻植物种类丰富，共记录到277种隶属2纲6目10科46属。从种类数量来看，保护区硅藻以羽纹藻属*Pinnularia*（34种）占绝对优势，其次为异极藻属*Gomphonema*（21种）（表1-6）。

表1-6　硅藻植物的种数

属名	学名	种数	属名	学名	种数	属名	学名	种数
羽纹藻属	*Pinnularia*	34	美壁藻属	*Caloneis*	6	卵形藻属	*Cocconeis*	2
异极藻属	*Gomphonema*	21	鞍型藻属	*Sellaphora*	6	细齿藻属	*Denticula*	2
桥弯藻属	*Cymbella*	17	小环藻属	*Cyclotella*	5	峨眉藻属	*Ceratoneis*	1
短缝藻属	*Eunotia*	14	脆杆藻属	*Fragilaria*	5	双肋藻属	*Amphipleura*	1
舟形藻属	*Navicula*	13	双壁藻属	*Diploneis*	5	异菱形藻属	*Anomoeoneis*	1
菱形藻属	*Nitzschia*	13	双眉藻属	*Amphora*	5	拉菲亚属	*Adlafia*	1
内丝藻属	*Encyonema*	12	窗纹藻属	*Epithemia*	4	交互对生藻属	*Decussata*	1
曲壳藻属	*Achnanthes*	12	格形藻属	*Craticula*	3	盖斯勒藻属	*Geissleria*	1
双菱藻属	*Surirella*	12	盘状藻属	*Placoneis*	3	马雅美藻属	*Mayamaea*	1
针杆藻属	*Synedra*	9	优美藻属	*Delicata*	3	长篦形藻属	*Neidiomorpha*	1
弯肋藻属	*Cymbpoleura*	9	棒杆藻属	*Rhopalodia*	3	瑞氏藻属	*Reimeria*	1
直链藻属	*Melosira*	8	波缘藻属	*Cymatopleura*	3	弯楔藻属	*Rhoicosphenia*	1
布纹藻属	*Gyrosigma*	7	平板藻属	*Tabellaria*	2	盘杆藻属	*Tryblionella*	1
长篦藻属	*Neidium*	7	等片藻属	*Diatoma*	2	马鞍藻属	*Campylodiscus*	1
辐节藻属	*Stauroneis*	7	肋缝藻属	*Frustulia*	2			
菱板藻属	*Hantzschia*	7	泥栖藻属	*Luticola*	2			

4. 裸藻植物的种类组成

梵净山国家级自然保护区裸藻植物共记录到62种（含变种和变型），隶属1纲1目4科9属。从种类数量来看，保护区裸藻以裸藻属（*Euglena*）（18种）占优势，其次为囊裸藻属（*Trachelomonas*）（16种）、鳞孔藻属（*Lepocinclis*）（9种）、扁裸藻属（*Phacus*）（9种），再次为异丝藻属（*Heteronema*）（3种）、瓣胞藻属（*Petalomonas*）（3种）、弦月藻属（*Menoidium*）（2种）、内管藻属（*Entosiphon*）（1种）、陀螺藻属（*Strombomonas*）（1种）（表1-7）。

表1-7 梵净山国家自然保护区裸藻植物的种数

属名	学名	种数	属名	学名	种数	属名	学名	种数
裸藻属	*Euglena*	18	扁裸藻属	*Phacus*	9	弦月藻属	*Menoidium*	2
囊裸藻属	*Trachelomonas*	16	异丝藻属	*Heteronema*	3	内管藻属	*Entosiphon*	1
鳞孔藻属	*Lepocinclis*	9	瓣胞藻属	*Petalomonas*	3	陀螺藻属	*Strombomonas*	1

5. 绿藻植物的种类组成

梵净山国家级自然保护区绿藻植物种类丰富，共记录到285种（含变种和变型），隶属4纲13目27科74属。从种类数量来看，保护区绿藻以鼓藻属（*Cosmarium*）（52种）占绝对优势，其次为新月藻属（*Closterium*）（28种）、栅藻属（*Scenedesmus*）（25种）、角星鼓藻属（*Staurastrum*）（20种）（见表1-8）。

表1-8 梵净山国家自然保护区绿藻植物的种数

属名	学名	种数	属名	学名	种数	属名	学名	种数
鼓藻属	*Cosmarium*	52	网球藻属	*Dictyosphaerium*	2	集星藻属	*Actinastrum*	1
新月藻属	*Closterium*	28	尾丝藻属	*Uronema*	2	延胞藻属	*Ecballocystis*	1
栅藻属	*Scenedesmus*	25	克里藻属	*Klebsormidium*	2	双胞藻属	*Geminella*	1
角星鼓藻属	*Staurastrum*	20	柱形鼓藻属	*Penium*	2	骈胞藻属	*Binuclearia*	1
水绵属	*Spirogyra*	11	喙绿藻属	*Myochloris*	1	饶氏藻属	*Jaoa*	1
凹顶鼓藻属	*Euastrum*	11	肾爿藻属	*Nephroselmis*	1	羽枝藻属	*Cloniophora*	1
盘星藻属	*Pediastrum*	8	球粒藻属	*Coccomonas*	1	鞘毛藻属	*Coleochaete*	1
丝藻属	*Ulothrix*	8	盘藻属	*Gonium*	1	橘色藻属	*Trentepohlia*	1
宽带鼓藻属	*Pleurotaenium*	7	实球藻属	*Pandorina*	1	头孢藻属	*Cephaleuroe*	1
单针藻属	*Monoraphidium*	6	空球藻属	*Eudorina*	1	毛鞘藻属	*Bulbochaete*	1
鞘藻属	*Oedogonium*	6	四集藻属	*Palmella*	1	刚毛藻属	*Cladophora*	1
叉星鼓藻属	*Staurodesmus*	5	胶球藻属	*Coccomyxa*	1	中带鼓藻属	*Mesotaenium*	1
四角藻属	*Tetraedron*	4	绿球藻属	*Chlorococcum*	1	螺带鼓藻属	*Spirotaenia*	1
蹄形藻属	*Kirchneriella*	4	微芒藻属	*Micractinium*	1	柱胞鼓藻属	*Cylindrocystis*	1
卵囊藻属	*Oocystis*	4	多芒藻属	*Golenkinia*	1	梭形鼓藻属	*Netrium*	1
空星藻属	*Coelastrum*	4	小球藻属	*Chlorella*	1	双星藻属	*Zygnema*	1
毛枝藻属	*Stigeoclonium*	4	螺翼藻属	*Scotiella*	1	转板藻属	*Mougeotia*	1
辐射鼓藻属	*Actinotaenium*	4	顶棘藻属	*Lagerheimiella*	1	棒形鼓藻属	*Gonatozygon*	1
衣藻属	*Chlamydomonas*	3	小箍藻属	*Trochiscia*	1	裂顶鼓藻属	*Tetmemorus*	1
小桩藻属	*Characium*	3	浮球藻属	*Planktosphaeria*	1	多棘鼓藻属	*Xanthidium*	1
纤维藻属	*Ankistrodesmus*	3	并联藻属	*Quadrigula*	1	角丝鼓藻属	*Desmidium*	1
胶囊藻属	*Gloeocystis*	3	水网藻属	*Hydrodictyon*	1	圆丝鼓藻属	*Hyalotheca*	1
十字藻属	*Crucigenia*	3	韦斯藻属	*Westella*	1	泰林鼓藻属	*Teilingia*	1
微星鼓藻属	*Micrasterias*	3	四星藻属	*Tetrastrum*	1	丽藻属	*Nitella*	1
轮藻属	*Chara*	3	四链藻属	*Tetradesmus*	1			

（五）藻类植物新记录

本次已知的物种中，中国新分布有2种：明显织线藻（*Plectonema notatum* Schmidle）、软体美壁藻（*Caloneis leptosome* (Grun.) Krammer）。

根据熊源新（2021年）《贵州省非维管束植物名录》，本次已知的物种中，贵州新分布属共6属，分别为金瓶藻属（*Lagynion*）、弦月藻属（*Menoidium*）、肾爿藻属（*Nephroselmis*）、延胞藻属（*Ecballocystis*）、羽枝藻属（*Cloniophora*）和裂顶鼓藻属（*Tetmemorus*）。贵州新分布有142种、11个原变种、101个变种和12个变型，共266个属下分类单位（表1–9）。

表1–9　贵州新分布种、变种和变型（按学名字母排序）

披针形曲壳藻偏肿变型	*Achnanthes lanceolata* f. *ventricosa* Hust.
带状曲壳藻	*Achnanthes taeniata* Grun.
膨胀曲壳藻	*Achnanthes tumescens* Sherwood & Lowe
拟针形集星藻	*Actinastrum raphidioides* (Reinsch) Brunnth
南瓜辐射鼓藻狭顶变种	*Actinotaenium cucurbita* var. *attenuatum* (G. S. West) Teiling
饱满辐射鼓藻	*Actinotaenium turgidum* (Ralfs) Teiling
等长鱼腥藻	*Anabaena aequalis* Borge
扭曲鱼腥藻	*Anabaena torulosa* (Carm.) Lagerh.
伯纳德氏纤维藻	*Ankistrodesmus bernardii* Konarek
镰形纤维藻放射变种	*Ankistrodesmus falcatus* var. *radiatus* (Chodat) Lemme.
镰形纤维藻极小变种	*Ankistrodesmus falcatus* var. *tenuissimus* Jao
纺锤纤维藻	*Ankistrodesmus fusiformis* Corda.
巴塔戈尼亚美壁藻中华变种	*Caloneis patagonica* var. *sinica* Skvortzow
舒曼美壁藻矛形变种	*Caloneis schumanniana* var. *lancettula* Hust.
短角美壁藻耶氏变种	*Caloneis silicula* var. *kjellmaniana*（Grunow）Cleve
偏肿美壁藻	*Caloneis ventricosa* (Ehrenberg; Donkin) Meister
弧形峨眉藻哈托变种	*Ceratoneis arcus* var. *hattoriana* Meister
宽纺衣藻	*Chlamydomonas ovata* Dangeard
粗枝羽枝藻	*Cloniophora macrocladia* (Nordstedt) Bourrelly
尖新月藻	*Closterium acutum* (Lyngbye) Bréb. ex Ralfs
弯弓新月藻	*Closterium incurvum* Bréb.
细长新月藻	*Closterium juncidum* Ralfs
披针新月藻小变种	*Closterium lanceolatum* var. *parvum* West & West.
小书状新月藻原变种	*Closterium libellula* Focke. var. *libellula*
小书状新月藻中型变种	*Closterium libellula* var. *interrruptum* (West & West) Donat
湖沼新月藻	*Closterium limneticum* Lemmermann
滨海新月藻	*Closterium littorale* Gay.
新月形新月藻	*Closterium lunula* (Müll.) Nitzsch

（续）

极长新月藻	*Closterium praelongum* Bréb.
拉尔夫新月藻杂交变种	*Closterium ralfsii* var. *hybridum* Rabenhorst
锥形新月藻	*Closterium subulatum* (Kütz.) Bréb.
弓形新月藻	*Closterium toxon* West.
多凸空星藻	*Coelastrum polychordum* (Korshikov) Hindak
分离鼓藻	*Cosmarium abruptum* Lundell
葡萄鼓藻近膨大变种	*Cosmarium botrytis* var. *subtumidum* Wittrock
狭鼓藻微凹变种	*Cosmarium contractum* var. *retusum* (West & West) Kircher & Gerloff
叉孢鼓藻	*Cosmarium furcatospermum* West & West
帽状鼓藻	*Cosmarium galeritum* Nord.
颗粒鼓藻近哈默变种	*Cosmarium granatum* var. *subhammenii* Jao
哈默鼓藻平滑变种	*Cosmarium hammeri* var. *homalodermun* (Nordst.) West & West
矮小鼓藻	*Cosmarium humile* (Gay) Nordst.
凹凸鼓藻近直角变种	*Cosmarium impressulum* var. *suborthogonum* (West & West) Taft
光滑鼓藻八角形变种	*Cosmarium laeve* var. *octangulare* (Wille) West & West
光滑鼓藻韦斯特变种	*Cosmarium laeve* var. *westii* Krieger & Gerloff
极小鼓藻近圆形变种	*Cosmarium minimum* var. *subrotundatum* West & West
规律鼓藻博格变种	*Cosmarium ordinatum* var. *borgei* Scott & Grönblad
厚皮鼓藻增厚变种	*Cosmarium pachydermum* var. *incrassatum* Scott et Gronblad
厚皮鼓藻厚皮变种小变型	*Cosmarium pachydermum* var. *pachydermum* f. *parvum* Croasdale
小鼓藻	*Cosmarium parvulum* Brébisson
波科鼓藻	*Cosmarium pokornyanum* (Grun.) West & West
伪华丽鼓藻	*Cosmarium pseudamoenum* Wille
伪近缘鼓藻近收缩变种	*Cosmarium pseudoconnatum* var. *subconstrictum* Jao
浅波状鼓藻小型变种	*Cosmarium repandum* var. *minus* (West &West) Krieger & Gerloff
六角形鼓藻小型变种	*Cosmarium sexangulare* var. *minus* Roy & Bissett
华美鼓藻原变种	*Cosmarium speciosum* Lund. var. *Speciosum*
华美鼓藻罗斯变种	*Cosmarium speciosum* var. *rostafinskii* (Gutwinski) West &West
华美鼓藻西藏变种	*Cosmarium speciosum* var. *tibeticum* Wei
蓝状鼓藻近波状变种	*Cosmarium sportella* var. *subundum* West & West
亚脊鼓藻亚脊变种小型变型	*Cosmarium subcostatum* var. *subcostatum* f. *minor* West & West
近颗粒鼓藻原变种	*Cosmarium subgranatum* (Nord.) Lütk. var. *Subgranatum*
近颗粒鼓藻博格变种	*Cosmarium subgranatum* var. *borgei* Krieger
近膨胀鼓藻圆变种	*Cosmarium subtumidum* var. *rotundum* Hirano
骤断鼓藻饶氏变种	*Cosmarium succisum* var. *jaoi* Krieger & Gerloff

（续）

波缘鼓藻	*Cosmarium undulatum* Ralfs
痘斑鼓藻	*Cosmarium variolatum* Lund
急尖格形藻赫里保变种	*Craticula cuspidata* var. *héribaudii* Li er Qi
柱胞鼓藻小型变种	*Cylindrocystis brebissonii* var. *minor* West&West
扭曲波缘藻	*Cymatopleura aquastudia* Q-M You & J.P. Kociolek
内弯桥弯藻	*Cymbella incurvata* Krammer
孤点桥弯藻	*Cymbella stigmaphora* Östrup
普通桥弯藻	*Cymbella vulgate* Krammer
尖形弯肋藻	*Cymbpoleura apiculata* Krammer
库尔伯斯弯肋藻	*Cymbpoleura kuelbsii* Krammer
矮小短缝藻密集变种	*Eanotis exigua* var. *compacta* Hustedt.
湖北延胞藻	*Ecballocystis hubeiensis* Liu et Hu
纤细内丝藻	*Encyonema gracile* Rabenhorst
半月形内丝藻	*Encyonema lunatum* (Smith) V. Heurck
中型内丝藻	*Encyonema mesianum* (Cholnoky) Shi
微小内丝藻	*Encyonema minutum* (Hilse) Mann
极纤细内丝藻	*Encyonema pergracile* Krammer
高内丝藻	*Encyonema procerum* Krammer
卵形内管藻	*Entosiphon ovatum* Stokes.
凹顶鼓藻具盖变种	*Euastrum ansatum* var. *pyxidatum* Delponte
斯里兰卡凹顶鼓藻韦斯特变种	*Euastrum ceylanicum* var. *westin* (Jao) Wei
锤状凹顶鼓藻中间变种	*Euastrum sphyroides* var. *intermedium* Lutkemiller
近高山凹顶鼓藻方形变种	*Euastrum subalpinum* var. *quadratulum* Skuja
近星状凹顶鼓藻中华变种	*Euastrum substellatum* var. *sinense* Jao
瘤状凹顶鼓藻具翅变种	*Euastrum verrucosum* var. *alatum* Wolle
具翅裸藻	*Euglena alata* Thompson
棒形裸藻	*Euglena clavata* Skuja.
静裸藻	*Euglena deses* Ehr.
模糊裸藻	*Euglena ignobilis* Johnson.
弧形短缝藻双齿变种	*Eunotia arcus* var. *bidens* Grun.
双凸短缝藻岩生变种	*Eunotia bigibba* var. *rupestris* Skvortzow
二峰短缝藻	*Eunotia diodon* Ehr.
冰川短缝藻坚挺变种	*Eunotia glacialis* var. *rigida* Cleve-Euler
篦形短缝藻腹凸变种	*Eunotia pectinalis* var. *ventralis* (Ehr.) Hustedt
岩壁短缝藻膨胀变种	*Eunotia praerupta* var. *inflata* Grunow
岩壁短缝藻温泉变种	*Eunotia praerupta* var. *thermalis* Hustedt

（续）

梨形短缝藻	*Eunotia sulcata* Hustedt
克罗顿脆杆藻俄勒冈变种	*Fragilaria crotonensis* var. *oregona* Sovereign.
类菱形肋缝藻萨克森变种头端变型	*Frustulia rhomboids* var. *saxonica* f. *capitata* (Mayer) Hustedt
普通肋缝藻苔状变种	*Frustulia vulgaris* var. *muscosa* Skvortzow
美容盖斯勒藻	*Geissleria decussis* (Hustedt) Lange–Bertalot & Metzeltin
尖异极藻棒状变种	*Gomphonema angustatum* var. *aequale* (Gregory) Cl.
窄异极藻棒形变种	*Gomphonema angustatum* var. *citera* (Hohn & Hellerm.) Patrick*Gomphonema acuminatum* var. *clavus* (Bréb.)Grun.
窄异极藻相等变种	*Gomphonema angustatum* var. *aequale* (Gregory) Cl.
窄异极藻中型变种	*Gomphonema angustatum* var. *intermedium* Grun.
彼格勒异极藻	*Gomphonema berggrenii* Cleve
纤细异极藻长耳变种	*Gomphonema gracile* var. *auritum* Braun
标帜异极藻	*Gomphonema insigne* Gregory
缠结异极藻奇异变种	*Gomphonema intricatum* van. *mirum* Z. X. Shi et H. Z. Zhu
小型异极藻具领变种	*Gomphonema parvulum* var. *lagenula* (Kütz.) Frenguelli
近棒状异极藻墨西哥变种	*Gomphonema subclavatum* var. *mexicanum* (Grun.) Patrick
细弱异极藻球形变种	*Gomphonema subtile* var. *rotundatum* A. Cleve
极细异极藻	*Gomphonema tenuissimum* Fricke
塔形异极藻	*Gomphonema turris* Ehr.
空旷异极藻楔形变种	*Gomphonema vastum* var. *cuneatum* Skvortzow
空旷异极藻延长变种	*Gomphonema vastum* var. *elongatum* Skvortzow
钟形裸甲藻	*Gymnodinium mitratum* Schiller
优美布纹藻	*Gyrosigma eximium* (Thwaites) Boyer
影伸布纹藻	*Gyrosigma sciotense* (Sullivant et Wormley) Cleve
盖斯纳菱板藻	*Hantzschia giessiana* Lange–Bertalot & Rumrich
长命菱板藻	*Hantzschia vivax* (W. Smith) M. Peragallo
梭形异丝藻	*Heteronema acus* (Ehr.) Stein
纤细异丝藻	*Heteronema leptosomum* Skuja
近袋形异丝藻	*Heteronema subsacculus* Shi
显微蹄形藻	*Kirchneriella microscopica* Nygaard
多瑙河蹄形藻	*Kirchnerilla danubiana* Hindak
溪生克里藻	*Klebsormidium rivulare* (Kuetzing) Morrisen et Sheath
细颈金瓶藻	*Lagynion ampullaceum* (Stokes) Pascher
舟形鳞孔藻	*Lepocinclis cymbiformis* Playfair
光滑鳞孔藻乳突变种	*Lepocinclis glabra* var. *papillata* Shi.
卵形鳞孔藻球形变种	*Lepocinclis ovum* var. *globula* (Perty) Lemmermann

（续）

喙状鳞孔藻	*Lepocinclis playfairiana* Defl.
编织鳞孔藻具尾变种	*Lepocinclis texta* var. *richiana* (Conrad) Huber–Pestalozzi
钝泥栖藻菱形变种	Luticola mutica var. rhombica Skvortzow
博格氏鞘丝藻	*Lyngbya borgerti* Lemm.
利斯莫尔鞘丝藻	*Lyngbya lismorensis* Playfair
不连马雅美藻英吉利变型	*Mayamaea disjuncta* f. *anglica* Hust.
不连马雅美藻	*Mayamaea disjuncta* Hust.var. *disjuncta*
念珠直链藻具棘变种	*Melosira moniliformis* var. *hispidum* (Castracane) Limmermann
钝形弦月藻	*Menoidium obtusum* Pringsheim
尖刺微星鼓藻	*Micrasterias apiculata* (Ehr.) Meneghini
莫巴微星鼓藻爪哇变种	*Micrasterias moebii* var. *javanica* Gutwinski
弓形单针藻	*Monoraphidium arcuatum* (Komarkova) Hind.
加勒比单针藻	*Monoraphidium caribeum* Hindak
旋转单针藻	*Monoraphidium contortum* (Thur.) Kom.–Legn.
格里佛单针藻	*Monoraphidium griffithii* (Berk.) Kom.–Legn.
不规则单针藻	*Monoraphidium irregulare* (G. M. Smith) Komarkova–Legnerova
喙绿藻	*Myochloris collorynohus* Belcher
头辐射舟形藻	*Navicula capitatoradiata* Germain
戟形舟形藻	*Navicula hasta* Pantocsek
维里舟形藻	*Navicula virihensis* Cleve–Euler
虹彩长篦藻近波曲变种	*Neidium iridis* var. *subundulatum* (Cleve–Euler) Reimer
科兹洛夫长篦藻密纹变种	*Neidium kozlowii* var. *densestriatum* Chen et Zhu
淡绿肾爿藻	*Nephroselmis olivacea* Stein
指状梭形鼓藻层状变种	*Netrium digitus* var. *lamellosum* (Bréb.) Grönblad
洛伦菱形藻	*Nitzschia lorenziana* Grun.
隐孔鞘藻普通变种	*Oedogonium cryptoporum* var. *vulgare* Wittrock
球孢鞘藻	*Oedogonium globosum* Nordstedt
狭小鞘藻	*Oedogonium inconspicuum* Hirn
普林鞘藻小型变种	*Oedogonium pringsheimii* var. *nordstedtii* Wittrock
锐刺鞘藻	*Oedogonium pungens* Hirn.
细小卵囊藻	*Oocystis pusilla* Hansgirg
石生卵囊藻	*Oocystis rupestris* Kirchner
水生卵囊藻	*Oocystis submarina* Lagerh.
歪头颤藻	*Oscillatoria curviceps* Ag. ex Goment
具角盘星藻	*Pediastrum angulosum* (Ehr.) Meneghini

（续）

具孔盘星藻点纹变种	*Pediastrum clathratum* var. *punctatum* Lemm.
二角盘星藻冠状变种	*Pediastrum duplex* var. *coronatum* Raciborski
二角盘星藻真实变种	*Pediastrum duplex* var. *genuinum* (Braun) Hansgirg
二角盘星藻皱折变种	*Pediastrum duplex* var. *rugulosum* Raciborski
钝角盘星藻	*Pediastrum obtusum* Lucks
四角盘星藻尖头变种	*Pediastrum tetras* var. *apiculatum* Fritsch
宽喙瓣胞藻	*Petalomonas platyrhyncha* Skuja
蝌蚪形扁裸藻	*Phacus ranula* Pochmann
尖头羽纹藻原变种	*Pinnularia acuminata* Wm. Smith var. *acuminata*
狭形羽纹藻原变种	*Pinnularia angusta* (Cl.) Krammer var. *angusta*
具附属物羽纹藻原变种	*Pinnularia appendiculata* (Ag.) Cleve var . *appendiculata*
具附属物羽纹藻布达变种	*Pinnularia appendiculata* var. *budensis* (Grun.) Cleve
北方羽纹藻近岛变种	*Pinnularia borealis* var. *subislandica* Krammer
歧纹羽纹藻波纹变种	*Pinnularia divergens* var. *undulate* (Perag. et Hérib) Hust
歧纹羽纹藻原变种	*Pinnularia divergens* Wm. Smith var. *divergens*
湖南羽纹藻	*Pinnularia hunanica* Zhu et Chen
断纹羽纹藻二头变型	*Pinnularia interrupta* f. *biceps* (Greg.) Cleve
断纹羽纹藻中华变种	*Pinnularia interrupta* var. *sinica* Skvortzow
拉特维特塔塔羽纹藻多明变种	*Pinnularia latevittata* var. *domingensis* Cleve
豆荚形羽纹藻原变种	*Pinnularia legumen* Ehr. var. *Legume*
较大羽纹藻线状变种	*Pinnularia major* var *linearis* Cleve
微辐节羽纹藻模糊变种	*Pinnularia microstauron* var. *ambigua* Meister
磨石形羽纹藻亚洲变种	*Pinnularia molaris* var. *asiatica* Skvortzow
拉宾胡斯特羽纹藻	*Pinnularia rabenhorsitt* (Grun.) Krammer
菱形羽纹藻短头变种	*Pinnularia rhombarea* var. *brevicapitata* Krammer
近变异羽纹藻	*Pinnularia subcommutata* Krammer
近曲缝羽纹藻	*Pinnularia substreptoraphe* Krammer
波曲羽纹藻中狭变种	*Pinnularia undula* var. *mesoleptiformis* Krammer
花环宽带鼓藻	*Pleurotaenium coronatum* (Bébisson) Rabenhorst
平顶宽带鼓藻	*Pleurotaenium truncatum* (Bréb.) Näg.
瘤状宽带鼓藻	*Pleurotaenium verrucosum* (Bailey) Lundell
伯纳德栅藻	*Scenedesmus bernardii* Smith
龙骨栅藻对角变种	*Scenedesmus carinatus* var. *diagonals* Shen
椭圆栅藻	*Scenedesmus ellipsoideus* Chodat
古氏栅藻	*Scenedesmus gutwinskii* Chodat

（续）

长形栅藻原变种	*Scenedesmus longus* Meyen var. *longus*
长形栅藻莱格变种	*Scenedesmus longus* var. *naegelii* (Brébissom) Smith
钝形栅藻交错变种	*Scenedesmus obtusus* var. *alternans* (Reinsch) Borge
角柱栅藻原变种	*Scenedesmus prismaticus* Bruhl et Biswas var. *prismaticus*
角柱栅藻具刺变种	*Scenedesmus prismaticus* var. *spinosus* S. S. Wang
隆顶栅藻微小变型	*Scenedesmus protuberans* f. *minor* Ley
四尾栅藻大型变种	*Scenedesmus quadricauda* var. *maximus* W. et G. S. West
锯齿栅藻	*Scenedesmus serratus* (Corda) Bohlin
微刺栅藻	*Scenedesmus spinulatus* Biswas
沙生裂须藻	*Schizothrix arenaria* (Berk.) Goment
朱氏伪枝藻	*Scytonema julianum* (Kütz.) Menegh.
瞳孔鞍型藻椭圆变种	*Sellaphora pupula* var. *elliptica* Hustedt
扩大水绵	*Spirogyra ampliata* Liu
晶莹水绵	*Spirogyra hyalina* Cleve
大型水绵	*Spirogyra majuscule* Kütz.
半饰水绵	*Spirogyra semiornata* Jao
晦螺带鼓藻	*Spirotaenia obscura* Ralfs
宽松螺旋藻	*Spirulina laxissima* G. S. West
弓形角星鼓藻	*Staurastrum arcuatum* Nordstedt
膨胀角星鼓藻冬季变种	*Staurastrum dilatatum* var. *hibernicum* West & West
不等角星鼓藻	*Staurastrum dispar* Brébisson
叉形角星鼓藻	*Staurastrum furcigerum* (Ralfs) Archer
汉茨角星鼓藻日本变种	*Staurastrum hantzschii* var. *japonicum* Roy & Bissett
长臂角星鼓收缩变种	*Staurastrum longipes* var. *contractum* Teilling
珍珠角星鼓藻雅致变种	*Staurastrum margaritaceum* var. *elegans* Jao
圆形角星鼓藻原变种	*Staurastrum orbiculare* Ralfs var. *orbiculare*
全波缘角星鼓藻尖齿变种	*Staurastrum perundulatum* var. *dentatum* Scott & Prescott
颗粒角星鼓藻近纺锤形变种	*Staurastrum punctulatum* var. *subfusiforme* Jao
颗粒角星鼓藻三角形变种	*Staurastrum punctulatum* var. *triangulare* Jao
具刚毛角星鼓藻	*Staurastrum setigerum* Cleve
海绵状角星鼓藻	*Staurastrum spongiosum* Ralfs
膨大角星鼓藻	*Staurastrum turgescens* De Notaris
近缘叉星鼓藻	*Staurodesmus connatus* (Lundell) Thomasson
伸长叉星鼓藻	*Staurodesmus extensus* (Borge) Teiling
具厚缘叉星鼓藻	*Staurodesmus pachyrhynchus* (Nordstedt) Teiling

（续）

克里格辐节藻波缘变型	*Stauroneis kriegeri* f. *undulate* Hust.
紫心辐节藻宽角变型	*Stauroneis phoenicenteron* f. *angulate* Hust.
紫心辐节藻细长变型	*Stauroneis phoenicenteron* f. *gracilis* (Dippel) Hustedt
长毛枝藻	*Stigeoclonium elongatum* (Hassall) Kuetzing
树状真枝藻	*Stigonema dendroidecum* Fremy
奇异真枝藻	*Stigonema mirabile* Beck
古特拉氏针杆藻	*Svaedra goulardi* Brebisson
群生针杆藻	*Synedra socia* Wallace
平滑裂顶鼓藻	*Tetmemorus laevis* (Kützing) Ralfs
月形四链藻	*Tetradesmus lunatus* Korshikov
四棘四角藻	*Tetraedron arthrodesmiforme* (G. W. West) Woloszynska
高山四星藻原	*Tetrastrum alpinum* (Schmidle) Schmidle
尾棘囊裸藻斯坦恩变种	*Trachelomonas armata* var. *steinii* Lemmermann
矩圆囊裸藻卵圆变型	*Trachelomonas oblonga* f. *ovata* Deflandre
矩圆囊裸藻平截变种	*Trachelomonas oblonga* var. *truncate* Lemm.
普莱弗囊裸藻	*Trachelomonas playfairii* Deflandre
极美囊裸藻斑点变种	*Trachelomonas pulcherrima* var. *maculata* Shi
肋纹囊裸藻稀肋变种	*Trachelomonas stokesiana* var. *costata* Jao
斯托克斯囊裸藻	*Trachelomonas stokesii* Drezepolski emend.
弗尔囊裸藻圆柱变种	*Trachelomonas volzii* var. *cylindracea* Playfair
整齐黄丝藻	*Tribonema regulare* Pascher
流苏丝藻	*Ulothrix fimbriata* Bold
露点丝藻	*Ulothrix rorida* Thuret
非洲尾丝藻	*Uronema africanum* Borge
极大尾丝藻	*Uronema gigas* Vischer
约翰逊多棘鼓藻约翰逊变种微凹变型	*Xanthidium johnsonii* var. *johnsoni* f. *retusum* Scott
诺曼双星藻	*Zygnema normani* Taft

四、藻类植物的生态分析

梵净山保护区自然环境保护良好，气候湿润多雨，植被丰富多样，为藻类植物提供了丰富的生长环境。具体而言，藻类植物的分布按其生长环境可分为气生（裸露岩石表面、杆藻的树木表面）、亚气生（潮湿的岩壁、井壁、石壁、水沟壁、土壤表面、树木表面、滴水石表）和水生（河流、水库、湖泊、井泉、稻田、瀑布、水塘、水池、水沟）。

本次调查共记录到23种气生藻类、386种亚气生藻类、837种（含变种、变型）水生藻类。显然，梵净山保护区水生藻类占绝对优势，其次为亚气生藻类，气生藻类的种数占比最少。

（一）气生藻类

本次调查中气生藻类共23种，隶属4门5纲12目15科17属。其中，蓝藻门7科9属15种，绿藻门5科5属5种，硅藻门2科2属2种，红藻门1科1属1种，裸藻门、金藻门、黄藻门、甲藻门及隐藻门中均没有记录气生藻类（表1-10）。

表1-10 各门类气生藻类数量的分布特征

	纲	目	科	属	种
蓝藻门	1	4	7	9	15
红藻门	1	1	1	1	1
硅藻门	1	2	2	2	2
绿藻门	2	5	5	5	5
合计	5	12	15	17	23

保护区气生蓝藻有粘球藻属（*Gloeacapsa*）（4种）、粘杆藻属（*Glocothece*）（3种）、念珠藻属（*Nostoc*）（3种）、隐杆藻属（*Aphanothece*）（1种）、肾胞藻属（*Nephrococcus*）（1种）、石囊藻属（*Entophysalis*）（1种）、鞘丝藻属（*Lyngbya*）（1种）、真枝藻属（*Stigonema*）（1种）、集球藻属（*Synechococcus*）（1种）（表1-11）。较常见种类有棕黄粘杆藻（*Glocothece fuscolutea*）、萨麻亚粘杆藻（*G. samoensis*）、颗粒粘球藻（*Gloeacapsa granosa*）、山地粘球藻（*G. montana*）、四体粘球藻（*G. quarternaria*）、利斯莫尔鞘丝藻（*Lyngbya lismorensis*）、地木耳（*Nostoc commune*）、微小念珠藻（*N. microscopicum*）、小真枝藻（*Stigonema minutum*）等。

保护区气生红藻有紫球藻属（*Porphyridium*）（1种）（表1-11），为紫球藻（*Porphyridium purpureum*）。

保护区气生硅藻有肋缝藻属（*Frustulia*）（1种）、泥栖藻属（*Luticola*）（1种）、针杆藻属（*Synedra*）（1种）（表1-11）。主要种类为尖针杆藻放射变种（*Synedra acus* var. *radians*）和类菱形肋缝藻萨克森变种头端变型（*Frustulia rhomboids* var. *saxonica* f. *capitata*）。

保护区气生绿藻有绿球藻属（*Chlorococcum*）（1种）、克里藻属（*Klebsormidium*）（1种）、橘色藻属（*Trentepohlia*）（1种）、头孢藻属（*Cephaleuroe*）（1种）、鼓藻属（1种）（表1-11）。主要种类有土生绿球藻（*Chlorococcum humicola*）、溪生克里藻（*Klebsormidium rivulare*）、冷杉橘色藻（*Trentepohlia abietina*）、卡氏头孢藻（*Cephaleuroe karstenii*）等。

表1-11 气生藻类的种数

门	属	学名	种数	门	属	学名	种数
蓝藻门	隐杆藻属	*Aphanothece*	1	红藻门	紫球藻属	*Porphyridium*	1
	粘杆藻属	*Glocothece*	3	硅藻门	针杆藻属	*Synedra*	1
	集球藻属	*Synechococcus*	1		肋缝藻属	*Frustulia*	1
	肾胞藻属	*Nephrococcus*	1		绿球藻属	*Chlorococcum*	1
	石囊藻属	*Entophysalis*	1		克里藻属	*Klebsormidium*	1
	鞘丝藻属	*Lyngbya*	1	绿藻门	橘色藻属	*Trentepohlia*	1
	念珠藻属	*Nostoc*	2		头孢藻属	*Cephaleuroe*	1
	真枝藻属	*Stigonema*	1		鼓藻属	*Cosmarium*	1

（二）亚气生藻类

本次调查中亚气生藻类共386种，隶属4门7纲22目43科103属，其中，硅藻门10科36属178种，绿藻门19科43属121种，蓝藻门13科23属86种，红藻门均1科1属1种，隐藻门没有记录到亚气生种类（表1-12）。

表1-12 各门类亚气生藻类数量的分布特征

	纲	目	科	属	种
蓝藻门	1	4	13	23	86
红藻门	1	1	1	1	1
硅藻门	2	6	10	36	178
绿藻门	3	11	19	43	121
合计	7	22	43	103	386

保护内亚气生蓝藻中粘球藻属（*Gloeacapsa*）（11种）占绝对优势，其次为粘杆藻属（*Glocothece*）（10种）、色球藻属（*Chroococcus*）（9种）、鞘丝藻属（*Lyngbya*）（8种）（表1-13）。较常见种类有黑色粘球藻（*Gloeacapsa atrata*）、小真枝藻（*Stigonema minutum*）、南雄真枝藻（*S. nanxiongensis*）、地木耳（*Nostoc commune*）、微小念珠藻（*N. microscopicum*）、奥赛双须藻（*Dichothrix orsiniana*）、绳色伪枝藻（*Scytonema myochrous*）等。

表1-13 亚气生蓝藻植物的种数

属名	学名	种数	属名	学名	种数	属名	学名	种数
粘球藻属	*Gloeacapsa*	11	念珠藻属	*Nostoc*	4	集胞藻属	*Synechocystis*	1
粘杆藻属	*Glocothece*	10	星球藻属	*Asterocapsa*	3	隐球藻属	*Aphanocapsa*	1
色球藻属	*Chroococcus*	9	织线藻属	*Plectonema*	3	肾胞藻属	*Nephrococcus*	1
鞘丝藻属	*Lyngbya*	8	单歧藻属	*Tolypothrix*	3	石囊藻属	*Entophysalis*	1
颤藻属	*Oscillatoria*	6	隐杆藻属	*Aphanothece*	2	裂须藻属	*Schizothrix*	1
伪枝藻属	*Scytonema*	5	集球藻属	*Synechococcus*	2	翅线藻属	*Petalonema*	1
真枝藻属	*Stigonema*	5	腔球藻属	*Coelosphaerium*	2	双须藻属	*Dichothrix*	1
眉藻属	*Calothrix*	4	席藻属	*Phormidium*	2			

保护区内亚气生红藻有紫球藻属（*Porphyridium*）（1种）。

保护区亚气生硅藻共36属。其中，羽纹藻属（*Pinnularia*）（26种）为优势属，其次为短缝藻属（*Eunotia*）（17种）、舟形藻属（*Navicula*）（11种）、针杆藻属（*Synedra*）（9种）（表1-14）。主要亚气生硅藻种类有弯月形舟形藻（*Navicula menisculus*）、较大羽纹藻原变种（*Pinnularia major* var. *major*）、纤细内丝藻（*Encyonema gracile*）、切断桥弯藻（*Cymbella excisa*）、缠结异极藻矮小变种（*Gomphonema intricatum* var. *pumilum*）、扁圆卵形藻多孔变种（*Cocconeis placentula* var. *euglypta*）、线性双菱藻（*Surirella linearis*）等。

表1-14　亚气生硅藻植物的种数

属名	学名	种数	属名	学名	种数	属名	学名	种数
羽纹藻属	*Pinnularia*	26	菱形藻属	*Nitzschia*	6	等片藻属	*Diatoma*	2
短缝藻属	*Eunotia*	17	双菱藻属	*Surirella*	5	马雅美藻属	*Mayamaea*	2
舟形藻属	*Navicula*	11	直链藻属	*Melosira*	4	优美藻属	*Delicata*	2
针杆藻属	*Synedra*	9	长篦藻属	*Neidium*	4	窗纹藻属	*Epithemia*	2
脆杆藻属	*Fragilaria*	8	盘状藻属	*Placoneis*	4	棒杆藻属	*Rhopalodia*	2
肋缝藻属	*Frustulia*	7	小环藻属	*Cyclotella*	3	交互对生藻属	*Decussata*	1
辐节藻属	*Stauroneis*	7	布纹藻属	*Gyrosigma*	3	盖斯勒藻属	*Geissleria*	1
异极藻属	*Gomphonema*	7	美壁藻属	*Caloneis*	3	卵形藻属	*Cocconeis*	1
曲壳藻属	*Achnanthes*	7	泥栖藻属	*Luticola*	3	弯楔藻属	*Rhoicosphenia*	1
双壁藻属	*Diploneis*	6	鞍型藻属	*Sellaphora*	3	细齿藻属	*Denticula*	1
内丝藻属	*Encyonema*	6	双眉藻属	*Amphora*	3	盘杆藻属	*Tryblionella*	1
桥弯藻属	*Cymbella*	6	菱板藻属	*Hantzschia*	3	波缘藻属	*Cymatopleura*	1

　　保护区内亚气生绿藻共43属，其中，绝对优势属为鼓藻属（*Cosmarium*）（37种），其次为新月藻属（*Closterium*）（9种）、角星鼓藻属（*Staurastrum*）（7种）（表1-15）。常见的种类有近圆齿鼓藻（*Cosmarium subcrenatum*）、颗粒鼓藻近哈默变种（*C. granatum* var. *subhammenii*）、钝鼓藻（*C. obtusatum*）、厚皮鼓藻原变种（*C. pachydermun* var. *pachydermun*）、雷尼鼓藻（*C. regnellii*）、格里佛单针藻（*Monoraphidium griffithii*）、石生卵囊藻（*Oocystis rupestris*）、珍珠柱形鼓藻（*Penium margaritaceum*）、项圈新月藻（*Closterium moniliforum*）、埃伦新月藻马林变种（*C. ehrenbergii* var. *malinvernianum*）、披针新月藻原变种（*C. lanceolatum* var. *lanceolatum*）、颗粒角星鼓藻原变种（*Staurastrum punctulatum* var. *punctulatum*）等。

表1-15　亚气生绿藻植物的种数

属名	学名	种数	属名	学名	种数	属名	学名	种数
鼓藻属	*Cosmarium*	37	柱形鼓藻属	*Penium*	2	双胞藻属	*Geminella*	1
新月藻属	*Closterium*	9	轮藻属	*Chara*	2	饶氏藻属	*Jaoa*	1
角星鼓藻属	*Staurastrum*	7	四集藻属	*Palmella*	1	橘色藻属	*Trentepohlia*	1
盘星藻属	*Pediastrum*	5	胶球藻属	*Coccomyxa*	1	鞘藻属	*Oedogonium*	1
栅藻属	*Scenedesmus*	5	多芒藻属	*Golenkinia*	1	刚毛藻属	*Cladophora*	1
丝藻属	*Ulothrix*	4	四角藻属	*Tetraedron*	1	中带鼓藻属	*Mesotaenium*	1
水绵属	*Spirogyra*	4	蹄形藻属	*Kirchneriella*	1	螺带鼓藻属	*Spirotaenia*	1
凹顶鼓藻属	*Euastrum*	4	并联藻属	*Quadrigula*	1	梭形鼓藻属	*Netrium*	1
纤维藻属	*Ankistrodesmus*	3	胶囊藻属	*Gloeocystis*	1	宽带鼓藻属	*Pleurotaenium*	1
卵囊藻属	*Oocystis*	3	水网藻属	*Hydrodictyon*	1	微星鼓藻属	*Micrasterias*	1

（续）

属名	学名	种数	属名	学名	种数	属名	学名	种数
单针藻属	*Monoraphidium*	2	韦斯藻属	*Westella*	1	辐射鼓藻属	*Actinotaenium*	1
十字藻属	*Crucigenia*	2	四星藻属	*Tetrastrum*	1	辐射鼓藻属	*Actinotaenium*	1
尾丝藻属	*Uronema*	2	空星藻属	*Coelastrum*	1	叉星鼓藻属	*Staurodesmus*	1
毛枝藻属	*Stigeoclonium*	2	克里藻属	*Klebsormidium*	1			
柱胞鼓藻属	*Cylindrocystis*	2	骈胞藻属	*Binuclearia*	1			

（三）水生藻类

本次调查记录到水生藻类共837种，隶属9门14纲28目57科153属，其中，硅藻门10科45属372种，绿藻门22科66属325种，裸藻门4科9属70种，蓝藻门11科19属51种，甲藻门3科5属8种，金藻门3科4属5种，黄藻门2科2属3种，隐藻门1科2属2种，红藻门1科1属1种（表1-16）。

表1-16 各门类水生藻类数量的分布特征

	纲	目	科	属	种
蓝藻门	1	3	11	19	51
红藻门	1	1	1	1	1
金藻门	2	3	3	4	5
黄藻门	1	2	2	2	3
硅藻门	2	6	10	45	372
隐藻门	1	1	1	2	2
甲藻门	1	1	3	5	8
裸藻门	1	1	4	9	70
绿藻门	4	10	22	66	325
合计	14	28	57	153	837

保护区水生蓝藻植物中颤藻属（*Oscillatoria*）为优势属（10种），其次为鞘丝藻属（*Lyngbya*）（6种）、色球藻属（*Chroococcus*）（5种）（表1-17）。较常见种类有阿氏颤藻（*Oscillatoria agardhii*）、泥汀颤藻（*O. limosa*）、头冠颤藻（*O. sancta*）、束缚色球藻（*Chroococcus tenax*）、层生管胞藻（*Chamaesiphon incrustans*）、棕黄粘杆藻（*Glocothece fuscolutea*）等。

表1-17 水生蓝藻植物的种数

属名	学名	种数	属名	学名	种数
颤藻属	*Oscillatoria*	10	念珠藻属	*Nostoc*	2
鞘丝藻属	*Lyngbya*	6	粘杆藻属	*Glocothece*	1
色球藻属	*Chroococcus*	5	束球藻属	*Gomphosphaeria*	1
裂面藻属	*Merismopedia*	4	管胞藻属	*Chamaesiphon*	1

（续）

属名	学名	种数	属名	学名	种数
鱼腥藻属	*Anabaena*	4	皮果藻属	*Dermocarpa*	1
集胞藻属	*Synechocystis*	3	席藻属	*Phormidium*	1
眉藻属	*Calothrix*	3	伪枝藻属	*Scytonema*	1
隐杆藻属	*Aphanothece*	2	单歧藻属	*Tolypothrix*	1
腔球藻属	*Coelosphaerium*	2	双须藻属	*Dichothrix*	1
螺旋藻属	*Spirulina*	2			

保护区水生金藻有锥囊藻属（*Dinobryon*）（2种）、金钟藻属（*Chrysopyxis*）（1种）、金瓶藻属（*Lagynion*）（1种）、黄群藻属（*Synura*）（1种），较常见种类有分歧锥囊藻（*Dinobryou divergens*）、群聚锥囊藻（*Dinobryon sociale*）；保护区水生黄藻有黄丝藻属（*Tribonema* Derbés）（2种）、无隔藻属（*Vaucheria* De Candolle）（1种），主要种类有近缘黄丝藻（*Tribonema affine*）、整齐黄丝藻（*Tribonema regulare*）、无柄无隔藻（*Vaucheria sessilis*）；保护区水生隐藻有隐藻属（*Cryptomonas* Ehrenberg）（2种），为啮蚀隐藻（*Cryptomonas erosa*）、卵形隐藻（*C. ovata*）（表1-18）。

表1-18 水生金藻、黄藻、隐藻植物的种数

	属名	学名	种数		属名	学名	种数
金藻门	锥囊藻属	*Dinobryon*	2	黄藻门	黄丝藻属	*Tribonema*	2
	金钟藻属	*Chrysopyxis*	1		无隔藻属	*Vaucheria*	1
	金瓶藻属	*Lagynion*	1	隐藻门	隐藻属	*Cryptomonas*	2
	黄群藻属	*Synura*	1				

保护区水生硅藻中羽纹藻属（*Pinnularia*）（47种）为绝对优势属，其次为异极藻属（*Gomphonema*）（40种）、短缝藻属（*Eunotia*）（21种）、针杆藻属（*Synedra*）（19种）、舟形藻属（*Navicula*）（18种）、桥弯藻属（*Cymbella*）（15种）（表1-19）。较常见种类有变异直链藻（*Melosira varians*）、普通肋缝藻原变种（*Frustulia vulgari* var. *vulgaris*）、放射舟形藻（*Navicula radiosa* var. *radiosa*）、弯月形舟形藻（*Navicula menisculus* Schum）、微辐节羽纹藻（细条羽纹藻）原变种（*Pinnularia microstauron* var. *microstauron*）、较大羽纹藻原变种（*Pinnularia major* var. *major*）、纤细内丝藻（*Encyonema gracile*）、埃尔金内丝藻（*Encyonema elginense*）、切断桥弯藻（*Cymbella excisa*）、纤细异极藻原变种（*Gomphonema gracile* var. *gracile*）、披针形异极藻（*G. lanceolatum*）、塔形异极藻（*G. turris*）、扁圆卵形藻多孔变种（*Cocconeis placentula* var. *euglypta*）、线性双菱藻（*Surirella linearis*）等。

表1-19 水生硅藻植物的种数

属名	学名	种数	属名	学名	种数
羽纹藻属	*Pinnularia*	47	峨眉藻属	*Ceratoneis*	5
异极藻属	*Gomphonema*	40	格形藻属	*Craticula*	4

（续）

属名	学名	种数	属名	学名	种数
短缝藻属	*Eunotia*	21	盘状藻属	*Placoneis*	4
针杆藻属	*Synedra*	19	窗纹藻属	*Epithemia*	4
舟形藻属	*Navicula*	18	波缘藻属	*Cymatopleura*	4
桥弯藻属	*Cymbella*	15	等片藻属	*Diatoma*	3
长篦藻属	*Neidium*	14	优美藻属	*Delicata*	3
曲壳藻属	*Achnanthes*	14	卵形藻属	*Cocconeis*	3
辐节藻属	*Stauroneis*	13	棒杆藻属	*Rhopalodia*	3
菱形藻属	*Nitzschia*	13	平板藻属	*Tabellaria*	2
双菱藻属	*Surirella*	13	马雅美藻属	*Mayamaea*	2
内丝藻属	*Encyonema*	12	细齿藻属	*Denticula*	2
美壁藻属	*Caloneis*	11	双肋藻属	*Amphipleura*	1
直链藻属	*Melosira*	9	异菱形藻属	*Anomoeoneis*	1
脆杆藻属	*Fragilaria*	9	拉菲亚属	*Adlafia*	1
弯肋藻属	*Cymbpoleura*	9	交互对生藻属	*Decussata*	1
菱板藻属	*Hantzschia*	8	盖斯勒藻属	*Geissleria*	1
肋缝藻属	*Frustulia*	7	泥栖藻属	*Luticola*	1
布纹藻属	*Gyrosigma*	7	长篦形藻属	*Neidiomorpha*	1
鞍型藻属	*Sellaphora*	7	瑞氏藻属	*Reimeria*	1
双壁藻属	*Diploneis*	5	弯楔藻属	*Rhoicosphenia*	1
双眉藻属	*Amphora*	6	盘杆藻属	*Tryblionella*	1
小环藻属	*Cyclotella*	5			

保护区水生甲藻植物有裸甲藻属（*Gymnodinium*）（2种）、多甲藻属（*Peridinium*）（2种）、拟多甲藻属（*Peridiniopsis*）（2种）、薄甲藻属（*Glenodinium*）（1种）和角甲藻属（*Ceratium*）（1种）（表1-20）。主要种类有裸甲藻（*Gymnodinium aeruginosum*）、钟形裸甲藻（*G. mitratum*）、薄甲藻（*Glenodinium pulvisculus*）、二角多甲藻（*Peridinium bipes*）、微小多甲藻（*P. pusillum*）、坎宁顿拟多甲藻（*Peridiniopsis cunningtonii*）、佩纳形拟多甲藻（*P. penardiforme*）等。

表1-20　水生甲藻植物的种数

属名	学名	种数	属名	学名	种数
裸甲藻属	*Gymnodinium*	2	薄甲藻属	*Glenodinium*	1
多甲藻属	*Peridinium*	2	角甲藻属	*Ceratium*	1
拟多甲藻属	*Peridiniopsis*	2			

保护区水生裸藻中囊裸藻属（*Trachelomona*）（20种）为优势属，其次为裸藻属（*Euglena*）（19种）、鳞孔藻属（*Lepocinclis*）（11种）、扁裸藻属 *Phacus*（10种）（表1-21）。较常见种类有血红裸

藻（*Euglena sanguinea*）、湖生囊裸藻（*Trachelomonas lacustris*）、矩圆囊裸藻原变种（*T. oblonga* var. *oblonga*）、旋转囊裸藻原变种（*T. volvocina* var. *volvocina*）、三棱瓣胞藻（*Petalomonas steinii*）、纺锤鳞孔藻（*Lepocinclis fusiformis*）、编织鳞孔藻具尾变种（*L. texta* var. *richiana*）、尖爪扁裸藻（*Phacus unguis*）等。

表1-21 水生裸藻植物的种数

属名	学名	种数	属名	学名	种数
囊裸藻属	*Trachelomonas*	20	瓣胞藻属	*Petalomonas*	3
裸藻属	*Euglena*	19	弦月藻属	*Menoidium*	2
鳞孔藻属	*Lepocinclis*	11	内管藻属	*Entosiphon*	1
扁裸藻属	*Phacus*	10	陀螺藻属	*Strombomonas*	1
异丝藻属	*Heteronema*	3			

保护区水生绿藻中鼓藻属（*Cosmarium*）（69种）为绝对优势属，其次为新月藻属（*Closterium*）（33种）、栅藻属（*Scenedesmus*）（31种）、角星鼓藻属（*Staurastrum*）（23种）、盘星藻属（*Pediastrum*）（19种）（表1-22）。较常见种类有格里佛单针藻（*Monoraphidium griffithii*）、石生卵囊藻（*Oocystis rupestris*）、水生卵囊藻（*O. submarina*）、卵形胶囊藻（*Gloeocystis ampla*）、龙骨栅藻原变种（*Scenedesmus carinatus* var. *carinatus*）、斜生栅藻（*S. obliquus*）、团集刚毛藻（*Cladophora glomerata*）、诺曼双星藻（*Zygnema normani*）、珍珠柱形鼓藻（*Penium margaritaceum*）、项圈新月藻（*Closterium moniliforum*）、锐新月藻原变种（*C. acerosum* var. *acerosum*）、埃伦新月藻马林变种（*C. ehrenbergii* var. *malinvernianum*）、钝鼓藻（*Cosmarium obtusatum*）、厚皮鼓藻原变种（*C. pachydermun* var. *pachydermun*）、雷尼鼓藻（*C. regnellii*）、近圆齿鼓藻（*subcrenatum*）、颗粒角星鼓藻原变种（*Staurastrum punctulatum* var. *punctulatum*）等。

表1-22 水生绿藻植物的种数

属名	学名	种数	属名	学名	种数
鼓藻属	*Cosmarium*	69	肾爿藻属	*Nephroselmis*	1
新月藻属	*Closterium*	33	球粒藻属	*Coccomonas*	1
栅藻属	*Scenedesmus*	31	盘藻属	*Gonium*	1
角星鼓藻属	*Staurastrum*	23	实球藻属	*Pandorina*	1
盘星藻属	*Pediastrum*	19	空球藻属	*Eudorina*	1
凹顶鼓藻属	*Euastrum*	14	四集藻属	*Palmella*	1
水绵属	*Spirogyra*	11	绿球藻属	*Chlorococcum*	1
丝藻属	*Ulothrix*	7	微芒藻属	*Micractinium*	1
鞘藻属	*Oedogonium*	7	多芒藻属	*Golenkinia*	1
单针藻属	*Monoraphidium*	6	小球藻属	*Chlorella*	1
宽带鼓藻属	*Pleurotaenium*	6	螺翼藻属	*Scotiella*	1
纤维藻属	*Ankistrodesmus*	5	顶棘藻属	*Lagerheimiella*	1

（续）

属名	学名	种数	属名	学名	种数
辐射鼓藻属	*Actinotaenium*	5	小箍藻属	*Trochiscia*	1
叉星鼓藻属	*Staurodesmus*	5	浮球藻属	*Planktosphaeria*	1
四角藻属	*Tetraedron*	4	并联藻属	*Quadrigula*	1
蹄形藻属	*Kirchneriella*	4	水网藻属	*Hydrodictyon*	1
卵囊藻属	*Oocystis*	4	韦斯藻属	*Westella*	1
空星藻属	*Coelastrum*	4	四链藻属	*Tetradesmus*	1
衣藻属	*Chlamydomonas*	3	集星藻属	*Actinastrum*	1
小桩藻属	*Characium*	3	延胞藻属	*Ecballocystis*	1
胶囊藻属	*Gloeocystis*	3	双胞藻属	*Geminella*	1
毛枝藻属	*Stigeoclonium*	3	骈胞藻属	*Binuclearia*	1
棒形鼓藻属	*Gonatozygon*	3	羽枝藻属	*Cloniophora*	1
微星鼓藻属	*Micrasterias*	3	毛鞘藻属	*Bulbochaete*	1
网球藻属	*Dictyosphaerium*	2	螺带鼓藻属	*Spirotaenia*	1
四星藻属	*Tetrastrum*	2	双星藻属	*Zygnema*	1
十字藻属	*Crucigenia*	2	转板藻属	*Mougeotia*	1
尾丝藻属	*Uronema*	2	裂顶鼓藻属	*Tetmemorus*	1
克里藻属	*Klebsormidium*	2	多棘鼓藻属	*Xanthidium*	1
柱胞鼓藻属	*Cylindrocystis*	2	角丝鼓藻属	*Desmidium*	1
梭形鼓藻属	*Netrium*	2	圆丝鼓藻属	*Hyalotheca*	1
轮藻属	*Chara*	2	泰林鼓藻属	*Teilingia*	1
喙绿藻属	*Myochloris*	1	丽藻属	*Nitella*	1

五、藻类植物的保护

根据林奈的两界系统，植物界中的藻类是门类最多的类群，是植物多样性的重要组成部分。梵净山保护区藻类物种多样性与贵州都匀斗篷山自然保护区、麻阳河国家级自然保护区、德江楠杆保护区、江口黄牯山自然保护区藻类、金沙冷水河自然保护区、纳雍珙桐自然保护区、坡岗自然保护区、思南四野屯自然保护区、桐梓柏芷山 - 黄连自然保护区和望谟苏铁自然保护区藻类物种多样性比较，梵净山保护区是最高的地区，共有藻类植物 752 个物种，隶属于 9 门 15 纲 33 目 67 科 172 属 924 个属下分类单位。保护区内各小环境中小水体丰富、栖息地多样化、具有保存完好的原生林等因素都是其种类丰富的主要原因。例如，许多小水体未遭受人为污染，喜清洁水体的藻类得以生长，如胶串珠藻馒形变种（*Batrachospermum gelatinosum* var. *trullatum*）、泡状饶氏藻（*Jaoa bullata*）等；保护区空气质量好，一些气生型藻类如土生绿球藻（*Chlorococcum humicola*）和冷杉橘色藻（*Trentepohlia abietina*）广泛分布，具有胶被的亚气生藻类如色球藻目和念珠藻目的植物也很丰富，它们可进行生物结皮，是原生演替的先锋植物之一。这些环境一旦受到破坏，则容易造成这些种类的缺失，故建议加强保护。

　　就梵净山自然保护区藻类植物的保护而言，从法律法规角度讲，要严格执行《铜仁市梵净山保护条例》和《铜仁市锦江流域保护条例》，依法打击对河流生态系统破坏的行为，减少对河流河道的施工，在河流源头的社区建立行之有效的污水处理系统，减少生活用水和污水的排放；同时，在夏季，严格控制在原生态水体中进行水上活动，减少对洗涤用品等化学物质的使用，减少对森林植被的干扰和破坏，保持原生水体的原真性和周边植被及生境类型的多样性。这些是保护藻类植物多样性最有效的方法。

CHAPTER 02

第二篇

各 论

　　梵净山自然保护区藻类植物共计752个物种，隶属于9门15纲33目67科172属，属下分类单位共计924个。笔者分别对这些物种进行了形态特征描述，记录了其生境和分布地，并附有彩色照片。本书选用光学显微拍摄图片4000余张，彩色版面共714幅。分类系统顺序参照2006年胡鸿钧和魏印心的《中国淡水藻类——系统、分类及生态》编写，属下分类单位按种加词首写字母顺序编排。

┃ 蓝藻门 CYANOPHYTA

（Ⅰ）蓝藻纲 CYANOPHYCEAE

一 色球藻目 CHROOCOCCALES

（一）聚球藻科 Synechococcaceae

1.隐杆藻属 *Aphanothece* Nägeli

原植体为不定群体，细胞间由胶质黏合，呈不规则的团块或呈球状体。群体胶被均匀透明，较厚，少数薄。胶被无色或在边缘呈黄色至棕黄色。个体细胞的胶被一般彼此融合，极少有层理。细胞呈杆状、椭圆形至圆桶形，细胞内的原生质体均匀，无颗粒体，呈淡蓝绿色至亮蓝绿色。生境主要为潮湿岩壁。

[1]灰绿隐杆藻

Aphanothece pallida (Kütz.) Rabenh. (Krypt.) Flor Sachsen. p. 76, Geitler, 1932; 朱浩然：中国淡水藻志，Vol. 2, p. 26, plate: VII: 2, 1991.

原植体呈球形、亚球形或不规则的团块，蓝绿色、橄榄绿色至黄棕色。群体胶被透明，个体胶被常融合，或仅群体边缘细胞的胶被具层理。细胞长椭圆形或桶形，直径5～6μm，长为直径的1.5～2倍。

生境：生活于渗水石表、潮湿的岩表、墙壁上或土壤表面。

国内分布于吉林、安徽、福建、广东、海南、广西、陕西；国外分布于印度、德国；梵净山分布于团龙清水江、乌罗镇石塘。

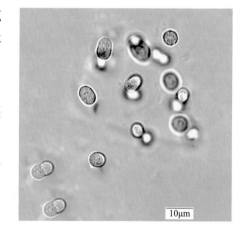

10μm

[2]静水隐杆藻

Aphanothece stagnina (Spreng.) A. Br., Rabenhorst, Alg. Eur. No. 1572, 1865; 朱浩然：中国淡水藻志，Vol. 2, p. 30, plate: IX: 4, 1991.

原植体呈球形、椭圆形或圆桶形，直径为50～100μm。群体胶被无色透明，均匀。细胞在群体中密集或分散，个体胶被溶化。细胞呈短圆柱形或两端钝圆的亚球形，直径3～5μm，长4～7μm。原生质体淡蓝绿色至亮蓝绿色。

生境：生于池塘、沟渠、水池、稻田或渗水石表。

国内分布于上海、江苏、安徽、福建、广东、四川、云南、西藏、陕西；梵净山分布于清渡河公馆、亚木沟、张家屯、乌罗镇寨朗沟。

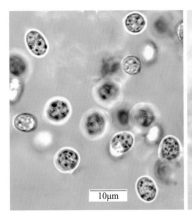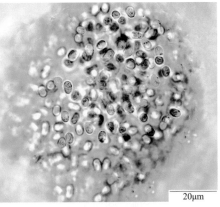

2.粘杆藻属 *Glocothece* Nägeli

原植体为不定群体，细胞间由胶质黏合，呈不规则的团块或呈球状体。个体细胞及群体胶被较厚、黏滑，常具有明显层理，有时个体细胞胶被与群体胶被融合，造成层理不清楚。胶被无色，或呈黄色、棕黄色、蓝绿色、橄榄绿色、紫绿色以至淡红色及红色。细胞呈椭圆形、长椭圆形或圆柱形，有时细胞略具弧形弯曲，两端宽圆至圆形。

[3]汇合粘杆藻

Glocothece confluens Näg. Gatt. Einzell. p. 58, p. lg. fig. 1894; 朱浩然：中国淡水藻志, Vol. 2, p. 64, plate: XXVI: 4, 1991.

原植体为淡黄色、棕红色或灰绿色，由1个或2、4个细胞组成小群体，再汇合成大群体，直径为20～70μm。公共胶被厚2.5～4.5μm，无色，边缘部分细胞的胶被具层理。细胞椭圆形至圆柱形，两端宽圆，直径2～3μm，长6～7μm，包括胶被个体直径8～10μm，长12～18μm，原生质体均匀或具细微颗粒、蓝绿色至橄榄绿色。

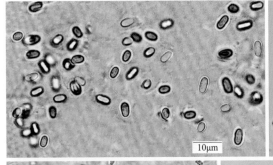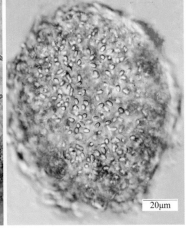

生境：亚气生性，生长于潮湿的石壁或渗水石表，常混生于苔藓植物之间。

国内分布于吉林、江苏、安徽、福建、湖南、广东、海南、四川、甘肃、新疆、贵州；国外分布于德国；梵净山分布于鱼坳、老金顶。

[4] 棕黄粘杆藻

Glocothece fusco-lutea Näg., 1849; 朱浩然: 中国淡水藻志, Vol. 2, p. 66, plate: XXVII: 4, 1991.

原植体蓝绿色至棕黄色，由1或2个细胞组成小群体，或更多的细胞集合成大群体，直径50～100μm。公共胶被厚5～6μm，黄色、棕黄色至金黄色，具层理或层理不明显。细胞圆柱形至广椭圆形，两端宽圆，直径4～6μm，长6～8μm，包括胶被的直径7～10μm，长10～12μm，原生质体均匀或具微细颗粒，蓝绿色。

生境：生长于潮湿岩石、滴水岩石、树皮、土表或小溪的石块上。

国内分布于安徽、福建、广东、海南、重庆、西藏、陕西；国外分布于德国；梵净山分布于坝梅村、团龙清水江、德旺净河村老屋场、红云金顶、清渡河靛厂。

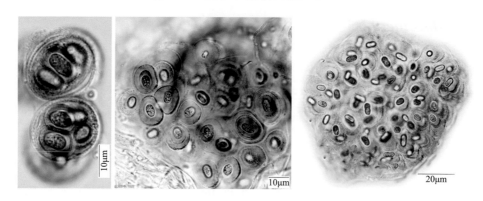

[5] 线形粘杆藻

Glocothece linearis Näg., Gatt. Einzett. Alg. p. 58; Geitler, 1932; 朱浩然: 中国淡水藻志, Vol. 2, p. 60, plate: XXIV: 4, 1991.

原植体略扩展为片状，具黏滑感，橄榄绿色。细胞单生或由2、4个细胞组成群体，或许多细胞的胶被相互融合成大的不定形群体。群体胶被无色，宽厚，无层理。细胞杆状、圆柱形，直或弯曲，两端宽圆，直径1.2～2μm，长3～8μm，包括胶被直径5～6μm，长6～17μm。原生质体均匀或具微小颗粒，淡蓝绿色至蓝绿色。

生境：亚气生性，生长于潮湿的岩石上。

国内分布于北京、内蒙古、吉林、江苏、安徽、湖南、广东、海南、广西、重庆、西藏；国外分布于西印度、德国，北美洲；梵净山分布于清渡河靛厂。

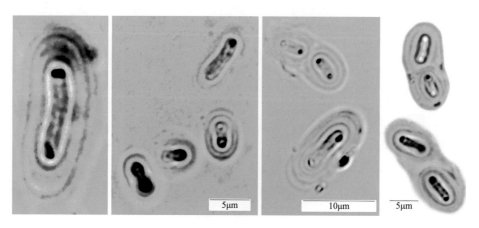

[6] 稃状粘杆藻

Glocothece palea (Kütz.) Rabenh., Flor. Europa Alg. 2, p. 69; 朱浩然：中国淡水藻志, Vol. 2, p. 64, plate: XXVI: 5, 1991.

原植体扩展为球形或卵形、橄榄绿色，手感黏滑。由1～2个细胞组成小群体，胶被无色，不具层理或在边缘处具微弱黄褐色的层理。细胞圆柱形至长圆柱形，直径3～5μm，长5.5～11μm，包括胶被的直径7～12μm，长10～17μm。原生质体中具微细颗粒，灰蓝绿色，橄榄绿色。

生境：生长于潮湿及渗水石表或土表，常混生于其他胶质的蓝藻或苔藓植物间。

国内分布于吉林、福建、湖南、广东、海南、云南、西藏；国外分布于苏联、德国、缅甸；梵净山分布于德旺茶寨村大溪沟。

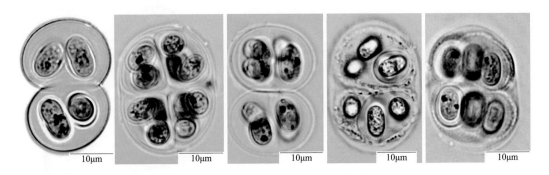

[7] 岩生粘杆藻

[7a] 原变种

Glocothece rupestris var. ***rupestris*** (Lyngbye) Bornet., Wittrick et Nord., Alg. Exsicc. No.335; Geitler, p. 221, 1932; 朱浩然：中国淡水藻志, Vol. 2, p. 61, plate: XXV: 4, 1991.

原植体为橄榄绿色至蓝绿色的胶质群体，由1至数个细胞组成直径20～30μm的群体。胶被厚4～6μm，无色或淡黄色，具明显层理1～4层。细胞椭圆形或两端宽圆的圆柱，直径4～5μm，长6～11μm，包括胶被直径10～15μm，长15～20μm。原生质体均匀或具细小颗粒，橄榄绿色至蓝绿色。

生境：亚气生性，生长在潮湿岩石、渗水岩石、流水岩石上等。

国内分布于吉林、安徽、福建、湖南、广东、海南、广西、四川、重庆、云南、西藏、陕西、甘肃；国外分布于苏联、欧洲的法罗群岛、北美洲的百慕大群岛；梵净山分布于团龙清水江、乌罗镇石塘、德旺茶寨村大溪沟、净河村老屋场、清渡河靛厂。

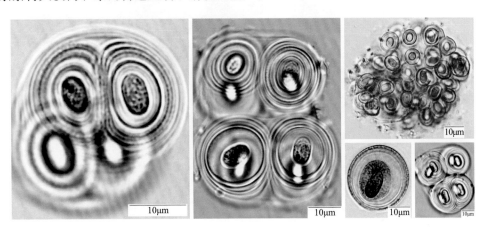

[7b] 岩生粘杆藻大型变种

Glocothece rupestris var. ***maxima*** W. West, Jourh. Roy. Mier Soc. p. 743 1892; 朱浩然: 中国淡水藻志, Vol. 2, p. 63, plate: XXVI: 1, 1991.

　　该变种公共胶被厚4～5μm, 无色或淡黄色, 具层理1～2层。个体胶被厚6～8μm, 具明显层理, 多数为4层。细胞椭圆形, 直径7～9μm, 长10～14μm, 包括胶被直径18～22μm, 长20～30μm。原生质体均匀, 蓝绿色。

　　生境: 生长于山区滴水下的石壁或潮湿岩石上, 与泥炭藓混生。

　　国内分布于安徽、四川、重庆; 国外分布于缅甸; 梵净山分布于鱼坳。

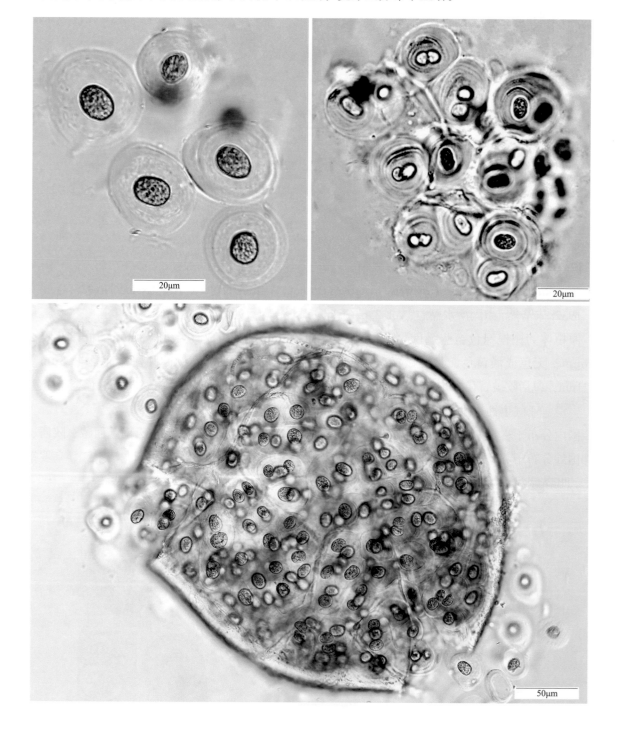

[7c] 岩生粘杆藻小型变种

Glocothece rupestris var. ***minor*** Jao, Sinensia 10 (1～6) p. 178, pl . I, fig. 1: Ley, 1939; 朱浩然: 中国淡水藻志, Vol. 2, p. 62, plate: XXV: 5, 1991.

与原变种相比, 该变种在于公共胶被厚3～6μm, 无色或淡黄色, 具明显层理3～5层。个体胶被明显, 具层理。细胞相对较长, 两端宽圆, 直径3～4μm, 长6～7μm, 包括胶被直径6～8μm。长8～10μm, 原生质体具细小的颗粒, 蓝绿色或淡铜黄色。

生境: 生长在潮湿岩石、滴水下岩石或土表以及树皮上或与泥炭藓混生。

国内分布于吉林、安徽、湖南、广东、海南、广西、四川、重庆、新疆; 梵净山分布于鱼坳旅游线、大河堰杨家组、清渡河茶园坨。

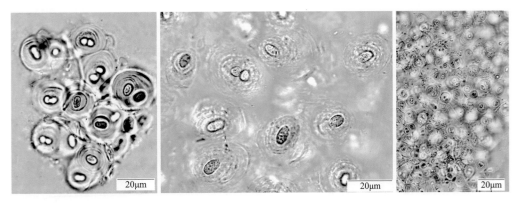

[7d] 岩生粘杆藻温室变种

Glocothece rupestris var. ***tepidariorum*** (A. Braun) Hansgirg, Prodro. Alg. Fl. Bohmen, 2, p. 134; Geitler, 1932; 朱浩然: 中国淡水藻志, Vol. 2, p. 62, plate: XXV: 6, 1991.

该变种为黄绿色, 公共胶被厚, 10～13μm, 无色或淡黄色, 具明显层理。细胞椭圆形至圆柱形, 直径5～6μm, 长9～10μm, 包括胶被直径22～30μm, 原生质体具细微颗粒, 蓝绿色。

生境: 亚气生性, 生长于潮湿的石壁或土表, 常混生于苔藓植物之间。

国内分布于湖南、广东、广西、重庆; 国外分布于德国, 非洲北部、北美洲; 梵净山分布于鱼坳、清渡河。

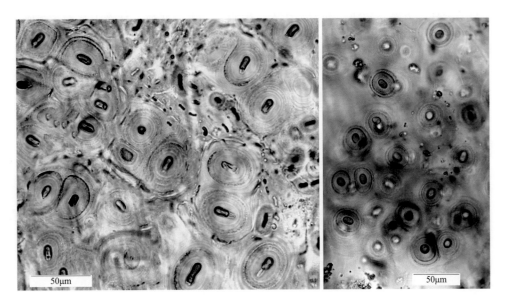

[8] 萨麻亚粘杆藻

Glocothece samoensis Will, Süssw, Alg. Samoa Ins, Hedwigis 53, p. 144, Rechinger, 1914; 朱浩然：中国淡水藻志, Vol. 2, p. 64, plate: XXVI: 6, 1991.

原植体为暗绿色。由2、4个细胞组成小群体，小群体再汇合成大群体，公共胶被厚2.5～3μm，无色，层理不明显。细胞椭圆形或卵形，直径4～5μm，长约8μm，包括胶被直径7～10μm，长为11μm，原生质体具细微颗粒，蓝绿色。

生境：亚气生性，生长于潮湿的石壁、渗水石表或树皮等表面。

国内分布于黑龙江、安徽、广东、海南、四川、云南、西藏；国外分布于印度，萨摩亚群岛；梵净山分布于金顶的湿石壁表（黏质皮状，与苔藓混生）。

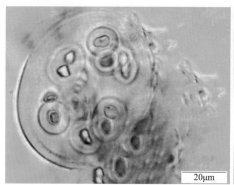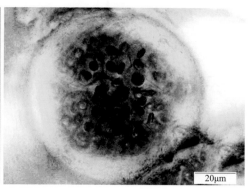

[9] 沙生粘杆藻

Glocothece tophacea Skuja, in Heinrich Handel–Mazzetti: Symbolae Sinicae, Teil. I, p. 15, i. I, fig. 2. p. pl. I, fig. 1937; 朱浩然：中国淡水藻志, Vol. 2, p. 61, plate: XXV: 3, 1991.

原植体呈团块状或扩展呈片状体，蓝绿色。由1～2个细胞组成小群体，直径6～8μm。公共胶被厚1.5～2μm，无色，有或无层理。细胞杆状、长椭圆形，两端宽圆，直径1.2～1.5μm，长2.5～4μm，包括胶被直径4～5μm，长6～8μm。原生质体均匀，蓝绿色或铜绿色。

生境：生长于石灰岩、滴水岩石或树皮上，与泥炭藓混生。

国内分布于吉林、安徽、福建、湖南、广东、海南、云南、新疆；梵净山分布于鱼坳。

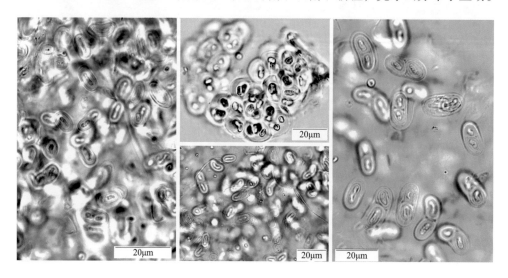

3. 集球藻属（聚球藻属）*Synechococcus* (Näg.) Elenk.

原植体为单细胞或2个细胞相连，极少为多细胞群体，不具或具极薄胶被。细胞呈圆柱形、卵形或椭圆形，两端宽圆。原生质体均匀或具有微小颗粒，蓝绿色或深绿色。繁殖为横分裂形成1个分裂面。

[10] 铜绿集球藻

Synechococcus aeruginosus Näg. Gatt. einzell. Alg. p. 56, pl. I, fig. el., Geitler, 1932, p. 274, f. 133d, e; 朱浩然：中国淡水藻志，Vol. 2, p. 71, plate: XXIX: 2, 1991.

原植体为单个细胞或分裂后2个子细胞紧密相连，无胶被。细胞圆柱形，两端广圆，直径12～18μm，长20～30μm，长为宽的1.8～3倍。原生质体均匀或具小颗粒，蓝绿色。

生境：气生性或亚气生性，潮湿岩表或滴水岩表。

国内分布于新疆、陕西、西藏、福建、湖南、广西、广东、四川、重庆、云南、海南；国外分布于缅甸、德国、美国，大洋洲、苏联、格陵兰、弗罗群岛；梵净山分布于亚木沟。

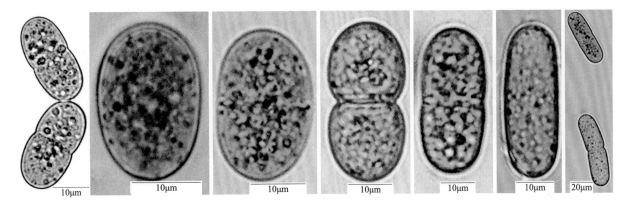

[11] 细长集球藻

Synechococcus elongatus Näg. Gatt. einzell. Alg., p. 56, 1849; 朱浩然：中国淡水藻志，Vol. 2, p. 70, plate: XXVIII: 8, 1991.

原植体细胞为直或略弯的圆柱形或长圆形，两端宽圆，细胞单独存在或2～3个细胞纵向相连。细胞直径0.7～1.5μm，长1.5～2μm，细胞原生质均匀或具微小颗粒。

生境：繁生于潮湿的土壤或岩石表面、树干、滴水岩石、古庙墙壁之上，溪边亦有生长，分布极广。

国内分布于湖北、四川、重庆、贵州（西南部）；国外分布于印度、苏联、德国；梵净山分布于坝溪沙子坎的滴水石壁表（呈胶质状）。

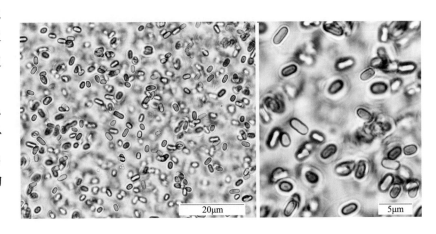

（二）裂面藻科 Merismopediaceae

4.集胞藻属 *Synechocystis* Sauv.

　　原植体为单细胞，或多细胞聚集成球状团块。细胞胶被薄膜状，无色透明。细胞球形，进行横分裂繁殖时呈半球形，具1个分裂面。原生质体均匀或具微小颗粒。

[12] 水生集胞藻

Synechocystis aquatilis Sauv., Algues recolt, en Algerie Bull. Bot. France 39, p. 121, pl. 6. fig. 2; Geitler, 1932, Cyanophyceae, p. 270; 朱浩然：中国淡水藻志, Vol. 2, p. 68, plate: XXVIII: 1, 1991.

　　原植体为单细胞，或在细胞分裂后的2个细胞未分开。细胞球形、半球形，直径6～9μm，个体胶被不明显。原生质体均匀，有时具微细颗粒，蓝绿色。

　　生境：生长在潮湿地区或温泉流过的池中，有时也在盐泽中生长。

　　国内分布于安徽、福建、广东、四川、云南、西藏、甘肃、宁夏、新疆；国外分布于苏联、印度、阿尔及利亚、美国；梵净山分布于大河堰沟边水坑。

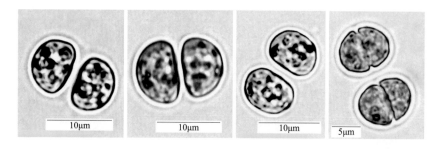

[13] 极小集胞藻

Synechocystis minuscula Woron Biol. Seen pjatigorisk, Arch. Hydrobiol. 17, p. 642; Y. Y. Li, 1985; 朱浩然：中国淡水藻志, Vol. 2, p. 69, plate: XXVIII: 5, 1991.

　　原植体为单细胞，或在细胞分裂后的2个细胞未分开。细胞球形、亚球形，细胞直径1.7～2.5μm。胶被极薄，无色透明。原生质体均匀，蓝绿色。

　　生境：温泉、池塘、湖沼或水井的石头上。

　　国内分布于福建、广东、西藏、甘肃；国外分布于苏联；梵净山分布于亚木沟景区大门荷花池内。

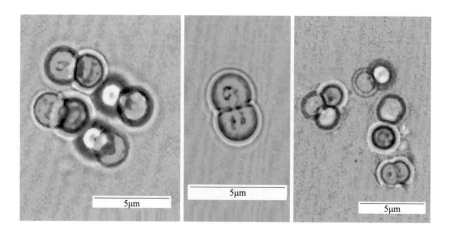

[14] 惠氏集胞藻

Synechocystis willei Gardner, New Myxophyceae, Porto Rico. Mem.New York Bot. Gard.7: 2, pl. I, fig. 2, 1927. 朱浩然: 中国淡水藻志, Vol. 2, p. 68, plate: XXVIII: 3, 1991.

原植体为单细胞，或细胞分裂后的2个细胞不分开。细胞球形，直径3～4μm，原生质体均匀，蓝绿色或灰铜绿色。

生境：生长在温泉或淡水水体中浮游藻类。

国内分布于江苏、安徽、福建、广东、海南、四川、西藏、新疆；国外分布于非洲、美冰岛、北美洲，苏联、印度；梵净山分布于金顶。

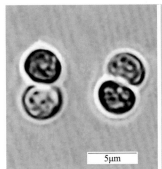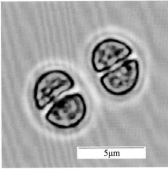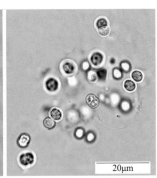

5. 隐球藻属 *Aphanocapsa* Nägeli

原植体为由2至多数细胞组成的群体，呈球形、卵形、椭圆形或不规则形。群体胶被厚、柔软，无色、黄色、棕色或蓝绿色。群体中由2～4个细胞组成一个小群体，小群体之间相隔一定距离。细胞球形，个体胶被不明显。原生质体均匀，无假空胞，浅蓝色、亮绿色或灰蓝色。细胞有3个分裂面。

[15] 山地隐球藻

Aphanocapsa montana Cramer, in Wartmann and Schenk, Krypto. no. 134. 1862; 朱浩然: 中国淡水藻志, Vol. 2, p. 22, plate: V: 1, 1991.

原植体为无色、黄绿色、蓝绿色或橄榄绿色的胶质团块。群体公共胶被无色，均匀。细胞球形，单独存在或2个一起形成小群体，小群体被包埋在公共胶被中。细胞直径2.5～3.5μm，原生质体淡蓝绿色或灰黄色。

生境：亚气生性，生于潮湿土表或岩石上。

国内分布于吉林、江苏、安徽、福建、湖北、广东、海南、广西、四川、重庆、陕西、甘肃、新疆；国外分布于印度、德国；梵净山分布于清渡河靛厂潮湿石表。

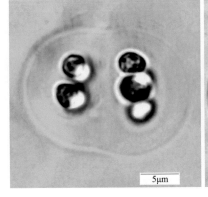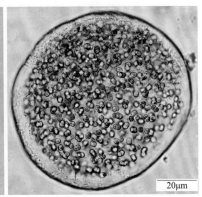

6. 裂面藻属（平裂藻属）*Merismopedia* Meyen

原植体为胶质群体，由一层整齐排列的细胞构成平板状或卷曲，常为淡水中浮游性藻类。群体胶被无色透明、柔软。细胞一般2个一对，2对为一个单元，再由4个小组为一小组，小组再聚集成小群体，小群体细胞常为32～64个，小群体再组成大群体，大群体细胞数可多达数百个至数千个。细胞浅蓝绿色、亮绿色，少数为玫瑰红色至紫蓝色。细胞球形、半球形或长圆形，每个细胞有两个互相垂直的分裂面，原生质体均匀。

[16] 旋折裂面藻

Merismopedia convolute Bréb. Kützing, Spec. Alg. p. 472. 1849; 朱浩然: 中国淡水藻志, Vol. 2, p. 81, plate: XXXI: 5, 1991.

原植体大型，成板状或折叠片状。细胞球形、半球形或长圆形，直径4～5μm，高6～8μm。原生质体均匀，蓝绿色。

生境：一般生长于各种静水水体，如湖泊、池塘、水洼和稻田中。

国内分布于江苏、安徽、山东、四川、新疆；国外分布于欧洲、北美洲、大洋洲；梵净山分布于快场、德旺净河村老屋场洞下。

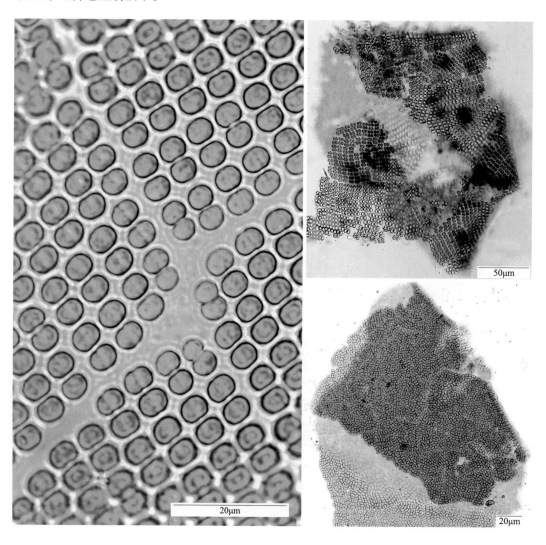

[17] 银灰裂面藻

Merismopedia glauca (Ehr.) Näg., Gatt. Einzell Alg. p. 55, pl. D, fig. 1, 1849; 朱浩然：中国淡水藻志，Vol. 2, p. 80, plate: XXXI: 12, 1991.

原植体微小，群体为四方形或长方形，细胞间排列紧密，较为平整。细胞球形、半球形，直径 3～6μm。胶被均匀不明显。细胞原生质体均匀，有或无颗粒，有时具大颗粒，蓝绿色或灰青蓝色。

生境：浮游藻类，生长于各种淡水水体如湖泊、池塘、积水洼地、水沟。

国内分布于北京、内蒙古、辽宁、吉林、黑龙江、上海、江苏、安徽、江西、山东、湖北、湖南、广东、海南、四川、云南、西藏、新疆；国外分布于苏联、德国、斯里兰卡、印度、日本，爪哇岛、新地岛，北美洲、大洋洲、非洲、欧洲；梵净山分布于清渡河茶园坨、清渡河公馆。

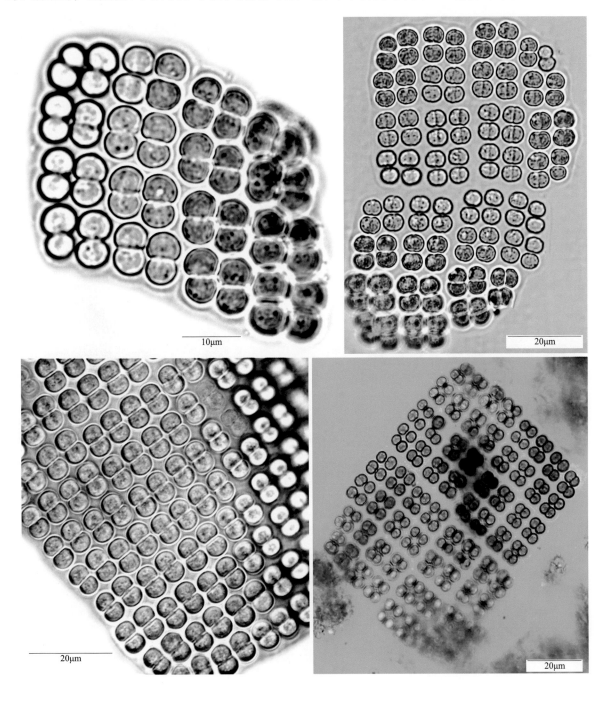

[18]马氏裂面藻

Merismopedia marssonii Lemm. Ber, deutsch. Bet, Ges. p. 31. 1900; Geiller, 1932. p. 265; Skuja, 1937, p. 16; 朱浩然: 中国淡水藻志, Vol. 2, p. 79, plate: XXXI: 7, 1991.

原植体平板状。细胞在群体中互相密贴，且4个细胞成一小组，胶被厚1～2μm，无色透明。细胞较小，球形或半球形，直径2～2.5μm。原生质体均匀，蓝色或紫红色，有假空胞。

生境：浮游藻类，生长于河流、湖泊、池塘中。

国内分布于安徽、福建、贵州（贵阳）；国外分布于苏联、德国；梵净山分布于锦江、德旺岳家寨红石梁。

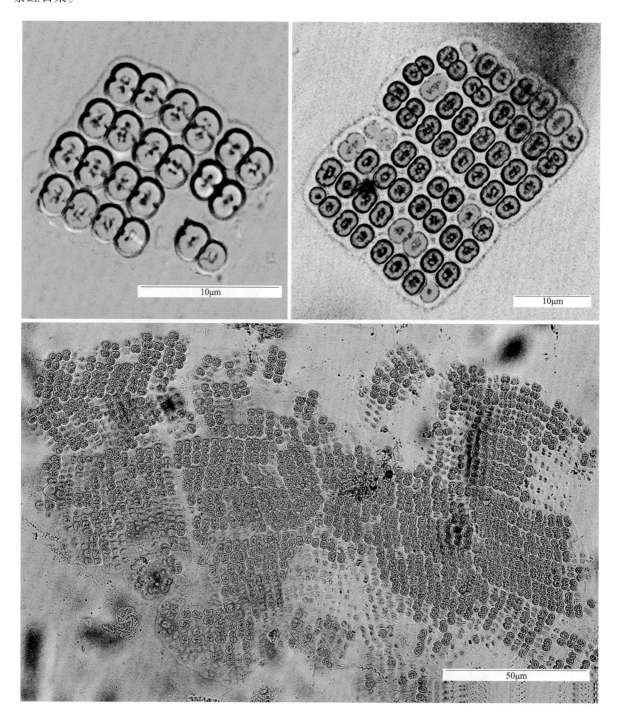

[19] 点形裂面藻

Merismopedia punctata Meyen Wiegm Arch. p. 67. 1839; 朱浩然：中国淡水藻志, Vol. 2, p. 79, plate: XXXI: 10, 1991.

原植体较小，一般由8、16、32或64个细胞组成，排列整齐。细胞球形、宽卵形或半球形，直径2.3～3.5μm。原生质体均匀，淡蓝绿色或蓝绿色。

生境：浮游藻类，繁生于各种淡水水体中，常混杂在其他藻类间，数量少。

国内分布于北京、内蒙古、吉林、黑龙江、江苏、浙江、安徽、福建、湖北、湖南、广东、海南、广西、四川、云南、陕西、甘肃、宁夏、新疆；国外分布于苏联、德国，法罗群岛，非洲、南极洲；梵净山分布于马槽河、张家坝、张家屯、高峰村、锦江、郭家湾、太平河、习家坪、快场、两河口、熊家坡、金厂河。

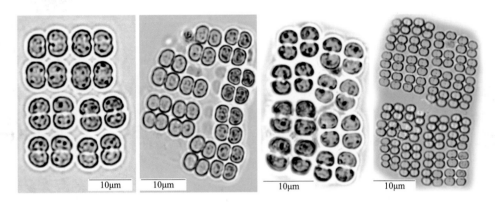

[20] 微小裂面藻

Merismopedia tenuissima Lemm., Beitr. Kenutn. Planktonalg., Bot. Centraibl. 76, p. 154, 1989. 朱浩然：中国淡水藻志, Vol. 2, p. 79, plate: XXXI: 9, 1991.

原植体常呈正方形，常由4个细胞组成小群体，小群体再构成大群体，群体胶被薄，个体胶被明显或溶化。细胞微小，呈球形或半球形，直径1.5～2.0μm。原生质体均匀，蓝绿色。

生境：生活于淡水或微咸水中，分布于各种静水水体。

国内分布于黑龙江、吉林、辽宁、北京、安徽、江苏、福建、广东、新疆、四川、云南、海南；国外分布于苏联，欧洲、北美洲，法罗群岛、爪哇岛；梵净山分布于坝梅村水塘。

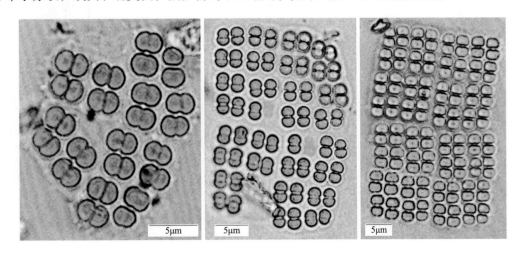

7.腔球藻属 *Coelosphaerium* Nägeli

原植体是由多细胞组成的浮游型胶质群体。群体呈球形、长圆形、椭圆形或略不规则群体。群体胶被厚实，无色，质地均匀或有辐射状纹理，细胞在群体胶被内侧排列成一层，内部围成一个空腔。细胞球形、半球形、椭圆形至倒卵形，个体胶被不明显或不存在。

[21]不定腔球藻

Coelosphaerium dubium Grun. in Robenh. fl. Eurl Alg, 2. p. 55, 1865; 朱浩然：中国淡水藻志, Vol. 2, p. 84, plate: XXXII, 6, 1991.

原植体呈球形或不规则形，小群体直径100～160μm，复合群体直径达300μm，群体胶被厚而坚实，厚达10～15μm，无色或黄色，无层理。细胞球形，直径5～7μm，在公共胶被的表面下密集成一单层。原生质体具伪液泡。

生境：生长于池塘、湖泊、河溪、稻田及其他大小静水水体或滴水岩壁。

国内分布于吉林、江苏、安徽、福建、广东、海南、新疆；国外分布于印度、斯里兰卡、苏联、德国、美国；梵净山分布于清渡河靛厂。

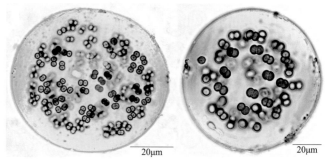

[22]纳氏腔球藻

Coelosphaerium naegelianum Unger, Beitr. kenntn. nied. Alg. Form. Denkschr. Ak. Wiss. Wien. 7. 1845; 朱浩然：中国淡水藻志, Vol. 2, p. 83, plate: XXXII, 3, 1991.

原植体呈球形、椭圆形、肾形或不规则形的群体，直径50～100μm，群体胶被宽、厚、无色透明，无层理。细胞倒卵形或椭圆形，直径3.5～5μm，长5～7μm，在群体胶被的表面下密集成一单层。原生质体具伪液泡。

生境：池塘、湖泊、水库、稻田、山溪旁积水处或渗水石表。

国内分布于内蒙古、吉林、上海、江苏、杭州、安徽、广东、海南；国外分布于印度、德国；梵净山分布于德旺茶寨村大溪沟。

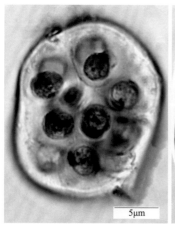
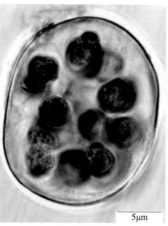
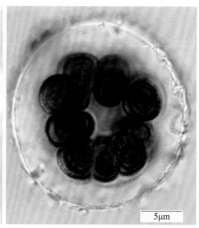

8.束球藻属 *Gomphosphaeria* Kützing

原植体微小胶质群体，呈球形、椭圆形或卵形。胶被无色透明，质地均匀无层理。细胞呈梨形、倒卵形或椭圆形。群体中的细胞由2、4个一组后再排列成一层，每个细胞内侧有一条胶质柄，然后胶质柄两两连接，依次形成多级二叉分枝抵达群体中央，形成放射状胶柄系统。细胞浅灰色、蓝绿色或橄榄绿色，原生质体均匀或有小颗粒，无假空胞。以细胞分裂或群体断裂的方式繁殖。

[23] 湖泊束球藻

Gomphosphaeria lacustris Chodat, Etud. Biol, lac., Bull. Therbier Boissier. 6. p. 180, fig. I. 1898; 朱浩然: 中国淡水藻志, Vol. 2, p. 84, plate: XXⅪⅡ: 1, 1991.

原植体一般呈球形或椭圆形，直径达30～40μm。公共胶被均匀，无色透明。细胞球形至宽椭圆形，直径1.5～2.5μm，长2～4μm，个体胶被明显或不明显。细胞在群体中一般由2或4个组成一组，排列于群体外围，被公共胶被包裹，中部为囊腔。囊腔内具辐射双叉分枝的胶索系统，有时不十分明显。原生质体均匀，淡蓝绿色或亮蓝绿色。

生境：浮游蓝藻，生长于池塘、鱼池、水田或浅水塘等各种静止水体中的。

国内分布于北京、河北、内蒙古、吉林、黑龙江、江苏、安徽、广东、四川、贵州（草海）、云南、西藏、甘肃、新疆；国外分布于印度、苏联、德国；梵净山分布于小坝梅村水田、大河堰水田。

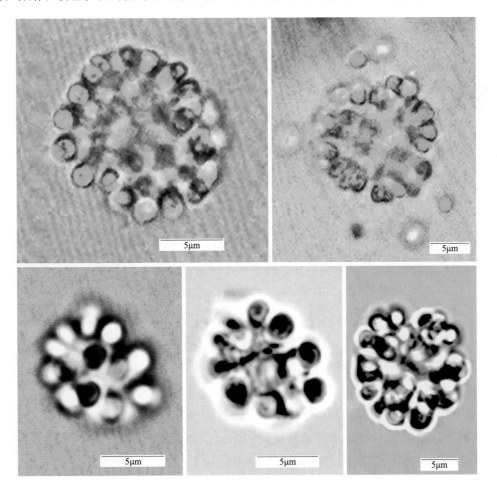

（三）微囊藻科 Microcystaceae

9.粘球藻属 *Gloeacapsa* (Krüzing) Elenkin

原植体为多细胞组成的胶质群体，球形或不定形，群体由2、4、8个或多达数百个细胞组成。群体胶被均匀透明，有明显层理，呈无色、黄色、褐色等各种色彩。细胞球形，个体胶被常融合在群体胶被中，少数可看到融合痕迹或新旧胶被互相形成不规则层次。原生质体均匀或含有颗粒体，呈蓝绿色、蓝青色、橄榄绿色、黄色、橘黄色、紫色或红色等。细胞具有2或3个分裂面。该植物主要为亚气生性或气生性种类，常见于潮湿石壁或湿润土壤表面。

[24] 铜绿粘球藻

Gloeacapsa aeruginosa (Carm.) Kütz Tab. Phyc. I, pl. 21, fig. 2, 1845～1849; 朱浩然: 中国淡水藻志, Vol. 2, p. 48, plate XVII: 1, 1991.

原植体呈皮壳状，由2～8个细胞组成小群体，再由小群体组成大群体。群体胶被极厚，直径21～23μm，有时可达100μm，早期群体胶被无色，层理不明显，后期呈角质状，外部增厚，层次增多。细胞球形至近球形，直径2.5～3.5μm。原生质体均匀，蓝绿色。

生境: 生长在树皮、岩石、土表上，并与其他蓝藻混生在苔藓植物之间。

国内分布于安徽、广东、广西、四川、云南、陕西；国外分布于印度、德国，美洲，西印度群岛、爪哇岛、格陵兰；梵净山分布于德旺茶寨村大溪沟渗水石表。

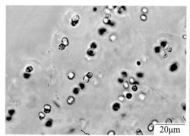 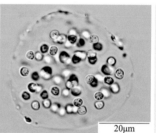 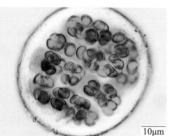

[25] 黑色粘球藻

Gloeacapsa atrata (Turpin) Kütz. Tab. Phyc. I. pl. 21,fig. 4, 1846; 朱浩然: 中国淡水藻志, Vol. 2, p. 48, plate: XVIII: 1, 1991.

原植体呈黑色或黑紫色。细胞单独存在，或2、4个细胞组成小群体，小群体再聚集成大群体，直径可达150μm，群体公共胶被厚实，黑紫色。细胞球形或因分裂呈长圆形，直径3～5μm，包括胶被直径9～13μm，原生质体均匀，绿色偏紫黑色或蓝绿色。

生境: 亚气生性，喜阴湿环境，生长于潮湿的石壁，常与其他具胶被的藻类混生。

国内分布于辽宁、吉林、四川、云南、福建、广东、广西、海南；国外分布于德国、印度、美国；梵净山分布于鱼坳（与泥炭藓混生）、金顶的湿石壁表（呈黏质皮状）清渡河靛厂、茶园坨滴水岩表。

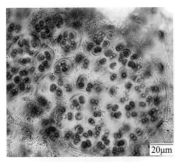  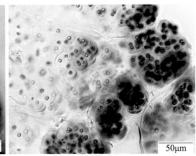

[26] 剥落粘球藻

Gloeacapsa decorticans (A. Br.) P. Richt, Ex. Wille, Nyt. Mag. Naturvid., 62: 186, 1925; 朱浩然: 中国淡水藻志, Vol. 2, p. 45, plate: XV: 5, 1991.

原植体呈蓝绿色至灰绿色。细胞球形，分裂后不分离而呈半球形，有时呈长圆形。直径5~7μm，包括胶被10~15μm，细胞单生或由2~4个细胞组成小群体，它们有时汇合成不定形的大群体；胶被无色，具明显层理。

生境：生长于渗水或潮湿的岩石上。

国内分布于广东；梵净山分布于清渡河靛厂、亚木沟、德旺净河村老屋场。

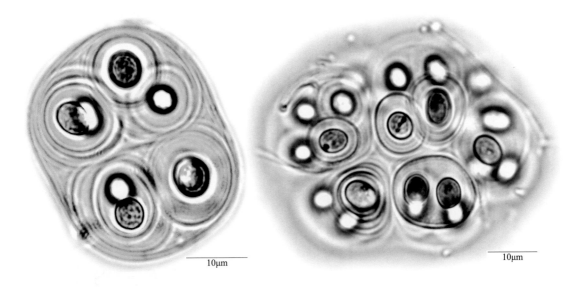

[27] 巨大粘球藻

Gloeacapsa gigas W. et G. S. West Journ. Linn. Soc. (Bot.) 30, p. 276, fig. 11~13; 朱浩然: 中国淡水藻志, Vol. 2, p. 49, plate: XVIII: 3, 1991.

原植体呈近球形或圆球形。单独存在或多数集合，直径达30~100μm。细胞2~4个或更多的组成小群体。群体胶被黄色至黄褐色，胶被层理不明显。细胞球形或近球形，直径7.3~11.5μm。原生质体具颗粒体，蓝绿色或橄榄绿色。

生境：亚气生性或水生，常混生于其他蓝藻之间或附生于苔藓及其他水生植物体上。

国内分布于吉林、江苏、浙江、安徽、福建、广西、四川、重庆、西藏；国外分布于苏门答腊岛、西印度群岛；梵净山分布于清渡河靛厂渗水石壁表。

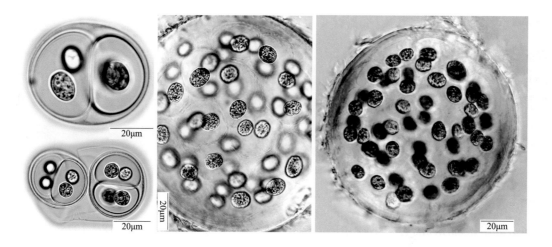

[28] 颗粒粘球藻

Gloeacapsa granosa (Berkeley) Kütz., Tab. Phyc. I, pl. 36, fig. 8, 1845～1849; 朱浩然：中国淡水藻志, Vol. 2, p. 47, plate: XVI: 5, 1991.

原植体为坚实的胶质状颗粒体，铜蓝色、蓝绿色或橄榄绿色，球形、长圆形至椭圆形，直径20～70μm。由2、4、8个细胞组成的小群体，小群体再聚集成大群体，群体胶被无色透明。细胞球形，直径3.5～4.5μm，包括胶被8～15μm，个体胶被融合在群体胶被中。原生质体均匀或有极微小颗粒。

生境：生长于滴水或渗水处的岩表，以及树皮和流水石上。

国内分布于吉林、安徽、福建、湖南、湖北、广东、海南、广西、四川、云南、陕西、新疆；国外分布于德国，北美洲；梵净山分布于鱼坳、德旺茶寨村大溪沟、净河村老屋场。

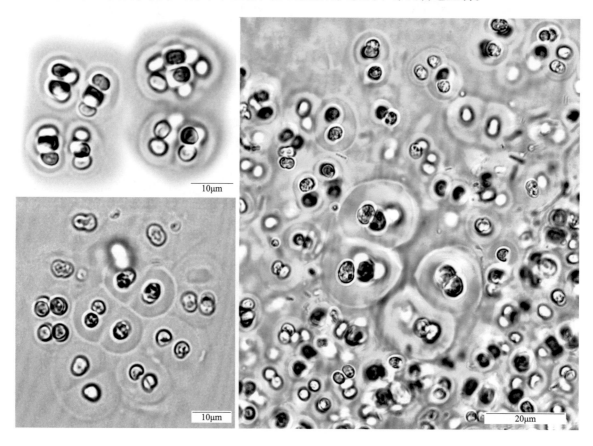

[29] 居氏粘球藻

Gloeacapsa kützingiana Näg. eli, Gatt. Einz. Alg. p. 50. 1849; 朱浩然: 中国淡水藻志, Vol. 2, p. 50, plate: XIX: 2, 1991.

　　原植体为黄褐色团块，为2、4或8个细胞组成小群体，再由小群体组成大群体，直径40～50μm。群体胶被厚，黄色或棕色，有层理，但大都呈融合状态。细胞球形、近球形或长圆形，直径4～6μm，包括胶被6～8μm。原生质体均匀，或有微小颗粒，蓝绿色。

　　生境：生于潮湿岩石、树干或古寺墙壁上。

　　国内分布于辽宁、吉林、安徽、福建、湖南、湖北、广东、海南、广西、青海、四川、贵州（草海）、西藏、青海；国外分布于苏联、德国、瑞士；梵净山分布于德旺净河村老屋场渗水岩表。

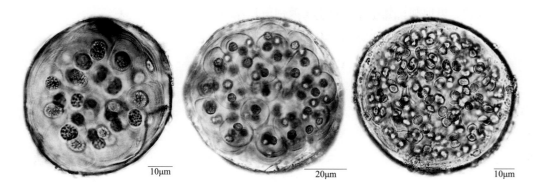

[30] 山地粘球藻

Gloeacapsa montana Kütz. Phyc. gen. p. 173 N2; Tab. Phyc. pl. 19; 朱浩然: 中国淡水藻志, Vol. 2, p. 46, plate: XVI: 2, 1991.

　　原植体为黄色团块。由2、4个细胞组成小群体，再汇合成大群体，直径达19～40μm，群体胶被无层理，无色透明。细胞球形，直径3～7μm，包括胶被直径10～15μm，原生质体均匀或具细小颗粒，绿色或蓝绿色。

　　生境：亚气生性，生长于潮湿的石壁或渗水岩表。

　　国内分布于四川、重庆；国外分布于德国、印度、北美洲；梵净山分布于红云金顶、老金顶、清渡河靛厂。

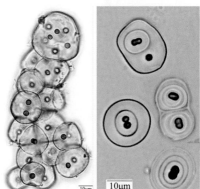
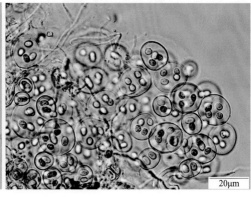
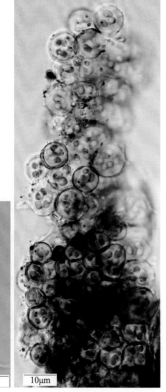

[31] 黑紫粘球藻

Gloeacapsa nigrescens Näg., in Rabenhorst's Alg. 529, Hansg. Proir. II. p. 149 1857; 朱浩然：中国淡水藻志, Vol. 2, p. 48, plate: XVII: 3, 1991.

原植体为黑色皮壳状团块，群体直径可达30～150μm。细胞单生或由2至数个细胞汇集而成小群体，球形至长圆形群体。群体胶被淡紫蓝色、深紫蓝色或无色，有时有污物沉淀。细胞球形，少数为椭圆形，直径3～6μm，包括胶被6～12μm。个体胶被黑紫色、无层理，部分融合在群体胶被中。原生质体铜绿色。

生境：生长于潮湿墙壁、树皮、岩石或苔藓植物体上。

国内分布于辽宁、吉林、安徽、福建、广东、海南、四川、西藏、陕西；国外分布于缅甸、德国、瑞士、意大利、奥地利；梵净山分布于清渡河靛厂滴水岩表。

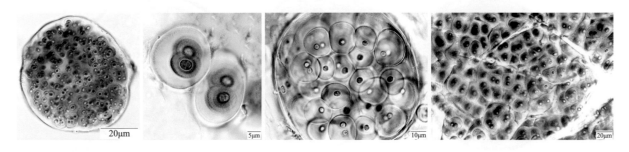

[32] 四体粘球藻

Gloeacapsa quarternaria (Bréb.) Tab. phyc. I, pl. 20, fig. 1, 1845～1849; 朱浩然：中国淡水藻志, Vol. 2, p. 52, plate: XX: 4, 1991.

原植体为扩展或瘤状团块，灰绿色、灰黑色、红色或褐色，细胞2、4或8个组成四方形或近四方形的群体。群体胶被或薄或厚，无色或淡橘红色。细胞球形，直径3～4μm，包括胶被7～10μm。原生质体均匀或具颗粒，灰蓝绿色。

生境：生长在山区岩石上、树皮或石表。

国内分布于安徽、福建、广东、海南、广西、四川、陕西；国外分布于新加坡、印度、巴基斯坦、德国、牙买加；梵净山分布于坝溪沙子坎渗水石表，混生苔藓、德旺茶寨村大溪沟。

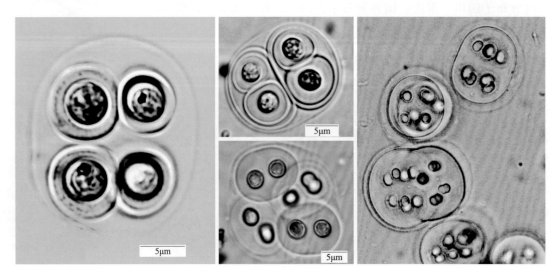

[33]石生粘球藻

Gloeacapsa rupestris Kützing, Tab. Phyc. I. pl. 22, fig. 2; 朱浩然: 中国淡水藻志, Vol. 2, p. 49, plate: XVIII: 2, 1991.

原植体为皮壳状或不定形团块，呈黄色、橘黄色或黄褐色，由2、4或8个细胞组成小群体，小群体再集合成较大的群体，直径可达30～100μm。群体胶被较厚，具明显且坚固的层理，黄色至黄褐色。细胞球形至半球形，直径6～9μm，包括胶被达10～18μm。原生质体具微细颗粒体，蓝绿色、橄榄绿色至绿褐色。

生境: 生长于山洞潮湿岩石或滴水岩石。

国内分布于吉林、安徽、福建、广东、广西、四川；国外分布于印度、巴基斯坦、德国；梵净山分布于鱼坳（与泥炭藓混生）、清渡河靛厂滴水岩表。

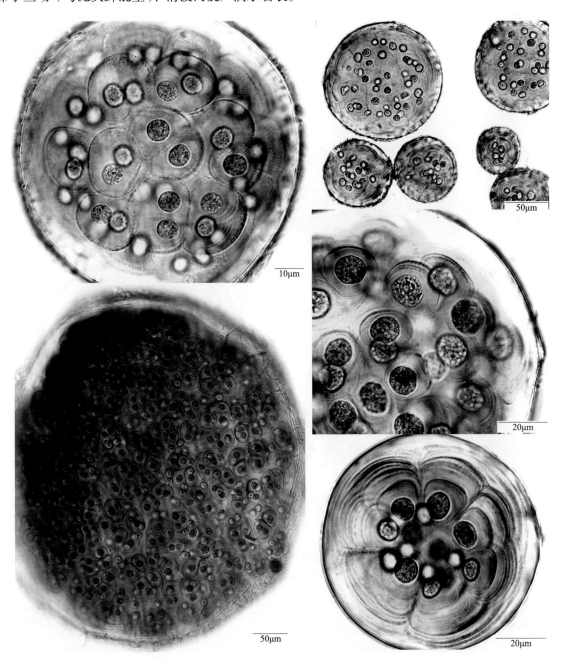

[34] 血色粘球藻

Gloeacapsa sanguinea (Ag.) Kütz., Phyc. gen., p. 174. 1843; 朱浩然: 中国淡水藻志, Vol. 2, p. 53, plate: XXI, 1991.

原植体扩展呈皮壳状，呈血红色至红黑色，直径20～60μm，大的可达100μm以上。群体胶被宽厚，但层理不甚明显，外部淡红色，内部深红色或血红色。由1、2、4或8个细胞组成小群体，小群体再聚集成群体，各小群间的胶被之间常融合。细胞球形或近球形，直径3～6μm，包括胶被7～10μm。原生质体均匀或具微小颗粒，蓝绿色、橄榄绿色或棕色。

生境：生长于潮湿石壁、滴水岩、流水经过的峭壁或山涧溪流边的石块上等。

国内分布于吉林、江苏、安徽、福建、湖北、广东、海南、广西、四川、西藏、陕西、新疆；国外分布于缅甸、德国、瑞典、挪威、英国，格陵兰岛，北美洲；梵净山分布于老金顶、清渡河靛厂、德旺茶寨村。

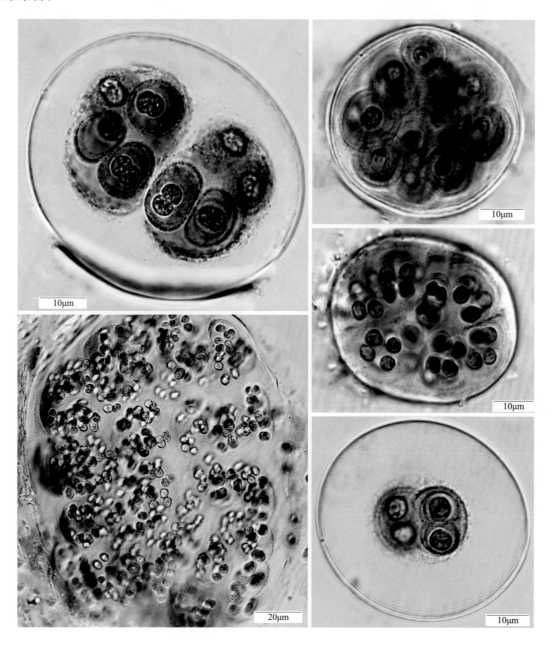

（四）色球藻科 Chroococcaceae

10.星球藻属 *Asterocapsa* Chu

原植体为多细胞胶质群体，群体中的细胞又由2、4、8、16个或更多个细胞构成小群体。胶质群体呈橘黄色、黄色、浅蓝色等。细胞呈球形至长圆形，群体和个体细胞的胶被无色，呈黄色、橘黄色、浅红色、红色或紫铜色等，层理有或无。个体细胞和小群体的胶被表面具有棘刺或疣突。原生质体均匀或有小颗粒体，蓝绿色、亮蓝绿色、橄榄绿色或棕绿色。细胞具2或3个分裂面。

[35]粘杆星球藻

Asterocapsa gloeotheceformis Chu Some New Myxophyceae from Szschwan province, China, Ohio, Journ. Sci. vol. LIII, No.2, p. 97～100, pi. II, fig. 8. 9; 朱浩然: 中国淡水藻志, Vol. 2, p. 56, plate: XXII: 1, 1991.

原植体橄榄绿色，通常由2、4、8或更多个细胞组成小群体，许多小群体再组成较大的团块，直径70～250μm或更大，小群体胶被宽厚，无色、淡粉红色、金黄色或灰褐色，具不甚明显的层理，大群体胶被宽厚，灰黄色。胶团成熟时，小群体和群体胶被表面上，均具有无数短而柔细、基部宽大的乳头状棘刺。细胞呈长圆形、椭圆形、球形或肾形，两端宽圆，直径5～8μm，长8～14μm。原生质体均匀或具微小颗粒，蓝绿色。

生境：生长于潮湿岩表、滴水岩下石表或岩洞口岩表，常与其他具不定形胶质的蓝藻类混生。

国内分布于安徽、福建、湖北、广西、四川、重庆、陕西、甘肃；梵净山分布于鱼坳、清渡河靛厂。

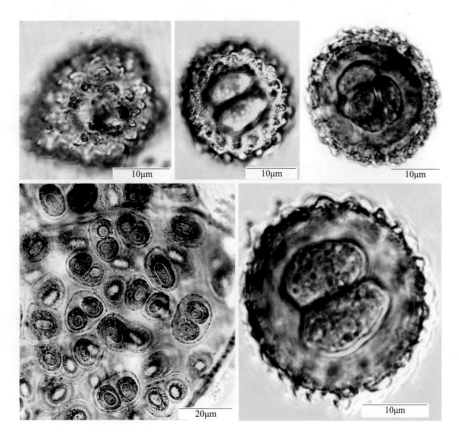

[36]紫色星球藻

Asterocapsa purpurea (Jao) Chu，中国色球藻科志，南京大学学报，1963(1), p. 140, pl. X, fig. 171~175, 1952; 朱浩然: 中国淡水藻志, Vol. 2, p. 59, plate: XXIV:1~2, 1991.

原植体呈球形、亚球形或近长圆形。通常由2、4、8、16个或更多个的细胞组成群体，直径达50~80μm，也有细胞单一存在的。群体及个体细胞的胶被宽厚且具层理，紫铜色或棕红色，表面有无数微小且短的乳头状突起，少为平滑。个体细胞为亚球形，少为倒卵形，直径5~8μm，长7~10μm，包括胶被时的直径12~16μm。原生质体具颗粒，橄榄绿色。

生境: 生长于潮湿岩石上，与其他藻类混生。

国内分布于安徽、福建、广东、广西、陕西、新疆；梵净山分布于清渡河靛厂滴水岩表。

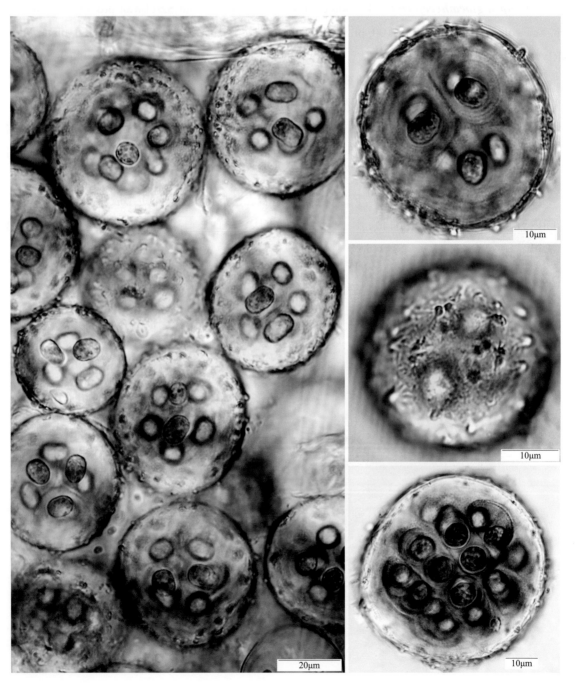

[37]红色星球藻

Asterocapsa rubra C. Z. Wang, 东北星球藻两新种, 植物研究, 5 (2) p. 99～101, 1986; 朱浩然: 中国淡水藻志, Vol. 2, p. 57, plate: XXIII: 1, 1991.

植物团块由2～4个细胞组成小群体，再由数个小群体组成大群体。群体球形或椭圆形，直径达26～50μm。细胞球形，直径3.3～4μm，包括胶被时的直径6～8μm。群体及个体细胞胶被宽厚，大群体胶被无色透明，无层理。小群体及个体细胞胶被呈红色，密布红色疣状棘刺，层理明显。原生质体均匀，蓝绿色或橄榄绿色。

生境: 生长于滴水岩石上。

国内分布于辽宁（凤凰山）；梵净山分布于金顶潮湿石表。

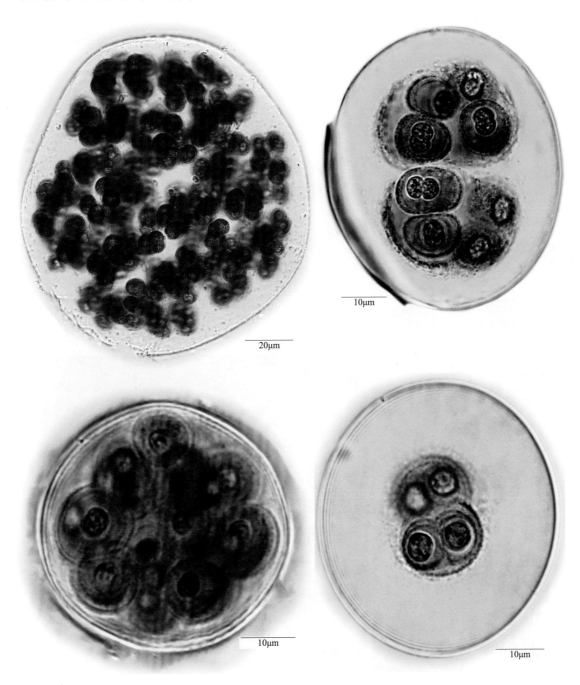

[38]球纹星球藻

Asterocapsa trochiscioides (Jao) Chu, Some New Myxophyceae from Szechwan Provence, China, Ohio Journ. Sci. vol. LII, No2, p. 100, II, fig. 14, 1952; 朱浩然: 中国淡水藻志, Vol. 2, p. 58, plate: XXIV: 3, 1991.

原植体呈皮壳状，蓝绿色、亮蓝绿色、橄榄绿色或黄褐色，直径100～300μm或更大。单个细胞或由2、4、8个细胞组成小群体，再小群体聚集成更大群体。群体胶被宽厚，呈黄色或棕黄色。个体胶被无色或色泽极浅，小群体胶被具明显层理，黄色或棕黄色。原植体成熟时，个体、小群体及大群体的胶被表面具粗壮而先端尖锐的疣状棘刺。细胞球形、亚球形或倒卵形，直径8～16μm，连胶被时直径18～28μm。原生质体均匀或具颗粒，橄榄绿、棕绿色或蓝绿色。

生境：生长于潮湿的石壁或滴水石表。

国内分布于安徽、福建、广东、广西、四川、云南、陕西；梵净山分布于鱼坳旅游线1400步（与泥炭藓混生）、清渡河靛厂渗水岩表。

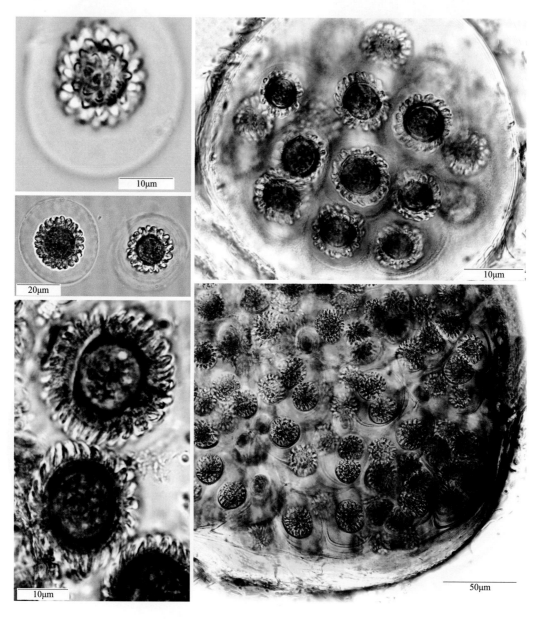

11. 色球藻属 *Chroococcus* Näg.

原植体一般为2、4或6个细胞组成的胶质群体，少数由多数细胞或单细胞构成。群体胶被较厚，均匀或分层，无色透明或呈黄褐色、红色、紫蓝色。细胞球形或半球形。个体细胞胶被均匀或分层。原生质体均匀或具有颗粒，灰色、淡蓝绿色、蓝绿色、橄榄绿色、黄色或褐色，伪空胞有或无。细胞有3个分裂面。

[39] 瑞士色球藻

Chroococcus helveticus Näg., Gatt. Einz. Alg. p. 46, 1849; 朱浩然：中国淡水藻志, Vol. 2, p. 38, plate: XIII: 6, 1991.

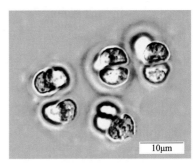

原植体由2～4个细胞组成一个小群体，再由小群体组成更大的群体，群体胶被无色，无层理。细胞球形或半球形，直径4～6μm。细胞原生质体含有小颗粒，蓝绿色或棕绿色。

生境：生长于潮湿的岩石、滴水岩或树皮上，也可在湖泊中浮游。

国内分布于吉林、江苏、湖南、广东、海南、重庆、陕西；国外分布于印度、德国、苏联，西印度群岛；梵净山分布于金顶的渗水石表。

[40] 湖沼色球藻

Chroococcus limneticus Lemm. Bot. Centralbl., 76, p. 153, 1898.

原植体由4、8、16、32个或更多个细胞组成的胶质群体，群体胶被宽厚无色透明，无层理。群体中往往由2、4个细胞构成小群体，小群体的胶被薄而明显。细胞球形、半球形或长圆形，直径7～12μm，包括胶被可达13μm。原生质体均匀，有时具假空胞，灰色或淡橄榄色。

[40a] 湖沼色球藻盐性变种

Chroococcus limneticus var. ***subsalsus*** Lemm. Forsch. Ber. Biol Stat. Plon. 8. p. 84. 1901; 朱浩然：中国淡水藻志, Vol. 2, p. 40, plate: XIV: 3, 1991.

本变种一般由16、32或更多个细胞组成。群体为球形或椭圆形，直径15～25μm。细胞球形或半球形，直径2.5～4μm，包括胶被直径4.5～5.5μm。细胞内原生质体均匀，蓝绿色或灰蓝绿色。

生境：湖泊中的浮游种类，常混杂于其他藻类中。

国内分布于黑龙江、江苏、广东、重庆、陕西；国外分布于斯里兰卡、德国；梵净山分布于亚木沟景区大门的荷花池。

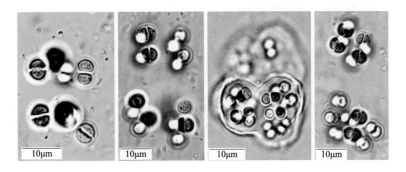

[41]石栖色球藻

Chroococcus lithophilus Ercegovic, R. Univ. veget. lith. Calc. dolom. Croatie, Acta. Bor. Zagreb. 1. p. 75, pl. 1, fig. 7; Geitler, 1932; 朱浩然：中国淡水藻志, Vol. 2, p. 41, plate: XIV: 5, 1991.

原植体无定形，或呈球形、亚球形色胶质团块，蓝绿色。群体胶被坚实，无明显层理，无色或黄色。细胞球形、半球形，直径5～11μm，包括胶被直径7～17μm，原生质体不含颗粒体，亮绿色或蓝绿色。

生境：亚气生性，生长于潮湿的石壁或渗水岩表。

国内分布于吉林、甘肃、安徽、广东；国外分布于苏联、德国；梵净山分布于马槽河、老金顶、坝溪沙子坎、清渡河靛厂。

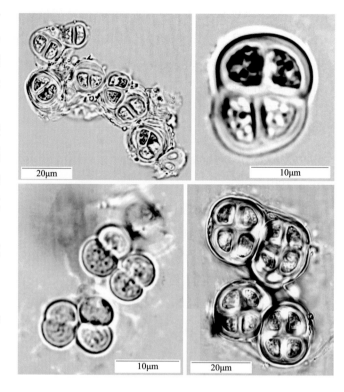

[42]微小色球藻

Chroococcus minutus (Kütz.) Näg., Gatt. einz. Alg. p. 46, 1849; 朱浩然：中国淡水藻志, Vol. 2, p. 38, plate: XIII: 7, 1991.

原植体为圆球形或长圆形胶质体，每个胶质体由2、4个细胞组成，胶被透明无色，不分层。群体中部往往收缢。细胞球形或亚球形，直径4～7μm，包括胶被7～10μm。原生质体均匀或具有少数颗粒体。

生境：生长于静止或流动的各种水体、滴水岩石或潮湿石表。

国内外广泛分布；梵净山分布于团龙清水江、清渡河靛厂。

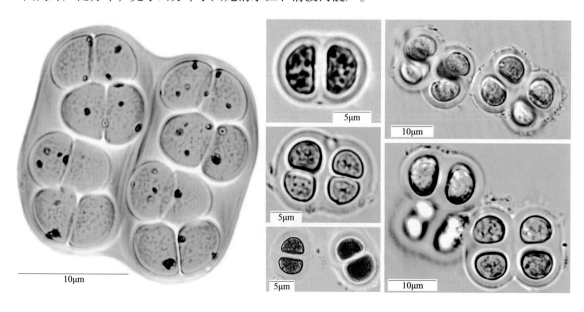

[43] 多胞色球藻

Chroococcus multicellularis (Chu) Chu, Some New Myxophyceae From Szehwan Prov ince. China. Ohio. Journ. Sci. 2, p. 96. figs. 5. 6; 朱浩然: 中国淡水藻志, Vol. 2, p. 40, plate: XIV: 4, 1991.

原植体为蓝绿色的胶质块，通常由4、8个或更多的细胞组成小群体，4～16个小群体再聚合成更大的群体。群体胶被宽厚，无层理，淡蓝色或灰紫色。细胞为球形至半球形，直径4～9μm。原生质体均匀，灰蓝绿色或亮蓝绿色。

生境：生于山区急流、水溪或滴水岩石上，多附生在大型水生植物上。

国内分布于吉林、安徽、福建、四川、陕西；梵净山分布于张家坝团龙村、德旺茶寨村大溪沟。

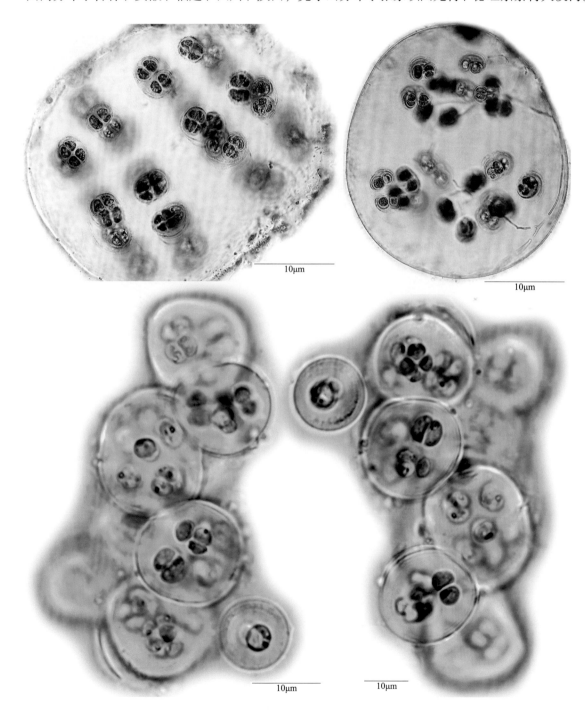

[44]光辉色球藻

Chroococcus splendidus Jao New Myxophyceae from Kwangsi, Sinensia, XV(1～6): p. 75, pl. 1944; 朱浩然: 中国淡水藻志, Vol. 2, p. 35, plate: XII: 1, 1991.

原植体为2、4个细胞组成的胶质群体，少数为1或8个细胞所聚合的群体。胶被粗而厚，铜绿色或灰黄色，光辉而美丽，具有层理8～12层。细胞球形或近球形，直径12～18μm，包括胶被20～33μm，在群体中由于挤压而呈现棱角。原生质体具颗粒体，黄绿色或铜绿色。

生境：生长于潮湿岩石上，常与其他蓝藻混生。

国内分布于湖北、广西；梵净山分布于鱼坳旅游线1400步（与泥炭藓混生）。

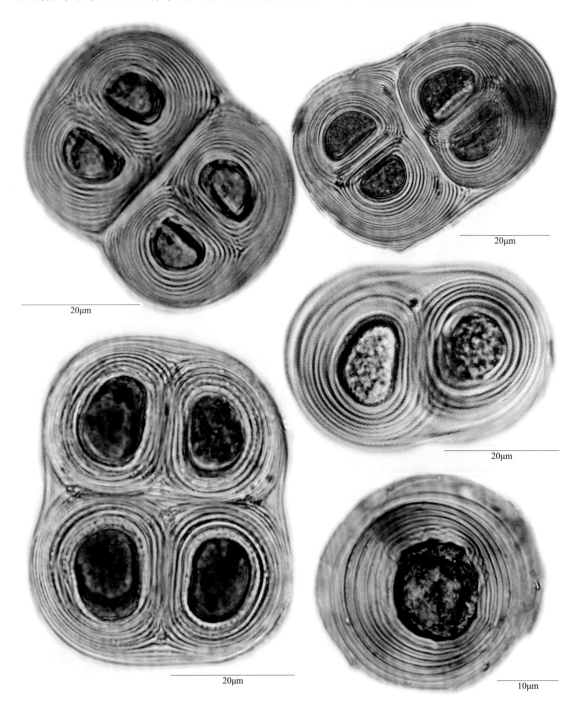

[45] 束缚色球藻

Chroococcus tenax (Kirchner) Hieron Cohns Beitr. Biol. Pfl. 5. p. 483, pl. 17, fig. 11. 1897; 朱浩然: 中国淡水藻志, Vol. 2, p. 36, plate: XII: 5, 1991.

原植体为2、4个细胞组成的群体。群体胶被厚而坚固，无色、黄色或黄褐色，厚2.5～4μm。具有2～4层明显的层理，无色。细胞半球形，直径16～20μm。原生质具有稀疏的颗粒，橄榄绿色或黄绿色。

生境：亚气生性或水生，生长于潮湿的石壁、渗水石表以及静止水体或流水坑中。

国内分布于吉林、甘肃、安徽、广东；国外分布于苏联、德国；梵净山分布于鱼坳旅游线1400步（与泥炭藓混生）、金顶、德旺茶寨村、清渡河靛厂。

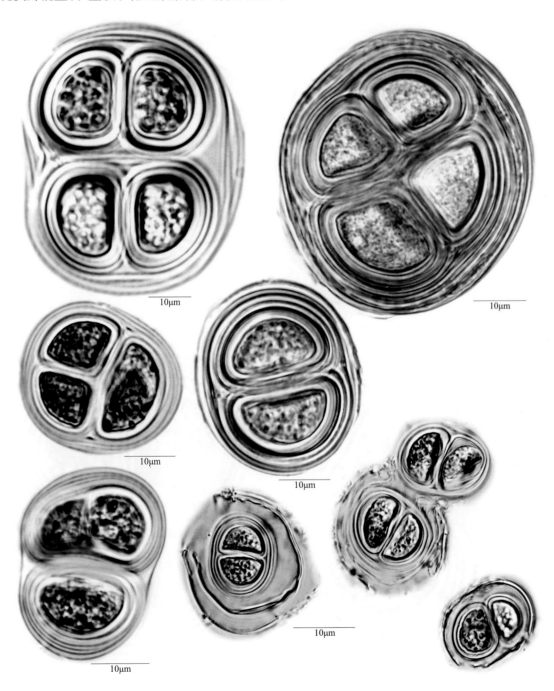

[46]膨胀色球藻

Chroococcus turgidus (Kütz.) Näg., Gatt. einx. Alg. p. 46, 1849; 朱浩然: 中国淡水藻志, Vol. 2, p. 34, plate: XI: 2, 1991.

原植体由2、4、8或16个细胞组成。细胞呈半球形，细胞之间的接触面扁平，直径11～25μm，胶被无色透明，亚气生时具2～3层理，水生时因胶被膨胀而无明显层理。原生质具有颗粒体，橄榄绿色或黄色。

生境：亚气生性或水生，生长于潮湿的石壁、渗水石表、水坑、水田、池塘、湖泊或河流等处。

国内外普遍分布；梵净山分布于清渡河靛厂、德旺净河村老屋场。

[47]厚膜色球藻

Chroococcus turicensis (Näg.) Hensg. Prodr. Alg. fl. Böhmen, 2. p. 160, fig. 50B 1892; 朱浩然：中国淡水藻志, Vol. 2, p. 37, plate: XIII: 1, 1991.

原植体灰棕色，通常由2、4个细胞组成小群体。小群体胶被宽厚、透明，长期为黄色，无层理或有轻微的层理。细胞球形或半球形，直径13～18μm，包括胶被20～40μm。原生质体均匀、无颗粒体或有时具有微细的颗粒，蓝绿色或黄绿色。

生境：生长在渗水或滴水岩石上，常混杂在其他藻类中。

国内分布于北京、天津、黑龙江、江苏、安徽、湖北、广东、广西、云南、陕西、甘肃、西藏、新疆；国外分布于德国、美国，格陵兰岛、新地岛；梵净山分布于团龙清水江、乌罗镇石塘。

[48] 易变色球藻

Chroococcus varius A. Br. Rabenhorst, Al. Eur., p. 236, No. 246, 248, 2452, 1861~1878; 朱浩然: 中国淡水藻志, Vol. 2, p. 33, plate: X: 5, 1991.

原植体暗绿色或橄榄绿色。细胞单独存在，或由2、4个细胞组成小群体，许多小群体包埋在不定形的胶质团块中。胶被厚，无色或黄色以至灰橘黄色，具不明显层理。细胞直径2~4μm，包括胶被4~8μm。原生质体为灰蓝色或蓝绿色，有时为黄色。

生境：多生长在滴水岩表或潮湿岩石。

国内分布于北京、天津、吉林、江苏、福建、广东、云南、甘肃；国外分布于苏联、德国、美国；梵净山分布于马槽河、清渡河靛厂。

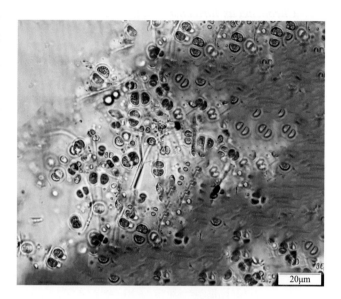

12. 肾胞藻属 *Nephrococcus* Y. Y. Li

原植体为球形团块，内部具有多个细胞。细胞肾形，个体胶被明显，密集于群体中央。细胞增殖为横分裂。

[49] 密集肾胞藻

Nephrococcus confertus Y. Y. Li, Nephrococcus, A New Genus of the Chroococcaceae (Cyanophyta) Acta Phytotax. Sinica 22(3): 191~192, 1984; 朱浩然: 中国淡水藻志, Vol. 2, p. 67, plate: XXVII: 5, 1991.

原植体气生。群体胶被厚10~14μm，明显或不明显地分层，表面坚韧，外部的层理较内部的明显，无色或淡黄色。细胞肾形，长12~15μm，中部宽7.5~10μm，显现略微分层的个体胶被，在细胞外侧的部分较内侧厚。原生质体均匀或具有颗粒，淡黄褐色。

生境：生长于潮湿岩壁或溪边枯树皮上，混生在其他藻类中。

国内分布于湖北(五峰山)；梵净山分布于清渡河靛厂的潮湿岩壁。

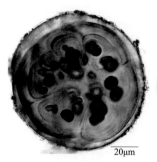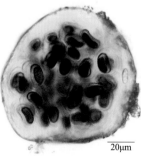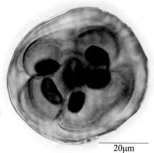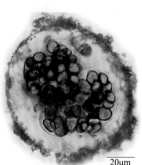

（五）石囊藻科 Entophysalidaceae

13.石囊藻属 *Entophysalis* Kützing

原植体为多细胞构成的胶质群体，呈皮壳状附生于基质上。群体中，由2、4个或更多个细胞组成一个小群体，小群体之间相互连接，从表面向上产生许多短丝状的伪丝体，或小群体排列成短丝状的伪丝体。伪丝体排列成堆积性的伪枝。细胞球形。

[50]萨摩石囊藻

Entophysalis samoesis Will, Hedwigia, 53, p. 144, 1913; 朱浩然: 中国淡水藻志, Vol. 2, p. 93, plate: XXXVI: 1, 1991.

原植体呈皮壳状，质地易脆。胶质体褐色，不规则，边缘具深裂，直立伪丝体短，以侧面相连。胶被具层理，褐色。细胞球形至近长圆形，分裂后未分离时呈半球形，不包括胶被直径3～4μm，包括胶被直径7～12.5μm。原生质体均匀，蓝绿色。

生境：生长于潮湿土表、石表或树干表面，混生于苔藓植物间。

国内分布于吉林、西藏；国外分布于德国；梵净山分布于老金顶的潮湿石壁。

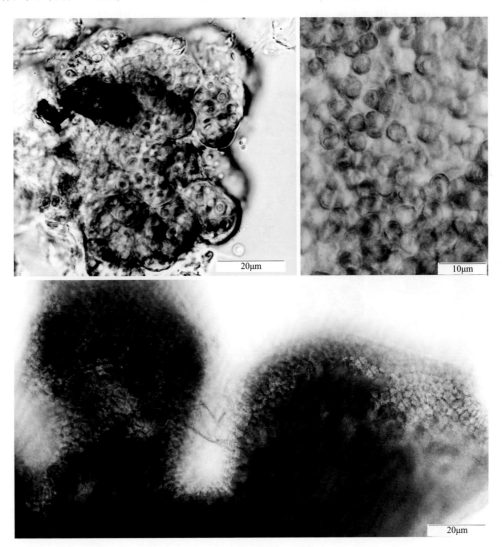

（六）管孢藻科 Chamaesiphonaceae

14. 管孢藻属 *Chamaesiphon* A. Br. et Gurnow

　　原植体为单细胞，依靠胶质粘连附着生活。原植体有极性分化，基部具胶质短柄或无柄，或具盘状固着器。幼细胞球形，成熟后为椭圆形、梨形、圆柱形或形成孢子囊时呈棒状。孢子囊顶部原生质体连续横分裂产生外生孢子。囊壁薄，通常无层理，顶端壁裂开后假膜呈鞘状。假膜坚固或胶化，无色或黄色至褐色。外生孢子成熟后脱落，或附着于母体的假膜上，萌发后与其母体连在一起形成具分枝状、辐射状或层理状的集合群体。

[51] 层生管孢藻

Chamaesiphon incrustans Crun. Fl. Europe, Alg., p. 149. 1865; 朱浩然：中国淡水藻志, Vol. 2, p. 103, plate: XXXIX: 4, 1991.

　　细胞成熟后形成的孢子囊单生或聚集，呈棒状或近圆柱形，直向或微弧形，基部直径 1~3μm，顶部直径 4~8μm，长 15~25μm。原生质体蓝绿色或橄榄绿色。假膜薄坚固、无色。外生孢子一般 1~3 枚，偶有大于 3 枚的。

　　生境：生长于沟渠、水田或水坑，着生于织线藻（*Plectonema* sp.）或鞘藻（*Oedogonium* sp.）体表。

　　国内分布于吉林、江苏、广东、云南、西藏；国外分布于苏联、德国、法国，美国黄石国家公园；梵净山分布于寨沙、高峰村、黑湾河与太平河交汇口的河边石表。

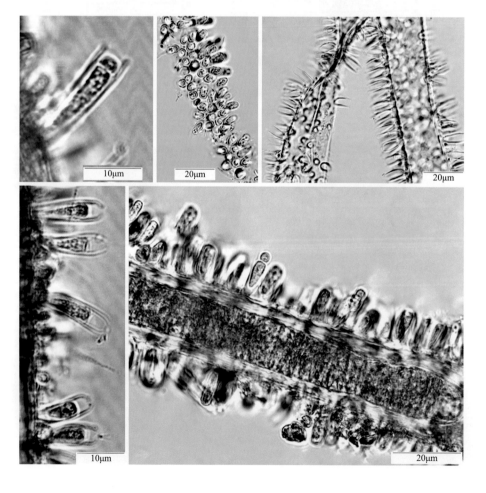

（七）皮果藻科 Dermocarpaceae

15. 皮果藻属 *Dermocarpa* Crouan

原植体为单细胞体或聚集性，依靠胶质粘连附着生活。细胞球形、卵形、梨形或棒状，基部通常无柄，少数具短柄，或细胞横裂后，下部的细胞形成柄细胞，上部细胞为生育细胞，产生内生孢子。

[52] 小皮果藻

Dermocarpa parva (Corn.) Geitler Paschers Suhw. fl, Heft 12, S. 142, 1925; 朱浩然：中国淡水藻志，Vol. 2, p. 96, plate XXXVI: 3, 1991.

细胞呈球形或近球形，直径 2.5～3.0μm。原生质体蓝绿色，未见内生孢子。

生境：生长于静水水体。

国内分布于吉林（长春）；国外分布于缅甸、印度、德国；梵净山分布于寨沙水田［与层生管孢藻（*Chamaesiphon incrustans*）共同附生于织线藻（*Plectonema* sp.）体表］、大河堰沟边水坑［附生于鞘藻（*Oedogonium* sp.）体表］。

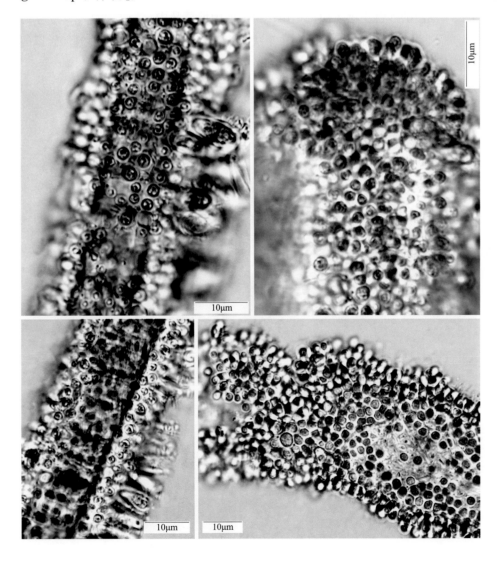

二 颤藻目 OSILLATORIALES

（八）裂须藻科 Schizotrichaceae

16. 裂须藻属 *Schizothrix* Kützing

原植体常由多数丝体紧密包裹在胶被内，呈皮膜状，亦有仅1条藻丝或少数丝体形成茸毛状或直立束状。原植体软或硬，具薄或厚的胶鞘，藻丝蓝绿色、黄色、褐色或无色，末端常渐细。顶端细胞圆柱形或钝圆锥形。附着生活或偶尔自由漂浮。

[53] 沙生裂须藻

Schizothrix arenaria (Berk.) Goment, Monogr. Oscillariees, 312, pl. 8, Fig. 11, 12, 1892; 朱浩然: 中国淡水藻志, Vol. 9, p. 80, plate LVII: 4, 2007.

原植体浓密簇生的丝状体，黑紫色或浅蓝色，藻丝体具有丰富分枝，分枝很弯曲。藻丝细胞外被厚而硬的鞘，宽20～30μm，其顶端渐细，外侧平整；其下端厚而分层，并具有少数藻丝。藻丝细胞短方形，长5μm，宽2～3.5μm，横壁处收缢或不收缢，末端细胞尖锐而呈锥形。

生境：生长于潮湿的沙性土壤表面、稻田作物上或山坡草丛中。

国内分布于浙江、江西、甘肃；国外分布于法国、印度；梵净山分布于清渡河靛厂的潮湿岩壁华钙表（与丛藓混生）。

（九）席藻科 Phormidiaceae

17. 席藻属 *Phormidium* Kützing

原植体为多数藻丝体包埋于胶质中组成的群体，呈皮状，附着或漂浮生活。藻丝体不分枝，具鞘，一般较薄，有时略硬或厚实，无色，每根藻丝体的鞘彼此粘连，有的发生部分融合。藻丝体细胞圆柱形。

[54] 蜂巢席藻

Phormidium favosum (Bory) Gom., Monogr Oscill., 180, Taf. 5, fig. 14, 15,1892; 朱浩然：中国淡水藻志，Vol. 9, p. 136, plate LXXXV: 6, 2007.

原植体膜状体，暗蓝绿色，干后黑蓝绿色，附着生活。鞘大多胶质化。藻丝直或略螺旋弯曲，上部渐尖，细胞短方形，长略为宽的1/2，长3～7μm，宽4～9μm，横壁两侧具有颗粒，顶端细胞头状，钝圆锥形或具半球形的帽状体。

生境：生长于潮湿或渗水石表。

国内分布于陕西、西藏、福建、江西、四川、云南；国外分布于德国、美国、缅甸、印度；梵净山分布于金顶的湿石壁表（呈膜状着生）、坝梅村寺阙家溪沟石表。

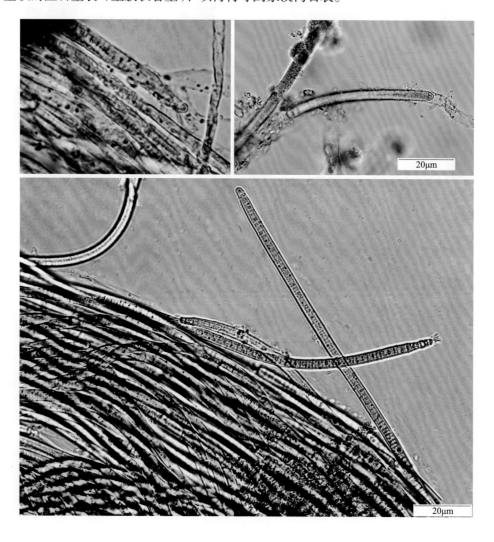

[55] 粗壮席藻

[55a] 原变种

Phormidium valderianum (Delp.) Gom. var. ***valderianum*** Monogr. Oscill., 167, Taf. 4, fig. 20,1892; 朱浩然: 中国淡水藻志, Vol. 9, p. 143, plate LXXXVIII: 5, 2007.

原植体为厚实的皮质块状, 上层部分蓝绿色, 黏性扩展。藻丝体缠绕, 鞘薄而不明显, 藻丝直或不规则弯曲, 顶端不尖细, 横壁不收缢, 两侧各具有1颗粒。细胞长为宽的2~3倍, 长3.3~7.5μm, 宽1.8~3μm, 顶端细胞圆柱状, 不具帽状体。原生质体蓝绿色。

生境: 生长于温泉、溪流、河沟或水坑。

国内分布于安徽、福建、湖北、湖南、云南、西藏; 梵净山分布于坝溪、河边积水坑。

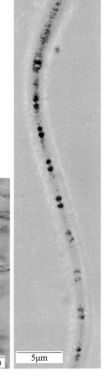

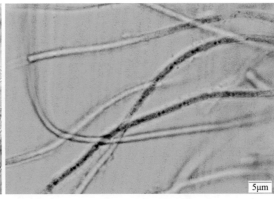

5μm

5μm

[55b] 粗壮席藻长胞变种

Phormidium valderianum var. ***longiarticulatum*** Y. Y. Li, Acta Phytotax. Sinica, 22(2): 167~174, 1984; 朱浩然: 中国淡水藻志, Vol. 9, p. 144, plate LXXXVIII: 3, 2007.

与原变种不同之处在于: 细胞狭长, 长达12~15μm。

生境: 生长于潮湿石表, 与其他丝状藻类混生。

国内分布于西藏; 梵净山分布于马槽河的潮湿石表、金顶的湿石壁表 (呈皮状)。

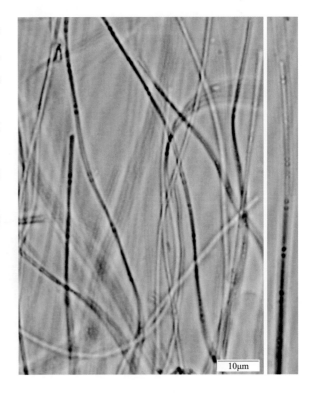

10μm

（十）颤藻科 Oscillatoriaceae

18.鞘丝藻属 *Lyngbya* Agardh

原植体为1条藻丝体或为多条束状聚集，呈团块，常附着生长，少数为漂浮生活。藻丝体不分枝，呈螺旋形弯曲，一般以中间附着，少数整条丝附着。胶质鞘坚固，无色、黄色、褐色或红色。细胞原生质体具假空胞，亮蓝绿色或灰蓝色。

[56]博格氏鞘丝藻

Lyngbya borgerti Lemm. Zool. Jahrb., Abt. f. Syst., 25: 26～265, fig. a, 1907; 朱浩然: 中国淡水藻志, Vol. 9, p. 87, plate LX: 7, 2007

原植体蓝绿色。藻丝体直立或弯曲。鞘薄，无色透明。横壁不收缢。细胞宽2～3.5μm，长2.6～5μm，呈长方形，内含颗粒。顶端细胞圆柱形，无帽状体。

生境：生长于路边渗水土表或岩石上。

国内分布于安徽；梵净山分布于老金顶的潮湿岩壁。

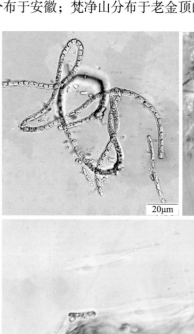

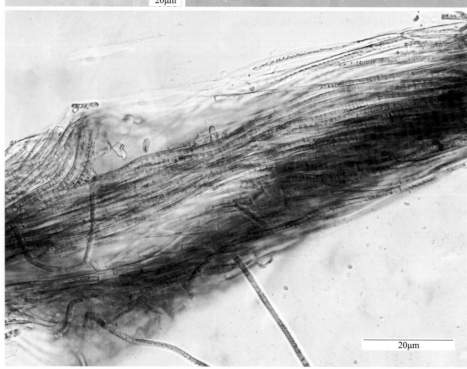

[57]库兹鞘丝藻

Lyngbya kuetzingiana Kirchn., Alg Schles., 242, 1852; 朱浩然: 中国淡水藻志, Vol. 9, p. 90, plate LXIX: 3, 2007.

原植体为胶质皮壳状，外部鲜蓝绿色至橄榄绿色，内部无色。丝体宽6～8μm，直或略弯曲。鞘中等厚度。藻丝横壁微收缢或不收缢，两侧具有颗粒。细胞长宽相等或长略大于宽，长4～6μm，宽4～5μm。顶端细胞顶部截球形或球形。

生境：生长于潮湿土壤、墙壁或苔藓上。

国内分布于湖南（慈利）；国外分布于欧洲；梵净山分布于大河堰的水沟流水石表。

[58]顾氏鞘丝藻

Lyngbya kuetzingii Schmidle Allg. Bot. Zeitschr., 58, 1897; 朱浩然: 中国淡水藻志, Vol. 9, p. 90, plate LXX: 1, 2007.

原植体以基部附着生长，为短的单一藻丝或多数藻丝聚集簇生。藻丝直或微弯曲，坚挺，高30～70μm。藻丝外的胶质鞘薄，无色。藻丝横壁不收缢，不具有颗粒。细胞长1.5～2.5μm，宽1.5～2μm。原生质体灰蓝绿色。

生境：生长于瀑布下岩石表面、温泉或水池。

国内分布于黑龙江、湖南、四川、云南、西藏、新疆；国外分布于印度、斯里兰卡、德国，非洲、南极洲；梵净山分布于马槽河的水中石表、桃源村的滴水石表。

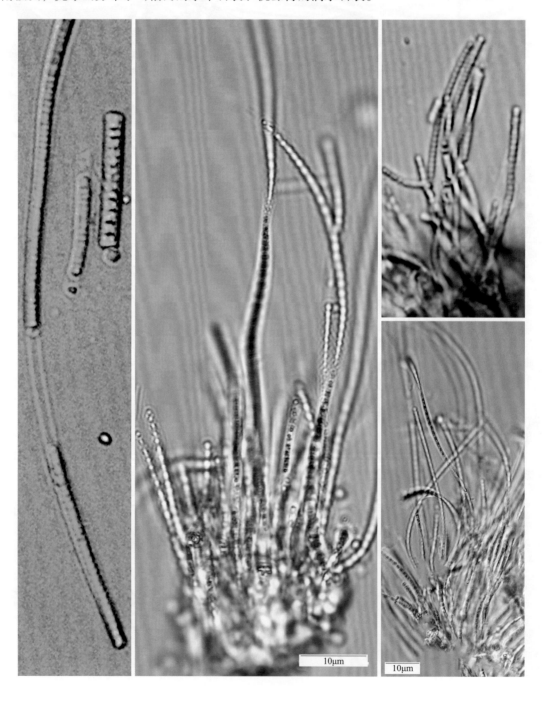

[59] 湖泊鞘丝藻

Lyngbya limnetica Lemm., Bot. Centralbl. 76: 154, 1898; 朱浩然: 中国淡水藻志, Vol. 9, p. 91, plate LXVII: 3, 2007.

原丝体为许多藻丝疏松排列成的絮状体。丝体直立或微弯曲，漂浮生活。藻丝具薄的胶质鞘，无色。藻丝横壁不收缢，两侧有或无一颗粒。细胞长大于宽，长2~4μm，宽1~1.5μm，顶部细胞不渐细。原生质体均匀。

生境：生长于湖泊、水坑、溪流或水沟。

国内分布于黑龙江、江苏、安徽、江西、四川、云南、西藏、新疆；国外分布于印度、斯里兰卡、缅甸、德国，非洲、南极洲；梵净山分布于黑湾河凯马村的水塘边石表。

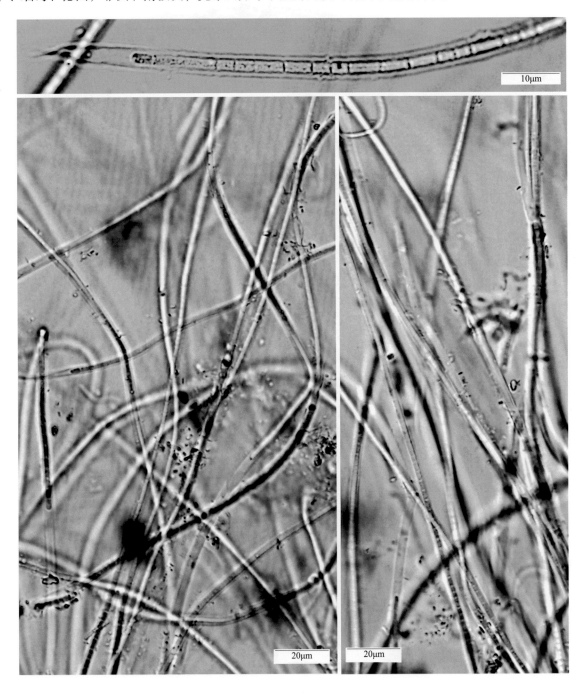

[60]利斯莫尔鞘丝藻

Lyngbya lismorensis Playfair, Proc. Linn. Soc. New South Wales 39: 133, Taf. 6, fig. 11, 1914; 朱浩然：中国淡水藻志，Vol. 9, p. 91, plate LXVIII: 2, 2007.

原植体为许多藻丝排列成的束状体，橄榄绿色。藻丝直，具薄的胶质鞘，无色。横壁不收缢，两侧具大型颗粒，顶端细胞渐尖细。细胞短方形，长3～6μm，宽4.5～7.0μm，顶部细胞头状，具帽状体。原生质体蓝绿色。

生境：生长于温泉、稻田、溪流或渗水岩表。

国内分布于西藏；梵净山分布于坝溪、万宝岩净心池的渗水岩壁上、马罗镇寨朗沟水渠的石壁上。

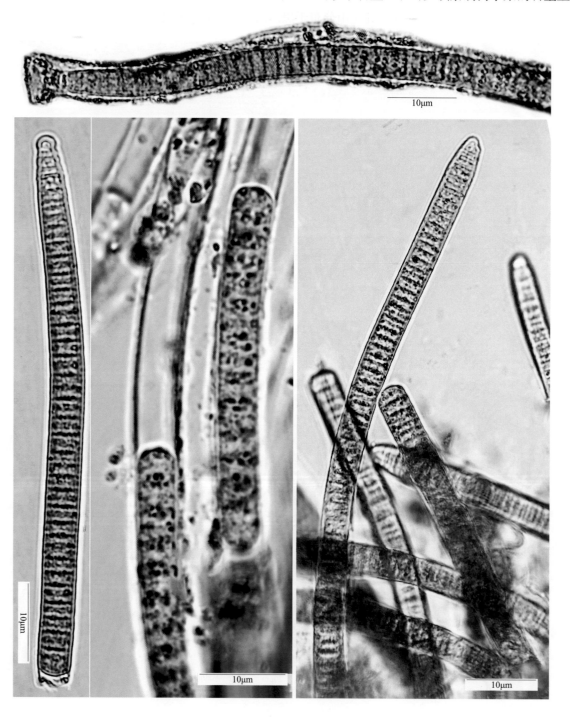

[61]大型鞘丝藻

Lyngbya major Menegh., Consp. Alg. eug., pl. 12, 1837; 朱浩然: 中国淡水藻志, Vol. 9, p. 92, plate LXVI: 1, 2007.

原植体为深蓝绿色束状体。藻丝体长，具厚而分层的胶质鞘，鞘一般无色，厚3~3.5μm，藻丝末端不渐细或微渐细，成熟藻丝顶端细胞头状不明显。藻丝宽12~15μm，横壁不收缢或略收缢。细胞短，长为宽的1/8~1/4，2~3μm，宽8~12μm。原生质体具有均匀的颗粒，蓝绿色。

生境: 生长于池塘、沼泽或土表。

国内分布于黑龙江、辽宁、吉林、江苏、浙江、江西、安徽、云南、新疆；国外分布于斯里兰卡、缅甸、印度；梵净山分布于马槽河的林下水沟坑底。

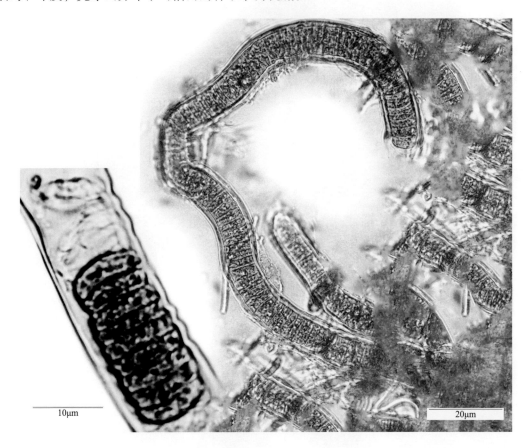

[62]巨大鞘丝藻

Lyngbya majuscula Harvey, in Hooker. Engl. fl., 5: part I: 370, 1833; 朱浩然: 中国淡水藻志, Vol. 9, p. 92, plate LXVI: 2, 2007.

原植体蓝黑色或暗黄绿色，为多数藻丝聚集扩展成的片状体，宽可达3cm。藻丝长，直或弯曲，具厚的胶质鞘，鞘厚7~11μm，褐色，分层，外部粗糙。藻丝宽18~30μm，横壁不收缢。细胞很短，盘状，宽12~14μm，长2~3μm，顶端细胞宽圆形，端壁不增厚，不具帽状体。原生质体具微细颗粒。

生境: 生长于池塘、溪流或水坑。

国内分布于新疆、安徽、江苏、海南；国外分布于加拿大、美国、印度；梵净山分布于马槽河的渗水岩壁表。

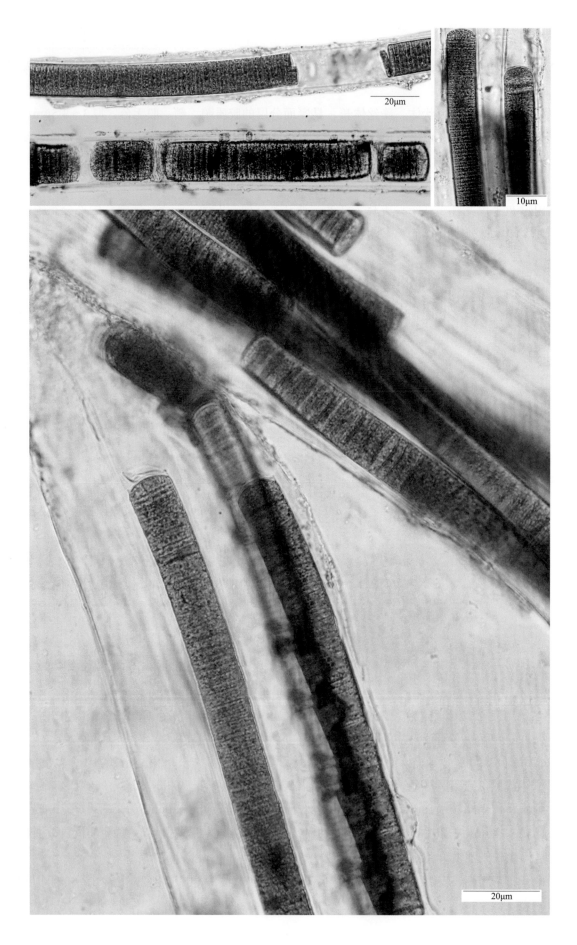

[63] 美丝鞘丝藻

Lyngbya perelegans Lemm. Abh. Nat. Ver. Bremen 16: 335, 1899; 朱浩然：中国淡水藻志，Vol. 9, p. 95, plate LXV: 3, 2007.

原植体蓝绿色或黄绿色，为多数藻丝缠绕形成的群体。藻丝宽1.5～2.5μm，鞘薄，无色，藻丝横壁不收缢，两侧各具1个颗粒，细胞长2～4μm，宽1～2μm。顶端细胞圆形，不尖细。

生境：生长于温泉，水坑或积水塘。

国内分布于西藏；国外分布于印度、德国；梵净山分布于黑湾河凯马村水塘边石表、净心池的渗水岩壁上。

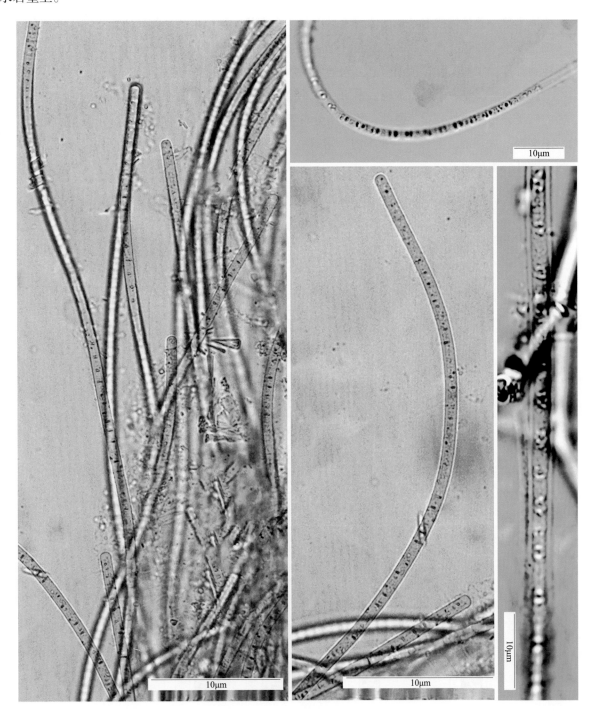

19. 颤藻属 Oscillatoria Vauch.

原植体为单条藻丝体或多条藻丝体聚集呈皮壳状或团块状群体，漂浮生活。藻丝体无胶质鞘，极少具极薄的鞘。藻丝体不分枝，直立或扭曲，能颤动，顶端细胞形态各异，末端的壁加厚或呈帽状。细胞短柱形至盘状。原生质体均匀或具颗粒，少数具假液胞。

[64] 阿氏颤藻

Oscillatoria agardhii Gomont, Mongr. Oscill., 205, 1812; 朱浩然: 中国淡水藻志, Vol. 9, p. 106, plate LXXIII: 3, 2007.

原植体为单一藻丝体或多条藻丝体聚集呈束状或皮壳状，漂浮生活。藻丝体直立或弯曲，顶端渐尖细，细胞横壁不收缢，两侧具多个颗粒。细胞长宽相等或长小于宽，长3～4μm，宽3～6μm，顶部细胞为钝圆锥形，少数头状，顶细胞具突起的帽状体。细胞原生质体具假空胞。

生境: 生长于溪流、水塘、水坑、水田、荷花池、渗水石壁或湖泊中漂浮性生长。

国内广泛分布；国外分布于德国；梵净山分布于寨沙太平河、马槽河、金顶、张家坝团龙村、凉亭坳、凯文村、大河堰、清渡河、亚木沟、张家屯、高峰村、快场、两河口、乌罗镇甘铜鼓天马寺、金厂河、德旺、牛尾河等。

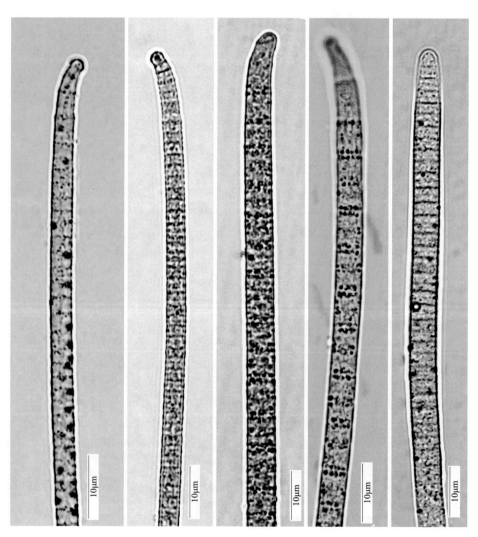

[65] 尖头颤藻

Oscillatoria acutissima Kufferath, Ann. biol. lac., fig. 15, 1914; 朱浩然: 中国淡水藻志, Vol. 9, p. 106, plate LXXIII: 2, 2007.

原植体为多数藻丝聚集形成的皮壳群体，鲜绿色，自由漂浮或形成胶质块，藻丝体平行排列成束状。细胞横壁略收缢，两侧各具1颗粒。细胞长4～7μm，宽2～3μm。藻丝顶端变细，顶端细胞尖细且弯曲成钩状或波状。

生境：生长于水坑、稻田或渗水石表。

国内分布于西藏、陕西、湖北、浙江；国外分布于缅甸；梵净山分布于马槽河的渗水石壁上、坝溪沙子坎、坝梅村渗水岩下水坑。

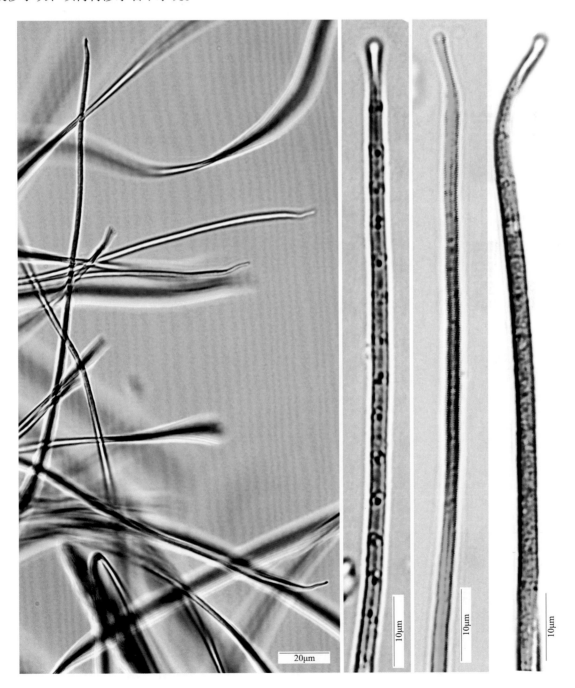

[66] 两栖颤藻

Oscillatoria amphibia Ag., Flora 10: 632, 1827; 朱浩然: 中国淡水藻志, Vol. 9, p. 107, plate LXXIV: 1, 2007.

原植体为单一藻丝体或多条藻丝体疏松聚集的群体, 鲜蓝绿色。藻丝直立或略弯曲, 横壁不收缢, 两侧各具1~2颗粒, 藻丝顶端一般不尖细。细胞长为宽的2~3倍, 长4~7μm, 宽2~3μm, 顶端细胞圆形, 不呈头状, 无帽状体。

生境: 普生性种类, 生长于静水水体、温泉或半咸水。

国内分布于山西、江苏、浙江、安徽、福建、江西、湖北、湖南、云南、西藏、新疆; 国外分布于印度、德国, 非洲; 梵净山分布于凯文村水田。

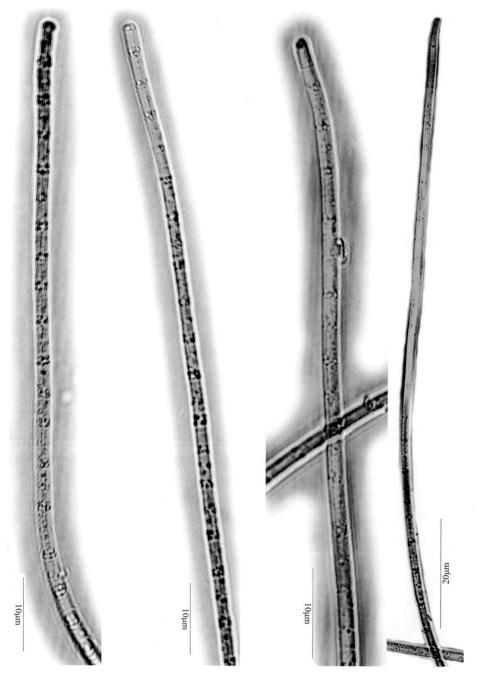

[67]蛇形颤藻

Oscillatoria anguina (Bory) Gomont, Monogr. Oscill, 214, Taf. 6, fig. 16, 1892; 朱浩然：中国淡水藻志，Vol. 9, p. 107, plate LXXIII: 4, 2007.

原植体藻丝多数聚集呈膜状群体，暗蓝绿色。藻丝顶部渐变细，弧形至螺旋弯曲，横壁不收缢，有时细胞两侧具颗粒。细胞长2～3μm，宽6～9μm，末端细胞顶端壁微增厚，形成帽状体。

生境：生长于潮湿泥土、潮湿石壁、水坑或沟渠。

国内分布于浙江、江西、云南、西藏；国外分布于印度、斯里兰卡、德国，欧洲；梵净山分布于金顶、大河堰、德旺茶寨村、净河村。

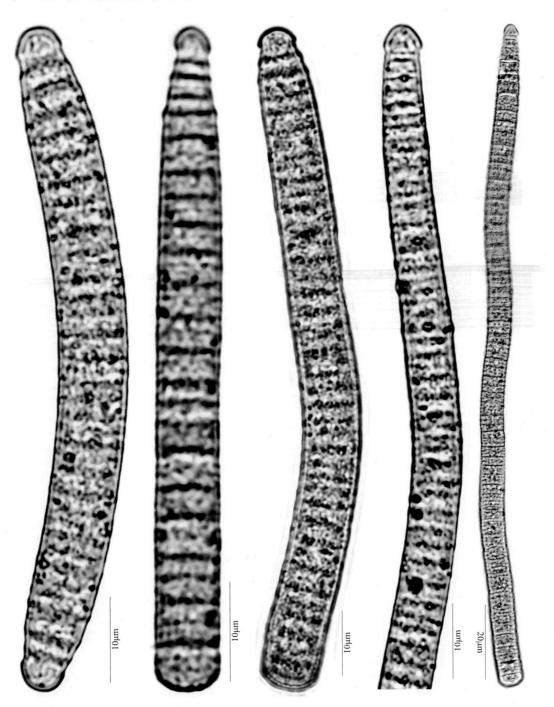

[68]博恩颤藻

Oscillatoria borneti Zukal, Ber. beutsche Bot. Ges. 12: 260, Taf.19, fig. 1～5, 1894; 朱浩然: 中国淡水藻志, Vol. 9, p. 109, plate LXXV: 1, 2007.

　　原植体为深绿色、红褐色至褐紫色胶质群体。藻丝直或弯曲，相互缠绕，横壁不收缢，原生质体呈网状，两侧具颗粒或不具颗粒。细胞长3～5μm，宽10～15μm。末端细胞顶部加厚。

　　生境：生长于流水石表。

　　国内分布于浙江、江西、云南、西藏；国外分布于德国；梵净山分布于太平镇马马沟村，流水沟石壁表、坝溪河河床石表、太平村。

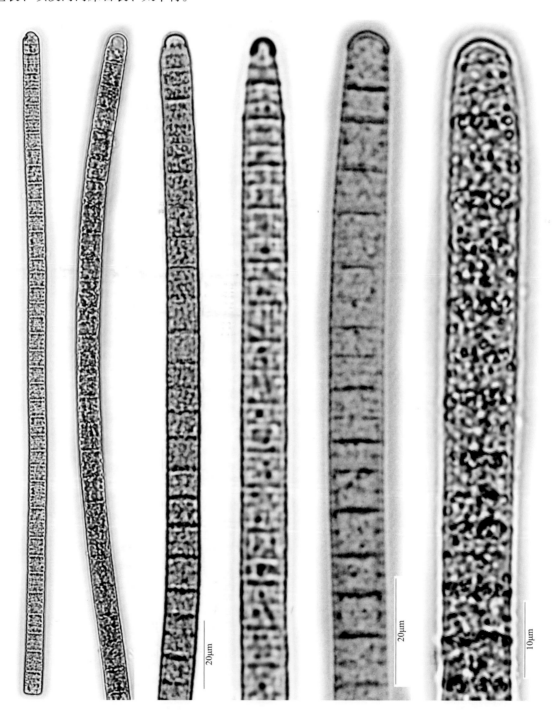

[69] 歪头颤藻

Oscillatoria curviceps Ag. ex Goment, Ag., Syst. Alg., 68, 1824; 朱浩然：中国淡水藻志，Vol. 9, p. 112, plate LXXVI: 2, 2007.

原质体为鲜蓝绿色或黑蓝绿色的胶质群体。藻丝直，末端微尖细，偏曲或螺旋形，横壁不收缢，不具颗粒。细胞宽 10～16μm，细胞长为宽的 1/5～1/3，长 2～5μm。末端细胞短圆形，顶端略增厚，但不呈帽状。

生境：生长于水塘。

国内分布于山西、浙江、江西、湖北；国外分布于德国；梵净山分布于马槽河，河边水塘。

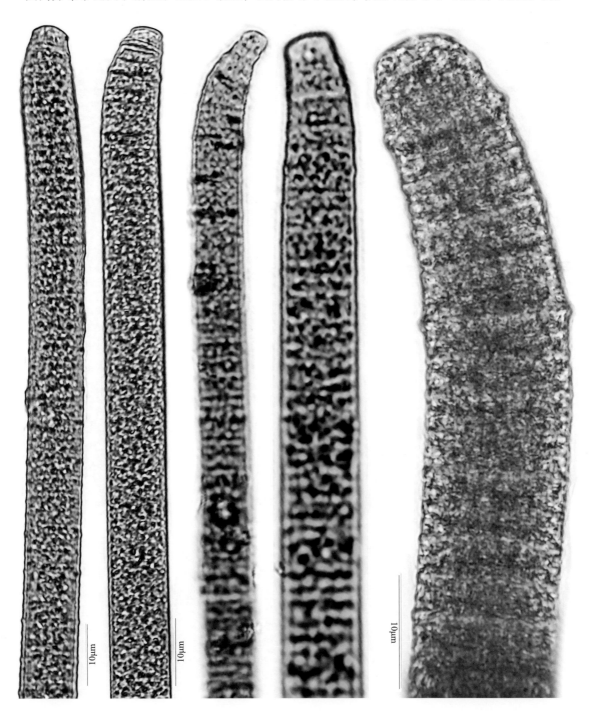

[70] 泥泞颤藻

Oscillatoria limosa Agardh, Disp. Alg. Suec. p. 35, 1812; 朱浩然: 中国淡水藻志, Vol. 9, p. 116, plate LXXVII: 1, 2007.

　　原植体常为多数藻丝聚集成的深蓝色膜状体，后期呈棕黄色。藻丝直，细胞横壁不收缢，两侧具多数颗粒。细胞长3～5μm，宽12～20μm。末端不变狭或略变狭，顶细胞圆锥形，顶缘壁略加厚，无明显的帽状体。

　　生境：污水性藻类，生长于滴水石壁、水沟、水塘或水田等。

　　国内外广泛分布；梵净山分布于马槽河、快场、凯文村、团龙清水江、陈家坡、亚木沟、锦江、德旺岳家寨红石梁、红石溪、乌罗镇寨朗沟、金厂村、德旺净河村老屋场。

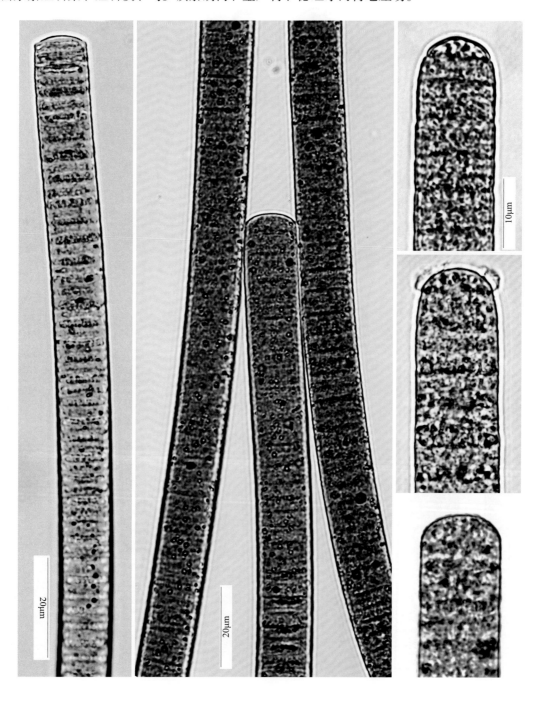

[71] 巨颤藻

Oscillatoria princeps Vauch., Hist. Conf., 190, Taf. 15, fig. 2, 1803; 朱浩然: 中国淡水藻志, Vol. 9, p. 120, plate LXXIX: 2, 2007.

原植体为单条藻丝体或多数藻丝聚集成的胶质群体，呈橄榄绿色、蓝绿色、淡褐色、紫色或淡红色。藻丝多数直，横壁处不收缢，两侧不具颗粒，宽30～50μm，鲜绿色或暗绿色，末端略细或呈弧形。细胞长5～7μm，宽为长的7～10倍，末端细胞略收缩，略呈头状，顶端壁不增厚或略增厚。

生境：生长于池塘、稻田、流水或湖泊。

国内广泛分布；国外分布于印度；梵净山分布于亚木沟、张家屯荷花池、德旺茶寨村大溪沟水坑。

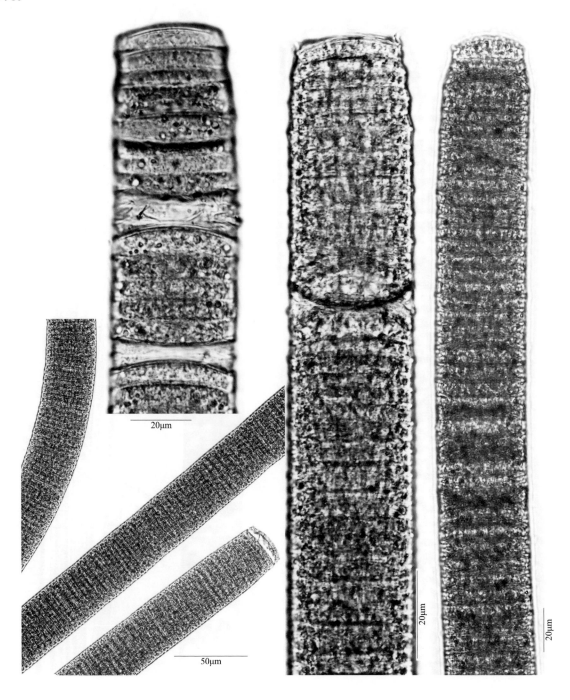

[72] 多育颤藻

Oscillatoria prolifica (Grev.) Gom., Monogr. Oscill., 205, Taf.6, fig. 8, 1892; 朱浩然: 中国淡水藻志, Vol. 9, p. 121, plate LXXIX: 1, 2007.

原植体为多数藻丝形成的束状群体, 略呈紫红色。藻丝直立或弯曲, 横壁不收缢, 两侧具假空胞。细胞长5～7μm, 宽5～6μm, 顶端细胞收缢, 呈头状, 先端具帽状体。

生境: 生长于渗水岩表、河沟或水渠等。

国内分布于黑龙江、浙江、江西、陕西、甘肃; 国外分布于印度、德国、波兰、美国; 梵净山分布于盘溪河、红石溪、德旺净河村老屋场洞下、德旺净河村老屋场。

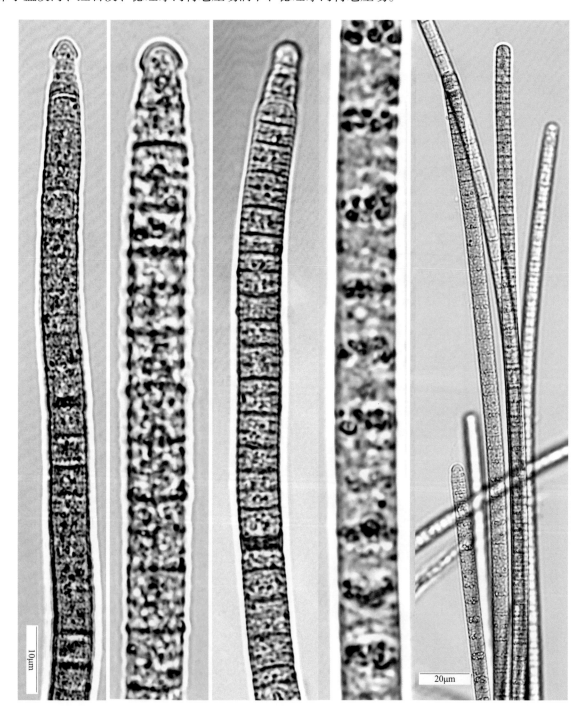

[73] 头冠颤藻

Oscillatoria sancta (Kütz.) Gom., Monogr. Oscill., 209,Taf. 6, fig. 12, 1892; 朱浩然：中国淡水藻志，Vol. 9, p. 123, plate LXXXI: 1, 2007.

原植体呈黑蓝色薄胶质体。藻丝直立或弯曲，深蓝绿色或暗橄榄绿色，横壁无明显收缢，两侧具多数颗粒。细胞长 3～5μm，宽 10～12μm。末端细胞略变小，呈扁的半圆形，略呈头状，先端壁增厚。

生境：生长于河流、泉溪、池塘、湖泊、水塘、水田或水沟。

国内广泛分布；国外分布于波兰、德国、印度，北美洲；梵净山分布于马槽河、快场、清渡河靛厂、高峰村、习家坪、太平河、熊家坡、昔平村、金厂河。

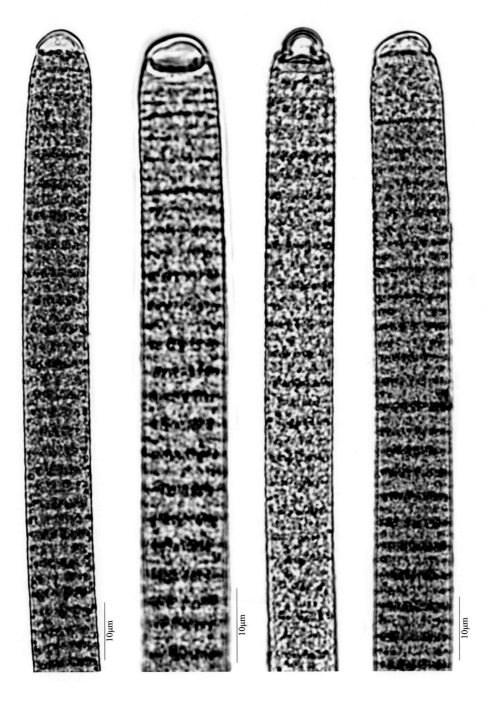

[74] 鲜明颤藻

Oscillatoria splendida Grev., Flora Edinensis, 305, 1824; 朱浩然：中国淡水藻志，Vol. 9, p. 124, plate LXXX: 1, 2007.

　　原植体为单一藻丝体或多数藻丝构成的疏松群体，呈鲜蓝绿色或橄榄绿色。藻丝直立或弯曲，横壁处不收缢，细胞横壁两侧具颗粒，每侧1～2个，顶端渐尖细，并常呈镰形弯曲或螺旋状弯曲。细胞长4～8μm，宽3～4μm。顶端细胞细长，先端略膨大呈头状，不具帽状体。

　　生境：生长于溪流、稻田、池塘或水塘。

　　国内分布于浙江、安徽、湖南、云南、西藏、新疆；国外分布于印度、德国、美国，非洲；梵净山分布于坝溪沙子坎、小坝梅村、牛尾河、亚木沟。

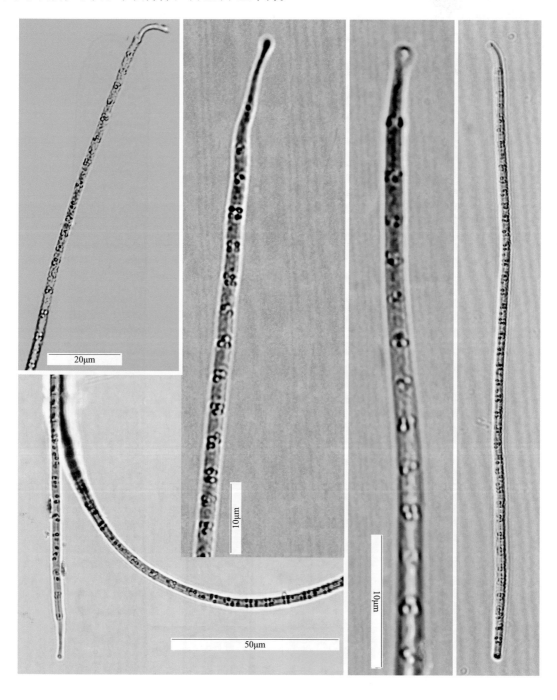

[75]小颤藻

Oscillatoria tenuis Ag., Dec. 2. 25, 1813; 朱浩然：中国淡水藻志, Vol. 9, p. 125, plate LXXXI: 2, 2007.

原植体为多数藻丝形成的胶质膜状或团块，蓝绿色或橄榄绿色。藻丝直立，横壁收缢，两侧有多数颗粒，顶端直立或弯曲，不渐尖。细胞长3~5.0μm，宽6~10μm。顶端细胞半圆形，外壁不明显增厚。

生境：生长于河流、溪沟、水田或水坑。

国内广泛分布；国外分布于印度、缅甸、斯里兰卡、德国，非洲；梵净山分布于寨沙水田、太平河、寨沙太平河、张家坝团龙村、坝溪沙子坎、大河堰、盘溪河、郭家湾、德旺茶寨村大溪沟。

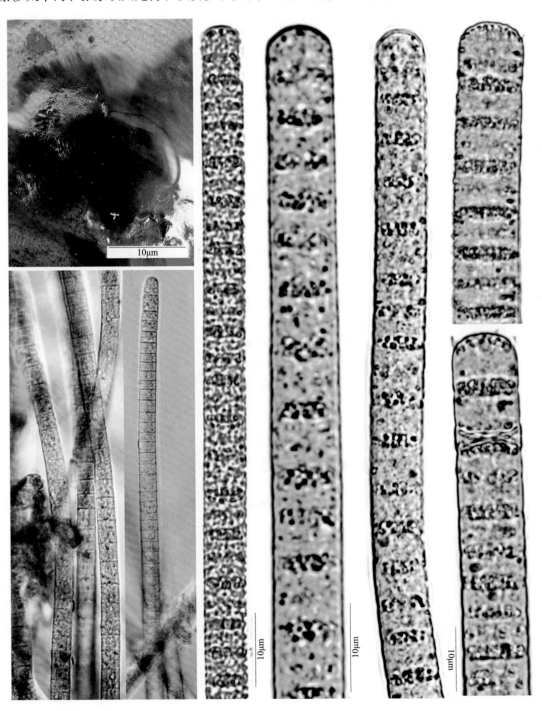

20. 织线藻属 *Plectonema* Thuret

原植体由具假分枝的藻丝体组成。藻丝体各种形状弯曲，分枝单生或对生。对生时，两条藻丝平行或交叉。藻丝体具胶质鞘，薄而坚硬，鞘内通常具1条藻丝。无异形胞，以藻殖段繁殖。

[76] 明显织线藻

Plectonema notatum Schmidle, Allg. Bot. Zeitschr. 84. fig. 8, 9, 1901; 朱浩然: 中国淡水藻志, Vol. 9, p. 5, plate IV: 2, 2007.

原植体为多数藻丝体缠绕而成的群体。假分枝较少，单一或成双，丝体宽5~7.5μm，鞘薄，无色。细胞圆柱形，宽1.5~2.0μm，长为宽的2~3倍。细胞蓝绿色，横壁不收缢，具1~2颗粒。顶端细胞圆锥形。

生境: 生长于滴水石表。

国内在此之前尚无报告；国外分布于德国、瑞士、波兰；梵净山分布于清渡河靛厂。

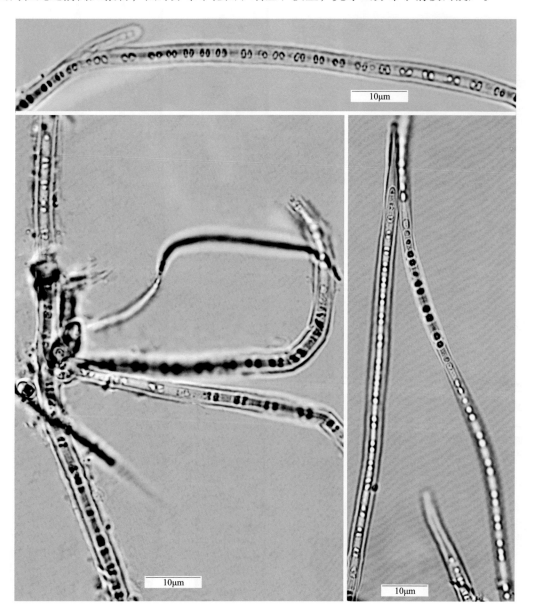

[77] 小织线藻

Plectonema tenue Thuret, Essai Class. Nost., p. 380, 1875; 朱浩然：中国淡水藻志，Vol. 9, p. 7, plate III: 3, 2007.

　　原植体为圆形，丛生，鲜绿色。丝体弯曲，假分枝常双生，丰富。鞘幼期无色而薄，成熟后黄绿色，增厚，分层。藻丝淡蓝绿色，横壁处不收缢，顶部略尖细。细胞短圆柱形，长2～6μm，宽5～10μm，末端细胞球形或半球形。

　　生境：生长于山溪流水的石头上。

　　国内分布于浙江、江西；国外分布于欧洲、美洲；梵净山分布于马槽河，溪沟石表。

[78] 托马织线藻

Plectonema tomasinianum Born., Bull. Soc. Bot. Fr., 36: 155, 1889; 朱浩然：中国淡水藻志，Vol. 9, p. 6, 2007.

　　原植体为多数弯曲的藻丝体紧密缠绕而形成的絮状团块或丛生群体，污蓝色、橄榄绿色、褐绿色至暗绿色，群体高可达2cm。藻丝体具假分枝，或多或少，一般成对分枝，藻丝宽7～18μm，少数达到24μm。鞘厚达3μm，分层，无色或黄褐色。藻丝横壁收缢，有时两侧具颗粒。细胞长3～9μm，宽11～22μm，原生质体蓝绿色，末端细胞球形、扁球形。

　　生境：生长于流水处的岩石上、积水坑或山溪石头上。

　　国内分布于福建、湖南、四川、西藏；国外分布于德国、美国、印度；梵净山分布于寨沙水田。

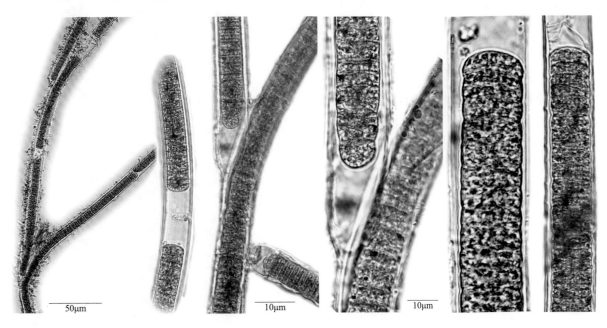

21. 螺旋藻属 *Spirulina* Thurpin

原植体为有规则或螺旋状弯曲的藻丝体，无胶质鞘，粗细均匀，顶部宽圆，无帽状体。螺旋紧凑或宽松，藻丝上的横壁不明显，亦无收缢。

[79] 宽松螺旋藻

Spirulina laxissima G. S. West, Joum. Linn. Soc. Bot. 38: 78, Taf. 9, fig. 6, 1907; 朱浩然: 中国淡水藻志, Vol. 9, p. 128, plate LXXXII: 6, 2007.

原植体为一条疏松螺旋状的藻丝，浅蓝绿色。细胞宽0.8~1μm，螺旋宽4.5~6.2μm，螺旋间距离17~21μm。

生境: 生长于水田。

国内分布于宁夏；国外分布于印度；梵净山分布于坝溪沙子坎。

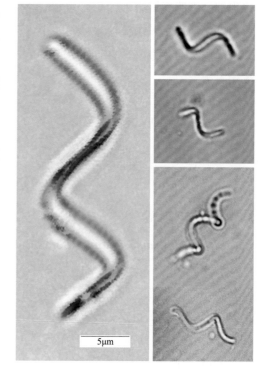

[80] 大螺旋藻

Spirulina major Kütz., Phyc. gen., 183, 1843; 朱浩然: 中国淡水藻志, Vol. 9, p. 128, plate LXXXII: 5, 13, 2007.

原植体为一条规则的螺旋状藻丝，蓝绿色。细胞宽1.4~1.7μm，螺旋宽3~4μm，螺旋间距离3~4μm。

生境: 生长于水田、河沟、池塘或湖泊。

国内分布于山西、江苏、浙江、安徽、江西、山东、湖南、陕西、云南、青海、宁夏、新疆；国外分布于俄罗斯；梵净山分布于亚木沟、寨抱村、岳家寨红石梁锦江河、清渡河公馆。

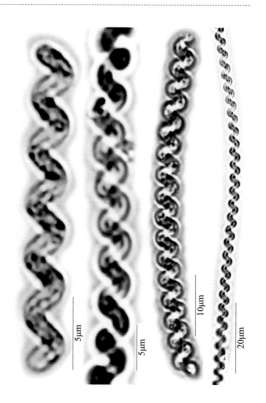

三 念珠藻目NOSTOCALES

（十一）伪枝藻科Scytonemataceae

22.伪枝藻属*Scytonema* Agardh

原植体为游离的藻丝体或成束的群体。藻丝相互缠绕，匍匐或直立。伪分枝产生于两个异形胞之间，单生或成对。藻丝体具坚硬鞘，分层或不分层，如分层，其层次平行或扩展，胶质鞘藻丝单一。异形胞间生，在藻丝体顶部形成藻殖段进行繁殖。

[81]卷曲伪枝藻

Scytonema crispum (Ag.) Born., Bull. Bot. Soc., 36: 156, 1889; 朱浩然: 中国淡水藻志, Vol. 9, p. 36, plate XXIV: 2, 2007.

原植体为许多藻丝体交织且扩展成的群体，柔毛状附着丛生，暗橄榄绿色、褐色或蓝绿色。藻丝卷曲，宽18～30μm，长可达3cm以上，假分枝成对。胶质鞘坚固，无色或褐色。藻丝的横壁明显收缢或不收缢。细胞短方形，一般长为宽的0.3倍，宽11～30μm。异形胞呈圆形、短圆柱形至椭圆形，单一或几个成串。

生境：生长于江河中流水石表、泉溪流水石表或潮湿岩石。

国内分布于黑龙江、浙江、安徽、福建、广东、云南、西藏；国外分布于印度、法国、德国、美国，非洲；梵净山分布于马槽河。

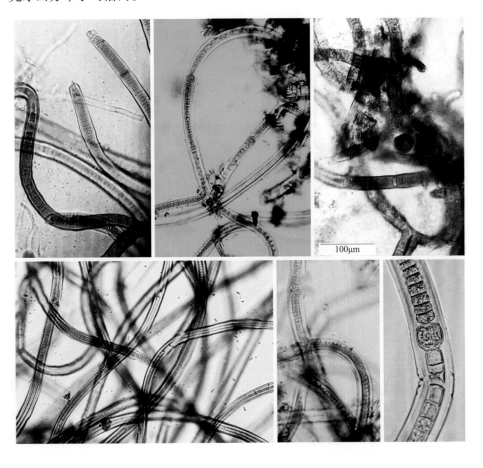

[82]朱氏伪枝藻

Scytonema julianum (Kütz.) Menegh. in Kützing, Species Algarum, 197, 1849; 朱浩然: 中国淡水藻志, Vol. 9, p. 28, plate XVIII: 1, 2007.

　　原植体丝体直立，聚集为灰蓝色的垫状或画笔状群体，宽15～30μm。假分枝稀少，多成对。胶鞘无色或淡黄色，不分层，老熟部分有钙质覆盖。藻丝宽7～9μm，淡蓝色。细胞近方形至短方形，长3.5～10μm。异形胞近方形至椭圆形，长6～10μm，宽6～9μm。

　　生境: 生长于潮湿岩石和地上或苔藓上。

　　国内分布于辽宁、广东、云南；国外分布于欧洲；梵净山分布于坝溪河河床石表。

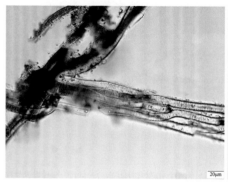

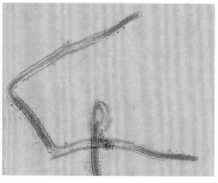

[83]绳色伪枝藻

Scytonema myochrous (Dillw.) Ag., Disp. Alg. Sueciae, 38, 1812; 朱浩然: 中国淡水藻志, Vol. 9, p. 31, plate XXI: 1, 2007.

　　原植体为黑褐色或黑绿色的垫状或皮壳状群体。丝体多弯曲且相互交织，宽16～20μm。假分枝丰富，有时稀疏，常成对，较主枝细。胶质鞘黄褐色，薄，分层，层次明显扩散。藻丝宽6～8μm，黄绿色，下部细胞圆柱形，上部细胞盘状。异形胞长宽相等或长度大于宽度，褐色。

　　生境: 生长于水沟、水坑边石表、滴水或潮湿石表。

　　国内分布于湖南、广东、海南、四川、贵州、云南、西藏；国外分布于德国，北美洲；梵净山分布于马槽河、清渡河茶园坨、金顶、清渡河靛厂。

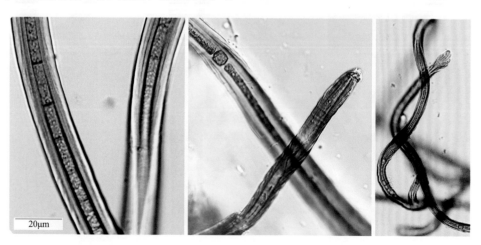

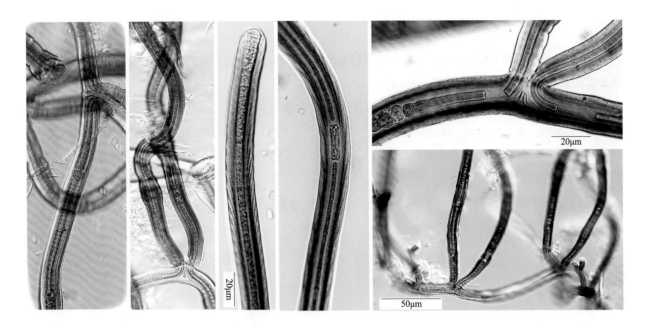

[84]能孕伪枝藻

Scytonema praegnans Skuja in Handel–Mazzetti, Symbolae Sinicae, p. 27~28. Abb. 3. 1937; 朱浩然: 中国淡水藻志, Vol. 9, p. 36, plate XXIV: 1, 2007.

原植体为黄褐色或黄绿色的垫状或皮壳状群体。藻丝体宽20~25μm。假分枝稀疏, 单一或成对, 比主枝细长。鞘坚韧, 较厚, 分层, 层次平行, 部分小枝顶部的鞘有些扩散, 无色, 部分内部黄色或黄褐色。细胞宽10~20μm, 横壁略收缢。新生幼枝细胞短方形, 宽为长的2~4倍。异形胞圆柱形或圆盘形, 有的比营养细胞略宽。

生境: 生长于潮湿石表, 常混杂在其他藻类中。

国内分布于湖南; 梵净山分布于清渡河靛厂。

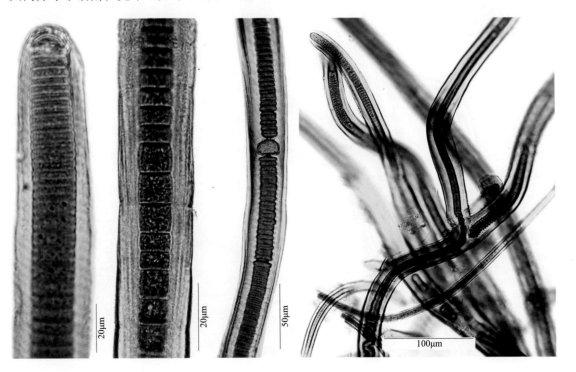

[85] 小伪枝藻

Scytonema tenue Gardner, Mem. New. York Gard, 7: 78, Taf. 17, Fig. 36, 1927; 朱浩然: 中国淡水藻志, Vol. 9, p. 26, plate XVI: 2, 2007.

原植体为多数藻丝稠密排列的绒毛状群体，质地柔软。藻丝直立，向上，平行，基部分枝较少，长0.7~1.2μm，宽5~6μm。藻丝顶部宽5.5~6.5μm，老的部分长度为宽度的1/2~2倍，圆柱形，顶部略呈桶形。鞘胶质，无色，不分层，厚2~2.5μm。异形胞圆柱形，长宽相近或2倍长于宽。

生境：生长于水坑。

国内分布于西藏、贵州（黄果树、云台山）；国外分布于美洲；梵净山分布于冷家坝核桃坪（阴石壁气生）。

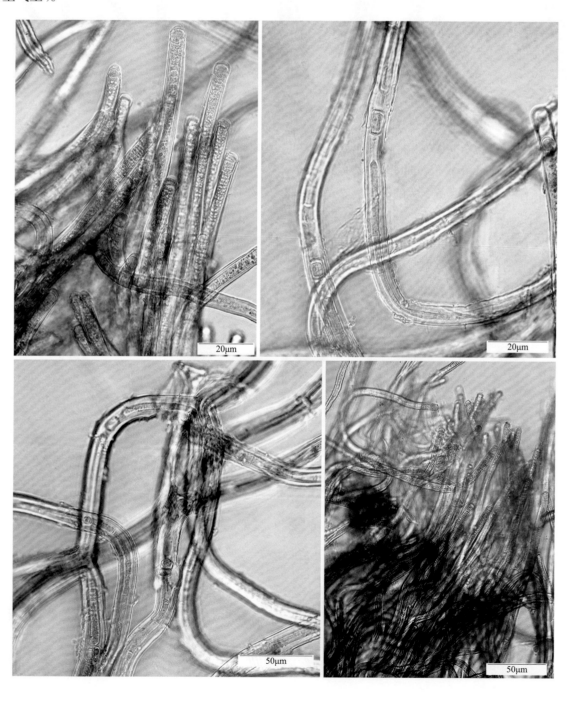

23. 翅线藻属 *Petalonema* Berk.

原植体由多数弯曲藻丝体组成。藻丝体游离，匍匐或直立生长。藻丝体顶部扩展，比较老的枝宽，伪枝发生于两个异形胞之间，单生或成对。藻丝体具有厚而坚固的鞘，分层、扩展，呈漏斗状。

[86] 具翼翅线藻

Petalonema alatum Berk, Gleanings of British Alg., 23, pl. 7, fig. 2, 1883.

原植体为多数藻丝形成的黏质群体。丛生的藻丝一般疏松，有时藻丝单生，黑褐色。藻丝体弯曲，匍匐或直立，宽30～100μm，假分枝多数成对，少为1至数条。胶质鞘宽厚，分层，在藻丝前端的胶质鞘中明显地呈漏斗状外扩，且具横纹，顶部的鞘与丝体纵轴形成锐角，老丝体鞘的内部层理平行于藻丝，外部鞘为漏斗状；幼丝体的鞘无色，老丝体的鞘黄色或褐色。藻丝细胞宽8～12μm，生长区的细胞短桶形，较老的部分细胞长圆柱形，长可达宽的2倍。异形胞球形至长圆柱形。

[86a] 具翼翅线藻深蓝变种

Petalonema alatum var. *indicum* Rao. Curr. Sci., 13: 260, fig. 1, 2, 1944; 朱浩然：中国淡水藻志, Vol. 9, p. 9, 2007.

与原变种的不同之处在于：具有环状钙质；丝体向上呈放射状排列，簇生群体直径可达2cm，厚1cm，顶部宽大，向基部渐狭；藻丝顶部细胞宽大于长，中部至基部渐长而窄，横壁收缢，分枝成对或单一，与主枝平行，顶部截形；异形胞球形至扁球形。

生境：生长于岩石上，常与其他藻类混生。

国内分布于贵州（云台山）；国外分布于欧洲；梵净山分布于清渡河靛厂（潮湿岩壁）。

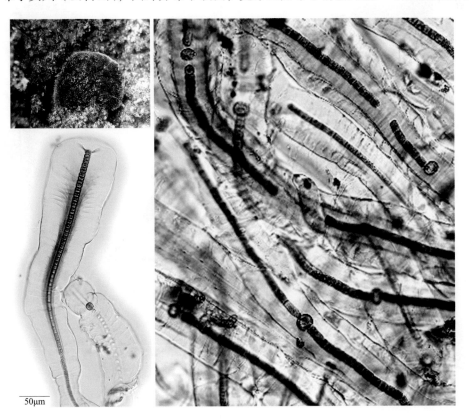

50μm

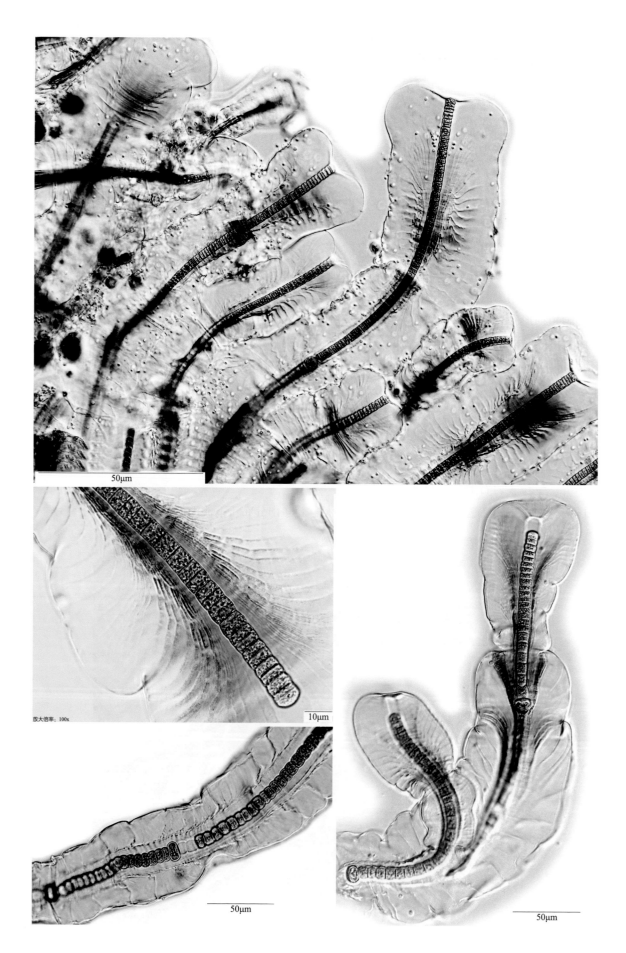

放大倍率：100x

（十二）微毛藻科 Microchaetaceae

24.单歧藻属 *Tolypothrix* Kütz.

原植体由多数藻丝体聚集而成。藻丝体游离，匍匐或直立生长。藻丝体常具坚固或薄或厚的鞘，鞘内具1条藻丝体。伪枝一般在异形胞处产生，单一或成对。

[87]嗜沙单歧藻

Tolypothrix arenophila W. et G. S. West, J. Bot. Lond, 35: 267, 1897; 朱浩然: 中国淡水藻志, Vol. 9, p. 14, plate X: 2, 2007.

原植体为多数藻丝聚集而成的膜状群体，呈褐色或淡黄色。丝体宽14～18μm，藻丝体弯曲且密集缠绕，假分枝多为单生。胶质鞘厚，分层，黄色或黄褐色。藻丝宽6～8μm，细胞长4～6μm。异形胞单生，长方形，长8μm，宽6μm。

生境：生长于溪水边岩石上或潮湿岩壁。

国内分布于辽宁、贵州（云台山）；国外分布于非洲、欧洲；梵净山分布于清渡河公馆（潮湿岩壁）。

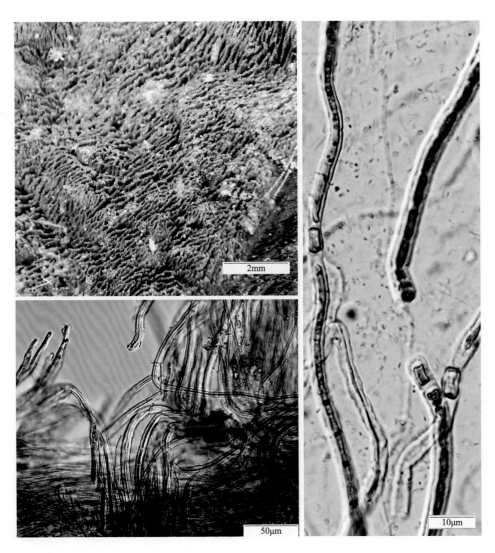

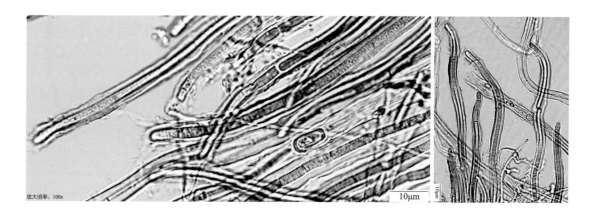

放大倍率：100x

10μm

[88] 扭曲单歧藻

Tolypothrix distorta Kütz. ex Bomet et Flaheult, Phyc. Gene., 228, 1843; 朱浩然：中国淡水藻志，Vol. 9, p. 17, plate XI: 2, 2007.

原植体为皮壳状或垫状扩展的胶质群体，蓝绿色至褐绿色。假分枝丰富，长3cm，宽10～15μm。胶质鞘薄，初期无色，后期褐色。藻丝宽6～10μm，微弯曲，横壁收缢，蓝绿色。细胞长宽相近或短于宽。异形胞单一或2～3个成串，接近于球形。

生境：生长于小泉、水坑、温泉、稻田或积水塘。

国内分布于安徽、湖北、湖南、云南、西藏；国外分布于非洲；梵净山分布于团龙清水江（渗水石壁）。

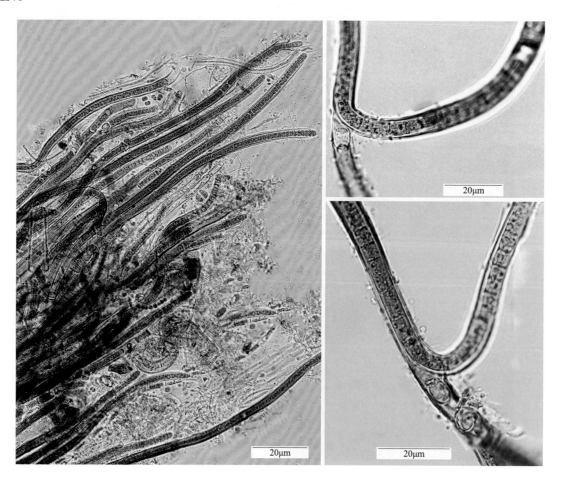

20μm

20μm

20μm

[89] 簇生单歧藻

Tolypothrix fasciculata Gom., Bull. Soc. Bot. Fr. S. 381, Taf. 9, fig. 9～12, 1896; 朱浩然: 中国淡水藻志, Vol. 9, p. 15, plate IX: 1, 2007.

原植体为许多藻丝交织的垫状群体，黑褐色。丝体宽9～12μm，高可达1mm，基部匍匐，弯曲，相互缠绕，末端直立。假分枝发生于早期藻丝体的基部，单生，分枝基部常膨大。鞘幼时薄而无色，成熟后深黄色。藻丝蓝绿色或浅橄榄绿色，宽8～10μm。丝体中部细胞长方形，长8～10μm，末端细胞短方形，长4～5μm，顶部细胞半球形。异形胞单生，方形，宽8μm。

生境：生长于草原潮湿地表面。

国内分布于吉林、黑龙江、贵州（云台山）；国外分布于欧洲；梵净山分布于金顶（潮湿石表）。

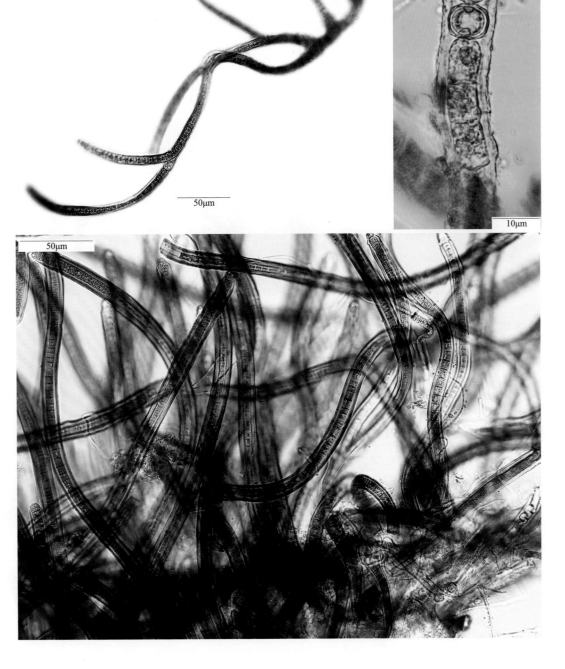

（十三）胶须藻科 Rivulariaceae

25. 眉藻属 *Calothrix* Ag.

原植体为单生藻丝体或多数藻丝略平行排列的束状群体，丛生、簇生，茸毛状或垫状。藻丝多数直立，不分枝或具少数假分枝。胶质鞘通常坚实，有时仅见于丝体基部。异形胞多为基生，有时间生。厚壁胞子单生或成串，与基部异形胞相邻。

[90] 简单眉藻

Calothrix subsimplex Jao, Sinensia 10 (1～6): 224～225, pl. IV: 3, 1939; 朱浩然: 中国淡水藻志, Vol. 9, p. 56, plate XXXVII: 4, 2007.

原植体单生或成群，长达1mm，直立或匍匐，基部不膨大。鞘坚韧且不分层，无色。藻丝细胞铜绿色，横壁不收缢或微收缢，长6～9.0μm，宽4～6μm。异形胞基生，单一，半球形，长9～11μm，宽8～10μm。

生境：生长于池塘或水沟边湿石表。

国内分布于湖南；梵净山分布于马槽河渗水沟边湿石表、太平村、快场。

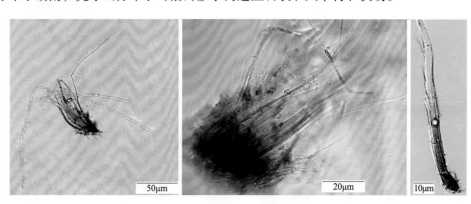

[91] 温泉眉藻

Calothrix thermalis (Schwabe) Hansg., Osterr. Bot. Zeitschr., 34: 279, 1884; 朱浩然: 中国淡水藻志, Vol. 9, p. 52, plate XXXIV: 1, 2007.

原植体为多数藻丝聚集且扩展呈片状的胶质群体，柔软，蓝绿色或橄榄绿色。藻丝体相互紧密缠绕，基部略膨大，宽8～12μm，先端渐尖细成毛状。藻丝胶质鞘厚，均匀，无色，或基部为灰黄色，分层或不分层。藻丝基部横壁略收缢。细胞长4～7μm，宽4～8μm，蓝绿色。异形胞基生或间生，椭圆形或半球形。

生境：生长于水沟边、潮湿岩石表面或滴水岩石。

国内分布于广东、海南、西藏；国外分布于美国；梵净山分布于张家坝凉亭坳、清渡河靛厂。

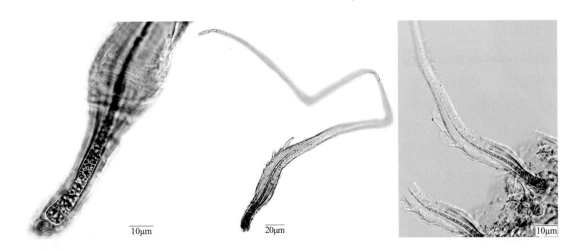

[92] 维格眉藻

Calothrix viguieri Fremy, Myxophyceae d'Afi., equat. frane., 252, fig. 226, 1929; 朱浩然：中国淡水藻志, Vol. 9, p. 49, plate XXX: 1, 2007.

原植体为单条或丛生的藻丝体，呈细长的不规则垫状胶质体，灰橄榄绿色。藻丝长 100~400μm，宽 10~15μm，鞘淡黄色或无色，分层，顶部略撕裂。藻丝基部略膨大，向末端逐渐尖细，顶端不成毛状。藻丝基部细胞长为宽的 1/3~1/4，长 3~4μm，宽 10~13μm，中部长 1.5~2μm，宽 6~10μm，末端宽 3~4μm。异形胞基生，单一，半球形，直径 11~13μm。

生境：生长于温泉、浅水池、滴水岩石或流水石表面。

国内分布于广东、海南、云南、西藏；国外分布于法国；梵净山分布于寨沙水田、净心池、太平河。

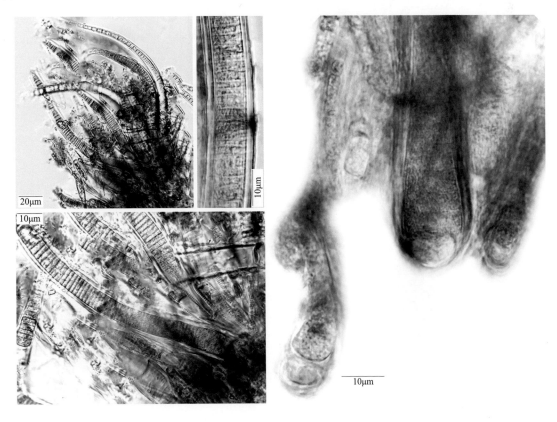

[93] 韦伯眉藻

Calothrix weberi Schmidle, Hedwigia, 38: 173, 1899; 朱浩然: 中国淡水藻志, Vol. 9, p. 57, 2007.

原植体单一，漂浮或着生。丝体弯弓状至不规则螺旋形卷曲，有时直，基部宽8μm，末端渐细呈毛状，宽2～2.5μm。藻鞘薄，均匀，无色，透明。藻丝基部宽6～7μm，中部宽约5μm，细胞长约5μm。细胞长略大于宽。异形胞基生，单一，半球形至近球形。

生境：漂浮于池沼中或生长于水草枯叶表面、溅水岩石表面或瀑布旁岩石表面。

国内分布于贵州（黄果树、云台山）；国外分布于德国；梵净山分布于鱼坳至茴香坪（潮湿石壁）。

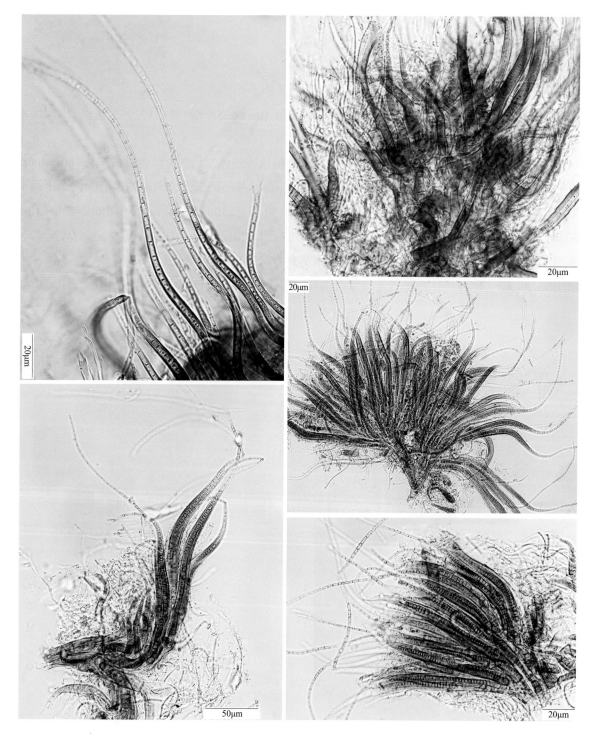

26. 双须藻属 *Dichothrix* Zanard.

原植体由多数藻丝丛生，呈毛笔状或垫状。丝体彼此游离，具二叉式假分枝。藻丝具鞘，透明、黄色或橙褐色，均匀或分层，分枝处的胶质鞘内常有数条藻丝体。藻丝体紧贴或略平行排列，向顶部渐尖细呈尖毛状。异形胞基生或间生，单一或数个成串。

[94] 奥赛双须藻

Dichothrix orsiniana (Kütz.) Born.et Flah., Rev. Nost. het., 376, 1886; 朱浩然: 中国淡水藻志, Vol. 9, p. 60, plate XLIII: 1, 2007.

原植体丛生，束状或画笔状，胶质，绿褐色，高 2~3cm。丝体缠绕弯曲，宽 10~12μm，具假分枝，直立，放射状，分枝相互密贴。藻鞘紧贴于藻丝，厚，黄色，老的部分褐色，分层。藻丝宽 5~10μm，橄榄绿色，末端渐细成长毛状。细胞横壁不收缢，细胞长 2~4μm，宽 4~7μm。异形胞基生，近圆柱形。

生境：生长于沼泽草甸、池塘、潮湿岩石表面或滴水岩石表面。

国内分布于陕西、西藏、广东、海南；国外分布于印度、德国；梵净山分布于金顶、马槽河、清渡河靛厂。

（十四）念珠藻科 Nostocaceae

27. 鱼腥藻属 *Anabaena* Bory

原植体为一条游离藻丝体或多数藻丝体聚集形成的不定形胶质群体，呈块状或软膜状。藻丝等宽或末端尖细，直或不规则地螺旋状弯曲。细胞圆球形或桶形。异形胞常间生。孢子1个或几个成串，紧靠异形胞或位于异形胞之间。

[95] 等长鱼腥藻

Anabaena aequalis Borge, Ark. Bot. 1906; 朱浩然：中国淡水藻志，Vol. 9, p. 160, plate XCVI: 3, 2007.

藻丝直立。细胞半球形或短桶形，紧密相连，长2～5μm，宽3～5.5μm。异形胞长6～10.5μm，宽4～7μm，椭圆形。孢子远离异形胞，长20～41μm，宽6.5～8μm，外壁光滑，无色。

生境：生长于河滩渗水处。

国内分布于西藏、新疆；国外分布于德国；梵净山分布于坝溪沙子坎（水沟）。

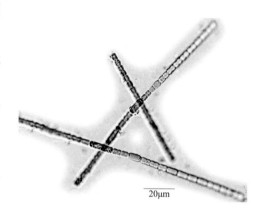

[96] 卷曲鱼腥藻

Anabaena circinalis Rabenh. ex Born. et Flah, Rabenhorst, Algen Eur. Exs no.209, 1852; 朱浩然：中国淡水藻志，Vol. 9, p. 157, plate XCV: 3, 2007.

原植体漂浮。藻丝体螺旋盘绕，具或不具胶鞘，宽8～14μm。细胞球形或扁球形，长略小于宽，具假空胞。异形胞近球形，直径8～10μm。孢子圆柱形，直或有时弯曲，末端圆，宽14～18μm，长22～34μm，常远离异形胞，外壁光滑，无色。

生境：生长于水塘或潮湿岩壁，与藓类植物混生。

国内分布于安徽、湖北；国外分布于美国，欧洲；梵净山分布于牛尾河、金厂河。

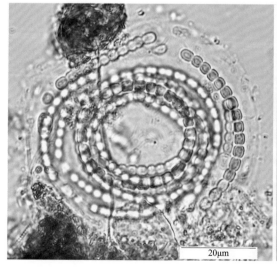 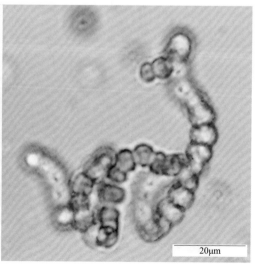

[97]类颤鱼腥藻

Anabaena oscillarioides Bory ex Borm. et Flah., Bory, Dict. class d'hist. nat., 1: 308, 1822; 朱浩然：中国淡水藻志, Vol. 9, p. 162, plate XCVII: 3, 2007.

原植体胶质块状，黑绿色。藻丝宽4～6μm，末端细胞圆形。细胞桶形，长宽相等或长比宽略短。异形胞长6～10μm，宽6～9μm，球形或卵形。孢子幼期为卵形，后为圆柱形，单生或2～3个成串，长20～140μm，宽8～10μm，位于异形胞两端，外壁光滑，黄褐色。

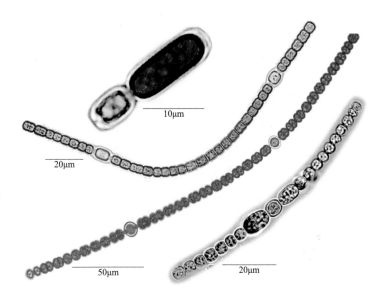

生境：生长于溪流、水沟、沼泽或浅水池塘。

国内分布于河北、江苏、安徽、湖北、贵州、云南、西藏、新疆；国外分布于印度、美国、德国，非洲；梵净山分布于清渡河公馆。

[98]扭曲鱼腥藻

Anabaena torulosa (Carm.) Lagerh., K. Vet. AK. Forh., 47, 1883; 朱浩然：中国淡水藻志, Vol. 9, p. 158, plate XCV: 7, 2007.

丝状体有点直或者不规则弯曲，但不卷曲，常为稀少的散片。细胞亚球形至桶形，直径4～5μm，末端细胞圆锥形。异形胞球形，直径6μm。孢子延长呈倒卵形至亚椭圆形，有光滑的侧面凸出的壁，单生或几个连在一起，在异形胞的两边，直径7～12μm，长18～28μm。

生境：生长于浅水湖中、水池或五指山下的溪流。

国内分布于湖南、广东、海南；梵净山分布于大河堰（水田浮游）。

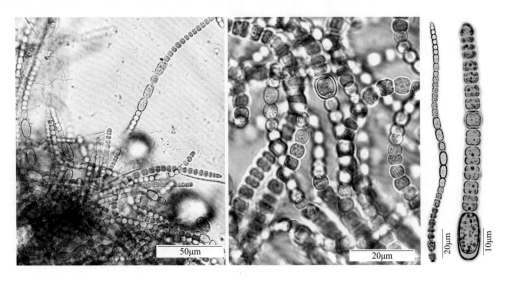

28.念珠藻属 *Nostoc* Vaucher

原植体为多数不分枝藻丝组成的胶质群体，具胶质被，呈球状、长圆形、片状、皮状或丝状，漂浮或附着生活。失水时颜色发黑。藻丝体弯曲或曲折交织，胶质鞘透明或有色，有时不明显，有时坚硬而狭窄。细胞呈球形、柱状或桶状，内含物均匀或有颗粒。异形胞间生或顶生。孢子单生或成串，球形或长圆形。

[99] 肉色念珠藻

Nostoc carneum Agardh, Syst. Alg., 22, 1824; 朱浩然: 中国淡水藻志, Vol. 9, p. 168, plate C: 1, 2007.

原植体初为球形，后为有结节的肿块，革质，不规则地扩展，胶质，肉色、淡红棕色、紫罗兰色、玫瑰色或蓝色至橄榄绿色。丝体疏松缠绕，弯曲，鞘不明显，无色。藻丝宽3～4μm。细胞长圆柱形，长为宽的2倍，宽为3～4μm。异形胞长圆形，宽4.6～6μm，长5～6μm。孢子卵形至椭圆形，长5～10μm，宽4.5～6μm，孢子外形平整而透明。

生境：生长于水田、池塘、潮湿土表面或积水坑。

国内分布于浙江、湖南、湖北、西藏；国外分布于印度、德国、美国；梵净山分布于桃源村滴水石表、坝梅村、大园子，渗水岩壁。

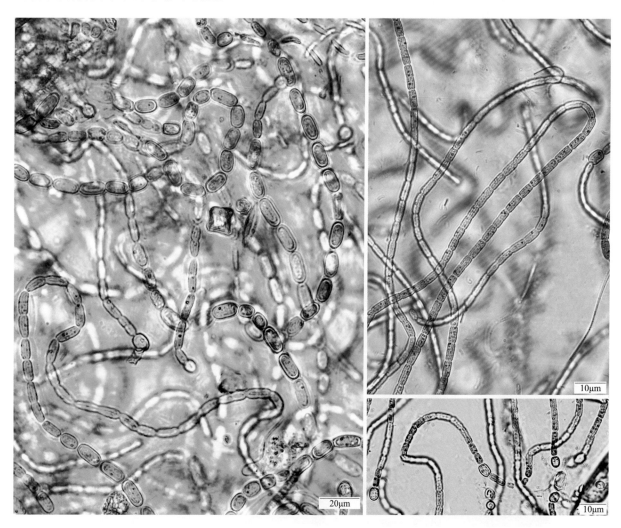

[100]地木耳

Nostoc commune Vauch., Hist. Conf. d'eau douce, 222, pl. 16, fig. 1, 1803; 朱浩然：中国淡水藻志，Vol. 9, p. 169, plate C: 5, 2007.

　　原植体幼期球形，直径1～5mm，成熟后扩展呈不规则具皱褶的片状体，蓝绿色或黄绿色，干燥时为黑色。群体中靠外围的藻丝体具厚而明显的胶质鞘，黄褐色，常分层；内部丝体胶质鞘无色透明，分层不明显。藻丝体弯曲，交织，细胞短桶形或近球形，长小于或等于宽，长约5μm，宽4.5～6μm。异形胞近球形，直径约7μm。

　　生境：生长于耕地周边土表、石表，路边矮草丛或溪沟边沙石上。

　　国内广泛分布；国外分布于印度、非洲、美国；梵净山分布于鱼坳、坝溪天堂坝、金顶，潮湿石表、大河堰、大园子、清渡河、乌罗镇石塘、亚木沟等。

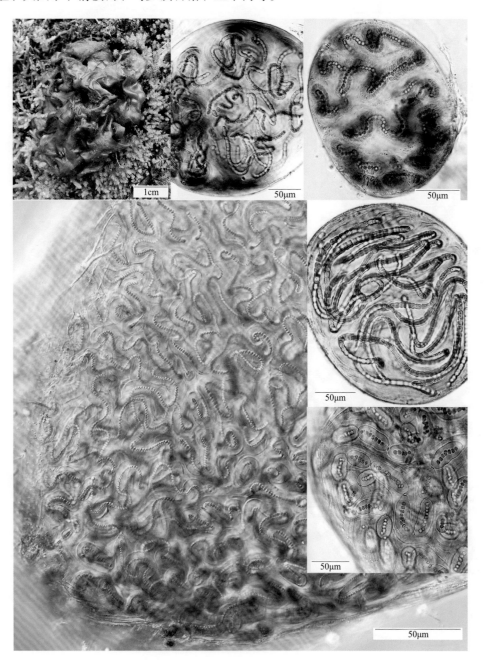

[101]微小念珠藻

Nostoc microscopicum Carm. ex Born et Flah. Carmichael, in Harvey, Hooker's British Flora, 5: 399, 1833; 朱浩然: 中国淡水藻志, Vol. 9, p. 171, plate CII: 4, 2007.

原植体球形或椭圆形，直径约1mm，柔软但具一硬外层，开始时为闪亮橄榄绿色或褐色。藻体疏散缠绕，附着。鞘多少明显，透淡黄色。藻丝宽5~8μm，蓝绿色或橄榄绿色。细胞亚球形或桶形。异形胞近球形，长9~15μm，宽6~7μm，橄榄绿色，外壁平整。

生境：生长于渗水及潮湿岩壁、树皮或土表。

国内分布于江西；国外分布于法国、美国、印度；梵净山分布于鱼坳旅游线1400步（与泥炭藓混生）、马槽河、德旺净河村老屋场（渗水岩表）。

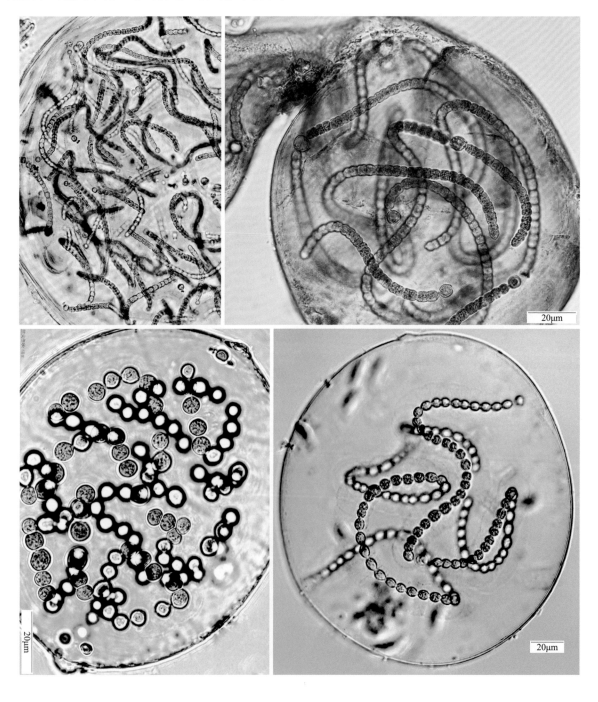

[102]海绵状念珠藻

Nostoc spongiaeforme Ag. ex Born. et Flah., C. Ag., Syst. Alg., 22, 1824; 朱浩然: 中国淡水藻志, Vol. 9, p. 175, plate CIX: 1, 2007.

原植体早期圆球形，胶质，后期扩展，泡状或瘤状，鲜蓝绿色、橄榄绿色或黄褐色。藻丝宽4μm，蓝绿色至橄榄绿色。细胞桶形或圆柱形，直径3～4μm。异形胞近球形或长圆形，长6～8μm，宽4～7μm。孢子长6～12μm，宽6～7μm，外壁光滑。

生境：生长于静水水体、潮湿或渗水石表。

国内分布于江西、福建、西藏；国外分布于法国、美国、印度、德国，非洲；梵净山分布于万宝岩净心池旁的渗水石壁、团龙清水江、德旺净河村老屋场。

[103] 裂褶念珠藻

Nostoc verrucosum Vaucher ex Born. et Flah., Vaucher, Hist. Conf d'eau douce, 225, pl. 16,fig. 3, 1803; 朱浩然：中国淡水藻志，Vol. 9, p. 176, plate CIII: 3, 2007.

原植体群集，直径可达10cm，初期球形或近球形，坚固，表面具不平波形或瘤形，后期中空，囊状，柔软或裂开，黑绿色、橄榄绿色或褐绿色。原植体外呈黄褐色，内部无色。丝体稠密缠绕，弯曲。藻丝宽3~3.5μm。细胞短桶形，长度短于宽度。异形胞球形，直径4~6μm。孢子卵形，长7~7.5μm，宽3.5~5μm，外壁光滑，黄褐色。

生境：生长于小水塘、山泉的流水石表或潮湿草地中苔藓植物之间。

国内分布于安徽、江西、云南、西藏；国外分布于印度、法国、德国、美国，非洲；梵净山分布于快场（水沟流水石缝固着）。

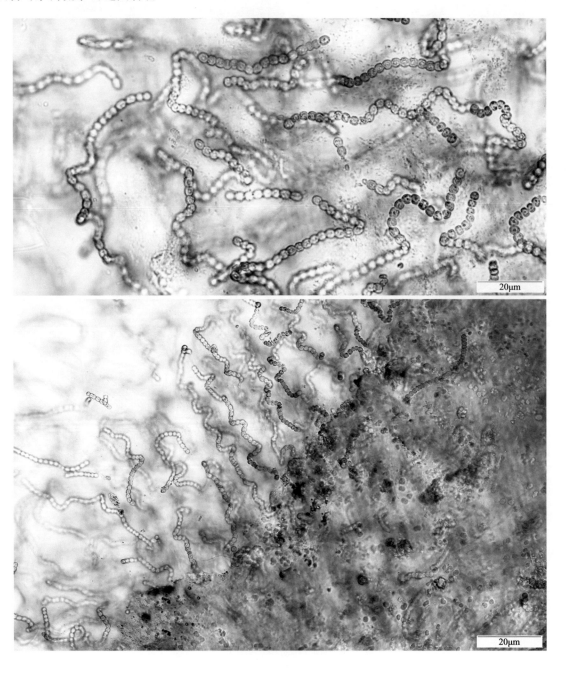

四 真枝藻目 STIGONEMATALES

（十五）真枝藻科 Stigonemataceae

29. 真枝藻属 *Stigonema* Ag.

原植体具分枝，有匍匐枝、主枝和侧枝分化，成熟藻丝体由2至多列细胞组成。幼枝胶质鞘紧贴细胞列，平滑，老枝胶质鞘宽，不规则分层。异形胞间生或侧生。藻殖段在幼枝顶部发生。

[104] 树状真枝藻

Stigonema dendroidecum Fremy, Myx. d'Afrique equat., Arch. De Bot., 3: 405, fig. 329～330，1930；胡鸿钧，魏印心：中国淡水藻类（系统、分类及生态）: p. 194, plate II: 42～1, 2006.

原植体扩展，褐黑色，高达1mm。藻丝匍匐，着生，宽16～22μm，罕见达25μm。分枝相当多，幼分枝直立而狭，成熟后与主分枝等宽，具丰富多次级分枝，末端渐细。鞘无色，不分层。主枝和二级分枝1～2列，罕见3列的，宽14～20μm；单列二级分枝宽8～14μm。细胞宽8～14μm，异形胞稀少，间位或侧位。藻殖段长40～60μm，宽10～14μm。

生境：生长于渗水岩壁、阴湿石壁或水坑边石表。

国内分布于广东；国外分布于非洲、印度；梵净山分布于老金顶渗水岩壁表、马槽河、大河堰杨家组、冷家坝核桃坪。

[105]奇异真枝藻

Stigonema mirabile Beck V. mannag., Arch, f. Protk., 66: 8,fig. 8, 1929; 朱婉嘉, 中山大学学报, p. 3: 86，1988.

原植体扩展。丝体匍匐，而后直立，直立丝体前宽后窄，似棒形。主枝条窄处20～30μm，主丝体最宽处40～50μm，通常4～6列细胞，两侧重复分枝，似篦形，分枝逐级变窄，细胞列数渐变少至1列，分枝窄的有圆形的顶端，宽12～18μm。细胞呈球形、圆形或扁圆形，黄褐色，长5～8μm，宽7～10μm，细胞横列整齐且外被胶鞘，鞘厚，黄色，部分末级分枝为单列细胞的藻殖段，有时藻殖段脱落后鞘变空。

国内分布于广东；国外分布于德国、奥地利；梵净山分布于老金顶渗水岩壁表。

[106] 小真枝藻

Stigonema minutum (Ag.) Hassal, 1845; 胡鸿钧, 魏印心 : 中国淡水藻类 (系统、分类及生态): p. 194, plate II: 42-2, 2006.

原植体薄，似壳状或垫状，褐色至黑色，高可达 1mm。丝体匍匐。幼枝细胞 1～2 列，宽 15～28μm，老枝细胞 4 至多列，宽 15～28μm，少数可达 40μm，弯曲，往往在主枝丝体的一边分枝较多，分枝或长或短，长分枝顶端形成藻殖段。鞘内部黄色至褐色，个体细胞鞘多为灰褐色至近黑色，大多数明显分层，异形胞多数间生或侧生。藻殖段长 21～35μm，宽 12～15μm。

生境：生长于渗水、潮湿或干燥石表、土表或树表。

国内分布于重庆、南京、湖南、云南、西藏、吉林、广东；梵净山分布于鱼坳旅游线 1400 步 (与泥炭藓混生)、金顶的湿石壁表、马槽河、大河堰、清渡河靛厂。

[107]南雄真枝藻

Stigonema nanxiongensis W. J. Zhu, 中山大学学报, 3: 83, plate I: 1, 1988; 胡鸿钧, 魏印心: 中国淡水藻类 (系统、分类及生态): p. 192, plate II:41-1～2, 2006.

藻团扩展，垫状，褐黑色，高约2mm。丝体匍匐，而后直立，交错缠绕，不形成直立丝束，宽22～27μm。分枝丰富，常单侧分枝，藻丝细胞常为1～2列，侧枝丝体宽度与主枝相等或略小，其顶端钝圆，内含藻殖段。藻鞘厚，黄褐色，具不明显层理，枝端藻鞘无色。细胞宽5～12μm，具无色至褐色的胶被。

生境: 生长于渗水或潮湿岩石表，混生于苔藓植物间。

国内分布于广东；梵净山分布于坝溪沙子坎、鱼坳、团龙清水江、德旺茶寨村大溪沟。

[108] 泥沼真枝藻

Stigonema turfaceum (Berk) Cooke，1884; 胡鸿钧，魏印心：中国淡水藻类(系统、分类及生态) p. 195, plate II: 42–3, 2006.

原植体垫状，黑色，高达1mm，基部平卧，着生，宽27～37μm，大多数具丰富的分枝。分枝直立与主枝宽度相等，鞘厚，分层，黄褐色。藻丝具2～4列细胞，罕见更多列的。异形胞侧生。藻殖段长20～45μm，宽10～12μm。

生境：生长于流水、渗水或潮湿石表。

国内分布于江苏、江西；世界性分布；梵净山分布于大河堰、清渡河靛厂。

‖ 红藻门RHODOPHYTA

（Ⅱ）红毛菜纲BANGIOPHYCEAE

五 红毛菜目BANGIALES

（十六）紫球藻科Porphyridiaceae

30.紫球藻属 *Porphyridium* Naeg.

原植体为单细胞，常随机聚集成薄片，干时呈皮壳状，红色或浅褐色。细胞具1层薄胶质膜。原生质血红色或暗紫红色，具1个轴生星状或不规则形状的色素体、1个无鞘蛋白核。以细胞分裂的方式进行繁殖。

[109]紫球藻

Porphyridium purpureum (Bory) Drew et Ross, Taxon 14: 93～99, 1965; 施之新: 中国淡水藻志, Vol. 13, p. 28, plate 1: 1～2, 2006.

特征同属的描述。细胞直径8～15μm。

生境: 生于潮湿土壤或墙壁上。

国内分布于山西、安徽、福建、湖北等；国外分布于日本、德国、拉脱维亚、美国；梵净山分布于坝溪天堂坝（土坎上）。

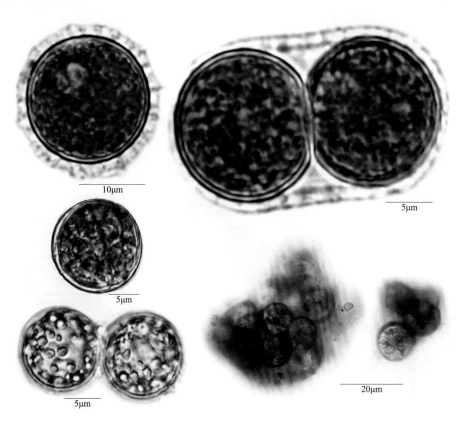

·116·

（III）红藻纲 FLORIDEOPHYCEAE

六　海索面目 NEMALIONALES

（十七）串珠藻科 Batrachospermaceae

31. 串珠藻属 *Batrachospermum* Roth

原植体为较大型的丝状胶质体，具明显的中轴、节和节间之分，节部具众多分枝，密集球状排列，使得众多的节呈串珠状，有节丝和节间丝，常为浅蓝绿色、橄榄绿色或紫色。细胞具盘状或长圆形色素体，1个蛋白核。无性生殖产生单孢子，有性生殖为卵式生殖，在配子体上产生果胞和精子囊，同株或异株，果胞枝集中生长在节上，聚集呈球形。

[110] 胶串珠藻

[110a] 胶串珠藻镘形变种

Batrachospermum gelatinosum var. ***trullatum*** Shi, in Shi et al., Comp. Report Survey Algal Resour. South-west. China p. 211, pl. I, fig. 1～4, pl. II, fig. 1～6, 1994; 施之新：中国淡水藻志，Vol. 13, p. 53, plate 30: 1～4; 31: 1～6, 2006.

原植体簇生，固着生长于缓流水体中石表，褐紫色，胶质发达，透明，手感滑腻。藻体雌雄同株，高达5cm，多分枝，互生。轮节球形或扁球形，宽达700μm。下部细胞呈柱状，长20～25μm，直径约7μm。顶端细胞具顶毛。果胞枝发生于初生枝基部，直立或二歧状分枝，由3～7个细胞组成，具有多数长苞丝。受精丝狭倒卵形或狭倒楔形。果孢子体每一轮节上1个，球形或半球形，具较短的柄，位于轮节内，直径150～350μm。果孢子囊卵形，长20～30μm，直径约10μm。精子囊球形位于初生枝顶端或近顶端，单生，少双生，直径约7μm。

生境：固着于泉水池壁和小溪流水中的岩石上。

国内分布于湖北、贵州（江口——模式产地、黑山水库下游沟渠亦有发现）；梵净山分布于清渡河靛厂，山泉水沟中石表。

1cm

1. 藻体野外形态
2. 一株植物标本
3. 一段藻体

4cm

1cm

50μm

20μm

1 | 2
| 3 4
5 | 7
6

1.一株植物体外部形态
2～3.藻体的一部分
4.一个轮节的形态
5～7.果孢子囊及果孢子体

Ⅲ 金藻门CHRYSOPHYTA

（Ⅳ）金藻纲CHRYSOPHYCEAE

七 色金藻目CHROMULINALES

（十八）锥囊藻科Dinobryonaceae

32. 锥囊藻属 *Dinobryon* Ehrenberg

原植体多为树状群体，少为不分枝群体或单细胞，金黄色或棕色，浮游或附着。表质上具有囊壳，圆锥形、钟形或圆柱形，前端圆形或喇叭状，后端锥形，表面平滑或具波纹。细胞呈纺锤形、卵形或圆锥形，基部以细胞质短柄附着于囊壳的底部，前端具一长一短2条鞭毛，长的伸出在囊壳口，短的在囊壳内，具1个到多个伸缩泡和1个眼点，色素体1～2个，周生，片状。繁殖有细胞纵分裂、形成休眠孢子和同配生殖。

[111]分歧锥囊藻

Dinobryou divergens Imhof, Zoologischer Anzeiger 10: 577, 1887; 冯佳，谢树莲：山西大学学报（自然科学版）: 34(3), 494, 2011; 胡鸿钧，魏印心：中国淡水藻类（系统、分类及生态），p. 241, plate Ⅵ: 1, 9～10, 2006.

群体细胞密集排列呈树状。囊壳为长柱状圆锥形，前端开口处略扩大，中部近平行呈圆柱形，且侧壁略凹入呈波状，后半部渐尖呈锥形，末端呈锥状刺，后端向一侧偏曲45°～90°角；囊壳长25～40μm，宽8～10μm。

生境：生长于湖泊、池塘、水坑。

国内分布于北京、山西、黑龙江、江苏、湖南、贵州（贵阳、石阡、印江、茂兰）、云南、台湾；国外分布于土耳其、俄罗斯、英国、罗马尼亚、芬兰、奥地利、美国、澳大利亚；梵净山分布于黑湾河凯马村（水沟石表）。

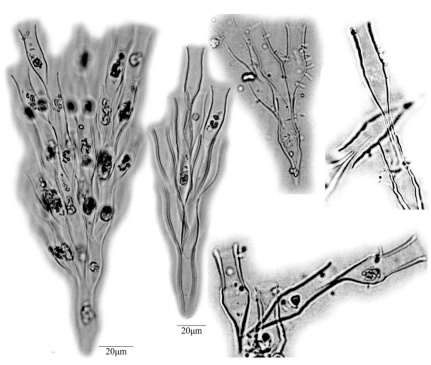

[112]群聚锥囊藻

Dinobryon sociale Ehrenbreg, Abhandlungen der Königlichen A kademie Wissenschaften zu Berlin, p. 279, 1833; 冯佳, 谢树莲: 山西大学学报 (自然科学版): 34(3), 494, 2011; 胡鸿钧, 魏印心: 中国淡水藻类 (系统、分类及生态), p. 243, plate VI: 5～8, 2006.

群体细胞密集排列呈疏松的丛状。囊壳为柱状圆锥形, 前端开口处略呈扩展状, 中部近平行呈圆柱形, 后半部呈圆锥形, 后端渐尖呈锥状; 囊壳长 25～30μm, 宽 6～8μm。

生境: 湖泊、水库、水洼、池塘中常见的浮游藻类之一, 一般生长在清洁、贫营养的水体中。

国内分布于天津、河北、山西、黑龙江、湖南、江苏、四川、重庆、云南、西藏; 国外分布于俄罗斯、英国、罗马尼亚、西班牙、斯洛伐克、美国、南非、澳大利亚; 梵净山分布于乌罗镇寨朗沟 (水渠)。

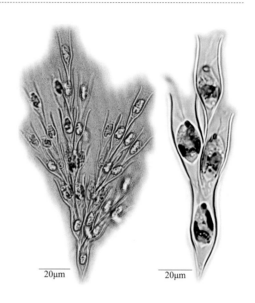

八 蛰居金藻目 HIBBERDIALES

(十九) 金柄藻科 Stylococcaceae

33. 金钟藻属 *Chrysopyxis* Stein

原植体为单细胞体, 附生于其他藻类表面生长。细胞外具囊壳, 呈卵形、卵圆形、长圆形或瓶形。细胞前端为颈状或为短的突起, 顶端伸出一分叉的细丝状伪足; 基部具 2 个尖头状的环形突起。细胞内具 2 个伸缩泡, 位于基部。色素体 1～2 个, 周生, 片状。

[113]双足金钟藻

Chrysopyxis bipes Stein, Der Organismus Der Infusionsthiere 3(1): 62, 1878; 冯佳, 谢树莲: 山西师范大学学报 (自然科学版): 35(3), 96, 2011; 胡鸿钧, 魏印心: 中国淡水藻类 (系统、分类及生态), p. 259, plate VI: 2, 5～7, 2006.

原植体的囊壳呈瓶状, 前端的颈部短, 颈口平截, 口中伸出 1 条伪足, 呈细丝状, 基部两侧足状突起, 突起的尖端可延伸呈细而长的箍形环状体, 固着于其他丝状藻体上。色素体 1 个, 周生, 片状。囊壳主体长 14～15μm, 正面观宽 6～8μm, 侧面观宽 5～7μm, 口宽 2.5～2.7μm。

生境: 生长于池塘、水塘或沼泽, 附生于其他藻体表面。

国内分布于四川 (金沙江); 国外分布于西班牙、美国、新西兰; 梵净山分布于亚木沟的水田、明朝古院旁沼泽 (附生于鞘藻表面)。

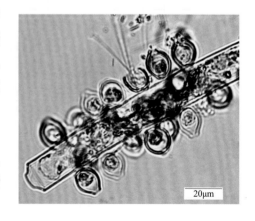

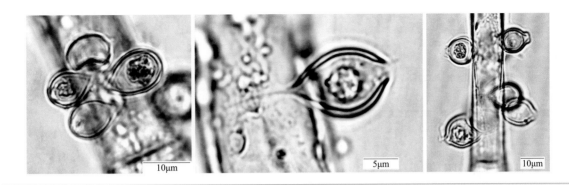

34. 金瓶藻属 *Lagynion* Pascher

原植体为单细胞或少数细胞聚集成的群体，附生于其他藻类表面。细胞外具囊壳，呈球形、瓶形或哑铃形，透明或褐色。囊壳上部狭长，呈瓶颈状，有的为短突起，顶端开口；底部平或平圆形。伪足长线形，从囊壳前端的开口伸出。色素体1～2个，后部具1～2个伸缩泡。

[114] 细颈金瓶藻

Lagynion ampullaceum (Stokes) Pascher, Berichteder Deutsche Botanischen Gesellschaft 30: 155, 1912; 冯佳, 谢树莲: 山西师范大学学报(自然科学版): 35(3), 95, 2011; 胡鸿钧, 魏印心: 中国淡水藻类(系统、分类及生态), p. 260, plate VI: 6, 8～9, 2006.

原植体的囊壳瓶形，前端具1个长圆柱形的颈部，颈口扩张，底部平圆。原生质体近球形，色素体1个，周生，片状，液泡2个，线形伪足从囊壳顶部伸出后呈分叉状。囊壳长5～7μm，宽4～5μm，颈部长3～4μm。原生质体直径3～3.5μm。

生境：生长于湖泊、池塘、水沟或水塘，附生于其他藻体表面。

国内分布于湖北（武汉）；国外分布于英国、罗马尼亚、西班牙、澳大利亚、新西兰；梵净山分布于大河堰、德旺茶寨村大上沟（附生于鞘藻表面）。

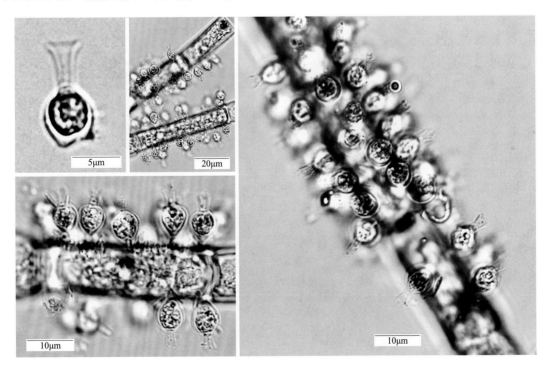

（Ⅴ）黄群藻纲 SYNUROPHYCEAE

九　黄群藻目 SYNURALES

（二十）黄群藻科 Synuraceae

35. 黄群藻属 *Synura* Ehrenberg

原植体为多细胞放射状排列的群体，呈球形至椭圆形，无公共胶被，浮游。细胞梨形或长卵形，前端广圆，后端具1延长的胶质柄，表质外具许多覆瓦状排列的硅质鳞片。鳞片具花纹，具或不具刺。细胞前端具2条略不等长的鞭毛，后端具数个伸缩泡，两侧具2个色素体，周生，片状，黄褐色，无眼点，细胞核1个。无性繁殖产生动孢子、静孢子；有性生殖为异配生殖。

[115] 黄群藻

Synura uvella Ehrenberg, Abh. Königl. Akad. Wiss. Berlin, Phys. Kl. 1833; 胡鸿钧，魏印心：中国淡水藻类（系统、分类及生态），p. 270, 2006.

原植体为球形或长圆形群体，直径达100～400μm。细胞长卵形，前端广圆，后端短、宽或略长，柄细丝状。鳞片长4.0～4.5μm，宽2.7～3.4μm，圆形到长圆形，细胞顶部鳞片的顶端具1短刺，刺顶端具3～5个小齿，鳞片的前部具六角形蜂窝状网纹，其后部具散生小孔，鳞片的缘边具放射状的肋，沿缘边的棱具1列小乳突。细胞长20～40μm，宽8～17μm。

生境：生长于水坑、稻田、池塘、湖泊或沼泽中。

国内分布于黑龙江、辽宁、广东、湖南、浙江、湖北、江苏、贵州及武陵山区；世界广泛分布；梵净山分布于高峰村（河沟）。

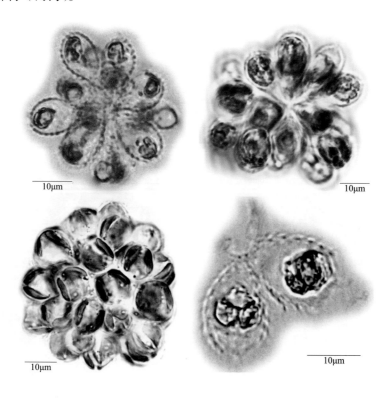

Ⅳ 黄藻门 XANTHOPHYTA

（Ⅵ）黄藻纲 XANTHOPHYCEAE

十 黄丝藻目 TRIBONEMATALES

（二十一）黄丝藻科 Tribonemataceae

36. 黄丝藻属 *Tribonema* Derbés et Solier

原植体为不分枝丝状体。细胞圆柱形或腰鼓形，一般长为宽的2~5倍。细胞壁由 "H" 形两节片套合组成。色素体1至多数，周生，盘状、片状或带状，无蛋白核。细胞核1个。生长于各种小水体中。无性生殖产生静孢子、动孢子、厚壁孢子；有性生殖为同配生殖。

[116]近缘黄丝藻

Tribonema affine (Kütz.) G. S. West, J. Bot. 35: 377, 1898; 王全喜: 中国淡水藻志, Vol. 11, p. 51, plate 53, 1991.

藻体为单列不分枝的丝状体。细胞通常是长圆柱形。细胞壁薄，透明而且光滑。载色体1~6个，周生，带状或有时为不规则盘状。细胞直径4~6μm，长为宽的3~10倍。

生境：生长于静止水体：水坑、池塘、河边或泉水沟边水流极缓慢的回水湾中。

国内分布于山西、黑龙江、上海、福建、云南、四川、西藏、新疆；国外分布于日本、苏联、波兰；梵净山分布于团龙清水江（渗水石壁）。

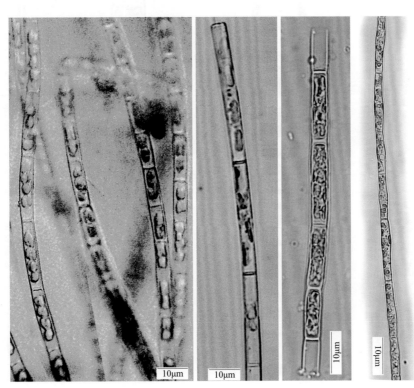

[117]整齐黄丝藻

Tribonema regulare Pascher, Heterokonton, in Rabenhorst, Kryptogamenfl. von Deutsch. Österr. der Schweiz 11, p. 968, fig. 819～820, 1939; 王全喜: 中国淡水藻志, Vol. 11, p. 52, plate 54, 1991.

藻体为单列不分枝的丝状体。细胞圆柱形，细胞壁薄，有的厚、透明且光滑，细胞横隔处稍有收缩。载色体2～4个，周生，环状。细胞直径6～7μm，长是直径的2～3倍。

生境：生长于路边积水、稻田、泉水、河边、池塘或水坑中。

国内分布于山西、黑龙江、上海、浙江；国外分布于捷克、斯洛伐克；梵净山分布于坝梅村、陈家坡、冷家坝鹅家坳。

十一　无隔藻目VAUCHERIALES

（二十二）无隔藻科 Vaucheriaceae

37.无隔藻属 *Vaucheria* De Candolle

原植体为无横隔壁的管状多核丝状体，呈毡状团块，常具无色假根。藻丝体圆柱形，侧面分枝或不规则分枝。细胞壁薄，细胞质外层具许多椭圆形或透镜形的色素体，内层含有许多小的细胞核和油滴。

[118]无柄无隔藻

Vaucheria sessilis (O. F. Müller) C. A. Agardh, Disp. Alg., Part 2, p. 21, 1811; 胡鸿钧, 魏印心: 中国淡水藻类(系统、分类及生态), p. 292, plate VIII4: 2, 2006.

原植体较大型，为多数藻丝组成的毡状团块。雌雄同株，卵囊多数无柄，通常2个，有时1个，呈卵形或长倒卵形，从藻丝斜向伸出，具短的、斜的喙状突起。藻体细胞宽55～100μm。

生境：生长于溪流、沟渠石表，稻田、荷花池。

国内外广泛分布；梵净山分布于马槽河、清渡河茶园坨及靛厂、德旺净河村老屋场、亚木沟等地。

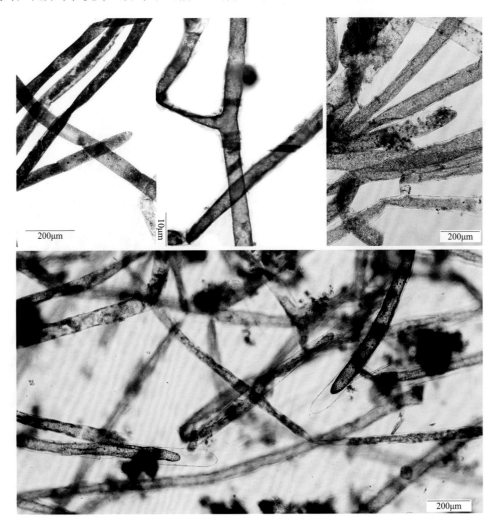

（Ⅶ）中心纲CENTRICAE

十二 圆筛藻目COSCINODISCATES

（二十三）圆筛藻科 Coscinodiscaceae

38.直链藻属 *Melosira* Agardh

原植体长链状，由1列细胞通过胶质或小刺于壳面相连接。细胞一般为圆柱形，极少为圆盘形、椭圆形至球形。壳面观呈圆形，少数种类呈椭圆形，壳面平整或略隆起，纹饰有或无，带面观柱形，或长或短，细胞壁平滑或具纹饰，某些种类具1或2条线形平滑的"环沟"，具2条环沟时，两条环沟间构成"颈部"。两个细胞间有缢缩，形成"假环沟"，壳面常有射出状排列的孔纹或点纹，或具可刺入相邻细胞的刺。色素体多数，小圆盘状。该属植物是硅藻门常见的类群，在沟渠、浅水湖泊、池塘、流速缓慢的河、溪流中易于采集到，特别是有机质较丰富的水体。

[119]远距离直链藻

Melosira distans (Ehr.) Kuetzi., p. 54, 2/12 1844; 齐雨藻：中国淡水藻志，Vol. 4, p. 10, fig. 6, plate I: 8, 12, 1995.

壳体带面观呈短圆柱形，或侧壁略凸呈鼓形。细胞间以壳面边缘小刺连接，直径8～14μm，高5～8μm。壳套面处壁较厚且略凸出，假环沟明显，环沟深缢，呈"V"字形；片状环状体明显；颈部短，呈漏斗状；内壳套线外凸，点纹细，呈纵向或斜向排列，在10μm内具15～22条，每条具16～22个点纹。壳盘面平坦，具粗点纹，呈不规则或切线排列，壳盘缘具稀疏小短刺。

生境：生长于河流、湖泊及池塘中，是酸性水体中的浮游种类。

国内分布于北京、山西、黑龙江、江苏、浙江、湖北、广东、广西、四川、西藏；梵净山分布于德旺茶寨村大溪沟（水坑）。

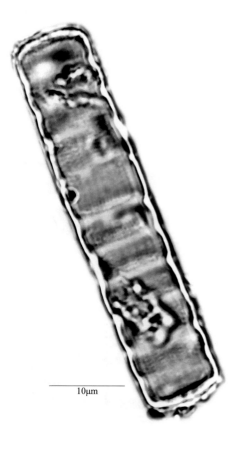

10μm

[120]颗粒直链藻

[120a]原变种

Melosira granulate (Ehr.) Ralfs var. ***granulate*** in Pritchard p. 820,1861;齐雨藻:中国淡水藻志,Vol. 4, p. 13, fig.13; plate II: 4.1995.

原植体细胞间以壳盘缘刺连成紧密的长链状群体。细胞直径8~14μm,高15~20μm。壳套面观假环沟明显,环沟深缢,呈"V"字形;具深镶的较薄的环状体;颈部明显。带面具明显点纹,点纹形状多为圆形或方形,排列不规则,顶部细胞纵向排列,其他均为斜向螺旋状排列;链状体具点纹,点纹形状不规则多样。壳盘面扁平,具散生的圆形点纹,壳盘缘具刺,除端细胞具不规则的长刺外,其他细胞均具小短刺。

生境:生长于湖泊、水库、河流或池塘。

国内外广泛分布;梵净山分布于护国寺(水池浮游)。

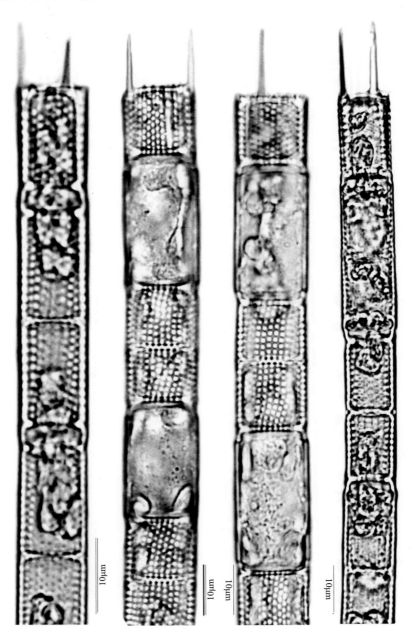

[120b]颗粒直链藻极狭变种

Melosira granulata var. *angustissima* O. Müll., 1899; 齐雨藻: 中国淡水藻志, Vol. 4, p. 15, fig. 14, 1995.

与原变种的主要区别在于: 链状群体壳体细且长, 壳体的高度是直径的几倍至10倍; 细胞直径3~4.5μm, 高13~17μm; 壳套面点纹密集排布, 每10μm内具10~14条。

生境: 浮游藻类, 生长于湖泊、水库、河流或池塘中, 在富营养型水体中大量出现。

国内外普遍分布; 梵净山分布于护国寺、马槽河、黑湾河、太平河。

[121]意大利直链藻

Melosira italica (Ehren.) Kuetz. p. 55, 2/6, 1884; 雨藻: 中国淡水藻志, Vol. 4, p. 20, fig. 20, plate: II: 3, 1995.

　　原植体细胞间紧密或疏松地连接。壳体带面观圆柱形，细胞直径6～9μm，高15～20μm。壳套较明显，壳壁略厚或薄；假环沟小，环沟浅，呈"V"字形，环状体明显，颈部短；壳套内外线多为平行，少部分内壁倾斜，使内壳套线向外突起，具明显的细点纹，圆形或长圆形，陡螺旋形、波纹形或交叉形排列，每10μm内具11～20条，每条具12～16个点纹。壳盘面扁平，偶为突起，具细点纹，壳盘缘圆截且弯曲，具明显长刺。

　　国内外广泛分布；梵净山分布于护国寺（水池中浮游）。

[122]念珠直链藻

Melosira moniliformis (O. F. Müll.) Agardh p. 8, 1824.

藻体是以胶质垫连成的长辫状群体。壳体带面观呈圆柱形，少数球形或椭圆形。细胞直径15～25μm，高15～30μm。壳套面壳壁较厚，假环沟宽；不具环沟和颈部；壳面点纹或纵向排列或横向波状排列，在10μm内具12个左右的点纹。壳盘面略微突起弯曲，表面具不规则密的细点纹，其间夹有粗点纹，壳盘缘多具小刺，由点、齿等联成的网纹。

[122a]念珠直链藻具棘变种

Melosira moniliformis var. *hispidum* (Castracane) Limmermann, p. 68, 1915; 齐雨藻：中国淡水藻志，Vol. 4, p. 25, fig. 29, 1995.

与原变种的主要区别在于：壳体有粗且短的刺，特别在壳盘缘处，短刺更发达。

生境：生长于河沟、湖泊、池塘、山泉、水坑、沼泽或渗水石表。

国内分布于山西、辽宁、湖北、云南、西藏；国外分布于苏联、德国、奥地利、瑞士；梵净山分布于德旺茶寨村、净河村、岳家寨红石梁（锦江）、亚木沟、高峰村。

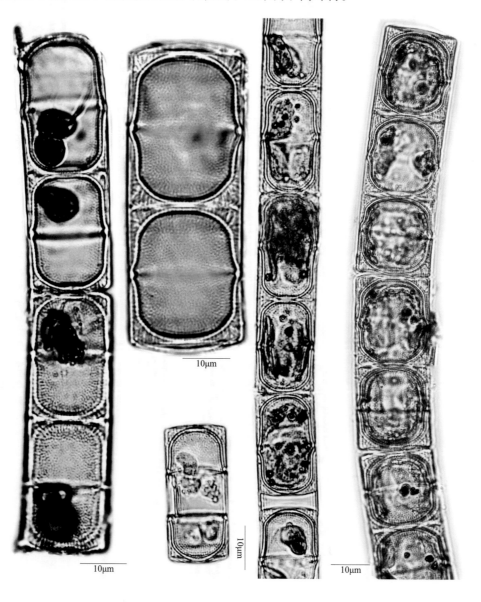

[123] 罗兹直链藻

Melosira roeseana Rabenh., Alg. No. 382, 1852.

藻植体为长链状群体，连接松散。壳体带面观多为长圆柱形，少数呈腰鼓形。细胞直径 11.5～65.5μm，高 17～44μm。环面假环沟，深缢；环沟深缢，较深，无环状体；颈部长。壳盘缘处近顶端为粗点纹，近环沟处具纵向排列的细点纹，在 10μm 内近壳缘处具 8～14 条，环沟处 18～24 条；间生带发达，一侧具缺口，具纵向排列的细密点纹。壳盘面扁平，中部呈圆形的平滑区，具 2～4 个圆形斑纹，每个斑纹中均有 3 个细小的孔点（管）；在平滑区外点纹排列规则，长短交替、辐射排列；壳盘缘处具刺。

[123a] 罗兹直链藻树表变种

Melosira roeseana var. *epidendron* (Ehr.) Grunow, in Van Heurck 1881；齐雨藻：中国淡水藻志, Vol. 4, p. 29, fig. 34. 1995.

与原变种的主要区别在于：壳环面的构造精细，点纹在 10μm 内近壳盘缘处具 10～14 条，环沟处 14～20 条。

生境：生长于山溪、湖泊、水坑或水田，渗水或潮湿岩石表面。

国内分布于黑龙江、上海、浙江、湖北、湖南、四川、贵州（印江、江口）、云南、西藏；国外分布于苏联、波兰、德国、比利时、瑞士、美国；梵净山分布于坝梅村、亚木沟、马槽河、寨沙太平河、团龙清水江、高峰村、德旺茶寨村大溪沟。

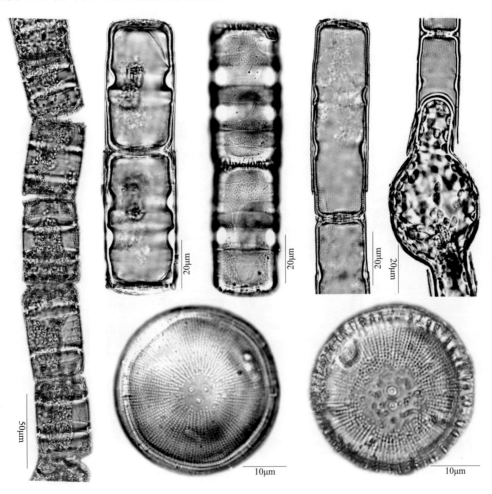

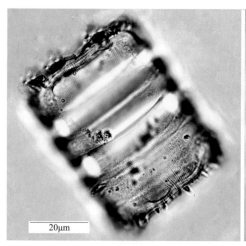
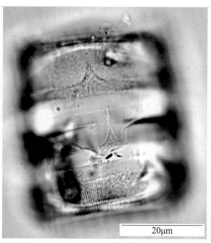
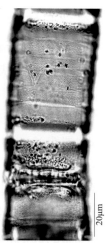

[124] 中国直链藻

Melosira sinensis Chen, 1980, p. 253, 1/1～3; 齐雨藻: 中国淡水藻志, Vol. 4, p. 31, fig. 38, 1995.

原植体为短链状群体，一般由3～5个细胞相连成。细胞短圆筒形，直径30～40μm，高25～40μm，壳套壁明显发达，壁厚，顶端平直，中部微凹入; 假环沟狭细; 无环沟，无颈部; 外壳套线与链轴平行，内壳套线弯曲。壳套面具明显网纹，其向顶端逐渐增大，壳套面连接带处网纹不明显。壳盘面圆形，纹略呈辐射状排列，中部细小，向壳盘缘顶端逐渐增大，少数在中部形成中央区。

生境: 生长于河流、湖泊、池塘、溪沟、水田或沼泽，滴水或渗水石表。

国内分布于山西、福建、湖北、广西、贵州（印江、铜仁、江口、沿河）、西藏; 国外分布于日本、苏联、波兰、德国、奥地利、瑞典、英国、法国、瑞士、美国; 梵净山分布于马槽河的滴水岩壁表、亚木沟的渗水石表。

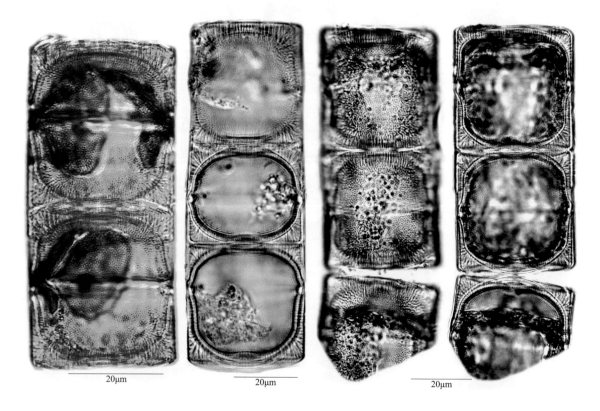

[125] 波形直链藻

Melosira undulata (Ehr.) Kuetz., p. 54, 2～9, 1884; 齐雨藻: 中国淡水藻志, Vol. 4, p. 33, fig. 40, plate I: 10, 1995.

原植体为链状群体，由多个细胞紧密连接形成，其中，基部细胞通过许多胶质丝或直接以壳盘表面固着生长于基质上。壳套面假环沟窄且深，无环沟，无颈部。壳套外壁平直，内壳套线呈波状弯曲。细胞直径14～30μm，长30～40μm。具纵向排列的细点纹，在10μm内有11～16条；近壳盘缘下方，壳套面具1轮明显且松散的粗孔。壳盘面扁平，具辐射螺旋状点纹，呈二叉分枝排列，中央处具一较小近圆形的空白区，该区内偶见不规则分布的大点纹；壳盘缘微弯，具辐射状细纹。

生境：生长于河流、湖泊、池塘、山溪或沼泽，附着、浮游或与藓类混生。

国内分布于山西、福建、湖北、广西、西藏、贵州；国外分布于日本、苏联、波兰、德国、奥地利、瑞士、英国、法国、瑞典、美国；梵净山分布于马槽河的渗水石壁上、亚木沟的渗水石表。

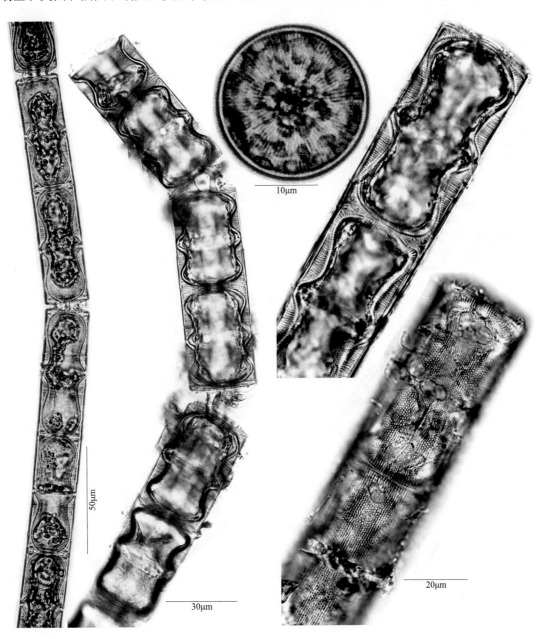

[126]变异直链藻

Melosira varians Ag., p. 628, 1872; 齐雨藻: 中国淡水藻志, Vol. 4, p. 34, fig. 41, plate 8～9, 1995.

原植体为链状群体，由壳体细胞紧密连接而成。细胞呈圆筒形，假环沟窄细，无环沟，无颈部。壳套面环状，壳壁薄而均匀。内外壳套线平行。壳盘面平，壳盘缘向下弯曲，具细齿。高分辨率的显微镜下能观察到外壁具极细点纹。细胞直径7～30μm，高5～20μm。

生境: 生长于河流、水沟、池塘、水田、水库等各种类型的水体，有机污染水体的指示种类。

国内外广泛分布；梵净山分布于寨沙太平河、马槽河、快场、凯文村、桃源村、坝梅村、团龙清水江、牛尾河、黑湾河、亚木沟、德旺岳家寨红石梁锦江、冷家坝、乌罗镇寨朗沟、金厂河、大罗河。

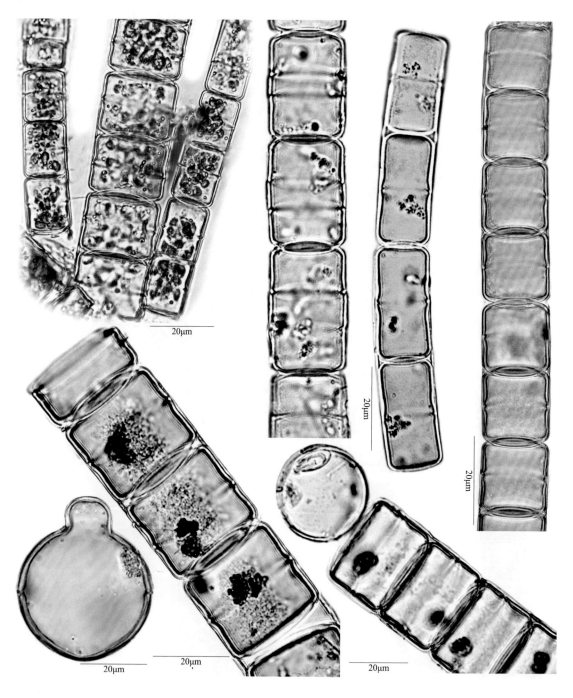

39. 小环藻属 *Cyclotella* Kützing

细胞单独生活，或细胞借助于胶质、小棘疏松连接成链状群体。壳体呈短小圆筒形，壳面观圆盘形，少数种类为椭圆形；呈切向波曲或同心波曲，偶见平直；从纹饰结构上可有边缘区和中央区之分；边缘区具辐射排列的线纹或肋纹，中央区平滑或具点纹、斑纹；一些种类壳缘具小棘。部分种类带面上具间生带。色素体多数，小盘状，贴近壳面。

[127] 星肋小环藻

Cyclotella asterocostata Xie, Lin et Cai, p.473～475, 1/1～6. 1985; 齐雨藻: 中国淡水藻志, Vol. 4, p. 44, fig. 50, plate III: 3～4, 1995.

细胞呈圆盘形，直径20～30μm。壳面观圆形，呈同心波曲，边缘区辐射状排列线纹，在10μm内有12～16条。近壳缘具瘤状突起，在10μm内有4～6个。边缘区与中央区具辐射状肋纹，规则排列，在10μm内有6～9条。中心区具平滑或散生的点纹。边缘区与中央区之间具无纹带。

生境：生长于河流、湖泊或水库沿岸带，浮游或附生。

国内分布于北京、河北、辽宁、江苏、湖南、广西、四川、云南、西藏、贵州（松桃、铜仁、江口、思南、印江、沿河）；梵净山分布于德旺，水田。

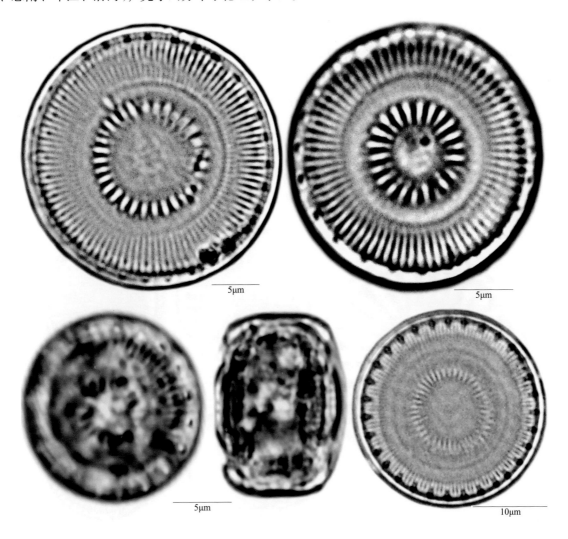

5μm　　5μm

5μm　　10μm

[128] 扭曲小环藻

Cyclotella comta (Ehr.) Kutzing, p. 20, 1849; 齐雨藻: 中国淡水藻志, Vol. 4, p. 47, fig. 56, plate IV: 5, 1995.

细胞呈圆盘形, 直径10~20μm。壳面观圆形, 呈同心波曲, 边缘区宽度通常达半径的1/2, 辐射线纹在10μm内有13~18条。近壳缘处线纹间有粗短纹, 在10μm内有4~5条。部分个体边缘区具短线纹, 常为2条。中央区具点纹, 明显, 辐射状排列。中央区与边缘区之间具无纹带。

生境: 真性浮游藻类, 生长于湖泊、河流、沼泽; 喜碱性水体。

国内外普遍分布; 梵净山分布于乌罗镇寨朗沟 (水库浮游)。

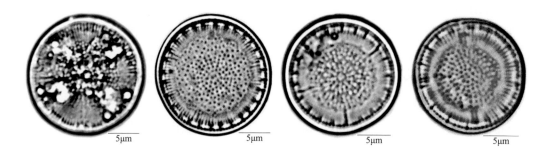

[129] 梅尼小环藻

Cyclotella meneghiniana Kütz., p. 50, 30/68, 1884; 齐雨藻: 中国淡水藻志, Vol. 4, p. 53, fig. 66, 1995.

原植体为单细胞。壳体呈鼓形, 直径7~30μm。壳面观圆形, 呈切向波曲。边缘区宽度约为半径的1/2, 具平滑、楔形的粗肋纹, 辐射状排列, 在10μm内有5~9条。中央区的平滑区有时具辐射状的细点线纹, 很少有1~2个粗点。

生境: 偶然性浮游至真性浮游藻类于河流、湖泊、池塘或水库中沿岸带周丛生、附生, 广泛分布于平原至高山的各种类型洁净淡水至半咸水的水体中, 中污带或贫营养型种类, 秋季大量出现。

国内外广泛分布; 梵净山分布于护国寺 (水池中浮游)。

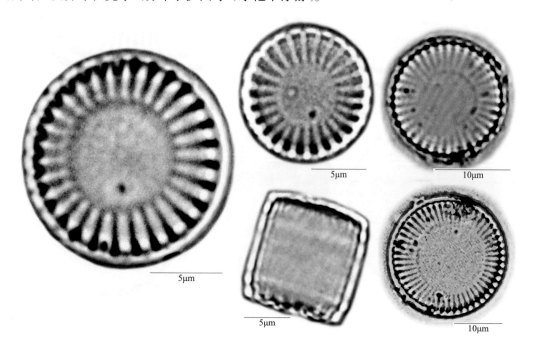

[130] 山西小环藻

Cyclotella shanxiensis Xie et Qi, p. 185~196, 1~4/1~17, 1982; 齐雨藻: 中国淡水藻志, Vol. 4, p. 60, fig. 77, plate VI: 6; VIII: 5. 1995.

细胞圆盘形或鼓形，直径9~27μm。壳面观圆形，或平坦或向外突起。边缘区宽1.2~2.7μm，线纹在10μm内有18~22条。中央区具线纹，由点纹排列组成，在10μm内有18~20条，每条有20~24个点纹，中央区的中部由散生的点纹包围。

生境: 在山溪中与苔藓混生或流水石上附生，或湖泊、水田中浮游。

国内分布于山西、湖北、湖南、贵州、云南、陕西；梵净山分布于德旺岳家寨红石梁锦江河、净河村老屋场洞下沟渠、乌罗镇甘铜鼓天马寺水沟、乌罗镇寨朗沟田间水沟浮游（水渠）。

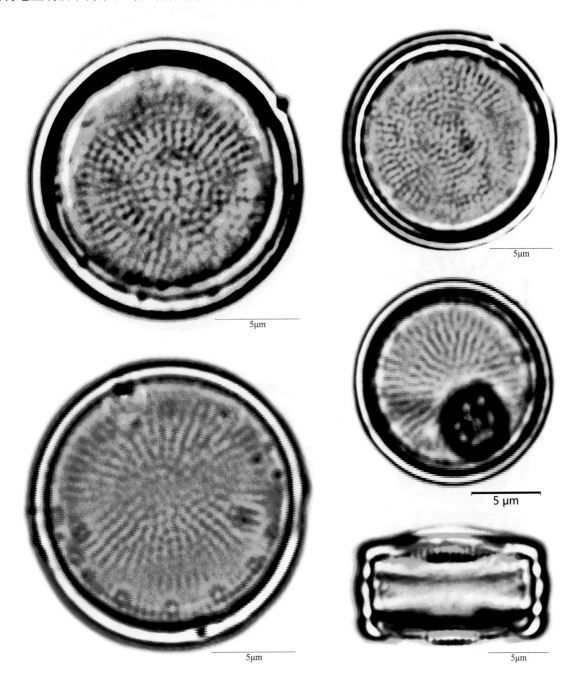

[131]具星小环藻

Cyclotella stelligera (Cleve et Grunow) Van Heurck 94/22–26, 1882; 齐雨藻：中国淡水藻志, Vol. 4, p. 61, fig. 78, plate: IV: 6; V1, 1995.

细胞呈圆盘状，直径10～20μm。壳面观圆形，呈同心波曲状，壳面边缘无粗短纹，边缘区宽度为半径的1/3～1/2，具粗线纹，呈辐射状排列，在10μm内有12～15条，壳缘内具一轮辐射排列的长短不一且较粗的短线纹，8～12条，短线纹与边缘区线纹之间为无纹区，中央区的中心有1个粗点纹。

生境：生长于河流、湖泊、池塘等。

国内外广泛分布；梵净山分布于护国寺的水池中（浮游）。

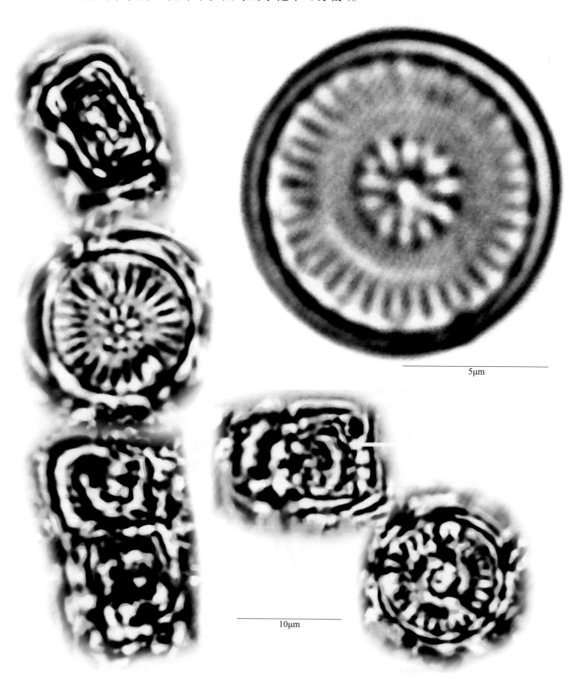

5μm

10μm

（VIII）羽纹纲PENNATAE

十三　无壳缝目ARAPHIDIALES

（二十四）脆杆藻科Fragilariaceae

40.平板藻属 *Tabellaria* Ehrenberg

细胞以角连接成"Z"状或以端壁连接成直的丝状，有时为星状群体。壳环面观长方形，具间生带和纵隔膜，有向内伸展的横隔片，呈短厚的线形，壳的纵横两轴多对称。壳面观线形，中央部分明显膨大，隔片沿壳面内部伸长。壳面横线纹明显，并有横线纹构成的拟壳缝。色素体为分散的颗粒状，多数。

[132]窗格平板藻

Tabellaria fenestrate (Lyngbye) Kuetzing p. 127, 17/22. 18/2,30/73, 1844; 齐雨藻, 李家英等: 中国淡水藻志, Vol. 10, p. 20, plate II: 1～3; XXXII: 1, 2, 2004.

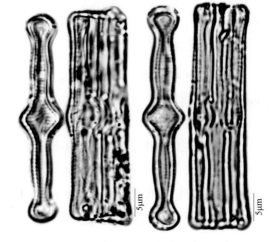

细胞连成直的丝状群体。壳面长35～40μm，宽4～5μm。壳环面观具隔片（多为4个，或更少），细胞上下端各有2个纵向的长形隔膜，隔膜延伸到壳体中部，无初生隔片。壳面观线形，壳面中央区膨大呈菱形，细胞末端呈头状，近中部膨大处具黏液孔；拟壳缝明显，有时，壳面中部膨大，形成一个不定形的中央区；横线纹平行排列，在10μm内有15～17条。

生境：生长于湖泊、河流、水塘、水渠、水沟、小溪、水库或潮湿岩壁等。

国内分布于黑龙江、吉林、山东、新疆、西藏；国外分布于日本、苏联、英国、比利时、瑞典、芬兰、德国、奥地利、北美洲；梵净山分布于坝溪沙子坎水沟。

[133]绒毛平板藻

Tabellaria flocculosa (Roth) Küetz., p. 127, 17/21, 1844; 齐雨藻, 李家英等: 中国淡水藻志, Vol. 10, p. 21, plate I: 16～18; XXXII: 3, 4; XL: 4, 2004.

植物体由细胞连接成"Z"形群体，长15～40μm，宽5～15μm。壳环面观具隔片（通常多于4个），形状多不规则，罕为直形，多具初生隔片，随壳面的长度增加，隔片的数量减少。壳体长度大于宽度，壳体中部和末端均膨大，且中部较末端更大。壳的纵横轴略微不对称，拟壳缝狭窄；黏液孔的位置不固定，易变化。壳面中部具放射状排列的横线纹，在10μm内有14～20条。

生境：生长于河中流水石表、湖泊、水坑、水田、山溪、水塘或潮湿土表等。

国内分布于黑龙江、吉林、辽宁、山东、湖南、新疆、西藏、青海、四川、云南；国外分布于日本、苏联、英国、比利时、德国、奥地利、法国、瑞典、北美；梵净山分布于大河堰（沟边水坑）。

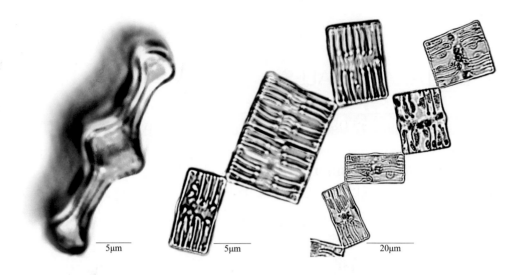

41.等片藻属 *Diatoma* De Candolle

原植体呈星形、带状或"Z"形群体。壳面形状多样，线形、披针形或椭圆形，有些种类末端膨大；带面方形或长方形，具数个间生带，不具隔膜，拟壳缝狭窄，两侧具细横线纹和肋纹，具明显黏液孔；具多个椭圆形的色素体椭圆形。

[134]中型等片藻

Diatoma mesodon (Fhr.) Kütz., p. 47, 7/13, 1844; 齐雨藻，李家英等: 中国淡水藻志, Vol. 10, p. 24, plate I: 12; XXIX: 1～4, 2004.

细胞连接成带状群体。带面观长方形至方形，细胞椭圆披针形至菱形，长15～25μm，宽5～10μm。壳体具明显横肋纹，不平行分布，每10μm内有3～5条。横肋纹间有横纹线。胸骨宽，上有离散孔纹，约占壳面宽度的1/4～1/3，向两端变窄。壳面肋纹间有孔纹组成的横纹线，在10μm内有30条横纹线和60个孔纹。唇形突1个，横位，在壳面末端接近孔区。壳面边缘有小刺。

生境：生长于湖泊、池塘、河沟或泉溪底栖，或生长于渗水或潮湿石表。

国内分布于吉林、辽宁、内蒙古、宁夏、新疆、陕西、山东、山西、西藏、湖南、贵州；国外分布于其他亚洲国家、欧洲、美洲；梵净山分布于金顶、坝溪沙子、盘溪河、亚木沟、高峰村、熊家坡、乌罗镇天马寺甘铜鼓。

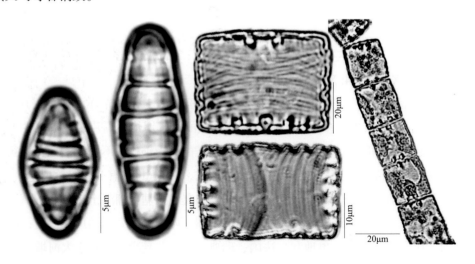

[135]普通等片藻

[135a]原变种

Diatoma vulgare Bory var. ***vulgare*** p. 461, 1824; 齐雨藻，李家英等：中国淡水藻志，Vol. 10, p. 27, plate I: 8; XXX: 6～10, 2004.

原植体为"Z"字形群体。带面观长方形，间生带数目少，贯壳轴高8.3μm。壳面线状披针形，末端宽喙状。长36～50μm，宽11～15μm，横肋纹在10μm内有6～8条，有初生、次生及三生肋纹，间隔较均匀。肋纹间有横线纹。壳面末端有1唇形突起。

生境：生长于各种淡水水体中或滴水岩表。

国内外广泛分布；梵净山分布于陈家坡、德旺岳家寨锦江河、郭家湾、太平河。

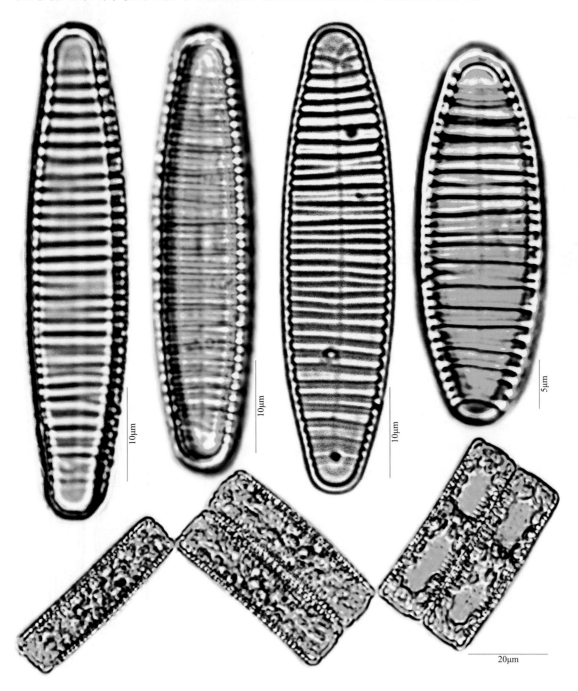

[135b] 普通等片藻卵圆变种

Diatoma vulgare var. ***ovalis*** (Fricke) Hustedt, p. 98, fig. 628g, 1931; 齐雨藻, 李家英等: 中国淡水藻志, Vol. 10, p. 28, plate I: 9, 2004.

与原变种的主要区别在于: 壳面为卵形, 细胞小, 壳面长8～12μm, 宽5～7μm; 肋纹在10μm内有4～6条。

生境: 淡水普生藻类。

国内分布于山西、河北、湖南、西藏; 国外广泛分布; 梵净山分布于护国寺 (水池中浮游)。

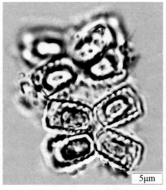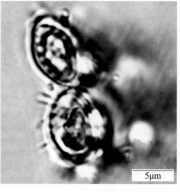

42. 峨眉藻属 *Ceratoneis* Ehrenberg

原植体短带状, 壳面弓形或线形, 末端钝圆形, 背面突起, 腹面近平直或略微凹, 腹侧中央区膨大。拟壳缝明显, 狭窄, 线形。无间生带。纵轴两侧具横线纹。带面线形, 两侧平行。无隔膜, 中央膨大部分形成1个无纹空腔区。

[136] 弧形峨眉藻

[136a] 原变种

Ceratoneis arcus (Ehrenberg) Kuetzing var. ***arcus*** p. 104, 6/10, 1844; 齐雨藻, 李家英等: 中国淡水藻志, Vol. 10, p. 34, plate Ⅱ, XXXI 8: 15～16, 18, 2004.

细胞壳面弓形, 细胞中部向两侧凸出, 末端头状或喙头状。壳面长40～60μm, 宽4～7μm。具明显的拟壳缝, 但较窄。中央区在腹侧形成膨大的无线纹或少线纹的空腔区。横线纹由中部的平行排列逐渐向末端呈辐射状排列, 在10μm内有13～14条, 末端可达18条。

生境: 浮游藻类, 生长于河流、水塘或山溪中。

国内分布于黑龙江、辽宁、宁夏、四川、湖南、贵州、西藏、青海; 国外分布于苏联、法国、德国、英国、芬兰、瑞典、美国; 梵净山分布于牛尾河、金厂河、两河口、大罗河 (河水中浮游)、坪所村 (水塘中浮游)。

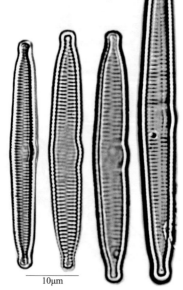

[136b]弧形峨眉藻双头变种

Ceratoneis arcus var. ***amphioxys*** (Rabhorst) Brun, p. 52, 2/28,1880; 齐
雨藻, 李家英等: 中国淡水藻志, Vol. 10, p. 34, plate Ⅲ: 2; XXXI:
13~14, 2004.

与原变种的主要区别在于: 壳体较粗短, 壳面背面
凸出, 腹侧中央膨大区的两侧形成略弯曲的三波状, 末
端呈大的喙头状; 拟壳缝明显且窄; 中心区在腹侧膨大,
略微变薄; 壳面长30~45μm, 宽5.5~7.2μm。

生境: 生长于湖泊、泉水、池塘或河流。

国内分布于黑龙江、吉林、陕西、新疆、四川、贵
州、西藏; 国外分布于苏联、德国、芬兰、奥地利、瑞
典、美国; 梵净山分布于高峰村 (水塘浮游、河沟中石
表)、新叶乡韭菜塘、大罗河 (浮游)。

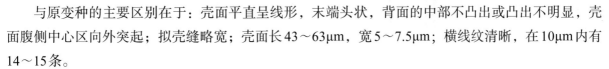

[136c]弧形峨眉藻哈托变种

Ceratoneis arcus var. ***hattoriana*** Meister, p. 226,
8/1~3, 1914; 齐雨藻, 李家英等: 中国淡水藻志, Vol. 10, p. 35, plate II: 9, 2004.

与原变种的主要区别在于: 壳面平直呈线形, 末端头状, 背面的中部不凸出或凸出不明显, 壳
面腹侧中心区向外突起; 拟壳缝略宽; 壳面长43~63μm, 宽5~7.5μm; 横线纹清晰, 在10μm内有
14~15条。

生境: 生长于河沟、水渠。

国内分布于四川; 国外分布于亚洲、欧洲; 梵净山分布于黑湾河与太平河交汇口、高峰村、习家
坪太平河中段 (底栖)、昔平村金厂河。

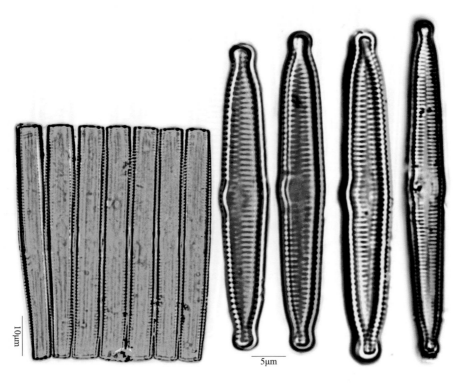

[136d] 弧形峨眉藻线形变种

Ceratoneis arcus var. ***linearis*** Holmboe, p. 30, 1899; 齐雨藻, 李家英等: 中国淡水藻志, Vol. 10, p. 35, plate Ⅲ: 11; XXXI: 12～17, 2004.

与原变种的主要区别在于: 壳面近线形, 背侧近平或略外凸, 腹缘中部略微向外凹出, 末端为钝圆状; 壳面长 80～115μm, 宽 5～7μm。横线纹在 10μm 内12～15条。

生境: 底栖或浮游藻类生长于河沟或水坑中。

国内分布于黑龙江、贵州、西藏; 国外分布于欧洲, 德国; 梵净山分布于盘溪河、金厂河。

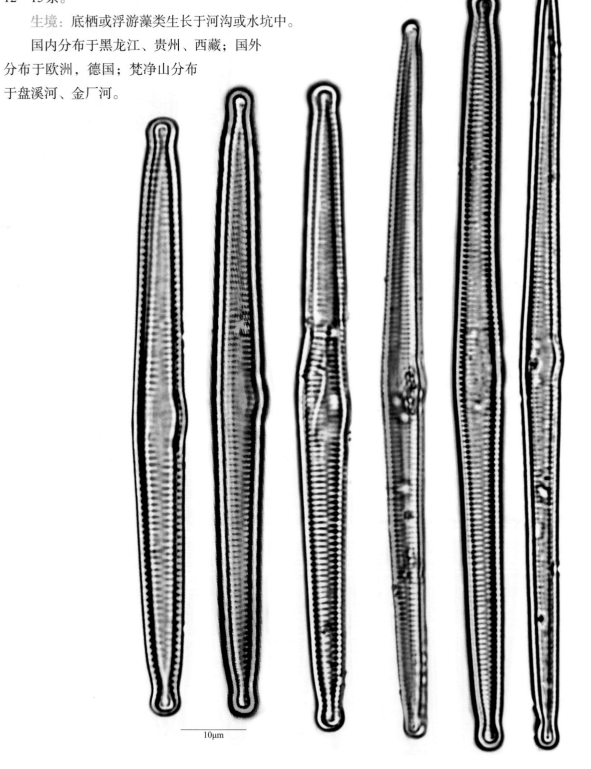

10μm

[136e] 弧形峨眉藻线形变种直变型

Ceratoneis arcus var. *linearis* f. *recta* (Skvortzow et Meyer) Proschkina–Lavrenkoin in Sabelina et al. p. 138, fig.76, 3, 1951; 齐雨藻, 李家英等: 中国淡水藻志, Vol. 10, p. 35, plate II: 10, 2004.

与线形变种的主要区别在于: 细胞细直线形, 无明显背腹之分; 壳长 100~120μm, 宽4~6μm; 横线纹平行排列, 在10μm内有13~15条。

生境: 生长于泉水、池塘、河流或山溪等。

国内分布于黑龙江、陕西、湖南、贵州、西藏、青海; 国外分布于欧洲; 梵净山分布于金厂河 (浮游)、乌罗镇寨朗沟水库 (浮游)。

20μm

43. 脆杆藻属 *Fragilaria* Lyngbye

原植体以细胞壳面周围的小刺连接成带状群体, 部分种类在细胞连接处产生狭长的窗纹状裂缝, 也有少数种类为单细胞生长。细胞呈线形、披针形至椭圆形, 为三角形或四角形, 细胞中央处都收缩或膨大, 细胞两头钝状圆形成小头状或喙状。除部分海生种和咸水种具间生带, 其余种类不具间生带和隔膜。细胞壁具细点状的线纹, 横向均匀分布。两个细胞间具拟壳缝, 拟壳缝呈或窄或宽的披针形。细胞大多数对顶轴和横轴对称。中央区有或缺, 或因中央区在单侧发育而对顶轴不对称。色素体单个、片状或多个小盘状。

[137] 短线脆杆藻

Fragilaria brevistriate Grun., in Van Heurck 1880~1885, p. 157, (45/32) (1885); 齐雨藻, 李家英等: 中国淡水藻志, Vol. 10, p. 40, plate III: 7; XXXII: 20~21; XLI: 3, 2004.

细胞线形至披针形, 细胞末端延伸呈喙状或亚喙状。拟壳缝宽披针形。横线纹短, 分布在细胞边缘, 10μm中有11~15条。壳面长12~20μm, 宽 3~6μm。

生境: 生长于水库、湖、泉水、小溪、水坑、水塘、沼泽或水沟。

国内分布于北京、吉林、内蒙古、宁夏、新疆、陕西、山西、河北、山东、河南、广东、西藏、贵州 (铜仁); 国外分布于亚洲、欧洲; 梵净山分布于金顶的湿石壁表、冷家坝鹅家坳 (水田底栖)、乌罗镇甘铜鼓天马寺 (水沟中底栖)。

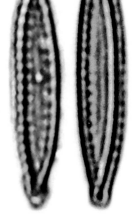

5μm

[138]钝脆杆藻

Fragilaria capucina Desmazieres, fasc. 10, No. 453, 1825.

原植体为带状群体。细胞长线形，逐渐向两端变狭窄，细胞两端膨大、钝圆。壳面长25～130μm，宽2～7μm，中部线纹缺失或模糊，具长方形的中央区。横线纹在10μm内有8～17条。拟壳缝窄线形。

[138a]钝脆杆藻披针形变种

Fragilaria capucina var. *lanceolata* Grun., in Van Heurck 45/5, 1881; 齐雨藻，李家英等：中国淡水藻志，Vol. 10, p. 42, plate III: 14; III: 16,17, 2004.

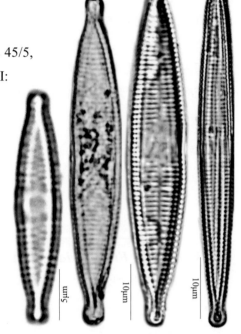

与原变种的主要区别在于：壳面为披针形至狭披针形，逐渐向两端变狭，细胞末端呈头状；壳面长25～65μm，宽5～8μm；横线纹在10μm内有13～15条。

生境：生长于流水石表、山溪或水坑等。

国内分布于山东、西藏、贵州；国外分布于亚洲、欧洲；梵净山分布于寨沙的水田、鱼坳的泥炭藓湿地、马槽河渗水石壁上、溪沟、水坑、凯文村的水塘、高峰村。

[138b]钝脆杆藻中狭变种

Fragilaria capucina var. *mesolepta* (Rabh.) Grun. Rabenhorst, p.18, 1864; 齐雨藻，李家英等：中国淡水藻志，Vol. 10, p. 43, plate III: 16, 2004.

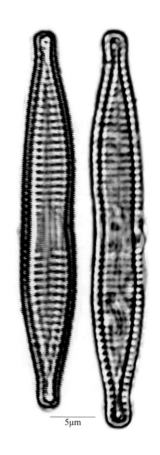

与原变种的主要区别在于：细胞中部收缩，由中部向两端逐渐变狭，末端膨大呈喙状；壳面长35～50μm，宽4～5μm；横线纹在10μm内有12～15条。

生境：生长于河流、湖泊、水库、水塘、水坑、沼泽、泉水小溪、水池、水沟、稻田或湿土表面。

国内分布于北京、黑龙江、吉林、内蒙古、新疆、陕西、山东、河南、贵州（铜仁、江口、沿河）、云南、湖南、西藏；国外分布于亚洲、欧洲、美洲；梵净山分布于马槽河、快场、坝梅村。

[139]克罗顿脆杆藻

[139a]原变种

Fragilaria crotonensis Kitt var. ***crotonensis*** p. 110, text fig. 81,1869; 齐雨藻, 李家英等: 中国淡水藻志, vol. 10, p. 47, plate III: 17; XXXVI: 1～2, 2004.

原植体的细胞中部和末端相连成带状群体。带面观中部及末端纵向贯壳轴增宽,中部到末端之间形成披针形缝隙。细胞线形,中部略宽,末端略膨大呈头状。壳面长80～120μm,宽2～4μm。横线纹平行排列,在10μm内有14～16条。细胞中部形成长方形的中央区。

生境: 生长于河流、湖泊、水库、水坑、水塘、盐池、潮湿地表、沼泽或水沟。

国内分布于吉林、辽宁、北京、天津、宁夏、新疆、陕西、山西、四川、贵州(松桃、铜仁、沿河)、内蒙古、湖南、西藏;国外分布于亚洲、欧洲、美洲;梵净山分布于护国寺(水池中浮游)、乌罗镇寨朗沟(水渠石壁表)、乌罗镇寨朗沟坪所村(水塘浮游)、清渡河公馆(水田底栖)。

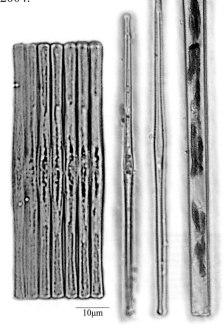

10μm

[139b]克罗顿脆杆藻俄勒冈变种

Fragilaria crotonensis var. ***oregona*** Sovereign., p.107, 2/1～3, 1958; 齐雨藻, 李家英等: 中国淡水藻志, Vol. 10, p. 47, plate V: 1; XXXVI: 3, 2004.

与原变种的主要区别在于: 细胞中央区的中部和末端略膨大,中央区形成了一个浅的凹入的环;壳面长50～70μm,宽3～3.5μm;横线纹在10μm内有11～14条;壳面中部线纹缺或模糊而形成一个长方形中央区;拟壳缝窄线形。

生境: 附生或漂浮藻类,淡水普生、少半咸水。

国内分布于吉林、辽宁、黑龙江、新疆、河北、陕西、广西、云南、湖南、西藏;国外分布于欧洲、美洲;梵净山分布于护国寺、张家屯、太平河、两河口、昔平村。

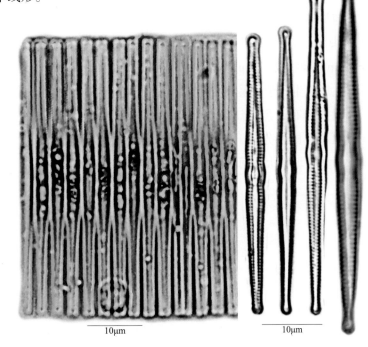

10μm　　10μm

[140] 沃切里脆杆藻

[140a] 原变种

Fragilaria vaucheriae (Kütz.) Petersen var. ***vaucheriae*** p. 167, fig. 1 a～g, 1938; 齐雨藻, 李家英等: 中国淡水藻志, Vol. 10, p. 57, plate IV: 16; XXXII: 8, 2004.

原植体的细胞线形披针形至宽的披针形, 由中部逐渐向末端变窄, 末端呈圆形喙状或头状。拟壳缝窄线形。细胞单侧具中央区, 具中央区一侧多膨大。壳面长30～60μm, 宽4～8μm。横线纹平行或略呈辐射状, 在10μm内有12～15条, 中央区两侧线纹短。

生境: 漂浮或附生藻类, 生长于山溪、水塘、水坑、湖泊或水田。

国内分布于黑龙江、辽宁、吉林、天津、内蒙古、山西、河北、新疆、湖南、西藏。国外分布于亚洲、欧洲; 梵净山分布于坝梅村、团龙清水江、高峰村、牛尾河、黑湾河与太平河交汇口、盘溪河、亚木沟、郭家湾、太平河、习家坪、乌罗镇天马寺甘铜鼓、寨朗沟水库浮游、金厂河。

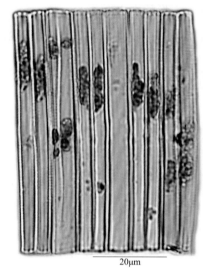

[140b] 沃切里脆杆藻小头端变种

Fragilaria vaucheriae var.***capitellata*** (Grun.) Ross, p. 184, 1947; 齐雨藻, 李家英等: 中国淡水藻志, Vol. 10, p. 58, plate IV: 18; V: 11; XXXII: 9; XXXVI: 12, 2004.

与原变种的主要区别在于: 细胞两侧呈弧形, 末端呈小头状; 横线纹相等且较细。壳面长16～24μm, 宽4～6μm; 横线纹在10μm内有15～17条。

生境: 生长于山溪、水塘、水坑、湖泊或水田。

国内分布于黑龙江、吉林、贵州(松桃、印江)、湖南、西藏; 国外分布于亚洲、欧洲、美洲; 梵净山分布于新叶乡韭菜塘、大罗河(浮游)。

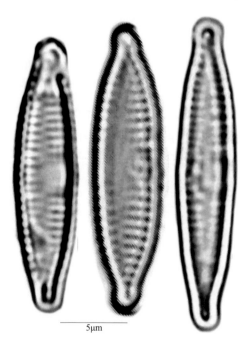

[140c]沃切里脆杆藻较细长变种

Fragilaria vaucheriae var. ***gracilior*** Cleve–Euler, p. 43, fig. 353 z, 1953; 齐雨藻, 李家英等: 中国淡水藻志, Vol. 10, 59, plate Ⅳ: XM: 19～10, 2004.

　　与原变种的主要区别在于：细胞细长且波形弯曲；壳面长 70～100μm，宽4～6μm；横线纹在10μm内有9～13条。

　　生境：生长于沼泽水池、河湾静水、小溪或水坑。

　　国内分布于黑龙江、湖南、贵州、西藏；国外分布于亚洲、欧洲；梵净山分布于马槽河、大河堰、德旺茶寨村大溪沟。

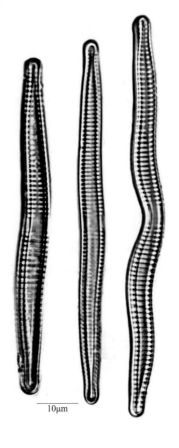

10μm

[141] 变绿脆杆藻

Fragilaria virescens Ralfs, 1843, p. 110, 2/6, 1843; 齐雨藻, 李家英等: 中国淡水藻志, Vol. 10, p. 59, plate IV: 20; XXXII: 12; XXXIV: 12: 2004.

　　原植体的细胞壳面观呈线形，细胞两侧平直或略向外凸出，末端变窄延长，细胞末端呈喙状。拟壳缝窄线形，不具中央区。壳面长30～60μm，宽4～5μm。横线纹在10μm有16～20条。

　　生境：生长于河流、水坑或湖泊。

　　国内分布于辽宁、内蒙古、宁夏、河北、西藏；国外分布于亚洲、欧洲、美洲；梵净山分布于老金顶（岩下水坑边石表）。

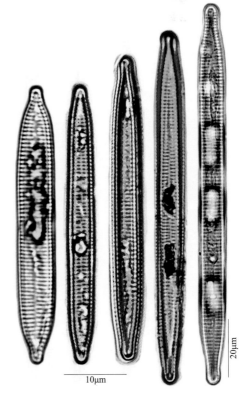

10μm

20μm

44.针杆藻属 *Synedra* Ehrenberg

单细胞生长或多数细胞连接成扇形丛状，少数种类形成短的带状群体，多为附着生长型。细胞壳面线形、长方形。细胞个体细且长，呈线形或披针形，有时细胞边缘呈波浪状，细胞中部或两端凸透状增宽。细胞两面均有拟壳缝或轴区，拟壳缝为窄或宽的披针形，无间插带和隔膜。中央区有或无。细胞末端黏液孔有或无。细胞外部多具有细的横向排列的点纹，点纹在细胞外壁呈小孔，在内壁为筛膜。绝大多数种类的顶轴、横轴对称。少数种类由于中央区在单侧发育，因而顶轴不对称。

[142]尖针杆藻

[142a]原变种

Synedra acus Kütz.var. *acus* p. 68, 15/7, 1844; 齐雨藻, 李家英等: 中国淡水藻志, Vol. 10, p. 63, plate V: 14, 2004.

原植体细胞的壳面观线状披针形，中部较宽，由中部向两侧突然变狭，两端圆形或近头状，末端略呈头状。壳面长 60～100μm，中部宽 2.5～4.0μm。拟壳缝窄线形。中央区扩大直达壳缘。横线纹平行排列，在 10μm 内有 12～16 条。壳面中部线纹缺或模糊而形成一个长方形中央区。

生境：浮游或底栖藻类，生长于河流、水沟、水塘或池塘等各种淡水中。

国内分布于黑龙江、辽宁、山西、陕西、青海、湖北、湖南、云南、西藏、新疆、宁夏、广西、贵州（松桃、铜仁、石阡）、台湾；国外分布于日本、苏联、德国、英国、比利时、芬兰、瑞典、美国；梵净山分布于马槽河、清渡河茶园坨公馆、亚木沟、寨抱村、德旺岳家寨红石梁锦江、太平河、乌罗镇寨朗沟、金厂河、张家屯。

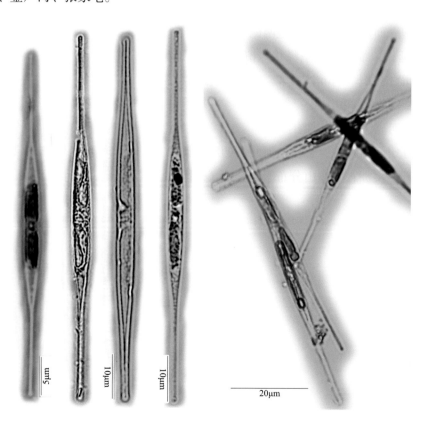

[142b]尖针杆藻极狭变种

Synedra acus var. ***angustissima*** Grun., in Van Heurck, p.515, 39/10, 1880～1885; 齐雨藻, 李家英等: 中国淡水藻志, Vol. 10, p. 64, plate IV: 15, 2004.

　　与原变种的主要区别在于: 细胞极为细长, 且中部轻微膨大; 细胞长110～190μm, 宽1～3μm; 横线纹在10μm内有12条。

　　生境: 浮游或底栖藻类, 生长于河流、水库、水塘、水坑、水田等淡水中。。

　　国内分布于山西、湖南、四川、西藏、广西、贵州（松桃）; 国外分布于亚洲, 比利时、德国、英国、美国; 梵净山分布于乌罗镇寨朗沟水库、金厂河、高峰村、快场、清渡河公馆。

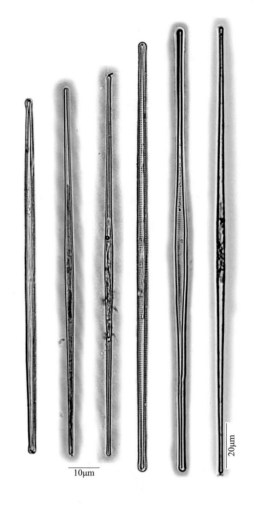

[142c]尖针杆藻放射变种

Synedra acus var. ***radians*** (Kütz.) Hust, 6.155. fig. 171, 1930; 齐雨藻, 李家英等: 中国淡水藻志, Vol. 10, p. 65, plate V: 13, 2004.

　　与原变种的主要区别在于: 壳面呈针状狭披针形, 中部微宽, 向两端渐狭, 末端呈小头状; 壳面长80～140μm, 中部宽3.5～5μm; 轴区极狭, 易见; 横线纹清晰, 在10μm内有11～13条。

　　生境: 生长于水沟、水田、池塘、水坑或土表。

　　国内分布于陕西、山西、湖南、四川、云南、西藏、广西、贵州; 国外分布于亚洲、欧洲、北美洲; 梵净山分布于坝溪沙子坎、护国寺、亚木沟。

[143]两头针杆藻

Synedra amphicephala Kütz., p. 64, 4/12, 1844; 齐雨藻, 李家英等:
中国淡水藻志, Vol. 10, p. 65, plate V: 16, 2004.

细胞壳面线形至线状披针形, 末端头状。拟壳缝窄。无中央区。
壳面长40～50μm, 宽4～6μm。横线纹明显, 在10μm内有13～14条。

生境: 生长于淡水湖、沼泽、小溪、水坑或水库。

国内分布于吉林、新疆、陕西、西藏、云南、贵州（铜仁）; 国
外分布于苏联、英国、德国、比利时、奥地利、芬兰、美国; 梵净山
分布于坝溪沙子坎、清渡河靛厂。

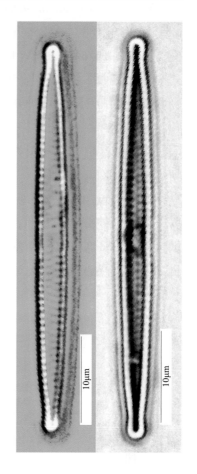

[144]古特拉氏针杆藻

Synedra goulardi Brebisson in Cleve et Gnanow, p. 107. 6/119,
1880; 齐雨藻, 李家英等: 中国淡水藻志, Vol. 10, p. 69, plate VI: 5;
XXXVII: 14, 2004.

细胞壳面线状披针形, 在细胞的中部略收缩, 细胞由中部向两
端渐狭, 末端呈尖喙状。拟壳缝窄线形。具四方形的中央区, 中央
区内具点线纹, 不明显。壳面长60～64μm, 中部宽10～11μm。中
部到两侧的横线纹为平行排布, 在末端呈辐射状排列, 在10μm内
有10～12条。

生境: 生长于河流、湖泊、水塘或水田。

国内分布于黑龙江、四川、陕西; 国外分布于亚洲、欧洲、北
美洲; 梵净山分布于寨沙（水田底栖）、高峰村（水塘浮游）。

[145]小针杆藻

Synedra nana Meisterp., 76, 8/9, 1912; 齐雨藻, 李家英等: 中国淡水藻志, Vol. 10, p. 70, plate Ⅵ: 6, 2004.

细胞壳面狭长，呈披针形，末端膨大呈头状。拟壳缝细线形。无中央区。壳面长达100μm，宽2.5μm。横线纹细而密，在10μm内有27～28条。

生境: 生长于河流或水田。

国内分布于贵州（松桃）；国外分布于亚洲、欧洲；梵净山分布于坝溪沙子坎（水田中）。

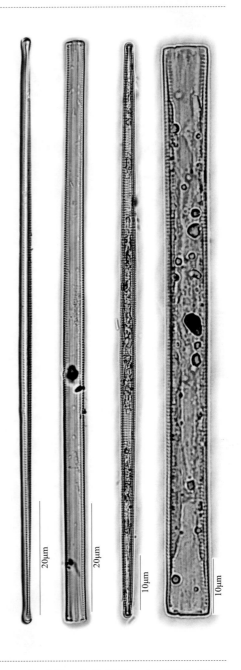

[146]寄生针杆藻

Synedra parasitica (Wm. Smith) Hustedt, p.161, fig. 195, 1930; 齐雨藻, 李家英等: 中国淡水藻志, Vol. 10, p. 70, plate VI: 9; XXXV: 1～2, 2004.

细胞壳面宽披针形或菱形披针形，中部膨大，两端骤然变窄，末端伸长呈喙头状。拟壳缝线形或线状披针形。壳面长13～15μm，宽5～6μm。横线纹清晰，呈辐射状排列，在10μm内有15条。

生境: 生长于河流、水沟或水塘等。

国内分布于辽宁、西藏、山东、河北、山西、湖北、湖南、贵州（铜仁、江口、沿河）；国外分布于日本、苏联、英国、芬兰、奥地利、德国、美国；梵净山分布于德旺茶寨村大溪沟（附生于双菱藻表面）。

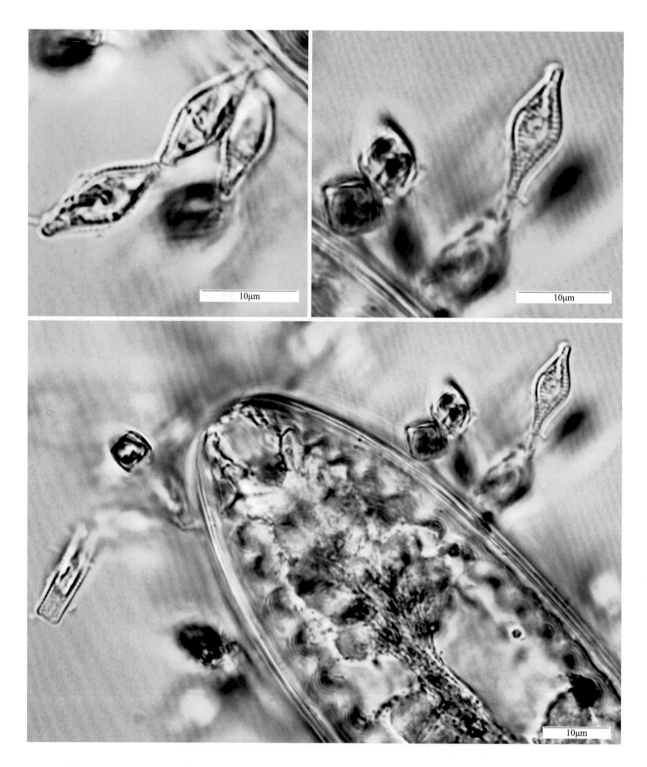

[147]爆炸针杆藻

[147a]原变种

Synedra rumpens Kuetz. var. **rumpens** p. 69, 16/6, figs. 4～5, 1844; 齐雨藻，李家英等：中国淡水藻志，Vol. 10, p. 74, plate VII; 4; XXXVI: 4, 2004.

原植体细胞壳面线形，向末端变细，末端膨大呈小头状。壳面长50～75μm，中部宽2.5～3.5μm，拟壳缝窄线形。中央区为长方形，无纹，中央区两侧明显增厚。横线纹由不明显的点纹组成，平行排列，在10μm内有18～20条。

生境：浮游或底栖藻类，生长于河沟、水塘、水田、渗水石壁表。

国内分布于黑龙江、河北、辽宁、西藏、湖南、四川、云南、广西、贵州；国外分布于苏联、德国、英国、芬兰、美国；梵净山分布于坝溪、护国寺、高峰村、冷家坝鹅家坳、金厂、张家屯、熊家坡、太平河、两河口、德旺茶寨村。

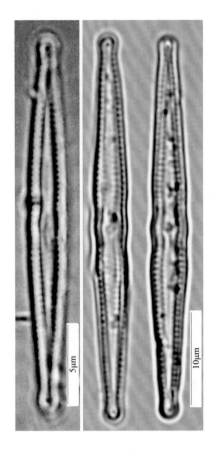

[147b]爆炸针杆藻相近变种

Synedra rumpens var. ***familiaris*** (Kuetz.) Hust., p. 156, fig. 176, 1930; 齐雨藻，李家英等：中国淡水藻志，Vol. 10, p. 74, plate VII: 5, 2004.

与原变种的主要区别在于：壳面线状披针形，中央区向两端的边缘膨大，末端延长微头状；拟壳缝线形，中央区长大于宽，微微膨大；横线纹平行排列，在10μm内约有20条；壳面长30～42μm，中部宽3.5～5μm。

生境：生长于河流、山溪、水沟、水田、水库或水塘。

国内分布于吉林、山东、西藏、湖南、贵州；国外分布于日本，欧洲、北美洲；梵净山分布于黑湾河、亚木沟。

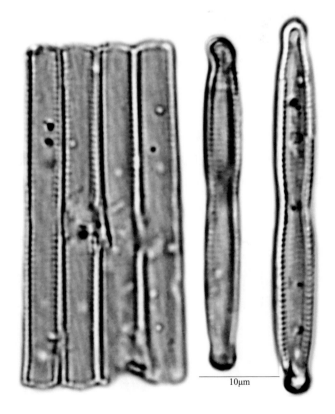

[147c]爆炸针杆藻梅尼变种

Synedra rumpens var. **meneghiniana** Grunow in Van Heurck 40/33, 1880; 齐雨藻, 李家英等: 中国淡水藻志, Vol. 10, p. 75, plate VII: 6, 2004.

与原变种的主要区别在于: 壳环面线形, 中部膨大; 壳面线形至披针形, 中部逐渐向两端变尖, 呈微喙状; 拟壳缝狭窄, 或有时不明显; 中央区为长方形, 两侧略膨大; 横线纹平行排列, 在10μm内有12～14条; 壳面长24～57μm, 宽3～4μm。

生境: 生长于湖泊、沼泽、水坑或潮湿土表等。

国内分布于辽宁、西藏、湖南、云南、广西; 国外分布于日本、苏联、德国、比利时、美国; 梵净山分布于马槽河、牛尾河、黑湾河、亚木沟、习家坪、太平河、冷家坝鹅家坳、两河口、乌罗镇寨朗沟水库、金厂河、大河堰、德旺茶寨村大溪沟、清渡河靛厂。

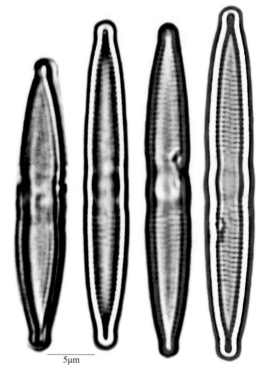

5μm

[148]群生针杆藻

Synedra socia Wallace, p. 1, 1/1 A–E, 1960; 齐雨藻, 李家英等: 中国淡水藻志, Vol. 10, p. 76, plate VII: 8; XXXVII: 7, 2004.

细胞壳面线状披针形, 向两端延伸, 末端呈喙状。拟壳缝窄, 明显, 壳面轻微缢缩, 中央区中部有膨大, 直达细胞边缘一侧偶有短线纹。长15～20μm, 宽3～4.5μm, 横线纹平行排列, 在10μm内有16～17条。

生境: 生长于水塘、水库、水田或河边水坑。

国内分布于黑龙江、山东; 国外分布于亚洲、北美洲; 梵净山分布于德旺净河村老屋场、鱼坳至茴香坪（水坑中底栖）。

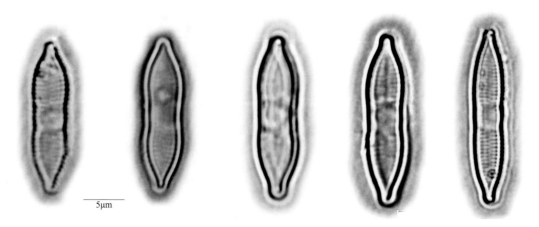

5μm

[149]平片针杆藻

Synedra tabulata (Ag.) Kuetz., p. 68, 15/10. figs. 1～3, 1844; 齐雨藻，李家英等：中国淡水藻志，Vol. 10, p. 76, plate VII; 9; XXXVII: 1～2, 1991.

细胞壳面狭披针形或线舟形，中部向两端逐渐狭窄，末端尖圆形。壳面长25～160μm，中部宽2～3μm，拟壳缝窄披针形。无中央区。壳面具短横线纹，轻微辐射状排列，在10μm内有12～15条。

生境：生长于河沟、水田、沼泽或水塘。

国内分布于内蒙古、山西、陕西、西藏、湖南、新疆、广西、贵州；国外分布于日本、尼泊尔、苏联、英国、德国、法国、比利时、芬兰、奥地利、匈牙利；梵净山分布于寨沙水田、太平河河边水沟、坝溪沙子坎、小坝梅村、陈家坡、清渡河茶园坨、张家屯、冷家坝鹅家坳。

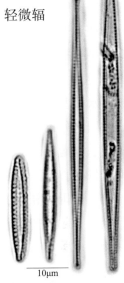

10μm

[150]肘状针杆藻

[150a]原变种

Synedra ulna (Nitzsch) Ehr. var. ***ulna*** p. 211, 17/1. 1838; 齐雨藻，李家英等：中国淡水藻志，Vol. 10, p. 79, plate VIII: 5; XXXVII: 5～6, 2004.

原植体壳面线形至线状披针形，末端宽圆形，有时呈喙状宽形，端孔具1唇形突起及1～2个刺。拟壳缝窄。中央区横矩形，或不明显，偶见中央区边缘处具极短线纹，壳面长63～290μm，宽3～9μm，横线纹平行排列，两端偶见辐射排列，在10μm内有10～12条。

生境：淡水普生性。

国内分布于黑龙江、吉林、天津、山东、山西、河南、湖南、西藏、宁夏、陕西、云南、江苏、福建、广西、贵州；国外分布于日本、蒙古，欧洲、北美洲；梵净山分布于保护区内各种水体。

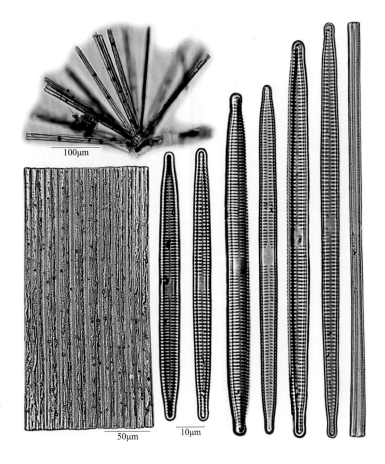

100μm

50μm

10μm

[150b] 肘状针杆藻两喙变种

Synedra ulua var. ***amphirhynchus*** (Ehr.) Grun., p. 397, 1862; 齐雨藻, 李家英等: 中国淡水藻志, Vol. 10, p. 80, plate VIII: 7, 2004.

与原变种的主要区别在于: 细胞壳面线形, 两端缢缩, 末端膨大呈喙头状。拟壳缝极窄。具明显中央区。壳面长 100～120μm, 宽 6～8μm, 横线纹明显, 平行排列, 在 10μm 内有 9～11 条。

生境: 生长于河流、小溪、泉水、稻田、水坑或渗水石表。

国内分布于吉林、辽宁、山东、山西、陕西、四川、云南、西藏、湖南、贵州（印江）; 国外分布于日本、苏联、英国、德国、比利时、芬兰、奥地利、美国; 梵净山分布于坝溪河床、金顶的湿石壁表、高峰村、习家坪（太平河中段）。

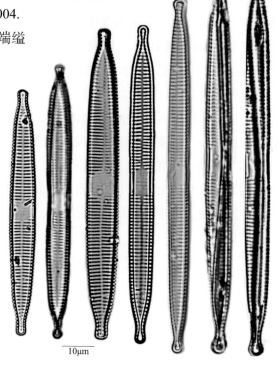

10μm

[150c] 肘状针杆藻相等变种

Synedra ulna var. ***aequalis*** (Kuetzing) Brun, p. 126, 5/2, 1880; 齐雨藻, 李家英等: 中国淡水藻志, Vol. 10, p. 80, plate VIII: 6, 2004.

与原变种的主要区别在于: 壳面线形, 末端膨大呈圆形, 末端黏液孔明显。拟壳缝窄。中央区中部膨大但不到达壳边缘。壳面长 130～210μm, 宽 3～5μm, 横线纹平行排列, 在 10μm 内有 11～14 条。

生境: 生长于淡水、浅水湖泊或沼泽。

国内分布于西藏、河北、贵州（松桃、铜仁）; 国外分布于苏联、英国、比利时、德国、瑞士; 梵净山分布于马槽河的河岸岩石上水坑、凯文村（水田底栖）、桃源村（滴水石表附植）。

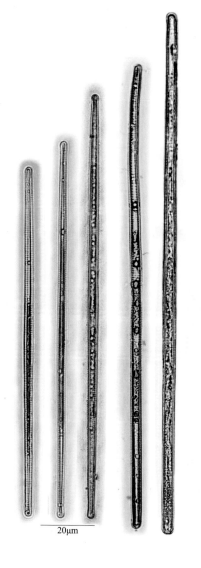

20μm

[150d]肘状针杆藻缢缩变种

***Synedra ulua* var. *constracta* Oestrup**, p. 281, fig. 247, 1901; 齐雨藻, 李家英等: 中国淡水藻志, Vol. 10, p. 82, plate VII: 14; XXXVII: 10, 2004.

与原变种的主要区别在于：壳宽呈线形，中部收缩，两端伸长呈圆喙状。拟壳缝窄，中央区膨胀。壳面长37～73μm，宽6～9μm。横线纹平行排列，在10μm内有12～15条。

生境：生长于各种淡水环境。

国内分布于辽宁、山东、西藏、陕西、湖南、四川、云南、新疆、贵州（松桃、印江）；国外分布于日本、苏联、法国、德国、英国、美国；梵净山分布于德旺红石梁（锦江）、净河村老屋场（河边水坑或沟渠中底栖）。

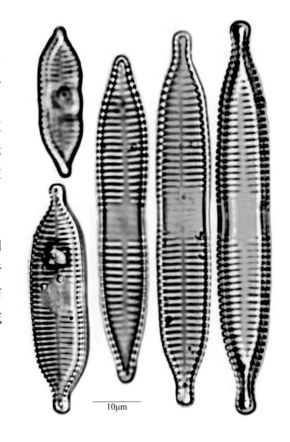

10μm

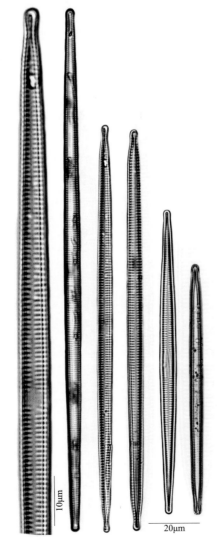

10μm

20μm

[150e]肘状针杆藻丹麦变种

***Synedra ulna* var. *danica* (Kütz.) Grun. in Van Heurck**, p. 151, 381/14A, 1881; 齐雨藻, 李家英等: 中国淡水藻志, Vol. 10, p. 82, plate VIII: 10; XXXVII: 3, 2004.

与原变种的主要区别在于：壳面线状披针形，两端膨胀呈头状。拟壳缝窄。多见中央区、偶无中央区。壳面长90～130μm，宽3～4μm，横线纹由点纹组成，平行排列，在10μm内有12～17条。

生境：普生性种类，生长于河流、湖泊、沼泽、水沟、潮湿土表、水坑、水库或稻田。

国内分布于北京、黑龙江、内蒙古、山西、陕西、西藏、河南、四川、云南、湖南、贵州（松桃、铜仁）、广西；国外分布于亚洲其他国家、英国、比利时、德国、芬兰、奥地利，北美洲；梵净山分布于马槽河（河边水坑底栖）、清渡河茶园坨（水沟及水田中底栖）。

[150f] 肘状针杆藻尖喙变种

Synedra ulua var. ***oxyrhynchus*** (Kuetz.) Van Heurck, p. 151, 39/14, 1881；
齐雨藻，李家英等：中国淡水藻志，Vol. 10, p. 84, plate VIII: 11, 2004.

与原变种的主要区别在于：壳面宽线形，两端伸长呈尖喙状。壳面长40～110μm，宽6～9μm，拟壳缝窄线形。中央区横向扩大直达壳缘，中央区空白无纹。横线纹明显，平行排列，在10μm内有10～14条。

生境：淡水普生性。

国内分布于西藏、陕西、湖南、贵州；国外分布于尼泊尔、苏联、德国、英国、比利时、芬兰、奥地利；梵净山广泛分布。

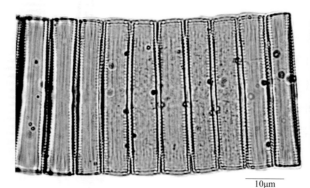

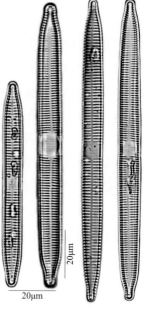

[150g] 肘状针杆藻尖喙变种缢缩变型

Synedra ulua var. ***oxyrhynchus*** f. ***constracta*** Hust., p. 152, fig. 161, 1930；齐雨藻，李家英等：中国淡水藻志，Vol. 10, p. 84, plate VIII: 12, 2004.

与尖喙变种的主要区别在于：假壳缝很窄。壳面中部的中央区处壳缘明显缢缩，壳面长60～110μm，宽6～8μm。横线纹在10μm内有10～13条。

生境：淡水普生性，生长于河沟、水沟、水塘、水库、渗水石表。

国内分布于西藏、陕西、湖南、贵州；国外分布于尼泊尔、苏联、德国、英国、比利时、芬兰、奥地利；梵净山分布于马槽河、鱼坳至苗香坪一水坑、坝梅村、大河堰杨家组、团龙清水江、黑湾河与太平河交汇口、高峰村、德旺岳家寨红石梁、净河村老屋场洞下、习家坪、两河口大河、乌罗镇寨朗沟。

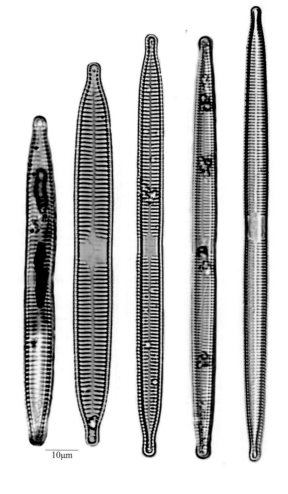

十四　拟壳缝目RAPHIDIONALES

（二十五）短缝藻科 Eunotiaceae

45.短缝藻属 *Eunotia* Ehrenberg

原植体单细胞生长或互相连成带状群体。细胞壳面月形、弓形，壳缘外凸拱起呈波状弯曲，腹缘平直或凹入，两端对称相同，每一端具1个极节，上下壳面两端均具短壳缝。短壳缝由极节腹侧边缘斜向伸展。无中央区，具横线纹（由点纹构成）。带面方形或线形，多具间生带，无隔膜。色素体通常片状、大型，2个，无蛋白核。

[151]弧形短缝藻

Eunotia arcus Ehrenberg, 191, 21/22, 1838.

壳体带面长方形，壳面弓形。背缘外凸呈拱形，中部平直，腹侧内凹，末端呈圆角状。端节明显，位于腹缘近末端处，横线纹平行排列，10μm内有13～16条，末端辐射状排列。

[151a]弧形短缝藻双齿变种

Eunotia arcus* var. *bidens Grun. in Van Heurck 1880～1885, p. 142, 34/7, 1881; 齐雨藻等: 中国淡水藻志, Vol. 10, p. 93, plate: XI: 5; XXXVIII: 8, 2004.

与原变种的主要区别在于：细胞背缘具有2个波形；线纹在10μm内有13～16条；壳面长35～50μm，宽6～8μm。

生境：生长于水塘或潮湿石表。

国内分布于西藏、广东；国外分布于德国、法国、芬兰、瑞典、苏联、美国；梵净山分布于马槽河、陈家坡、亚木沟。

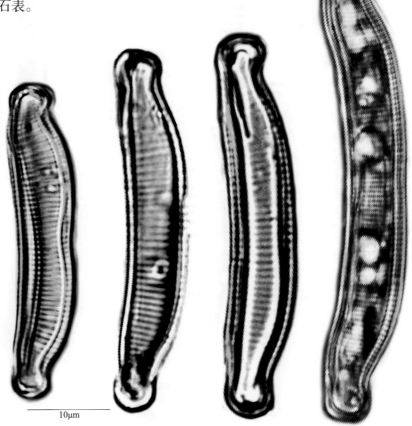

10μm

[151b] 弧形短缝藻虚拟变种

Eunotia arcus var. ***fallax*** Hustedt, p. 175, fig. 219, 1930; 齐雨藻等: 中国淡水藻志，Vol. 10, p. 93, plate: XI: 5; IX: 6, 2004.

与原变种的主要区别在于: 壳面末端呈喙头状; 壳面长28~60μm，宽8~10μm; 中部线纹排列疏散，在10μm内有7~10条; 末端线纹排列较密，在10μm内有12~16条。

生境: 在水塘或溪沟中发现，附着于水生植物表面。

国内分布于新疆、西藏、湖南; 国外分布于德国、苏联、美国; 梵净山分布于小坝梅村、熊家坡、德旺茶寨村大溪沟。

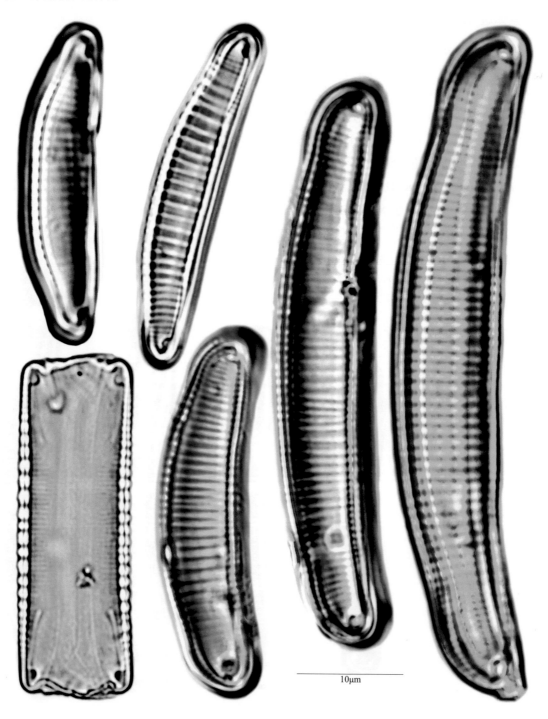

10μm

[152] 双凸短缝藻

Eunotia bigibba Kuetzing, p. 6, 1848.

细胞壳面的背缘具2个峰状隆起，中部内凹呈弧形，末端近背缘部分突起呈圆截形。腹缘内凹呈弧形。短壳缝位于腹面末端。壳面中部线纹平行排列，近末端线纹呈放射状排列。壳面长30～55μm，宽7～18μm。线纹在10μm内有14～18条。

[152a] 双凸短缝藻岩生变种

Eunotia bigibba var. *rupestris* Skvortzow, p. 267, 1/39, 1938; 齐雨藻等: 中国淡水藻志, Vol. 10, p. 96, plate: X: 4, 2004.

与原变种的主要区别在于：壳面背缘凸出的2个波峰顶部平坦，非圆弧形；横线纹在10μm内有14条。壳面长62.7μm，宽12.7μm。

国内分布于黑龙江哈尔滨（淡水中附生）；梵净山分布于太平村（太平河中浮游）。

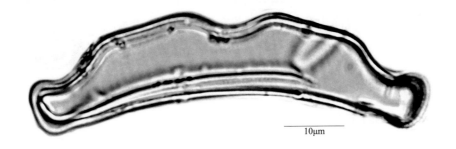

[153] 二峰短缝藻

Eunotia diodon Ehr., p. 45, 1837; 齐雨藻等: 中国淡水藻志, Vol. 10, p. 100, plate: IX: 10, 2004.

细胞壳面背缘隆起，具2个波峰，腹缘微内凹，末端圆形，腹缘的末端具大极节。壳面线纹平行排列，在中央部分10μm内有12～15条，末端线纹放射状排列，在10μm内有14～17条。壳面长48μm，宽12.5μm。

生境：水沟底栖，或生长于渗水石表。

国内分布于黑龙江、山东、湖南、云南、西藏、台湾；国外分布于德国、苏联、美国；梵净山分布于马槽河、亚木沟、坝溪河。

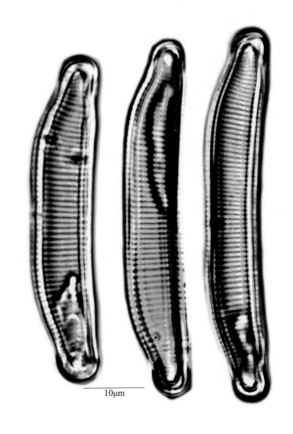

[154]矮小短缝藻

Eunotia exigua (Bréb. in kuetzing) Rabenhorst, p. 73, 1864.

细胞壳面弓形，背缘隆起呈拱状。腹缘内凹，两端沿背缘反向弯曲呈截圆形。极节明显，位于腹缘的末端。壳面线纹呈平行排列，在10μm内有14～24条。壳面长18～40μm，宽2～4μm。

[154a]矮小短缝藻密集变种

Eunotia exigua var. ***compacta*** Hustedt p. 176, fig. 225, 1930; 齐雨藻等：中国淡水藻志，Vol. 10, p. 102, plate: X: 9, 2004.

与原变种的主要区别在于：细胞壳面弓形，背缘隆起呈弧形。腹缘内凹，末端向背缘反向弯曲呈半头状。极节明显，近腹侧末端。壳面线纹排列平行，在10μm内有10条。壳面长21～22μm，宽3～4μm。

生境：生长于潮湿的岩表、山溪或水坑。

国内分布于黑龙江、湖南、西藏；国外分布于奥地利、德国、芬兰、挪威、苏联、美国；梵净山分布于德旺茶寨村大溪沟的渗水石表。

5μm

[155]冰川短缝藻

Eunotia glacialis Meister, p. 85, 10/2, 3, 1912.

细胞壳面弓形。背缘轻微凸出，腹缘平直微凹。末端头状。端节明显，线纹平行排列，在10μm内有11～13条。壳面长42～180μm，宽3～6μm。

[155a]冰川短缝藻坚挺变种

Eunotia glacialis var. ***rigida*** Cleve–Euler, p. 92, fg, 417g, 1953; 齐雨藻等：中国淡水藻志，Vol. 10, p. 104, plate: XII: 6, 2004.

与原变种的主要区别在于：背、腹缘中部长距离近平行，末端向背缘弯曲呈头状；壳面长70μm，宽7μm；壳面线纹在10μm内有17条。

生境：生长于水坑或水沟。

国内分布于湖南、西藏、广东；国外分布于德国、瑞典、苏联及美国；梵净山分布于凯文村（水沟底栖）。

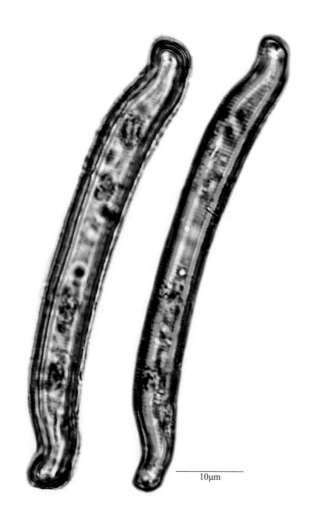

10μm

[156]月形短缝藻

[156a]原变种

Eunotia lunaris (Ehr.) Bréb. var. ***lunaris*** in Rabenhorst p. 69, 1864; 齐雨藻等：中国淡水藻志，Vol. 10, p. 106, plate: XIII: 7; XXXVIII:3; XXXIX: 1～2, 2004.

细胞半月形弯曲。壳面带状，背、腹缘的中部近平行排列。由中部向末端略微变窄，末端钝圆形。短壳缝于近末端的腹缘上。壳面线纹平行排列，在10μm内有13～16条，末端线纹放射状排列，在10μm内有15～20条。壳面长48～115μm，宽3～5μm。

生境：生长于河流、湖泊、水库、沼泽、水坑、水沟、水田或滴水石表。

国内分布于黑龙江、山东、山西、西藏、云南、湖南、福建、广东、海南、贵州（松桃）；国外分布于日本、德国、奥地利、瑞典、芬兰、苏联、美国；梵净山分布于寨沙、马槽河、团龙清水江、亚木沟、德旺净河村老屋场、茶寨村、小坝梅村、坝梅村、陈家坡、凯文村。

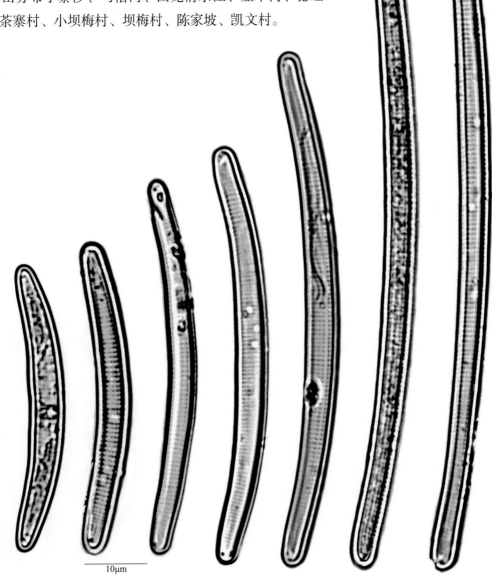

10μm

[156b] 月形短缝藻头端变种

Eunotia lunaris var. ***capitata***
(Grun.) Schoenfeldt., p. 119, 1907;
齐雨藻等：中国淡水藻志, Vol. 10,
p. 107, plate: XIV: 1; XXXIX: 3～4,
2004.

与原变种的主要区别在于：壳面末端向背缘反曲，微膨大呈头状；壳面线纹在10μm内有12～14条；壳面长60～90μm，宽4～5.5μm。

生境：生长于湖泊、溪沟、河边水坑、岩壁下水坑或渗水及潮湿石表。

国内分布于黑龙江、山东、湖南、山西、西藏、贵州；国外分布于德国、苏联、芬兰、挪威；梵净山分布于坝溪、马槽河、金顶、净心池、坝梅村、亚木沟、德旺净河村、团龙清水江。

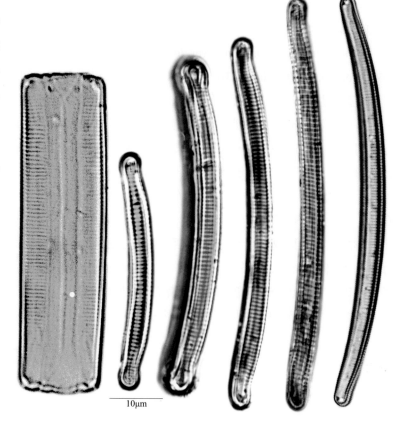

10μm

[157] 单峰短缝藻

Eunotia monodon Ehr., (1843), 2/5, fig. 7, 1841.

细胞壳面弓形，背缘外凸，腹缘内凹，中部向末端微变窄，末端钝圆形，末端窄（宽度约为细胞中央部分的1/2）。端节明显，紧贴于末端的腹缘上。壳面线纹平行排列，在10μm内有8～10条，末端线纹微放射状排列，在10μm内有线纹10～12条。壳面长40～90μm，宽7～15μm。

[157a] 单峰短缝藻二齿变种

Eunotia monodon var. ***bidens*** (Greg.) Hust., p. 306,
fig. 772 d, 1932; 齐雨藻等：中国淡水藻志, Vol. 10, p.
110, plate: XIII: 10, 2004.

与原变种的主要区别在于：壳面背缘具2个浅的波峰。中部线纹在10μm内有13条；末端线纹在10μm内有16条；细胞壳面长22μm，宽8.5μm。

生境：生长于山溪急流石上或滴水岩壁上。

国内分布于黑龙江、贵州（江口）、西藏、湖南、海南；国外分布于苏联；梵净山分布于亚木沟荷花池。

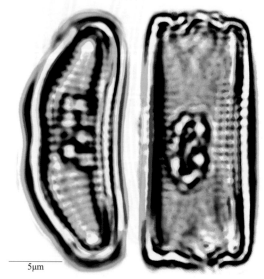

5μm

[158]篦形短缝藻

[158a]原变种

Eunotia pectinalis (Kuetz.) Rabenh. var. ***pectinalis*** p. 73, 1864; 齐雨藻等：中国淡水藻志，Vol. 10, p. 114, plate: XIV: 6; XXXVIII: 9～14; XXXIX: 5～6, 2004.

细胞壳面长弓形，带面观长方形。背缘微凸出，腹缘近平直。背、腹缘中部近平行。背缘向末端略微斜向地延伸，末端圆形，宽约为壳面中部宽度的1/2。端节明显，位于近末端的腹缘上。壳面上线纹呈平行排列，在10μm内有7～11条，近末端的线纹略呈放射状排列，在10μm内有14～18条。壳面长25～60μm，宽6～10μm。

生境：生长于河流、水沟、池塘、水库、水坑、水田等水体中或渗水石表。

国内分布于山东、河北、西藏、云南、湖南、福建、广西、海南、贵州；世界性普生种类；梵净山分布于坝溪河、马槽河、太平河、护国寺、凯文村、小坝梅村、亚木沟、高峰村、郭家湾、熊家坡、德旺红石梁、净河村老屋场。

[158b]篦形短缝藻较小变种

Eunotia pectinalis var. ***minor*** (Muetz.) Rabenhort, p. 74(MINUS), 1864; 齐雨藻等：中国淡水藻志，Vol. 10, p. 115, plate: XIV: 7; XXXVIII: 19～20, 2004.

与原变种的主要区别在于：壳体较小型；壳面长17～50μm，宽3.6～8.2μm。

生境：底栖于水坑、水塘、水坑或生长于滴水岩表。

国内分布于黑龙江、西藏、湖南、福建、广东、贵州（松桃、铜仁、石阡、江口）。国外分布于德国、奥地利、苏联、美国；梵净山分布于坝溪沙子坎、高峰村、紫薇镇罗汉穴。

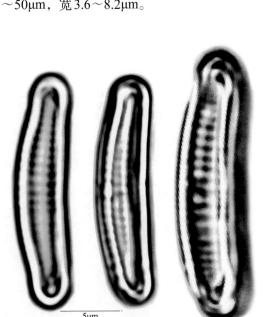

10μm

5μm

[158c]篦形短缝藻腹凸变种

Eunotia pectinalis var. **ventralis** (Ehr.) Hustedt, p. 276, 3/26, 27, 1911; 齐雨藻等：中国淡水藻志, Vol. 10, p. 117, plate: XIV: 9; XXXVIII: 1～2, 2004.

与原变种的主要区别在于：细胞背、腹缘中部突起；末端略向背缘反向弯曲；壳面长45～130μm，宽6.5～12μm；壳面上中部线纹在10μm内有8～10条，末端有10～15条。

生境：生长于水坑、水沟、水田、滴水或潮湿石壁表。

国内分布于西藏、湖南；国外分布于德国、奥地利、美国；梵净山分布于马槽河、太平镇马马沟村、亚木沟、德旺净河村老屋场。

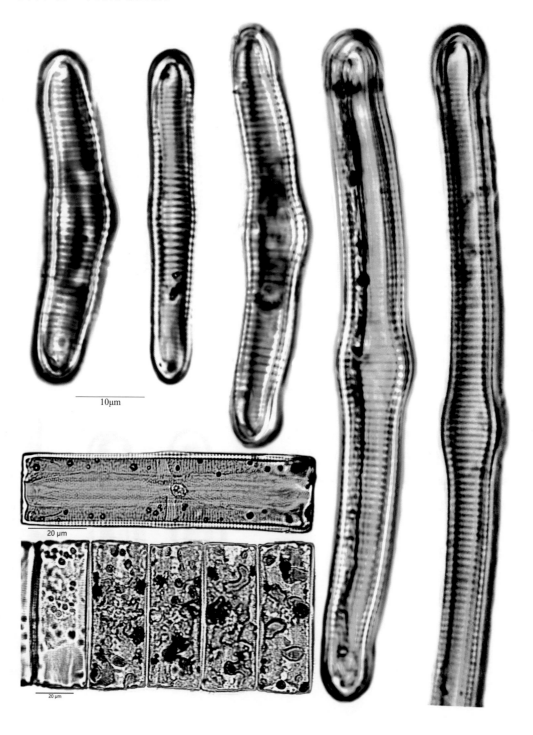

[159]具褶短缝藻

Eunotia plicata Jao, p. 182, I/9-12, 1964; 齐雨藻等: 中国淡水藻志, Vol. 10, p. 117, plate: XIV: 11, 2004.

　　细胞壳面弓形, 背缘外凸, 腹缘近平直。细胞近末端左右不对称, 末端圆形。背、腹缘具隆起的线纹, 近平行, 且背缘较腹缘更为明显。中部线纹排列疏松, 在10μm内有5～8, 末端线纹排列密集, 在10μm内有10条。壳面长35～49μm, 宽5.5～9μm。

　　生境: 生长于滴水岩壁、水坑或溪流石上。

　　国内分布于陕西、湖南、贵州(江口、印江、沿河)、西藏; 梵净山分布于高峰村、亚木沟、坝溪河、紫薇镇罗汉穴。

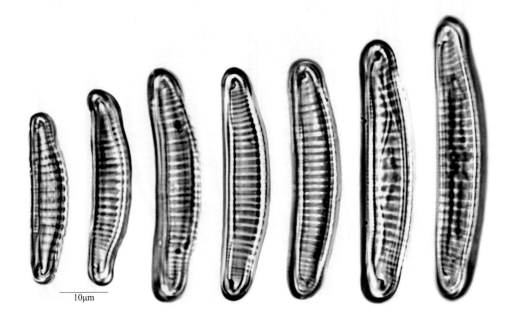

10μm

[160]岩壁短缝藻

Eunotia praerupta Ehr., (1843), p. 414, 1841.

　　细胞壳面弓形, 带面观长方形, 背缘凸出, 腹缘近平直。有时末端向背缘反折, 末端圆截形至圆形, 端节大, 位于腹缘末端上。壳面线纹平行排列, 在10μm内有6～14条。壳面长20～70μm, 宽3～10μm。

[160a]岩壁短缝藻双齿变种

Eunotia praerupta var. ***bidens*** (Ehr.) Wm. Smith 1856; 齐雨藻等: 中国淡水藻志, Vol. 10, p. 118, plate: XIV: 13; XXXVIII: 5, 15, 2004.

　　与原变种的主要区别在于: 壳面背缘具2个浅的波峰, 腹缘凹入, 末端向背缘反曲, 圆截形; 壳面上线纹在10μm内有8～12条, 末端线纹呈放射状排列紧密。壳面长30～45μm, 宽6～10μm。

　　生境: 水坑、水塘、滴水或潮湿岩壁。

　　国内分布于湖南、西藏、广东; 国外分布于德国、瑞典、苏联及美国; 梵净山分布于坝溪河、马槽河、快场、凯文村、亚木沟。

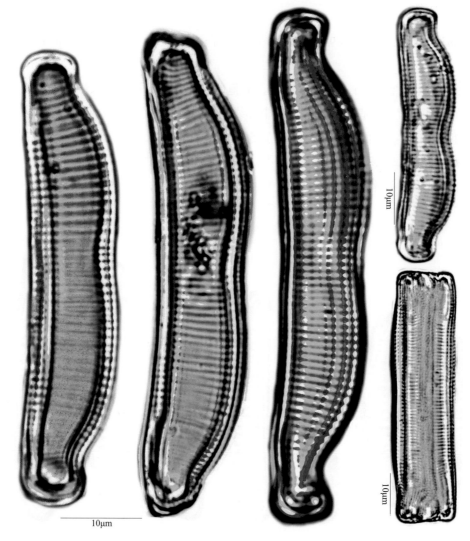

10μm

[160b] 岩壁短缝藻膨胀变种

Eunotia praerupta var. ***inflata*** Grunow in Van Heurck 1881. 34/17; 齐雨藻等: 中国淡水藻志, Vol. 10, p. 119, plate: XV: 2; XXXVIII: 10, 2004.

与原变种的主要区别在于: 细胞宽大, 呈肿胀弓形, 背缘外凸呈弓状, 腹缘近平直; 末端圆截形; 壳面线纹平行排列, 在 10μm 内有 9 条; 末端线纹微放射状排列, 在 10μm 内有 15 条; 壳面长 25.8μm, 宽 7.8μm。

生境: 生长于滴水岩壁或水坑。

国内分布于西藏、湖南、广东; 国外分布于日本、德国、奥地利、苏联、美国; 梵净山分布于德旺净河村老屋场的水田。

5μm

[160c] 岩壁短缝藻温泉变种

Eunotia praerupta var. ***thermalis*** Hustedt, in Schmidt et al. 1874–1933, 381/11, 1933; 齐雨藻等: 中国淡水藻志, Vol. 10, p. 120; XIV: 14, 2004.

与原变种的主要区别在于: 壳体较大, 末端平截, 背缘凸出; 在10μm内有6～12条; 壳面长65～103μm, 宽10.5～15μm。

生境: 生长于水沟、水坑或潮湿岩壁。

国内分布于湖南、西藏; 国外分布于日本、印度尼西亚; 梵净山分布于鱼坳旅游线1400步 (与泥炭藓混生)、凯文村 (水沟底栖)。

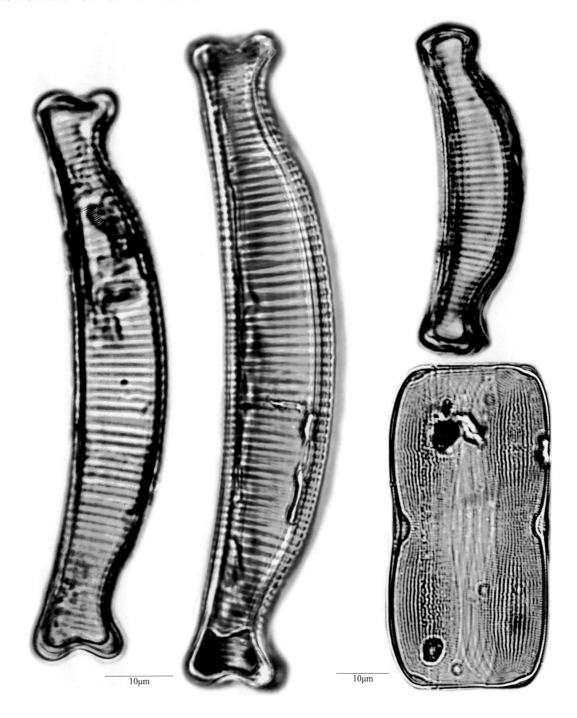

[161]锯形短缝藻

[161a]原变种

Eunotia serra Ehrenberg var. ***serra*** p. 45, 1837; 齐雨藻等: 中国淡水藻志, Vol. 10, p. 122, plate: XV: 7～8; XL: 4～5, 2004.

壳体大型，呈弓形，背缘外凸，腹缘内凹。背缘具锯齿状波峰（4～20个），末端近平直，末端纯圆。端节大，明显位于腹缘末端上。中央线纹平行排列，在10μm内有10～11条，末端线纹微放射状排列，在10μm内有14条。壳面长80～111μm，宽13～15μm。

生境: 生长于水塘、水坑、沼泽或滴水岩壁表。

国内分布于西藏、山东；国外分布于德国、奥地利、苏联、芬兰、瑞典、美国；梵净山分布于坝梅村、陈家坡、亚木沟、马槽河、德旺净河村老屋场的茖湾。

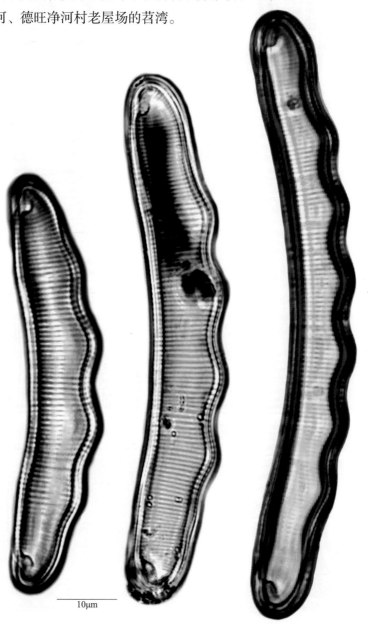

[161b]锯形短缝藻双体变种

Eunotia serra var. ***diadema*** (Ehr.) Patrick, p. 10, fig. 11, 1958; 齐雨藻等: 中国淡水藻志, Vol. 10, p. 122, plate: XV: 9; XXXIX: 8, 2004.

与原变种的主要区别在于：细胞背部仅有4个浅的波峰；壳面长32～47μm，宽7.5～12.7μm；中部线纹在10μm内有12～15条；末端线纹在10μm内有16～17条。

生境：生长于山溪潮湿的岩壁或沼泽中。

国内分布于山东、湖南、贵州、西藏；国外分布于奥地利、德国、瑞典、芬兰、美国；梵净山分布于小坝梅村的水田。

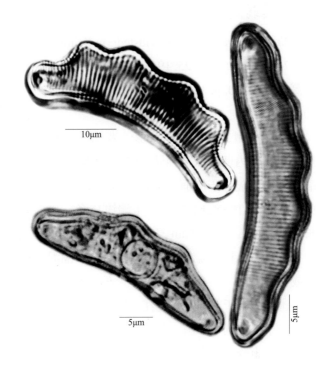

[162]梨形短缝藻

Eunotia sulcata Hustedt, in Schmidt et al., 1874–1933, 381/29–33, 1933; 齐雨藻等: 中国淡水藻志, Vol. 10, p. 124, plate: XVI: 2～3, 2004.

壳面背缘外凸，腹缘内凹。背缘具浅的2～4个波峰。末端梨状，向背缘反折。端节大，明显位于腹缘末端上。大部分线纹平行排列，在10μm内有9～11条，末端线纹微放射状排列，在10μm内有13～14条。壳面长48μm，宽13μm。

生境：附生或浮游藻类，多在寡营养型水体出现。

国内分布于海南；国外分布于日本、印度尼西亚；梵净山分布于高峰村（河沟中浮游）。

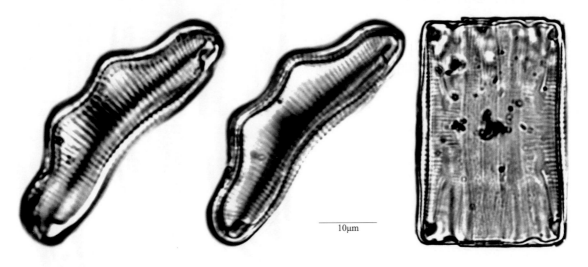

[163]柔弱短缝藻

Eunotia tenella (Grun.) Hustedt, in Schnidk et al 1874–1913, 287/20–25, 1913; 齐雨藻等: 中国淡水藻志, Vol. 10, p. 125, plate: XIII:12; XL: 9～10, 2004.

壳体小型，壳面略呈弓形，背缘隆起呈弧形，腹缘微内凹。末端钝圆，偶尔收缩呈头状。端节大，明显位于腹面末端上。线纹平行排列，中部在10μm内有11～12条，末端约16条。壳面长20～30μm，宽4～6μm。

生境：生长于流水土表、溪边水坑、潮湿岩壁或沼泽。

国内分布于新疆、黑龙江、湖南、西藏；国外分布于奥地利、德国、英国、苏联、芬兰、瑞典；梵净山分布于高峰村（水塘底栖）。

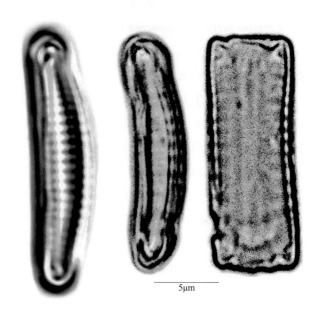

5μm

[164]范休克短缝藻

Eunotia vanheurckii Patrick, p. 12, fig. 12, 1958; 齐雨藻等: 中国淡水藻志, Vol. 10, p. 127, plate: XVI: 12; XL: 1～2, 2004.

壳体小型，壳面呈弓形，壳面背缘隆起呈弧形，腹缘微内凹。腹缘中部至末端细胞壁明显增厚。末端圆形。线纹中央部分平行排列，在10μm内有12～15条，末端线纹放射状排列，在10μm内有线纹15～17条。壳面长25～35μm，宽5～7μm。

生境：生长于池塘、湖泊、沼泽、水田、水坑或溪沟。

国内分布于西藏、湖南、山东；国外分布于德国、美国；梵净山分布于小坝梅村、德旺净河村老屋场。

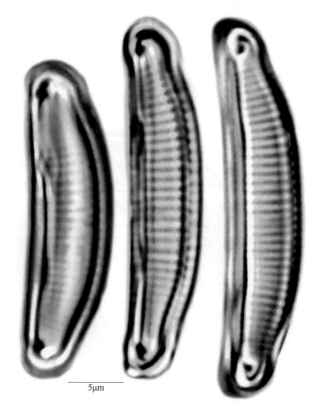

5μm

十五　双壳缝目BIRAPHIDINALES

（二十六）舟形藻科Naviculaceae

46.双肋藻属*Amphipleura* Kuetzing

原植体为单细胞，呈舟状。壳面纺锤形至线状披针形，两端钝圆。中央节窄而长，长为体长的近1/2或更长。细胞两端分叉为平行的2条肋纹，肋纹至顶端与极节联合。壳缝短，位于两端平行的两条肋纹间。壳面横线纹细，由点纹组成，通常排列成纵的微波状线纹。

[165]明晰双肋藻

Amphipleura pellucida Kuetzing., p. 103, 3/52, 30/84, 1844; 李家英, 齐雨藻等: 中国淡水藻志, Vol. 14, p. 22, plate: III: 4, 2010.

壳面狭纺锤形，末端尖钝圆形。中节纵向延长，中肋分叉短。壳缝短，位于分叉肋之间，其长度为15～20μm。中部线纹垂直排列，两端线纹辐射状排列，在10μm内有37～40条。壳面长50～110μm，宽7～9μm。

生境：生长于湖泊、水塘、水库或水沟。

国内分布于吉林、内蒙古、新疆、陕西、西藏、山西、河南、湖南、贵州（广泛分布）；国外分布于苏联、德国、英国、法国、比利时、美国；梵净山分布于清渡河茶园坨、清渡河靛厂（水沟底栖或河边水塘中浮游）。

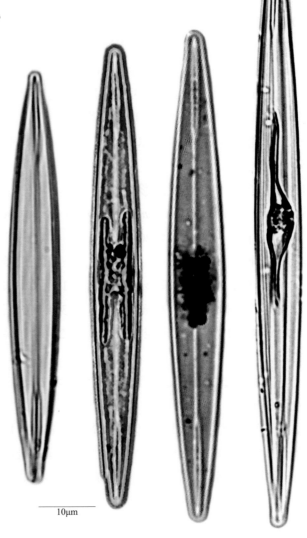

10μm

47.肋缝藻属 *Frustulia* Agardh

原植体为单细胞。罕见多细胞聚集在同一个胶质管或块内。壳面披针形至长菱形，末端钝圆。壳缝两侧具1个隆起的平行硅质肋条，壳缝位于两肋之间。中央节和端节略微延长，延长的中央节是壳缝两侧的硅质条直至顶端与极节联合。壳面横线纹由点纹组成，平行或近辐射状排列，横线纹被纵条纹交叉似网格状。色素体2个。

[166]类菱形肋缝藻

[166a]原变种

Frustulia rhombioides (Ehr.) De Toni var. ***rhombioides*** p. 277, 1891; 李家英, 齐雨藻等: 中国淡水藻志, Vol. 14, p. 25; plate: III: 9; XXVII: 8, 2010.

细胞壳面观菱形或披针形，末端不延长，急尖或截圆形。轴区和中央区狭窄或略宽，明显。壳面横线纹密集且细弱，不明显，在中部几乎与壳缝垂直或横线纹平行排列，逐渐向末端辐射状排列，许多纵肋纹与横线纹交叉略显不规则。横线纹在10μm内有21～28条，纵线纹在10μm内有18～27条。壳面长45～60μm，宽12～15μm。

生境：底栖或浮游藻类，生长于河沟、水沟、水田、水塘、水坑等各种淡水水体，或滴水及潮湿岩壁。

国内分布于吉林、辽宁、陕西、湖南、福建、贵州；国外分布于日本、苏联、德国、瑞典、芬兰、法国、英国及美国；梵净山分布于寨沙水田、老金顶、凯文村、亚木沟。

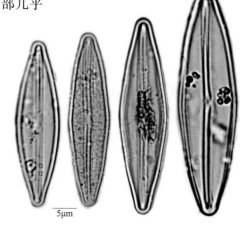

5μm

[166b]类菱形肋缝藻似茧形变种

Frustulia rhomboides var. ***amphipleuroides*** (Grun.) De Toni, p. 277, 1891; 李家英, 齐雨藻: 中国淡水藻志, Vol. 14, p. 26, plate: IV: 2, 2010.

与原变种的主要区别在于：细胞较大，壳面近菱形至线状披针形，末端钝圆形；中轴区有1个大中央节，明显延长；横线纹在10μm内有20～23条，纵线纹在10μm内有19～21条。壳面长100～120μm，宽20～22μm。

生境：浮游或底栖藻类，生长于河沟、水塘、溪流、水坑或流水石壁。

国内分布于黑龙江、西藏、陕西、湖南、福建；国外分布于日本、苏联、德国、瑞典、芬兰、美国；梵净山分布于快场、郭家湾、高峰村、德旺茶寨村大溪沟。

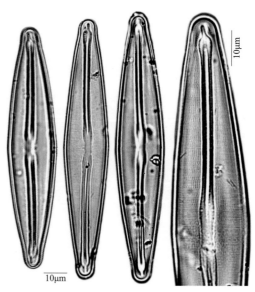

10μm

10μm

[166c] 类菱形肋缝藻萨克森变种

Frustulia rhombioides var. ***saxonica*** (Rab.) De Toni, p. 277, 1891; 李家英, 齐雨藻等: 中国淡水藻志, Vol. 14, p. 28, plate: IV: 4; XXXXII: 16, 2010.

与原变种的主要区别在于: 壳面椭圆形至披针形, 中部向末端渐变细, 末端尖圆; 壳面横纹线在10μm内可达36条, 纵线纹细且密, 在10μm内约有40条。壳面长35～67μm, 宽8～12μm。

生境: 生长于河沟、水田、水塘或潮湿岩壁。

国内分布于东北三省、湖南、西藏、河北、山东、贵州(铜仁地区); 国外分布于日本、德国、瑞典、苏联、英国、美国、埃及; 梵净山分布于张家坝团龙村、坝溪沙子坎、马槽河、郭家湾、高峰村、两河口大河、乌罗镇寨朗沟、护国寺、太平镇马马沟村、快场、凯文村、坝梅村、团龙清水江、熊家坡、金厂、德旺净河村老屋场。

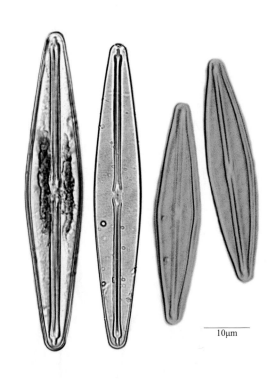

[166d] 类菱形肋缝藻萨克森变种头端变型

Frustulia rhomboids var. ***saxonica*** f. ***capitata*** (Mayer) Hustedt, p. 221, 1930; 李家英, 齐雨藻等: 中国淡水藻志, Vol. 14, p. 28; XXXXII: 7～9, 2010.

与萨克森变种的主要区别在于: 壳面末端延长呈头状。壳面长40～50μm, 宽9～12μm。

生境: 生长于坝溪水沟、水田、水坑或潮湿土表。

国内分布于黑龙江、湖南; 国外分布于苏联、英国、德国、瑞典; 梵净山分布于坝溪天堂坝和沙子坎、昔平村、太平镇马马沟村、德旺茶寨村大溪沟。

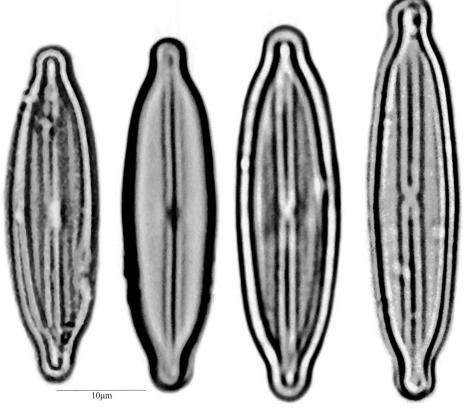

[166e]类菱形肋缝藻萨克森变种波缘变型

Frustulia rhomboids var. ***saxonica*** f. ***undulate*** Hust., p. 221, 1930; 李家英, 齐雨藻等: 中国淡水藻志, Vol. 14, p. 28, plate: XXVII: 5～6, 2010.

与萨克森变种的主要区别在于: 壳面边缘呈微三波状, 末端延长呈钝圆形。壳面长44～52μm, 宽8～11μm。

生境: 水生或亚气生性, 生长于水沟、水坑、池塘、稻田、滴水及潮湿岩壁。

国内分布于西藏、山东、湖南、贵州; 国外分布于日本、德国、苏联、英国、阿根廷; 梵净山分布于马槽河、坝溪、净河村老屋场、茶寨村大溪沟、坝梅村、昔平村、凯文村、团龙清水江。

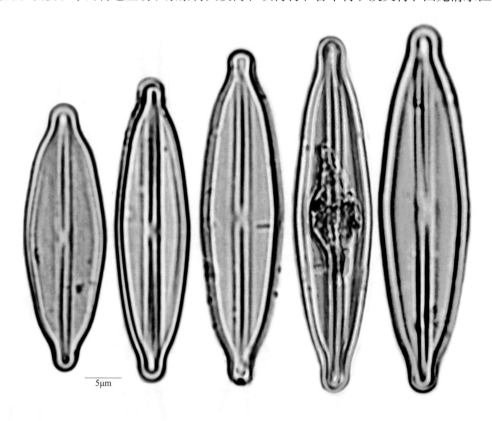

5μm

[167]普通肋缝藻

[167a]原变种

Frustulia vulgaris (Thwaites) De Toni var. ***vulgaris*** p. 280, 1891; 李家英, 齐雨藻等: 中国淡水藻志, Vol. 14, p. 30; IV: 6; XXVII: 7, 2010.

原植体壳面呈披针形或线状披针形, 末端钝圆, 中央节呈圆形。壳缝近居中, 壳缝近端彼此距离较远。细胞纵、横线纹交叉, 中部横纹线辐射状, 末端偶为聚集状排列, 中部横线纹在10μm内有21～24条, 末端在10μm内有28～36条; 纵向线纹紧密排列, 在10μm内有28～35条。壳面长30～56μm, 宽7～10μm。

生境: 生长于各种淡水水体。

国内分布于东北三省、宁夏、陕西、西藏、四川、河北、山东、湖南、贵州; 国外分布于日本、苏联、德国、瑞典、芬兰、英国、比利时、美国、埃及; 梵净山分布于坝溪、马槽河、寨沙太平河、张家坝、清渡河、高峰村、太平河、乌罗镇寨朗沟、红石溪等。

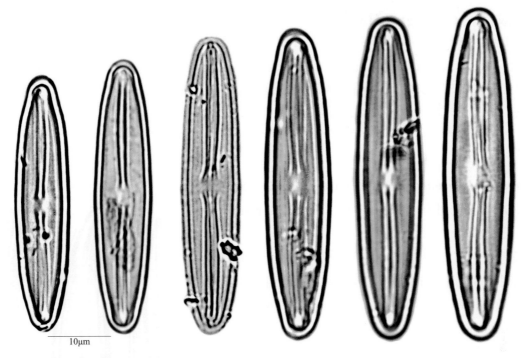

10μm

[167b]普通肋缝藻苔状变种

Frustulia vulgaris var. ***muscosa*** Skvortzow, p. 221, 1/9, 1937. 李家英, 齐雨藻等: 中国淡水藻志, Vol. 14, p. 31, plate: IV: 10, 2010.

与原变种的主要区别在于: 本变种细胞小; 壳面呈线披针形; 壳缘近平行, 末端喙状圆状; 横纹线非常细而不清晰。壳面长36~37μm, 宽10~11μm。

生境: 生长于水坑或渗水石表。

国内分布于浙江 (杭州); 梵净山分布于坝梅村的岩下水坑、太平镇马马沟村的渗水石表、坝溪沙子坎 (小水沟中底栖)。

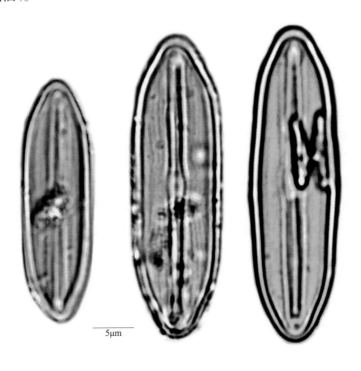

5μm

48.布纹藻属 *Gyrosigma* Hassall

原植体为单细胞，极少为多细胞聚集在同一个胶质管内。壳面弯曲呈"S"形，由中部向末端渐变尖细，末端钝圆或渐尖形。中轴区狭窄呈"S"形至波形，具中央节和极节，中央节中部略胀大。壳缝"S"形弯曲，壳缝两侧具纵和横线纹"十"字形交叉构成的布纹。带面呈宽披针形，无间生带。色素体片状，2个，常具几个蛋白核。

[168]尖布纹藻

Gyrosigma acuminatum (Kütz.) Rabenh., p. 47, 5/5a, 1853. 李家英, 齐雨藻等: 中国淡水藻志, Vol. 14, p. 34, plate: V: 1; XXVIII: 1, 2010.

壳面呈窄"S"形弯曲，从中部向两端渐狭，末端钝圆。壳缝位于中线上，中央节椭圆形。壳面线纹由点组成，横纹线和纵纹线数目相等，明显度相当，在10μm内有16～20条。壳面长100～120μm，宽13～16μm。

生境：底栖种，生长于水坑、水田、水塘。

国内分布于黑龙江、辽宁、内蒙古、新疆、陕西、山西、河北、西藏、四川、湖南、江西、福建、贵州（印江、石阡、沿河、思南）；国外分布于日本、苏联、德国、瑞典、英国、埃及、北美洲；梵净山分布于寨沙太平河河边水坑、德旺岳家寨红石梁锦江、张家屯。

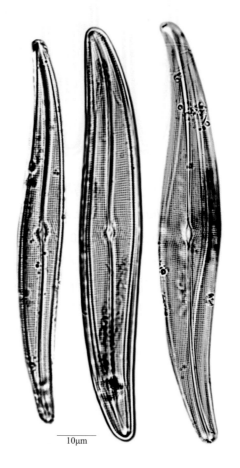

10μm

[169]渐狭布纹藻

Gyrosigma attenuatum (Kuetz.) Rabenhorst Cleve, p. 115, 1894; 李家英, 齐雨藻等: 中国淡水藻志, Vol. 14, p. 35, plate: V: 2～3; XXVIII: 6, 2010.

壳面披针形，略呈"S"形弯曲，从中部向末端渐窄，末端钝圆形。壳缝位于中线上，略呈"S"形。壳面横线纹和纵线纹不同数，横线纹与中线垂直，在10μm内有11～14条；纵线纹明显较粗，在10μm内常见10条，有时见16条。壳面长120～140μm，宽18～22μm。

生境：生长于水沟、水田、湖泊、水库、水塘或滴水岩壁。

国内分布于吉林、内蒙古、宁夏、西藏、陕西、山西、湖南、福建、贵州（印江、石阡、思南、沿河）；国外分布于斯里兰卡、日本、苏联、德国、英国、芬兰、瑞典、美国；梵净山分布于郭家湾、乌罗镇甘铜鼓天马寺、亚木沟、坪所村（水塘浮游）。

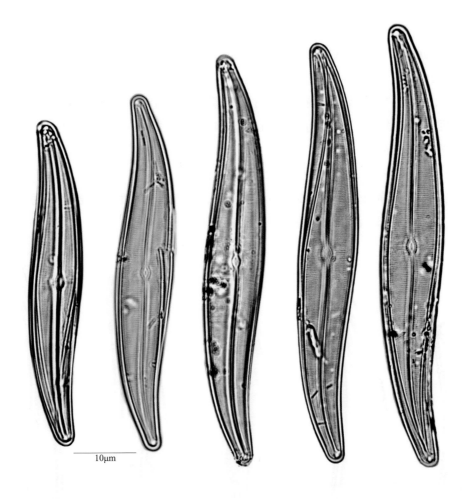

10μm

[170]优美布纹藻

Gyrosigma eximium (Thwaites) Boyer, p. 462, 1927; 14～38; 李家英, 齐雨藻: 中国淡水藻志, Vol. 14, p. 38, plate: Ⅵ: 4～5, 2010.

　　壳面线形, 呈弱 "S" 形弯曲, 中部近平行, 末端刀状。轴区和壳缝偏心, 斜对角微呈 "S" 形。外近端缝在相对方向呈钩状。中心区长椭圆形至椭圆形, 远端区偏心。横线纹比纵线纹较明显, 横线纹在10μm内有22～24条; 纵线纹在10μm内有28～29条。壳面长72～94μm, 宽10～12μm。

　　生境: 生长于水沟、水坑或水田等。

　　国内分布于湖南（慈利）; 国外分布于苏联、瑞典、比利时、英国、美国, 非洲; 梵净山分布于清渡河茶园坨。

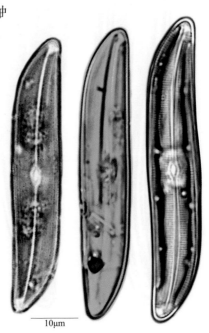

10μm

[171]库津布纹藻

Gyrosigma kuetzingii (Grun.) Cleve, p. 115, 1894; 李家英, 齐雨藻: 中国淡水藻志, Vol. 14, p. 39, plate: XXIX: 6, 2010.

壳面披针形, 略呈 "S" 形, 末端半尖圆形。壳缝在中线上, 呈 "S" 形。横线纹在壳面中部辐射状排列, 两端与中线垂直, 在10μm内有15～24条; 纵线纹在10μm内有18～28条。壳面长100～115μm, 宽13～16μm。

生境: 生长于河流、湖泊、山沟、水塘、水库或水田等。

国内外广泛分布; 梵净山分布于寨沙、坝溪沙子坎、马槽河、清渡河、亚木沟、张家屯、乌罗镇甘铜鼓天马寺、坪所村、郭家湾、德旺岳家寨红石梁、马槽河。

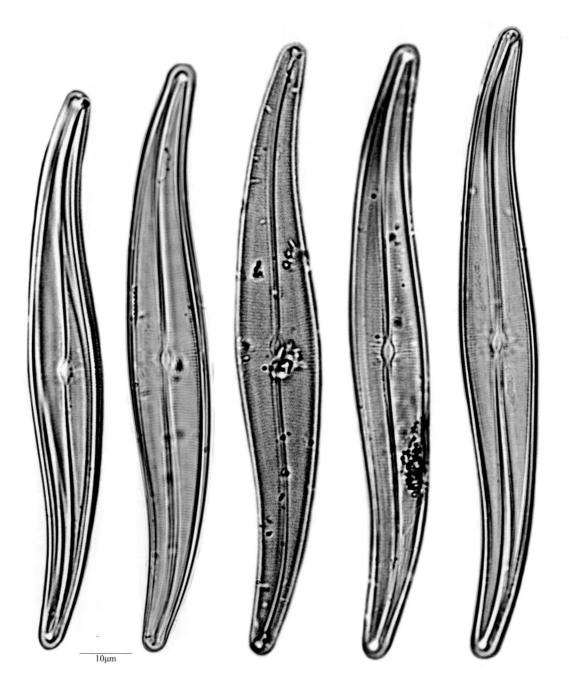

10μm

[172]锉刀状布纹藻

Gyrosigma scalproides (Rab.) Cleve, p. 118, 1894; 李家英, 齐雨藻: 中国淡水藻志, Vol. 14, p. 41, plate: Ⅵ: 8; XXX: 7～8, 2010.

原植体壳面线形至舟形, 呈弱"S"形弯曲, 从中部向末端渐狭, 末端狭圆形。轴区和壳缝在中线上, 靠近末端略微偏心, 中央节小, 椭圆形。壳面点条纹在中央节两侧辐射状排列, 其余地方点条纹与中线垂直, 横纹线略较纵纹线明显, 横条纹在10μm内有18～26条; 纵条纹在10μm内有28～33条。壳面长55～70μm, 宽12～15μm。

生境: 生长于河沟、水沟、水塘、水田、水坑、渗水石表等各种水体。

国内外分布普遍; 梵净山分布于寨沙、护国寺、太平镇马马沟村、坝溪沙子坎、马槽河、凯文村、小坝梅村、陈家坡、清渡河茶园坨、张家屯、锦江河、紫薇镇罗汉穴、德旺茶寨村大溪沟、黑湾河。

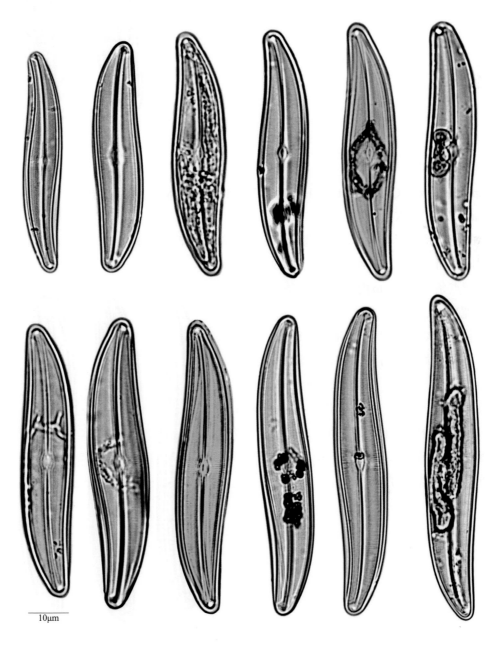

10μm

[173]影伸布纹藻

Gyrosigma sciotense (Sullivant et Wormley) Cleve, p. 118, 1894；李家英，齐雨藻：中国淡水藻志，Vol. 14, p. 41, plate: XXX: 4, 2010.

　　壳面线形，中部近平行，近端略呈"S"形弯曲，末端圆，斜钝。轴区和壳缝在中线上，中央节大，斜横向，长约4.7μm，端节略偏心。壳缝直或略波曲。壳面点条纹在中部略呈辐射状，在10μm内有16～19条。壳面长70～80μm，宽10～12μm。

　　生境：生长于淡水或半咸水。

　　国内分布于福建；国外分布于美国；梵净山分布于德旺净河村老屋场洞下（沟渠中浮游）。

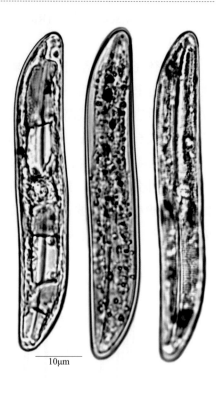

10μm

[174]斯潘泽尔布纹藻

Gyrosigma spenceri (Quek.) Griff. & Henfr., p. 303, 11/17, 1856；李家英，齐雨藻：中国淡水藻志，Vol. 14, p. 42, plate: VI: 2; XXX: 5, 2010.

　　原植体的壳面狭舟形，呈"S"形弯曲，由中部向末端渐狭，末端尖圆形。轴区和壳缝在中线上，弯曲度同壳面。壳面点条纹细，横点条纹比纵点条纹明显，横点条纹在10μm内有21～26条。壳面长65～80μm，宽8～11μm。

　　生境：生长于水沟、水坑、水池或水田。

　　国内分布于黑龙江、吉林、陕西、新疆、西藏、四川、山西、福建、海南、贵州；国外分布于印度、苏联、德国、英国、瑞典、法国、挪威、芬兰、美国、加拿大、埃及；梵净山分布于护国寺、太平镇马马沟村、坝溪沙子坎、马槽河、坝梅村、德旺茶寨村大溪沟、德旺净河村老屋场、清渡河公馆。

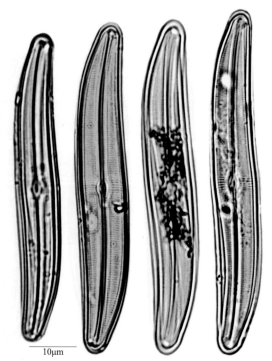

10μm

49. 美壁藻属 *Caloneis* Cleve

细胞带面观长方形。壳面观线形至椭圆形、提琴形或宽棍形。壳面中部两边多胀大，末端尖或钝圆形。轴区和中心区的形状易变。壳缝直线形。具点条纹，中部条纹略呈辐射状排列，向末端呈平行排列或辐射状排列，抑或聚集排列。细胞两侧或中轴区两侧具1至多条直线状或波浪状的纵线，近壳缘或远离壳缝。

[175] 软体美壁藻（新拟）

Caloneis leptosome (Grun.) Krammer; 刘威，朱远生，黄迎艳译: 欧洲硅藻鉴定系统(Krammer, K., Lange-Bertalot H., Bacillariophyceae), plate: 401, figs. 13～15, p. 108, 2012.

壳面线形，中部和末端略膨大，边缘略呈三波状，末端尖楔形。中央区宽横带延伸直达边缘。壳缝直，窄线形，中央孔向一侧偏斜。中部横线纹辐射状排列，斜向中部，末端微辐射状排列，横线纹在10μm内有11～15条；纵线纹1条，在边缘与横线纹交叉。壳面长52～85μm，宽6～11μm。

生境：淡水底栖种，生长于水沟或水坑。

国内首次记录，国外分布于欧洲；梵净山分布于金厂村的石壁下水坑。

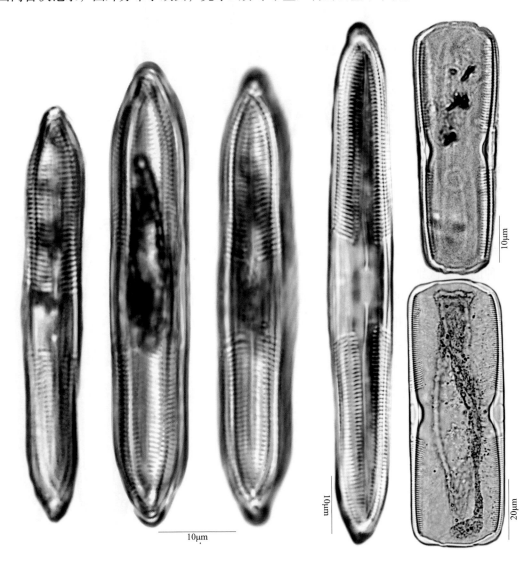

[176]巴塔戈尼亚美壁藻

[176a]原变种

Caloneis patagonica (Cleve) Cleve var. ***patagonica*** p. 52, 1894; 李家英, 齐雨藻: 中国淡水藻志, Vol. 14, p. 57, plate: VIII: 9 2010.

壳面线状披针形, 末端尖圆形。轴区线形。中心区直达壳缘。壳缝直线形, 中心孔偏于侧。线纹平行排列, 在10μm内有17~18条; 纵线1条, 紧靠壳缘与横线纹交叉。壳面长约30μm, 宽6.5~7μm。

生境: 生长于溪流、水田或潮湿岩壁等。

国内分布于湖南、西藏、贵州（松桃、铜仁、江口）; 国外分布于瑞典、芬兰、美国、阿根廷; 梵净山分布于德旺净河村老屋场的水田。

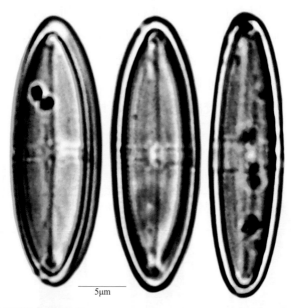

5μm

[176b]巴塔戈尼亚美壁藻中华变种

Caloneis patagonica var. ***sinica*** Skvortzow, p. 484, 4/20, 1938; 李家英, 齐雨藻: 中国淡水藻志, Vol. 14, p. 57, plate: VIII: 7, 2010.

与原变种的主要区别在于: 壳面线形, 两侧略外凸, 末端楔形。轴区宽。中心区有较宽的横向延伸直达壳缘。横线纹几乎平行排列, 仅在末端略呈辐射状排列, 在10μm内有17~18条; 靠近壳缘未见纵线纹。壳面长44~55μm, 宽9.5~10μm。

生境: 淡水性, 生长于潮湿岩石或流水环境中。

国内分布于四川（成都）; 梵净山分布于马槽河（林下水沟坑中底栖）。

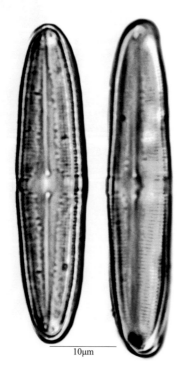

10μm

[177]施罗德美壁藻

Caloneis schroederi Hust., p. 15, 1922; 李家英, 齐雨藻: 中国淡水藻志, Vol. 14, p. 59, plate: IX: 8, 2010.

　　壳面线形至线椭圆形，中部微凹入，末端多变（或钝或尖或圆状）。轴区近末端短，向中部骤宽，线形，占壳面宽度的1/3～1/2。中心区延长直达壳缘。壳缝直而宽，有向一侧偏斜的中央孔。横点线纹在壳面中部平行排列或微呈聚集状排列，在10μm内有16条，向末端壳面线纹辐射状排列，在10μm内大约有17条。壳面长25μm，宽5.5μm，中部宽5μm。

　　生境：水生或半气生，生长于江河、水塘、水田或潮湿岩壁。

　　国内分布于黑龙江、内蒙古、贵州（松桃、铜仁、江口）；湖南；国外分布于苏联、德国，中欧地区；梵净山分布于德旺净河村老屋场的水田。

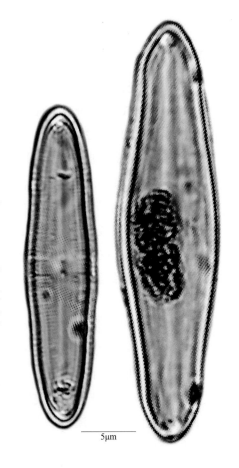

10μm

[178]舒曼美壁藻

Caloneis schumanniana (Grun.) Cleve, p. 53, 1894.

　　原植体壳面细胞呈线状椭圆形，中部或多或少膨大，末端宽圆形。轴区窄披针形，中央节扩大成1个大的椭圆形的中央区，或延伸直达壳缘。在中央节的两侧各具1半月状的硅质增厚宽条纹，其间有短横条纹。壳缝直，中央孔常常偏向一侧。壳面横线纹略呈辐射状排列，在10μm内有16～26条；1条纵线纹靠近边缘与横线纹交叉。壳面长30～101μm，宽5.6～16μm。

[178a]舒曼美壁藻矛形变种

Caloneis schumanniana var. *lancettula* Hust. 1930, p. 240, fig. 371; 李家英, 齐雨藻: 中国淡水藻志, Vol. 14, p. 61, plate: IX: 6, 2010.

　　与原变种的主要区别在于：壳面窄披针形，边缘略膨大，末端尖圆形；中心区常有延伸直至壳缘的宽横带；横线纹略呈辐射状排列，在10μm内有32条；壳面长29～38μm，宽6～10μm。

　　生境：生长于河沟、水塘或水坑。

　　国内分布于西藏、湖南；国外分布于苏联、德国；梵净山分布于马槽河、凯文村、桃源村。

5μm

[178b]舒曼美壁藻二缢变种

Caloneis schumanniana var. ***biconstricta*** (Grun.) Reichelt, fig. 5, 1903; 李家英, 齐雨藻: 中国淡水藻志, Vol. 14, p. 60, plate: IX: 2; XXXIV: 2, 2010.

与原变种的主要区别在于: 本变种的壳面中部明显凸出, 中部和近末端之间凹入, 三波状, 末端尖圆形; 中央节略扩大成1个大的椭圆形, 不延伸到壳缘; 横线纹在10μm内有16~18条。壳面长50~82(~130)μm, 宽13~15μm。

生境: 底栖或浮游种, 生长于水沟、水坑、水田、池塘或沼泽。

国内分布于新疆、西藏、湖南、贵州(印江、石阡、思南、沿河); 国外分布于蒙古、苏联、德国、瑞典、奥地利、波兰、芬兰; 梵净山分布于桃源村、坝梅村、亚木沟、黑湾河凯马村。

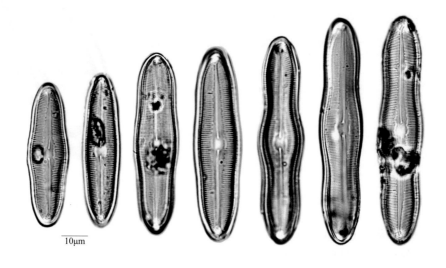

10μm

[179]短角美壁藻

[179a]原变种

Caloneis silicula (Ehr.) Cleve var. ***silicula*** p. 51, 1894; 李家英, 齐雨藻: 中国淡水藻志, Vol. 14, p. 61, plate: IX: 4; XXXIV: 7, 2010.

壳面线形至线状披针形, 末端和中部肿胀, 边缘三波状, 中部至近末端之间收缩, 末端宽圆形。轴区较宽, 但近两端突然变窄, 轴区多少呈披针形。中央区略扩大呈近圆形。壳缝直, 有规律地斜向中央孔。中部横线纹平行排列, 末端横线纹呈辐射状排列, 在10μm内有21~24条。靠近边缘有1条纵线纹。壳面长50~90μm, 宽10~16μm。

生境: 生长于河流、水沟或水田。

国内分布于辽宁、天津、内蒙古、新疆、宁夏、陕西、山西、西藏、湖南、福建、贵州; 国外分布于日本、美国、埃及, 欧洲; 梵净山分布于坝溪沙子坎、马槽河、太平河。

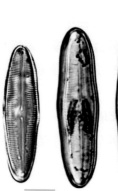

10μm

[179b]短角美壁藻耶氏变种

Caloneis silicula var. *kjellmaniana* (Grunow) Cleve, p. 52, 1894; 李家英, 齐雨藻: 中国淡水藻志, Vol. 14, p. 63, plate: X: 1, 2010.

与原变种的主要区别在于：壳面线形，边缘略呈三波状，末端尖圆形；轴区窄线形；中心区横向扩大不规则，至壳面宽度的1/3处呈规则延伸直达壳缘；壳缝直线形；中部横线纹微辐射状或平行排列，末端呈较疏松辐射状排列，在10μm内有19～21条。壳面长35～40μm，宽9～10μm。

生境：生长于水坑或沼泽。

国内分布于湖北（神农架）；国外分布于苏联、德国、瑞典、芬兰、美国；梵净山分布于坝梅村、高峰村。

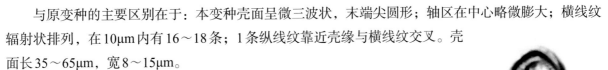

10μm

[179c]短角美壁藻泥生变种

Caloneis silicula var. *limosa* (Kuetz.) Van Landingham, p. 619, 1968; 李家英, 齐雨藻: 中国淡水藻志, Vol. 14, p. 64, plate: LX: 7; XXXIII: 4, 2010.

与原变种的主要区别在于：本变种壳面呈微三波状，末端尖圆形；轴区在中心略微膨大；横线纹辐射状排列，在10μm内有16～18条；1条纵线纹靠近壳缘与横线纹交叉。壳面长35～65μm，宽8～15μm。

生境：生长于水沟或水塘。

国内分布于吉林、新疆、贵州（松桃、铜仁、江口）、湖南、河北、江西；梵净山分布于陈家坡、清渡河茶园坨。

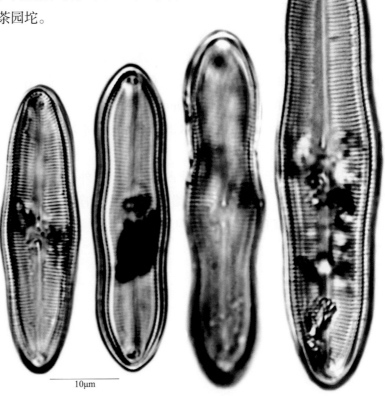

10μm

[179d] 短角美壁藻极小变种

Caloneis silicula var. ***minuta*** (Grun.) Cleve, p. 52, 1894; 李家英, 齐雨藻: 中国淡水藻志, Vol. 14, p. 64, plate: X: 7, 2010.

与原变种的主要区别在于: 壳面线状披针形, 边缘呈微三波状, 末端呈类三角形, 顶端平截形; 轴区线形, 中心区扩大呈近椭圆形, 并横向延伸直达壳缘; 横线纹细密, 微呈辐射状排列, 在10μm内有17～25条; 1条纵线纹靠近壳缘与横线纹交叉。壳面长30～36μm, 宽6～10μm。

生境: 生长于河流、湖泊、水坑、水塘或稻田等。

国内分布于西藏、贵州、湖南、福建; 国外分布于苏联、比利时、德国、美国、巴拉圭、巴西; 梵净山分布于亚木沟、寨抱村的水田。

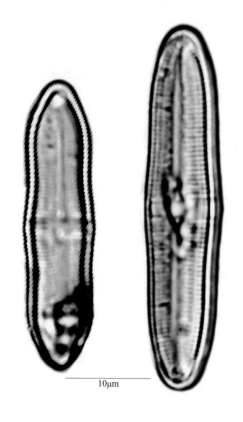

10μm

[180] 偏肿美壁藻

Caloneis ventricosa (Ehrenberg; Donkin) Meister, p. 116, 17/4, 1912; 李家英, 齐雨藻: 中国淡水藻志, Vol. 14, p. 66, plate: X: 5, 2010.

壳面线形, 壳缘呈微波状, 中部隆起, 末端棍棒状, 有时呈楔形。轴区线形。中央区扩大呈椭圆形并横向延伸呈条带状直达壳缘。壳缝直线形, 中央端缝 (近端缝) 向一侧略斜, 有明显的中心孔。横线纹微呈辐射状, 近两端略呈平行排列, 在10μm内有20～22条。壳面长45～50μm, 宽8～9μm。

生境: 生长于湖泊、河流、水田、沼泽化积水坑或渗水石表。

国内分布于辽宁、吉林、内蒙古、西藏; 国外分布于苏联、瑞士、比利时、瑞典、芬兰、德国、美国; 梵净山分布于小坝梅村的水田、德旺茶寨村大溪沟。

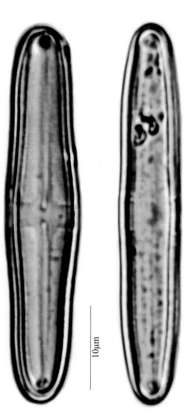

10μm

50.长篦藻属 *Neidium* Pfitzer

　　细胞单独生长，似舟形。细胞壳面形状多样（线形、披针形或椭圆形），绝大部分种类细胞壳缘向外突起，细胞末端钝圆或喙状。细胞壳环面观呈长方形，细胞内有间生带，不具隔膜。轴区呈线形，延伸至中央区和末端逐渐变窄，或直形或对角线，具椭圆形、卵形、长方形或带形的中央区。壳缝或直或斜对角线。壳缝向中央节的一端多为反向弯曲，或直或间断，壳缝近末端双分叉，端节明显。壳面具点纹组成的横线纹，点线纹斜向或对角线排列，也有线纹列的方向多变，或辐射或平行或斜向或聚集排列。靠近细胞边缘处有1条或多条纵列纹或透明带。

[181]细纹长篦藻

[181a]原变种

Neidium affine (Ehr.) Pfitzer var. ***affine***, p. 39, 1871; 李家英, 齐雨藻: 中国淡水藻志, Vol. 14, p. 70, plate: X: 10, 2010.

　　壳面线状披针形，细胞壳缘略突起，近极端略变窄，末端钝状。轴区近壳面两边和中央区变狭窄，宽度为中部宽近1/2，中央区呈椭圆形。壳缝直，壳缝近端反向弯曲，远端骤然分叉。点纹组成横线纹，略细，平行或对角线方向排列，在10μm内有20～29条，点纹在10μm内有24条。壳面长30～52μm，宽9～14μm。

　　生境：生长于水塘、水沟或稻田等。

　　国内分布于黑龙江、新疆、西藏、湖南、贵州（铜仁地区）；国外分布于苏联、德国、瑞典、芬兰、瑞士、美国；梵净山分布于太平镇马马沟村的水田。

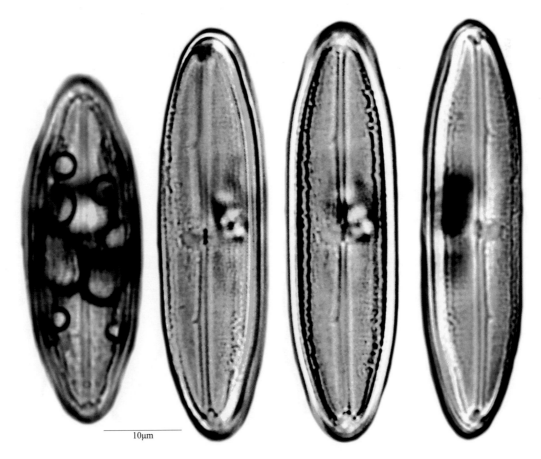

10μm

[181b]细纹长篦藻长头变种

Neidium affine var. ***longiceps*** (Gregory) Cleve, p. 68, 1894; 李家英, 齐雨藻: 中国淡水藻志, Vol. 14, p. 73, plate: X: 2, 2010.

　　与原变种的主要区别在于：壳面线形，两侧边缘近平行，末端延长呈宽头状；横线纹细密，在10μm内有18～32条。壳面长28～50μm，宽7～14μm。

　　生境：生长于水沟、水坑、水塘等各种流动或静止水体中。

　　国内分布于黑龙江、吉林、西藏、湖南；国外分布于苏联、瑞典、芬兰、英国、德国、美国、加拿大；梵净山分布于寨沙太平河、凯文村、陈家坡、熊家坡。

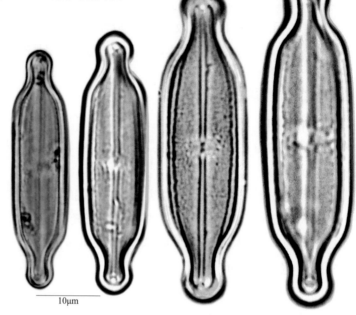

[181c]细纹长篦藻波缘变种

Neidium affine var. ***undulata*** (Grun.) Cleve, p. 68, 1894; 李家英, 齐雨藻: 中国淡水藻志, Vol. 14, p. 74, plate: XI: 1, 2010.

　　与原变种的主要区别在于：壳面波曲状；横点纹在10μm内有16～17条。壳面长30～50μm，宽9～13μm。

　　生境：生长于水沟或水田。

　　国内分布于黑龙江、西藏、贵州（松桃、铜仁、江口）、湖南；国外分布于瑞士、瑞典、芬兰、比利时、德国、美国；梵净山分布于坝溪沙子坎、大河堰、亚木沟、黑湾河凯马村。

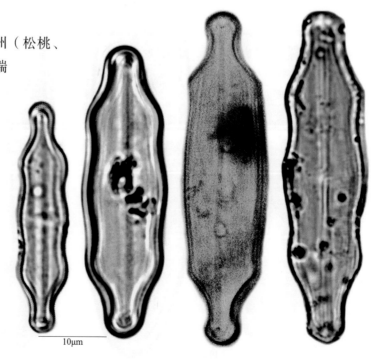

[182]二哇长篦藻

Neidium bisalcatum (Lagerstedt) Cleve, p. 68, 1894; 李家英, 齐雨藻: 中国淡水藻志, Vol. 14, p. 75, plate: XI: 3; XXXV: 1～2, 2010.

壳面线形, 细胞壳缘近平行, 末端不延伸呈宽圆形。轴区细直, 近壳面末端和中部变宽。中央区横向椭圆形。壳缝近直, 近端缝反向弯曲, 远端缝分叉。壳面横线纹细密, 由点纹组成, 中部横线纹平行排列, 近末端横线纹排列呈辐射状, 横线纹在10μm内有16～30条, 肋纹线在边缘。壳面长38～65μm, 宽8～11μm。

生境: 生长于水塘、水田等各种流动或静止水体、渗水岩壁或潮湿土表。

国内分布于黑龙江、吉林、辽宁、内蒙古、青海、西藏、四川、云南、山西、湖南、贵州(松桃、铜仁、江口); 国外分布于日本、苏联、英国、德国、挪威、美国; 梵净山分布于太平镇马马沟村、坝梅村、熊家坡、冷家坝(鹅家坳)。

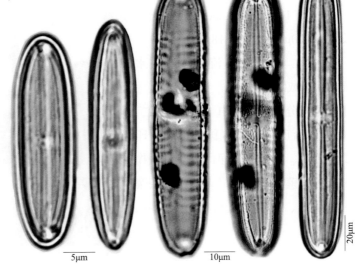

[183]不定长篦藻

Neidium dubium (Ehr.) Cleve p.70, 1894; 李家英, 齐雨藻: 中国淡水藻志, Vol. 14, p. 78, plate: XII: 1, 2010.

壳面宽线形, 细胞壳缘凸出, 末端骤尖呈喙状。轴区线形, 窄。中央区横椭圆形至近方形。壳缝直, 不弯曲。壳面点状横线纹, 或辐射状或平行排列, 点线纹在10μm内有20～22条, 点纹在10μm内有22个。纵肋纹1条, 位于近壳面边缘。壳面长25～35μm, 宽9～11μm。

生境: 生长于河流、湖泊、溪流、水坑、水塘、水库、稻田等流水或静水环境中。

国内分布于黑龙江、辽宁、西藏、河北、湖南、海南、贵州(松桃、铜仁、江口); 国外分布于日本、苏联、瑞士、瑞典、芬兰、德国、比利时、美国、阿根廷、埃及; 梵净山分布于小坝梅村(水田中底栖)。

[184]纤细长篦藻

[184a]原变种

Neidium gracile Hust. var. ***gracile*** p. 406, 16/8, 9, 1938; 李家英, 齐雨藻: 中国淡水藻志, Vol. 14, p. 80, plate: XXIV: 12, 2010.

壳面线形, 末端呈喙状。轴区窄。中央区呈斜向椭圆形。壳缝直线形, 近端缝反向弯曲, 远端缝分叉。由点纹组成横线纹, 横线纹斜向排列, 近末端聚集排列, 线纹在10μm内有20～25条, 点纹在10μm内有18～22个。纵肋纹靠近壳面边缘。壳面长32～120μm, 宽8～18μm。

生境: 生长于河流、水沟、水坑、水田或水池。

国内分布于贵州 (松桃、铜仁、江口、印江)、湖南; 国外分布于印度尼西亚、英国; 梵净山分布于坝梅村、乌罗镇甘铜鼓天马寺、德旺茶寨村大溪沟、黑湾河凯马村、张家屯、郭家湾。

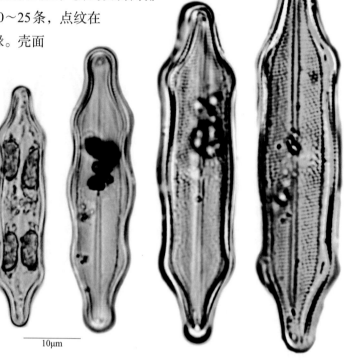

10μm

[184b]纤细长篦藻相似变型

Neidium gracile f. ***aequale*** Hustedt, p. 406, 16/10, 1938; 李家英, 齐雨藻: 中国淡水藻志, Vol. 14, p. 81, plate: XII: 3, 2010.

本变型壳面呈三波曲状, 末端延长呈喙尖状。横线纹斜向平行排列, 横线纹在10μm内有17～26条, 点纹在10μm内有16～20个。壳面长32～42.6μm, 宽9～13μm。

生境: 生长于河流、水沟或水田。

国内分布于西藏、贵州、湖南、海南; 国外分布于英国、美国; 梵净山分布于太平村 (太平河中底栖)。

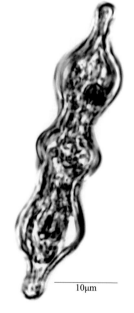

10μm

[185]虹彩长篦藻

[185a]原变种

Neidium iridis (Ehr.) C1. var. ***iridis*** p. 64, 1894; 李家英, 齐雨藻: 中国淡水藻志, Vol. 14, p. 82, plate: XII:5; XXXV: 4～5, 2010.

　　壳面线状披针形，壳缘弯曲外凸，末端圆形。中央区呈圆形或椭圆形。壳缝直线形，近端缝略反向弯曲。由点纹组成粗糙的横线纹，横线纹在10μm内有17～19条；纵线纹3至多条靠近边缘与横线纹交叉。壳面长60～90μm，宽15～22μm。

　　生境：生长于水沟、水塘、水坑、水田、沼泽等各种流动或静止水体。

　　国内分布于北京、黑龙江、吉林、内蒙古、新疆、西藏、贵州（广泛分布）、山西、河北、山东、湖南、福建；国外分布于日本、苏联、瑞士、瑞典、比利时、匈牙利，德国、美国；梵净山分布于桃源村、亚木沟、熊家坡、陈家坡、昔平村、德旺红石梁、黑湾河凯马村。

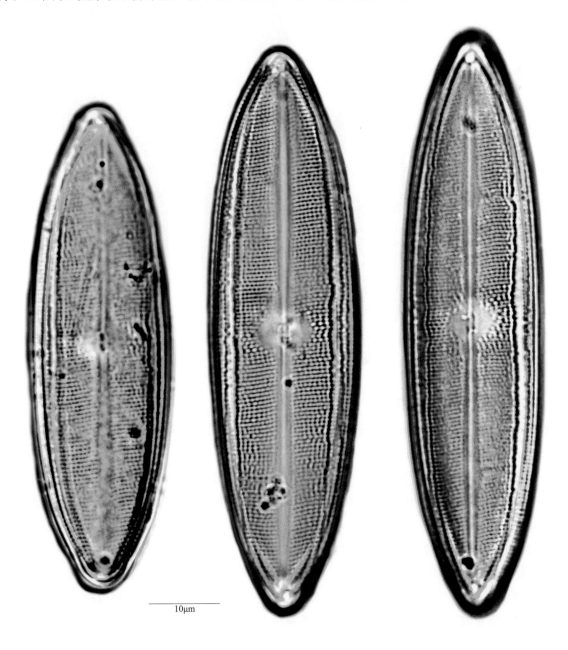

10μm

[185b]虹彩长篦藻双棒变种

Neidium iridis var. *amphigomphus* (Ehr.) Tempére et Peragallo, p. 312, 1922; 李家英, 齐雨藻：中国淡水藻志, Vol. 14, p. 84, plate: XII: 6; XXXXII: 14, 2010.

与原变种的主要区别在于：壳面宽线形，两侧壳缘近平行，末端钝喙状；轴区窄；中央区呈椭圆形；细胞壳面的点线纹近中部斜向排列，近末端呈平行排列，两侧的点条纹较弱，横点线纹在10μm内有18～21条。壳面长50～133μm，宽12～25μm。

生境：底栖或浮游种，生长于河沟、水坑、水田等各种流动或静止水体。

国内分布于黑龙江、湖南、福建、贵州；国外分布于日本、苏联、瑞典、瑞士、英国、比利时、芬兰及美国；梵净山分布于寨沙、小坝梅村、德旺茶寨村大溪沟、郭家湾。

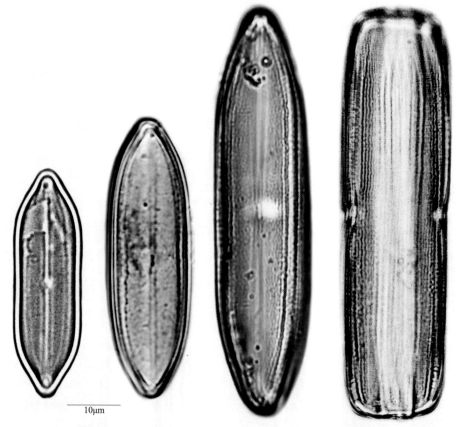

10μm

[185c]虹彩长篦藻增大变种

Neidium iridis var. *ampliatum* (Ehr.) Cleve, p. 69, 1894; 李家英, 齐雨藻：中国淡水藻志, Vol. 14, p. 84, plate: XII: 9; XXXVI: 1, 2, 2010.

与原变种的主要区别在于：壳面呈椭圆状披针形，两侧边缘明显凸出，末端骤窄延伸呈宽亚喙状；壳面横线纹在10μm内有16～20条；点纹在10μm内有16～20点。壳面长40～90μm，宽11～19μm。

生境：生长于水沟、水坑、水田、水塘或滴水岩壁。

国内分布于西藏、山西、湖南、贵州（普遍分布）；国外分布于日本、苏联、德国、瑞典、英国、芬兰、美国、阿根廷；梵净山分布于寨沙、溪沙子坎、马槽河、桃源村、小坝梅村、陈家坡、亚木沟、寨抱村、熊家坡、金厂村、凯文村、德旺茶寨村大溪沟、黑湾河凯马村。

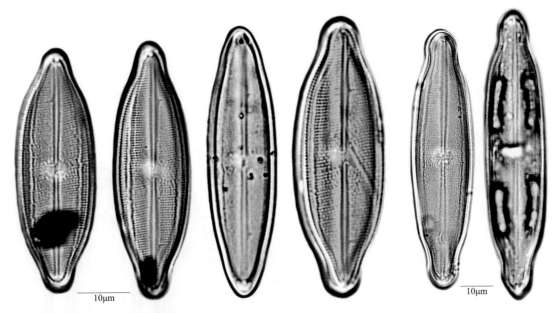

[185d]虹彩长篦藻近波曲变种

Neidium iridis var. ***subundulatum*** (Cleve–Euler) Reimer, p. 26, 3/1, 1959; 李家英, 齐雨藻: 中国淡水藻志, Vol. 14, p. 86, plate: XXXXII: 12, 2010.

与原变种的主要区别在于：壳面线形，中央部膨胀外凸，近末端呈三角形，末端钝圆；中央区近圆形；由点纹组成横线纹，点线纹呈斜向排列，在10μm内有16条，点纹在10μm内有17个；壳面长49～140μm，宽12～25μm。

生境：淡水性，生长于河流石表或水草环境中。

国内分布于海南；国外分布于瑞典、芬兰、美国；梵净山分布于坝溪沙子坎（水田中底栖）。

[186]科兹洛夫长篦藻

Neidium kozlowii Mer., p. 5(15), fig. 4, 1906.

壳面椭圆状披针形，末端延长呈宽喙状。轴区直线形，中央区内陷。壳缝直，近端缝反向弯曲呈钩状，远端缝分叉。由点纹组成横线纹，斜向排列，壳缘两侧近平行，在10μm内有10～12条，孔纹在10μm内有12～20个；纵肋纹近壳缘。壳体环面观有2条间生带。

[186a]科兹洛夫长篦藻密纹变种

Neidium kozlowii var. *densestriatum* Chen et Zhu, p. 34, 1/4, 1989; 李家英, 齐雨藻: 中国淡水藻志, Vol. 14, p. 88, plate: XIII: 7, 2010.

与原变种的主要区别在于：壳面呈宽线形，末端钝喙状；壳面横线纹紧密，在10μm内有24～36条；孔纹在10μm内约有20个。壳面长40～55μm，宽10～16μm。

生境：生长于淡水或阴湿石壁。

国内分布于湖南（慈利）；梵净山分布于小坝梅村（水田底栖）。

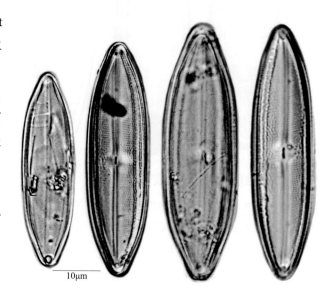

[187]伸长长篦藻

[187a]原变种

Neidium productum (Wm. Smith) Cleve var. *productum* p. 69, 1894; 李家英, 齐雨藻: 中国淡水藻志, Vol. 14, p. 90, plate: XIV: 6, 2010.

壳面宽椭圆形，近末端骤窄，延伸呈喙状。轴区线形，窄。中央区呈倾斜的椭圆形。壳缝直，近端缝反向弯曲，远端缝不分叉。由点纹组成横线纹，点线纹或多或少斜向排列，点纹在10μm内有16～20条；纵肋纹1条或几条，靠近壳缘，其中有一条距离其他纵肋纹较远。壳面长42～60μm，宽19～21μm。

生境：生长于湖泊、小水沟、山溪、水塘或稻田。

国内分布于黑龙江、内蒙古、新疆、西藏、河北、江西、湖南、海南、贵州（松桃、铜仁、江口）；国外分布于日本、苏联、瑞士、瑞典、比利时、芬兰、德国、美国；梵净山分布于太平镇马马沟村、凯文村、小坝梅村、大河堰、清渡河公馆。

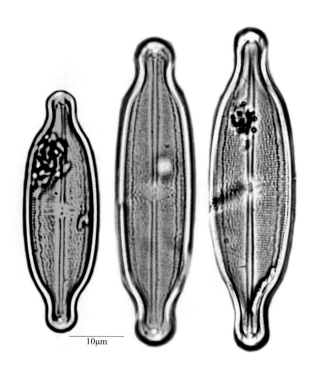

[187b]伸长长篦藻较小变种

Neidium productum var. *minor* Cleve–Euler, p. 128, fig. 359, 1932; 李家英, 齐雨藻: 中国淡水藻志, Vol. 14, p. 91, plate: XIV: 7, 2010.

与原变种的主要区别在于：壳面两端缢缩明显，末端呈宽头状；轴区窄，呈大的横向椭圆形；壳面横线纹更细密，在10μm内有22～23条。壳面长39～58μm，宽10～15μm。

生境：生长于水坑、水塘、缓流石表、水稻田等环境中。

国内分布于西藏、湖南；国外分布于马来半岛、瑞典、芬兰、英国；梵净山分布于坝梅村、昔平村、清渡河公馆。

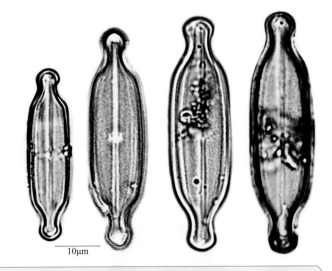

10μm

51. 双壁藻属 *Diploneis* Ehrenberg

原植体为单细胞，壳面呈椭圆形、长椭圆形或菱状椭圆形等，部分种类细胞具有不明显缢缩，末端圆形或钝圆形。壳缝直，两侧具延长的中央节，由强的硅质增厚形成的角形突起并紧紧包围着壳缝。角状突起外侧内凹形成纵沟，纵沟内侧具点纹或短肋纹，纵沟外侧具平滑的横肋纹，呈平行或呈辐射状排列，或具交叉状的纵肋纹，或在两肋纹间具单列或双列的孔纹。有些种类纵沟外缘具无纹结构的月形纹区。带面长方形，无间生带和隔膜。

[188] 椭圆双壁藻

Diploneis elliptica (Kuetz.) Cleve, p. 92, 1894; 李家英, 齐雨藻: 中国淡水藻志, Vol. 14, p. 96, plate: XV: 7; XXXVI: 3～5, 2010.

壳面线状或菱状椭圆形，壳缘向外凸出，末端钝圆。中央节略大，呈方圆形，近末端变窄。角平行。纵沟狭窄。横肋纹较粗壮，辐射状排列，在10μm内有9～11条，在两肋纹间有单列的蜂孔纹，蜂孔纹在10μm内有14～18个。壳面纵纹呈不规则的波浪状。壳面长30～52μm，宽12～20μm。

生境：生长于河流、湖泊、山溪、水库、水坑或渗水石表。

国内分布于天津、陕西、西藏、四川、山西、福建；国外分布于斯里兰卡、苏联、瑞典、瑞士、英国、芬兰、法国、德国、美国、厄瓜多尔、新西兰、埃及；梵净山分布于乌罗镇寨朗沟、德旺净河村。

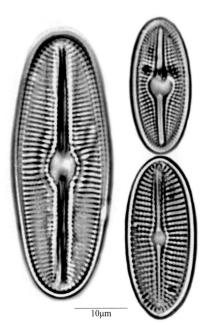

10μm

[189]芬尼双壁藻

Diploneis finnica (Ehr.) Cleve, p. 3, 2/11, 1894; 李家英, 齐雨藻: 中国淡水藻志, Vol. 14, p. 97, plate: XV: 8; XXXVII: 1~3, 2010.

壳面椭圆形。壳缝硅质肋纹明显, 末端不延伸呈宽圆形。中央节为窄的椭圆形。具粗壮的角, 互相平行。披针形的纵沟, 占细胞宽度的近1/3。纵沟外侧肋纹内具蜂孔纹, 或单列或双列, 在10μm内有8条肋纹, 在10μm内有12个孔纹。纵沟内有横肋纹, 外壁具粗壮的拟孔, 或单列或双列, 内壁无孔纹。壳面长45~55μm, 宽28~35μm。

生境: 生长于湖泊、水塘、山区小溪、小泉或缓流岩表。

国内分布于西藏、山西; 国外分布于日本、苏联、瑞典、芬兰、德国、美国、加拿大; 梵净山分布于德旺净河村老屋场。

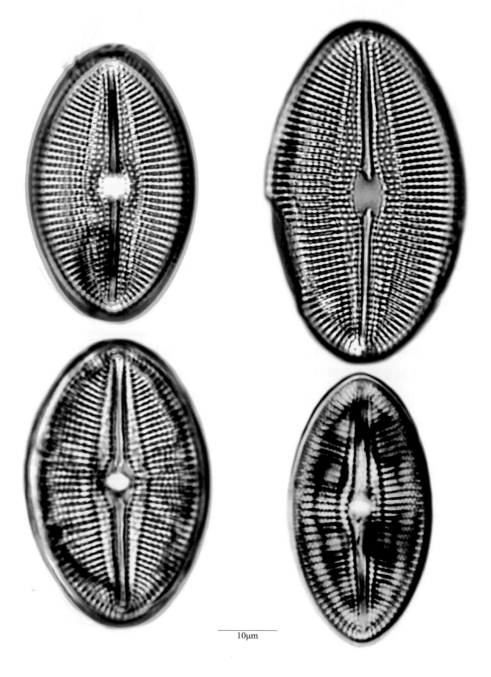

10μm

[190]卵圆双壁藻

[190a]原变种

Diploneis ovalis (Hilse) Cleve var. ***ovalis*** p. 44, 2/13, 1891; 李家英, 齐雨藻: 中国淡水藻志, Vol. 14, p. 100, plate: XVI: 7; XXXVIII: 3, 2010.

壳面宽椭圆形或线状椭圆形, 末端不延伸呈宽圆形。中央节粗壮呈圆形。具粗壮的角, 相互平行。纵沟窄, 沟内具粗壮的横肋纹, 呈辐射排列, 在10μm内有10～13条, 横肋纹间孔纹不明显, 单列, 开孔处在内壁, 外壁上具拟孔, 孔纹在10μm内有15～18条。壳面长22～30μm, 宽12～19μm。

生境: 生长于水沟、水田、水塘或渗水石表。

国内分布于黑龙江、吉林、辽宁、新疆、陕西、西藏、湖南、福建、贵州; 国外分布于斯里兰卡、日本、美国、埃及, 欧洲; 梵净山分布于太平镇马马沟村、小坝梅村、德旺茶寨村大溪沟和亚木沟。

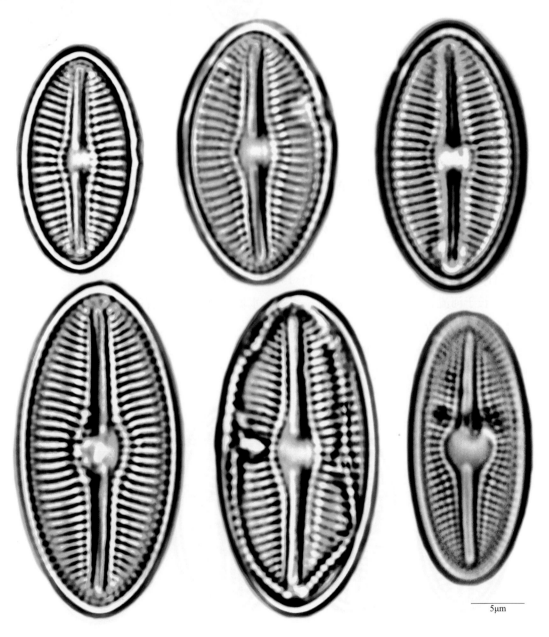

5μm

[190b]卵圆双壁藻长圆变种

Diploneis ovalis var. ***oblongella*** (Naeg.) Cleve, p. 44, 2/13, 1891; 李家英, 齐雨藻: 中国淡水藻志, Vol. 14, p. 101, plate: XVI: 2; XXXVIII: 4, 2010.

与原变种的主要区别在于：壳面呈线状椭圆形，细胞边缘两侧平行，末端不延伸呈宽圆形；具一般大小的中央节；纵沟细且窄；在10μm内有15～16条横肋纹，在10μm内有20个孔纹。壳面长28～35μm，宽9～12μm。

生境：生长于各种流动或静水水体或滴水岩壁。

国内分布于东北三省、新疆、内蒙古、西藏、四川、湖南、贵州；国外分布于日本、加拿大，欧洲；梵净山分布于清渡河靛厂（溪沟中底栖）。

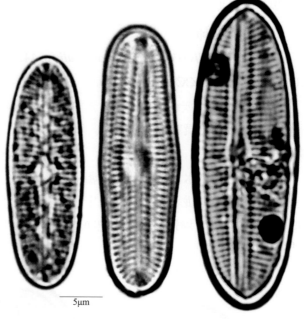

[191]幼小双壁藻

Diploneis puella (Schumarm) Cleve p. 92,1894; 李家英, 齐雨藻: 中国淡水藻志, Vol. 14, p. 103, plate: XVII: 2, 3, 2010.

壳面椭圆形，末端不延伸呈圆形。具较小的中央节，略呈方形。角平行。纵沟极窄，呈线形，在中部微增宽。横肋纹排列呈辐射状，在10μm内有11～15条，在两肋纹内具蜂孔纹，单列，在10μm内有30个左右。壳面长14.2～27.8μm，宽7.1～14.3μm。

生境：生长于河流、湖泊、水库、溪流、水沟、水塘、稻田或缓流石表。

国内分布于北京、吉林、辽宁、宁夏、陕西、西藏、贵州（松桃、铜仁、江口、印江、石阡、思南、沿河）、湖南；国外分布于日本、瑞典、芬兰、德国、匈牙利、比利时、美国、埃及；梵净山分布于德旺净河村老屋场、清渡河靛厂、坝溪沙子坎、坝梅村。

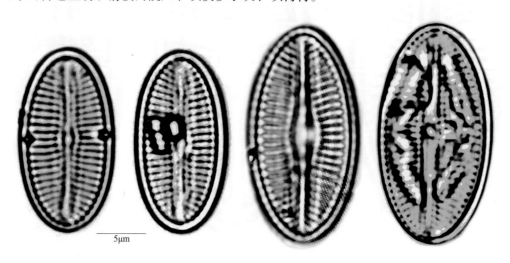

[192]近卵形双壁藻

Diploneis subovalis Cleve, p. 96, 1/27, 1894; 李家英, 齐雨藻: 中国淡水藻志, Vol. 14, p. 106, plate: XVII: 7; XXXVIII: 5～6, 2010.

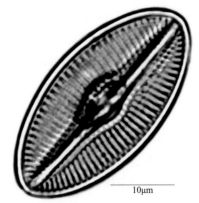

10μm

壳面近椭圆形或线椭圆形, 细胞中部两侧向外凸出, 末端不延伸呈宽圆形。具一般大小的中央节, 圆形或椭圆形。具粗壮的角, 相互平行。纵沟窄, 呈半圆形, 纵沟内具明显横肋纹, 辐射状排列, 具拟孔纹, 单列, 在10μm内有8～10条横肋纹。蜂孔不明显, 开孔处在内壁, 外壁呈拟孔, 两肋纹内孔纹由交叉的线纹组成, 双列。壳面长36.4～46.0μm, 宽18.6～28.0μm。

生境: 生长于湖泊、水沟、水塘、稻田、水坑、沼泽、小溪岩石上或渗水石表。

国内分布于吉林、新疆、西藏、四川、贵州（江口、印江、松桃）、山西; 国外分布于苏联、芬兰、瑞典、瑞士、美国; 梵净山分布于亚木沟、木黄垮山湾。

52. 辐节藻属 *Stauroneis* Ehrenberg

原植体为单细胞, 少数种类为小群体。壳面线形或菱形、披针形等, 形似舟状, 末端呈头状或钝喙状。具间生带, 无真隔膜。轴区窄线形。中央区加厚, 具1个明显的横带。壳缝由明显的节组成, 中央节横向延伸至细胞边缘, 与中央区横带形成辐节。部分种类中节裂二分叉并延伸至细胞边缘。壳面具横肋纹, 平行或辐射排列, 并与微曲状纵肋纹相互交叉。

[193]尖辐节藻

Stauroneis acuta Wm. Smith, p. 59, 19/187, 1853; 李家英, 齐雨藻: 中国淡水藻志, Vol. 14, p. 109, plate: XVII: 8; XXXVIII: 12, 2010.

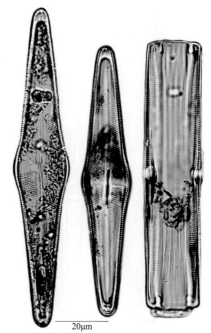

20μm

壳面菱状披针形, 多相连呈链状。细胞中部向外拱起, 末端呈宽圆形。具有或多或少的间生带, 细密的线点纹围绕间生带边缘。具有粗壮假隔膜。轴区宽线形, 近末端处略变窄。中央区具1个宽辐节, 拓展至壳缘加宽。壳缝直线形, 在中部加宽, 其宽度为1～2μm, 近、远端缝均呈细线, 远端缝反向弯曲。由细点组成横线纹, 点线纹明显排列呈辐射状, 在10μm内有12～14条。壳面长100～120μm, 宽20～22μm。

生境: 生长于江河、溪流、湖泊、缓流石表、水坑、水田等流水或静水环境中。

国内分布于黑龙江、吉林、辽宁、内蒙古、陕西、西藏、贵州（松桃、铜仁、江口）、河南、湖南; 国外分布于苏联、瑞士、英国、比利时、瑞典、芬兰、德国、美国; 梵净山分布于亚木沟、德旺茶寨村大溪沟。

[194]双头辐节藻

[194a]原变种

Stauroneis anceps Ehrenberg var. ***anceps*** p. 306, 422, 2/1, fig. 8, 1841 (1843): 李家英, 齐雨藻: 中国淡水藻志, Vol. 14, p. 110, plate: XVIII: 3; XXXX: 1, 2010.

壳面椭圆形或线状披针形, 末端延长呈头状。轴区窄, 呈线形。中央区辐节中等大小, 横向线形。壳缝直线形, 远端缝向同向弯曲。由明显的细点纹组成横线纹, 点线纹呈辐射状排列, 在10μm内有17～23条。壳面长50～70μm, 宽10～15μm。

生境: 生长于水沟、水坑、水田等各种流动或静止的淡水。

国内分布于北京、黑龙江、吉林、辽宁、新疆、西藏、山西、山东、湖南、福建、贵州; 国外分布于日本、苏联、英国、瑞典、比利时、芬兰、法国、德国、美国; 梵净山分布于寨沙太平河、亚木沟、坝溪沙子坎、德旺净河村老屋场洞下、德旺红石梁、乌罗镇甘铜鼓天马寺。

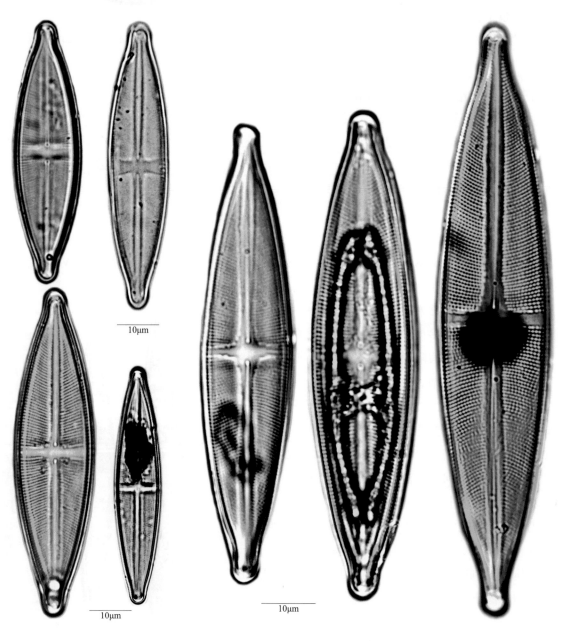

[194b] 双头辐节藻双喙变种

Stauroneis anceps var. ***birostris*** (Ehr.) Cleve, p. 147, 1894; 李家英, 齐雨藻: 中国淡水藻志, Vol. 14, p. 111, 2010.

与原变种的主要区别在于: 细胞末端延长呈喙状; 壳面横纹在10μm内有22条; 壳面长100μm, 宽23μm。

生境: 淡水至半咸水性, 生长于水库、小水体、水塘或稻田等静水环境中。

国内分布于贵州、湖南、福建; 国外分布于德国、瑞士、芬兰、法国; 梵净山分布于亚木沟（水田中浮游）、坝溪沙子坎（水田底栖）。

10μm

[194c] 双头辐节藻线形变种

Stauroneis anceps var. ***linearis*** (Ehr.) Brun, p. 89, 9/8, 1880; 李家英, 齐雨藻: 中国淡水藻志, Vol. 14, p. 112, plate: XIXL: 1; XXXIX: 2, 2010.

与原变种的主要区别在于: 壳面线形, 两侧壳缘近平行, 靠近末端骤窄, 末端拓展呈头状; 横线纹较密, 在10μm内有20~25条。壳面长24~40μm, 宽7~10μm。

生境: 生长于河流、湖泊、水坑、水塘、水沟、稻田、沼泽等流水或静水环境中。

国内分布于黑龙江、辽宁、陕西、西藏、山西、湖南、贵州（江口、印江、松桃）; 国外分布于亚洲（日本）、欧洲、北美洲、南美洲; 梵净山分布于熊家坡（水塘底栖）。

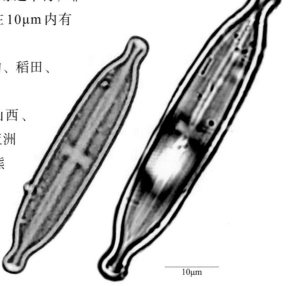

10μm

[194d] 双头辐节藻西伯利亚变种

Stauroneis anceps var. ***siberica*** (***siberika***) Grun., in Cleve et Grunow p. 48, 3/65, 1880; 李家英, 齐雨藻: 中国淡水藻志, Vol. 14, p. 113, plate: XIX: 3, 2010.

与原变种的主要区别在于：壳面披针形；末端延长呈钝圆形；壳面辐节不延伸至细胞边缘，具长短不齐的短线纹；横线纹的结构变异显著，在10μm内有15~25条，组成线纹的点纹在10μm内有15~20个。壳面长70~117μm，宽17~33μm。

生境：底栖或浮游种，生长于水坑、水塘、沼泽、小流水沟、缓流石表或稻田等。

国内分布于新疆、西藏、湖南、贵州；国外分布于苏联、德国、奥地利、瑞典、瑞士、芬兰；梵净山分布于寨沙太平河、马槽河、桃源村、坝梅村、大河堰、昔平村。

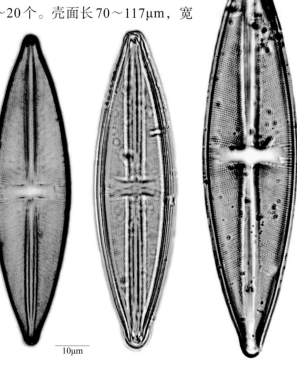

10μm

[195] 勃兰德辐节藻

Stauroneis branderi Hustedt p. 796, fig. 1142, 1959; 李家英, 齐雨藻: 中国淡水藻志, Vol. 14, p. 114, plate: XVIII: 6, 2010.

壳面线状披针形，末端外凸呈钝圆形，极端不延展。没有假隔膜。轴区极窄，呈线形。中央辐节明显，宽大，辐节由内向外逐渐变宽。壳缝细丝状直线形。横线纹细密，细胞中部横线纹排列呈辐射状，末端线纹与中轴线垂直，在10μm内有37~39条，一般显微镜下，点纹难以看清。壳面长17~20μm，宽3~4.5μm。

生境：淡水性，生长于静水环境。

国内分布于湖南、贵州（松桃、铜仁、江口）；国外分布于德国、奥地利、瑞士；梵净山分布于团龙的清水江边小水沟或渗水石表。

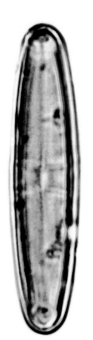

5μm

[196]克里格辐节藻

[196a]原变种

Stauroneis kriegeri Patrick var. ***kriegeri*** p. 175, 1945; 李家英, 齐雨藻: 中国淡水藻志, Vol. 14, p. 118, plate: XX: 4, 2010.

　　壳面线形, 细胞边缘两侧近平行, 末端骤窄, 末端略呈头状。轴区窄, 线形, 中央辐节窄线形, 横向直达壳缘, 有时中央辐节向着边缘略宽。壳缝直, 细丝状。横线纹细密, 由点纹组成, 点纹近末端更细密, 点线纹全部微呈辐射状, 在10μm内有28~36条。壳面长18~34μm, 宽5~7μm。

　　生境: 生长于河流、湖泊、水沟、水坑、水田、缓流、潮湿岩石表面等流水、静水或半气生环境中。

　　国内分布于吉林、辽宁、陕西、西藏、贵州(印江、石阡、思南、沿河)、湖南; 国外分布于德国、奥地利、瑞士、挪威、美国; 梵净山分布于小坝梅村、亚木沟、德旺茶寨村大溪沟、高峰村。

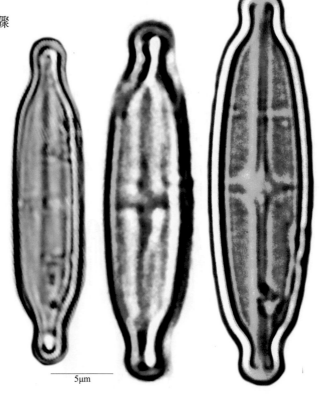

5μm

[196b]克里格辐节藻波缘变型

Stauroneis kriegeri f. ***undulate*** Hust., p. 50, fig. 75, 1942; 李家英, 齐雨藻: 中国淡水藻志, Vol. 14, p. 118, plate: XX: 5, 2010.

　　与克里格辐节变种的主要区别在于: 壳面边缘呈微波状; 横线纹细且密, 在10μm内有36条; 壳面长24.8μm, 宽5.2μm。

　　生境: 生长于溪沟或水坑。

　　国内分布于西藏; 国外分布于德国、奥地利、瑞士、美国; 梵净山分布于德旺茶寨村大溪沟(水坑中底栖)。

5μm

[197]紫心辐节藻

[197a]原变种

Stauroneis phoenicenteron (Nitzsch) Ehr. var. ***phoenicenteron*** p. 31, 2/5, fig. 1, 1941(1943); 李家英，齐雨藻：中国淡水藻志, Vol. 14, p. 120, plate: XXI: 3; XXXIX: 1, 2010.

壳面披针形，末端处延长呈钝圆形。轴区线形，较宽，中央辐节呈线性，横向延展至细胞边缘两侧，极少在壳缘处有稀疏不整齐短线纹。壳缝直线形，中部变宽，近、远端缝变细，远端缝长，同向弯曲形成弯钩。由点纹组成横线纹，点线纹明显，排列呈辐射状，横线纹在10μm内有14~17条，组成线纹的点纹在10μm内有18~22个。壳面长60~140μm，宽10~25μm。

生境：生长于河流、湖泊、水塘、山溪、水坑、水库、稻田、滴水岩壁等流水、静水或半气生环境中。

国内外广泛分布；梵净山分布于凯文村、坝梅村、陈家坡、亚木沟、德旺茶寨村大溪沟、乌罗镇甘铜鼓天马寺、高峰村、坝溪沙子坎。

10μm

[197b]紫心辐节藻宽角变型

Stauroneis phoenicenteron f. *angulate* Hust., p.
768, fig. 1118b, 1959；李家英，齐雨藻：中国淡水藻
志，Vol. 14, p. 121, plate: XX: 7, 2010.

　　与紫心辐节变种的主要区别在于：壳面披针
形，细胞边缘两侧呈波曲状，末端延长呈钝圆形；
轴区线形，中央辐节横向扩展，但达不到细胞边
缘，边缘处具几个短线纹；由细且密的点纹组成
横线纹。壳面长30～57μm，宽10～12μm。

　　生境：生长于水田、水池或滴水石壁。

　　国内分布于西藏；国外分布于德国、瑞士、
奥地利；梵净山分布于亚木沟、坝溪滴水岩壁。

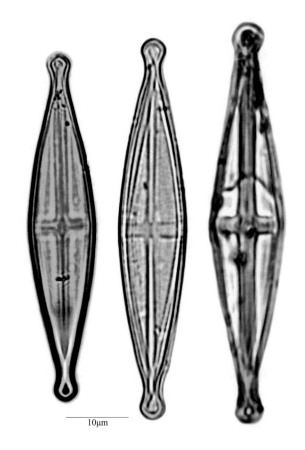

10μm

[197c]紫心辐节藻细长变型

Stauroneis phoenicenteron f. *gracilis* (Dippel) Hustedt, p.
255, 1930；李家英，齐雨藻：中国淡水藻志，Vol. 14, p. 122, plate:
XXXIX: 4, 2010.

　　与紫心辐节变种的主要区别在于：壳面窄披针形，末端收缩
呈头状；由点纹组成横线纹，横线纹较原变种更为密集，在10μm
内有20条，点纹在10μm内有18～21个。壳面长100～114μm，宽
14～20μm。

　　生境：生长于湖泊、河流、山溪、水塘、水田或沼泽等环境。

　　国内分布于黑龙江、吉林、内蒙古、广东、广西、海南；国
外分布于亚洲（斯里兰卡）、欧洲（苏联、德国）、北美洲（美
国）；梵净山分布于坝溪沙子坎、亚木沟、乌罗镇甘铜鼓天马寺。

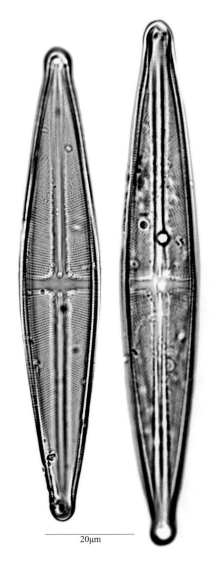

20μm

[198] 显著辐节藻

Stauroneis prominula (Grun.) Hustedt, p. 805, fig. 1153, 1959; 李家英, 齐雨藻: 中国淡水藻志, Vol. 14, p. 123, plate: XXIV: 5, 2010.

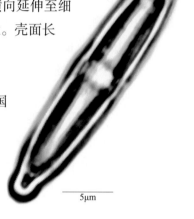

壳面线形, 两侧边缘近平行, 近末端突然收缩, 末端延伸呈短喙状。具短的假隔膜, 延伸至末端。轴区窄线形, 中央辐节线形, 中等大小, 横向延伸至细胞边缘。壳缝细丝状直线形。由细点纹组成横线纹, 排列呈辐射状。壳面长53μm, 宽5μm。

生境: 生长于湖泊、潮湿的岩壁或水塘环境中。

国内分布于陕西、西藏、湖南、贵州（松桃、铜仁、江口）; 国外分布于德国、奥地利、瑞士、英国、芬兰; 梵净山分布于坝溪河的河床石表。

5μm

[199] 施密斯辐节藻

Stauroneis smithii Grun., p. 564, 6/16, 1860; 李家英, 齐雨藻: 藻中国淡水藻志, Vol. 14, p. 125, plate: XXI: 7; XXXX: 1, 2010.

壳面椭圆披针形或线形, 细胞边缘呈三波曲状, 近末端突然收缩, 末端延长拱起呈窄喙状。具清楚的假隔膜, 延长至末端。轴区窄线形, 中央辐节窄线形, 横向扩展至细胞边缘。壳缝细丝状直线形。由点纹组成横线纹, 中部的点线纹与中轴线垂直, 向末端排列略呈辐射状, 点线纹在10μm内有28～30条。壳面长13～20μm, 宽3.5～6μm。

生境: 生长于河流、湖泊、水沟、水塘、水池、水坑、潮湿岩壁等流水、静水或半气生环境中。

国内分布于黑龙江、内蒙古、宁夏、陕西、西藏、四川、贵州（松桃、铜仁、江口、印江）、山西、湖南; 国外分布于苏联、德国、英国、奥地利、瑞典、瑞士、芬兰、法国、比利时、美国; 梵净山分布于坝溪沙子坎、清渡河茶园坨、熊家坡、德旺茶寨村大溪沟。

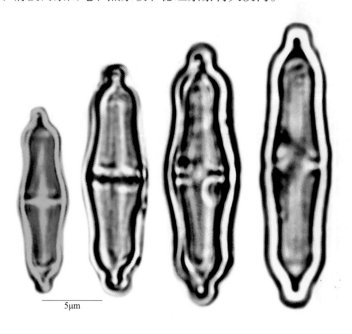

5μm

53. 异菱形藻属 *Anomoeoneis* Pfitzer

原植体为单细胞，似舟状。壳面扁平，形状多样（类菱形、椭圆形或披针形等），边缘两侧向外突起，近末端变窄，末端呈钝圆形或近头状。细胞环状面长方形，不具间生带和隔片。轴区和中央区多为窄线形。壳缝类似舟形藻的形态特征，但有细弱的节。壳面有由孔纹组成的横线纹，具不规则或"Z"形的纵线纹。具1个板状或裂片状色素体，分布在细胞环状面的边缘处，色素体内具1个近球状蛋白核。

[200] 具球异菱形藻

Anomoeoneis sphaerophora (Kütz.) Pfitzer, p. 77, 3/10, 1871; 李家英，齐雨藻：中国淡水藻志，Vol. 14, p. 132, plate: XXIII: 5; XXXX: 8–9, 2010.

壳面线状椭圆形或披针形，末端延长呈近喙状或头状，两侧边缘弯曲向外凸出。轴区呈线形，中等大小。中心区两侧各异，一侧呈近圆形，另一侧扩大延伸至壳缘，中央区两侧或具不规则的点纹。壳缝直线形，远端缝粗壮呈半圆形，两端缝同向弯曲。横线纹排列呈辐射状，近末端平行排列或垂直于壳缝，不规则的点组成内侧横线纹，横线纹在10μm内有14～18条。壳面长60～75μm，宽20～25μm。

生境：淡水或微咸水性，常生长于湖泊、池塘、水库、稻田、水井、水坑、泉水、沼泽等流水或静水环境中，有时附生在苔藓及其他水生生物、岩石等物体上。

国内分布于黑龙江、辽宁、内蒙古、山西、湖南、新疆、宁夏、西藏、贵州（铜仁地区）；国外分布于日本、印度、苏联、瑞典、瑞士、德国、英国、意大利、新西兰、墨西哥、美国、埃及；梵净山分布于德旺茶寨村（水塘及水沟底栖）。

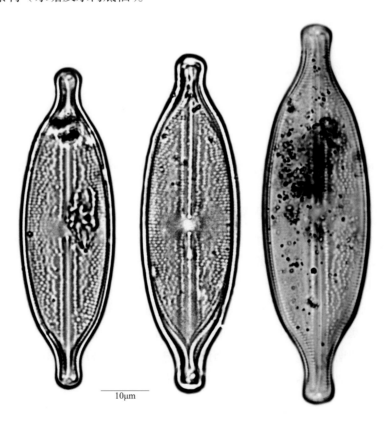

10μm

54.拉菲亚属 *Adlafia* Moser

细胞单独生长，个体小。壳面椭圆形、线状披针形或线形，末端骤凸呈喙状，少数呈窄楔形。轴区窄。中心区多变。壳缝微弯丝状，远缝端向侧面倾斜。壳面横线纹细密，中部横线纹辐射排列，两端骤然聚集排列。

[201]疏线拉菲亚藻

Adlafia paucistriata (Zhu et Chen 2000) Li et Qi; 李家英, 齐雨藻等: 中国淡水藻志, Vol. 23, p. 5, plate: I: 5, 2018.

壳面线形或线状披针形，边缘两侧近平行，末端延伸呈宽圆形或近头状。轴区窄线形。中心区为长椭圆形。壳缝丝状，近缝端向一侧弯曲，远缝端分叉弯曲。具中央孔，横线纹稀疏，中部线纹明显辐射排列，近两端突然聚集排列，线纹在10μm内有12～13条。壳面长45μm，宽12μm。

生境：淡水性，生长于山溪与已经沼泽化草甸的溪流会合处或清水的环境中。

国内分布于西藏（错那）；梵净山分布于清渡河公馆（水田中底栖）。

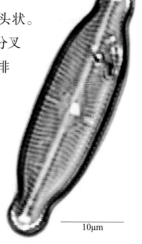

10μm

55.格形藻属（杯状藻属）*Craticula* Grunow

原植体为单细胞，壳面多为舟形或披针形，末端变窄呈喙状或头状。轴区窄线形，中心区扩大。壳缝直线形，近缝端略微弯斜，中远缝端钩状。壳面由点孔组成横线纹，近平行排列，点纹单列，或小圆形或椭圆形，横条纹与纵肋纹交叉形成粗壮的格纹。环带由开口带组成，环带上有多疑孔的横列。

[202]模糊格形藻

Craticula ambigua (Ehr. 1841) Mann, p. 666, 1990; 李家英, 齐雨藻等: 中国淡水藻志, Vol. 23, p. 17, plate: II: 3; XXVII: 1～6, 11, 2018.

壳面菱状披针形，近末端延伸收缩呈喙状或近头状。轴区极窄，线形，中心区扩大成不对称的长方形。壳缝直线形，近缝端弯曲，中央孔无明显膨大，远缝端分叉近钩状。横线纹呈平行排列，在10μm内有13～20条，纵条缝横线纹紧密，在10μm内有20～34条，纵横条纹交叉形成格子纹。壳面长31～65μm，宽7～18μm。

生境：生长于河流、湖泊、沼泽、水库、小水沟、水塘、山溪或稻田。

国内分布于北京、黑龙江、山西、宁夏、西藏、贵州（松桃、铜仁、江口）、湖南、香港；国外分布于日本、德国、俄罗斯、芬兰、美国；梵净山分布于马槽河、金厂河、凯文村、小坝梅村、亚木沟、寨抱村、高峰村、乌罗镇甘铜鼓天马寺、德旺茶寨村大溪沟。

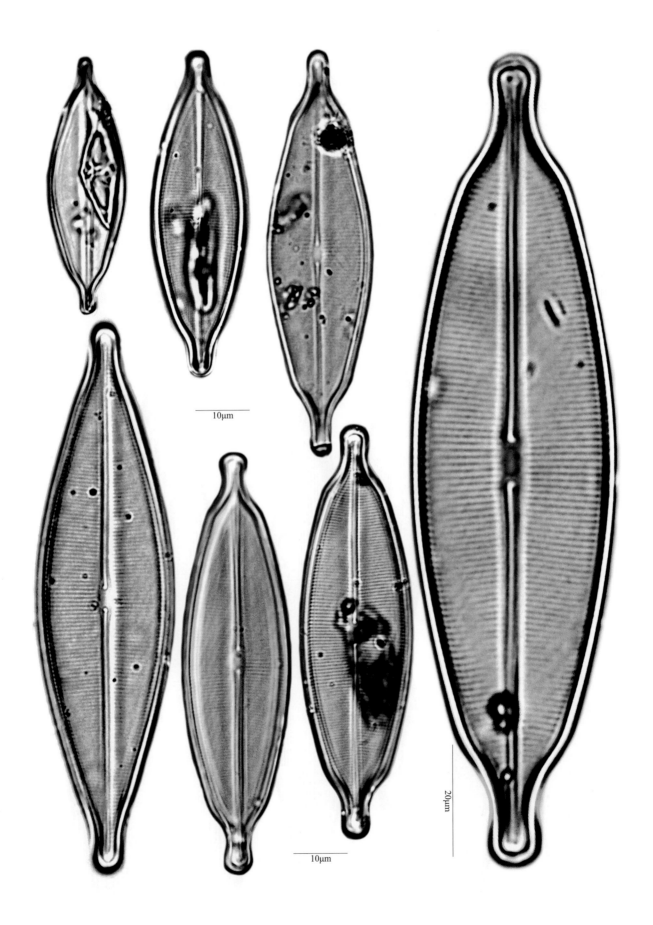

[203] 急尖格形藻

[203a] 原变种

Craticula cuspidata (Kützing) Mann var. ***cuspidata*** p. 666, 1990; 李家英, 齐雨藻等: 中国淡水藻志, Vol. 23, p. 18, plate: II: 4～5; XXVII: 7～11, 2018.——尖头舟形藻 *Navicula cuspidata* (Kütz.) Kützing

壳面舟形或菱状披针形, 末端变细呈尖头状或钝圆形。轴区线形。中心区无明显扩大, 偶具隔片。壳缝直线形, 近缝端近直, 远缝端向同一方向弯曲呈钩形。壳面横线纹极纤细、由不明显的点纹组成, 平行排列, 横线纹在10μm内有13～15条; 纵条纹紧密, 与横条纹相互交叉且垂直, 在10μm内有20～25条。壳面长70～155μm, 宽16～40μm。

生境: 生长于河流、湖泊、水沟、水塘、泉水、水库或稻田等环境。

国内分布于北京、黑龙江、吉林、山西、西藏、湖南、福建、贵州; 国外分布于日本、俄罗斯、英国、瑞典、比利时、奥地利、芬兰、瑞士、德国、法国, 北美洲、中美洲、大洋洲; 梵净山分布于小坝梅村、清渡河公馆、亚木沟、寨抱村、冷家坝鹅家坳、昔平村、凯文村、德旺红石梁、黑湾河凯马村。

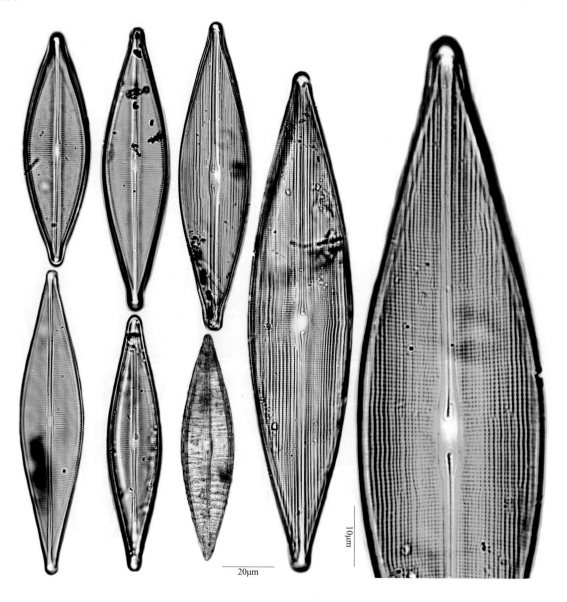

[203b]急尖格形藻赫里保变种

Craticula cuspidata var. ***héribaudii*** (M. Peragallo) Li et Qi comb. Nov.; 李家英, 齐雨藻等: 中国淡水藻志, Vol. 23, p. 19, plate: II: 6～7; XXVII: 12, 2018.

与原变种的主要区别在于: 壳面披针形, 末端喙状或圆头形, 中部横线纹略稀疏, 在10μm内有10～13条。壳面长70～110μm, 宽17～28μm。

生境: 生长于河流、湖泊、沼泽或水田。

国内分布于西藏; 梵净山分布于坝溪沙子坎（小水沟中底栖）、昔平村的水田、亚木沟抱寨村的水田。

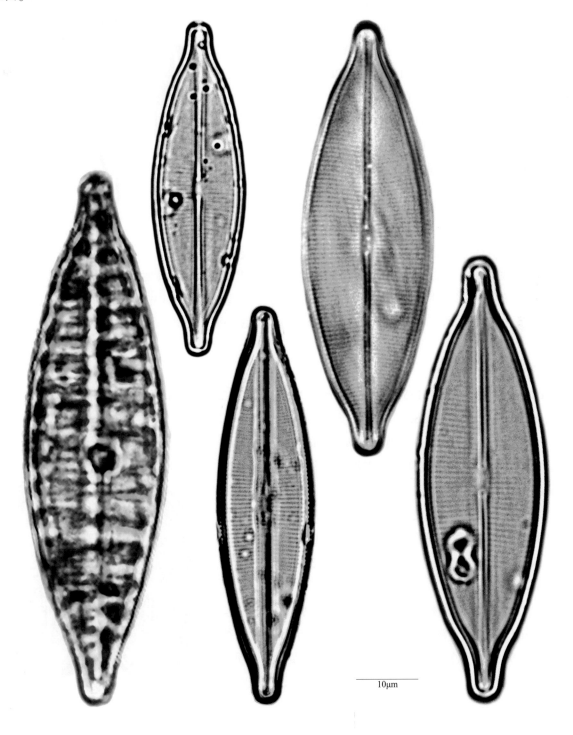

10μm

[204]嗜盐生格形藻

Craticula haiophila Grunow in Van Heurck 1885.

壳面形状多变（线形、宽披针形或菱形），末端变尖呈尖圆形。轴区窄。中心区微微扩大，与轴区无区别。壳缝直，线形，中央孔不清楚。远缝端同向弯斜。壳面横线纹平行排列，近末端或辐射或聚集状排列，在10μm内有20～21条。壳面长20～36μm，宽5～8μm。

[204a]嗜盐生格形藻细嘴变型

Craticula haiophila f. **tenuirostris** (Hustedt) Li et Qi; 李家英, 齐雨藻等: 中国淡水藻志, Vol. 23, p. 20, plate: IV: 21, 2018.

与原变型的主要区别在于：壳面披针形，两端缢缩明显，末端头状。壳面横线纹中部在10μm内有20～30条，纵线纹不清楚。壳面长19～46μm，宽7～10μm。

生境：淡水性，生长于江河水质硬的流水环境中。

国内分布于湖南、贵州；国外分布于菲律宾、德国、美国；梵净山分布于黑湾河凯马村（水沟底栖）。

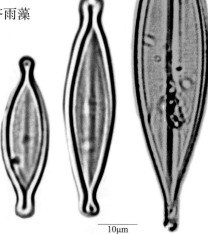

10μm

56.交互对生藻属 *Decussata* (Patrick) Lange-Bertalot

细胞单独生长，多数出现壳面观。壳面宽椭圆形，末端形状多样（喙状或鸭嘴状至短楔状）。壳面扁平。轴区线形。中心区明显扩大，呈椭圆状。壳缝直线形，近中央缝端弯斜，中央孔膨大呈水滴状，远缝端在两极弯向同一方向。由网孔组成横线纹彼此交叉，网孔梅花形。

[205]胎座交互对生藻

Decussata placenta (Ehr.1854) Lange–Bert. & Metz., p. 670, 2000; 李家英, 齐雨藻等: 中国淡水藻志, Vol. 23, p. 22, plate: III: 7, 2018.

——圆环舟形藻、胎座舟形藻 **Navicula placenta** Ehrenberg

壳面宽椭圆形，近末端骤缩，末端延长呈近头状或窄喙状。轴区窄，线形，中心区扩大呈宽椭圆形。壳缝丝状直线形，中央孔膨大近圆形，远缝端较短。由小孔纹组成线纹，孔纹以三线交叉形成网纹或窝孔纹，孔纹列在10μm内有20～24条，孔纹在10μm内有21～22个。壳面长30～42μm，宽13.5～16.8μm。

生境：生长于江河、溪流、水坑、稻田、滴水或潮湿岩壁。

国内分布于西藏、湖南、贵州；国外分布于俄罗斯、德国、法国、美国；梵净山分布于坝溪沙子坎、马槽河、坝梅村、亚木沟、高峰村、木黄垮山湾、紫薇镇罗汉穴、德旺茶寨村大溪沟。

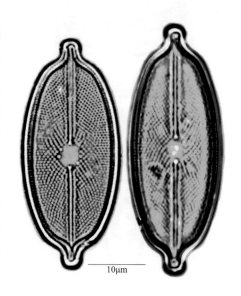

10μm

57. 盖斯勒藻属 *Geissleria* Lange-Bertalot & Metzeltin

细胞单独生长，常出现壳面观。带面观呈长方形。壳面形状多样（椭圆形或椭圆披针形等），末端延长呈钝或宽圆形。轴区窄线形。中心区扩大，成矩形、圆形或椭圆形。壳缝细窄，内、外壳缝近直。近缝端偏斜，间距显著，有或无扩大的中央孔。由细密的孔纹组成横线纹。

[206] 美容盖斯勒藻

Geissleria decussis (Hustedt 1932) Lange–Bertalot & Metzeltin p. 65, 1996; 李家英，齐雨藻等：中国淡水藻志，Vol. 23, p. 32, plate: XIX: 3~4; XXVIII: 7~9, 2018.

壳面形状多样（椭圆形、披针椭圆形或线状椭圆形）。末端缢缩呈喙状或楔状圆形。轴区窄线形。中心区横向扩大，近壳缘有3条不规则的中间长、两侧短纹。近中央节有1个弧点出现或不出现。横线纹微波状，中部略呈辐射状排列，近两端近平行，线纹在10μm内有14条。壳面长20~25μm，宽7~8μm。

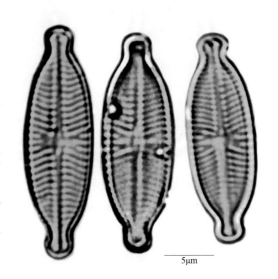
5μm

生境：生长于流石表、缓流石表、水沟、潮湿岩壁静流水或半气生的环境中。

国内分布于湖南（武陵源自然保护区）；国外分布于芬兰、冰岛、丹麦；梵净山分布于德旺红石梁锦江河边的渗水石表。

58. 泥栖藻属 *Luticola* Mann

原植体为单细胞，壳面呈线形、披针形或椭圆形，末端延伸呈尖头状或钝圆形。轴区窄。中心区横向扩大，呈短辐节或矩形。壳缝窄，近缝端弯斜，远缝端常反向弯曲。由点纹组成横线纹，排列呈辐射状，细胞一侧具清楚的独立孔纹，壳面上的孔纹因覆盖薄膜而闭塞或形成疑孔。壳环面观，出现的带是开口的，每一条带通常有1列或2列小的圆形疑孔。

[207] 钝泥栖藻

[207a] 原变种

Luticola mutica Kütz. var. ***mutica*** p. 93, 3/32, 1844; 李家英，齐雨藻等：中国淡水藻志，Vol. 23, p. 47, plate: VI: 2~6; XXVIII: 12~18, 2018.

——钝舟形藻 Navicula mutica Kütz.

壳面形状多样（菱状、宽椭圆形或菱形披针形），末端宽楔形。轴区窄，偶见中心区扩大呈矩形，细胞一侧具1个清晰的独立孔纹。壳缝直线形，近缝端近直。由小孔纹组成横线纹，呈辐射状排列。中心区边缘具由规则的短条纹组成的孔纹，线纹在10μm内有14~20条。壳面长13~34μm，宽7.5~8.5μm。

生境：生长于河流、溪沟、水坑、水田、渗水或潮湿石表。

国内分布于黑龙江、吉林、西藏、山西、四川、河南、湖南、福建、浙江；国外分布于日本、澳大利亚，欧洲、北美洲、非洲东部；梵净山分布于德旺红石梁锦江河边、茶寨村大溪沟、净河村老屋场。

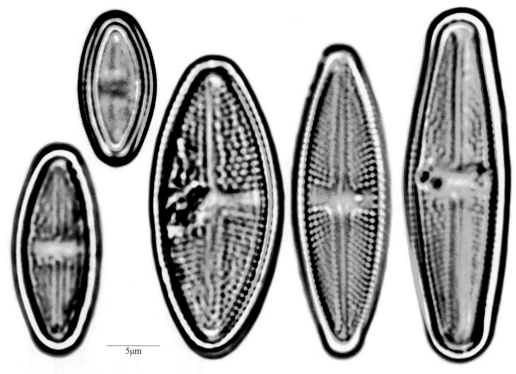

5μm

[207b] 钝泥栖藻菱形变种

Luticola mutica var. ***rhombica*** Skvortzow, p. 270, 2/16, 17, 1938; 李家英, 齐雨藻等: 中国淡水藻志, Vol. 23, p. 48, plate: Ⅵ: 8, 2018.

与原变种的主要区别在于: 壳面菱状披针形, 中部凸出明显, 近末端变窄, 末端延伸呈尖圆形; 横线纹在10μm内有25条。壳面长34～40μm, 宽12～14μm。

生境: 近气生, 生长于山区岩石表面与苔藓植物共生的环境中。

国内分布于黑龙江 (哈尔滨); 梵净山分布于德旺茶寨村大溪沟 (水坑底栖)。

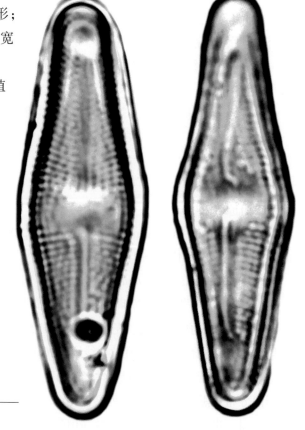

5μm

[208] 偏凸泥栖藻

Luticola ventricosa (Kützing) Mann, p. 617, 1990; 李家英, 齐雨藻等, 中国淡水藻志, Vol. 23, p. 54, plate: XXII: 10, XXX: 1~3, 2018.

壳面披针形, 末端突起呈喙头状。轴区线形。中心区扩大但不到细胞边缘, 呈矩形, 一侧具1个清楚的独立点纹。壳缝细小, 直线形, 近缝端微弯。由点组成横线纹, 与纵纹弯曲交叉, 点线纹在10μm内有18条。壳面长18μm, 宽7.2μm。

生境: 水生或亚气生, 生长于水沟、水坑、潮湿岩石。

国内分布于西藏、山东、四川; 国外分布于俄罗斯、比利时、瑞士、德国、芬兰、奥地利、意大利; 梵净山分布于德旺茶寨村大溪沟 (水坑底栖)。

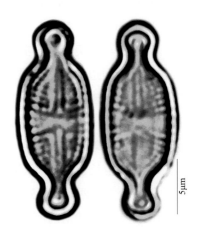

59. 马雅美藻属 *Mayamaea* Lange-Bertalot

原植体为小型单细胞, 多被黏液包围。壳面椭圆形, 末端宽圆形。壳带面观呈矩形, 常出现壳面观。轴区变化大, 中等大小至极宽。壳缝丝状, 略微弯曲, 近缝端同向弯斜, 远缝端弯斜呈钩状, 与近缝端方向相反。壳缝直形。远缝端有一个中等大小的短螺旋舌。由孔纹组成横线纹, 孔纹多为单列, 少数种类双列。孔纹简单圆形, 外孔纹是闭合的, 内孔纹是开放的。具2个色素体, 色素体上具1个蛋白核。

[209] 不连马雅美藻

[209a] 原变种

Mayamaea disjuncta Hust. var. ***disjuncta*** p. 274, fig. 451. 1930; 李家英, 齐雨藻等: 中国淡水藻志, Vol. 23, p. 56, plate: VII: 6, 2018.

——不连舟形藻 *Navicula disjuncta* Hustedt

壳面线状或狭披针形, 末端宽圆呈头状。轴区窄, 线形。中心区扩大呈横矩形至近椭圆形。壳缝直, 线形, 近缝端直。壳面横线纹近辐射状排列, 仅在末端略平行排列, 线纹在10μm内有24~28条。壳面长14~25μm, 宽5~5.5μm。

生境: 生长于水塘、水沟或水坑。

国内分布于西藏 (吉隆、芒康); 国外分布于欧洲 (北极阿拉斯加); 梵净山分布于坝梅村、郭家湾、张家坝团龙、德旺净河村老屋场、茶寨村大溪沟。

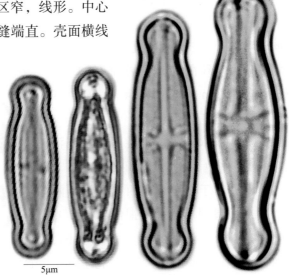

[209b] 不连马雅美藻英吉利变型

Mayamaea disjuncta* f. *anglica Hust., p. 143, fig. 1275 f～h, 1961; 李家英, 齐雨藻等: 中国淡水藻志, Vol. 23, p. 56, plate: VII: 7, 2018.

与不连马雅美变种的主要区别在于: 中心区较小, 壳面边缘两侧显著外凸, 末端较细胞中部窄; 末端横线纹与中轴区垂直; 横线纹在 10μm 内有 16～18 条, 两端有 20～28 条; 壳面长 16～27m, 宽 5～7.5μm。

生境: 生长于水沟、水坑或浅水池。

国内分布于西藏; 国外分布于英国、德国; 梵净山分布于马槽河的河边水塘、德旺茶寨村大溪沟的积水坑、净河村老屋场 (水沟底栖)。

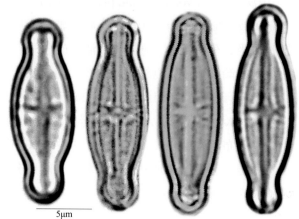

5μm

60. 长篦形藻属 *Neidiomorpha* Lange-Bertalot H. & Cantonati M.

原植体为单细胞, 形似舟状。细胞扁平, 壳面形状变化由线形至窄椭圆形, 细胞中部两侧边缘缢缩显著, 末端变窄呈钝圆形或喙状。细胞环面观为长方形, 线形轴区, 中心区外扩成不同形状 (方形、长方形或椭圆形)。壳缝笔直, 近缝端往一个方向弯斜, 具 1 小中央孔, 远缝端不分叉或分叉不明显。由网孔纹组成横线纹, 近胸骨具大孔纹, 1～3 单列, 近细胞外侧也具较大的网孔纹。

[210] 双结长篦形藻

Neidiomorpha binodis (Ehr.) Cantonati, Lange–Bertalot & Angeli, p. 200, figs. 6–9, 16, 2010; 李家英, 齐雨藻等: 中国淡水藻志, Vol. 23, p. 60, plate: VIII:1: XXXI: 11–12, 2018.

壳面椭圆形或披针形, 中部缢缩不显著, 末端延伸呈圆喙状。轴区窄线形。中心区外扩呈横向小椭圆形。壳缝丝状, 笔直, 近缝端平直, 不弯曲, 远缝端窄, 无明显分叉, 向同侧弯斜。横线纹排列呈辐射状, 点纹波状纵列, 线纹在 10μm 内中部有 24～26 条, 两端 10μm 内有 30～34 条。壳面长 28～30μm, 宽 5.4～7.5μm。

生境: 淡水至半咸水性, 生长于河流、小溪、水池、水塘或稻田。

国内分布于辽宁、山西、四川、西藏、湖南、贵州 (松桃、铜仁、江口); 国外分布于日本、俄罗斯、德国、英国、比利时、法国、瑞士和芬兰等; 梵净山分布于黑湾河凯马村。

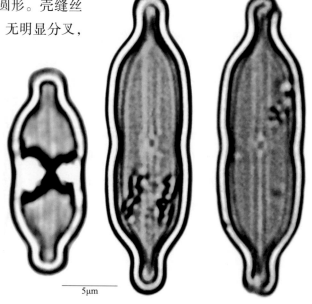

5μm

61. 盘状藻属 *Placoneis* Mereschkowsky

　　原植体为单细胞，形似舟状。细胞轴对称，壳面形状多样（线形、披针形或椭圆披针形），末端延伸呈喙状或头状。壳面扁平，极端浅而薄。轴区窄。中心区外扩成圆形或长方形，壳缝近直，近缝端直，中央孔略膨大，远缝端同向弯曲呈钩状或镰刀状。横线纹排列多呈辐射状，部分种类近末端平行排列。壳缝的内外各异，近缝端外侧缝近平直，内侧则为钩状，远缝端外侧沿一侧弯曲，内观弯曲呈螺旋舌状。

[211] 双头盘状藻

[211a] 原变种

Placoneis dicephala (W. Smish 1853) Mereschkowsky var. *dicephala* p. 7, 1/11～13, 21, 22, 1903; 李家英, 齐雨藻等: 中国淡水藻志, Vol. 23, p. 66, plate: VII: 15; XXX: 14; XXXHI: 11, 2018.

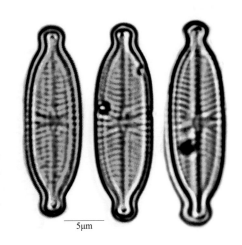

5μm

　　——双头舟形藻 *Navicula dicephala* W. Smith

　　壳面宽线形或线状披针形，末端变狭延伸呈喙头状至头状。中轴区狭窄。中央区扩大呈矩形，位于细胞两侧横线纹粗壮，呈放射状排列，在10μm内有15～18条。壳面长24～28μm，宽7～8μm。

　　生境：生长于各种淡水水体。

　　国内分布于黑龙江、西藏、内蒙古、湖南、贵州、新疆、青海、四川、云南、福建；国外分布于日本、美国、厄瓜多尔，欧洲；梵净山分布于坝溪沙子坎、亚木沟、张家屯、高峰村、熊家坡、乌罗镇（天马寺寨朗沟）、新叶乡韭菜塘。

[211b] 双头盘状藻波缘变种

Placoneis dicephala var. *neglecta* (Krassk.) Hust., in Pascher Süssw.–Fl. Mitteleuropas, Heft 10, p. 303, fig. 527, 1930; 李家英, 齐雨藻等: 中国淡水藻志, Vol. 23, p. 68, plate: VIII: 5, 2018.

　　——双头舟形藻波缘变种 *Navicula dicephala* var. *neglecta* (Krassk.) Hust.

　　与原变种的主要区别在于：壳面两侧各具3个浅波；横线纹在10μm内有12～15条；壳面长24～27μm，宽7～9μm。

　　生境：底栖或浮游种，生长于各种淡水中。

　　国内分布于西藏（吉隆）；国外分布于欧洲（芬兰）；梵净山分布于寨沙太平河、坝溪沙子坎、小坝梅村、大河堰、亚木沟、寨抱村、昔平村、德旺茶寨村大溪沟、净河村老屋场。

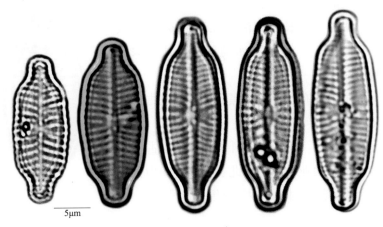

5μm

[212] 短小盘状藻

Placoneis exigua (Gregory 1854) Mereschkowsky, p. 4, fig. 1, 2, 1903; 李家英, 齐雨藻等: 中国淡水藻志, Vol. 23, p. 69, plate: VII: 16, 2018.

——短小舟形藻 *Navicula exigua* (Gregory) Grunow

壳面椭圆状披针形, 末端骤窄呈尖头状。轴区清楚且窄。中心区外扩呈近矩形。横线纹辐射状排列, 线纹在中部不规则分布, 横线纹在10μm内有10~19条。壳面长13~25μm, 宽5~8μm。

生境: 生长于河流、湖泊、水坑、溪沟、溪流石表、水塘、水库、水田等静水或流水环境中。

国内分布于河北、西藏、云南、四川、湖南、贵州(松桃、铜仁、江口)、台湾; 梵净山分布于亚木沟、红石溪、新叶乡韭菜塘(大罗河)、德旺净河村老屋场、黑湾河马村。

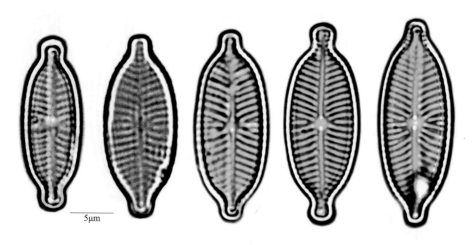

[213] 胃形盘状藻

Placoneis gastrum (Ehrenberg 1841) Mereschkowsky, p. 13, 1/17, 1903; 李家英, 齐雨藻等: 中国淡水藻志, Vol. 23, p. 70, plate: VIII: 7; XXX: 18; XXXIII: 2~4, XLII; 16, 2018.

——胃形舟形藻 *Navicula gastrum* (Ehrenberg) Kütz.

壳面或披针形或椭圆状披针形, 末端延伸呈近喙状。轴区窄, 中心区外扩呈不规则形。壳缝线形, 近缝端微微外扩, 远缝端弯曲呈弯钩形。横线纹辐射状排列, 线纹由单列的疑(假)孔组成, 中部孔线纹不规则分布, 在中部10μm内有9~10条, 近两端在10μm内有11~13条。壳面长24~32μm, 宽10~14μm。

生境: 生长于湖泊、江河、缓流石表、水田、水沟、水坑、水池等流水或静水环境中。

国内分布于北京、黑龙江、内蒙古、西藏、新疆、河北、四川、云南、贵州(松桃、铜仁、江口)、湖南; 国外分布于蒙古、日本、马来西亚, 欧洲、北美洲; 梵净山分布于黑湾河凯马村、乌罗镇甘铜鼓天马寺。

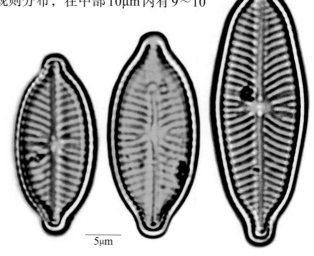

62.鞍型藻属 *Sellaphora* Mereschkowsky

原植体为单细胞，极少为多细胞链状，常出现壳面观。壳面两侧边缘和两端对称，扁平，形状多样（线形、披针形或椭圆形），末端呈钝圆头状。轴区宽或窄，偶见1条外糟沟或1条纵条纹。中心区圆形或矩形，偶见1条透明横带。部分种类两端外侧见粗壮肋条。壳缝直，近缝端靠一侧弯斜，远缝端弯曲呈钩状。中部横线纹多见辐射状排列，线纹由圆形疑孔组成。具环带，由几个开口带组成，通常无孔或非多孔。

[214] 美利坚鞍型藻

Sellaphora americana (Ehr.) Mann p. 2, 1989; 李家英, 齐雨藻等: 中国淡水藻志, Vol. 23, p. 80, plate: IX: 5; IX: 1～2, 2018.

壳面宽线形，两侧直，偶见中部微凹，末端圆形。轴区宽，宽为细胞宽的1/3～1/2。中心区外扩成圆形或椭圆形。壳缝近线形，近缝端微膨胀，近一侧弯斜，远缝端弯曲呈钩形，具1条纵肋或纵槽近壳缝。由细点线纹组成横线纹，辐射状排列，近中部近平行排列，中部线纹在10μm内有13～15条，两端在10μm内有18～22条。壳面长20～76（～90）μm，宽13～18μm。

生境：淡水性，生长于湖泊、江边岩石流水处、河流、水塘、水库等寡盐性或弱碱性水体环境中。

国内分布于黑龙江、辽宁、江西、湖南、内蒙古、贵州（松桃、铜仁、江口）；国外分布于日本、俄罗斯、德国、瑞士、比利时、法国、美国。梵净山分布于高峰村、坝溪。

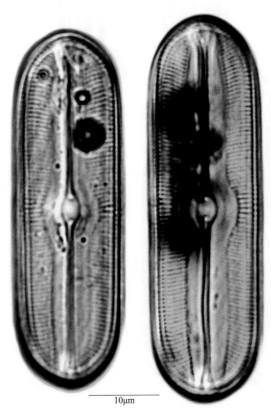

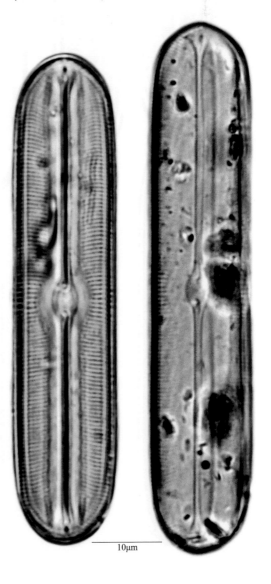

10μm

10μm

[215]杆状鞍型藻

Sellaphora bacillum (Ehr., 1838) Mann, p. 2, fig. 2, 9, 13, 14, 18, 1989; 李家英, 齐雨藻等: 中国淡水藻志, Vol. 23, p. 82, plate: IX: 5; XXXV: 4～8, 2018.

——杆状舟形藻 *Navicula bacillum* Ehr.

壳面椭圆或披针形, 末端近头状。轴区直且窄。中心区外扩呈带状蝶形, 蝶形边缘不规则。壳缝直线形, 近缝端扩大, 远缝端骤弯。横线纹排列常呈辐射状, 中部在10μm内有13～15条, 两端在10μm内有20～25条。壳面长15～62μm, 宽3～10μm。

生境: 生长于湖泊、江河、水沟、溪流、水塘、水坑、沼泽或潮湿岩壁上等环境。

国内广泛分布; 国外分布于日本、俄罗斯、德国、比利时、法国、保加利亚、瑞士、美国; 梵净山分布于张家坝团龙村、凯文村、亚木沟明朝古院旁沼泽、锦江、德旺茶寨村大溪沟、净河村老屋场。

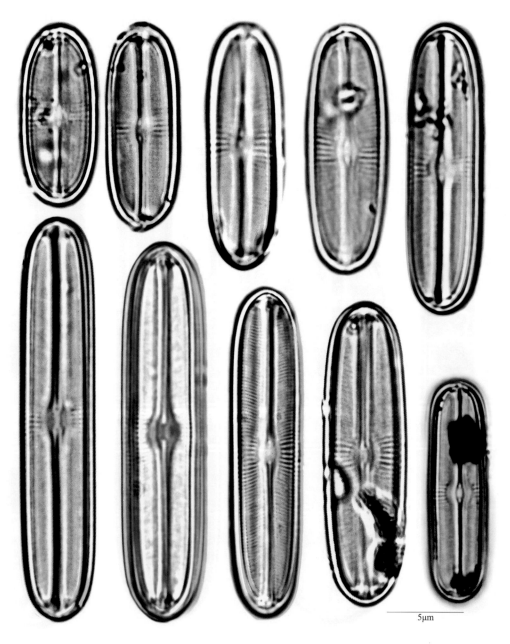

5μm

[216] 头状鞍型藻

Sellaphora capitata Mann & Mc Donald, p. 477, fig. j～I. 20, 38～42, 2004; 李家英, 齐雨藻等: 中国淡水藻志, Vol. 23, p. 84, plate: XXXVII: 1～3, 2018.

——瞳孔舟形藻头端变型 *Navicula pupula* f. *capitata* Hustedt

壳面椭圆或披针形, 末端近头状。轴区直且窄。中心区外扩呈带状蝶形, 蝶形边缘不规则。壳缝直线形, 近缝端扩大, 远缝端骤弯。横线纹排列常呈辐射状, 中部在10μm内有13～15条, 两端在10μm内有20～25条。壳面长15～62μm, 宽3～10μm。

生境: 生长于湖泊、河流、水沟、水塘、水坑、沼泽、稻田、潮湿岩壁等流水或静水环境中。

国内分布于北京、黑龙江、辽宁、西藏、云南、四川、江西、福建、湖南; 国外分布于日本、俄罗斯、德国、瑞士、奥地利、美国、新西兰; 梵净山分布于亚木沟、团龙村、沙子坎、凯文村、寨抱村、熊家坡、张家屯、寨沙、德旺红石梁。

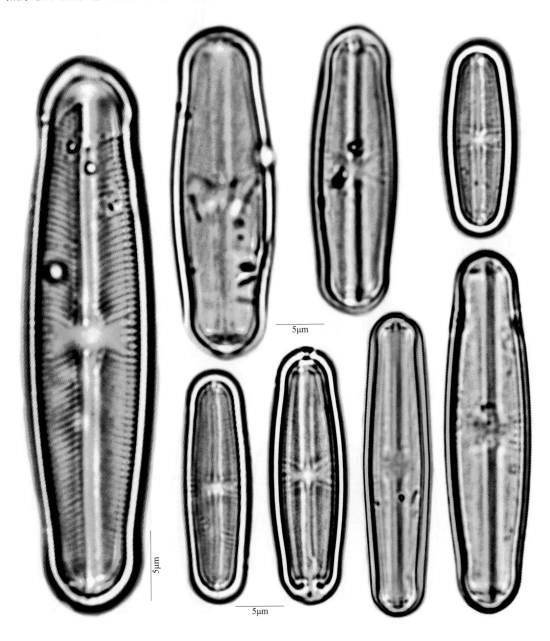

[217]光滑鞍型藻

Sellaphora laevissima (Kützing 1844) Mann, p. 2, 1989; 李家英，齐雨藻等：中国淡水藻志，Vol. 23, p. 87, plate: IX:11; XXXVII: 9, 2018.

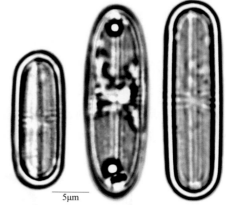

壳面线状矩形，两侧近平行或略突出，末端圆形。轴区狭线形。中心区外扩，两侧的短线纹不规则。壳缝直线形，中央孔微大。横线纹微微呈辐射状排列，线纹弯形，近末端两侧各具1条弯曲的条纹，线纹在10μm内有12～24条。壳面长17～30μm，宽6～9μm。

生境：淡水种，生长于河流、湖泊、水塘、河边小泉、流水岩石、水库、溪流等流水或静水，有时生长于与苔藓植物共生的环境中。

国内分布于黑龙江、西藏、福建、贵州（乌江）；国外分布于俄罗斯、意大利、德国、法国、比利时、匈牙利、芬兰、瑞士、美国、大洋洲等；梵净山分布于德旺净河村老屋场的水田。

[218]瞳孔鞍型藻

[218a]原变种

Sellaphora pupula (Kützing 1844) var. ***pupula*** Mereschkowsly, p. 187, 1～5/IV, 1902; 李家英，齐雨藻等：中国淡水藻志，Vol. 23, p. 91, plate: IX: 13～16; XXXVIII: 7, 2018.

——瞳孔舟形藻 *Navicula pupula* Kützing

壳面线状椭圆形，中部外扩两端呈宽喙状，末端圆形近头状。中轴区狭窄。中央区宽，蝴形。细胞中部两侧横线纹呈放射状排列，近末端近平行排列，末端具1条粗壮的横线纹，横线纹在10μm内有18～24条，两端略斜向极节。壳面长25～30μm，宽7～10μm。

生境：生长于河流、水沟、水田、沼泽、荷花池、潮湿岩壁等流水或静水环境中。

国内分布于北京、黑龙江、吉林、辽宁、西藏、湖南、江西、福建、贵州（铜仁地区）；国外分布于日本、欧洲、北美洲、大洋洲、拉丁美洲、非洲（南部）；梵净山分布于寨沙太平河、坝溪沙子坎、小坝梅村、清渡河公馆、德旺岳家寨红石梁、茶寨村大溪沟、太平村、太平河、乌罗镇甘铜鼓天马寺、黑湾河凯马村。

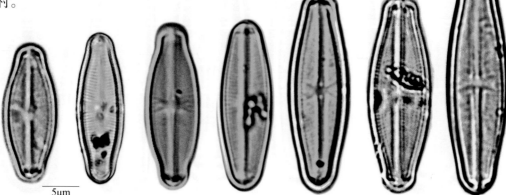

[218b]瞳孔鞍型藻椭圆变种

Sellaphora pupula* var. *elliptica Hustedt, 291, 3/40, 1911; 李家英, 齐雨藻等: 中国淡水藻志, Vol. 23, p. 92, plate: X: 3, 2018.

与原变种的主要区别在于: 壳面椭圆披针形, 末端窄圆形。轴区窄。中心区外扩至细胞边缘。壳缝直, 远缝端近直。横线纹辐射状排列, 线纹细密, 中部在10μm内有16～18条, 两端密, 在10μm内有21～25条。壳面长18～22μm, 宽7～10μm。

生境: 生长于湖泊、河流、溪流、水塘或水田。

国内分布于黑龙江、吉林、西藏、湖南、云南、四川、福建; 国外分布于朝鲜、俄罗斯、德国、奥地利、芬兰、美国; 梵净山分布于德旺净河村老屋场。

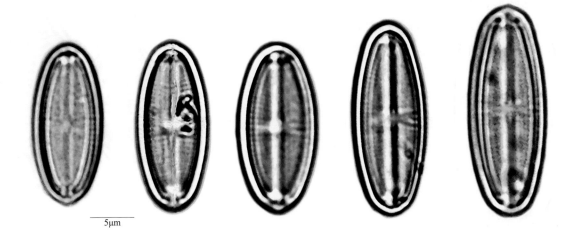

5μm

[219]矩形鞍型藻

Sellaphora rectangularis (Gregory) Li et Qi; 李家英, 齐雨藻等: 中国淡水藻志, Vol. 23, p. 93, plate: X: 5, 2018.

——瞳孔舟形藻矩形变种 *Navicula pupula* var. *rectangularis* Gregory

壳面线形, 带面观矩形。细胞边缘两侧近平行, 中部微凹, 末端不延伸呈宽圆形。轴区窄线形。中心区外扩呈不规则长方形。壳缝窄线形, 近缝端直, 远缝端为微弯钩状。横线纹排列多呈辐射状, 中部不规则排列, 线纹在10μm内有21～23条。壳面长26～32μm, 宽7～11μm。

生境: 生长于湖泊、河流、水沟、水塘、水田等流水或静水环境中。

国内分布于东北三省、西藏、湖南、贵州; 国外分布于日本、俄罗斯、德国、芬兰、瑞典、法国、美国; 梵净山分布于亚木沟明朝古院、熊家坡 (水沟底栖)。

5μm

63.舟形藻属 *Navicula* Bory

原植体为单细胞，偶见聚集呈链状，常出现长方形壳环面观。细胞轴对称，壳面形状多样（线形、披针形、椭圆形等）。末端多样（圆形、楔形、喙状等）。中轴区狭窄，线形至披针形，壳缝线形，中央节和极节明显。壳面横线纹单列或少有双列，线纹由点纹或疑孔纹组成，部分种类为肋纹状。横线纹排列方式多样，或平行或辐射状或聚集状。

[220]英吉利舟形藻

Navicula anglica Ralfs in Pritchard, p. 900, 1861; 李家英, 齐雨藻等: 中国淡水藻志, Vol. 23, p. 151, plate: XVIII: 6; XL: 6, 16, 2018.

壳面椭圆形，末端呈喙状。轴区窄。中心区小，微扩呈横向椭圆形。壳缝直线形，近、远缝端笔直。横线纹辐射状排列，中部线纹在10μm内有7~12条，末端在10μm内有11~15条。壳面长15~23μm，宽7~10μm。

生境: 生长于河流、溪流、水坑、水沟、沼泽或水田。

国内分布于辽宁、内蒙古、西藏、湖南、贵州；国外分布于马来西亚、日本、俄罗斯、瑞士、比利时、瑞典、芬兰、英国、美国、厄瓜多尔；梵净山分布于大河堰、德旺净河村老屋场。

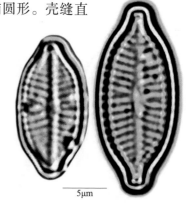

[221]头辐射舟形藻

Navicula capitatoradiata Germain p. 188, 72/7, 1981; 李家英, 齐雨藻等: 中国淡水藻志, Vol. 23, p. 153, plate: XVIII: 12; XLVII: 6~9, 2018.

壳面披针形，末端延长呈长喙状。轴区窄。中心区小，边缘不规则。壳缝直，丝状，中央孔清楚。横线纹排列呈辐射状，近末端排列呈聚集状，近中心区呈不规则排列，在10μm内有13~14条。壳面长33~37μm，宽7~8μm。

生境: 生长于河流、水沟、湖水、沼泽、滴水岩壁、潮湿岩壁等流水、静水或半气生环境。

国内分布于西藏、湖南；国外分布于俄罗斯、比利时、德国等；梵净山分布于德旺岳家寨。

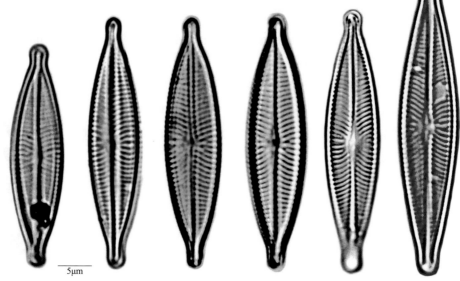

[222] 隐头舟形藻

Navicula cryptocephala Kützing p. 95, 3/20, 26, 1844; 李家英, 齐雨藻等: 中国淡水藻志, Vol. 23, p. 101, plate: XII: 15, 16; XL: 7～15; XLVI: 10, 2018.

壳面披针形, 末端变窄呈喙状。轴区窄。中心区小至中等大, 扩大呈圆形或椭圆形。壳缝丝状, 近直线形。横线纹排列呈辐射状, 近末端聚集排列, 线纹在10μm内有13～17条。壳面长25～30μm, 宽5～8μm。

生境: 生长于河流、湖泊、水沟、水坑、水塘、水田、潮湿岩壁、滴水岩壁等流水、静水或半气生环境。

国内分布于黑龙江、天津、西藏、湖南; 国外分布于印度、俄罗斯、德国、法国、英国、比利时、瑞士、美国; 梵净山分布于德旺茶寨村大溪沟、净河村老屋场、黑湾河、太平河、乌罗镇甘铜鼓天马寺、张家屯、快场、坝溪沙子坎、桃源村。

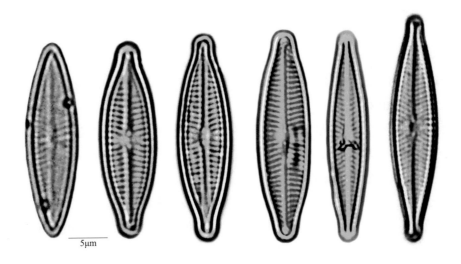

[223] 法兰西舟形藻

Navicula falaisensis Grun., in Van Hcurck 1880, p. 108, 14/5; 李家英, 齐雨藻等: 中国淡水藻志, Vol. 23, p. 157, plate: XIX: 7, 2018.

壳面窄披针形, 末端微喙状。轴区极窄。中心区微扩成圆形。壳缝直, 丝状, 中央孔不清楚, 远缝端略呈钩状。横线纹排列呈辐射状, 在10μm内有18～24条。壳面长14～32μm, 宽3～5μm。

生境: 生长于河沟中石表、小溪、滴水岩壁上或水库。

国内分布于西藏、湖南、贵州 (松桃、铜仁、江口); 国外分布于尼泊尔、英国、比利时、俄罗斯、德国、丹麦、美国; 梵净山分布于坝溪沙子坎、马槽河的滴水岩壁表或水沟中石表。

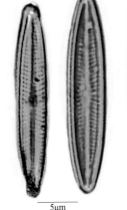

[224]戈塔舟形藻

Navicula gottlandica Grun. in van Heurck, 8/8, 1880; 李家英, 齐雨藻等: 中国淡水藻志, Vol. 23, p. 158, plate: XIX: 10, 2018.

壳面披针形, 末端延长呈尖喙状。轴区窄。中心区微扩呈披针形。壳缝直。壳面横线纹明显呈辐射状排列, 近末端排列呈聚集状, 由密点组成细纹, 中部线纹在10μm内有11～12条, 两端有15～17条。壳面长38～43μm, 宽10～11μm。

生境: 生长于河流、水塘、湖泊、水沟、水坑、水田或潮湿岩壁等。

国内分布于西藏、湖南、贵州 (松桃、铜仁、江口); 国外分布于俄罗斯、比利时、德国、瑞典、美国、大洋洲; 梵净山分布于金厂河、德旺净河村老屋场洞下、张家屯、团龙清水江、马马沟村。

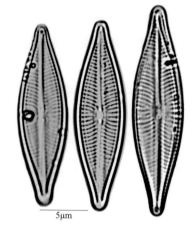

[225]戟形舟形藻

Navicula hasta Pantocsek, 5/74, 14/213, 1892; 李家英, 齐雨藻等: 中国淡水藻志, Vol. 23, p. 159, plate: XX: 1; XLVIII: 5, 2018.

壳面近菱形或披针形, 近末端呈渐尖形。轴区窄, 线形。中心区外扩成披针形。壳缝直, 线形, 中央孔模糊。横线纹排列呈辐射状, 中部稀, 末端密, 在中部10μm内有6～8条, 两端10μm内有12条。壳面长49.5～66μm, 宽9～13μm。

生境: 生长于河流、水沟、水坑、水塘、水田等静水或流水环境中。

国内分布于西藏、四川; 国外分布于日本、俄罗斯、匈牙利、芬兰; 梵净山分布于亚木沟、乌罗镇甘铜鼓天马寺、张家屯、郭家湾、马槽河、清渡河。

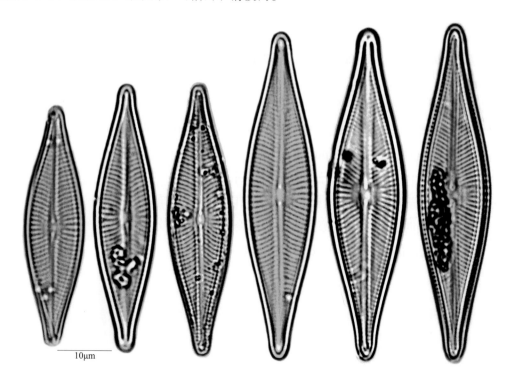

[226] 弯月形舟形藻

Navicula menisculus Schum., p. 56, 2/33, 1930; 李家英, 齐雨藻等: 中国淡水藻志, Vol. 23, p. 130, plate: XIV: 10; XLIII: 1～6; XLV1: 12～14, 2018.

壳面椭圆披针形, 两侧边缘明显外凸, 末端变狭呈尖圆形。中轴区狭窄。线形。中央区呈卵圆形。细胞边缘两侧横线纹呈放射状排列, 横线纹在10μm内有10～17条, 两端略斜向极节。长11.5～33μm, 宽3.5～10μm。

生境: 生长于各种淡水水体、微咸水、潮湿岩壁、河流、水沟、水坑或水田。

国内外普遍分布; 梵净山分布于护国寺、马槽河、清渡河公馆、昔平村、金厂河、德旺茶寨村大溪沟、净河村老屋场洞下、黑湾河凯马村。

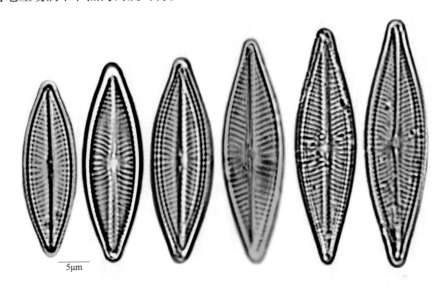

5μm

[227] 放射舟形藻

Navicula radiosa Kütz., p. 91, 4/23 1844; 李家英, 齐雨藻等: 中国淡水藻志, Vol. 23, p. 134, plate: XVI: 1～3; XLIV: 1～13; XLV: 1～10, 2018.

壳面线形或披针形, 近末端渐狭呈钝圆形。中轴区狭窄。中央区小, 呈菱形。中轴区和中央节的硅质明显增厚。横线纹呈放射状排列, 横线纹在10μm内有10～14条, 两端略斜向极节。壳面长23～70μm, 宽5～12μm。

生境: 底栖或浮游或附着藻类, 生长于各种淡水水体。

国内外广泛分布; 梵净山分布于太平河、坝溪、快场、凯文村、桃源村、坝梅村、小坝梅村、陈家坡、清渡河、黑湾河、高峰村、锦江、冷家坝鹅家坳、红石溪、两河口、熊家坡、乌罗镇寨朗沟、金厂河、新叶乡韭菜塘、大罗河、鱼坳、清水江、张家屯等。

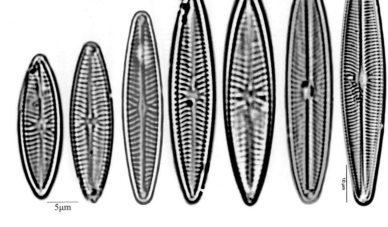

5μm

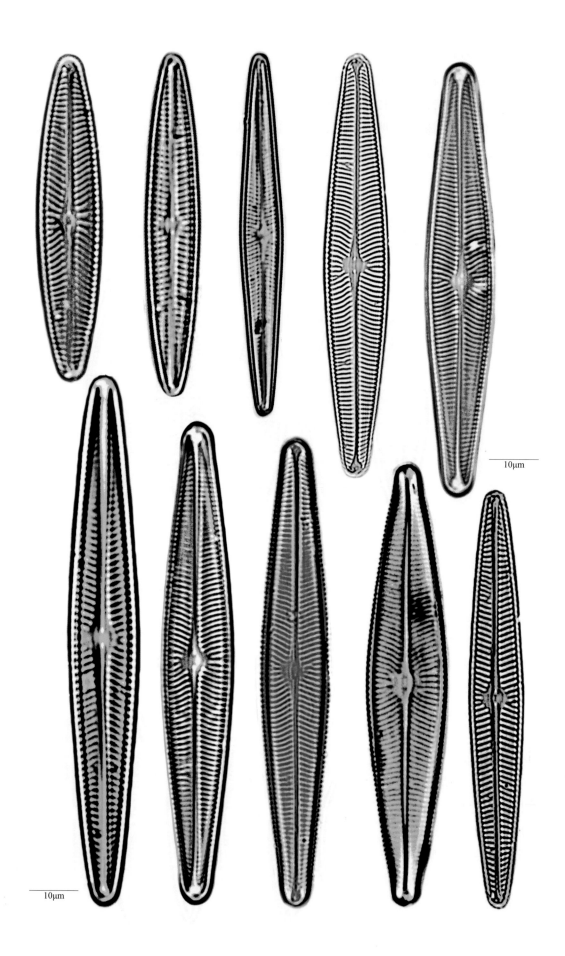

[228] 喙头舟形藻

Navicula rhynchocephala Küetz., 1844, p. 152, 30/35; 李家英, 齐雨藻等: 中国淡水藻志, Vol. 23, p. 138, plate: XX: 9; XLVI: 1; XLV1I: 10～13, 2018.

壳面宽或窄披针形，末端延伸呈近头状。轴区窄。中心区微扩呈椭圆形。壳缝微斜，近缝端中央孔膨大明显。横线纹排列由中部辐射状渐变呈平行，近末端聚集状排列，线纹在10μm内有11～13条，末端密集，达16～18条。壳面长24～50μm，宽6～9μm。

生境：生长于河流、湖泊、溪流、水库、水沟、水塘、水坑、稻田、沼泽、缓流石表等流水或静水环境。

国内分布于黑龙江、西藏、湖南、贵州（松桃、铜仁、江口、印江、石阡、思南、沿河）；国外分布于日本、马来西亚、德国、英国、比利时、俄罗斯、瑞士、瑞典、芬兰、挪威、美国，非洲南部等；梵净山分布于德旺茶寨村大溪沟、紫薇镇罗汉穴。

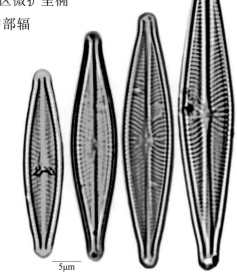

5μm

[229] 盐生舟形藻

[229a] 原变种

Navicula salinarum Grun. var. *salinarum*, in Cleve et Moller, p. 33, 2/34, 1878; 李家英, 齐雨藻等: 中国淡水藻志, Vol. 23, p. 162, plate: XXI: 1～2; XLV1: 15～18, 2018.

壳面宽披针形，末端外凸呈喙状。轴区窄。中心区大小中等，外扩呈近半圆形。壳缝丝状，微斜，近缝端处中央孔明显胀大。横线纹排列由中部辐射状渐变呈平行，近末端聚集状排列，中部线纹在10μm内有12～14条，两端有16～18条，线纹围绕中心区出现长、短相间排列，线纹由短线条组成。壳面长30～42μm，宽7～9μm。

生境：底栖、浮游或附着藻类，生长于河流、湖泊、水沟、水塘、水坑、水库、渗水石表、水田等流水或静水环境。

国内分布于西藏、四川、湖南、贵州（铜仁地区）；国外分布于欧洲、北美洲等；梵净山分布于太平河、牛尾河、张家坝团龙村、坝溪沙子坎、高峰村、锦江、德旺岳家寨红石梁、净河村老屋场洞下、乌罗镇寨朗沟、金厂河、两河口、快场、习家坪。

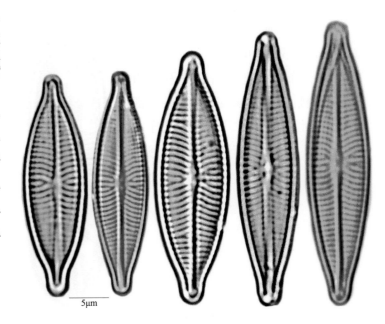

5μm

[229b] 盐生舟形藻中型变种

Navicula salinarum var. ***intermedia***
(Grun.) Cleve, p. 19, 1895; 李家英, 齐
雨藻等: 中国淡水藻志, Vol. 23, p. 163,
plate: XXI: 3, 2018.

与原变种的主要区别在于: 壳面窄
披针形, 近两端延伸变窄呈近头状。中
轴区不明显, 呈不规则形。中部线纹
在10μm内有12～14条, 两端有16～18
条。壳面长32～45μm, 宽7～10μm。

生境: 生长于各种淡水水体。

国内外广泛分布; 梵净山分布于
马槽河、快场、紫薇镇罗汉穴、亚木
沟、甘铜鼓天马寺、金厂河中、德旺净
河村。

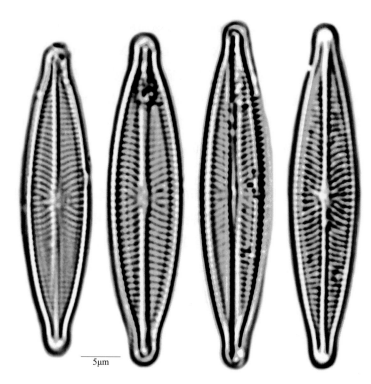

5μm

[230] 静水舟形藻

Navicula stagna Chen et Zhu, p. 125, 1/6, 1994; 李家英, 齐雨藻等: 中国淡水藻志, Vol. 23, p. 164,
plate: XXI: 5, 2018.

壳面草鞋形, 中部微缩, 末端不延伸呈钝圆形。中轴区微扩呈圆形。壳缝
波状扭曲。中部横线纹较稀疏, 由中部辐射状渐变呈平行,
近末端辐射状排列, 中部在10μm内有11～14条, 两端在
10μm内有16～18条。壳面长40～60μm, 宽11～14μm。

生境: 淡水种, 生长于河流缓流区的
水草上、水库或水田中。

国内分布于湖南 (吉首) 和贵州
(松桃县松桃河、江口县王家山水库、都
匀斗篷山剑江、思南四野屯); 梵净山
分布于锦江、德旺岳家寨红石梁 (河中
底栖)。

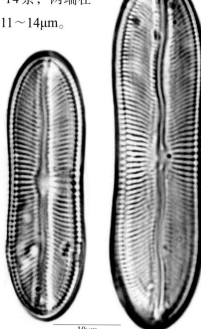

10μm

[231]近杆状舟形藻

Navicula subbacillum Hustedt, p. 256, 18/3～6, 1936; 李家英, 齐雨藻等: 中国淡水藻志, Vol. 23, p. 164, plate: XXI: 6, 2018.

壳面柱状线形, 末端圆形。中轴区窄。中央区菱状椭圆形至椭圆形, 中央节明显。中央区边缘两侧横线纹排列呈放射状, 中部的横线纹在10μm内有15～17条, 末端有25～30条。壳面长22～25μm, 宽5～6μm。

生境: 生长于河流、水坑、沼泽或潮湿岩壁等环境中。

国内分布于西藏、湖南、贵州 (松桃、铜仁、江口); 国外分布于德国、奥地利、瑞典; 梵净山分布于德旺茶寨村大溪沟的路边积水坑。

5μm

[232]淡绿舟形藻

[232a]原变种

Navicula viridula (Kütz.) Kütz., var. ***viridula*** p. 53, 1836; 李家英, 齐雨藻等: 中国淡水藻志, Vol. 23, p, 144, plate: XVII: 7～9; XLVII: 1, 4, 5, 2018.

壳面线状披针形, 两端延伸呈尖圆形。轴区窄。中心区扩大呈圆形或不对称的横矩形。壳缝线形, 向一侧偏斜。壳面横线纹排列由辐射状向两端转变成聚集状, 在10μm内有10～14条, 由短线条组成; 短线条在10μm内有24条。壳面长23～70μm, 宽5～10μm。

生境: 浮游、底栖或附生。生长于河流、湖泊、水塘、水坑、水沟、水库、稻田或潮湿岩壁。

国内分布于黑龙江、西藏、湖南、福建、贵州 (松桃、铜仁、江口、印江、石阡、思南、沿河); 国外分布于欧洲、北美洲; 梵净山分布于桃源村、小坝梅村、清渡河茶园坨、亚木沟、张家屯、高峰村、郭家湾、两河口、乌罗镇甘铜鼓天马寺、乌罗镇寨朗沟、紫薇镇罗汉穴、德旺净河村老屋场苔湾。

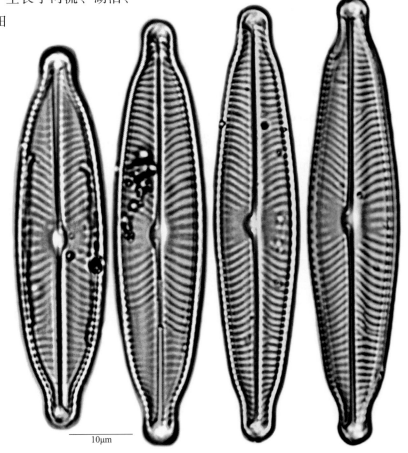

10μm

[232b]淡绿舟形藻头端变型

Navicula viridula* f. *capitata (Mayer 1912) Hust. tedt, p. 297, 1930; 李家英, 齐雨藻等: 中国淡水藻志, Vol. 23, p. 145, plate: XVII: 10; XLVII: 2, 2018.

与淡绿舟形变种的主要区别在于: 壳面线椭圆披针形, 末端延长变窄呈窄喙头状。壳面中部横线纹在10μm内有10~12条, 两端有14~16条。壳面长34~45μm, 宽9~11μm。

生境: 生长于河流、水坑、溪沟、水库、水塘或稻田。

国内分布于西藏、湖南、福建、贵州(松桃、铜仁、江口); 国外分布于瑞典、德国; 梵净山分布于亚木沟、德旺茶寨村大溪沟。

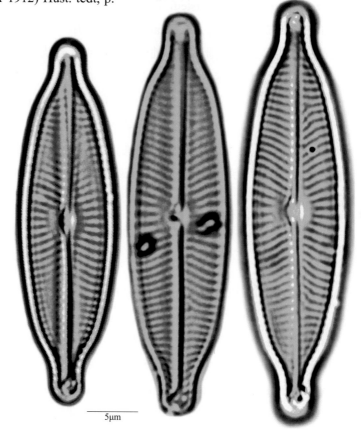

5μm

[232c]淡绿舟形藻额尔古纳变种

Navicula viridula* var. *argunensis Skvortzow p. 408, 1/9, 33, 1938; 李家英, 齐雨藻等: 中国淡水藻志, Vol. 23, p. 145, plate: XVII: 11~12, 2018.

与原变种的主要区别在于: 壳面窄披针形, 由中部向两端变窄, 末端呈近尖形。壳面横线纹在10μm内有11~12条。壳面长27μm, 宽6μm。

生境: 河流、湖泊、沼泽、水坑, 渗水石表及河流环境中。

国内分布于黑龙江、西藏; 国外分布于俄罗斯; 梵净山分布于德旺茶寨村大溪沟的渗水石表。

5μm

[232d]淡绿舟形藻线形变种

Navicula viridula var. ***linearis*** Hustedt in Schmidt et al. 405/13, 14, 1874; 李家英, 齐雨藻等: 中国淡水藻志, Vol. 23, p. 146, plate: XVIII: 1, 2018.

与原变种的主要区别在于: 壳面线披针形至线形, 细胞边缘两侧近平行, 偶见凸出, 末端延伸呈楔形。端节明显, 壳面横线排列由辐射状向两端转变成聚集状, 线纹在10μm内有8～11条。壳面长37～44μm, 宽9～10μm。

生境: 生长于河流、水库、水池、溪流、水坑、沼泽、水田或水沟。

国内分布于西藏、湖南、贵州（松桃、铜仁、江口）; 国外分布于印度尼西亚、德国、美国; 梵净山分布于坝梅村、清渡河公馆、乌罗镇寨朗沟、德旺岳家寨红石梁、净河村老屋场洞下、金厂河。

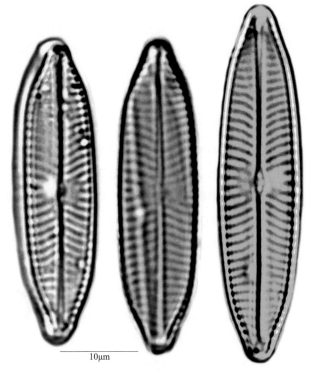

10μm

[233]维里舟形藻

Navicula virihensis Cleve–Euler, p. 141, fig. 790 A, 1953; 李家英, 齐雨藻等: 中国淡水藻志, Vol. 23, p. 169, plate: XXII: 7, 2018.

壳面线状披针形, 细胞边缘两侧近平行, 末端延伸呈喙头状。轴区窄线形。中心区微扩成小的圆形。壳缝近直线形, 远缝端微弯呈钩状, 近缝端中央孔膨大, 横线纹排列呈辐射状, 中部稀, 两端密, 横线纹在中部10μm内有9～10条, 两端14～15条。壳面长32～34μm, 宽11～12μm。

生境: 生长于水池或水沟。

国内分布于西藏; 国外分布于瑞典、芬兰; 梵净山分布于坝溪沙子坎（水沟中底栖）。

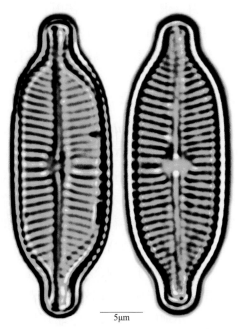

5μm

64. 羽纹藻属 *Pinnularia* Ehrenberg

有时几个连成带状群体，轴对称。壳面形状多样（线形、椭圆形或披针形等），末端钝圆或延伸呈喙状或头状。中轴区多变（狭线形或宽披针形等），一般其宽度低于或等于细胞宽的1/3。中央区圆形、菱形或横矩形等，具中央节和极节。壳缝明显，直或弯曲。具或粗或细的横肋纹，中间部分的横肋纹多比两端的横肋纹稀疏。带面长方形，不具间生带和隔片。2个色素体大、片状，每个色素体上具1个蛋白核。

[234] 圆顶羽纹藻

Pinnularia acrosphaeria (Bréb.) Wm. Smith, p. 58, 19/183, 1853; 李家英, 齐雨藻等: 中国淡水藻志, Vol. 19, p. 65, plate: Ⅻ: 5～7; XXXI: 3, 2014.

壳面线形，中部和末端膨大，末端膨大呈宽头状。轴区宽，相当于壳面宽度的1/3，围绕中央节向一侧略扩大。轴区内分布着许多不规则的颗粒纹。壳缝直，近中部壳缝分叉，近缝端近一侧弯斜，中央孔小，远缝端宽呈弯钩状。横肋纹排列由中部辐射状渐变呈平行，近末端辐射状排列，肋纹在10μm内有11～14条，纵纹窄，紧靠壳面边缘。壳面长45～80μm，宽9～12μm。

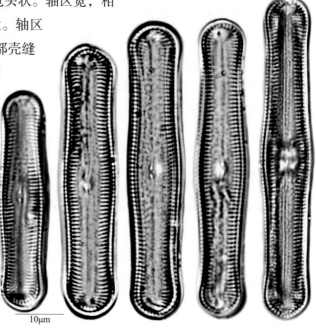

10μm

生境：生长于水沟、水田、水坑等静水、流水低导电或中性水体环境中。

国内分布于北京、黑龙江、辽宁、天津、西藏、湖南、福建、广东、贵州；国外分布于日本、蒙古、印度尼西亚、斯里兰卡、朝鲜、俄罗斯、英国、法国、瑞典、德国、芬兰、美国、新西兰；梵净山分布于寨沙、坝梅村、亚木沟、高峰村、茶寨村大溪沟、黑湾河。

[235] 尖头羽纹藻

Pinnularia acuminata Wm. Smith, p. 55, fig. 18/164, 1853; 李家英, 齐雨藻等: 中国淡水藻志, Vol. 19, p. 20, plate: III:1; XXVI: 3, 2014.

壳面线状，细胞边缘两侧近平行，末端微延伸呈楔状。中轴区宽，为细胞宽度的1/3～2/3。中央区较小，偶见微扩呈窄横带。壳缝窄，弯斜，近壳缝中央孔小，侧弯，远缝端呈卷边状。横纹在由中部辐射状渐变成近平行，近末端辐射状排列，横线纹在10μm内有8～11条，1条宽纵带与横肋纹交叉。壳面长42～60μm，宽11～13μm。

生境：生长于河沟、水塘、水坑、水池、水田或滴水岩壁。

国内分布于西藏；国外分布于英国、德国、美国；梵净山分布于净心池、坝溪沙子坎、马槽河、凯文村、小坝梅村、亚木沟、金厂村、德旺茶寨村。

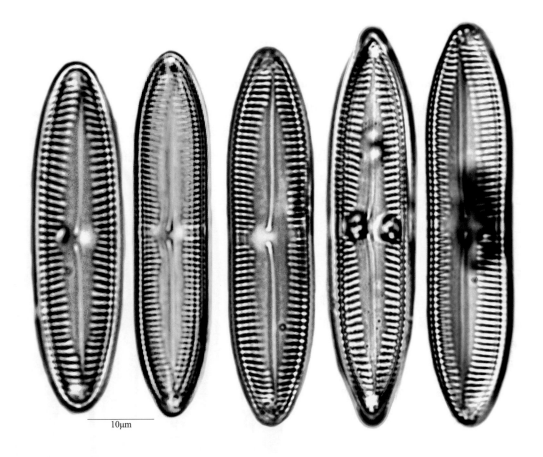

10μm

[236]狭形羽纹藻

Pinnularia angusta (Cl.) Krammer p. 122,
1992; 李家英, 齐雨藻等: 中国淡水藻志, Vol. 19,
p. 21, plate: III:3; XXXV: 3, 4, 2014.

　　壳面线形, 细胞边缘两侧弯曲呈三波状, 末
端缢缩呈头状。轴区窄线形。中央区外扩呈1条
近菱形的小横带。壳缝直线形, 丝状, 近缝端中
央孔侧生偏斜。横线纹近中部排列呈辐射状, 近
末端排列呈辐射状, 横线纹在10μm内有11~14
条。壳面长40~45μm, 宽7.7~8.5μm。

　　生境: 生长于湖泊、河流、水塘、溪流、水
坑或水沟。

　　国内分布于黑龙江、内蒙古; 国外分布于瑞
典; 梵净山分布于德旺茶寨村大溪沟（水坑底
栖）、黑湾河凯马村（水沟底栖）。

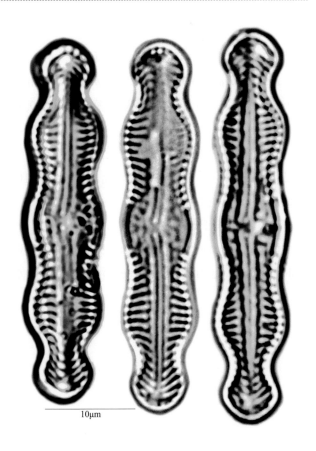

10μm

[237]具附属物羽纹藻

[237a]原变种

Pinnularia appendiculata (Ag.) Cleve var. ***appendiculata*** 1895, p. 75; 李家英, 齐雨藻
等: 中国淡水藻志, Vol. 19, p. 8, plate: I: 10, 2014.

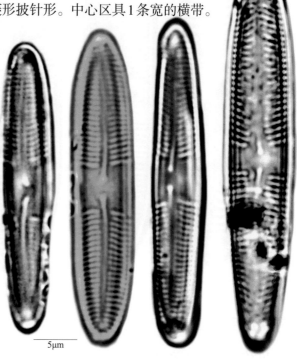

壳面椭圆披针形, 细胞中部边缘两侧近平行, 由中部至末端逐渐变窄, 末端呈
宽圆形或楔状。轴区细长, 轴区中部略增宽呈菱形披针形。中心区具1条宽的横带。
端节清晰, 大。壳缝直线形, 近缝端向中
心区偏斜, 中央孔不膨大, 远缝端弯曲呈
钩状。近中部横线纹排列呈辐射状, 近末
端呈聚集状排列, 线纹在10μm内有17条。
壳面长35.4μm, 宽7μm。

生境: 水塘、水池、稻田等流水和静
水环境或滴水岩壁、潮湿岩壁、湿土表面
等半气生环境中。

国内分布于黑龙江、西藏、山西、湖
南; 国外分布于斯里兰卡、朝鲜、俄罗斯、
瑞士、芬兰、德国、美国; 梵净山分布于
德旺茶寨村大溪沟的水坑。

5μm

[237b]具附属物羽纹藻布达变种

Pinnularia appendiculata var. ***budensis*** (Grun.) Cleve 1895,
p. 75; 李家英, 齐雨藻等: 中国淡水藻志, Vol. 19, p. 9, plate: I: 11;
XXVII: 7, 2014.

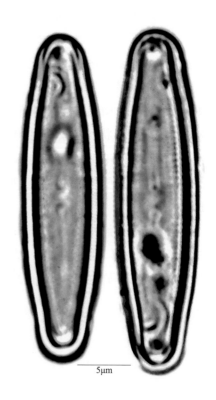

与原变种的主要区别在于: 壳面宽披针形, 细胞中部弧形拱
起凸出, 末端不延伸呈宽头状。壳面横肋纹在10μm内有20条。
壳面长30μm, 宽7.4μm。

生境: 生长于湖泊、水坑或水田。

国内分布于西藏、山西; 国外分布于马来西亚、俄罗斯、比
利时、德国; 梵净山分布于德旺净河村老屋场的水田。

5μm

[238]双戟羽纹藻

Pinnularia bihastata (Mann) F. W. Mills, p. 1308, 1934; 李家英, 齐雨藻等: 中国淡水藻志, Vol. 19, p. 71, plate: XVI: 1, 2014.

壳面长线形, 近中部和末端微微膨大, 细胞边缘略为三波状, 末端呈宽楔形至近圆头状。轴区窄线形。中心区微微外扩。壳缝直线形, 近缝端略微向一侧偏斜, 中央孔小, 呈点形, 远缝端镰刀状中部横线纹排列呈辐射状, 近末端呈聚集状排列, 在10μm内有7～11条。壳面长（55～）116～153μm, 宽16～23μm。

生境: 生长于河流、湖泊、沼泽或水坑。

国内分布于西藏；国外分布于德国、瑞典、芬兰、英国、美国；梵净山分布于马槽河及陈家坡河边水坑、坝梅村岩下水坑。

10μm

[239]北方羽纹藻

[239a]原变种

Pinnularia borealis Ehr. var. ***borealis*** p. 420, 1/2, fig. 6, 4/1, fig. 5, 1841(1843); 李家英, 齐雨藻等: 中国淡水藻志, Vol. 19, p. 39, plate: V: 3～5; XXVI: 17; XXVI: 8～11, 2014.

壳面窄线形至线状椭圆形, 细胞边缘两侧近平行, 或近中部微凸, 近末端变窄, 末端呈钝圆形。中轴区窄。中央区大, 圆形, 偶见延伸细胞边缘形成1条横带, 或1～2条中央线条缺失。壳缝丝状微弯, 壳缝外侧在中部同向偏斜, 中央孔清晰可见, 圆形, 远缝端中等大小呈镰刀状。横线纹宽, 近中部排列呈辐射状, 近末端近平行排列或微呈聚集状, 在10μm内有5～8条。壳面长25～45μm, 宽7～11μm。

生境: 生长于河沟、溪沟、水坑、湿地等各种淡水水体, 或滴水及潮湿岩壁。

国内分布于黑龙江、吉林、辽宁、内蒙古、西藏、山西、湖南、浙江、江苏、福建及贵州；国外分布于日本、朝鲜、俄罗斯、德国、英国、法国、瑞典、芬兰、加拿大、美国、智利；梵净山分布于坝溪河、鱼坳旅游线泥炭藓湿地、清渡河茶园坨、锦江、德旺岳家寨红石梁、茶寨村大溪沟、净河村老屋场苕湾、马槽河、大河堰杨家组、高峰村。

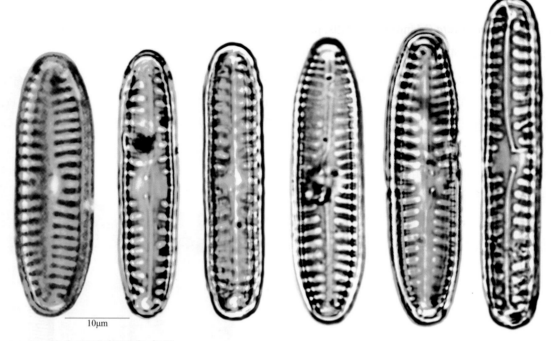

[239b]北方羽纹藻近岛变种

Pinnularia borealis var. **subislandica** Krammer, p. 25, fgs. 8: 1～6, 2000; 李家英, 齐雨藻等: 中国淡水藻志, Vol. 19, p. 40, plate: VII: 7; XXVI: 18～21, 2014.

与原变种的主要区别在于: 细胞更小。壳面边缘两侧近平行, 末端不延伸呈楔形。壳面横线纹在10μm内有5条。壳面长40～50μm, 宽7～12μm。

生境: 生长于湖泊、河沟边水坑、溪沟或渗水及潮湿石表。

国内分布于西藏、内蒙古; 国外分布于蒙古、冰岛; 梵净山分布于德旺茶寨村大溪沟、净河村老屋场苕湾、马槽河、清渡河、团龙清水江、坝梅村。

[240] 短肋羽纹藻

Pinnularia brevicostata Cleve, p. 25, 1/5, 1891; 李家英, 齐雨藻等: 中国淡水藻志, Vol. 19, p. 67, plate: XIII: 3～4; XV: 4, 2014.

　　壳面线形, 细胞边缘两侧近平行, 末端不延伸呈钝圆形。轴区窄披针形, 其宽度为细胞宽度近1/2。中心区常出现1条中宽的横带。壳缝宽, 常出现2条纵线, 近缝端微偏斜, 中央孔呈水滴状, 大小中等, 远缝端弯曲呈大镰刀状。短横肋纹, 由中部到末端渐变窄, 横肋纹排列由中部辐射状至向末端渐平行, 末端微聚集排列。横肋纹在10μm内有8～11条, 是不明显的纵线。壳面长50～77μm, 宽12～19μm。

　　生境: 生长于河流、溪流、水坑、沼泽、水塘或稻田等环境中。

　　国内分布于黑龙江、吉林、辽宁、西藏、贵州 (江口、印江)、福建; 国外分布于日本、马来西亚、俄罗斯、瑞典、瑞士、芬兰、德国、美国、新西兰; 梵净山分布于小梅坝村、马槽河水坑、德旺茶寨村大溪沟。

10μm

[241] 布朗羽纹藻

[241a] 原变种

Pinnularia brunii (Grun.) Cl. var. **brunii** p. 75, 1895; 李家英, 齐雨藻等: 中国淡水藻志, Vol. 19, p. 10, plate: I: 12, 2014.

　　壳面椭圆披针形, 细胞边缘两侧外凸, 末端延伸收缩呈头状。轴区微膨大呈宽披针形。中心区具宽的横带。壳缝直线形, 近缝端同侧微弯, 中央孔小圆形, 远缝端弯曲呈钩状。横线纹极短, 排列由中部呈辐射状向末端渐变为聚集状, 线纹在10μm内有11～14条。壳面长30～38μm, 宽7～8μm。

　　生境: 生长于水坑或稻田等淡水环境中。

　　国内分布于吉林、西藏、贵州; 国外分布于俄罗斯、德国、瑞典、芬兰、法国、马来西亚、日本, 非洲南部; 梵净山分布于德旺茶寨村大溪沟、昔平村。

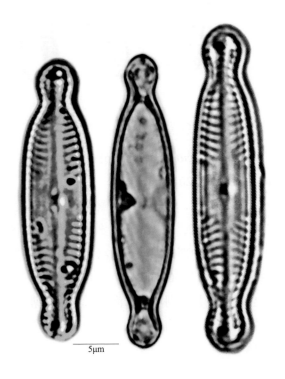

5μm

[241b] 布朗羽纹藻两头变种

Pinnularia brunii var. ***amphicephala*** (Mayer) Hust., p. 319, fig. 578, 1930; 李家英, 齐雨藻等: 中国淡水藻志, Vol. 19, p. 10, plate: I: 13, 14: XXVI: 10, 2014.

与原变种的主要区别在于：壳面线状披针形，壳缘近平行，末端呈明显的头状。壳面横线纹在10μm内有12～14条。壳面长30～50μm，宽7～9μm。

生境：生长于河流、溪流、水坑、沼泽、稻田、水库、滴水岩石上等流水、静水或半气生环境中。

国内分布于黑龙江、吉林、西藏、湖南、贵州（松桃、铜仁、江口、印江）；国外分布于马来西亚、俄罗斯、德国、瑞典、芬兰、挪威；梵净山分布于黑湾河凯马村、张家坝团龙村、太平镇马马沟村、陈家坡、凯文村、清渡河公馆、亚木沟、寨沙太平河、护国寺、大河堰。

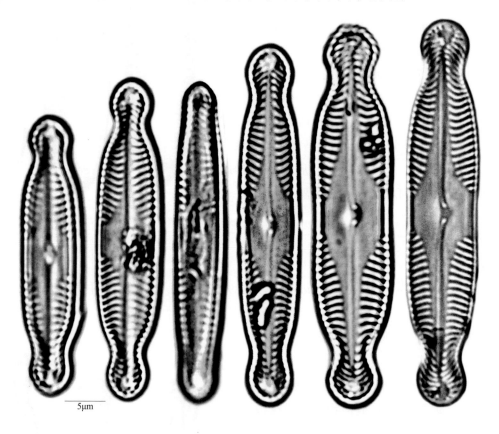

5μm

[242] 楔形羽纹藻

Pinnularia cuneata (Östrup) Cl.–Euler, p. 31, 1915; 李家英, 齐雨藻等: 中国淡水藻志, Vol. 19, p. 86, plate: XXXII: 2, 2014.

壳面宽线形，细胞边缘两侧平行，末端微延伸呈楔圆形。轴区线状披针形。中心区外扩呈不对称菱形。壳缝微弯，中等宽度，外裂缝呈波曲状，中节包围近缝端，中央孔呈小圆形，远缝端呈弯曲状。横肋纹近中部排列呈辐射状，近末端排列呈聚集状，横肋纹在10μm内有10～12条，出现较宽的2条纵线。壳面长50～60μm，宽13～14μm。

生境：生长于湖泊、水沟、水坑、水塘、稻田或滴水岩壁。

国内分布于湖南、贵州（江口、印江）；梵净山分布于德旺茶寨村大溪沟、张家坝团龙村（水沟中底栖）。

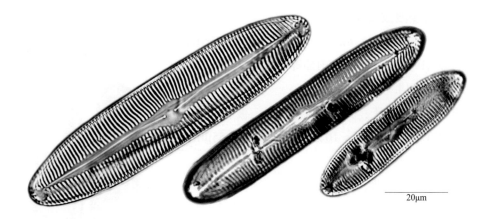

20μm

[243]歧纹羽纹藻

[243a]原变种

Pinnularia divergens Wm. Smith var. ***divergens*** p. 57, 18/177, 1853; 李家英, 齐雨藻等: 中国淡水藻志, Vol. 19, p. 22, plate: III: 6, 2014.

　　壳面线状椭圆形或披针形, 细胞边缘两侧近平行, 中部和末端弯曲呈三波曲状, 末端宽圆形或近头状。轴区线状披针形, 其宽约为细胞宽度的1/4。中心区外扩呈菱形, 其宽度近细胞宽的1/2～2/3, 横带窄小, 直达壳缘, 横带和轴区近等宽, 横带边缘具1个增厚节。壳缝微弯, 中部常呈丝状, 中央孔上具附加物, 远缝端宽呈刺刀状。横线纹排列由中部辐射状向末端转变为聚集状排列, 横线纹在10μm内有9～11条。壳面长50～94μm, 宽14～19μm。

　　生境: 生长于水坑、水田、水塘或沼泽。

　　国内分布于西藏; 国外分布于英国、芬兰; 梵净山分布于亚木沟、马槽河、大河堰、德旺净河村、凯文村、小坝梅村。

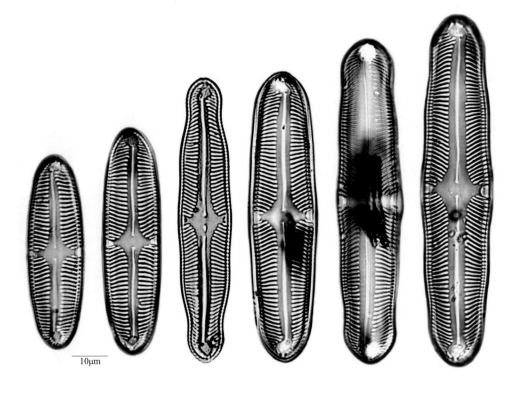

10μm

[243b]歧纹羽纹藻波纹变种

Pinnularia divergens var. ***undulate*** (Perag. et Héribaud) Hustedt, p. 145, 2/33,1914; 李家英, 齐雨藻等: 中国淡水藻志, Vol. 19, p. 23, plate: IV: 1, 2014.

与原变种的主要区别在于：壳面外缘弯曲呈三波状，末端近头状。壳面横线纹在10μm内有9～10条。壳面长45～55μm，宽9～10μm。

生境：生长于溪流、水塘、稻田或沼泽。

国内分布于西藏；国外分布于日本、俄罗斯、芬兰、瑞典、法国、英国、美国；梵净山分布于太平镇马马沟村、陈家坡、坝溪沙子坎。

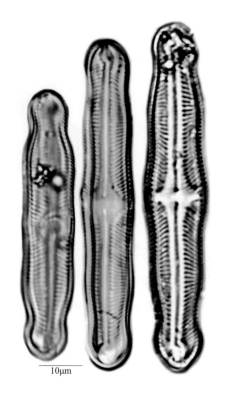

10μm

[244]同族羽纹藻（高雅羽纹藻）

Pinnularia gentilis (Donk.) Cleve, p. 21, 1891; 李家英, 齐雨藻等: 中国淡水藻志, Vol. 19, p. 88, plate: XIX: 1～2; XXXIII: 1～3, 2014.

壳面线形，中部微膨胀，末端宽圆形。轴区窄线形，其宽度为细胞宽度的1/4～1/3，两端渐尖。中心区椭圆形，其宽度约为细胞宽度的1/2。壳缝半复合型，微弯，出现2条直的纵线和1条弯曲的纵线，近缝端弯曲。中央孔小圆形，远缝端卷曲状。横线纹在中部排列呈辐射状，向末端呈聚集状排列，线纹在10μm内有6～7条，壳面两侧有1条明显宽的纵带与横线纹交叉。壳面长180～220μm，宽26～30μm。

生境：生长于河沟、水坑或水田。

国内分布于辽宁、西藏、广东、福建、海南；国外分布于日本、美国和欧洲多国；梵净山分布于坝梅村、净河村老屋场。

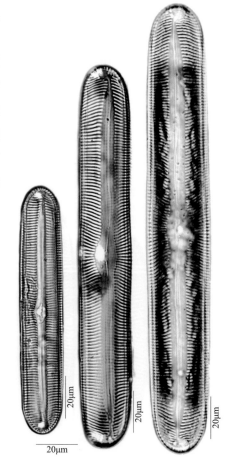

20μm

20μm

20μm

20μm

[245]弯羽纹藻

[245a]原变种

Pinnularia gibba Ehr. var. ***gibba*** p. 384, 1/2, fig. 24, 3/1, fig. 4, 1841; 李家英, 齐雨藻等: 中国淡水藻志, Vol. 19, p. 55, plate: X: 6～7, 2014.

壳面菱状披针形, 末端呈圆头状。轴区宽度为细胞宽度的1/3～1/2, 轴区和中心区呈菱形, 其上具至细胞边缘的对称或不对称横带。壳缝偏斜, 外裂缝在近缝端向腹侧偏斜。中央孔圆形, 远缝端呈弯钩形。在中部横肋纹排列呈辐射状, 在末端明显呈聚集状排列, 横肋纹在10μm内有11～14条。近缝端中央孔大, 呈滴水状。壳面长60～110μm, 宽9～12μm。

生境: 生长于河流、水沟、水坑、水塘、渗水石壁或沼泽。

国内分布于吉林、辽宁、西藏、四川、西南、上海、江西; 国外分布于日本、蒙古、俄罗斯、英国、德国、挪威、芬兰、瑞典、美国、新西兰; 梵净山分布于坝溪沙子坎、坝梅村、大河堰、张家屯、金厂河、郭家湾、德旺茶寨村大溪沟。

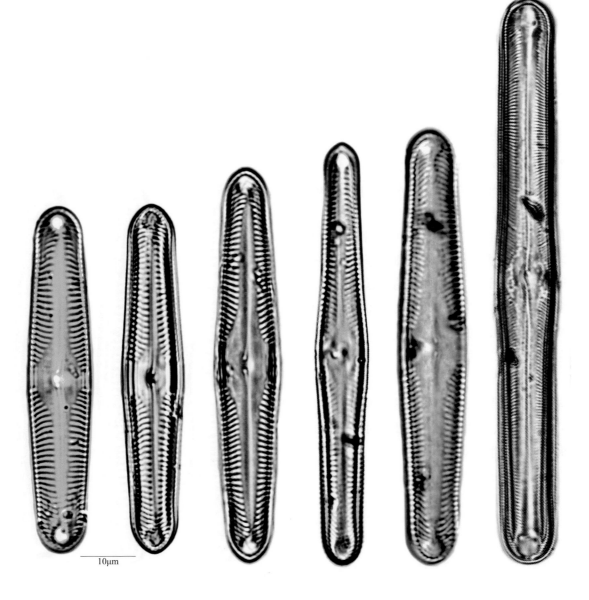

10μm

[245b]弯羽纹藻线形变种

Pinnularia gibba var. ***linearis*** Hustedt, p. 327, fig. 604, 1930; 李家英, 齐雨藻等: 中国淡水藻志, Vol. 19, p. 56, plate: X: 8, 11, 2014.

与原变种的主要区别在于: 壳面线形, 细胞两侧边缘近平行, 在中部略凸, 末端呈宽圆形。中心区外扩形成对称的横带。外壳缝直, 近缝端同向弯斜, 中央孔小圆形, 远缝端弯曲呈弯钩形。壳面横肋纹粗壮, 在10μm内有9～13条。壳面长42～62μm, 宽7.5～10.5μm。

生境: 淡水藻类, 生长于山区支流、泉水、沼泽化水塘、水坑等流水或静水环境中。

国内分布于西藏; 国外分布于蒙古、俄罗斯、挪威、德国; 梵净山分布于凯文村和小坝梅村 (水田底栖)。

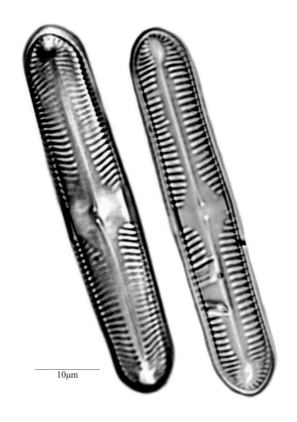

10μm

[246]最细长羽纹藻

Pinnularia gracillima Gregory 1856, p. 9, 1/31; 李家英, 齐雨藻等: 中国淡水藻志, Vol. 19, p. 4, plate: I: 1, 2014.

壳面狭披针形, 细胞边缘微弯, 略微呈三波状, 近末端钝状延长呈宽圆形。轴区细呈窄线形, 中心区小圆形。壳缝直线形, 近缝端近直, 远缝端呈小弯钩形。横线纹细, 排列近平行, 线纹在10μm内有18条。壳面长32～33μm, 宽4.5～5.0μm。

生境: 生长于河流、小湖、沼泽、溪沟或水沟等。

国内分布于吉林、辽宁、西藏; 国外分布于俄罗斯、芬兰、瑞典、德国、英国、比利时; 梵净山分布于坝梅村 (河水浮游)。

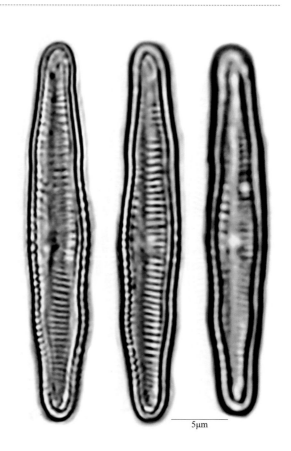

5μm

[247]哈特利安羽纹藻

Pinnularia hartleyana Greville, p. 57, 6/30, 1865; 李家英，齐雨藻等：中国淡水藻志，Vol. 19, p. 26, plate: V: 1, 2014.

　　壳面线形，细胞边缘两侧近平行，末端呈圆形。轴区窄线形，其宽度小于细胞宽度的1/3。中心区外扩形成菱状横带，端节大，极端具肋纹。壳缝线形，近缝端同向弯斜，中央孔小圆形，远缝端弯曲呈近弯钩形。壳面横肋纹在中部强烈排列呈辐射状，向末端明显呈聚集状排列，肋纹在10μm内有11～14条，2条纵线纹与肋纹交叉。壳面长48μm，宽8μm。

　　生境：生长于湖泊、小水库、水塘、水沟、水田、缓流石表、潮湿岩壁等流水、静水或半气生环境中。

　　国内分布于湖南；国外分布于德国、英国、芬兰；梵净山分布于高峰村。

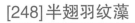

10μm

[248]半翅羽纹藻

Pinnularia hemiptera (Kützing) Rabenhorst, 刘威，朱远生，黄迎艳译：欧洲硅藻鉴定系统 (Krammer, K., Lange–Bertalot H., Bacillariophyceae), p. 110, fig. 409: 1～3, 2012.

　　壳面披针形，末端微延伸呈尖形或不延伸呈楔形。轴区窄披针形，其宽度为细胞宽度的1/3～1/2。中心区外扩形成椭圆形，端节小，末端具肋纹。壳缝线形，近缝端同向偏斜，中央孔小，近圆形，远缝端弯曲呈镰钩形。中部横肋纹排列呈辐射状，然后向末端渐变近平行排列，肋纹在10μm内有13～14条。壳面长35.8μm，宽9.2μm。

　　国内分布于山西、贵州（舞阳河、乌江）；国外分布于欧洲；梵净山分布于德旺茶寨村大溪沟的路边积水坑。

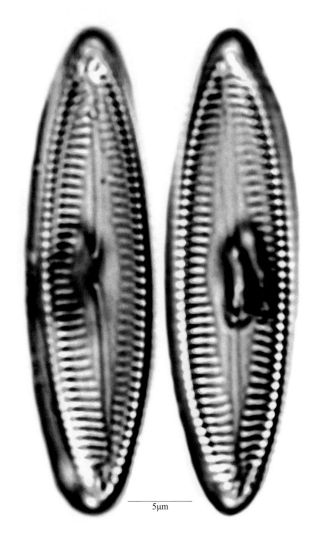

5μm

[249]湖南羽纹藻

Pinnularia hunanica Zhu et Chen, p. 35, 1/6, 7, 1989; 李家英, 齐雨藻等: 中国淡水藻志, Vol. 19, p. 90, XIX: 4, 5, 2014.

　　壳面披针形, 中部外凸, 末端收缩呈钝圆形。轴区披针形, 其宽度为细胞宽度的1/3～1/2, 中心区外扩至细胞边缘形成一条菱状横带。中央节的两侧内各具1列弓形排列的斑纹。壳缝复合型, 外壳缝波纹状扭曲, 近缝端弯斜, 中央孔小, 点形, 远缝端弯曲呈镰钩状。中部横肋纹排列呈辐射状, 在10μm内有9～10条, 近末端呈聚集状排列, 在10μm内有10～12条。壳面长64～88μm, 宽12～15μm。

　　生境: 生长于河沟、水坑或滴水及潮湿石表。

　　国内分布于湖南（慈利索溪峪自然保护区）; 梵净山分布于坝溪河、坝溪沙子坎、坝梅村、马槽河、快场、亚木沟、高峰村、德旺净河村老屋场。

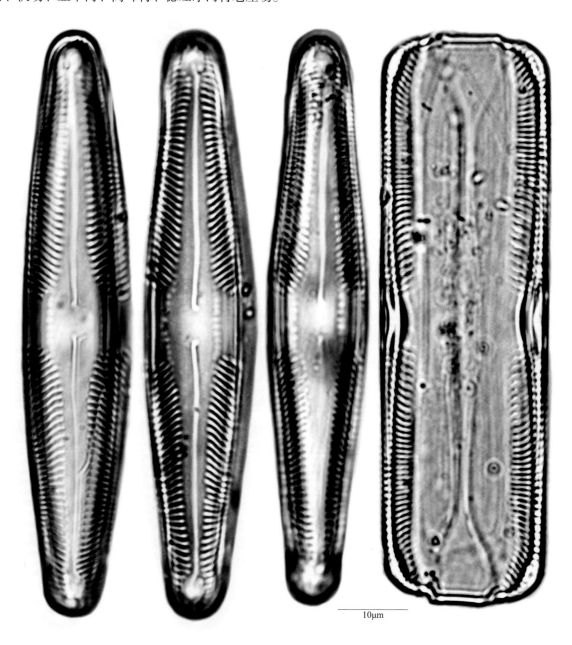

10μm

[250]断纹羽纹藻

[250a]原变种

Pinnularia interrupta Wm. Smith var. ***interrupta*** p. 59, 19/184,1853; 李家英,
齐雨藻等: 中国淡水藻志, Vol. 19, 11, plate: II: 1; XXVI: 13, 2014.

　　壳面线形或披针形, 细胞边缘两侧近直或微弯呈三波状, 末端收缩呈尖头状。轴区窄中央区大的线性披针形, 中央区常外扩至细胞边缘形成一条宽的菱状横带, 近边缘具几条短线纹。壳缝丝状, 微斜, 近缝端中央孔呈大水滴状, 远缝端呈弯钩形。中部横肋纹排列呈辐射状, 末端排列呈聚集状, 在10μm内有11~14条。壳面长34~71μm, 宽7~12μm。

　　生境: 生长于湖泊、溪流、水沟、水田、水坑或潮湿石壁等。

　　国内分布于辽宁、西藏、四川、云南、湖南、贵州; 国外分布于日本、俄罗斯、英国、瑞士、瑞典、比利时、芬兰、挪威等; 梵净山分布于小坝梅村 (水田中底栖)、高峰村 (水坑中底栖)。

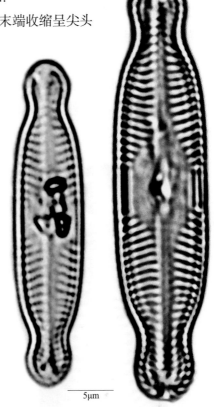

5μm

[250b]断纹羽纹藻中华变种

Pinnularia interrupta var. ***sinica*** Skvortzow, p. 471, 2/7, 1935; 李家英,
齐雨藻等: 中国淡水藻志, Vol. 19, p. 13, plate: II: 2, 2014.

　　与原变种的主要区别在于: 壳面披针形, 中部微缩, 末端呈长圆形。中心区外扩至细胞边缘形成宽横带。横线纹排列近平行或微辐射状, 在10μm内有11~12条。壳面长32~26μm, 宽5.0~5.5μm。

　　生境: 湖泊或滴水石表。

　　国内分布于江西 (鄱阳湖); 国外分布于美国; 梵净山分布于熊家坡的溪沟边滴水石表。

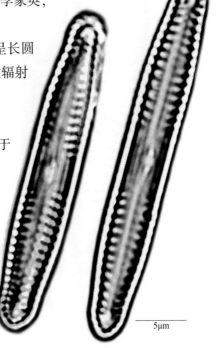

5μm

[250c]断纹羽纹藻二头变型

Pinnularia interrupta* f. *biceps (Greg.) Cleve, p. 76, 1895; 李家英, 齐雨藻等: 中国淡水藻志, Vol. 19, 12, plate: XXXIV: 8, 9, 2014.

与断纹羽纹变种的主要区别在于: 壳面呈线形, 两侧边缘近平行或微凹, 末端收缩呈头状。轴区窄线形。中心区外扩至细胞边缘呈菱形。壳缝近直线形, 近缝端微斜, 中央孔水滴状, 远端缝不明显。横线纹排列由中部辐射状向末端转变为聚集状, 线纹在10μm内有11～14条。壳面长40～55μm, 宽9～10μm。

生境: 溪流、水沟、水田或水坑等环境中。

国内分布于山西; 国外分布于德国、瑞典、英国、瑞士、芬兰; 梵净山分布于冷家坝鹅家坳、高峰村、昔平村、凯文村、熊家坡、马马沟村、寨沙、德旺净河村老屋场、小坝梅村。

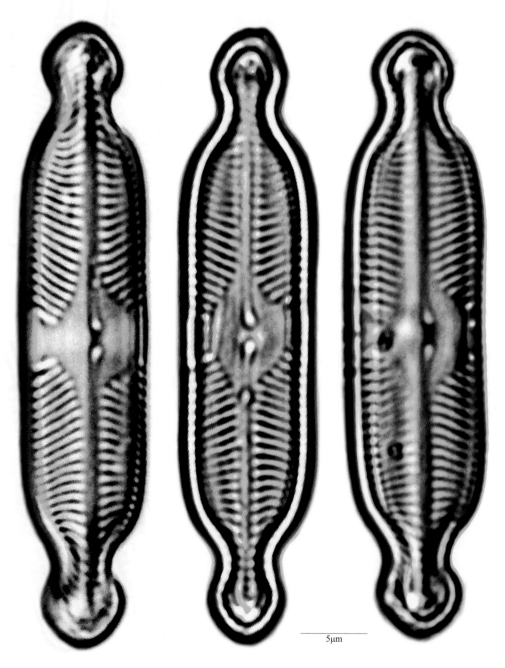

5μm

[251]拉特维特塔塔羽纹藻

Pinnularia latevittata Cleve

壳面线形，细胞边缘两侧近平行，末端不延伸，呈宽圆形。轴区窄线形，其宽度为细胞宽度的近1/4，末端变尖。中心区微扩呈不对称圆形，其宽度约为细胞宽度的1/4。壳缝微弯，外壳缝近缝端弯斜。中央孔小，远缝端微弯呈微卷边形。中部肋纹排列呈辐射状，近末端平行排列，肋纹在10μm内有5或6条，与1条宽纵带相交。

[251a]拉特维特塔塔羽纹藻多明变种

Pinnularia latevittata var. *domingensis* Cleve, p. 103, 1894; 李家英，齐雨藻等: 中国淡水藻志, Vol. 19, p. 74, plate: XIV: 5, 2014.

与原变种的主要区别在于：壳体较大，线形，壳面中部和两端膨大，末端楔状圆形。轴区线形。中心区圆形。壳面横肋纹在中部明显排列呈辐射状，向末端平行至明显聚集状排列。肋纹在10μm内有5.5~8条，与1条宽纵带相交。壳面长173~226μm，宽24~29μm。

生境：底栖藻类，生长于河沟、水沟、水塘、水坑或水田。

国内分布于西藏；国外分布于波兰、美国、厄瓜多尔、牙买加；梵净山分布于马马沟村、坝溪沙子坎、马槽河、凯文村、小坝梅村、陈家坡、德旺茶寨村大溪沟、黑湾河凯马村。

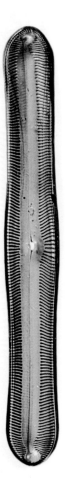
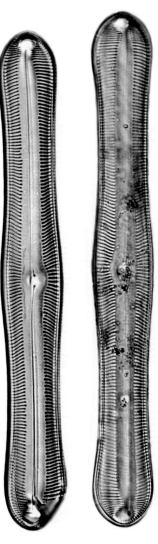

20μm

[252]豆荚形羽纹藻

[252a]原变种

Pinnularia legumen Ehr. var. ***legumen*** 4/1, fig. 7. 1841; 李家英, 齐雨藻等: 中国淡水藻志, Vol. 19, p. 28, plate: V: 4～6, 2014.

壳面线披针形，细胞两侧边缘微弯呈三波状，末端略延伸呈宽喙状。轴区宽。中心区外扩形成不对称菱状横带。壳缝近直，近缝端微弯。中央孔小，圆形，远缝端呈小弯钩形。中部横线纹排列呈辐射状，近末端排列呈聚集状，线纹在10μm内有9～11条。壳面长40～68μm，宽9～14μm。

生境: 生长于河沟、水沟、水塘、水田、沼泽或潮湿岩壁。

国内分布于黑龙江、辽宁、内蒙古、湖南、福建；国外分布于马来西亚、日本、俄罗斯、德国、瑞士、瑞典、芬兰、美国；梵净山分布于坝溪沙子坎、快场、大河堰杨家组、坝梅村、小坝梅村、陈家坡、高峰村、两河口、熊家坡、冷家坝、亚木沟、郭家湾。

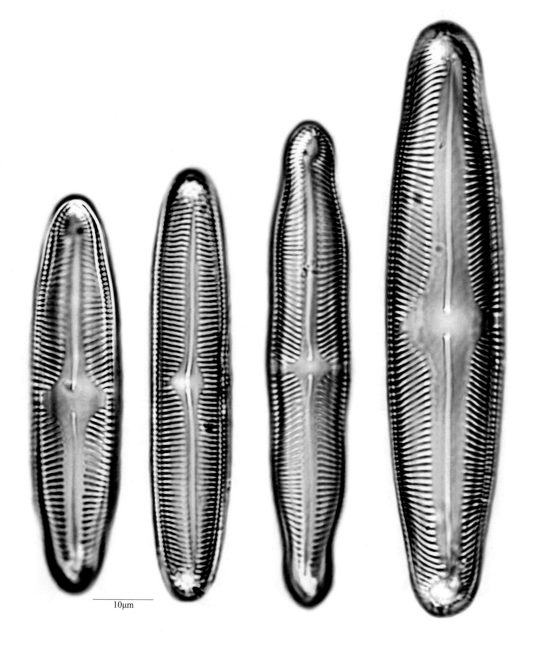

10μm

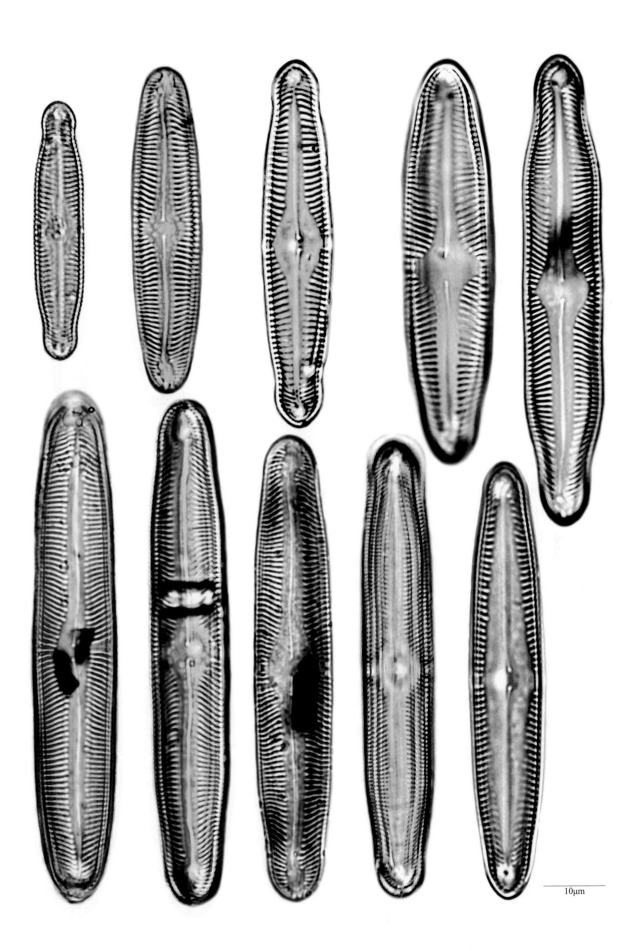

10μm

[252b] 豆荚形羽纹藻小花变种

Pinnularia legumen var. ***florentina*** (Grun.) Cl., p. 78, 1895; 李家英, 齐雨藻等: 中国淡水藻志, Vol. 19, p. 28, plate: V: 7; XXVII: 9, 2014.

与原变种的主要区别在于：壳面线状披针形，末端延伸呈尖圆喙状或不延伸呈钝圆形。轴区宽度中等大小。中央区外扩成窄横带。壳面横线纹在10μm内有9～12条。壳面长40～93μm，宽8.8～19.1μm。

生境：生长于河沟、水坑、水田或滴水石表。

国内分布于湖南及贵州；国外分布于德国、法国、芬兰；梵净山分布于大河堰、小坝梅村、高峰村、昔平村、黑湾河、寨沙、旺净河村老屋场茗湾。

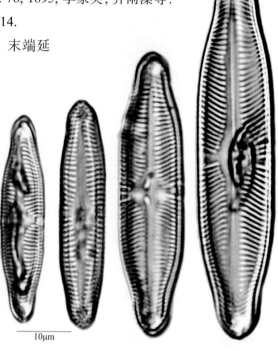

10μm

[253] 扁形羽纹藻

Pinnularia lenticula Cleve-Euler 1955, p. 56, fig. 1074 a～d; 李家英, 齐雨藻等: 中国淡水藻志, Vol. 19, 47, plate: IX: 1, 2014.

壳面菱状披针形，细胞边缘两侧向外拱起外凸，近末端变窄呈楔状圆形。轴区窄线形，中心区外扩接近于细胞边缘形成菱形横带。壳缝丝状微弯，近缝端具1个偏斜的中央孔，远缝端呈近点状。中部横线纹排列呈辐射状，近末端排列呈聚集状，横线纹在10μm内有10～14条。壳面长38～55μm，宽10～15μm。

生境：生长于湖泊、水沟、水坑或稻田等环境中。

国内分布于贵州、湖南；国外分布于芬兰、瑞典、丹麦；梵净山分布于坝溪沙子坎的水沟、德旺茶寨村大溪沟的水坑。

10μm

[254]较大羽纹藻（大羽纹藻）

[254a]原变种

Pinnularia major (Kütz.) Rabenharst var. ***major*** p. 42, 6/5, 1853; 李家英, 齐雨藻等: 中国淡水藻志, Vol. 19, 74, plate: XIV: 7～8; XXXI: 8; XXXV: 2, 2014.

壳面线形, 中部和两端略微膨大, 末端圆形至宽圆形。轴区线形, 中等宽, 相当于壳面宽度的1/4～1/3, 在末端渐尖或锥形。中心区扩大, 很不规则, 常不对称, 其宽度相当于壳面宽度的1/4～1/3（有时达到2/5）, 有时围绕中节增宽。壳缝侧斜, 中等宽, 细丝状, 近缝端斜弯。中央孔近圆形, 远缝端卷边形。壳面横线纹在中部排列呈辐射状, 在末端呈聚集状排列, 横肋纹在10μm内有6～10条, 有1条较宽的纵带与横肋纹相交。壳面长65～206μm, 宽17～30μm。

生境: 生长于湖泊、河流、溪流、水沟、水坑、水池、水田、沼泽等水体或滴水岩壁表面。

国内分布于北京、黑龙江、内蒙古、西藏、四川、云南、贵州（铜仁地区）、湖南、福建; 国外分布于日本、俄罗斯、德国、瑞士、芬兰、瑞典、美国; 梵净山分布于护国寺、马槽河、寨沙、马马沟村、凯文村、小坝梅村、大河堰、亚木沟、张家屯、郭家湾、德旺红石梁、茶寨村大溪沟、黑湾河凯马村、高峰村、乌罗天马寺、陈家坡、熊家坡。

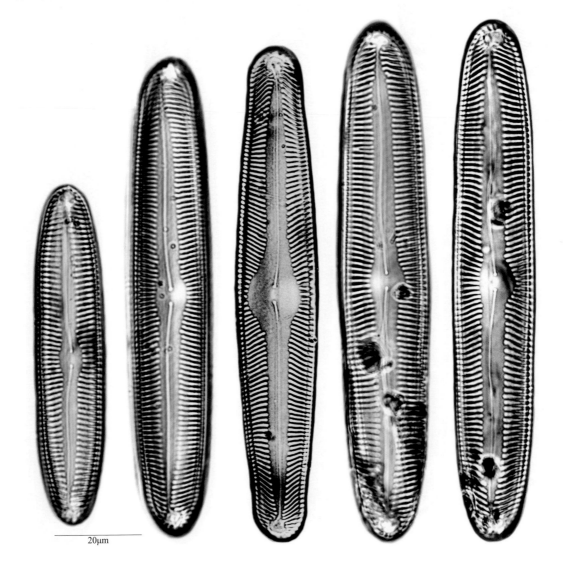

20μm

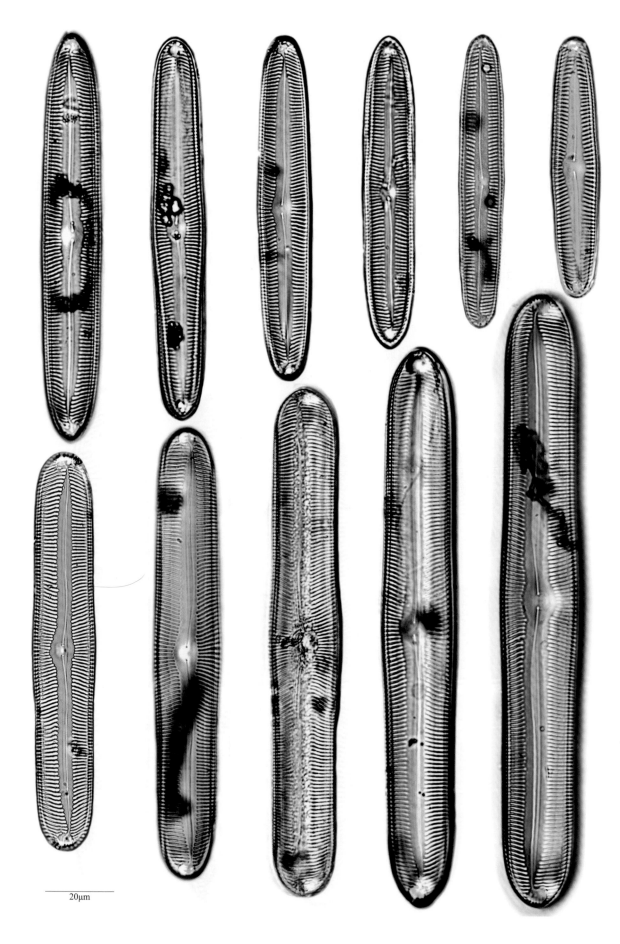

20μm

[254b] 较大羽纹藻线状变种

Pinnularia major var ***linearis*** Cleve, p. 89, 1895; 李家英, 齐雨藻等: 中国淡水藻志, Vol. 19, 76, plate: XV: 2; XXXI: 9, 2014.

　　与原变种的主要区别在于: 壳面线形, 细胞边缘两侧近平行, 末端不延伸呈宽圆形。轴区更窄, 中心外扩但不到达细胞边缘形成不对称的椭圆形。壳缝微弯呈波状。壳面横线纹在10μm内有5.5～7.5条, 1条较窄的纵线纹与其相交。壳面长125～200μm, 宽23～32μm。

　　生境: 生长于溪流、水田或水塘。

　　国内分布于福建; 国外分布于俄罗斯、德国、英国、芬兰、瑞士、瑞典; 梵净山分布于亚木沟、快场、坝梅村、乌罗镇甘铜鼓天马寺 (水田中底栖)、德旺红石梁、高峰村、陈家坡。

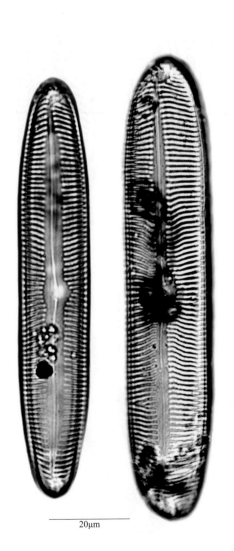
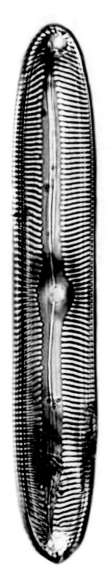

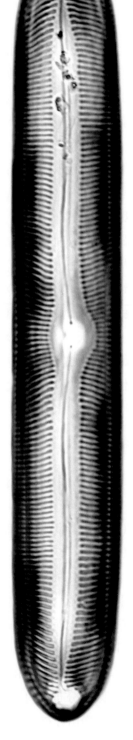

20μm

[255] 中狭羽纹藻

[255a] 原变种

Pinnularia mesolepta (Ehr.) W. Smith var. ***mesolepta*** p. 58, 19/182, 1853; 李家英, 齐雨藻等: 中国淡水藻志, Vol. 19, p. 13, plate: II: 3; XXVI: 14~15, 2014.

壳面线形, 细胞边缘两侧弯曲呈三波状, 末端缢缩膨大呈喙状。轴区窄线形, 近缝端微弯。中央区外扩呈横向菱形横带, 中央孔小, 圆形, 远缝端呈小弯钩状。中部横线纹排列呈辐射状, 近末端呈聚集状。横线纹在10μm内有11~14条。壳面长31~61μm, 宽6~11μm。

生境: 生长于湖泊、河流、溪流、水塘、水坑、水田或滴水和潮湿岩壁。

国内分布于黑龙江、吉林、辽宁、内蒙古、西藏、贵州(松桃、铜仁、江口、印江)、青海、湖南; 国外分布于日本、俄罗斯、英国、德国、瑞士、美国、加拿大; 梵净山分布于桃源村、小坝梅村、冷家坝鹅家坳、乌罗镇甘铜鼓天马寺、寨沙太平河、昔平村、亚木沟、寨抱村、大河堰。

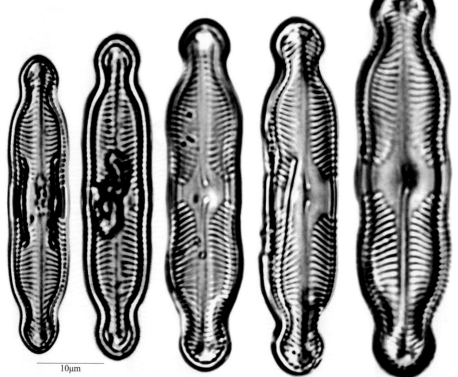

10μm

[255b] 中狭羽纹藻辐节形变种

Pinnularia mesolepta var. ***stauroneiformis*** (Grun.) Gutwiñski, p 80,1891; 李家英, 齐雨藻等: 中国淡水藻志, Vol. 19, p. 14, plate: II: 4, 2014.

与原变种的主要区别在于: 细胞边缘两侧微弯略呈三波状, 末端呈圆头形。轴区披针形。壳缝宽线形, 近缝端直, 中央孔小, 远缝端弯曲更强烈, 呈弯钩形。横线纹较密, 在10μm内有14条。壳面长47μm, 宽10.3μm。

生境: 生长于山区湖泊、湖边积水坑或干涸的水沟、溪流。

国内分布于内蒙古、西藏; 国外分布于德国、瑞士、瑞典、芬兰; 梵净山分布于德旺净河村老屋场。

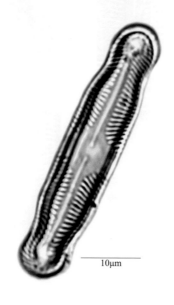

10μm

[256]微辐节羽纹藻（细条羽纹藻）

[256a]原变种

Pinnularia microstauron Ehr. var. ***microstauron*** p. 28, 1891; 李家英, 齐雨藻等: 中国淡水藻志, Vol. 19, p. 29, plate: V: 9～10; XXVII: 3～6; XXVIII: 14, 2014.

　　壳面线状菱形，细胞边缘两侧微外凸或略微内凹，末端呈收缩宽喙状。轴区窄，其宽度小于细胞宽度的1/4。中央区外扩成小菱形，横带窄且多不对称。壳缝较窄，微弯，外壳缝轻微弯曲，中央孔水滴状，远缝端多被顶端线纹包围。中部横肋纹排列呈辐射状，近末端排列呈聚集状，在10μm内有9～16条。壳面长17～80μm，宽7～16μm。

　　生境：各种淡水或滴水岩壁。

　　国内外普遍分布；梵净山广泛分布于各种水体中。

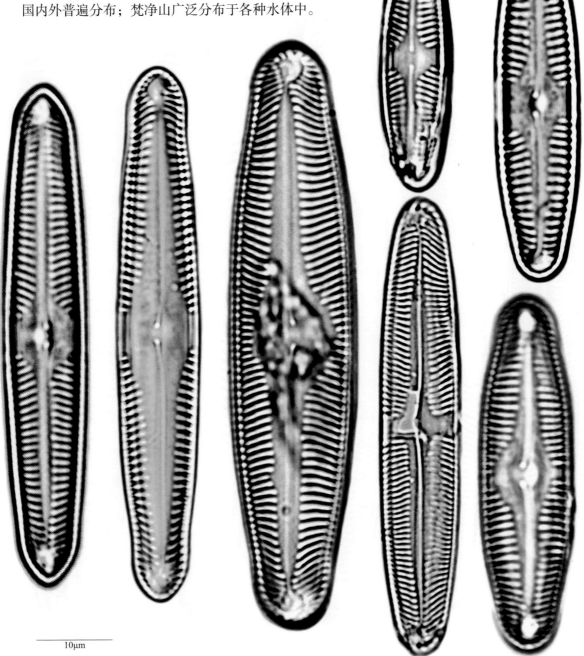

10μm

[256b] 微辐节羽纹藻模糊变种

Pinnularia microstauron* var. *ambigua Meister, p. 162, 28/2, 1912; 李家英, 齐雨藻等: 中国淡水藻志, Vol. 19, 30, plate: V:11, 2014.

　　与原变种的主要区别在于: 壳面线形, 细胞边缘两侧微弯略呈三波状, 末端微略延伸收缩呈喙状或喙头状。轴区披针形。中心区外扩形成对称或不对称的横带。壳面横线纹在10μm内有10～13条。壳面长80～100μm, 宽14～17μm。

　　生境: 生长于河沟、水坑、池塘、水田或渗水石表。

　　国内分布于西藏; 国外分布于日本、马来西亚、俄罗斯、德国、瑞士、芬兰; 梵净山分布于张家屯、高峰村、郭家湾、德旺净河村老屋场、亚木沟。

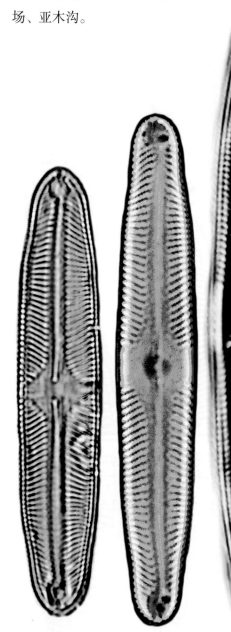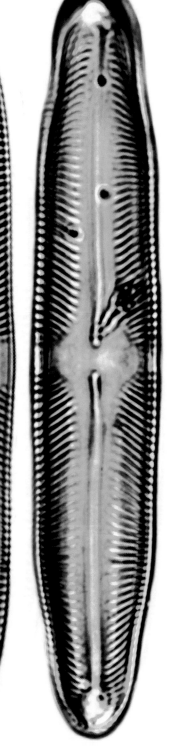

10μm

[257]磨石形羽纹藻

[257a]原变种

Pinnularia molaris (Grun.) Cleve var. ***molaris*** p. 74, 1895; 李家英, 齐雨藻等: 中国淡水藻志, Vol. 19, p. 6, plate: I: 5: XXVI: 8, 2014.

　　壳面线形, 末端楔圆形。轴区窄披针形, 中心区外扩至细胞边缘形成宽的横带。壳缝线形, 微弯, 近缝端同向弯斜。中央孔近圆形, 远缝端呈小镰钩形。横线纹较密, 近中部排列呈辐射状, 近末端排列呈聚集状, 横线纹在10μm内有16~24条。壳面长24~62μm, 宽4~10μm。

　　生境: 生长于湖泊、河流、水塘、溪流、水田、荷花池或渗水石表等环境中。

　　国内分布于吉林、四川、云南、西藏、贵州(松桃、铜仁、江口、印江)、湖南; 国外分布于俄罗斯、德国、瑞士、芬兰、瑞典、奥地利、波兰、美国; 梵净山分布于亚木沟、太平镇马马沟村、德旺茶寨村大溪沟、黑湾河凯马村。

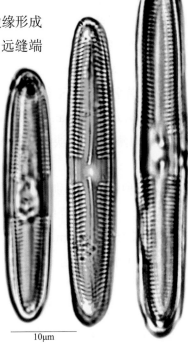

10μm

[257b]磨石形羽纹藻亚洲变种

Pinnularia molaris var. ***asiatica*** Skvortzow, p. 348. 2/24, 1938; 李家英, 齐雨藻等: 中国淡水藻志, Vol. 19, p. 6, plate: I: 6, 2014.

　　与原变种的主要区别在于: 细胞线状披针形, 末端渐尖呈楔形。中心外扩形成一条窄横带。横线纹粗壮, 由中部辐射状排列向末端转变为聚集状排列, 横线纹在10μm内有10~13条。壳面长43~80μm, 宽8~13μm。

　　生境: 生长于河沟、水沟、水田、水池或滴水石表。

　　国内分布于黑龙江 (哈尔滨); 梵净山分布于太平镇马马沟村、凯文村、坝梅村、红石溪、熊家坡、紫薇镇罗汉穴、德旺净河村老屋场、小坝梅村、净心池。

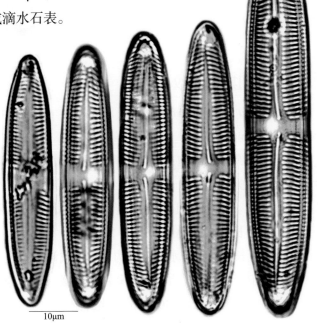

10μm

[258] 著名羽纹藻

Pinnularia nobilis (Ehr.) Ehr., p. 384, 2/1, fig. 25, 2/2, fig. 3, 1841.

细胞长线形，细胞边缘两侧和中部微微突起，末端不延伸呈宽圆形。轴区线形，近末端渐尖，轴区宽约为细胞宽的1/4～1/3。中心区近圆形或不规则形，轴区一侧明显增宽呈不对称状。壳缝宽，微斜，半复合型至复合型。中央孔呈大的圆形，远缝端弯曲呈卷边形。横肋纹粗壮，由中部辐射状排列向末端转变为聚集状排列。横肋纹在10μm内有5～6条，1条宽的纵带与横肋纹相交。壳面长180～220μm，宽23～28μm。

[258a] 著名羽纹藻平行变种

Pinnularia nobilis var. **parallela** Skvortzow p. 27, 4/5, 1929; 李家英, 齐雨藻等: 中国淡水藻志, Vol. 19, p. 94, plate: XXI : 7, 2014.

与原变种的主要区别在于：壳面粗壮，两侧边缘平行，末端宽，平圆形。壳缝复合型。横肋纹在10μm内有7条。壳面长153～200μm，宽23～31μm。

生境：淡水藻类，生长于山区湖泊、溪流或泥炭田等环境中。

国内分布于内蒙古（满洲里北部兴安岭地区）；国外分布于俄罗斯；梵净山分布于亚木沟，水田、团龙清水江（河沟中底栖）。

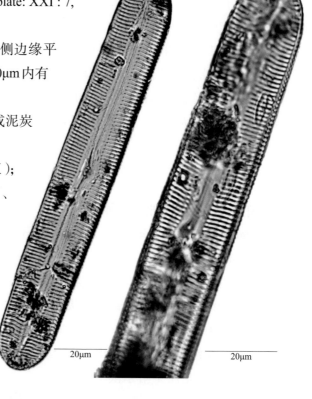

[259] 拉宾胡斯特羽纹藻

Pinnularia rabenhorsitt (Grun.) Krammer, p. 22, 5/1～4, 2000; 李家英, 齐雨藻等: 中国淡水藻志, Vol. 19, p. 49, plate: IX: 6～8, 2014.

壳面宽椭圆形，细胞边缘两侧和中部常微凸，末端呈钝喙状。轴区窄，中心区外扩呈不规则圆形，其宽度约为细胞宽的1/3。壳缝细，近中部微弯，外壳缝侧同向弯斜，中央孔圆形，远缝端弯曲呈大的弯钩形。横肋纹粗壮，由中部微辐射状排列向末端转变为近平行排列。横肋纹在10μm内有4～6条。壳面长46～60μm，宽15～19μm。

生境：生长于湖泊、水坑、溪沟、湿地或渗水石表。

国内分布于黑龙江、吉林、内蒙古、西藏；国外分布于德国、英国，欧洲中部和北部；梵净山分布于亚木沟、鱼坳旅游线1400步的泥炭藓湿地。

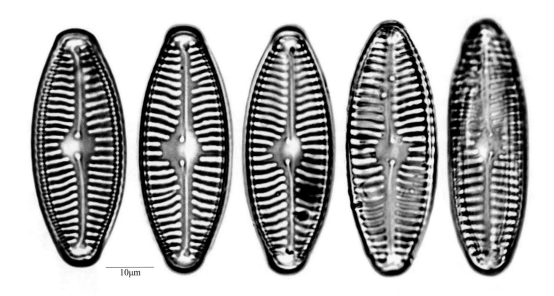

10μm

[260] 菱形羽纹藻

Pinnularia rhombarea Krammer

壳面线形，细胞边缘两侧近平行或微弯呈波曲状，末端渐窄呈宽喙状。轴区窄线形，近末端渐窄。中心区外扩呈一个纵向菱形，边缘增宽常出现不对称的横带。壳缝较窄，偏斜，中央孔大，呈水滴状，远缝端多为不明显的弯钩形。横线纹排列由中部微辐射状向末端转变为聚集状，线纹在10μm内有8～11条。壳面长40～100μm，宽11～16μm。

[260a] 菱形羽纹藻短头变种

Pinnularia rhombarea var. ***brevicapitata*** Krammer, p. 76, 56/7–u, 2000; 李家英，齐雨藻等：中国淡水藻志，Vol. 19, p. 33, VII: 5～16, 2014.

与原变种的主要区别在于：细胞较原变种短小且粗，细胞边缘两侧近平行，末端呈宽短头状。轴区窄。中心区外扩呈左右不对称菱形。壳面横线纹在10μm内有10～13条。壳面长32～44μm，宽9.9～11.6μm。

生境：生长于小溪流、沼泽、水坑或水田。

国内分布于西藏；国外分布于捷克；梵净山分布于高峰村（水洼中底栖）、冷家坝鹅家坳。

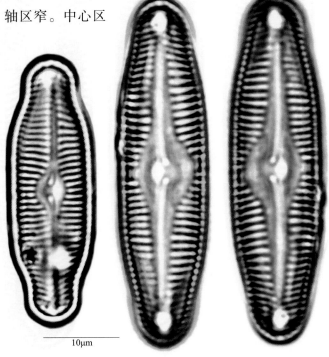

10μm

[261] 小十字羽纹藻

[261a] 原变种

Pinnularia stauroptera (Grun.) Rabenhorst var. ***stauroptera*** p. 222, 1864; 李家英, 齐雨藻等: 中国淡水藻志, Vol. 19, 60, plate: XI: 3, 2014.

壳面线形，末端略为收缩近头状尖圆形。轴区宽，宽度相当于壳面宽度的1/3～1/2，线形至窄披针形，中心区扩大成菱形状圆形。壳缝较直，外壳缝微弯曲，近缝端细丝状，中央孔小。壳面横线纹中部呈辐射状排列，向末端轻微聚集状排列，横线纹在10μm内有10～12条。壳面长62～85μm，宽11～16μm。

生境：生长于河流、湖泊、水坑、水塘、水渠、稻田及小水体与其他藻类共生的环境中。

国内分布于云南、湖南、贵州（松桃、铜仁、江口）；国外分布于俄罗斯、瑞士、瑞典、芬兰、德国、英国、比利时、美国；梵净山分布于快场、陈家坡、德旺净河村老屋场洞下。

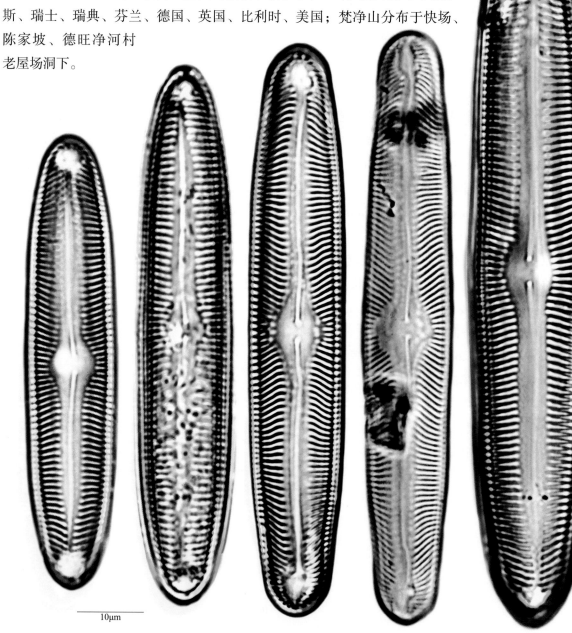

10μm

[261b]小十字羽纹藻披针变种

Pinnularia stauroptera var. *lanceolata* Cleve–Euler, p. 68, fig. 1091u~w, 1955; 李家英, 齐雨藻等: 中国淡水藻志, Vol. 19, p. 61, plate: XI: 5, 2014.

与原变种的主要区别在于: 壳面呈披针形, 近末端微收缩, 末端近头状圆形。轴区两端窄, 中部扩大呈菱形披针形。中心区直达壳缘形成明显的横带。壳缝向一侧弯斜, 近缝端偏向一侧。横线纹在10μm内有15条。壳面长40μm, 宽10μm。

生境: 淡水藻类, 生长于山区湖边流水沟和湖边小泉环境中。

国内分布于西藏、贵州(松桃、铜仁、江口)、湖南; 国外分布于芬兰; 梵净山分布于太平镇马马沟村, 水田底栖。

[261c]小十字羽纹藻长变种

Pinnularia stauroptera var. *longa* (Cl.-Euler) Cl.-Euler, p. 67, fig. 1091 g, i, 1955; 李家英, 齐雨藻等: 中国淡水藻志, Vol. 19, p. 61, plate: XI: 7~9, 2014.

与原变种的主要区别在于: 壳面呈线状披针形, 边缘微波曲, 末端喙状圆形。中央区扩大形成菱形并横向扩大形成横带。壳缝较直, 近缝端弯斜。壳面横线纹在10μm内有11~14条。壳面长50~90μm, 宽9~13μm。

生境: 生长于河沟、小溪、水坑、水田、水池、水塘或沼泽。

国内分布于西藏、贵州; 国外分布于德国、瑞典、芬兰; 梵净山分布于护国寺、马马沟村、溪沙子坎、凯文村、坝梅村、亚木沟、高峰村、两河口、熊家坡、郭家湾。

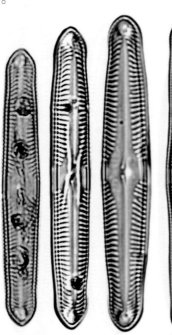

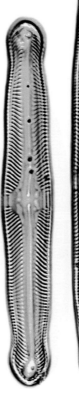

5μm

10μm

[262]近太阳羽纹藻

Pinnularia subsolaris (Grunow) Cleve, p. 84, 1895; 李家英, 齐雨藻等: 中国淡水藻志, Vol. 19, p. 35, VI: 10～11, 2014.

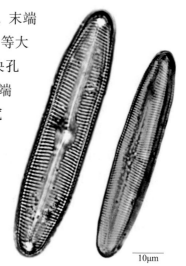

壳面线状披针形, 壳缘微凸或平坦, 或呈很微弱的三波状边缘。末端宽, 钝出, 有时呈轻微的头状末端。轴区中等宽。中心区扩大呈中等大小的圆形或形成横带直达边缘。壳缝轻微斜向或微弯, 近缝端中央孔小, 微偏斜, 远缝端微弯。壳面横肋纹在中部呈辐射状排列, 近末端呈聚集状排列, 横线纹在10μm内有9～12条。壳面长68～80μm, 宽13～17μm。

生境: 生长于湖泊、水坑、河流、水田或潮湿岩壁。

国内分布于山西、西藏、贵州、湖南、江西; 国外分布于俄罗斯、德国、瑞士、芬兰、比利时; 梵净山分布于金厂村的石壁下水坑。

10μm

[263]近曲缝羽纹藻

Pinnularia substreptoraphe Krammer, p. 181, 202/1～6, 2000; 李家英, 齐雨藻等: 中国淡水藻志, Vol. 19, p. 97, plate: XXXIII 5, 2014.

壳面线形, 壳缘平行或轻微凸出, 末端楔形或宽圆形。轴区线形, 至末端渐窄披针形, 宽度约为壳面宽度的1/4～1/2。中心区扩大形成不对称的圆形, 宽度约为壳面宽度的1/2。壳缝很宽, 复合型, 近缝端的中央孔很小, 远缝端呈卷边形。壳面横线纹在中部呈辐射状排列, 向末端呈中度聚集状排列。横线纹在10μm内有7～9条, 与1条不明显的纵条纹（带）相交叉。壳面长94～124μm, 宽17.4～20μm。

生境: 生长于水坑、水田、水塘、沼泽等淡水中, 喜贫营养型小水体。

国内分布于黑龙江、新疆; 国外分布于蒙古、芬兰、丹麦; 梵净山分布于坝梅村、茶寨村大溪沟、德旺红石梁、亚木沟明朝古院、凯文村。

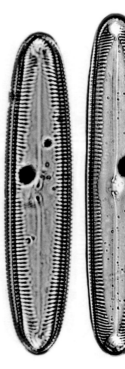
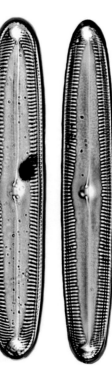

20μm

[264] 近变异羽纹藻

Pinnularia subcommutata Krammer, p. 140, 119/1～5, 2000; 李家英, 齐雨藻等: 中国淡水藻志, Vol. 19, p. 105, plate: XXXIV: 6～7, 2014.

壳面线状椭圆形或披针形, 壳缘微凸, 两端渐变窄, 末端尖圆形至圆形。轴区窄, 相当于壳面宽度的1/5～1/4。中心区可变异, 略呈椭圆形或近菱形, 通常不对称或一侧或两侧扩大形成横带。壳缝复合型, 侧斜, 外壳缝微弯, 近缝端侧弯, 中央孔小, 远缝端大, 卷边形。壳面横线纹在中部呈辐射状排列, 向两端平行至微聚集状排列, 在10μm内有12条。壳面长44～53μm, 宽11～12μm。

生境: 淡水藻类, 生长于山区冷水和低矿物含量的溪流。

国内分布于山西; 国外分布于欧洲 (比利时)、北美洲 (美国); 梵净山分布于德旺茶寨村大溪沟 (水坑底栖)。

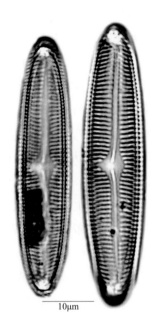

10μm

[265] 波曲羽纹藻

Pinnularia undula (Schumann) Krammer, p. 122, 92/3～9 Liu et al, 2000.

壳面线形, 壳缘平行或略呈三波状, 末端小头状或截形。轴区线形, 其宽度相当于壳面宽度的1/5～1/3, 从两极向中部轻微增宽, 中心区外扩呈大的圆形, 通常直达壳缘并常有不规则的斑纹与轴区相区别, 缝侧斜, 外裂缝微弯, 近缝端呈简单 (短) 的丝状并反转。中央孔小, 圆形, 同样有短的侧斜的突起, 远缝端大, 呈刺刀形, 位于大而圆的顶端区。壳面横线纹在中部呈中度至强烈的辐射状排列, 向末端呈强烈的聚集状排列, 线纹在10μm内有8～10条, 纵带未出现。壳面长64～77μm, 宽15～17μm。

[265a] 波曲羽纹藻中狭变种

Pinnularia undula var. ***mesoleptiformis*** Krammer, p. 123, 93/1, 2000; 李家英, 齐雨藻等: 中国淡水藻志, Vol. 19, p. 51, plate: XXIX: 7～9, 2014.

与原变种的主要区别在于: 壳面边缘呈强烈波曲状, 3个波峰在宽度上相似或中央波峰略大。壳面线纹在10μm内有10条。壳面长60.6～80.7μm, 宽13.8～14.4μm。

生境: 生长于水沟或沼泽。

国内分布于内蒙古; 国外分布于美国; 梵净山分布于坝溪沙子坎水沟中、亚木沟明朝古院旁沼泽中。

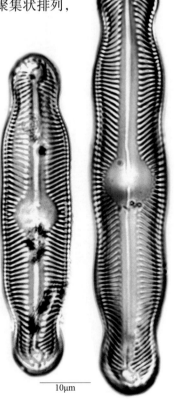

10μm

[266]卷边羽纹藻

Pinnularia viridis (Nittzsch) Ehr. p. 305, 385, 1841 (1843); 李家英, 齐雨藻等: 中国淡水藻志, Vol. 19, p. 99, plate: XX II: 3～4; XXXIII: 9; XXXIV: 1～2, 2014.

　　壳面线形, 壳缘平行或略突出呈轻微三波状, 末端呈窄圆形, 轴区呈窄线形。末端呈渐尖披针形, 轴区宽度相当于壳面宽度的1/5～1/4。中心区圆形或不规则形, 大小和形状可变化, 有的比轴区略扩大, 通常不对称。壳缝宽、扭曲、侧斜至单复合型, 如果外壳缝是波形的, 则3条纵线是可变的。近端侧弯, 中央孔小, 圆形, 远缝端微卷边形。壳面横肋纹在中部呈中等辐射状排列, 向末端呈轻微聚集状排列, 在10μm内有6～8（～11）条。壳面长80～210μm, 宽16～32μm。

　　生境: 生长于河流、湖泊、水塘、水池、水坑、稻田或沼泽。

　　国内分布于东北三省、宁夏、内蒙古、新疆、西藏、江西、四川、湖南、贵州。国外分布于蒙古、日本、尼泊尔、俄罗斯、德国、芬兰、挪威、英国、瑞士、瑞典、波兰、美国、加拿大、南非、新西兰; 梵净山分布于寨沙、护国寺、红石梁大河堰、亚木沟、郭家湾、张家屯、太平河、快场、阙家。

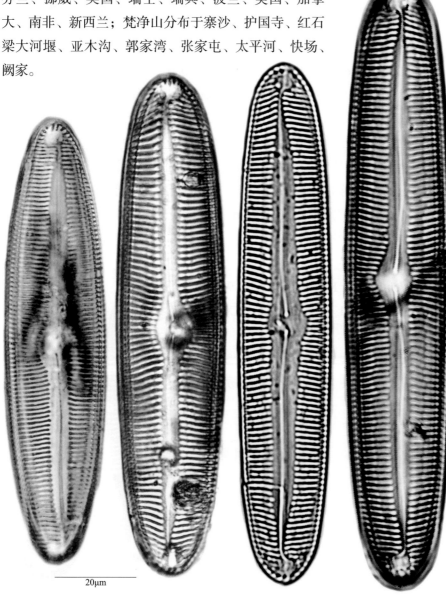
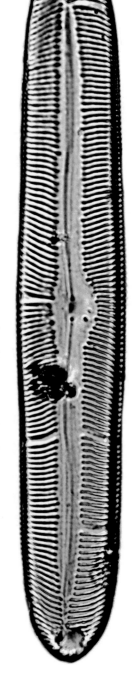

20μm

（二十七）桥弯藻科 Cymbellaceae

65.双眉藻属 *Amphora* Ehrenberg

植物体多数为单细胞，浮游或附生。壳体具强烈的背腹之分，壳面呈新月形或弯钩形，末端钝圆形或两端延长呈头状。中轴区明显偏于腹侧一侧，具中央节和极节。壳缝略弯曲，其两侧具横线纹。带面椭圆形，末端截形。点连为长线形成状间生带，无隔膜。色素体侧生、片状，1、2或4个。多数生活在海洋中，少部分生活于淡水或半咸水。

[267] 咖啡豆形双眉藻

Amphora coffeaeformis (Ag.)Kützing, Bacill. p. 108, pl. 5, fig. 37, 1844; 施之新：中国淡水藻志, Vol. 16, p. 22, plate: 7: 1~2, 4; 40: 6~7, 2013.

壳面的背缘呈弧形，腹缘直向或略凹，两端呈喙状或头状。带面观呈圆桶形，两端宽圆形，腹缘中部略凸出。间插带的纵列纹上具许多细密的短纹，光镜下不清楚。壳缝常略呈"S"形弯曲，少为近平直，两端弯向背侧。轴区窄，线形。中央区不明显或仅向腹侧扩大形成一空白区。背侧的壳缝区和剩余面之间透明区不明显。线纹在背侧，呈适度的放射状排列，中部在 10μm 中有 16~18 条，端部较密集，腹侧的线纹极短且细密，位于边缘，常在中部中断，中部在 10μm 内有 20~22 条，端部约 30 条。壳面长 17~20μm，宽 4~6μm；带面宽 8~12μm。

生境：生长于淡水、半咸水甚至海水环境，分布较广泛。

国内分布于北京、山西、内蒙古、上海、江苏、安徽、江西、湖北、湖南、重庆、四川、云南、西藏、青海；国外分布于亚洲、欧洲、美洲、大洋洲、非洲；梵净山分布于德旺净河村。

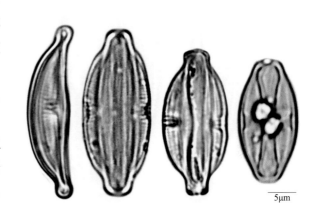

5μm

[268] 诺尔曼双眉藻

Amphora normanii Rabenhorst, FI. Eur. Alg. dulcis submar. Sect. 1, p. 88, 1864; 施之新：中国淡水藻志, Vol. 16, p. 18, plate: 1: 1~6, plate: 40: 3, 2013.

壳面形状多样（弯弓形或半披针形等），背腹区别明显，背缘拱起呈弯弓形，偶见近平直或三波曲状，腹缘呈微弯弓型，近中部突起，末端延伸收缩呈头状。带面观呈椭圆形，具数个间插带。壳缝近中位，近缝端向背侧弯曲。轴区窄，背侧狭长呈线形，腹侧宽大呈披针形。中央区向背侧外扩呈半圆形或矩形。背侧线纹排列呈放射状，10μm 内中部有 14~18 条，末端 18~22 条；腹侧线纹呈点状，或不明显，在 10μm 内有 18~22 条。壳面长 30~50μm，宽 6~9μm；有带面宽 15~22μm。

生境：生长于河沟、水沟、水坑、水田或渗水石表等淡水中，广泛分布。

国内外广泛分布；梵净山分布于寨沙、坝溪河、张家坝团龙村、太平镇马马沟村、鱼坳、高峰村、木黄垮山湾、紫薇镇罗汉穴、德旺锦、茶寨村、净河村老屋场。

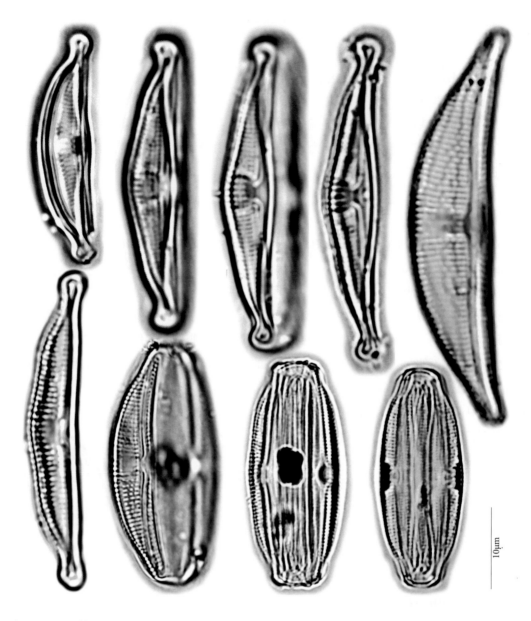

[269] 卵形双眉藻

Amphora ovalis (Kütz.) Kütz., Kieselsch, BacilL Diat. p. 107, pl.5, figs.35 and 39, 1844; 施之新：中国淡水藻志, Vol. 16, p. 31, plate: 10: 1～3, 2013.

壳新月形，背腹区别明显，背缘凸出呈弓弧形，腹缘内凹呈弧形，末端不延伸呈平截形。带面观椭圆形。壳缝近腹侧，呈"S"形向背侧弯曲，近末端向背侧弯曲。轴区窄，向背侧弯曲。中央区近背侧内凹，具数条较短的中央线纹，近腹侧外扩至边缘处形成空白的无纹区。近背侧壳缝与远背侧面间有纵向线形成一个空白区。由斑点组成粗线纹，其排列呈放射状，在10μm内有12～14条。壳面长22～55μm，宽7～10μm；带面宽15～30μm。

生境：生长于河沟、水沟、水坑、水库、水田或渗水石壁表面。

国内广泛分布；国外分布于亚洲、欧洲、美洲（美国）、大洋洲（澳大利亚）；梵净山分布于清渡河公馆、小坝梅村、亚木沟（寨抱村）、熊家坡、罗镇寨朗沟、金厂河、德旺净河村老屋场、黑湾河凯马村。

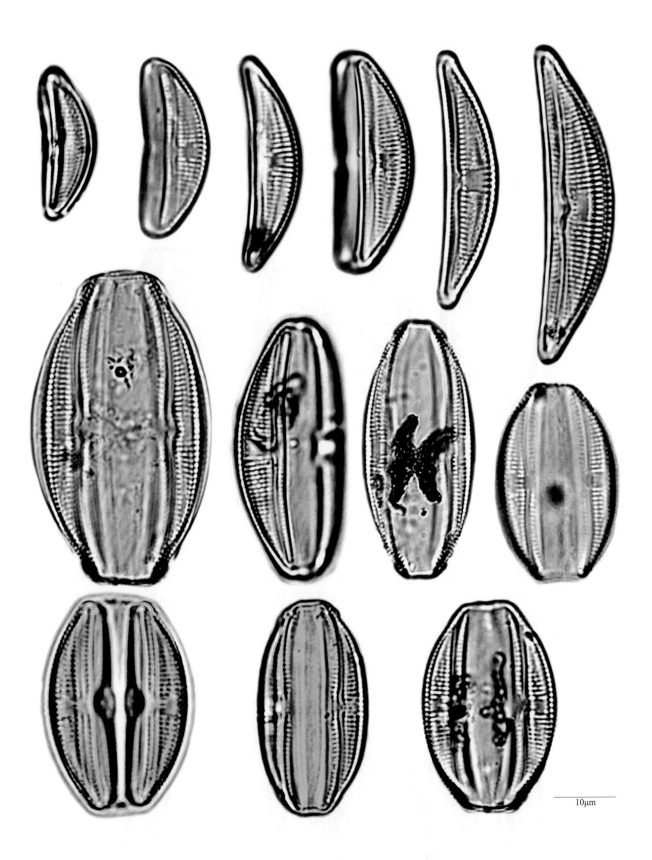

10μm

[270] 虱形双眉藻

Amphora pediculus (Kütz.) Grun., in Schmidt et al., Atlas Diat. –Kunde pl. 26, fig. 99, 1875(1874～1959);施之新:中国淡水藻志,Vol. 16, p. 28, plate: 9: 5; 43: 8, 2013.

　　壳面半月形,背腹区别明显,背缘外凸呈弓弧形,腹缘近平直或内凹呈弧形,近中部略膨大拱起,末端延伸呈钝尖圆形,顶端平截形。带面观卵圆形。壳缝近背缘内凹呈弧形,近缝端向背侧弯曲,远缝端偶见向背侧弯曲。轴区窄线形。中央区宽大呈横矩形,近腹侧具1～3条短中央线纹。背侧线纹排列近平行或呈微放射状,腹侧边缘具短线纹,线纹通常在10μm中有12～18条。壳面长20～32μm,宽4～7μm;带面宽13～20μm。

　　生境:生长于淡水环境中,广泛分布。

　　国内外广泛分布;梵净山分布于亚木沟的潮湿石表。

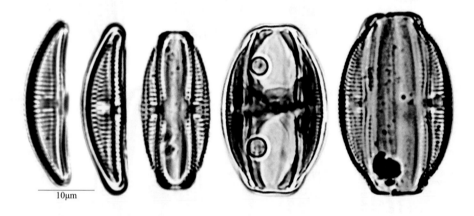

[271] 蓝色双眉藻

Amphora veneta Kütz., Kieselsch. Bacill. Diat. p. 108, pl. 3, fig,24, 1844; 施之新:中国淡水藻志,Vol. 16, p. 26, plate: 8: 5; 40: 5, 2013.

　　壳面椭圆形,背腹区别明显,背缘略凸呈微弓弧形,腹缘近平直或微凹呈弧形,末端延伸突起呈头喙状且向腹侧偏斜。带面观椭圆形,顶端平截形。壳缝或"S"形或近平直,近末端向背侧弯曲。轴区窄,近中部略变宽。中央区不明显。背侧线纹排列呈放射状,中部在10μm内有15～20条,两端有24～32条,腹侧线纹由短点状组成。壳面长14～49μm,宽3～11μm;带面宽8～14μm。

　　生境:生长于各种水体中或滴水岩壁表面,适应性强,分布广。

　　国内外广泛分布;梵净山分布于坝溪沙子坎、马槽河、清渡河茶园坨、太平村。

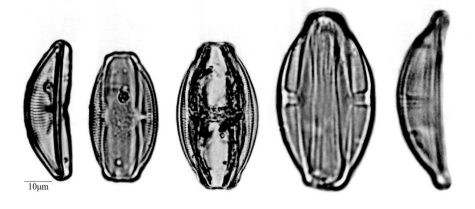

66.内丝藻属 *Encyonema* Kützing

壳面常呈半椭圆形，背腹区别明显。壳缝近缝端向背侧弯曲，远缝端向腹侧弯曲，近中部外壳缝略向腹侧弯曲。由点纹组成线纹，单列；孤点多缺如，偶见中央区的背侧具孤点。无顶孔区。多以胶质黏着生，部分种类群居于胶质管内，附着生活。

[272]埃尔金内丝藻

Encyonema elginense (Krammer) Mann, in Round et al., Diat. Biol. morph. gen. p. 666, 1990; 施之新：中国淡水藻志, Vol. 16, p. 59, plate: 15: 1～2, 2013.

壳面半椭圆形，背腹区别明显，背缘突起呈弯弓形，腹缘近平直或呈微弯弓形，近中部凸出呈半菱形，末端渐窄呈尖圆形。壳缝近腹侧，窄线形，近平直，其与腹侧近平行，近中部微微扩大。中央区不明显。背侧线纹排列呈放射状；腹侧线纹排列由中部放射状向末端转变为聚集状，中部在10μm内有7～13条，端部有10～18条，组成线纹的点纹在10μm内有20～23个。壳面长20～40μm，宽7～10μm，长与宽之比为2.9～4.3。

生境：生长于河流、山溪、流泉、池塘、水库、湖泊、水田或滴水岩壁表面。

国内分布于北京、内蒙古、吉林、黑龙江、浙江、江西、湖南、湖北、西藏、云南、贵州；国外分布于日本、俄罗斯、英国、德国、芬兰、瑞典、瑞士、美国、智利，朝鲜半岛、阿尔卑斯山；梵净山分布于马槽河、坝溪村、凯文村、陈家坡、牛尾河、黑湾河、太平河、张家屯、高峰村、习家坪、红石溪、熊家坡、乌罗镇寨朗沟、金厂河、紫薇镇罗汉穴、茶寨村大溪沟、净河村老屋场、小坝梅村。

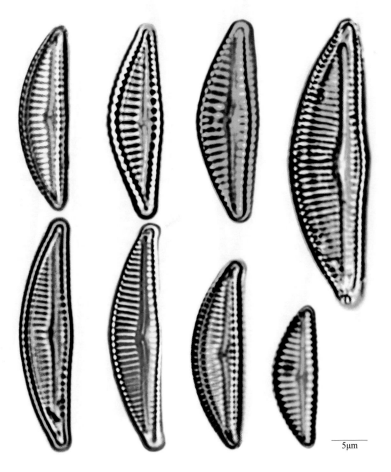

5μm

[273] 纤细内丝藻

Encyonema gracile Rabenhorst, Süssw. Diat. (Bacill.) Fr. Mikrosk. p. 25, p. 10, fig. suppl. 1, 1853; 施之新: 中国淡水藻志, Vol. 16, p. 57, plate: 14: 9; 40: 15, 2013.

　　壳面弯月形，背腹区别明显，背缘突起呈弯弓形，腹缘微凹呈弧形，近中部微凸略呈菱形；末端渐狭呈狭圆形，并且向腹缘弯斜。壳缝近腹侧，中段分叉，近缝端端部向背侧微弯，远缝端端缝长，并向腹侧弯曲。轴区近腹侧，窄线形。中央区不明显。线纹排列呈放射状，近末端呈聚集状，中部在10μm内有12～14条，端部约27条，组成线纹的点纹在10μm内有27～30个。壳面长25～40μm，宽6～8μm，长与宽之比为5.0～7.1。

　　生境: 生长于河流、水沟、水塘、水坑、渗水石壁等各种淡水水体。

　　国内分布于吉林、黑龙江、山西、西藏、湖南、湖北、陕西、宁夏；国外分布于日本、苏联、德国、芬兰、瑞典、新西兰，阿尔卑斯山、朝鲜半岛；梵净山分布于马槽河沟、寨沙太平河、坝溪沙子坎、陈家坡、盘溪河、金厂河、新叶乡韭菜塘、德旺茶寨村大溪沟。

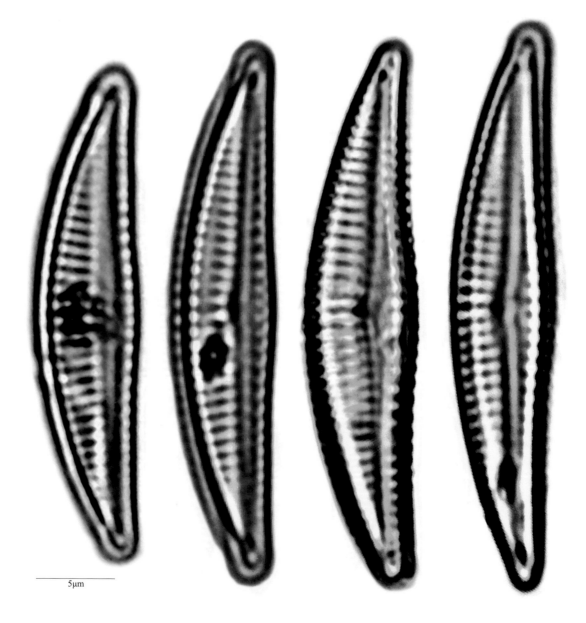

5μm

[274]湖沼内丝藻

Encyonema lacustre (Agardh) Mills., Ind. Gen. Spec. Diat. Syn. 2: 639, 1934(1933~1935); 施之新：中国淡水藻志，Vol. 16, p. 53, plate: 13: 6~7, 2013.

壳面线状披针形，背腹区别不明显，背腹缘两侧近平直或微凸，末端宽圆。壳缝近中位，线形，近缝端端缝向背侧微弯，远缝端端缝向腹侧弯曲。轴区近中位，窄线形。中央区或呈圆形或呈矩形。线纹排列由中部的放射状向末端近平行，极节区上具短线纹，呈聚集状排列，中部在10μm内有8~10条，端部有11~12条。壳面长30~65μm，宽7~10μm，长宽之比为3.1~5.1。

生境：主要为淡水性，生长于河流、水沟、水坑或渗水石表。

国内分布于江苏、江西、湖南、重庆、四川、云南、西藏、陕西、青海、新疆、贵州；国外分布于亚洲、欧洲、美洲；梵净山分布于坝溪村、马槽河、德旺红石梁（锦江河边水坑）、净河村老屋场洞下。

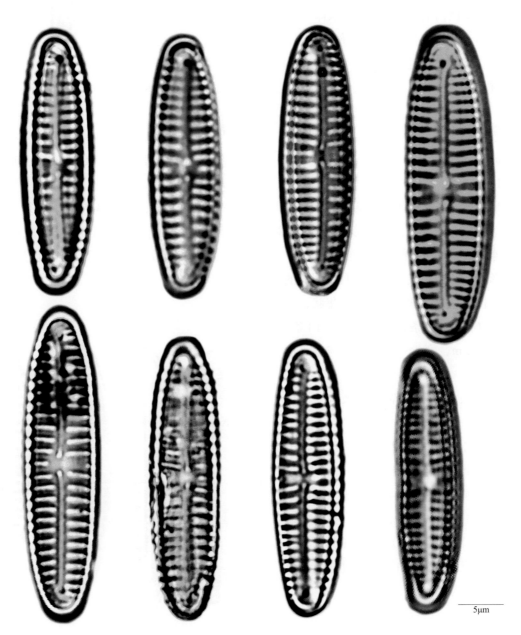

5μm

[275] 半月形内丝藻

Encyonema lunatum (Smith) V. Heurck, Syn. Diat. Bely, pl. 3, fig.23, 1880; 施之新: 中国淡水藻志, Vol. 16, p. 60, plate: 15: 7; 40: 19; 43: 11, 2013.

壳面眉月形,背腹区别明显,背缘拱起呈弯弓状,腹缘近平直或微凹,末端变狭呈狭圆形,且向腹侧微弯。壳缝近腹侧,近平直,中段分叉,近缝端端缝向背侧弯曲,远缝端端缝较长,与背缘齐平且向腹侧弯曲。轴区近腹侧,窄线形。中央区不明显。线纹排列呈放射状或近平直,末端呈聚集状,线纹稀疏,中部在10μm内有10条,端部有16条,组成线纹的点纹在10μm中约有24个。壳面长41.6μm,宽8μm,长与宽之比为5.3～7.0。

生境:淡水性,生长于各种淡水水体中。

国内分布于吉林、黑龙江、上海、江苏、江西、重庆;国外分布于欧洲(英国、德国、芬兰、瑞典、苏联)、美洲(美国);梵净山分布于德旺茶寨村大溪沟的渗水石表。

5μm

[276] 中型内丝藻

Encyonema mesianum (Cholnoky) Shi, comb. Nov; 施之新: 中国淡水藻志, Vol. 16, p. 71, plate: 19: 3; 40: 18, 2013.

壳面半披针形,背腹区别明显,背缘拱起呈弯弓状,腹缘近平直,近中部突起呈菱形,末端变狭呈狭圆形。壳缝近腹侧,近直线形,中段分叉宽,两端呈狭线形,近缝端端部微扩,且向背侧弯曲,远缝端端缝狭长,且向腹侧弯曲。轴区近腹侧,窄线形,近中央区微增宽。中央区小,偶见与轴区连接呈椭圆形,背侧中央线纹的端部具一明显的孤点。线纹排列呈放射状,末端呈聚集状,中部在10μm内有8～19条,端部有13～14条。壳面长35～53μm,宽8～13μm,长与宽之比为4.3～5.1。

生境:生长于各种内陆淡水水体中,较常见。

国内分布于内蒙古、吉林、黑龙江、山东、安徽、湖北、广东、广西、海南、重庆、四川、云南;国外分布于亚洲(日本、朝鲜半岛)、欧洲(德国、奥地利、瑞士、芬兰、瑞典、俄罗斯)、非洲(南非)、美洲(美国、巴西)、大洋洲(巴布亚新几内亚);梵净山分布于马槽河、亚木沟。

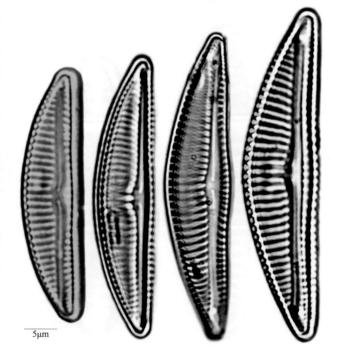

5μm

[277]微小内丝藻

Encyonema minutum (Hilse) Mann, in Round et al., Diat. Biol, morph, gen. p. 667, 1990; 施之新: 中国淡水藻志, Vol. 16, p. 61, plate: 16: 1～2; 41: 5, 2013.

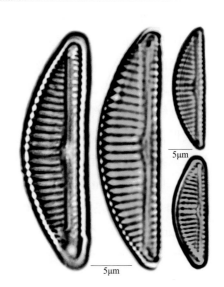

5μm

5μm

壳面半椭圆形，背腹区别明显，背缘拱起呈弯弓状，腹缘近平直或微凹，呈弧形，末端呈狭圆形。壳缝近腹侧，呈直线形，与腹缘近平行，近缝端端部微扩，且向背侧弯曲，远缝端端缝近细胞边缘，且向腹侧弯曲。轴区近腹侧，窄线形，与腹缘近平行。中央区不明显。线纹排列呈放射状，末端呈聚集状，中部在10μm内有9～10条，端部有15～16条。壳面长20～28μm，宽7～8μm，长与宽之比为2.1～3.4。

生境：淡水性，较喜富营养环境，分布较广，常见。

国内分布于河北、山西、内蒙古、黑龙江、山东、安徽、江西、湖北、湖南、重庆、四川、云南、西藏、陕西、青海；国外分布于亚洲、欧洲、美洲、大洋洲；梵净山分布于马槽河的河边水塘及溪沟水坑、德旺茶寨村大溪沟水坑。

[278]极纤细内丝藻

Encyonema pergracile Krammer, Cymb. Diat. T: l, p. 146, pl. 88: 1～9, pl.89: 1～3, pl. 90: 1～2, pl. 98: 2, 1997; 施之新: 中国淡水藻志, Vol. 16, p. 72, plate: 19: 2; 41: 7, 2013.

壳面半披针形，背腹区别明显，背缘拱起呈弯弓状，腹缘近平直或微凹呈弧形，末端变狭呈尖圆形。壳缝近腹侧，中段分叉，近缝端端部向背侧弯曲，远缝端端缝长，且向腹侧弯曲。轴区近腹侧，窄线形。中央区向背侧或两侧扩大，背侧中央线纹端部具一明显的孤点。线纹排列由中部放射状转为近平行，近末端呈聚集状，中部在10μm中有10～14条，端部有18～20条。壳面长42～83μm，宽9～12μm，长与宽之比为4.7～6.9。

生境：生长于河流、水沟、水坑、水田或滴水石壁。

国内分布于山东、湖南、西藏；国外分布于芬兰、挪威、瑞典、法国、美国；梵净山分布于马马沟村、新叶乡韭菜塘、大河堰、陈家坡、坝溪沙子坎、马槽河、快场、德旺茶寨村大溪沟。

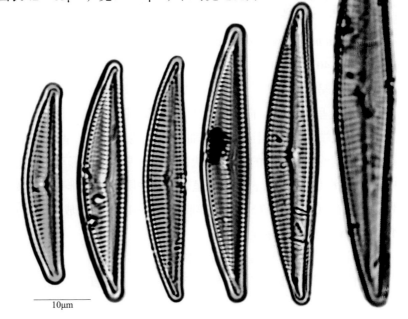

10μm

[279] 高内丝藻

Encyonema procerum Krammer, Cymb. Diat. T. l, p. 95, pl. 32: 9～19, 1997; 施之新: 中国淡水藻志, Vol. 16, p. 57, plate: 14: 6; 43: 9, 2013.

壳面披针形，背腹区别明显，背缘呈弯弓状，腹缘近平直，中部膨大呈菱形，末端狭圆形。壳缝近腹侧，呈直线形，近缝端略向背侧弯曲，远缝端端缝近细胞边缘，并且向腹侧弯曲。轴区窄线形，偏向于腹侧。中央区不明显，较轴区宽。线纹排列呈放射状，末端呈聚集状，中部在10μm内有9～10条，端部有14～16条。壳面长30～50μm，宽6～10μm，长与宽之比为4.2～5.1。

生境：生长于河沟、水沟、水坑或渗水石壁。

国内分布于江西、四川、云南；国外分布于法国；梵净山分布于坝溪村、凯文村、大河堰、牛尾河、紫薇镇罗汉穴。

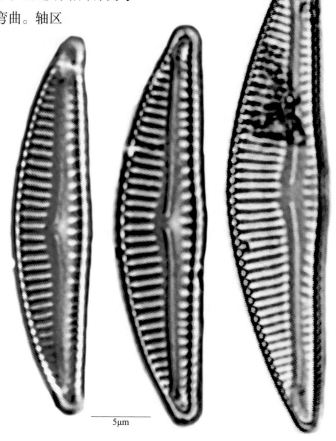

5μm

[280] 平卧内丝藻

Encyonema prostratum (Berkeley) Kütz., Bacill, p, 82, 1844; 施之新: 中国淡水藻志, Vol. 16, p. 67, plate: 17: 7; 40: 17, 2013.

壳细胞呈半椭圆形，背腹区别明显，背缘呈弯弓状，腹缘呈微弯弓状，近中部弧形突起，末端微凸收缩且呈亚头状，向腹缘微弯，顶部宽圆形。壳缝近腹位，近直线形，向腹侧微弯，中段分叉，近缝端端部微扩，且向背侧弯曲，远缝端端缝短，呈小弯钩状，且向腹侧弯曲。轴区近腹侧，线形，其宽度约占细胞宽的1/5。中央区较小，常呈近圆形至椭圆形，约占壳面宽度的1/3。线纹排列由中部放射状转为近平行，近末端呈聚集状并围绕极节排列成半圈，中央线纹长短交替，呈不规则排列，中部在10μm内有7～10条，端部有10～13条，组成线纹的点纹在10μm中有18～20个。壳面长45～63μm，宽20～23μm。

生境：淡水性，喜低盐偏碱的水体。

国内外广泛分布；梵净山分布于德旺岳家寨红石梁（锦江河中浮游或底栖）。

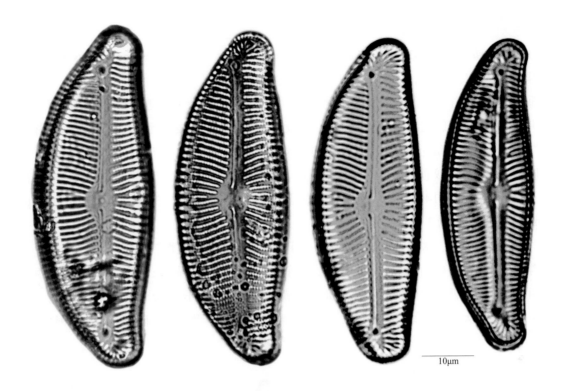

10μm

[281] 具喙内丝藻

Encyonema rostratum Krammer, Cymb. Diat. T. 2, p. 64, pl. 126: 1~14, 1997; 施之新: 中国淡水藻志, Vol. 16, p. 69, plate: 18: 3, 2013.

藻体微小，壳面呈半椭圆披针形，背腹区别明显，背缘呈弯弓状，腹缘呈微弯弓状，末端外凸呈狭圆喙状。壳缝偏于腹侧，线状，近缝端向背侧弯曲，远缝端端缝呈小弯钩状，向腹侧弯曲。轴区偏于腹侧，呈窄线形。中央区不明显。线纹排列呈放射状，中部在10μm内有14~18条，端部有18~20条。壳面长16~26μm，宽5~6μm，长与宽之比为3.2~4.3。

生境：淡水性，喜贫营养、偏酸及中电导率的水体环境。

国内分布于贵州（沿河）、西藏；国外分布于欧洲（芬兰、瑞典）；梵净山分布于快场、两河口、张家坝、昔平村、金厂河、德旺净河村。

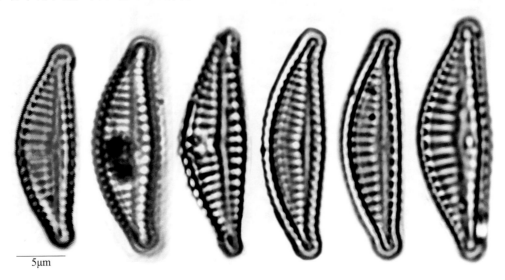

5μm

[282] 西里西亚内丝藻

Encyonema silesiacum (Bleisch) Mann, in Round et al., Diat. Biol, morph, gen. p. 666～667, 1990; 施之新: 中国淡水藻志, Vol. 16, p. 69, plate: 18: 7, 9; 41: 1～2, 2013.

壳面半椭圆形, 罕见半菱形, 背腹区别明显, 背缘呈弯弓状, 腹缘近平直, 近中部膨大呈菱形, 末端变狭呈狭圆形。壳缝近腹侧, 呈直线形, 中段无明显分叉, 与腹缘近平行, 近缝端端部微扩, 且向背侧微弯, 远缝端端缝近细胞边缘, 且向腹侧弯曲。轴区近腹侧, 窄线形, 与腹缘近平行。中央区不明显, 背侧中央线纹顶部多具一明显的孤点。线纹排列呈放射状, 末端呈聚集状, 中部在10μm内有11～14条, 端部有14～18条, 组成线纹的点纹在10μm中有30～35个。壳面长15～43μm, 宽7～10μm, 长与宽之比为2.1～4.3。

生境: 生长于河沟、水沟、水塘、水坑、水田或渗水石表, 适应性较广。

国内分布于北京、山西、吉林、黑龙江、山东、江西、安徽、湖北、湖南、广东、广西、海南、重庆、四川、云南、西藏、陕西、新疆、贵州 (赫章、麻阳河); 国外分布于亚洲、欧洲、非洲、美洲; 梵净山分布于大河堰、德旺茶寨村大溪沟、净河村老屋洞下及苔湾、陈家坡、清渡河靛厂、寨沙太平河、牛尾河、黑湾河、太平河、坝溪沙子坎、张家屯。

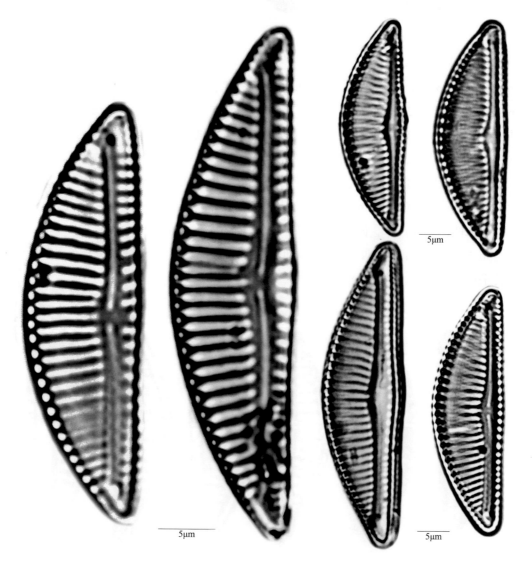

[283] 偏肿内丝藻

Encyonema vertricosum (Ag.) Grun., in Schmidt et al., Atlas Diat.-Kunde pl. 10, fig.59, 1885 (1874~1959); 施之新: 中国淡水藻志, Vol. 16, p. 66, plate: 17: 2~4; 40: 20, 2013.

细胞半椭圆形，背腹区别明显，背缘呈弯弓状，腹缘呈微弯状或近平直，近中部突起呈菱形，两末端收缩呈狭圆状，并向腹缘弯曲。壳缝近腹侧，近直呈线形，近缝端端部略变大，并向背侧弯曲，远缝端端缝向腹侧弯曲。轴区近腹侧，呈窄线形。中央区不明显。线纹排列呈放射状，中部在10μm内有10~15条，端部有12~18条，组成线纹的点纹在10μm内有33~35个。壳面长20~30μm，宽7~9μm，长与宽之比为2.8~4.2。

生境：生长于河沟、水沟、水塘、水库、水坑或水田，适应性较广，在半咸水、咸水中亦有生长。

国内外广泛分布；梵净山分布于太平河、快场、桃源村、高峰村、太平河、鱼坳至茴香坪旅游步道、德旺岳家寨红石梁（锦江河）、乌罗镇寨朗水库、金厂河、紫薇镇罗汉穴、德旺净河村老屋场洞下。

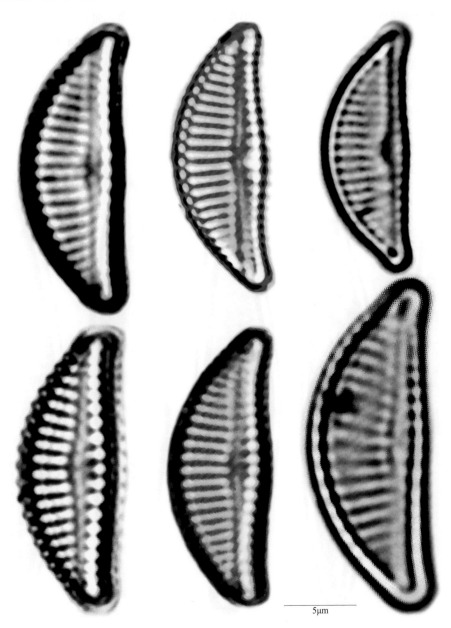

5μm

67.优美藻属 *Delicata* Krammer

壳面半披针形、披针形、椭圆状披针形或菱形状披针形，无明显背腹之分。壳缝近中位，近缝端呈明显侧翻状，且向腹侧弯曲，远缝端向背侧弯曲。轴区窄，近中部略宽。中央区小或中等大小，腹侧具中央线纹，中央线纹有规律变短呈波状，形成两个错落状浅区，以适合向腹侧翻转的壳缝。线纹排列呈放射状，无孤点，无明显的顶孔区。

[284]优美藻

Delicata delicatula (Kütz.) Krammer, in Lange–Bertalot, Diat. Eur. 4: 113, pl. 29: 1～30, pl. 130: 1～8, pl, 131: 1～8, pl. 132: 1～14, pl. 133: 1～10 and 30, pl. l34: 1～10, pl. 136: 6～12, 2003; 施之新：中国淡水藻志, Vol. 16, p. 73, plate: 19: 4, 2013.

细胞狭披针形，背腹区别不显著，背、腹缘均呈微弯弓状或腹缘近于平直，末端缢缩呈亚喙状。壳缝近腹侧，近缝端呈明显侧翻状，远缝端呈小弯弓状，向背侧弯曲。轴区窄，近中部变宽大。中央区不明显。线纹排列呈放射状，中部在10μm内有17～20条，端部有20～24条。壳面长19～45μm，宽5～9μm，长与宽之比为3.8～6.3。

生境：水生或亚气生，生长于河沟、水库、溪沟等淡水中，分布较广。

国内外广泛分布；梵净山分布于清渡河茶园坨、太平河、乌罗镇寨朗沟、金厂河、清渡河靛厂。

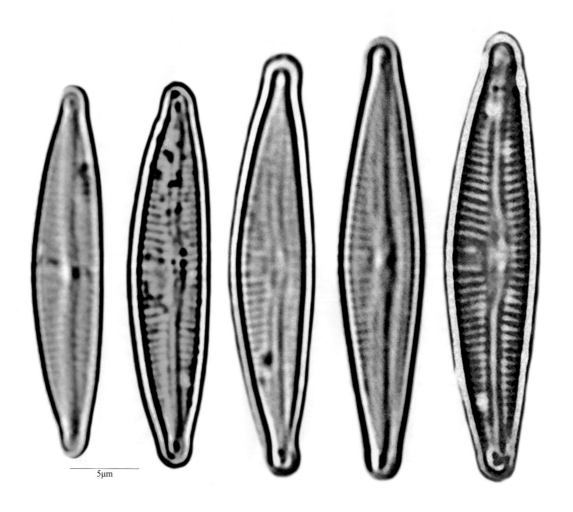

5μm

[285]菱形优美藻

Delicata gadjiana (Maill.) Krammer, in Lange–Bertalot, Diat. Eur. 4: 119, pl. 135: 13~15, 2003; 施之新: 中国淡水藻志, Vol. 16, p. 75, plate: 20: 2~3, 2013.

壳面菱状披针形，略具背腹之分。背缘呈弯弓状；腹缘近平直，近中部膨大凸出，末端渐狭呈狭圆形。壳缝近中位，近缝端呈侧翻状，远缝端渐细呈线状，向背侧弯曲。轴区呈狭披针形，中部略变宽，其宽度占细胞宽的1/3~1/2。中央区不明显。线纹排列呈微放射状或近平行，背缘中部在10μm内有9~16条，腹侧中部有11~18条，端部有18~26条。壳面长30~57μm，宽5~8μm，长与宽之比为5.1~7.1。

生境：生长于河沟、水沟、水坑淡水中，不常见，在我国一般生长在西部高原和山区环境。

国内分布于重庆、四川、贵州（铜仁）、西藏、青海；梵净山分布于清渡河茶园坨、靛厂（河沟石表附着或底栖）。

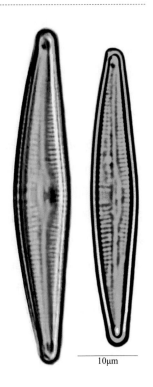

10μm

[286]犹太优美藻

Delicata judaica (Lange–Bertalot) Krammer et Lange–Bertalot, in Lange–Bertalot, Diat. Eur. 4: 120, pl. 136: 1~5, 2003; 施之新: 中国淡水藻志, Vol. 16, p. 74, plate: 19: 5, 2013.

壳面半椭圆状披针形，具有一定背腹之分。背缘呈弯弓状；腹缘呈微弯弓状，末端微缢呈亚头状。壳缝略偏于腹侧，近缝端呈侧翻状，远缝端窄线状，向背侧弯曲。轴区呈线状披针形，中部略扩大。中央区不明显。线纹排列呈放射状，中部在10μm内有14~15条，端部有18~20条。壳面长26~32μm，宽7~8μm，长与宽之比为3.7~4.1。

生境：淡水性，不常见。

国内分布于贵州（沿河官舟水库）；国外分布于以色列；梵净山分布于德旺红石梁锦江河边的渗水石表。

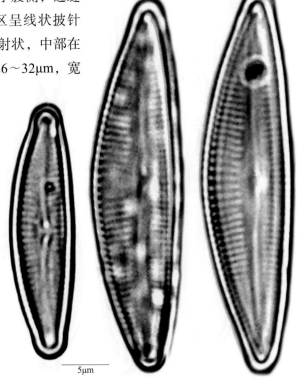

5μm

68. 弯肋藻属 *Cymbpoleura* (Kramme) Kramme

壳面常呈近宽椭圆形、椭圆状披针形、披针形或线状披针形。具有一定背腹之分或者区分不明显，末端形状多样。壳缝近中位或者偏位；近缝端多呈线形或略侧翻状，端部略微膨大呈珠孔状，并向腹侧弯曲；远缝端变窄，多呈线形，端缝向背侧弯曲。由单列的点纹组成线纹。

[287] 双头弯肋藻

Cymbpoleura amphicephala (Naeg.) Krammer, in Lange–Bertalot, Diat. Eur. 4: 70, pl. 91: 1～18, pl. 93: 2～8, pl. 94: 1～7, 2003; 施之新: 中国淡水藻志, Vol. 16, p. 94, plate: 25: 4～5; 41: 18, 2013.

壳面椭圆状披针形，具有一定背腹之分。背缘呈弯弓状；腹缘呈微弯弓状，末端骤尖呈尖头状。壳缝近腹侧，多呈线形，近缝端中央珠孔小，并向腹侧偏斜，远缝端端缝向背侧弯曲。轴区窄线形，近中位。中央区小。线纹排列呈放射状，中部在10μm内有12～14条，端部有16～18条。壳面长28～35μm，宽7～10μm，长与宽之比为3.0～4.0。

生境：广泛生存于河流、水沟、水田、沼泽等各种淡水中。

国内分布于北京、黑龙江、山西、安徽、江西、山东、湖北、湖南、陕西、宁夏、青海、新疆、重庆、四川、西藏、云南及贵州（麻阳河）；国外分布于蒙古、土耳其、欧洲、美洲；梵净山分布于寨沙水田及太平河、坝溪沙子坎、小坝梅村、清渡河茶园坨、亚木沟明朝古院旁沼泽、寨抱村水田、张家屯荷花池底栖、昔平村。

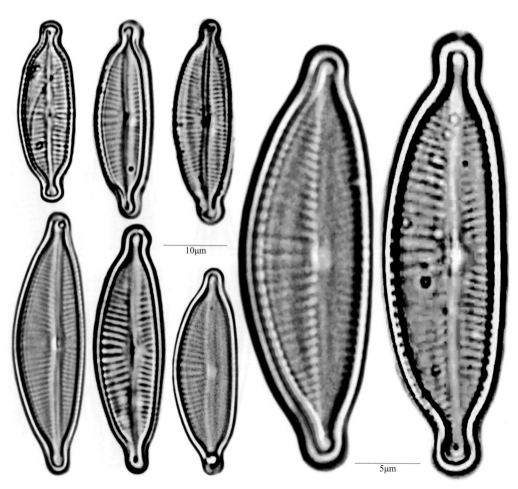

[288]尖形弯肋藻

Cymbpoleura apiculata Krammer, in Lange–Bertalot, Diat. Eur. 4: 12, pl. 7: 8～10, pl.9: 1～6,pl. 10: 1～4, pl. 11: 1～3, 2003; 施之新: 中国淡水藻志, Vol. 16, p. 83, plate: 22: 1, 2013.

壳面椭圆状披针形，具有一定的背腹之分。背缘呈弯弓状；腹缘呈微弯弓状，末端骤尖呈尖喙状。壳缝近中位，近平直，近缝端呈线形，端部略膨大，远缝端呈线形，端缝向背侧弯曲。轴区中等大小，呈线状披针形，在中央区略增宽。中央区中等大小，其宽占细胞宽度的近1/3～1/2，多呈不对称菱圆形。线纹排列呈放射状，中部在10μm内有7～9条，端部有11～14条，组成线纹的点纹在10μm内约有20个。壳面长88～90μm，宽26～28μm，长与宽之比为3.0～3.2。

生境：淡水性，生长于贫营养至中营养、低电导至中电导的水体环境。

国内分布于湖北、新疆；国外分布于芬兰、瑞典、德国、美国、加拿大；梵净山分布于亚木沟明朝古院旁沼泽。

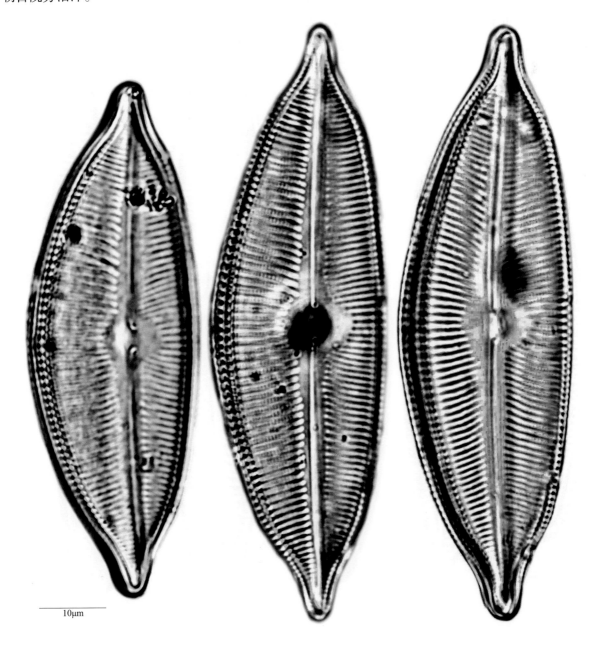

10μm

[289] 奥地利弯肋藻

Cymbpoleura austriaca (Grun.) Krammer, in Lange–Bertalot, Diat. Eur. 4: 50, pl. 69: 1～8, pl. 70: 1～7, pl. 71: 1～3, pl. 73: 1～8, pl. 74: 1～8, 2003; 施之新: 中国淡水藻志, Vol. 16, p. 95, plate: 26: 1～3, 2013.

壳面菱状披针形，具有一定的背腹之分。背缘呈弯弓状；腹缘呈微弯弓状或近平直，末端呈宽头状。壳缝近腹侧，近缝端呈侧翻状，端部略膨大呈珠状，远缝端呈弯弓形，端缝向背侧弯曲。轴区中等大小，偏于腹侧，其宽度约占细胞宽度的 1/3，在中央区略增宽。中央区小，多为椭圆形。线纹排列呈放射状，中部在 10μm 内有 10～12 条，端部有 12～18 条，组成线纹的点纹在 10μm 内约有 23 个。壳面长 40～60μm，宽 8～13μm，长与宽之比为 3.6～4.8。

生境：淡水性，但西藏的一些咸水湖畔的附属小水体中也有。

国内分布于山西、吉林、黑龙江、江西、西藏、陕西、宁夏、青海、湖北、湖南、四川、云南、贵州（分布较为普遍）；国外分布于蒙古、德国、英国、挪威、芬兰、俄罗斯、美国、巴布亚新几内亚，阿尔卑斯山地区；梵净山分布于习家坪太平河中段（浮游或着于附石表）、德旺红石梁（锦江河边的渗水石表）、乌罗镇石塘。

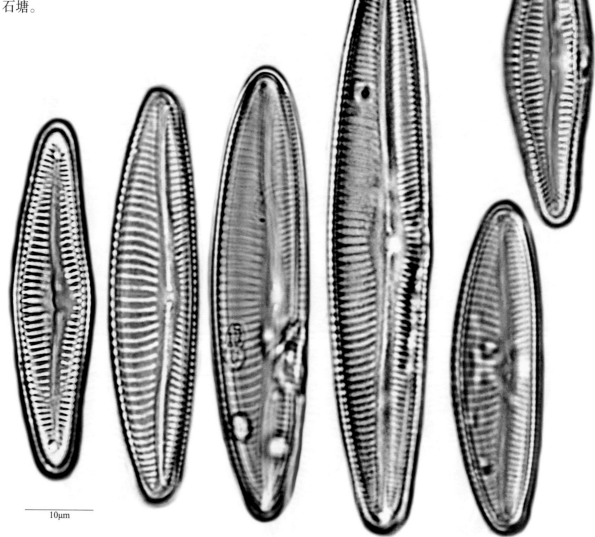

10μm

[290]急尖弯肋藻

Cymbpoleura cuspidata (Kütz.) Krammer, in Lange–Bertalot, Diat. Eur. 4: 8, pl. 1: 1～12, 121～11, p. 6: 58, 2003; 施之新：中国淡水藻志, Vol. 16, p. 85, plate: 21: 7; 41: 13～14, 2013.

壳面近椭圆形，无明显背腹之分。细胞边缘两侧突起呈弯弓状，背缘弯曲程度略大于腹缘，近末端骤尖呈尖喙。壳缝位居近中位，近缝端端部微膨胀呈珠状并向腹侧微弯，远缝端呈线形，端缝呈弯钩形，向背侧弯曲。轴区窄线形，位居近中线处，近中央区微宽。中央区外扩形成不对称菱形，其宽度约占细胞宽度的 1/3～1/2。线纹排列呈放射状，中部在 10μm 内有 7～10 条，端部有 12～19 条；组成线纹的点纹在 10μm 中有 22～25 个。壳面长 25～80μm，宽 8～25μm，长与宽之比为 2.6～3.8。

生境：河流、水塘、水沟等淡水中，喜贫营养至中营养和中等电导率水体环境。

国内外广泛分布，较为常见；梵净山分布于坝溪沙子坎、陈家坡、太平河（浮游）。

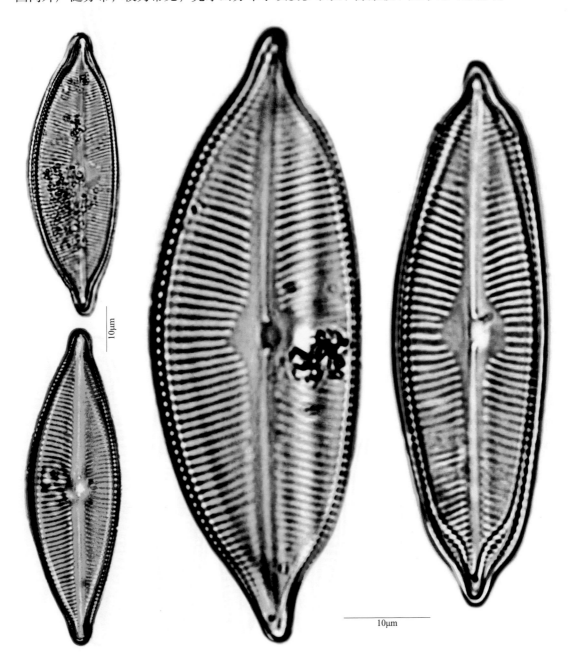

[291] 杂种弯肋藻

Cymbopleura hybrida (Grunow) Krammer, in Lange–Bertalot, Diat. Eur. 4: 63, pl. 86: 1~14, 2003; 施之新: 中国淡水藻志, Vol. 16, p. 91, plate: 24: 5, 2013.

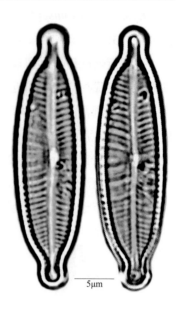

壳面线状披针形, 无明显背腹之分。细胞边缘两侧突起呈弯弓状, 末端缢缩呈头喙状。壳缝位居近中位, 近缝端端部微膨胀呈珠状并向腹侧微弯, 远缝端向背侧弯曲。轴区窄线形, 位居近中线处, 近中央区微宽。中央区外扩形成不对称菱形, 其宽度约占细胞宽度的1/3~1/2。线纹排列呈放射状, 背纹中部在10μm内有10~12条, 端部有15~17条, 腹纹中部有10~15条, 端部有15~17条。壳面长30~40μm, 宽8~10μm, 长与宽之比为3.8~4.8。

生境: 主要是淡水性的。

国内分布于内蒙古、吉林、黑龙江、安徽、江西、重庆、四川、贵州 (施秉)、云南、西藏、新疆; 国外分布于日本、俄罗斯、德国、瑞典、英国、美国; 梵净山分布于坝溪沙子坎 (水沟)。

[292] 库尔伯斯弯肋藻

Cymbpoleura kuelbsii Krammer, in Lange–Bertalot Diat. Eur. 4: 94, pl. 113: 1~7, pl. 127: 11~12 and 19, 2003; 施之新: 中国淡水藻志, Vol. 16, p. 101, plate: 28: 6, 2013.

壳面披针形, 无明显背腹之分。细胞边缘两侧突起呈弯弓状, 末端渐尖呈尖圆形或狭圆形。壳缝位居近中位, 近缝端向腹侧微弯, 远缝端向背侧弯曲。轴区窄线形, 位居近中线处。中央区向背侧外扩形成矩形空白区, 中央区背侧具1条极短的线纹。线纹排列呈放射状, 中部在10μm内有9~11条, 端部有12~14条。壳面长26~30μm, 宽6~8μm, 长与宽之比为3.5~5.0。

生境: 淡水性。

国内分布于上海、江苏、江西、湖北、湖南、四川、云南、西藏、青海; 国外分布于法国; 梵净山分布于清渡河靛厂 (溪沟中底栖)。

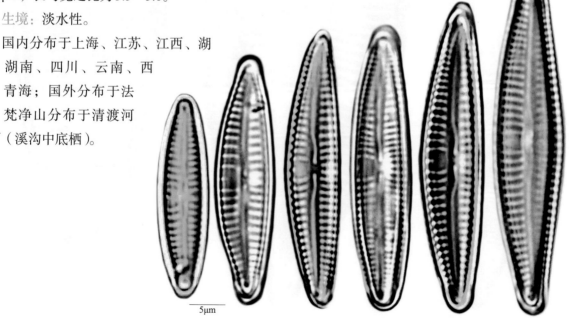

[293] 宽弯肋藻

Cymbpoleura lata (Grun.) Krammer, in Lange–Bertalot, Diat. Eur. 4: 20, p1. 20: 1～7, pl.2l: 1～6, pl. 22: 1～8: pl. 23: 1～7, pl. 24: 1～6, 2003; 施之新：中国淡水藻志，Vol. 16, p. 80, plate: 21:1; 41: 15, 2013.

壳面椭圆披针形，具有一定的背腹之分。背缘呈弯弓状；腹缘呈微弯弓状或近平直，末端凸出呈宽头圆形或截圆形。壳缝位置近中位，缝端呈微侧翻状，端部呈珠状，远缝端呈线形，端缝向背侧弯曲。轴区线形，偏于腹侧，在中央区增宽。中央区宽度为细胞宽度的1/4～1/3，多为椭圆形。线纹排列呈放射状，背缘中部在10μm内有6～9条，端部有10～15条；腹缘中部有6～10条，端部有11～15条。壳面长70～80μm，宽25～30μm，长与宽之比为3.0～3.4。

生境：淡水性，较适水温偏凉的水体。

国内分布于上海、江苏、江西、湖北、四川、云南、西藏、青海、贵州（贵阳）；国外分布于日本、瑞士、德国、瑞典、芬兰、俄罗斯、美国；梵净山分布于马槽河（泥性水坑底栖）、清渡河公馆（水池）。

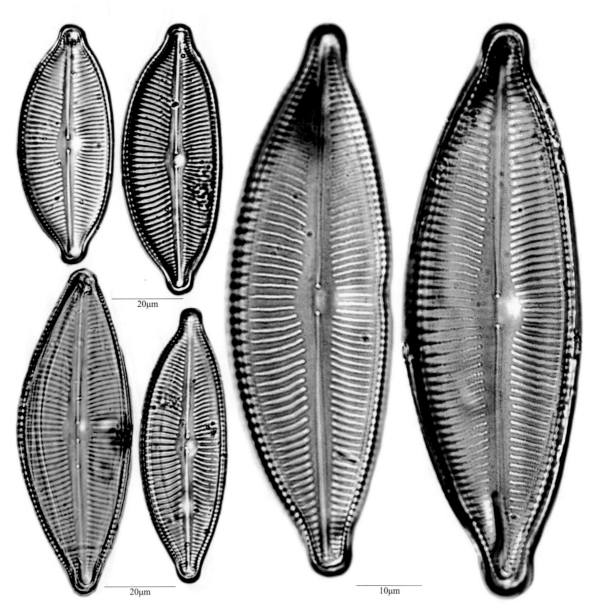

20μm

20μm

10μm

[294] 舟形弯肋藻

Cymbpoleura naviculiformis (Auerswald) Krammer, in Lange–Bertalot, Diat. Eur. 4: 56, 2003; 施之新: 中国淡水藻志, Vol. 16, p. 81, plate: 21: 8, 2013.

壳面狭椭圆披针形，背腹区别明显。背缘呈弯弓状；腹缘呈微弯弓状或近平直；末端突起呈头喙状。壳缝偏向于腹侧，由内外缝组成，内外缝分叉、相交叠呈线形；近缝端膨大呈珠状，向腹侧弯曲；远缝端线形，向背侧弯曲。轴区窄披针形，多偏居于腹侧，在中央区微宽。中央区呈大的不规则圆形，其宽度是细胞宽度的1/3～1/2，背侧较腹侧大。线纹排列呈放射状，背缘中部在10μm内有8～12条，端部有14～20条，腹缘中部有10～15条，端部有16～20条。壳面长24～50μm，宽6～13μm，长与宽之比为3.0～4.8。

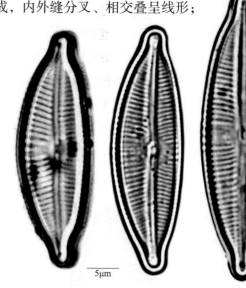

5μm

生境：生长于水沟、水田、水塘等淡水中。

国内外广泛分布；梵净山分布于张家坝、熊家坡、乌罗镇甘铜鼓天马寺、德旺净河村老屋场洞下。

[295] 菱形弯肋藻

Cymbpoleura rhomboiddea Krammer

壳面菱形或菱形状披针形，背腹具有一定区别。背缘呈弯弓状，腹缘呈微弯弓状，中部微凸，呈菱形状突起，末端呈尖喙形或尖圆形。壳缝偏斜腹侧，近、远缝端均呈线形，远端缝向背侧弯曲。轴区偏于腹侧，窄线形。无明显中央区。线纹排列呈放射状，中部在10μm内有10～12条，端部有13～15条。细胞长宽比为2.3～4.4。

[295a] 菱形弯肋藻狭变种

Cymbpoleura rhomboiddea var. ***angusta*** Krammer, in Lange–Bertaiot, Diat. Eur. 4: 54, pl. 7 2: 10～16, pl. 75: 6～8, 2003; 施之新: 中国淡水藻志, Vol. 16, p. 97, plate: 26: 7, 2013.

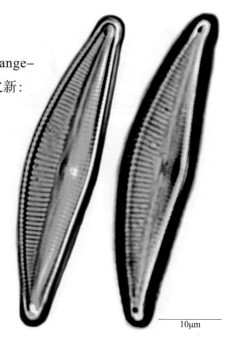

与原变种的主要区别在于：壳面更为狭长，呈狭细菱状披针形。壳面长42～48μm，宽9～11μm，长与宽之比为4.5～5.0。

生境：淡水性，适宜低温贫营养和低电导的水体环境。

国内分布于贵州（铜仁）；国外分布于北欧地区、阿尔卑斯山地区；梵净山分布于清渡河靛厂（溪沟中底栖）。

10μm

69.瑞氏藻属 *Reimeria* Kociolek et Stoermer

壳面披针形或线形，背腹具有一定的区别。背缘呈弯弓状，腹缘近平直，中部微凸出。壳缝多居中近直，近缝端外侧略膨大，内侧向背缘弯折，远缝端向腹侧弯曲。线纹由单列或双列点纹组成，线纹排列近平行。中央区具1个孤点，或居中或偏向于背侧。

[296]波状瑞氏藻

Reimeria sinuate (Gregory) Kociolek et Stoermer, Syst. BoL. 12: 452, fig: 1～10. 1987; 施之新: 中国淡水藻志, Vol. 16, p. 102, plate: 29, 41: 1～2; 16～17, 2013.

原植体小型，壳面披针形或线形，背腹具有一定区别。背缘呈弯弓状，腹缘中部微凸出，腹缘呈微波状，末端呈宽圆形。壳缝居中近平直，近缝端略膨大，远缝端向腹侧弯曲。轴区窄线形。中央区向腹侧扩大至边缘形成矩形空白区；央区具1个孤点，或居中或偏向于背侧。线纹排列近平行，在10μm内有8～12条，组成线纹的点纹在10μm内有20～24个。壳面长15～20μm，宽5～6μm，长与宽之比为3.0～3.5。

生境：淡水性，分布较广，为常见种。

国内分布于山西、内蒙古、吉林、黑龙江、江苏、江西、湖北、湖南、重庆、四川、云南、西藏、陕西、青海、贵州（赫章及铜仁地区）；国外分布于日本、蒙古、伊拉克、俄罗斯、新西兰、巴布亚新几内亚、欧洲、美洲；梵净山分布于太平河、锦江（河中浮游或河边渗水石表）、德旺净河村老屋场洞下（水田底栖）。

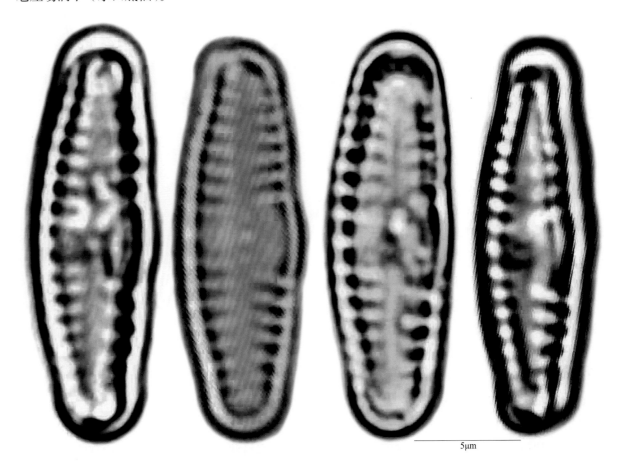

5μm

70.桥弯藻属 *Cymbella* Agardh

原植体多为单细胞生长，极少聚集成群体，壳面形状多样（新月形、半椭圆形或半披针形等），末端钝圆或尖圆形。该属种类有浮游种类也有附生种类，其中着生种类具短胶质柄的顶端或生长在分枝、不分枝的胶质管中；细胞背腹不对称，有明显区分，背侧凸出多呈弯弓形，腹侧近平直，中部略微凹陷或微突起，中轴区两侧不完全对称，具中央节和极节；壳缝多数微弯，少数近平直，壳缝两侧具横线纹，中间横线纹多较末端横线纹稀疏。在种类的描述中，在10μm内的横线纹数指壳面中间部分的横线纹数；带面长方形，两侧平行，无间生带和隔膜；色素体1个，侧生、片状。由2个母细胞的原生质体结合形成2个复大孢子多数生长在淡水中，少数在半咸水中。

[297] 粗糙桥弯藻

Cymbella aspera (Ehr.) Peragello, in Pelletan, Journ. Microgr, Paris 3: 237, 1889; 施之新：中国淡水藻志，Vol. 16, p. 125, plate: 35: 7, plate: 42: 10, 2013.

细胞个体较大，壳面披针形，背腹区别明显。背缘呈明显弯弓状，腹缘呈微弯弓状，近中部向外突起，末端呈斜宽圆形。壳缝近于中位或略偏向腹侧，近缝端呈线形，端部常出现圆形中央珠孔，向腹侧弯曲；远缝端呈微侧翻状，端缝呈弓形，向背侧弯曲。轴区宽度为细胞宽的1/4～1/3。中央区内凹呈椭圆形，其宽度为与轴区宽度相近的1/4～1/3；在腹侧中央线纹端部上具7～10个孤点，其形状有别于点纹。线纹排列呈放射状，背缘中部在10μm内有7～9条，端部有12～13条，组成线纹的点纹在10μm内有9～12个。壳面长108～205μm，宽25～38μm，长与宽之比为3.9～5.9。

生境：各种淡水中广泛生存。

国内外广泛分布；梵净山分布于太平河、马槽河、团龙村、护国寺、坝溪、桃源村、坝梅村、大河堰、陈家坡、清渡河茶园坨、黑湾河、亚木沟、张家屯、习家坪、快场、冷家坝鹅家坳、两河口、熊家坡、乌罗镇寨朗沟、金厂河、紫薇镇罗汉穴、德旺锦江段等地。

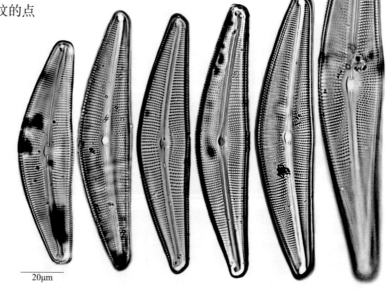

20μm

[298] 澳洲桥弯藻

Cymbella australica (Schmidt) Cl., Kongl. Svenska Vet –Akad. Handl. 26: 176., 1894; 施之新：中国淡水藻志，Vol. 16, p. 118, plate: 33: 4; 42: 9, 2013.

细胞个体较大，壳面披针形，背腹区别明显。背缘呈弯弓状，腹缘近平直，近中部略微拱起外凸；末端略微收缩呈平截形。壳缝近中位，近缝端线形，端部常出现圆形中央珠孔；远缝端线形，端缝向背侧弯曲呈弓形。轴区窄线弯弓形，中央区膨大但不到达细胞边缘两侧，呈圆菱形，其宽度约为细胞宽的1/2；中央节在腹侧具1个清楚的孤点。线纹排列由中部放射状向末端转变为聚集状，中部在10μm内有7~11条，端部有14~16条，组成线纹的点纹在10μm内有21~24个。壳面长70~130μm，宽18~30m，长与宽之比为3.7~5.2。

　　生境：生长于河流、水沟、水塘、水田、水坑或渗水石表，适应性较广。

　　国内分布于山西、江苏、安徽、江西、福建、湖北、广东、广西、海南、云南；

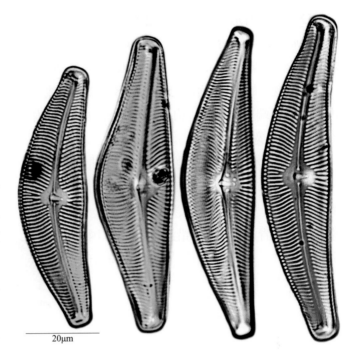

20μm

国外分布于日本、印度尼西亚、俄罗斯、坦桑尼亚、美国、澳大利亚、新西兰、巴布亚新几内亚，朝鲜半岛；梵净山分布于马槽河、桃源村、小坝梅村杨家组、张家屯、高峰村、郭家湾、两河口大河一支流、金厂河、德旺茶寨村大溪沟。

[299] 新月形桥弯藻

[299a] 原变种

Cymbella cymbiformis Agardh var. ***cymbiformis***, Consp. Crit. Diat. Pt. 1, p. 10, 1830.

　　壳面弯月状披针形，背腹区别显著。背缘呈弯弓状，腹缘内凹或少数近平直，在腹侧中部微凸；近末端变窄，末端呈狭圆形。壳缝居中或微偏向腹侧；近缝端呈侧翻状，端部的中央珠孔膨大呈鳞茎状；远缝端线形，向背侧弯曲。轴区线形，略弯，其宽度为细胞宽度的1/5~1/4，中央区不明显；腹侧中央节常出现1个孤点。线纹排列呈放射状，中部在10μm内有6~9条，端部有12~15条。壳面长50~90μm，宽12~18μm，长为宽的4~6倍。

　　生境：各种淡水水体。

　　国内外广泛分布；梵净山分布于德旺锦江河（底栖）。

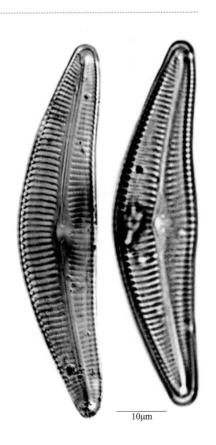

10μm

[299b]新月形桥弯藻无点变种

Cymbella cymbiformis var. ***nonpunctata*** Fontell, Ark. Bot. 14: 24, pl. 2, fig. 42, 1917; 施之新: 中国淡水藻志, Vol. 16, p. 121, plate: 34: 4/7, 2013.

与原变种的主要区别在于：中央区无孤点；线纹分布较密，中部在10μm内有11条，端部有18条，构成线纹的点纹在10μm内有30～40个；壳面长62μm，宽15μm。

生境：淡水性，较广泛地生长于各种内陆水体中。

国内分布于河北、山西、内蒙古、吉林、安徽、江西、湖北、湖南、重庆、四川、云南、西藏、青海、贵州（沿河、乌江）；国外分布于瑞典、德国、美国；梵净山分布于亚木沟的渗水石表。

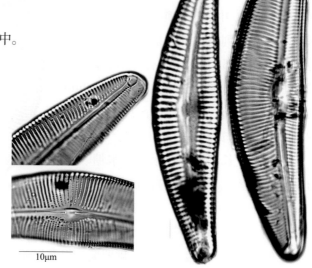

10μm

[300]切断桥弯藻

Cymbella excisa Kütz., Bacill. p. 80, pl. 6, fig. 17, 1844; 施之新: 中国淡水藻志, Vol. 16, p. 114, plate: 31: 5～7; 42:14～16, 2013.

壳面椭圆状披针形或半椭圆形。背缘呈明显的弓形弯曲，腹缘略呈弓形弯曲，有时几乎平直，有时中部略凹呈缺刻状，末端亚头状凸出。壳缝略偏于腹侧，近缝端略呈侧翻状。轴区窄，略弯曲或有时几乎平直。中央区不明显，仅略宽于轴区，略呈圆形或椭圆形，在腹侧中央线纹的端部常具1个明显的孤点。线纹呈放射状排列，中部线纹在10μm内有8～12条，两端有14～18条。壳面长21～46μm，宽6～13μm，长与宽之比为2.8～3.8。

生境：底栖或附生藻类，广布于渗水石壁、水田、水沟、水坑、水塘、水池等各种淡水水体。

国内外广泛分布；国外分布于日本、新西兰，西伯利亚、欧洲、美洲；梵净山广泛分布。

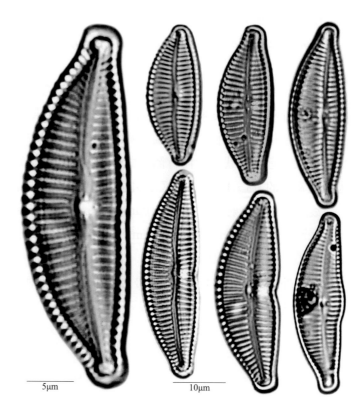

5μm   10μm

[301]汉茨桥弯藻

Cymbella hantzschiana (Rabenh.) Krammer, in Lange–Bertalor, Diat. Eur. 3: 47, 2002; 施之新: 中国淡水藻志, Vol. 16, p. 106, plate: 29: 8, 2013.

壳面披针形。背缘呈弓形弯曲，腹缘略呈弓形弯曲、略凹弧形或近于平直，中部略膨大，端部圆形或狭圆形。壳缝略偏于腹侧。轴区窄。中央区不明显或略宽于轴区。线纹呈放射状或略呈放射状排列，背侧中部在10μm内有8～10条，端部有12～14条。壳面长25～62μm，宽6～13μm，长与宽之比为4.0～5.5。

生境：主要为淡水性，藏北地区一些咸水湖及附属水体亦有记录。

国内分布于黑龙江、吉林、北京、山西、山东、湖南、新疆、西藏、陕西、云南、贵州；国外分布于贝加尔湖，奥地利、英国、芬兰、瑞典、俄罗斯、美国、新西兰；梵净山分布于两河口（河中浮游）。

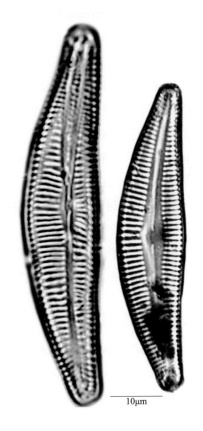

10μm

[302]胡斯特桥弯藻

Cymbella hustedtii Krasske, Bot. Arch. 3: 204, fig. 11, 1923; 施之新: 中国淡水藻志, Vol. 16, p. 109, plate: 30: 1; 43: 1, 2013.

壳面椭圆状披针形。两侧缘边均适度地呈弓形弯曲，背侧的弯曲度大于腹缘，两端狭圆形。壳缝略偏于腹侧，弯曲状，近缝端呈线形，且明显地折向腹侧，端部不呈珠孔状，远缝端弯向背侧。轴区窄，线状披针形。中央区不明显。中部线纹略呈放射状排列，两端放射状排列明显，在10μm内背侧有8～12条，腹侧有10～14条，组成线纹点纹在10μm中有24～26个。壳面长12～35μm，宽6～9μm，长与宽之比为2.5～3.4。

生境：生长于水塘或渗水石表等。

国内分布于山西、吉林、黑龙江、上海、江苏、安徽、江西、湖北、湖南、广东、广西、海南、重庆、四川、贵州（兴义、铜仁、荔波）、云南、西藏、陕西、青海；国外分布于日本、伊拉克、俄罗斯、美国，欧洲；梵净山分布于亚木沟的明朝古院旁。

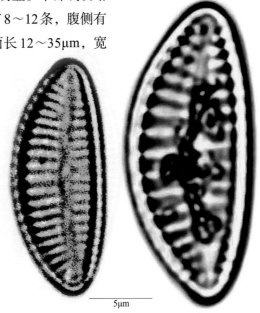

5μm

[303] 内弯桥弯藻

Cymbella incurvata Krammer, in Lange–Bertalot, Diat. Eur. 3: 54, pl. 35: 1～9, 2002; 施之新: 中国淡水藻志, Vol. 16, p. 122, plate: 36: 2, 5, 2 017.

壳面弯弓形。背缘弓形，腹缘凹入或近平直，中部膨大外凸，末端棒状圆形。壳缝中位至略偏腹侧。轴区约占壳面宽度的1/4，线形。中央区呈椭圆形，约占壳面宽度的1/3，腹侧中央线纹的端部具1～3个孤点。线纹呈放射状排列，在10μm内有8～9条（背）和9～10条（腹），两端约有12条，组成线纹的点纹在10μm内约有21个。壳面长47～63μm，宽13～14μm，长与宽之比为3.6～4.8。

生境：生长于河流、水沟、水塘或渗水石表。

国内分布于新疆；国外分布于德国；梵净山分布于张家屯、乌罗镇石塘、岳家寨、锦江河、金厂河。

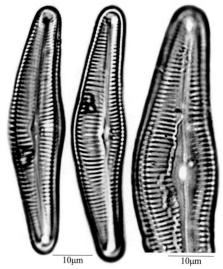

[304] 日本桥弯藻

Cymbella japonica Reichelt, in Kuntze, Rev. Gen, Plant. 3(2): 391, 1898; 施之新: 中国淡水藻志, Vol. 16, p. 116, plate: 32: 4; plate: 42: 6, 2013.

壳面菱形状披针形，背腹之分不明显。背、腹缘弓形弯曲，腹缘弯曲程度略小于背缘或几乎一样，宽面向两端渐尖形，端部尖圆形。壳缝几乎中位，近缝端呈线形，远缝端也呈线形，端缝弯向背侧。轴区较宽，约占壳面宽度的1/3，披针形。中央区常向腹侧略扩大，具1个明显的孤点。线纹放射状排列，中部在10μm内有7～10条，端部有12～14条。壳面长28～72μm，宽7～15μm，长与宽之比为3.3～4.6。

生境：生长于河沟、水沟、水田或渗水石表等。

国内分布于江苏、安徽、江西、山东、湖北、湖南、重庆、四川、贵州、云南、西藏；国外分布于亚洲；梵净山分布于寨沙、马槽河、黑湾河与太平河交汇口、盘溪河。

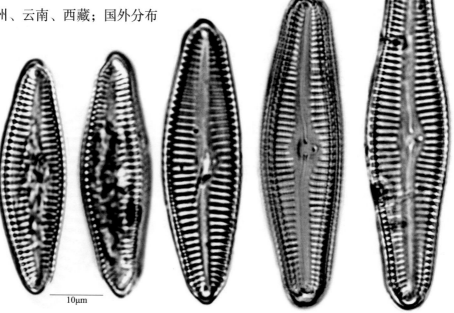

[305]平滑桥弯藻

Cymbella laevis Naeg., in Kutzing, Spec. Alg. p. 58, 1849; 施之新：中国淡水藻志，Vol. 16, p. 106, plate: 29: 3, 5～7, 2013.

壳面因生活期不同而存在差异，从瘦长半披针形至粗壮的三角形或菱形。背缘呈弓形弯曲，腹缘略呈弓形弯曲或近于平直，端部尖圆形或狭圆形。壳缝偏位于腹侧，端部的中央珠孔小，端缝弯向背侧。轴区窄，线形，几乎直向。中央区不明显。线纹呈放射状排列，中部在10μm内有8～14条，端部有15～20条。壳面长18～45μm，宽6～12μm，长与宽之比为2.6～5.3。

生境：生长于河沟、水沟、水坑、水池、水田、沼泽或渗水石表，分布较广。

国内外广泛分布；梵净山分布于马槽河、清渡河茶园坨靛厂、亚木沟、清渡河公馆、太平镇马马沟村、护国寺、德旺茶寨村大溪沟。

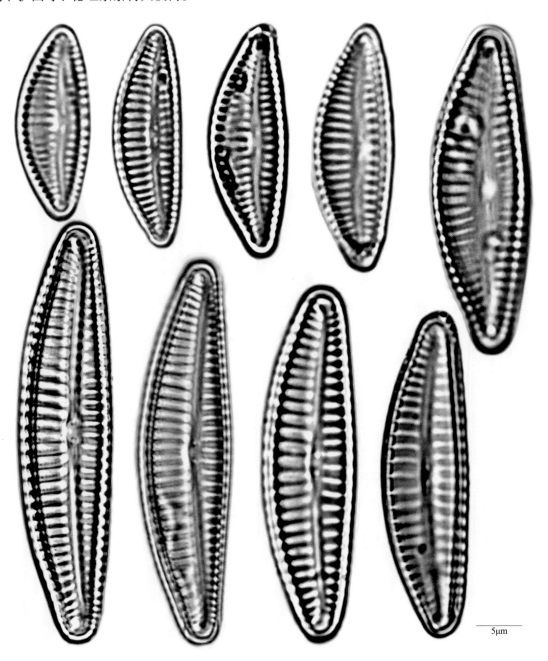

5μm

[306] 披针形桥弯藻

Cymbella lanceolata (Ag.) Ag., Consp. Crit. Diat. 1: 9, 1830; 施之新: 中国淡水藻志, Vol. 16, p. 124, plate: 36:1; 42: 11, 2013.

壳体相对较大型, 壳面菱状长披针形。背缘弓形弯曲, 腹缘近于平直, 中部略凸出, 端部圆形。壳缝几乎中位或略偏于腹侧, 近缝端呈线形, 端部的中央珠孔下呈钩形, 远缝端略呈侧翻状, 端缝近于90°弯向背侧。轴区窄, 中央区处略加宽。中央区椭圆形, 占壳面宽度的1/4~1/3, 腹侧的中央区边缘具5~9个孤点或不明显。线纹呈放射状排列, 中部在10μm内有7~12条, 端部有10~15条。壳面长150~215μm, 宽20~32μm, 长与宽之比为5.5~7.2。

生境: 生长于河流、水沟、水坑、水田、水塘等淡水中。

国内外广泛分布; 梵净山分布于坝溪河、凯文村、桃源村、坝梅村、陈家坡、张家屯、乌罗镇甘铜鼓天马寺、金厂河、德旺净河村老屋场苔湾、黑湾河凯马村。

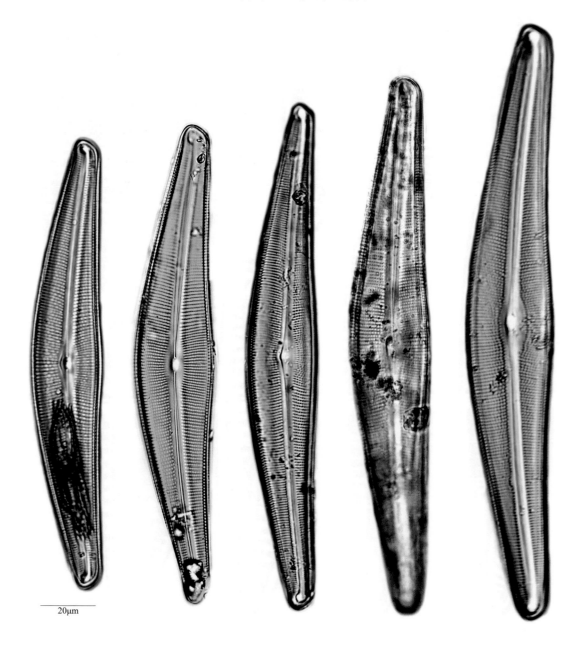

20μm

[307] 细角桥弯藻

Cymbella leptoceros (Ehr.) Kütz., Kieselsch. Bacill. Diat. P. 79, pl. 6, fig. 14, 1844; 施之新: 中国淡水藻志, Vol. 16, p. 107, plate: 29: 4, 10～11; 42: 18, 2013.

壳面菱形状短披针形。背缘强烈弓形弯曲，腹缘略呈弓形弯曲，中部呈半菱形膨大突起，两端狭圆形至尖圆形。壳缝几乎中位或略偏于腹侧。轴区一般宽度，约占壳面的1/3，呈狭披针形。中央区不明显。线纹放射状排列或近于平行，中部在10μm内有8～10条，端部有11～13条。壳面长25～30μm，宽8～11μm，长与宽之比为2.3～4.4。

生境：淡水性，分布较广，常见，较适于中营养及适度电导的水体环境。

国内分布于山西、黑龙江、山东、湖北、湖南、重庆、四川、贵州（松桃、印江、乌江、梵净山）、云南、西藏、陕西、新疆；国外分布于亚洲、欧洲、非洲；梵净山分布于清渡河茶园坨（河沟底栖）、太平河（浮游）、德旺红石梁、锦江河边渗水石表。

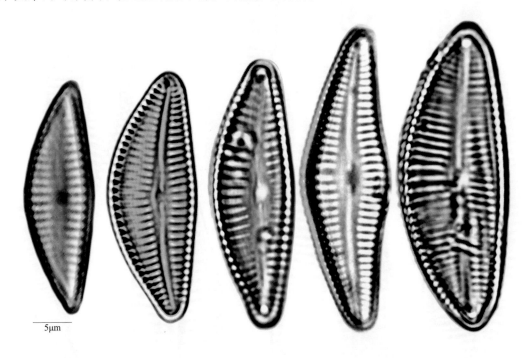

5μm

[308] 新箱形桥弯藻

Cymbella neocistula Krammer, in Lange–Bertalor, Diat. Eur. 3: 94, 2002; 施之新: 中国淡水藻志, Vol. 16, p. 130, plate: 37: 1～4, 8; 42: 2～5, 2013.

壳面因生活期不同而存在差异，从瘦长半披针形至披针形或菱形。背缘弓形弯曲，腹缘略弯曲或略凹入，有时近于平直，中部一般膨大凸出，两端钝圆或略头状。壳缝几乎中位或略偏于腹侧，弯曲，近缝端略呈侧翻状，端部的中央珠孔下呈圆形，远缝端线形，端缝弯向背侧。轴区窄，线形。中央区近圆形或不明显，占壳面宽度的1/3～1/2，在腹侧具一行（2～5个）孤点。线纹呈放射状排列，中部在10μm内有8～10条，端部有12～14条。壳面长37～150μm，宽16～27μm，长与宽之比为2.4～5.2。

生境：广泛分布于各种淡水中。

国内广泛分布；国外分布于亚洲、欧洲；梵净山分布于寨沙太平河、坝溪沙子坎、马槽河、坝梅村、清渡河茶园坨、德旺岳家寨红石梁锦江河、净河村老屋场、金厂河、乌罗镇寨朗沟、德旺。

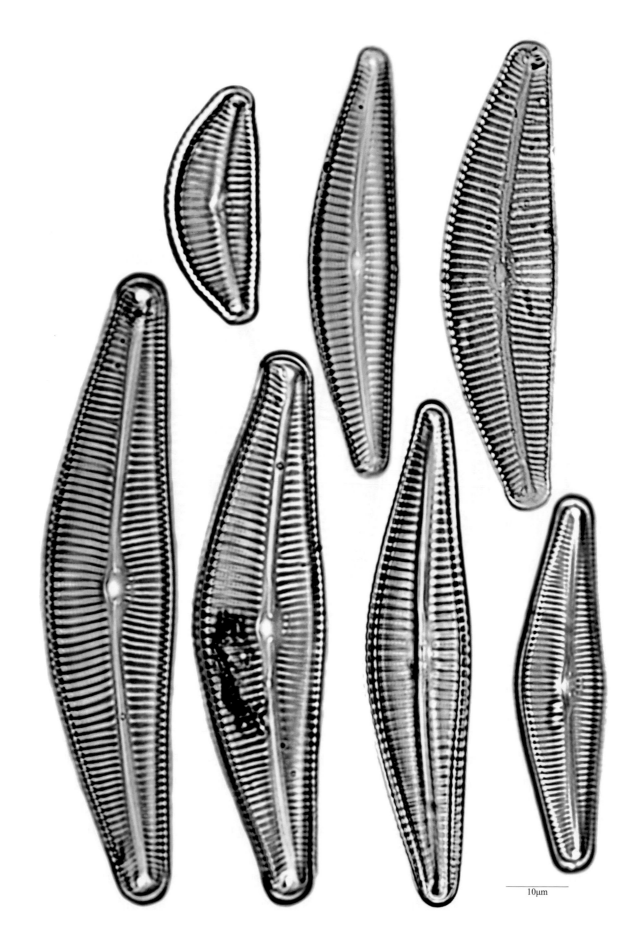

10μm

[309]苏门答腊桥弯藻

Cymbella sumatrensis Hust., Arch. Hydrob. Suppl. 15: 429, p1. 25, 17~19, 1938; 施之新: 中国淡水藻志, Vol. 16, p. 122, plate: 33: 3, 8, 2013.

　　壳面宽披针形或半椭圆形。背缘弓形弯曲，腹缘弯曲度小于背缘或近于平直，末端有时略收缢呈圆头。壳缝偏腹侧。轴区窄线形。中央区不明显或仅比轴区略宽，呈椭圆形。腹侧中央线纹的端部具1~6个孤点。线纹略呈放射状排列，中部在10μm内有9~12条，端部有13条左右，组成线纹的点纹在10μm中有20~22个。壳面长26~55μm，宽8~15μm，长与宽之比为3.6~4.3。

　　生境：生长于河流、水沟、水坑或渗水石表等。

　　国内分布于安徽、湖北、湖南、四川、贵州（普遍分布）、云南、青海、新疆；国外分布于日本、印度尼西亚、泰国、马来西亚、埃及、美国、巴布亚新几内亚；梵净山分布于金厂、德旺净河村老屋场、清渡河靛厂、太平河。

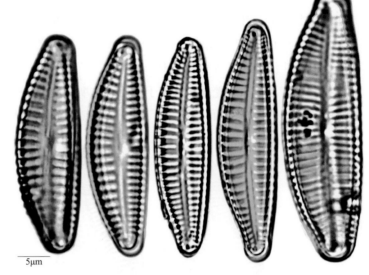

5μm

[310]孤点桥弯藻

Cymbella stigmaphora Östrup, Danske Diat. p. 59, pl. 2, fig. 45, 1910; 施之新: 中国淡水藻志, Vol. 16, p. 108, plate: 29: 9, 2013.

　　壳面菱状披针形。背缘明显地呈菱形状弯曲，腹缘略弯曲，中部呈菱形状膨大凸出，端部狭圆形或尖圆形。壳缝位于壳面近中位或略偏，线形，近缝端的端部中央珠孔不明显或较小，远缝端端缝弯向背侧。轴区窄，呈线状披针形（初始细胞中宽，可为壳面宽度的1/3）。中央区不明显或在初始细胞中较明显。线纹放射性排列，中部在10μm内有9~10条，端部有12~14条。壳面长38~57μm，宽6~14μm，长与宽之比为3.7~4.5。

　　生境：生长于河流、水沟、水坑或水池。

　　国内分布于江苏、福建、重庆、云南、青海；国外分布于丹麦、德国；梵净山分布于清渡河公馆、黑湾河、太平河、张家屯、锦江。

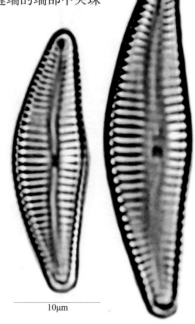

10μm

[311] 膨胀桥弯藻

Cymbella tumida (Bréb.) V. Heurck, Syn. Diat. Belg. p. 64, pl. 2, fig. 10, 1880; 施之新 : 中国淡水藻志,
Vol. 16, p. 117, plate: 33: 1～2; 43: 2～3, 7, 2013.

  细胞相对较大，壳面呈半披针形至线状披针形，背腹之分明显。弓形的背缘呈轻微的波形或平滑，腹缘略呈弓形弯曲或近平直，少数略凹入，但中部膨胀凸出，两端收缢后凸出呈头状。壳缝近中位或略偏于腹侧，呈线形，近缝端端部具明显的中央珠孔，弯向腹侧。轴区窄，呈弓形弯折状。中央区较宽，呈菱形状或菱形状圆形，占壳面宽度的1/3～1/2，中央节靠腹侧方向具1个孤点。线纹明显地呈放射状排列，中部在10μm内有8～12条，端部有12～22条，由明显的点纹组成，在10μm内有16～20个。壳面长37～75μm，宽14～20μm，长与宽之比为2.5～5.3。

  生境：广泛分布于各种淡水中。

  国内外广泛分布；梵净山分布于马槽河、坝溪河、太平河、快场、清水江、牛尾河、盘溪河、高峰村、锦江、郭家湾、两河口、金厂河、紫薇镇罗汉穴、大溪沟。

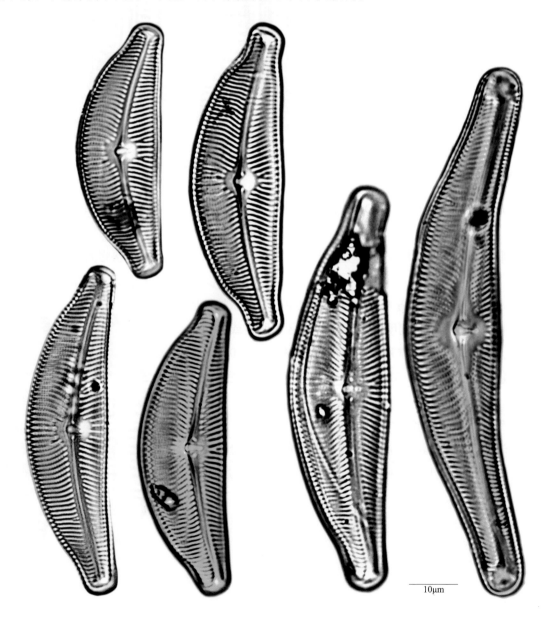

10μm

[312]胀大桥弯藻

Cymbella turgidula Grunow, in Schmidt et al., Atlas Diat.–Kunde pl. 9, Fig. 23–26, 1875(1874–1959); 施之新: 中国淡水藻志, Vol. 16, p. 127, plate: 35: 4, 2013.

　　细胞中等大小, 壳面呈椭圆披针形至狭披针形。背缘弯曲度大于腹缘, 两端略收缢呈亚头状至亚喙状凸出, 顶部截圆至圆形。壳缝略偏于腹侧, 近缝端略侧翻折向腹侧, 端部中央孔略呈圆形。轴区窄线形。中央区呈小椭圆形或圆形, 占壳面宽度的1/4～1/3, 中央节靠腹侧方向具1～3个孤点。线纹呈放射状排列, 中部在10μm内有8～12条, 端部有12～15条。壳面长26～55μm, 宽8～16μm, 长与宽之比为2.8～3.5。

　　生境: 生长于河流、水沟、水坑、水塘、水田或渗水石表, 分布环境广泛。

　　国内分布于黑龙江、吉林、内蒙古、山西、陕西、青海、上海、福建、江苏、江西、湖北、湖南、四川、重庆、海南、云南、西藏、贵州; 国外分布于亚洲、欧洲（德国、芬兰、俄罗斯）、美洲, 澳大利亚; 梵净山分布于寨沙、桃源村、牛尾河、德旺岳家寨红石梁锦江、郭家湾、太平河、两河口、乌罗镇寨朗沟、金厂河、木黄垮山湾、黑湾河、盘溪河。

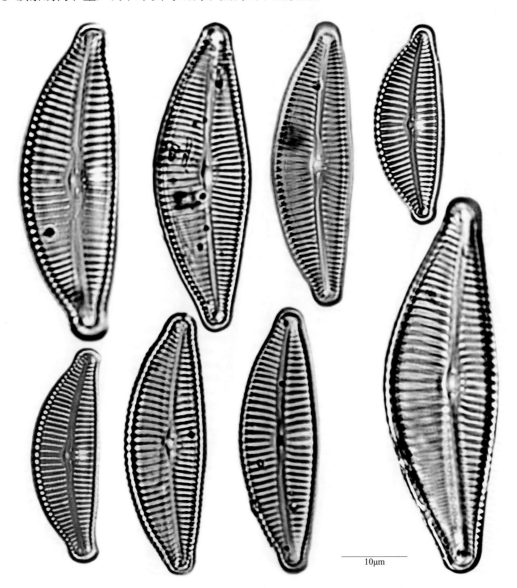

10μm

[313] 普通桥弯藻

Cymbella vulgate Krammer, in Lange–Bertalot, Diat. Eur. 3: 55, 2002; 施之新：中国淡水藻志，Vol. 16, p. 122, plate: 33: 7, 2013.

壳面相对狭长，呈半披针形。腹缘近平直、略凹或中部略凸，两端圆或狭圆形。壳缝略偏于腹侧，近缝端侧翻状。轴区窄，略弯状，线形。中央区不明显或略比轴区宽，中央节靠腹侧方向具 0～4 个孤点，常为 1 个。线纹呈放射状排列，中部在 10μm 内有 7～12 条，端部有 12～14 条。壳面长 39～54μm，宽 8～13μm，长与宽之比为 4.2～4.9。

生境：淡水性，广泛生长于寒带至亚热带的河流、水沟、水坑、水库或水塘。

国内分布于江苏、四川、云南、西藏；国外分布于欧洲、美洲（美国）；梵净山分布于马槽河、德旺岳家寨红石梁锦江段、太平河、新叶乡韭菜塘、大罗河、金厂河、两河口、乌罗镇寨朗沟、桃源村、黑湾河、清渡河靛厂。

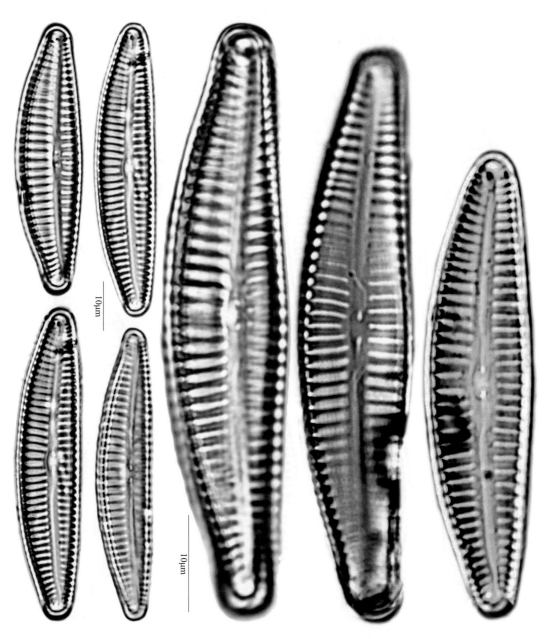

（二十八）异极藻科 Gomphonemaceae

71.异极藻属 *Gomphonema* Agardh

　　原植体为单细胞，或为分枝或不分枝的树状群体。浮游或以胶质鞘粘附于基质上固着生长。壳面一般呈棒形，左右对称而上下不对称，上宽下窄，以中央区为中点，一般上长下短。中轴区、中央区和中央节明显。中央区常呈横矩形或圆形，在其一侧具1至多个孤点。线纹绝大多数由单列的点孔纹组成，放射状排列或平行排列。带面观一般呈楔形，端部截形。

[314]尖细异极藻

[314a]原变种

Gomphonema acuminatum Ehr.var. *acuminatum*, Phys. Abh. Akad. Wiss. Berlin, p. 88, 1832(1831); 施之新：中国淡水藻志, Vol. 12, p. 20, plate: I: 1～3, 2004.

　　壳面呈棒状楔形，上端最宽处两侧外凸呈头状，顶端呈楔刺状或喙状，中部弧形膨大外凸，中部与上下端之间均具1个收缢部。上收缢部强烈，下收缢部较缓或不明显，下端狭长，两侧略膨大，末端尖圆形。轴区窄线形。中央区一般呈圆形，少为横矩圆形，两侧具1至数条不等长且排列不规则的短线纹，一侧具1个孤点。线纹在中部和两端呈较强烈的放射状排列，其他部位近于平行，中部在10μm内有8～14条，端部有18～24条。壳面长31～52μm，宽9～14μm。

　　生境：广泛分布于各种淡水中。

　　国内分布于黑龙江、山西、山东、安徽、湖北、湖南、西藏、四川及贵州；国外广泛分布；梵净山分布于护国寺、太平镇马马沟村、陈家坡、亚木沟、德旺净河村老屋场。

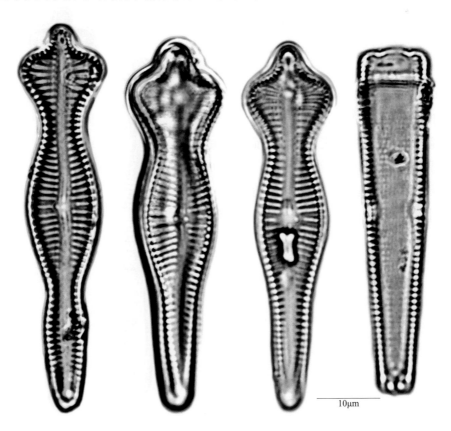

10μm

[314b] 尖细异极藻棒状变种

Gomphonema acuminatum var. ***clavus*** (Bréb.) Grun., in Van Heurck, Syn. Diat. Belg., pl. 23, fig. 20, 1880; 施之新: 中国淡水藻志, Vol. 12, p. 21, plate: II: 5, 2004.

与原变种的主要区别在于: 壳面中部至两端的收缢较浅, 中部与上端几乎等宽, 端顶具明显尖楔状突起; 中部线纹在10μm内有10条, 端部约有13条。壳面长32.5μm, 宽11μm。

生境: 淡水性, 较适于低导电率的水体。

国内分布于吉林、新疆; 国外分布于比利时、德国、瑞士、美国; 梵净山分布于太平镇马马沟村 (水田底栖)。

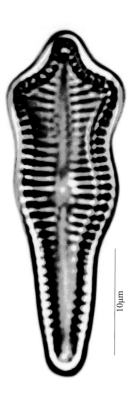

10μm

[314c] 尖细异极藻花冠变种

Gomphonema acuminatum var. ***coronatum*** (Ehr.) W. Smith, Syn. Brit. Diat., 1: 79, pl. 28, fig. 238, 1853; 施之新: 中国淡水藻志, Vol. 12, p. 22, plate: II: 1~2, 2004.

与原变种的主要不同在于: 壳面狭长; 中部至上部之间的收缢显著深凹, 上端最宽处呈"肩"状, 上缘近于平截, 顶部的突起呈乳突状; 中部线纹在10μm内有8~10条, 端部有12~17条。壳面长50~75μm, 宽9~13μm。

生境: 同原变种。

国内分布于山西、内蒙古、吉林、黑龙江、浙江、福建、湖北、湖南、四川、重庆、贵州 (铜仁、威宁)、云南、西藏、陕西、宁夏、新疆; 国外分布于日本、英国、德国、瑞士、奥地利、比利时、瑞典、芬兰、苏联、美国; 梵净山分布于坝溪沙子坎的小水沟。

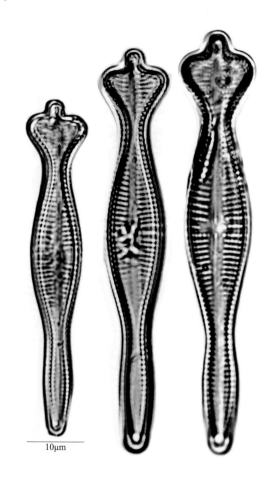

10μm

[315] 窄异极藻

[315a] 原变种

Gomphonema angustatum (Kütz.) Rabenhorst var. ***angustatum*** fl. Europ. Alg. aquae submar. Sect. 1, p. 283, 1864; 施之新: 中国淡水藻志, Vol. 12, p. 44, plate: XVI: 3～7, 2004.

壳面呈狭披针形棒状或狭棒状，上端呈头状或喙状突起，下端呈狭圆形或尖圆形。轴区窄，呈线形。中央区向一侧扩大呈横矩形，两侧各具1条短线纹，一侧具1个孤点。线纹放射状至平行排列，中部在10μm内有8～11条，端部有12～20条。壳面长17～40μm，宽3.5～8μm。

生境：广泛分布于各种淡水中。

国内分布于黑龙江、山西、山东、安徽、湖北、湖南、西藏、四川、贵州；国外广泛分布；梵净山分布于马槽河、净心池、太平河、大河堰、黑湾河、金厂河、锦江。

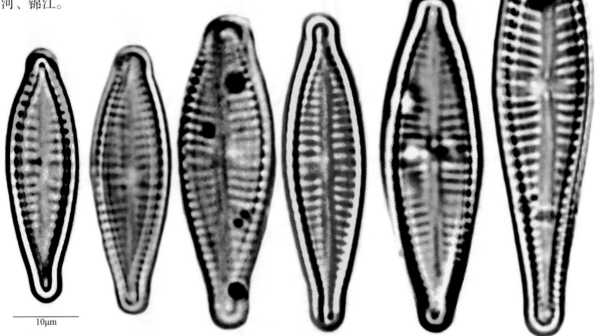

10μm

[315b] 窄异极藻相等变种

Gomphonema angustatum var. ***aequale*** (Gregory) Cl., Syn. Navic. Diat., Bd. 26, p. 181, 1894; 施之新: 中国淡水藻志, Vol. 12, p. 45, plate: XVII: 1～2, 2004.

与原变种的主要区别在于：壳面狭披针形至狭纺锤形，上下部近于等长，两端均突起呈喙状；中部线纹在10μm内有10～14条，端部有14～16条；壳面长20～29μm，宽5～6μm。

生境：生长于河流、溪沟、水塘、水坑、水田、渗水石表等淡水中。

国内分布于西藏；国外分布于英国、比利时；梵净山分布于坝溪河、净心池护国寺、清渡河、黑湾河、太平河、锦江河、张家屯。

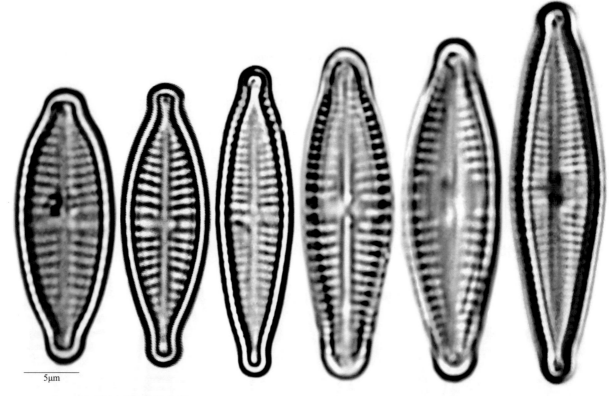

5μm

[315c] 窄异极藻棒形变种

Gomphonema angustatum var. ***citera*** (Hohn & Hellerm.) Patrick, in Patrick & Reimer, Diat. Unit. Stat. V. 2, Pt. 1, p. 125, pl. 17, fig. 14, 1975; 施之新: 中国淡水藻志, Vol. 12, p. 45, plate: XVII: 3～4, 2004.

与原变种的主要区别在于: 壳面呈棒形, 上端部呈圆形, 不呈喙状或头状, 下端的两侧略收缢; 线纹略弯曲, 放射状; 中部在10μm内有10～11条, 端部有15条; 壳面长23～30μm, 宽7～8μm。

生境: 常生长于溪水、河流、瀑布下、水池、山溪或池塘等。

国内分布于山西、吉林、黑龙江、安徽、山东、湖北、四川; 国外分布于美国; 梵净山分布于习家坪、太平河、锦江。

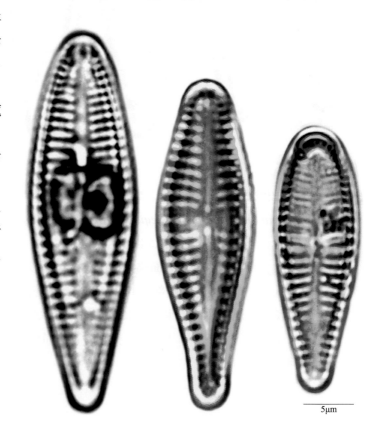

5μm

[315d]窄异极藻中型变种

Gomphonema angustatum var. ***intermedium*** Grun., in Van Heurck, Syn. Dian. Belg., pl. 24, fig. 27, 1880; 施之新: 中国淡水藻志, Vol. 12, p. 45, plate: XVII: 5～7, 2004.

与原变种的主要区别在于: 壳面披针形, 上下几乎对称, 顶端不呈喙状或头状的突起; 中部线纹在10μm内有9条, 端部有14条; 壳面长25μm, 宽7μm。

生境: 生长于溪水、河流、水坑、湖泊或沼泽等淡水中。

国内分布于山西、湖北、西藏; 国外分布于瑞典、芬兰、比利时、美国; 梵净山分布于德旺净河村老屋场的水田。

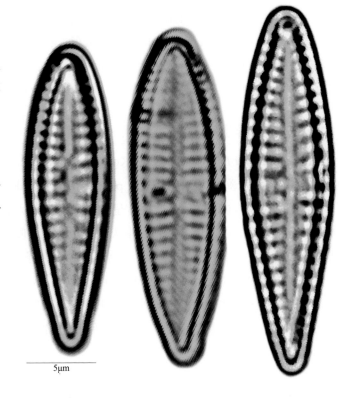

5μm

[315e]窄异极藻延长变种

Gomphonema angustatum var. ***productum*** Grun., in Van Heurck, Syn. Diat, Belg., p. 24, fig. 52～55, 1880; 施之新: 中国淡水藻志, Vol. 12, p. 46, plate: XVIII: 3～4, 7～8, 2004.

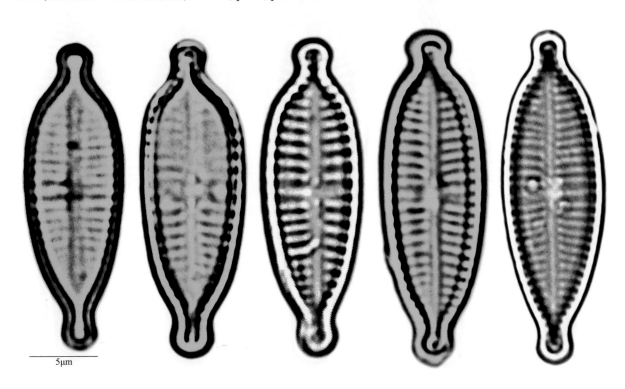

5μm

　　与原变种的主要区别在于：壳面略呈线状楔形或线形，两侧弧形弯曲较缓，上部略宽于下部或上下部近于相等，两端具明显的头状或喙状凸出；中部线纹在10μm内有8～12条，端部有12～16条；壳面长19～44μm，宽6～9μm。

　　生境：生长于溪水、河流、水池、池塘、湖泊、沼泽等淡水中。

　　国内分布于黑龙江、山西、内蒙古、山东、陕西、湖北、西藏、四川、云南、贵州；国外分布于比利时、德国、荷兰、瑞典、瑞士、奥地利、芬兰、苏联、美国；梵净山分布于太平河、马槽河、冷家坝锦江、张家屯、高峰村、甘铜鼓天马等，广泛分布。

[316] 彼格勒异极藻

Gomphonema berggrenii Cleve, Kongl. Svenska Vet. –Akad. Handl., 26: 185, pl. 5, figs. 6～7, 1894; 施之新：中国淡水藻志, Vol. 12, p. 36, plate: XII: 1～2, 2004.

　　壳面呈棒形，近顶端明显收缢，呈瓶颈状，端头呈宽头状，端缘平弧形，中部向下部渐狭，顶端钝圆形或平弧形。中轴区窄线形。中央区横矩形，两侧各具1条短线纹，一侧具1个孤点。线纹放射状排列，中部在10μm内有9～10条，端部有14～16条。壳面长35～54μm，宽9～11μm。

　　生境：淡水性底栖，梵净山采集于河边水坑、水塘或渗水石表。

　　国内分布于湖北、湖南；国外分布于日本、瑞典、芬兰、新西兰；梵净山分布于马槽河、黑湾河与太平河交汇口、德旺红石梁锦江河边。

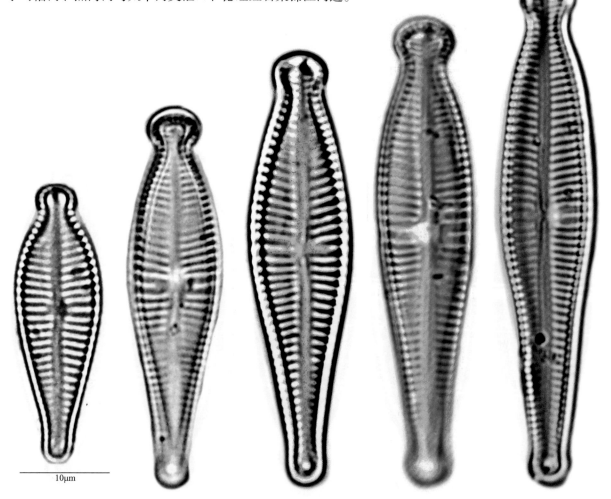

10μm

[317] 克利夫异极藻

Gomphonema clevei Fricke, in Schmidt et al., Atlas Diat–Kunde, pl. 234, fig. 44~46, 1874~959, 1902; 施之新: 中国淡水藻志, Vol. 12, p. 71, plate: XXX: 1~3, 2004.

壳面呈长披针形或长纺锤形，两头末端呈圆形至尖圆形，上端略宽于下端。中轴区明显宽大，占壳面宽度的3/5~4/5。中央区一侧具1个孤点。线纹极短，放射状排列，中部在10μm内有12~15条，两端有15~18条。壳面长25~40μm，宽5~8μm。

生境: 淡水性，喜碱性和流水环境，常生长于河流、溪沟、水塘、湖泊等水体中或滴水岩石。

国内分布于内蒙古、吉林、黑龙江、安徽、湖北、湖南、西藏、青海、贵州；国外分布普遍；梵净山分布于牛尾河、两河口大河一支流、德旺净河村老屋场、黑湾河凯马村。

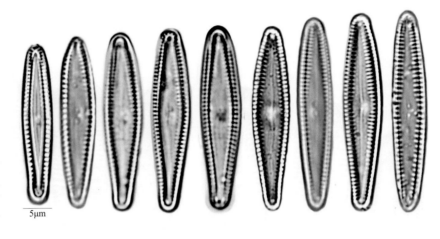

[318] 缢缩异极藻

[318a] 原变种

Gomphonema constrictum Ehr. var. **constrictum** Phys. Abh. Akad. Wiss. Berlin, pl. 63, 1830(1832); 施之新: 中国淡水藻志, Vol. 12, p. 24, plate: IV: 1~2, 2004.

壳面呈楔形棒状，中部膨大，上部缢缩，近末端的宽小于中部，顶端广圆或平弧形，下部渐窄，基部顶端狭圆形。轴区窄线形。中央区不规则，两侧各具数条长短不等的线纹，一侧具1个孤点。线纹放射状排列，中部在10μm内有8~14条，端部有20条。壳面长28~50μm，宽10~13μm。

生境: 生长于河流、水沟、水塘、水田、水池或渗水石表等，广泛分布于各种淡水中。

国内外广泛分布；梵净山分布于护国寺、坝溪沙子坎、凯文村、亚木沟、张家屯。

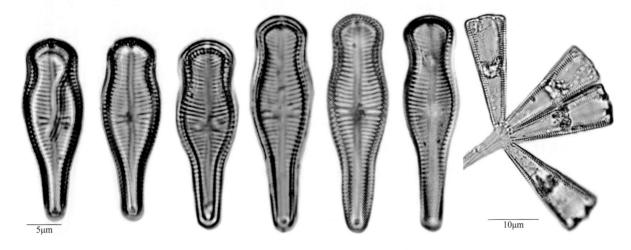

[318b]缢缩异极藻头端变种

Gomphonema constrictum var. ***capitatum*** (Ehr.) Grun., in Van Hcurck, Syn. Diat. Belg., pl. 23, fig. 7, 1880; 施之新: 中国淡水藻志, Vol. 12, p. 25, plate: IV: 4, 2004.

与原变种的主要区别在于: 壳面上部轻微收缢, 顶端宽圆形; 中部线纹在10μm内有10～15条, 端部有16～20条; 壳面长22～54μm, 宽6～12μm。

生境: 生长于溪水、河流、水池、池塘、湖泊、沼泽等淡水中。

国内分布于黑龙江、山西、内蒙古、山东、陕西、湖北、西藏、四川、云南、贵州; 国外分布于比利时、德国、荷兰、瑞典、瑞士、奥地利、芬兰、苏联、美国; 梵净山分布于寨沙、黑湾河、太平河。

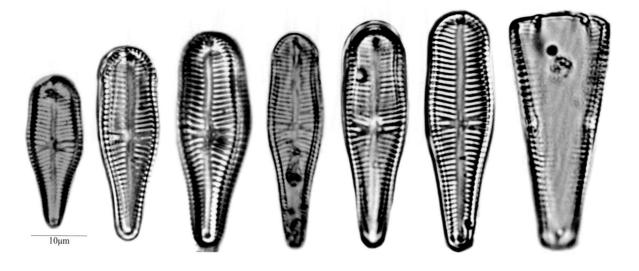

10μm

[319] 纤细异极藻

[319a]原变种

Gomphonema gracile Ehr. var. ***gracile*** Infus. Vollk. Organ., p. 217, pl. 18, fig. 3, 1838; 施之新: 中国淡水藻志, Vol. 12, p. 52, plate: XXII: 1～5, 2004.

壳面菱状披针形至线状披针形, 上下部近对称, 中部两侧向两端近于斜直线变窄, 两端尖圆形或狭圆形。中轴区窄线形。中央区小, 横矩圆或近圆形, 两侧各具1条短线纹, 一侧的线端具1个孤点。线纹放射状排列, 有时在两端几乎呈平行排列, 中部在10μm内有8～14条, 端部有14～18条。壳面长25～65μm, 宽4～10μm。

生境: 广泛分布于各种淡水中。

国内外广泛分布; 梵净山分布于坝溪河、马槽河、净心池、太平河、张家坝团龙村、大河堰杨家组、清渡河茶园坨、亚木沟、张家屯、高峰村、郭家湾、红石溪、两河口、新叶乡韭菜塘（大罗河）、熊家坡、金厂河、德旺茶寨村大溪沟、净河村老屋场。

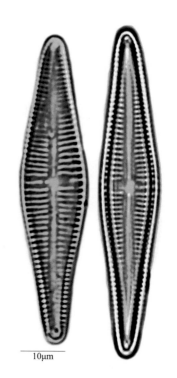

10μm

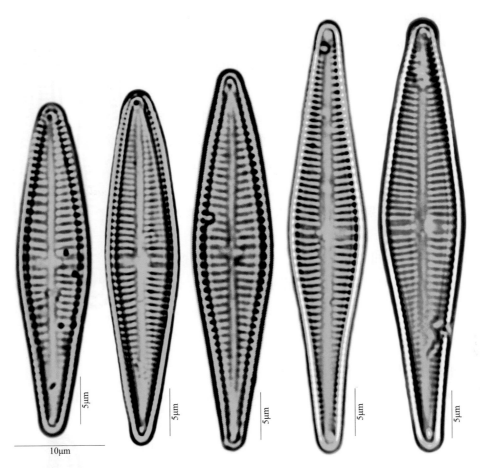

[319b]纤细异极藻长耳变种

Gomphonema gracile var. ***auritum*** Braun, in Van Heurck, Syn. Diat. Belg., p. 125, pl. 24, figs. 15～18, 1885; 施之新: 中国淡水藻志, Vol. 12, p. 53, plate: XXII: 6～7, 2004.

与原变种的主要区别在于: 比原变种小，壳面呈狭披针状菱形；中部线纹在10μm内有10条，端部有14条；壳面长36μm，宽9μm。

生境: 生态习性同原变种，常生长于湖泊、河流、沼泽、池塘等淡水水体中。

国内分布于安徽、四川、西藏；国外分布于亚洲（日本、朝鲜）、欧洲（比利时、德国、荷兰、瑞士、奥地利、瑞典、芬兰、苏联）；梵净山分布于德旺岳家寨红石梁的河中。

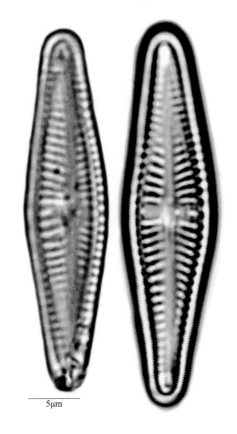

[319c]纤细异极藻缠结状变种

Gomphonema gracile var. *intricatiforme* Mayer, Denk. Bay Bot. Ges., 17(N. F. 11): 118, pl. 1, fig. 12, 1928; 施之新：中国淡水藻志, Vol. 12, p. 54, plate: XXII: 6～7, 2004.

与原变种的主要区别在于：壳面狭披针形棒状，中部明显地凸出膨大，顶端和基部比原变种宽，呈圆形；中部线纹在 10μm 内有 10～13 条，端部有 14～24 条；壳面长 26～44μm，宽 4～8μm。

生境：生长于湖泊、泉水、瀑布、水坑、水田或渗水石表等。

国内分布于西藏、贵州（沅江）；国外分布于德国、瑞典、芬兰；梵净山分布于坝溪河、桃源村、牛尾河、高峰村。

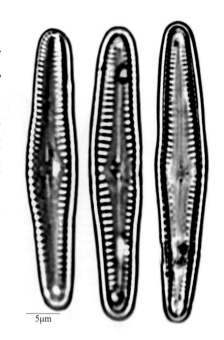

5μm

[319d]纤细异极藻较大变种

Gomphonema gracile var. *major* (Grunow) Cleve, Kongl. Svenska Vet. –Akad. Handl., 26: 183, 1894; 施之新：中国淡水藻志, Vol. 12, p. 54, plate: XXIII: 1, 2004.

与原变种的主要区别在于：壳体明显较大，中部线纹在 10μm 内有 10 条，两端约有 14 条；壳面长 53～82μm，宽 11～13μm。

生境：同原变种，常生长于溪流、池塘、河沟、湖泊、稻田、沼泽、泉水等淡水水体中。

国内分布于安徽、湖北、四川、贵州（沿河、沅江）、云南、西藏；国外分布于亚洲（俄罗斯远东地区）、欧洲（瑞典、芬兰、比利时）、美洲（阿根廷）、大洋洲（新西兰）；梵净山分布于清渡河靛厂（溪沟中底栖）。

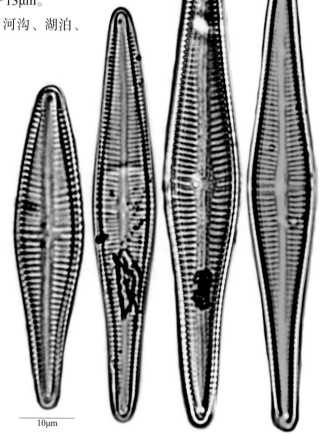

10μm

[320]格鲁诺伟异极藻

Gomphonema grunowii Patrick, in Patrick & Reimer, Diat. Unit. Stat. V. 2, Pt. 1, p. 131, pl. 17, fig. 6, 1975；施之新：中国淡水藻志，Vol. 12, p. 43, plate: XVI: 1, 2004.

　　壳面呈披针形，上端收缢且延伸呈喙状，基端狭圆形。中轴区窄线形。中央区横矩形，两侧各具1条短线纹，一侧短线纹的端部具1个孤点。线纹放射状排列，中部在10μm内有10条，端部有14条。壳面长45μm，宽8.5μm。

　　生境：淡水性，常生长于小水坑等小水体中，适合中导电率环境。

　　国内分布于安徽、湖北、湖南、四川、贵州（江口、沅江）、云南；国外分布于欧洲（法国、德国）、美洲（美国）；梵净山分布于德旺茶寨村大溪沟（水田浮游、底栖或附植）。

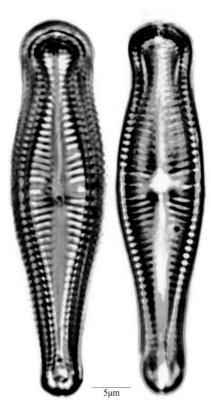

[321]淡黄异极藻

Gomphonema helveticum Brun, Diat. T. 2, pl. 14, fig. 17～18, 1895; 施之新：中国淡水藻志，Vol. 12, p. 37, plate: XII: 4, 2004.

　　壳面线状披针形至披针状棒形，中部膨大凸出，近末端明显收缢，端部头状，上端大，下端小，顶缘圆形。中轴区窄线形。中央区横矩形，两侧各具1条短线纹，一侧具1个孤点。线纹放射状排列，中部在10μm内有8～12条，端部有14～16条。壳面长22～48μm，宽4～10μm。

　　生境：常生长于小积水、沼泽、溪流、河流、瀑布、湖泊等淡水水体中。

　　国内分布于西藏、新疆、贵州（铜仁、沅江）；国外分布于德国、芬兰、奥地利、瑞士、苏联、美国；梵净山分布于锦江、德旺岳家寨红石梁（河中底栖）。

[322]标帜异极藻

Gomphonema insigne Gregory, Quart. Joum. Mier. Scien., p. 12, pl. 1, fig. 39, 1856; 施之新：中国淡水藻志, Vol. 12, p. 55, plate: XXIII: 3~4, 6~7, 2004.

壳面披针状菱形至近菱形，最宽中部略偏上，中部两侧向两端近斜直线变窄，两端呈尖圆形。中轴区窄线形。中央区横矩形，两侧各具1条短线纹，一侧的线端具1个孤点。线纹放射状排列，中部在10μm内有6~10条，端部有10~17条。壳面长15~34μm，宽5~8μm。

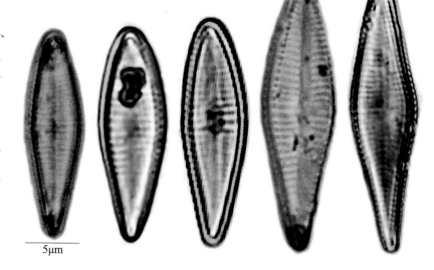

生境：常生长于稻田、水库、泉水、河流等淡水水体中，适合中等硬度及中营养环境。

国内分布于安徽、湖北、四川、云南、西藏；国外分布于亚洲（日本、朝鲜、俄罗斯）、欧洲（英国、比利时、德国、瑞典、芬兰及北欧）、美洲（美国）；梵净山分布于快场（水坑底栖）。

[323]缠结异极藻

[323a]原变种

Gomphonema intricatum Kütz. var. **intricatum** Kieselsch. Bacill. Diat. p. 87, pl. 9, fig. 4, 1844; 施之新：中国淡水藻志, Vol. 12, p. 56, plate: XXV: 1~3, 2004.

壳面呈线状棒形，略膨大，上部两侧近于平行或略内凹，末端宽圆形，下部渐狭且略凹，宽度小于上部，末端狭圆形或尖圆形。中轴区线形或向中央区略加宽，约占壳面宽度的1/5。中央区较宽，呈横矩圆，两侧各具1~2条短线纹，一侧具1个孤点。线纹呈放射状排列，中部在10μm内有6~10条，端部有12~20条。壳面长40~60μm，宽7~10μm。

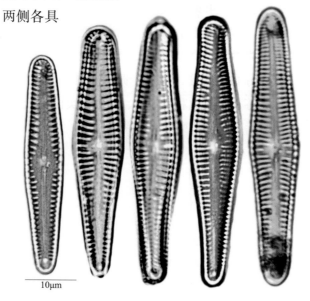

生境：广泛分布于各种淡水中。

国内外广泛分布；梵净山分布于坝溪河、护国寺、桃源村、牛尾河、亚木沟、高峰村、太平河、乌罗镇甘铜鼓天马寺、寨朗沟、德旺锦江河边、净河村老屋场。

[323b]缠结异极藻二叉变种

Gomphonema intricatum var. ***dichotomum*** (Kütz.) Grun., in Van Heurck, Syn. Diat. Belg., pl. 24, fig. 30～31, 1880; 施之新: 中国淡水藻志, Vol. 12, p. 57, plate: XXIV: 4～7, 2004.

与原变种的主要区别在于：壳面棒状披针形或近线形，上端的两侧边缘几乎呈直线形，向上略渐狭；中轴区较宽，占壳面宽度的1/4～1/3；中部线纹在10μm内有6～12条，端部有12～16条；壳面长30～60μm，宽5～10μm。

生境：生长于溪水、河流、水库、湖泊、稻田等淡水中。

国内分布于内蒙古、青海、湖南、西藏、四川、云南及贵州；国外分布于朝鲜、西伯利亚、比利时、法国、德国、瑞典、瑞士、奥地利、芬兰、苏联、新西兰；梵净山分布于坝溪、马槽河、乌罗镇甘铜鼓天马、金厂河、新叶乡韭菜塘、大罗河、坪所村、净河村老屋场、陈家坡。

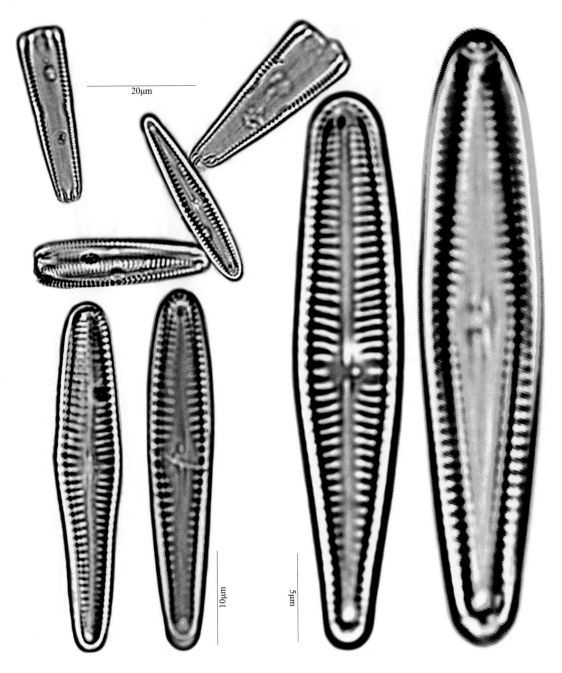

[323c]缠结异极藻矮小变种

Gomphonema intricatum var. ***pumilum*** Grun., in Van Heurck, Syn. Diat. Belg., pl. 24, fig. 35～36, 1880; 施之新: 中国淡水藻志, Vol. 12, p. 58, plate: XXV: 5～9, 2004.

与原变种的主要区别在于：壳体较小，上部两侧近直线形，略渐狭，不平行也不凹入；中部线纹在10μm内有7～12条，端部有12～20条。壳面长19～32μm，宽4～7μm。

生境：生长于河流、水沟、水库、湖泊、水塘或渗水石表。

国内分布于陕西、西藏、湖南、四川、云南、贵州；国外分布于日本、比利时、德国、瑞典、瑞士、奥地利、荷兰、芬兰、苏联、新西兰，西伯利亚、北欧；梵净山分布于马槽河、张家坝凉亭坳、大河堰杨家组、黑湾河与太平河交汇口、高峰村、熊家坡、乌罗镇寨朗沟、快场、盘溪河。

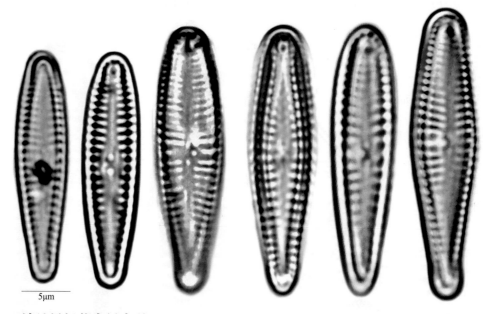

5μm

[323d]缠结异极藻奇异变种

Gomphonema intricatum var. ***mirum*** Z. X. Shi et H. Z. Zhu, var.

之新: 中国淡水藻志, Vol. 12, p. 58, plate: XXVI: 3, 2004.

与原变种的主要区别在于：上部长于下部，中部线纹在10μm内有6～10条，端部有18～20条。壳面长46～57μm，宽7～8μm。

生境：本次研究前见于一清凉的泉水坑中。

国内分布于西藏；梵净山分布于坝梅村（河水浮游）。

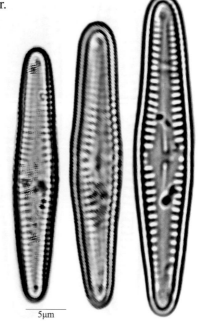

5μm

[323e]缠结异极藻颤动变种

Gomphonema intricatum var. ***vibrio*** (Ehrenberg) Cleve, Kongl. Svenska Vet,-Akad. Handl., 26: 182, 1894; 施之新: 中国淡水藻志, Vol. 12, p. 59, plate: XXVI: 7, 2004.

与原变种的主要区别在于：壳体较大，中部显著膨大，上部两侧边缘近直线且向上略渐狭，明显伸长；中部线纹在10μm内有6～8条，端部有13～14条。壳面长50～60μm，宽8～10μm。

生境：生长于河流、水沟、湖泊、水塘、沼泽、水体等各种淡水水体中。

国内分布于山西、吉林、安徽、湖北、四川、云南、贵州；国外分布于欧洲、美洲、大洋洲；梵净山分布于快场、木黄垮山湾、小坝梅村。

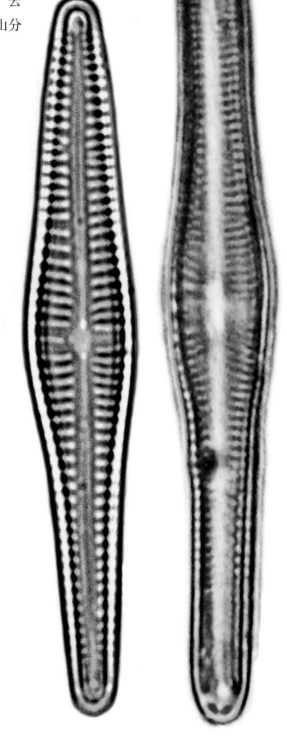

10μm

[324] 披针形异极藻

Gomphonema lanceolatum Agardh, Consp. Crit. Diat., Pt. 2, p. 34, 1830; 施之新：中国淡水藻志，Vol. 12, p. 60, plate: XXVII: 1～4, 2004.

　　壳面呈披针形或线状披针形，中部向两端渐狭，两端钝圆形。中轴区较窄呈线形。中央区较宽，横矩圆，两侧各具1条短的中央线纹，一侧具1个孤点。线纹略呈放射状排列，近端部有时接近平行排列，中部在10μm内有10～12条，端部有13～20条。壳面长24～60μm，宽4～10μm。

　　国内分布于黑龙江、内蒙古、安徽、江西、西藏、湖北、湖南、四川、云南、贵州（兴义）；国外分布于日本、菲律宾，欧洲、美洲及新西兰；梵净山广泛分布于各种水体中。

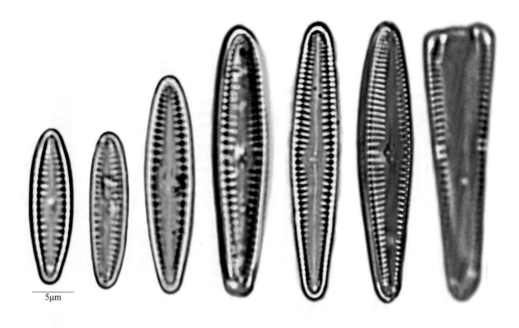

5μm

[325] 山地异极藻

[325a] 原变种

Gomphonema montanum Schumann var. **montanum** Diat. Hohen Tatra, p. 67, pl. 3, fig. 35 b, 1867; 施之新：中国淡水藻志，Vol. 12, p. 30, plate: VII: 3～4, 2004.

　　壳面线形或线状棒形，上下部略不对称，均具浅波状收缢，中间最宽，弧形膨大。近末端略膨大，窄于中部，末端急剧变尖呈宽楔形，顶缘呈尖圆或钝圆形；基端呈渐狭形，端末呈狭圆形。中轴区呈线形。中央区多为横矩形，有时略呈圆形，两边具短线纹，一侧具1个孤点。线纹常呈放射状排列，中部在10μm内有10条，端部有14条。壳面长38μm，宽7μm。

　　生境：多生长于淡水性的各种小水体中。

　　国内分布于吉林、黑龙江、四川、贵州（铜仁、松桃、沅江）、云南、西藏；国外分布于亚洲、欧洲、美洲、大洋洲；梵净山分布于习家坪、清渡河靛厂。

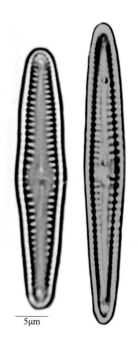

5μm

[325b]山地异极藻瑞典变种

Gomphonema montanum var. ***suecicum*** Grun., in Van Heurck, Syn. Diat. Belg., pl. 23, fig. 12, 1880; 施之新: 中国淡水藻志, Vol. 12, p. 33, plate: VIII: 4, 2004.

与原变种的主要不同在于: 壳面呈线状梭形, 中部向两端逐渐变窄, 上部略收缢, 上端明显狭于中部, 端部呈楔喙状凸出, 顶部尖圆形; 基部狭圆形, 中部线纹在10μm内有11～13条, 端部有14～15条。壳面长约77μm, 宽约10μm。

生境: 常生长于湖泊、河流、水田、水井等水体中; 主要生长于淡水中, 但也能在微咸水中生活。

国内分布于湖南、广东、贵州; 国外分布于德国、瑞士、奥地利、比利时、瑞典、芬兰、美国; 梵净山分布于马槽河、黑湾河、太平河、小坝梅村、乌罗镇寨朗沟水库。

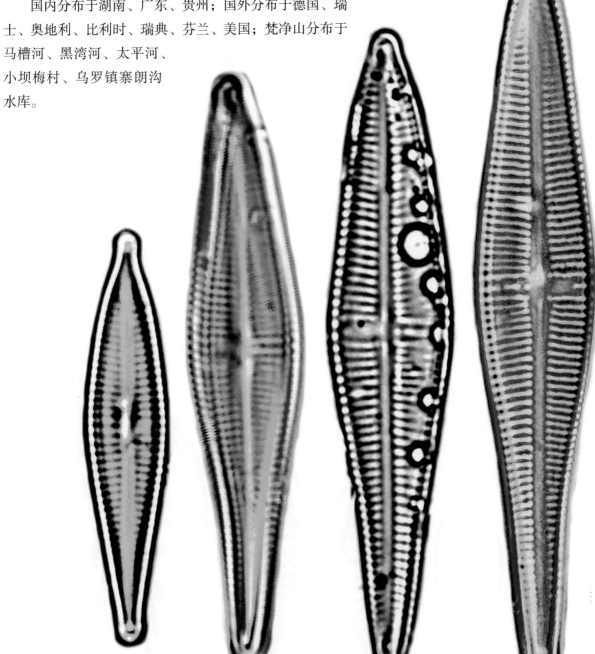

10μm

[326] 橄榄绿异极藻

Gomphonema olivaceum (Lyngbye) Kütz., Bacill., p. 85, pl. 7, fig. 13, 15, 1844; 施之新：中国淡水藻志，Vol. 12, p. 65, plate: XXIX: 4, 2004.

壳面呈纺锤状棒形、宽披针状棒形或卵状棒形，最宽处位于中部，上部略狭，端部呈宽圆形，下部渐狭显著，有时两侧略凹入，末端狭圆形。中轴区窄线形。中央区略宽，横矩圆，两侧各具2~3条长度不等的短线纹，无孤点。线纹呈放射状排列，近端部减缓至近于平行排列，中部在10μm内有10~14条，端部有14~20条。壳面长18~37μm，宽7~9μm。

生境：生长于各种淡水、半咸水中。

国内分布于黑龙江、吉林、内蒙古、山东、山西、陕西、青海、宁夏、广东、广西、海南、新疆、西藏、湖北、湖南、四川、云南、贵州；国外分布于日本、菲律宾，西伯利亚、欧洲、美洲；梵净山分布于寨沙太平河（河边水沟中黑藻表面）。

5μm

[327] 小型异极藻

[327a] 原变种

Gomphonema parvulum (Kützing) Kützing var. **parvulum** Sp. Alg., p. 65, 1849; 施之新：中国淡水藻志，Vol. 12, p. 40, plate: XIV: 2~4, 2004.

壳面呈棒状披针形，最宽处近中部或略偏上，两端渐狭，上端有略呈喙状或头状的短突起，基端狭圆形或尖圆形。中轴区窄线形。中央区小，横矩形或不明显，两侧各具1条短的线纹，一侧具1个孤点。中部线纹近平行排列，两端略呈放射状排列，中部在10μm内有9~12条，端部有10~20条。壳面长14~26μm，宽4.5~5.5μm。

生境：生长于溪水、稻田、水塘、湖泊、沼泽、水库及泉水中等各种淡水水体，喜富营养化环境。

国内外广泛分布；梵净山分布于马槽河、黑湾河、太平河、张家屯、金厂、新叶乡韭菜塘、大罗河、德旺茶寨村大溪沟、净河村老屋场苕湾。

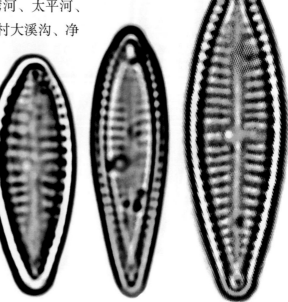

10μm

[327b] 小型异极藻具领变种

Gomphonema parvulum var. ***lagenula*** (Kütz.) Frenguelli, Bol. Acad. Nac. Cienc. Cord., T. 18, p. 68, pl. 6, fig. 16, 1923; 施之新：中国淡水藻志, Vol. 12, p. 42, plate: XV: 1～2, 2004.

与原变种的主要区别在于：壳面近椭圆形，两端具喙状或头状突起；中部线纹在10μm内有10～12条，端部有15～20条；壳面长17～20.5μm，宽6～8μm。

生境：常生长于小溪、滴水石壁、沼泽或湖泊，喜富营养化环境。

国内分布于江西、湖北、湖南、西藏；国外分布于德国、瑞士、奥地利、苏联、阿根廷；梵净山分布于坝梅村（河边底栖）；小坝梅村杨家组的水池、黑湾河与太平河交汇口的河边水坑、德旺红石梁的锦江河边渗水石表。

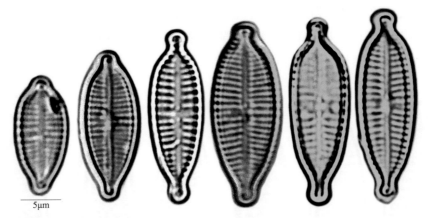

5μm

[327c] 小型异极藻近椭圆变种

Gomphonema parvulum var. ***subellipticum*** Cl., Kongl. Svenska Vet. –Akad. Handl., 26: 180, 1894; 施之新：中国淡水藻志, Vol. 12, p. 43, plate: XV: 3～8, 2004.

与原变种的主要区别在于：壳面呈近椭圆形或椭圆状棒形，上端突起不明显或无，呈圆形或宽圆形；中部线纹在10μm内有6～15条，端部有14～20条；壳面长13～29μm，宽4～8μm。

生境：常生长于各种类型的淡水水体中，喜富营养化环境。

国内分布于江西、湖北、湖南、贵州、云南、西藏、青海、宁夏；国外分布于欧洲；梵净山分布于太平村、两河口、金厂河、德旺净河村老屋场苕湾。

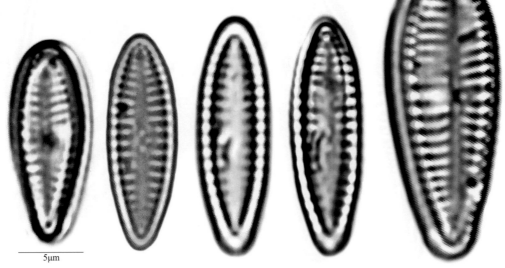

5μm

[328]具球异极藻

Gomphonema sphaerophorum Ehr., Ber. Akad. Wiss. Berlin, p. 78, 1845; 施之新: 中国淡水藻志, Vol. 12, p. 39, plate: XIII: 2~6, 2004.

壳面呈披针状棒形，最宽处位于中部，中部向两端渐狭，上部近末端急剧缢缩，末端呈头状，下端呈狭圆形或略收缢呈头状至球形。中轴区窄线形。中央区横矩圆，少数略呈圆形，两侧各具1条短的中央线纹，一侧具1个孤点。线纹放射状排列，有时在近端部近平行排列，中部在10μm内有10~14条，端部有14~20条。壳面长20~43μm，宽5~8μm。

生境: 生长于各种淡水中。

国内分布于黑龙江、吉林、陕西、江苏、安徽、福建、湖北、湖南、广西、广东、海南、西藏、四川、云南、贵州；国外分布于朝鲜、日本、菲律宾，西伯利亚、欧洲、美洲；梵净山分布于鱼坳旅游线、护国寺、坝溪沙子坎、太平镇马马沟村、凯文村、桃源村、小坝梅村、陈家坡、郭家湾、紫薇镇罗汉穴、锦江、德旺茶寨村大溪沟。

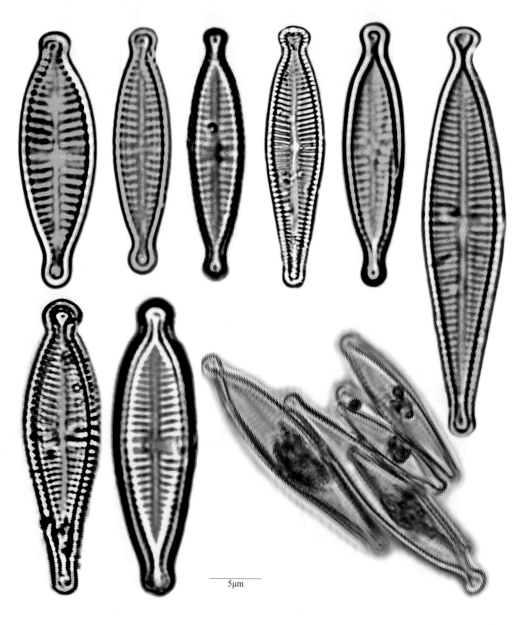

5μm

[329]近棒形异极藻

[329a]原变种

Gomphonema subclavatum (Grun.) Grun. var. ***subclavatum*** Diat. Franz Josefs–land, Bd.48, p. 48, pl. 1 (A), fig. 13, 1884; 施之新: 中国淡水藻志, Vol. 12, p. 60, plate: XXVII: 5～8, 2004.

壳面呈线形棒状至披针形棒状，从最宽处的中部向两端渐狭，下部窄于上部，两侧略呈弧形且凹入，顶端部圆形至宽圆形，基部狭圆形、尖圆形至宽圆形。中轴区窄线形，少数略宽，可占壳面的1/4左右。中央区多数向一侧扩大呈横矩形，有时呈圆形，两侧常各具1条短线纹，有时为数条，且长短不规则，一侧有1个孤点。线纹呈放射状排列，中部在10μm内有7～12条，端部有12～20条。壳面长20～65μm，宽4.5～10μm。

生境：常生长于沼泽、溪流、河流、池塘、湖泊、泉水等淡水水体中。

国内分布于吉林、安徽、福建、湖北、广东、海南、广西、四川、云南、贵州（赤水、威宁、铜仁）；国外分布于俄罗斯（远东地区）、新西兰、澳大利亚，欧洲；梵净山分布于马槽河、金厂河、高峰村、昔平村、黑湾河、锦江、太平河、乌罗镇甘铜鼓天马寺、德旺净河村老屋场洞下、亚木沟。

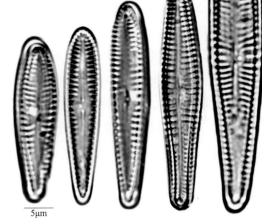

5μm

[329b]近棒状异极藻墨西哥变种

Gomphonema subclavatum var. ***mexicanum*** (Grun.) Patrick, in Hohn, Trans. Ame Micro. Soc., 80(2): 152. 1961; 施之新: 中国淡水藻志, Vol. 12, p. 62, plate: XXVII: 3～4, 2004.

与原变种的主要区别在于：呈棒形披针状，顶端较宽，呈平弧形或平截形，下部的两侧凹入明显；中轴区较窄；中部线纹在10μm内有6～11条，端部有12～15条。壳面长30～40μm，宽9～10μm。

生境：淡水性，常生长于山溪、河流、水渠、鱼塘等水体中，适合中硬度的温暖环境。

国内分布于山东、湖北、广东、海南、广西、四川、云南、陕西；国外分布于比利时、美国；梵净山分布于乌罗镇寨朗沟水库、锦江河、德旺岳家寨红石梁。

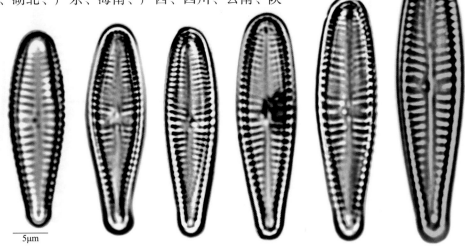

5μm

[330] 细弱异极藻

Gomphonema subtile Ehr., Phys. Abh. Akad. Wiss. Berlin, p. 416, 1841(1843); 施之新: 中国淡水藻志, Vol. 12, p. 38, plate: XII: 5, 2004.

壳面狭，呈线状披针形或线状梭形，中部略膨大，上部近末端强烈缢缩，端部膨大呈圆形头状，端顶宽圆或近平截；中部向基部渐狭或在近基处略缢缩，基部略膨大呈喙状或尖圆形。中轴区窄线形。中央区横矩形，两侧各具1条短线纹，一侧短线纹的端部具1个孤点。线纹呈放射状排列。

[330a] 细弱异极藻球形变种

Gomphonema subtile var. *rotundatum* A. Cleve, Kongl. Svenska. Vet.–Akad, Handl. Bd. 21, Afd. 3, No. 2, p. 21, 1895; 施之新: 中国淡水藻志, Vol. 12, p. 38, plate: XI: 7, 2004.

与原变种的主要区别在于：壳面比原变种更狭长，呈线形梭形，端部较细长，上部末端呈头状至球形；中部线纹在10μm内有8～14条。壳面长30μm，宽6μm。

生境：淡水性，生长于湖泊等水体中。

国内分布于西藏（墨脱）；国外分布于瑞典、芬兰；梵净山分布于凯文村（水塘中附植）。

5μm

[331] 极细异极藻

Gomphonema tenuissimum Fricke, in Schmidt et al., Atals Diat.–Kunde, pl. 248, fig. 7, 1874～1959, 1904; 施之新: 中国淡水藻志, Vol. 12, p. 73, plate: XXXIII: 1, 2004.

壳面呈棒状线形，中部向两端略变窄，上部略宽于下部，上部末端圆形；基端狭圆形至尖圆形。中轴区宽，为壳面宽度的1/3～2/3，与中央区共同形成一狭披针形或梭形的空白区。中央区一侧近中央节处具1个孤点。线纹呈放射状排列，中部在10μm内有10～13条，端部约16条。壳面长36～40μm，宽5～6μm。

生境：淡水性，常生长于河沟、山溪、水塘等水体中。

国内分布于西藏；国外分布于德国；梵净山分布于坝梅村、两河口、金厂河。

5μm

[332]热带异极藻

Gomphonema tropicale Brun, in Schmidt, et al., Atlas Diat.–Kunde, pl. 216, figs. 3～4, 1874～1959, 1899; 施之新：中国淡水藻志, Vol. 12, p. 76, plate: XXXIII: 6, 2004.

壳面较大，呈披针状棒形至长线状棒形，中部向两端渐狭，两端宽度大致相等，或略有悬殊，具明显的隔膜，端部钝圆形或圆形。中轴区略宽，占壳面宽度的 1/5～1/4；壳缝内外裂隙不在同一平面，呈现"分叉"，在近中央区呈钩状。中央区较宽大，呈椭圆状，其中一侧扩大至壳缘，另一侧具数条短线纹，线纹端部具 3～4 个孤点。线纹放射状排列，中部在 10μm 内有 10～12 条，端部有 13～15 条。壳面长 60～117μm，宽 10～19μm。

生境：淡水性，生长于河流等水体中。

国内分布于湖南、四川、贵州（遵义、铜仁、印江、江口、松桃）；国外分布于印度、法国、德国；梵净山分布于德旺岳家寨红石梁（锦江河中底栖）。

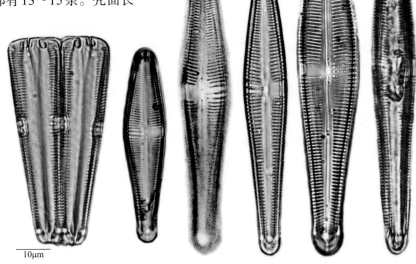

[333]塔形异极藻

Gomphonema turris Ehr., Phys. Abh. Wiss. Berlin, p. 416, 1841(1843); 施之新：中国淡水藻志, Vol. 12, p. 34, plate: IX: 4, X: 1～6, 2004.

壳面呈披针状、菱形状或梭状棒形，中部侧缘向上端呈直线形或略弧形渐狭，近末端较急剧地折向端顶呈楔形，或圆弧形弯向顶端，端顶常明显地凸出呈小喙状或乳突状，有时凸出不明显；中部向下端明显变狭，基端狭圆形或尖圆形。中轴区窄线形。中央区横矩圆，两侧各具 1 条短线纹，一侧具 1 个孤点。线纹放射状排列，少数中部的线纹近呈平行排列，中部在 10μm 内有 8～12 条，端部有 16～18 条。壳面长 28.5～79μm，宽 6～15μm。

生境：各种淡水中。

国内分布于黑龙江、安徽、湖北、广西、广东、海南、西藏、四川、云南；国外分布于朝鲜、日本、德国、意大利、瑞典、芬兰、美国、阿根廷，西伯利亚；梵净山分布于坝溪、鱼坳旅游线 1400 步、太平镇马马沟村、马槽河、凯文村、团龙清水江、张家屯、高峰村、锦江、太平河、快场、两河口、德旺茶寨村大溪沟，净河村老屋场、亚木沟。

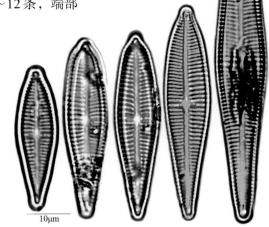

[334] 空旷异极藻

Gomphonema vastum Hustedt

[334a]空旷异极藻楔形变种

Gomphonema vastum var. *cuneatum* Skvortzow, Phil. Joum. Scien., 61: 51, pl, 10, fig.1 1, 1936; 施之新：中国淡水藻志, Vol. 12, p. 74, plate: XXXII: 7, 2004.

　　壳面呈棒状楔形, 两端渐狭, 下端宽度略窄于上端。上部末端缢缩呈头状, 并具1明显的隔膜; 下部末端呈尖圆形。中轴区宽, 占壳面宽度的40%～65%, 并与中央区相连共同形成一披针形的空白区。中央区一侧近中央节处具1个孤点。线纹较短, 呈放射状排列, 在10μm内有12～16条。壳面长27～37μm, 宽5～7μm。

　　与原变种的主要区别在于：壳面为棒状楔形, 上端明显地呈头状。

　　生境：生长于河沟或小水坑。

　　国内分布于西藏（墨脱）; 国外分布于亚洲（日本）; 梵净山分布于快场（河沟中底栖）。

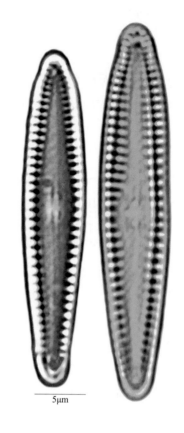

5μm

[334b]空旷异极藻延长变种

Gomphonema vastum var. *elongatum* Skvortzow, Phil. Joum. Scien., 61:51, pl. 13, fig. 33, 1936; 施之新：中国淡水藻志, Vol. 12, p. 74, plate: XXXII: 6, 2004.

　　壳面呈狭长的线状棒形。向上端略狭, 端部呈宽圆形, 中部向下端渐狭程度比上部强烈, 基部圆形; 中部线纹在10μm内有10条, 端部有17条。壳面长约48μm, 宽约6.5μm。

　　生境：淡水性, 生长于河沟或泉水。

　　国内分布于西藏（察隅）; 国外分布于亚洲（日本、朝鲜）; 梵净山分布于快场（河沟中底栖）。

5μm

十六　单壳缝目 MONORAPHIDALES

（二十九）曲壳藻科 Achnanthaceae

72. 卵形藻属 *Cocconeis* Ehrenberg

原植体为单细胞，以下壳面附着生活。壳面椭圆形、宽椭圆形，上下两个壳面的外形相同，花纹各异或相似，上下两个壳面有1个壳面具假壳缝，另1个壳面具直的壳缝，具中央节和极节，壳缝和假壳缝两侧具横线纹或点纹。带面弧形弯曲，具不完全的横隔膜。色素体片状，1个，蛋白核1～2个。大多数是海产种类，淡水种类附着于基质上生长。

[335] 虱形卵形藻

Cocconeis pediculus Ehrenberg, p. 194, 21/11, 1838; 朱蕙忠，陈嘉佑：中国西藏硅藻，p. 234, plate: 44: 18～19, 2000.

壳面宽椭圆形或略菱状椭圆形，不平整。轴区狭线形。中央区小，圆形至略不规则。壳缝线形，近端缝延伸进中央区，远端缝直。横线纹略弧形，放射状排列，近壳缘处中断，呈狭窄清晰的环状边区。假壳缝为窄线形，无中央区，横线纹间形成纵浅波状条纹。具壳缝的一面近轴区的横线纹在10μm内有19～20条，近边缘在10μm内有15～17条；具假壳缝一面的横线纹在近轴区10μm内有17～18条，近边缘有15～16条。壳面长25～31μm，宽20～24μm。

生境：生长于河流、水沟、水库等各种淡水中的沉水植物或其他基质上。

国内分布于辽宁、西藏、青海、新疆、云南、四川、贵州（铜仁、乌江、关岭）；国外分布于俄罗斯、德国及其他西欧国家、美国；梵净山分布于清渡河、锦江、太平河中、乌罗镇寨朗沟水库。

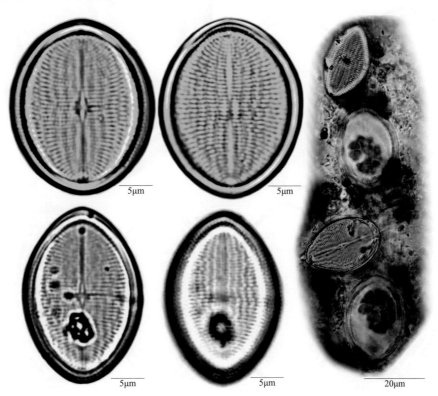

[336]扁圆卵形藻

[336a]原变种

Cocconeis placentula (Ehr.) Hust. var. *placentula* Krammer & Lange–Bertalot, p. 350, pl. 51, fig, 1～5, 1991b; 朱蕙忠，陈嘉佑: 中国西藏硅藻, p. 234, plate: 44: 20～21, 2000.

壳面椭圆形，具假壳缝一面的横线纹由相同大小的小孔纹组成。中轴区均狭窄。具壳缝的一面中央区小，多少呈卵形。壳缝线形，两侧的横线纹均在近壳的边缘中断，形成一个环状平滑区，横线纹由点纹组成，呈放射状。具壳缝面的近边缘在10μm内有横线纹15～16条。壳面长30～60μm，宽20～40μm。

生境：普生种类，常附生于各种淡水环境中的沉水植物或其他基质上。

国内外广泛分布；梵净山分布于坝溪、太平河、护国寺、马槽河、快场、凯文村、坝梅村、团龙清水江、牛尾河、黑湾河、张家屯、高峰村、锦江、郭家湾、习家坪、红石溪、两河口、乌罗镇寨朗沟水库。

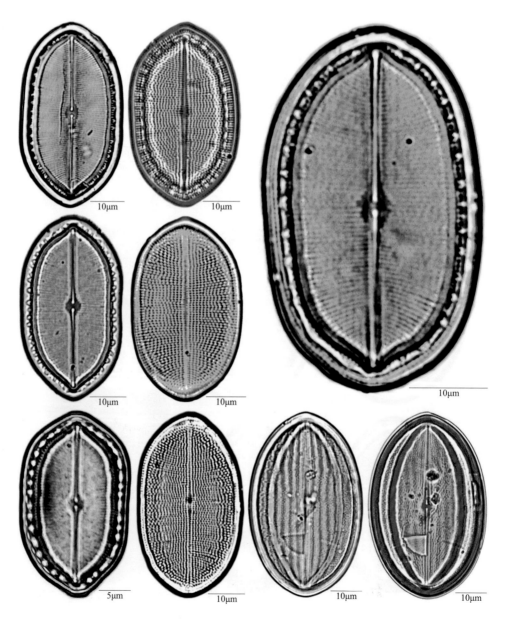

[336b] 扁圆卵形藻多孔变种

Cocconeis placentula var. ***euglypta*** (Ehr.) Grun., Krammer & Lange–Bertalot, p. 354, pl. 53, fig, 1～9, 1991b; 朱蕙忠, 陈嘉佑: 中国西藏硅藻, p. 235, plate: 44: 22～23, 2000.

与原变种的主要区别在于: 横线纹粗壮, 间断, 形成纵向波状空白条纹, 在10μm内有14～20条; 壳面长16～35μm, 宽10～20μm。

生境: 各种水体以及潮湿岩表。常附生于沉水植物或其他基质表面。

国内外广泛分布; 梵净山广泛分布。

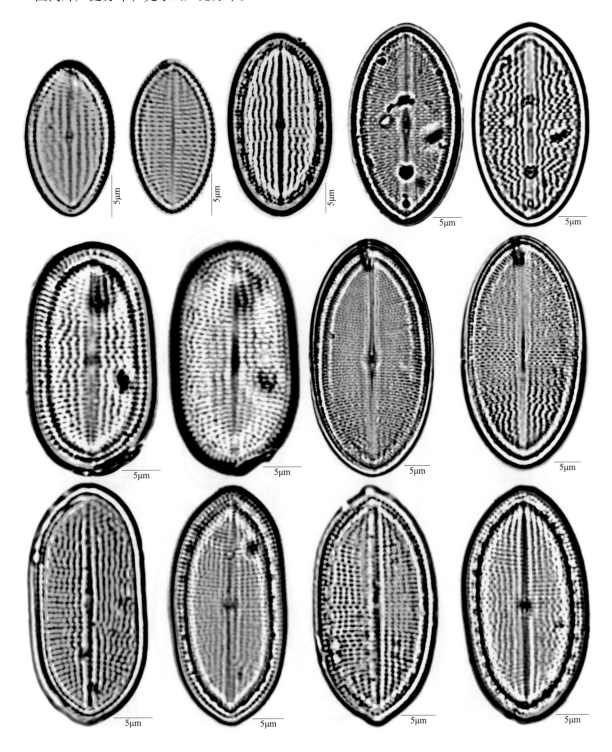

73. 曲壳藻属 *Achnanthes* Bory

原植体一般为单细胞，少数以壳面互相连接形成带状或树状群体，以胶柄固着生活。壳面线形披针形、线状椭圆形、椭圆形、菱状披针形。上壳面凸出或略凸出，具假壳缝，下壳面凹入或略凹入，具典型的壳缝，中央节明显，极节不明显。壳缝和假壳缝两侧的横线纹或点纹相似，或一壳面横线纹平行，另一壳面呈放射状。带面纵长弯曲，呈膝曲状或弧形。色素体片状，1～2个，或小盘状，多数。

[337] 狭曲壳藻

Achnanthes coarctata (Bréb.) Grun., 朱蕙忠, 陈嘉佑: 中国西藏硅藻, p. 238, plate: 45: 19～20, 2000.

壳面呈线状椭圆形，中部显著缢缩，壳缘形成两个波峰，近末端明显变狭且延伸，末端圆形。假壳缝狭线形，无中央区，略偏斜或波状排列；具壳缝的壳面壳缝线形，中轴区狭窄，中央区横矩形。横线纹由点纹组成，放射状排列，中部横线纹在10μm内上壳面有12～13条，下壳面有12～14条。细胞长31～48μm，宽10～13μm。

生境：各种淡水水体

国内分布于西藏、贵州（乌江、安顺）；梵净山分布于德旺净河村老屋场的水田。

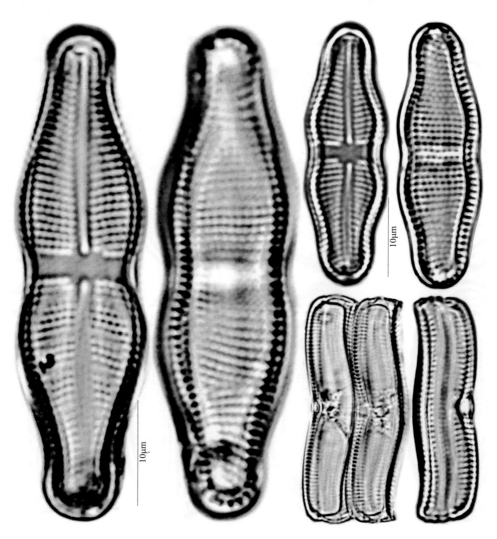

[338] 波缘曲壳藻

Achnanthes crenulata Grunow, in Cleve & Grunow, Kongl. Svenska Vet. Akad. Han−dl., 17: 20, 1880; 胡鸿钧, 魏印心: 中国淡水藻类, p. 185, plate: 38: 22~23, 1980.

壳面呈线状椭圆形，两侧壳缘各具10~12个波纹。具假壳缝的壳面，假壳缝狭线形，无中央区，横线纹略呈波状排列；具壳缝的壳面，壳缝线形，中轴区狭窄，中央区横矩形。横线纹由点纹组成，略呈放射状排列，中部10μm内上壳面有8~10条，下壳面有9~10条。细胞长30~80μm，宽12~18μm。

生境：生长于水坑、池塘、湖泊或河流，多附生在沉水生植物、丝状藻类或其他基质表面。

国内外普遍分布；梵净山分布于马槽河、快场、高峰村、郭家湾、德旺茶寨村大溪沟。

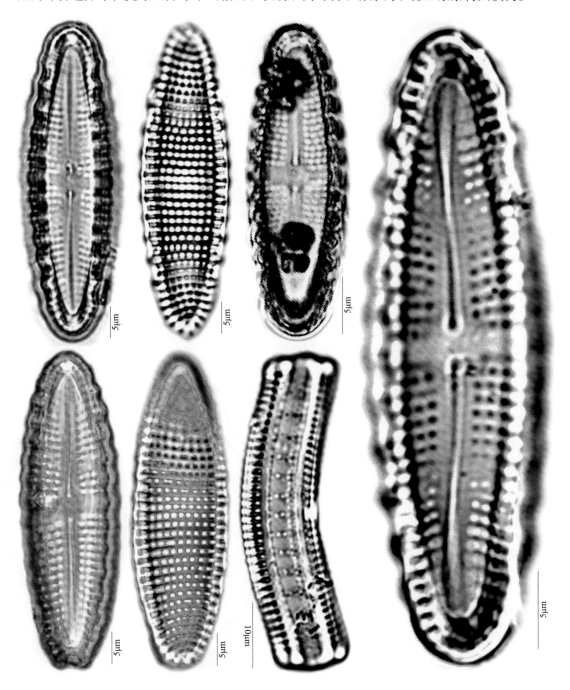

[339] 短曲壳藻

Achnanthes curta (A. Cl.) A. Berg ex Cl.–Eul.; 朱蕙忠, 陈嘉佑: 中国西藏硅藻, p. 239, plate: 45: 27~28, 2000.

壳面呈椭圆形, 末端钝圆形。假壳缝线状披针形, 无中央区, 横线纹略呈放射状, 在10μm内有14~15条; 具壳缝的壳面, 中轴区狭窄, 中央区横矩形, 不达边缘, 壳缝线形, 横线纹略呈放射状斜向中央区, 在10μm内有14~15条。细胞长12μm, 宽6μm。

生境: 生长于水沟、水坑等。

国内分布于西藏、贵州 (沅江); 梵净山分布于德旺净河村老屋场洞下 (沟渠中底栖)。

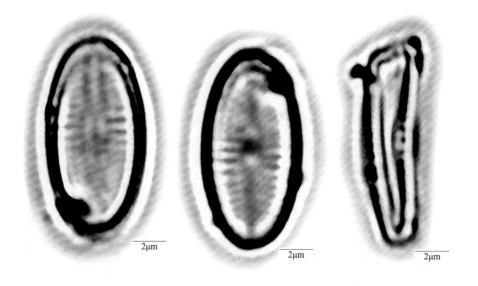

[340] 短小曲壳藻

Achnanthes exigua Grunow, in Cleve & Grunow, Kongl. Svenska Vet–Akad. Handl17(2): 21, 1880; 胡鸿钧, 魏印心: 中国淡水藻类, p. 185, plate: 38: 34~35, 1980.

壳面呈宽状形椭圆形, 中部椭圆形至近长方形, 近末端骤然变狭, 末端延长呈喙状, 端头钝圆。具假壳缝的壳面, 假壳缝线形或线状披针形, 无中央区, 横线纹较粗、略呈放射状斜向中间, 末端略呈放射状或平行, 在10μm内有20~24条; 具壳缝的壳面, 中轴区狭窄, 中央区横矩形, 壳缝线形, 横线纹略呈放射状斜向中央区, 末端略呈放射状或平行, 在10μm内有24~26条。细胞长13~16μm, 宽5.5~7.5μm。

生境: 生长于稻田、水坑、池塘、湖泊、溪流、河流或沼泽。

国内外普遍分布; 梵净山分布于熊家坡 (水沟底栖)。

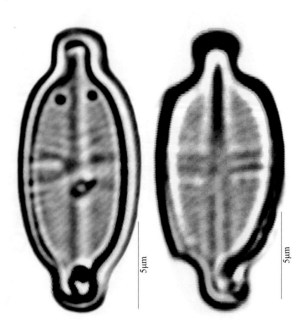

[341] 瘦曲壳藻

Achnanthes exilis Kütz.; 朱蕙忠, 陈嘉佑: 中国西藏硅藻, p. 239, plate: 46: 9～10, 2000.

壳面形似舟形, 中部向两端渐狭, 末端圆形。具假壳缝的壳面, 假壳缝窄线形, 无中央区, 横线纹平行排列, 在10μm内有18～22条; 壳缝线形, 中央区略椭圆形, 横线纹略呈放射状排列, 横线纹在10μm内上壳面中部20～22条。细胞长20～30μm, 宽4～5.5μm。

生境: 各种淡水水体。

国内分布于西藏、贵州 (兴义、乌江); 梵净山分布于清渡河靛厂, 水沟漂浮。

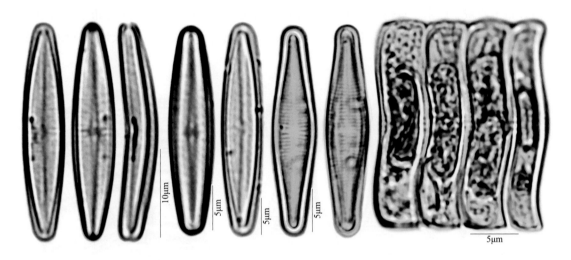

[342] 驼峰曲壳藻

Achnanthes gibberula Grun., in Cl. & Grun., 17(2): 22, 1880; 朱蕙忠, 陈嘉佑: 中国西藏硅藻, p. 240, plate: 46: 11～12, 2000.

壳面呈线状披针形, 中部膨大, 向两端狭窄, 末端圆形或略缢缩呈头状。具假壳缝的壳面, 假壳缝披针形, 无中央区, 横线纹平行或略呈放射状排列, 在10μm内有14～32条; 具壳缝的壳面, 壳缝披针形, 中央区略圆形, 横线纹略呈放射状排列, 在10μm内有12～30条。细胞长12～25μm, 宽4～5μm。

生境: 生长于水坑、池塘、湖泊、水库、河流、溪流或沼泽。

国内外普遍分布; 梵净山分布于马槽河、快场、大河堰、张家屯、郭家湾、两河口。

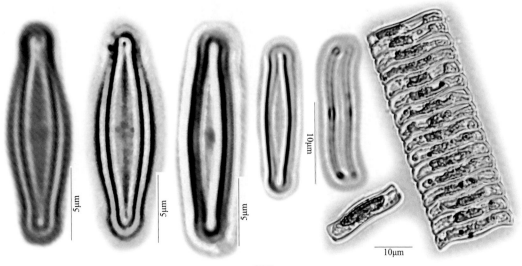

[343]膨大曲壳藻

Achnanthes inflata (Kütz.) Grun., Krammer & Lange–Bertalot, p. 252, pl. 2, fig, 9～10, 1991b; 朱蕙忠，陈嘉佑: 中国西藏硅藻，p. 241, plate: 46: 21～22, 2000.

原植体较大型，壳面呈粗线形或披针形，中部和端部膨大凸出，末端呈宽圆形。壳缝面中央区具1条直达壳缘的空白横带；无壳缝面无中央区。线纹由孔纹组成，粗而显著，在10μm内有8～13条。壳面长50～80μm，宽12～18μm。

生境：生长于河流、水沟、水坑、池塘、湖泊、溪流、水田、沼泽等各种淡水或渗水石表。

国内分布于西藏、广东、贵州（乌江、梵净山）；国外分布于欧洲；梵净山分布于张家坝团龙村、马槽河、快场、坝梅村、大河堰杨家组、黑湾河、太平河、亚木沟、锦江、熊家坡、乌罗镇寨朗沟水库、新叶乡韭菜塘、大罗河。

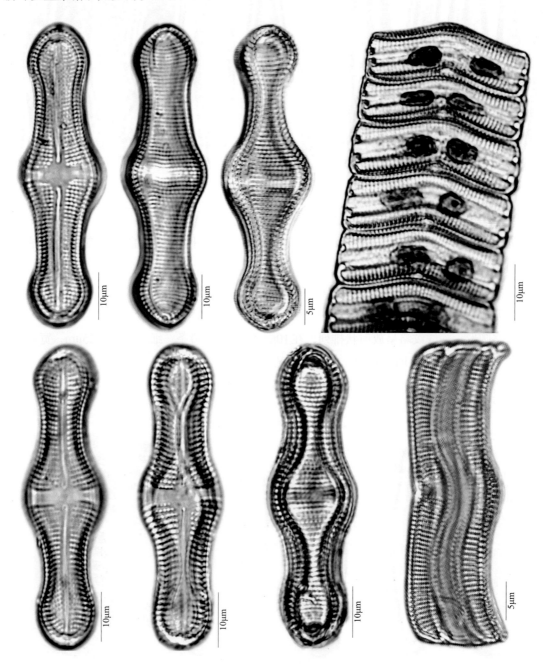

[344] 披针形曲壳藻

[344a] 原变种

Achnanthes lanceolata Bréb. var. ***lanceolata*** in Cleve & Grunow, Kongl. Svenska Vet.–Akad. Handl., 17(2): 23, 1880; 胡鸿钧, 魏印心: 中国淡水藻类, 184, plate: 38: 28～29, 1980.

壳面呈长椭圆形至椭圆披针形, 末端宽钝圆。具假壳缝的壳面, 假壳缝明显, 线形至线状披针形, 在中部的一侧具1个无纹区, 呈马蹄形, 横线纹略呈放射状斜向中央区; 具壳缝的壳面, 壳缝线形, 中央区横向放宽呈横矩形, 横线纹略呈放射状斜向中央区, 在10μm内有10～14条。细胞长8～40μm, 宽3～10μm。

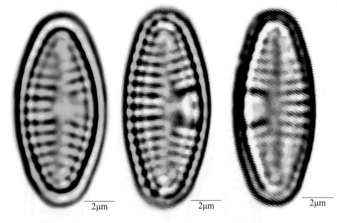

生境: 生长于河流、溪流、水坑、池塘、湖泊、水库、水田或沼泽。

国内外广泛分布; 梵净山分布于德旺茶寨村大溪沟、高峰村、红石溪、两河口。

[344b] 披针形曲壳藻头端变型

Achnanthes lanceolata f. ***capitata*** O. Miller; 朱蕙忠, 陈嘉佑: 中国西藏硅藻, p. 241, plate: 46: 27～28, 2000.

与披针形曲壳变种的主要不同在于: 细胞椭圆形至线状椭圆形, 两端狭窄强烈, 末端略延长成头状; 上壳缝横线纹在10μm内有12～13条, 下壳缝有12～13条; 细胞长15～22μm, 宽6～7μm。

生境: 同原变种。

国内外广泛分布; 梵净山分布于德旺茶寨村大溪沟。

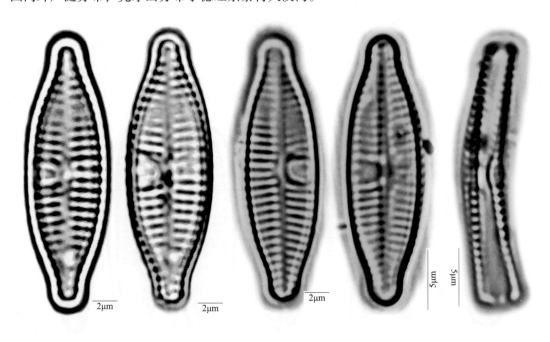

[344c]披针形曲壳藻偏肿变型

***Achnanthes lanceolata* f. *ventricosa* Hust.**; 朱蕙忠, 陈嘉佑: 中国西藏硅藻, p. 241, plate: 46: 29～30, 2000.

与披针形曲壳变种的主要不同在于: 细胞椭圆形, 两端略变狭, 末端宽圆形; 上壳缝横线纹在10μm内有12～13条, 下壳缝有12～13条; 细胞长10～15μm, 宽6～7μm。

生境: 生长于稻田、水坑、池塘、湖泊、溪流、河流或沼泽。

国内外广泛分布; 梵净山分布于大河堰、黑湾河、太平河、高峰村、郭家湾、熊家坡、坪所村、紫薇镇罗汉穴、德旺茶寨村大溪沟。

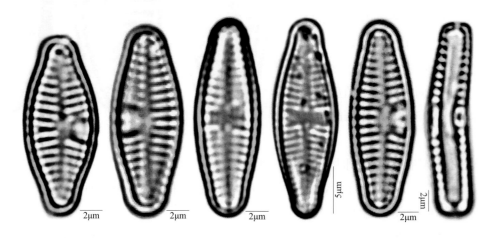

[345]线形曲壳藻

Achnanthes linearis (W. Smith) Grunow, in Cleve & Grunow, Kongl. Svenska Vet.–Akad. Handi., 17(2), 23, 1880; 朱蕙忠, 陈嘉佑: 中国西藏硅藻, p. 242, plate: 47: 5～6, 2000.

壳面呈线形至线状椭圆形, 末端宽钝圆。具假壳缝的壳面, 假壳缝狭线形, 中央区不明显, 横线纹近平行排列; 具壳缝的壳面, 中轴区线形, 壳缝线形, 中央区窄的横矩形, 横线纹略呈放射状斜向中央区, 在10μm内有14～32条。细胞长6.5～20μm, 宽3～5μm。

生境: 生长于稻田、水坑、池塘、湖泊、水库、溪流、河流、沼泽或潮湿岩壁上。

国内外广泛分布; 梵净山分布于牛尾河、黑湾河、太平河、盘溪河、亚木沟、快场、两河口、熊家坡、乌罗镇寨朗沟水库、金厂河、锦江、德旺净河村老屋场。

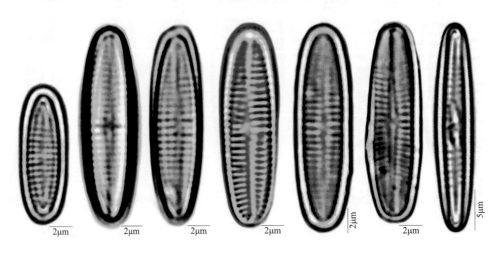

[346]极细微曲壳藻

Achnanthes minutissima Kuetz., p. 578, f. 54, 1833; 郭健，程兆第，刘师成：闽南——台湾浅滩渔场微型硅藻的分类研究，台湾海峡，Vol. 1 7, No. 2 Jun., 1998.

壳面形似舟形，末端钝圆。壳面点条纹放射状，中央较两端稀疏。壳面上的点条纹密度近相等，在 10μm 内有 20～25 条。壳面长 15～23μm，宽 4.5～5μm。

生境：生长于河流、水沟、池塘、水库或渗水石表。

国内分布于西藏、福建、贵州（兴义、关岭、乌江、沅江）；国外分布于非洲南部；梵净山分布于盘溪河、马槽河、牛尾河、亚木沟、贵平村、张家屯、高峰村、锦江、太平河、乌罗镇寨朗沟水库、金厂河。

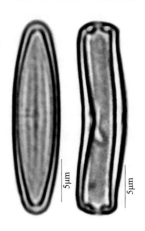

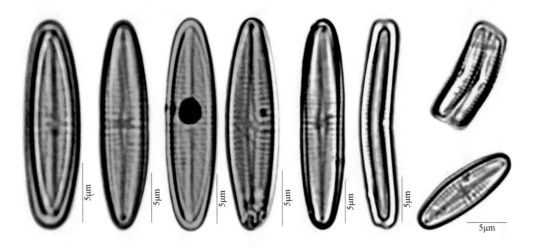

[347]带状曲壳藻

Achnanthes taeniata Grun.; 朱蕙忠，陈嘉佑：中国西藏硅藻，p. 246, plate: 48: 3～4, 2000.

壳面长椭圆形，两端钝圆。壳面点条纹近于平行，中部较两端略稀疏。上壳面横线纹在 10μm 内有 18～20 条，下壳面横线纹在 10μm 内有 20～22 条。壳面长 10～15μm，宽 4～5μm。

生境：生长于河流、水沟或水塘等。

梵净山分布于马槽河、高峰村、两河口。

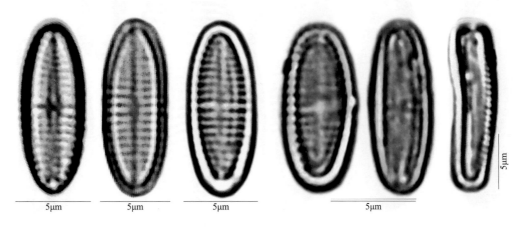

[348]膨胀曲壳藻

Achnanthes tumescens Sherwood & Lowe in Lowe et al. 2009, p. 331, Fig. 20～30; 刘妍, 范亚文, 王全喜: 大兴安岭曲壳类硅藻分类研究, 水生生物学报, Vol. 39, No. 3, May, 2015.

壳面呈线状披针形，中部膨大凸出，末端宽圆形或楔形。带面观"V"形。具壳缝面的中轴区窄，中央区扩展达壳缘，呈近矩形，壳缝中央区末端弯向壳面同侧，端隙弯向壳面两侧；不具壳缝面的中轴区窄，靠近壳缘，壳缝面线纹略呈放射状排列；无壳缝面中部线纹近平行排列，末端中轴区弯曲。壳缝上的线纹在10μm内有11～12条。壳面长30～41μm，宽12.5～15μm。

生境：生长于湖泊、石塘、河流或溪流。

国内分布于内蒙古、黑龙江；梵净山分布于黑湾河、习家坪、两河口、小坝梅村杨家组、高峰村。

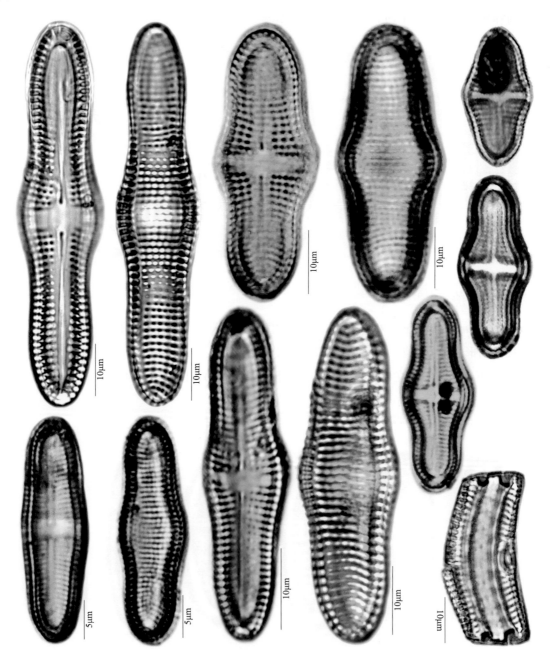

74. 弯楔藻属 *Rhoicosphenia* grunow

原植体常以细胞狭窄端的胶质柄附着生活。壳面棒形、长卵形，壳面上下两端不对称。上壳面仅具上下两端发育不全的短壳缝，无中央节和极节，其两侧的横线纹较细；下壳面具壳缝，具中央节和极节，两侧的横线纹略呈放射状。带面楔形，呈纵长弧形弯曲，具2个与壳面平行而等宽的但比壳面略短的纵隔膜。色素体片状，1个。

[349] 弯形弯楔藻

Rhoicosphenia curvata (Kütz.) Grunow ex Rabenhorst, 1864; 胡鸿钧, 魏印心: 中国淡水藻类(系统、分类及生态), p. 403, plate: IX-8: 5～7, 1980.

壳面呈棒状披针形，异极，带面弯楔形。前端宽于末端，上壳面凸出，中轴区狭线形，近末端仅具发育不全的短壳缝，无中央节和极节，横线纹近平行排列；下壳面凹入，中轴区狭线形，中央区略放宽、长方形，具中央节和极节，具壳缝，横线纹略呈放射状斜向中央区，近两端的近平行，在10μm内有10～20条。细胞长12～75μm，宽4～8μm。

生境：淡水或半咸水种类，生长于稻田、水坑、池塘、湖泊、水库、河流、溪流或沼泽，常以胶质柄或垫状物着生在丝状藻类、沉水生高等植物或其他基质上。

国内外广泛分布；梵净山分布于德旺净河村老屋场（水沟底栖）。

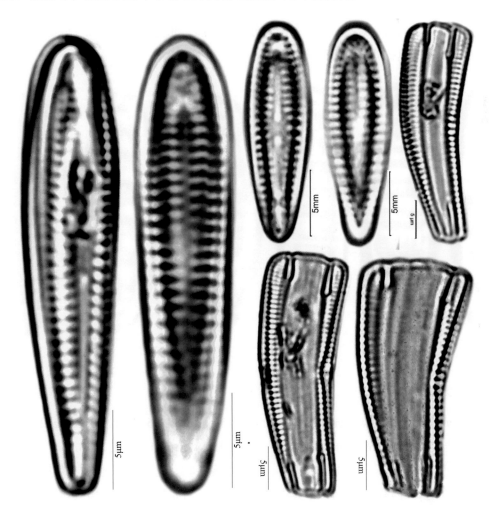

十七 管壳缝目 AULONORAPHIDINALES

（三十）棒杆藻科 Rhopalodiaceae（窗纹藻科 Epithemiaceae）

75.细齿藻属 *Denticula* F. T. Kützing

原植体为单细胞,有时为以壳面相连成的带状群体。壳面舟形、线形、披针形至椭圆形,两侧对称,两侧各具1条纵的隔膜,在上下两个壳面的一侧具1条不明显的龙骨,龙骨上具1条直的管壳缝,无中央节和极节,壳面内壁有几个横向平行隔膜构成壳面的横肋纹,末端呈头状,横肋纹间具2列至多列横线纹或横点纹。带面线形或长方形,两侧略凸出,末端截形,具几个间生带。色素体侧生,片状,1个。

[350]华美细齿藻

Denticula elegans Kützing, Kies. Bacill. Diat., p. 44, fig. 17: 5, 1844; 王全喜等: 中国淡水藻志, Vol. 22, p. 72, plate: LXI: 20～26, 2018.

壳面形似舟形,末端钝圆形,横肋纹在10μm内有4～5条,肋纹之间有孔纹2～4排;横线纹在10μm内有16～20条,光镜下不清楚。壳面长15～30μm,宽4～7μm。

生境:生长于河沟、水沟或渗水石表。

国内分布于辽宁、西藏、新疆、贵州;国外分布于亚洲、北美洲、南美洲、欧洲,新西兰;梵净山分布于亚木沟、乌罗镇石塘、清渡河靛厂。

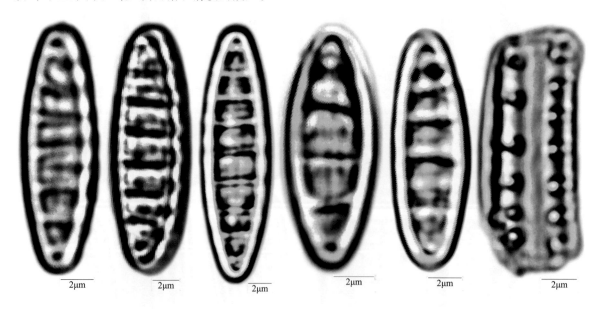

[351]库津细齿藻

Denticula kuetzingii Grunow, Verh. Zool. Bot. Ges. Wien, p. 546, 548, pl. 28/12, fig. 27, 1862; 王全喜等: 中国淡水藻志, Vol. 22, p. 69, plate: LXII: 15-17; LXIII: 1-28; LXIV: 1-5, 2018.

壳体带面线形至披针形,末端圆形或楔形,有时近喙头状。龙骨突明显,与横肋纹相连,基本延伸至整个壳面,在10μm内有5～8条,不具中缝端,中间一对龙骨突距离不增大。横线纹由粗糙的点纹组成，在10μm内有14～20条。壳面长20～40μm，宽4～7.5μm。

生境：生长于湖泊、溪流、水渠、水田或沼泽等。

国内分布于山西、辽宁、吉林、湖南、四川、贵州（沅江流域、乌江流域）、西藏、甘肃、宁夏、新疆；国外分布于亚洲、非洲、北美洲、南美洲、欧洲、大洋洲；梵净山分布于亚木沟、乌罗镇石塘和水田。

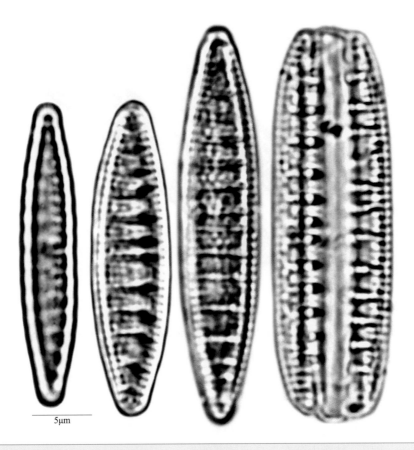

5μm

76. 窗纹藻属 *Epithemia* Brébisson

原植体为单细胞，浮游或附着于基质上生长。壳面略弯曲成弓形、新月形，具背侧和腹侧之分，背侧凸出，腹侧凹入或近平直，末端钝圆或近头状。腹侧中部具1条"V"形的管壳缝。管壳缝内壁具多个圆形小孔通入细胞内，具中央节和极节，光学显微镜下不易见到，壳面内壁具横向平行的隔膜，构成壳面的横肋纹，两条横肋纹之间具2列及以上与肋纹平行的横点纹或窝孔状的窝孔纹，有些种类在壳面和带面结合处具1纵长的隔膜。带面长方形。色素体侧生，片状，1个。

[352] 侧生窗纹藻

[352a] 原变种

Epithemia adnata (Kütz.) Brébisson var. ***adnata*** Consid. Diat., p. 16, 1838; 王全喜等：中国淡水藻志，Vol. 22, p. 84, plate: LXV: 1～2, 2018.

——斑纹窗纹藻 *Epithemia zebra* (Ehr.) Kütz.

细胞带面和横截面均为矩形，壳面略弯曲呈新月形，两侧壳缘近平行，顶端钝圆。大部分壳缝位于腹侧边缘，中央孔位于壳面近腹侧的一半，一般不超过中线，呈"V"形。壳缝两分支常形成钝

角，约120°。横肋纹平行排列或稍有弯曲，在10μm内一般有3～5
条，窝孔纹在10μm内有12～14条，两条肋纹间有窝孔纹3～7
条。隔片微弱发育，带面观横肋纹的末端圆形。细胞长
30～150μm，宽7～14μm。

生境：生长于湖边渗出水、溪流、小水沟、池
塘或路边沼泽中。

国内分布于北京、河北、内蒙古、吉
林、黑龙江、浙江、安徽、福建、湖
北、湖南、贵州（赫章、沅江、乌
江）、云南、西藏、甘肃，新
疆；国外分布于亚洲、非
洲、北美洲、南美洲、
欧洲、大洋洲；梵净山
分布于乌罗镇寨朗沟。

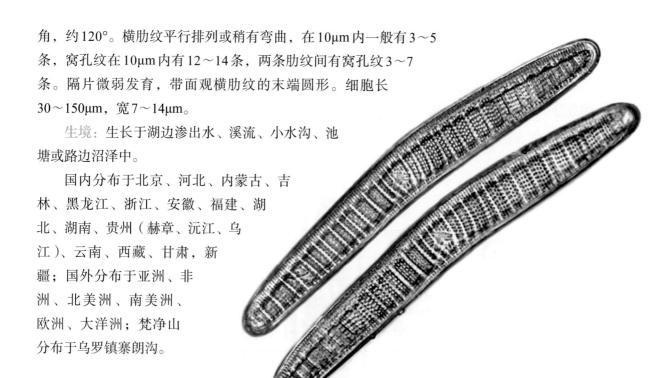

20μm

[352b] 侧生窝纹藻萨克森变种

Epithemia adnata var. ***saxonica*** (Kütz.) Patrick, in Patrick & Reimer, Diatoms U. S., 2(1): 182, fig. 24: 9, 1975; 王全喜等：中国淡水藻志, Vol. 22, p. 84, plate: LXV: 3～7; LXVI: 1～2, 2018.

与原变种的主要区别在于：比原变种小，壳面腹缘凹入较为明显；细胞长36～45μm，宽8～9μm。

生境：生长于水坑或沼泽。

国内分布于黑龙江、福建、江西、湖南、西藏、陕西、新疆、贵州（沅江流域）；国外分布于内蒙古、非洲、欧洲、美国；梵净山分布于乌罗镇寨朗沟。

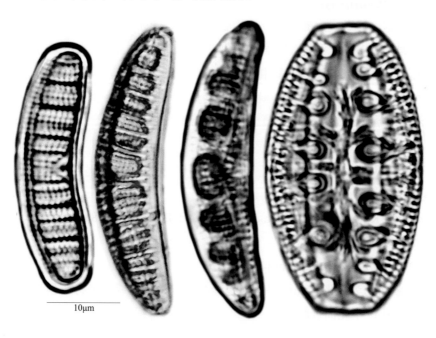

10μm

[353]光亮窗纹藻

Epithemia argus (Ehr.) Kützing, Kies. Bacill Diat., p. 35, figs. 22: 55, 56, 1844; 王全喜等：中国淡水藻志，Vol. 22, p. 76, plate: LXVIII: 1～4, 2018.

　　壳面略呈弓形，背缘凸出，腹缘略凹入至近平直，两端略延长，两端呈钝圆形。横肋纹呈放射状排列，在10μm内有2～4条，在两横肋纹间具窝孔纹3～7条，在10μm内有10～15条。壳面长45～130μm，宽12～15μm。

　　生境：生长于河沟、湖泊、水渠、水坑、水池、沼泽等各种淡水水体。

　　国内分布于河北、湖南、贵州（潕阳河、沅江流域、梵净山）、西藏、新疆；国外广泛分布；梵净山分布于护国寺、清渡河靛厂、太平河、快场。

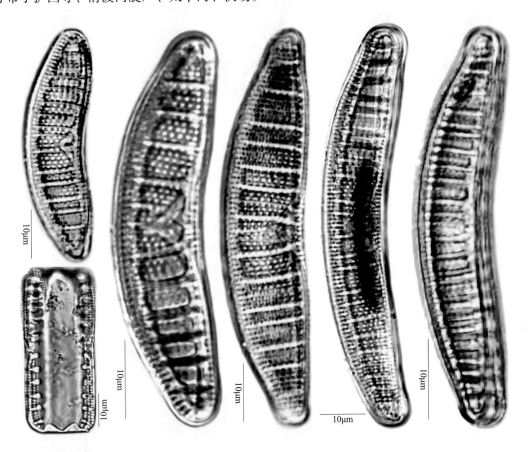

[354]鼠形窗纹藻

Epithemia sorex Kütz., Kies. Bacill. Diat., p. 33, figs. 5: 12, 5 a～c, 1844; 王全喜等：中国淡水藻志，Vol. 22, p. 80, plate: LXX: 6～7; LXXI: 1～18, 2018.

　　细胞带面半椭圆披针形，背侧明显突起，腹侧略凹入，末端明显变窄，呈喙状至头状，向背侧反曲。管壳缝在中部弧形弯向背侧，大部分位于壳面，中央孔一般位于壳面背侧的一半，有时靠近背侧边缘，横肋纹辐射状排列，在10μm内有5～8条；窝孔纹在10μm内有12～15条，两条横肋纹间有窝孔纹2～3条，肋纹清晰。壳面长30～65μm，宽8～15μm。

　　生境：生长于河流、水渠、沼泽、积水坑或渗水石表。

　　国内外广泛分布；梵净山分布于乌罗镇石塘、德旺净河村老屋场的渗水岩表。

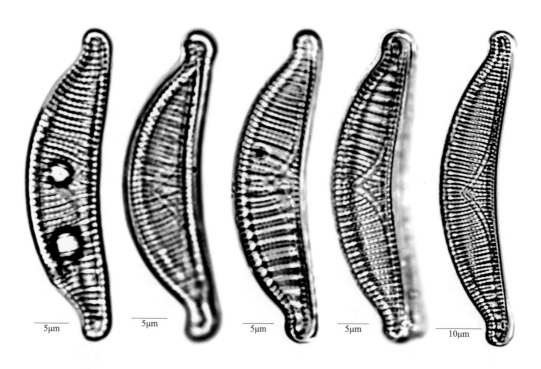

[355]膨大窗纹藻

Epithemia turgida (Ehr.) Kütz., Krammer & Lange–Bertalot, p. 434, pl. 109, fig, 4～7, 1988; 王全喜等：中国淡水藻志, Vol. 22, p. 81, plate: LXXIV: 1～7, 2018.

　　壳面弯曲呈新月形，背缘弓形，腹缘平直至略凹入，末端略延长，呈钝圆形或略头状。管壳缝在壳面中间背弯呈"V"字形，约达壳面中线，横肋纹呈放射状排列，在10μm内有3～5条，两横肋纹间窝孔纹在10μm内有2～3条，窝孔纹在10μm内有8～10条。壳面长60～120μm，宽13～20μm。

　　生境：生长于河流、水沟、水塘、水渠、沼泽等各种淡水水体或滴水岩表。

　　国内分布于北京、内蒙古、辽宁、黑龙江、上海、广东、西藏、新疆、贵州（赫章）；国外分布于亚洲、北美洲、南美洲、欧洲、大洋洲（澳大利亚）非洲南部；梵净山分布于寨沙太平河、坝溪沙子坎、乌罗镇石塘、坪所村、坝溪河、马槽河、锦江、太平河、德旺净河村老屋场、黑湾河。

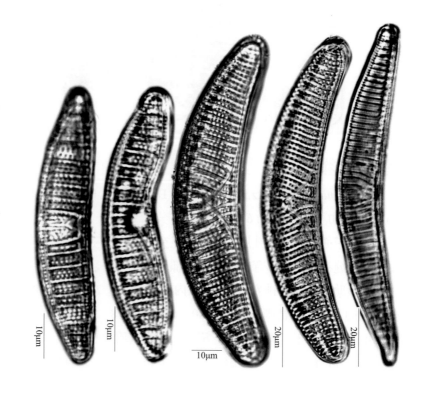

77. 棒杆藻属 *Rhopalodia* O. Müller

原植体为单细胞。壳面呈弓形、新月形或肾形。背缘突起、弧形，两端渐尖。背缘具1条龙骨，龙骨上具1条不明显的管壳缝，中央节和极节不明显，壳面具较粗的横肋纹，两横肋纹间具数条点横线纹。带面长方形、狭椭圆形或棒状，中部略横向加宽或平直，中部的中央略缢缩，两端广圆形。色素体侧生，片状。广泛分布于淡水和海水中。

[356] 弯棒杆藻

[356a] 原变种

Rhopalodia gibba (Ehr.) O. Müll.var. ***gibba***, Bot. Jahrb., 22: 65, figs. 1: 15～17. 1895; 王全喜等: 中国淡水藻志, Vol. 22, p. 89, plate: LXXV: 1～5, 2018.

壳体等极，呈线形或线状披针形。壳面弓形，背侧弧形，中部有1小的缺刻，腹侧近于平直，两端逐渐狭窄，末端楔形，弯向腹侧。背侧具1条龙骨，龙骨上具1条不明显的管壳缝，中央节不清楚。肋纹发育良好，平行排列，在10μm内有4～10条，横线纹在10μm内有12～16条，在两条横肋纹间的横线纹在10μm内有1～3条。壳体长35～200μm，宽18～30μm，壳面宽8～11μm。

生境：浮游、底栖或附着藻类，生长于各种淡水水体。

国内外广泛分布，普生性种类；梵净山分布于桃源村、坝梅村、亚木沟、张家屯、郭家湾、金厂河、坝溪、小坝梅村、陈家坡、清渡河靛厂。

[356b] 弯棒杆藻偏肿变种

Rhopalodia gibba var. ***ventricosa*** (Kütz.) H. & M. Paragallo, Diat. Mar. Francep. 302，figs. 77: 3–5, 1900; 王全喜等: 中国淡水藻志, Vol. 22, p. 91, plate: LXXVI: 6～9, 2018.

与原变种的主要区别在于：壳体较短小，椭圆状披针形；壳面观腹侧中部略向背侧弯曲或直。横肋纹在10μm内有13条；两条横肋纹之间有横线纹1～2条。壳面长60～65μm，宽10um。

生境：生长于湖水、池塘、小水沟、稻田、浅水滩、沼泽或水坑。

国内分布于吉林、黑龙江、江苏、江西、湖北、湖南、海南、云南、西藏、新疆、贵州（沅江流域、梵净山）；国外分布于亚洲、非洲、北美洲、南美洲、欧洲、大洋洲；梵净山分布于坝溪沙子坎的滴水石壁。

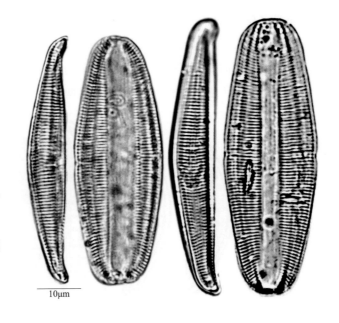

[357]具盖棒杆藻

Rhopalodia operculata (Agardh) Håkansson, Beihefte zur Nova Hedwigia 64, p. 166, 167, 1979; 王全喜等: 中国淡水藻志, Vol. 22, p. 93, plate: LXXX: 1～6, 2018.

　　壳面新月形。背缘弧形凸出，中部有1小缢缩，腹侧平直至微凹入，末端略弯向腹侧。肋纹清晰，横肋纹在10μm内有3～4条，横线纹密集，10μm内有30～40条，横肋纹间的横线纹在10μm内有3～5条，光镜下难以看到组成横线纹的圆孔。壳体长20～50μm，宽15～25μm，壳面宽8～10μm。

　　生境：广泛分布于河流、小溪、水渠或渗水石表。

　　国内分布于贵州（赫章）、西藏、新疆；国外分布于俄罗斯、美国、哥伦比亚、乌拉圭、英国、德国、罗马尼亚、新西兰；梵净山分布于坝溪沙子坎、马槽河、坝梅村、陈家坡、清渡河靛厂。

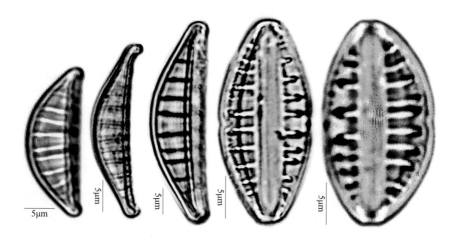

[358]石生棒杆藻

Rhopalodia rupestris (W. Smith) Krammer, in Lange–Bertalot & Krammer, p. 86, pl. 49, figs. 1～6, 1987; 王全喜等: 中国淡水藻志, Vol. 22, p. 97, plate: LXXX: 7～9, 2018.

　　壳面新月形。背缘弧形凸出，中部具1小缢缩，腹侧平直至微凹入，两端渐狭窄，略弯向腹侧。横肋纹在10μm内有3～4条，横线纹在10μm内有18～22条，组成线纹的圆孔在光镜下可见；横肋纹间的横线纹在10μm内有3～5条。壳面长30～45μm，宽7～10μm。

　　生境：生长于水库边渗出水中或山溪中。

　　国内分布于海南、贵州（赫章）；国外分布于美国、英国、德国、罗马尼亚、新西兰；梵净山分布于坝溪沙子坎（水沟底栖）、陈家坡（水塘浮游）、亚木沟、寨抱村（水田中附植）。

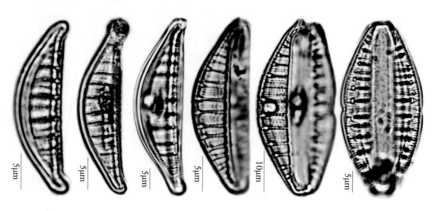

（三十一）菱形藻科 Nitzschiaceae（杆状藻科 Bacillariaceae）

78.菱板藻属 *Hantzschia* Grunow

原植体为单细胞。细胞纵长，直或"S"形，壳面弓形、线形至椭圆形，一侧或两侧边缘缢缩或不缢缩，两端近喙状或尖圆。壳面一侧的边缘具龙骨突起，龙骨突起上具管壳缝，管壳缝内壁具许多通入细胞内的小孔，称"龙骨点"，上下两壳的龙骨突起彼此平行相对，具小的中央节和极节，壳面具横线纹或点纹组成的横线纹。带面矩形，两端截形。色素体带状，2个。分布于淡水或海水。

[359] 两尖菱板藻

[359a]原变种

Hantzschia amphioxys (Ehren.) Grun. var. *amphioxys* in Cleve & Grunow, Beiträge zur Kenntniss der arctischen Diatomeen, p. 103, 1880; 王全喜等：中国淡水藻志, Vol. 22, p. 59, plate: XXXIV: 1～12, 2018.

壳面线形至线状椭圆形。背缘弓形，腹缘内凹，两端渐狭，末端略呈喙头状至头状。龙骨点靠腹侧，在 10μm 内有 6～10 个，横肋纹在 10μm 内有 15～25 条。壳面长 30～100μm，宽 5～12μm。

生境：淡水性，生长于湖泊、湖边渗出水中、水沟、水坑、水田、沼泽或渗水、潮湿石表。

国内外广泛分布；梵净山分布于太平河、坝梅村、清渡河茶园坨、张家坝凉亭坳、太平镇马马沟村、马槽河、高峰村、乌罗镇甘铜鼓天马寺、德旺净河村老屋场、桃源村、郭家湾、冷家坝鹅家坳。

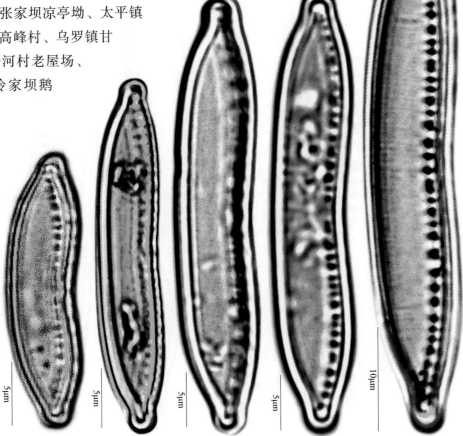

[359b]两尖菱板藻头端变型

Hantzschia amphioxys* f. *capitata O. Müeller, Bacillariaceen aus Stid Patagonien, p. 34, pl. II, fig. 26, 1909; 王全喜等：中国淡水藻志, Vol. 22, p. 60, plate: XXXV: 2, 2018.

与两尖菱板变种的主要区别在于：壳面近末端缢缩，两端呈明显的头状；龙骨点在10μm内有 8～10个，横肋纹在10μm内有18～24条；壳面长40～80μm，宽5～9μm。

生境：生长于河流、水沟、水坑、水田、沼泽各种淡水水体或渗水石表。

国内分布于吉林、黑龙江、福建、湖北、贵州（草海、沅江流域、乌江流域）、云南、西藏、新疆；国外分布于蒙古国、新加坡、美国、巴西、英国、马其顿、澳大利亚、新西兰，波罗的海、黑海；梵净山分布于张家坝团龙村、坝梅村、清渡河茶园坨、大河堰、亚木沟、昔平村、德旺茶寨村大溪沟。

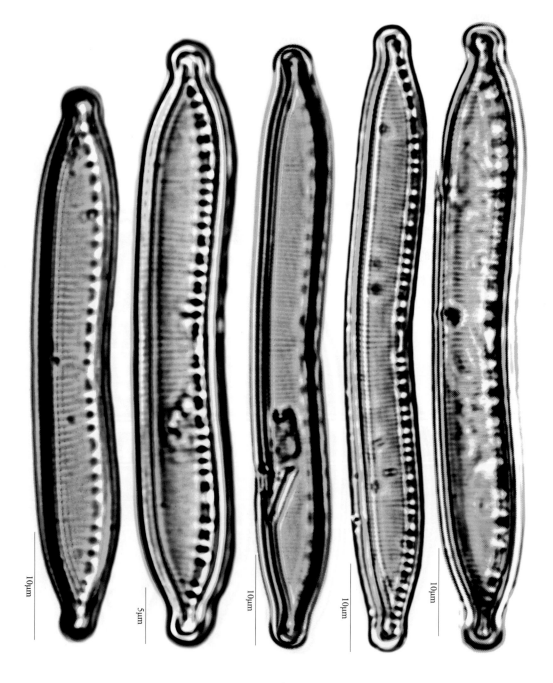

[360]密集菱板藻

Hantzschia compacta Hust., in Hedin, Southern Tibet, Southern Tibet 6 (3) p. 145, pl. 10, fig. 42, 1922; 王全喜等：中国淡水藻志, Vol. 22, p. 55, plate: XXXVI: 1～4, 2018.

——双尖菱板藻密集变种 *Hantzschia amphioxys* var. *compacta* Hust.

壳面背侧弧形凸出或略呈弓形，腹侧凹入，两端渐狭，末端略呈头状。龙骨突在10μm内有4～6个，中间两个距离明显增大。横线纹在10μm内有13～15条。壳面长65～96μm，宽14～16μm。

生境：生长于湖泊、溪流、水沟、水坑、水田或沼泽。

国内分布于内蒙古、辽宁、贵州（乌江、梵净山）、西藏、新疆；国外分布于加拿大、乌拉圭，欧洲；梵净山分布于德旺茶寨村大溪沟、净河村老屋场（水沟石表附着或水田浮游）。

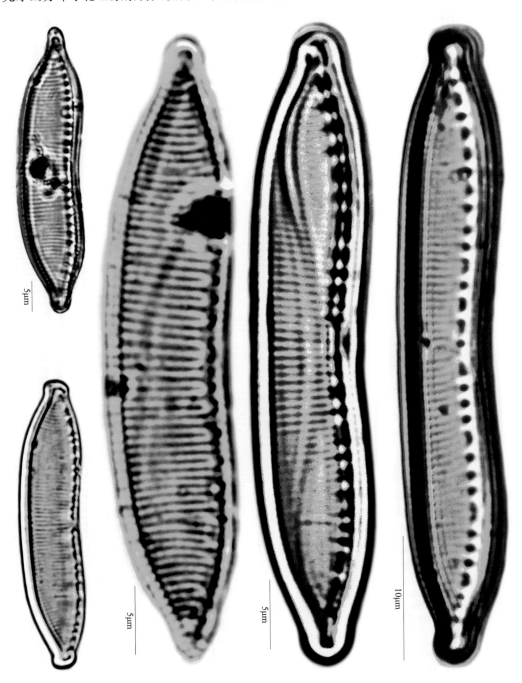

[361] 丰富菱板藻

Hantzschia abundans Lange–Bertalot, 1993; 王全喜等: 中国淡水藻志, Vol. 22, p. 58, plate: XXXVI: 5～10; XXXVII: 4～6, 2018.

壳面弓形，背侧略凸出，腹侧凹入，两端渐狭，末端呈小头状。龙骨突在10μm内有5～8个。横线纹在10μm内有13～20条。壳面长30～80μm，宽6～10μm。

生境: 生长于沼泽、小水渠或路边积水中。

国内分布于江苏、安徽、四川、贵州（赫章、水城）、西藏、新疆；国外分布于加拿大、美国、乌拉圭、德国、马其顿、波兰，南极洲；梵净山分布于亚木沟明朝古院旁的沼泽、德旺茶寨村大溪沟的水田、渗水石表及积水坑。

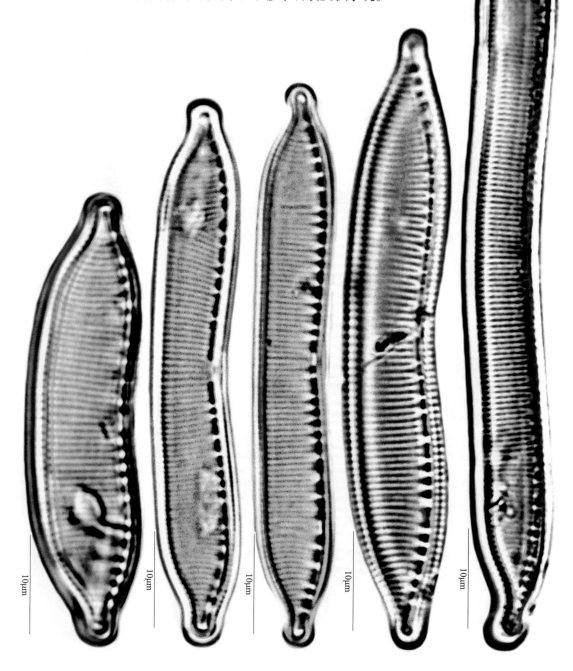

[362] 嫌钙菱板藻

Hantzschia calcifuga Reichardt & Lange–Bertalot, 2004; 王全喜等：中国淡水藻志，Vol. 22, p. 56, plate: XLII: 4～8, 2018.

壳面呈弓形，背缘略凸出，腹缘中部略凹入，近末端渐狭，末端延长呈小头状，略向背缘反曲。龙骨突在10μm内有4～6个。横线纹在10μm内有13～18个。壳面长60～145μm，宽8.5～12μm。

生境：生长于湖泊沿岸带、石塘、溪流或沼泽。

国内分布于内蒙古；国外分布于波兰；梵净山分布于乌罗镇寨朗沟的水渠石壁、茶寨村大溪沟的渗水石表、净河村老屋场（水沟底栖）、黑湾河凯马村（水沟底栖）、陈家坡的水塘、冷家坝鹅家坳（水田底栖）。

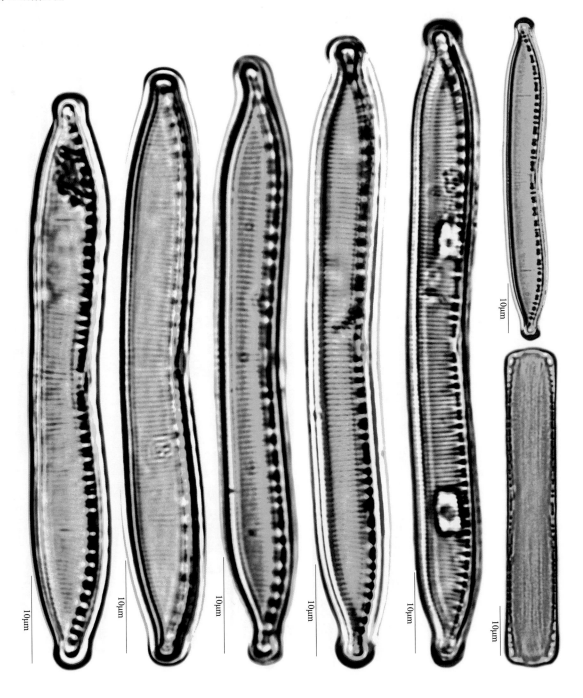

[363] 长菱板藻

Hantzschia elongate (Hantzsch) Grun., New diatoms from Honduras, p. 174, 1877; 王全喜等: 中国淡水藻志, Vol. 22, p. 53, plate: XL: 1, 2018.

壳体极狭长，略呈膝状弯曲，中部向两端渐变窄呈锥形，末端延长呈尖状至近头状。龙骨突纤细，在10μm内有6～8个，中间2个龙骨突距离较宽，每个龙骨突与1～3条肋纹相连。横线纹在10μm内有17～18条。壳面长180～405μm，宽11～13μm。

生境：生长于湖泊、河流、水沟、水田、水塘或沼泽。

国内分布于内蒙古、辽宁、黑龙江、江苏、福建、湖南、四川、贵州（沅江流域）、西藏；国外分布于俄罗斯、美国、英国、德国、爱尔兰、马其顿、罗马尼亚、澳大利亚、新西兰；梵净山分布于坝溪沙子坎、小坝梅村、亚木沟、高峰村、两河口、德旺净河村老屋场洞下。

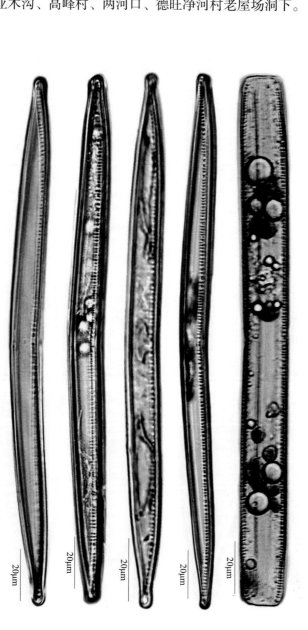
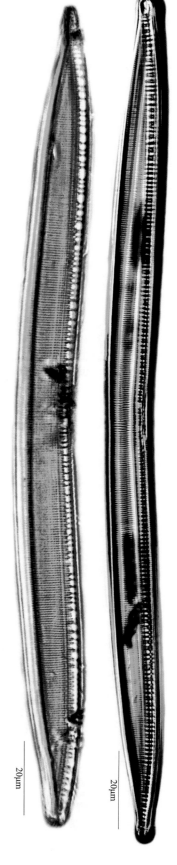

[364]盖斯纳菱板藻

Hantzschia giessiana Lange–Bertalot & Rumrich, 1993; 王全喜等：中国淡水藻志，Vol. 22, p. 55, plate: XLI: 1～5, 2018.

　　壳面具明显的背腹之分，背侧边缘略平直，腹侧边缘略凹入，具中壳缝。两端急缩后延长呈小头状。龙骨突在10μm内有4～7个。横线纹在10μm内有16～20条。壳面长48～95μm，宽9～11μm。

　　生境：附着或底栖藻类，生长于沼泽、湖泊或水塘。

　　国内分布于四川、新疆；国外分布于非洲（纳米比亚）；梵净山分布于亚木沟景区大门的荷花池。

[365]长命菱板藻

Hantzschia vivax (W. Smith) M. Peragallo in Tempere & Peragallo, Diatomees du Monde Entier, p. 56, No. 103～104, 1908; 王全喜等：中国淡水藻志, Vol. 22, p. 51, plate: XXXVIII: 1～3, 2018.

　　壳面半披针形至线形，背侧边缘略呈弓形，腹侧边缘平直，不具中壳缝。两端急缩后延长呈喙状，末端小圆头状。龙骨点在10μm内有7～9个。横线纹在10μm内有16～18条。壳面宽8.5～9μm，长80～141μm。

　　生境：生长于小水渠中。

　　国内分布于内蒙古、黑龙江、四川、新疆；国外分布于俄罗斯、美国、英国、德国，波罗的海；梵净山分布于陈家坡（水塘浮游）。

79. 菱形藻属 *Nitzschia* A. H. Hassall

原植体多为单细胞，或连接组成带状及星状的群体，或生活在分枝或不分枝的胶质管中，浮游或附着。细胞纵长，直或 "S" 形，壳面线形或披针形，极少为椭圆形，两侧边缘缢缩或不缢缩，两端渐尖或钝，末端楔形、喙状、头状或尖圆形。壳面的一侧具龙骨突，龙骨突上具管壳缝，管壳缝内壁具许多通入细胞内的小孔，称 "龙骨点"。龙骨点明显，上下两个壳的龙骨突彼此交叉相对，具小的中央节和极节，壳面具横线纹。细胞壳面和带面不成直角，因此横断面呈菱形。色素体侧生，带状，2个，少数4～6个。

[366] 两栖菱形藻

Nitzschia amphibia Grunnow, Verhandlungen der Kaiserlich–Koniglichen Zoologisch–Botanischen Gesellschaft in Wien 12: 574, pl. 28/12, fig. 23, 1862; 王全喜等：中国淡水藻志，Vol. 22, p. 42, plate: XXVIII: 1～10, 2018.

壳体小型，壳面椭圆形至线状披针形。龙骨突稍窄，楔形，在10μm内有7～9个，中间两个距离较宽。横线纹粗糙，在10μm内有14～17条。壳面长13～38μm，宽4～6μm。

生境：生长于湖边渗水、小水渠、路边积水或沼泽。

国内外广泛分布；梵净山分布于亚木沟、寨抱村的水田、高峰村、张家屯，荷花池、德旺茶寨村大溪沟。

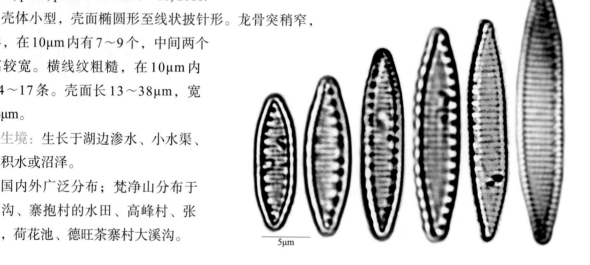

5μm

[367] 小头端菱形藻

Nitzschia capitellata Hust., in Schmidt et al.f Atlas Diat.–Kunde, pl. 348, figs. 57, 58, 1922; 王全喜等：中国淡水藻志，Vol. 22, p. 46, plate: XXIX: 12～17, 2018.

壳面线形至线状披针形，壳缘中部常微凹入，近末端楔形变窄，末端圆头状。龙骨突在10μm内有10～15个，中间两个距离明显增大。横线纹在光镜下不清楚。壳面长35～48μm，宽3～6μm。

生境：生长于沼泽、路边积水或泉水井边附生。

国内分布于黑龙江、福建、江西、湖南、海南、贵州（沅江流域、乌江流域、梵净山）、西藏、新疆；国外分布于俄罗斯、加拿大、美国、阿根廷、哥伦比亚、乌拉圭，非洲南部、欧洲、大洋洲；梵净山分布于牛尾河，水沟中石表、马槽河（河边水坑底栖）、张家屯（荷花池底栖）。

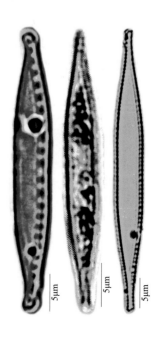

5μm 5μm 5μm

[368]细端菱形藻

Nitzschia dissipata (Kützing) Rabenhorst, Die Algen Sachsens. Resp. Mittel–Europa's Gesammelt und herausgegeben von Dr. L. Rabenhorst, no. 968, 1860; 王全喜等: 中国淡水藻志, Vol. 22, p. 17, plate: VI: 1～4; VII: 1～4, 2018.

壳面常为披针形至线状披针形，末端喙状，少数为尖圆形。壳缝龙骨稍离心，龙骨突排列不均匀，中间两个龙骨突的距离不增大，在10μm内有7～10个。横线纹极细，光镜下难以分辨。壳面长24～55μm，宽4～7μm。

生境：生长于小河、沼泽或岩石附着。

国内分布于辽宁、吉林、黑龙江、湖南、广东、贵州（赫章、沅江流域、乌江流域）、西藏、陕西、新疆；国外分布于亚洲、北美洲、南美洲、欧洲、大洋洲；梵净山分布于亚木沟（河水中浮游）、熊家坡（水塘底栖）。

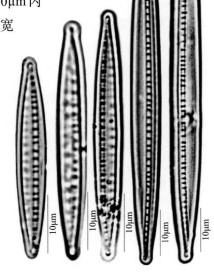

[369]细长菱形藻

Nitzschia gracilis Hantzsch, Hedwigia 2(7): 40, pl. 6, fig. 8, 1860; 王全喜等: 中国淡水藻志, Vol. 22, p. 37, plate: XXIX: 1～11, 2018.

壳面窄线形至披针形，末端细长，呈长喙状。龙骨突点状，在10μm内有11～13个。横线纹排列紧密，光镜下不易分辨。壳面长40～110μm，宽3～4μm。

生境：生长于路边积水、稻田或沼泽，多为富含有机质的水体。

国内分布于山西、黑龙江、江苏、湖南、广东、海南、贵州（威宁草海、沅江流域、乌江流域）、西藏；国外分布于巴西、哥伦比亚，亚洲、非洲东部、北美洲、欧洲、大洋洲；梵净山分布于马槽河、亚木沟、寨抱村、净河村老屋场。

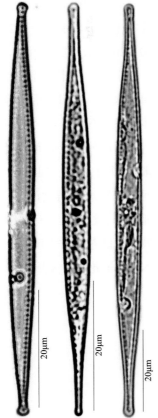

[370] 中型菱形藻

Nitzschia intermedia Hantzsch ex Cleve & Grunow, Beitrage zur Kenntniss der arctischen Diatomeen, p. 95, 1880; 王全喜等: 中国淡水藻志, Vol. 22, p. 37, plate: XXXI: 1～5, 2018.

壳面长线形，两侧近于平行。龙骨突在10μm内有9～11个，中间两个距离不增大。线纹在10μm内有23～28条，通常光镜下可见。壳面长45～113μm，宽4～5μm。

生境：生长于湖泊、河流、泉水、山溪、稻田、水坑或沼泽。

国内分布于山西、辽宁、黑龙江、江苏、湖北、湖南、广东、广西、贵州（水城、梵净山）、西藏、新疆；国外分布于俄罗斯、加拿大、美国、巴西、哥伦比亚、乌拉圭、波罗的海、黑海、英国、德国、马其顿、波兰、罗马尼亚、西班牙、澳大利亚、新西兰，非洲东部；梵净山分布于熊家坡、桃源村。

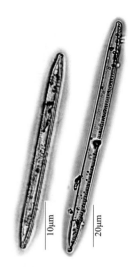

[371] 线形菱形藻

Nitzschia linearis W. Smith var. ***linearis*** in Pascher, Süssw.–Fl. Mitteleuropas, Heft 10, p. 409, fig. 784, 1930. 王全喜等: 中国淡水藻志, Vol. 22, p. 30, plate: XIX: 1～8, 2018.

壳面长线形或长线状披针形，两侧近于平行，或一侧略凹，一侧略凸。两端楔状变窄，末端小头状。龙骨突窄肋状，最中间两个龙骨突距离明显加宽，在10μm内有8～13个。横肋纹在10μm内有28～32条。壳面长80～200μm，宽4～7μm。

生境：生长于河沟、水沟、水塘、水坑、水田、沼泽等各种淡水水体或渗水石表。

国内外广泛分布；梵净山分布于张家坝团龙村、坝溪沙子坎、马槽河、陈家坡、清渡河靛厂、高峰村、郭家湾、红石溪、乌罗镇天马寺甘铜鼓、德旺茶寨村大溪沟、桃源村、亚木沟、寨抱村、金厂村。

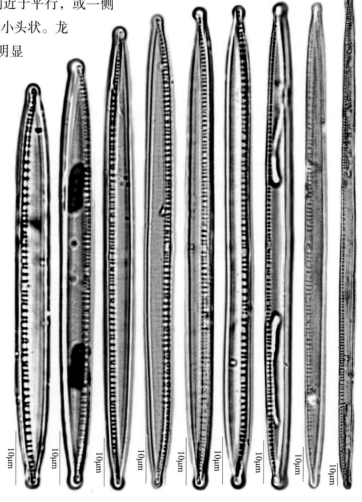

[372]洛伦菱形藻

Nitzschia lorenziana Grun., Krammer & Lange–Bertalot, p. 388, pl. 86, fig. 6～10. 1988; 王全喜等: 中国淡水藻志, Vol. 22, p. 47, plate: XXXIII: 8～11, 13, 2018.

壳面线形至窄披针形，呈"S"形弯曲，中部两侧边缘近平行，向两端渐狭，末端尖圆，呈亚喙状或亚头状。最中间两个龙骨突之间的距离加宽。横线纹在10μm内有13～19条。壳面长60～160μm，宽3～7μm。

生境：淡水性，生长于路边小水渠、池塘、沼泽、深沟积水或路边积水。

国内分布于黑龙江、安徽、湖北、湖南、广东、海南、新疆；国外分布于亚洲（俄罗斯、新加坡）、北美洲（美国）、南美洲（巴西、哥伦比亚、乌拉圭）、欧洲、大洋洲（澳大利亚、新西兰）；梵净山分布于太平镇马马沟村（水田底栖）、黑湾河凯马村（水沟底栖）。

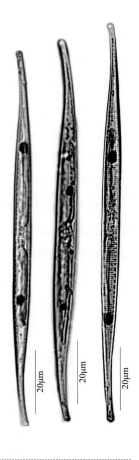

[373]微型菱形藻

Nitzschia nana Grunow, 1881; 王全喜等: 中国淡水藻志, Vol. 22, p. 21, plate: LX: 1～2; XII: 1～7, 2018.

带面窄线形，"S"形弯曲。壳面略呈"S"形弯曲，两端弯曲程度大于中部，末端钝圆。细胞长45～165μm，宽4～6μm。龙骨突在10μm内有7～11个，最中间两个距离明显增大。横线纹密集，在光镜下难以看清。

生境：生长于河流、水沟、水坑、水田、沼泽，水草附生或滴水岩石上附着。

国内分布于河北、黑龙江、江苏、福建、湖南、海南、贵州（沅江流域、乌江流域）、云南、新疆；国外分布于亚洲（俄罗斯、新加坡）、北美洲、南美洲、欧洲、大洋洲（澳大利亚、新西兰）；梵净山分布于坝溪沙子坎的滴水石壁、水沟或水田，小坝梅村的水田。

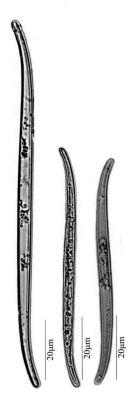

[374] 谷皮菱形藻

Nitzschia palea (Küetz.) W Smith, A synopsis of the British Diatomaceae, p. 89, 1856; 王全喜等: 中国淡水藻志, Vol. 22, p. 40, plate: XXVII: 1～11, 2018.

壳面线形或线状披针形，两侧近于平行或略凸，两端渐狭，略延长呈亚头状或亚喙状。龙骨突狭窄，龙骨点小而近圆形，龙骨突在10μm内有8～10个。横肋纹密集，在10μm内有25～32条。壳面长18～60μm，宽3～7μm。

生境：淡水性，生长于河流、湖泊、湖边渗出水、小水渠、池塘、沼泽、路边积水或稻田。

国内外广泛分布；梵净山分布于护国寺、凯文村、桃源村、亚木沟、德旺茶寨村大溪沟、净河村老屋场洞下、黑湾河。

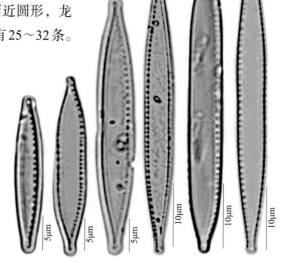

[375] 弯曲菱形藻

Nitzschia sinuate (Thwaites) Grunow, in Cleve & Grunow, Beitrage zur Kenntniss der arctischen Diatomeen, p. 82, 1880.

壳面呈窄披针形至菱形，两侧波曲，中间膨大呈球茎状，末端小圆头状。龙骨突窄肋状，延伸至壳面一段距离，在10μm内有3～6个。横线纹由粗糙的孔纹组成。

[375a] 弯曲菱形藻德洛变种

Nitzschia sinuata var. *delognei* (Grunow) Lange–Bertalot, Bacillaria 3: 54～55, figs. 77～86, 155, 156, 1980; 王全喜等: 中国淡水藻志, Vol. 22, p. 25, IX: 8; X: 8～18, 2018.

与原变种的主要区别在于：壳面窄披针形，两侧边缘不波曲。壳面长30～50μm，宽6～9μm。

生境：生长于草地渗出水、小溪中。

国内分布于辽宁、江苏、浙江、安徽、湖北、湖南、广西、贵州（赫章、镇宁、贵阳、沅江流域、乌江流域、梵净山）、云南、西藏；国外分布于美国、乌拉圭、英国、德国、波兰；梵净山分布于德旺红石梁锦江河边渗水石表、茶寨村大溪沟路边积水坑、清渡河靛厂（水沟漂浮）。

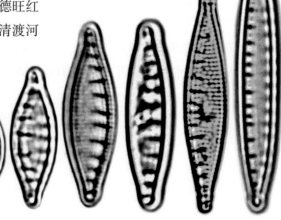

[375b] 弯曲菱形藻平片变种

Nitzschia sinuata var. *tabellaria* (Grunow) Grunow, in Van Heurck, Synopsis des Diatomées de Belgique Atlas, p. 176, pl. 60, figs. 12～13, 1881; 王全喜等: 中国淡水藻志, Vol. 22, p. 25, plate: IX: 7, 11～16, 2018.

与原变种的主要区别在于: 壳面较短, 长菱形, 中部凸出膨大, 中部向两端边缘斜直; 中部龙骨突在10μm内有5～7个; 横线纹在10μm内有19～23条。壳面长16～22μm, 宽5～8μm。

生境: 生长于河边沼泽中。

国内分布于山西、辽宁、江苏、安徽、福建、湖北、湖南、广西、贵州（贵阳）、云南、西藏、陕西、宁夏、新疆; 国外分布于土耳其、加拿大、美国、英国、德国、爱尔兰、罗马尼亚、西班牙、澳大利亚; 梵净山分布于德旺净河村老屋场的水田。

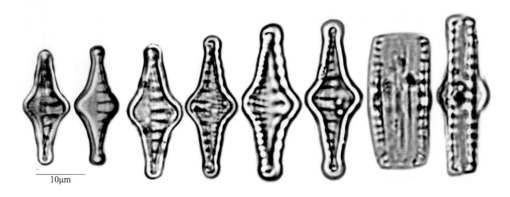

10μm

[376] 近线形菱形藻

Nitzschia sublinearis Hust., in Pascher, Süssw.–Fl. Mitteleuropas, Heft 10, p. 411, fig. 786, 1930. 王全喜等: 中国淡水藻志, Vol. 22, p. 33, plate: XXIV: 8～13, 2018.

壳面线形至线状披针形, 中部两侧近于平行, 近末端楔状变窄, 末端略呈头状。龙骨偏于一侧, 龙骨突窄, 在10μm内有12～15个。横肋纹细而密集, 在10μm内有25～32条。壳面长40～80μm, 宽4～6μm。

生境: 淡水性, 生长于溪流、池塘、稻田、路边积水、沼泽或水草附生。

国内分布于辽宁、黑龙江、湖南、海南、四川、贵州（沅江流域、乌江流域、梵净山）、云南、西藏、宁夏、新疆; 国外分布于亚洲、北美洲、南美洲、欧洲、大洋洲（新西兰）; 梵净山分布于德旺茶寨村大溪沟、锦江河边、净河村老屋场洞下。

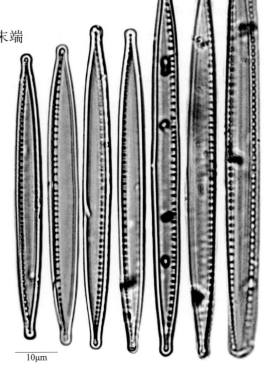

10μm

[377]脐形菱形藻

Nitzschia umbonata (Ehrenberg) Lange–Bertalot, Nova Hedwigia 30: 648～650, Taf. 1, 2, 4, 1978; 王全喜等: 中国淡水藻志, Vol. 22, p. 28, plate: XVI: 10～16, 2018.

壳面线形, 中部平行或微凹, 近末端楔形变窄, 末端尖圆、钝圆或短喙状。龙骨突在10μm内有7～10个。横线纹在10μm内有20～30条。壳面长30～85μm, 宽6～9μm。

生境: 生长于湖泊、路边积水、稻田或鱼池。

国内分布于山西、辽宁、黑龙江、江苏、湖南、海南、贵州 (沅江流域)、西藏、新疆; 国外分布于亚洲、北美洲、南美洲、欧洲、大洋洲; 梵净山分布于马槽河 (河边水塘底栖)、黑湾河凯马村 (水沟底栖)、小坝梅村的水田。

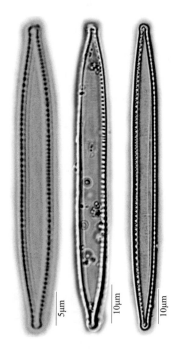

[378]蠕虫状菱形藻

Nitzschia vermicularis (Kützing) Hantzsch, 1860; 王全喜等: 中国淡水藻志, Vol. 22, p. 14, plate: IV: 1～4, 2018.

带面略呈 "S" 形弯曲, 壳面线形、线状披针形, 向两端渐狭呈锥形, 末端小头形。壳缝龙骨突离心, 龙骨突在10μm内有8～13个, 中间两个间距加宽或不加宽。横线纹细密, 光镜不清晰。壳面长80～180μm, 宽6～7μm。

生境: 生长于湖边渗出水、河边渗出水、路边积水或沼泽。

国内分布于山西、黑龙江、贵州 (沅江流域)、西藏、宁夏、新疆; 国外分布于亚洲、北美洲、南美洲 (巴西)、欧洲、大洋洲 (澳大利亚、新西兰); 梵净山分布于太平河、小坝梅村、坝溪沙子坎、清渡河茶园坨、坪所村、紫薇镇罗汉穴、茶寨村。

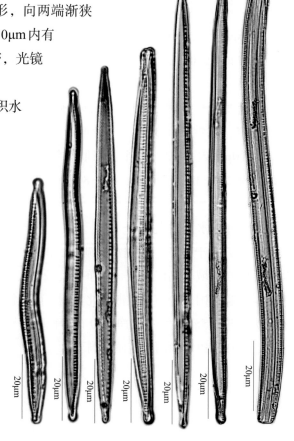

80. 盘杆藻属 *Tryblionella* Smith

原植体为单细胞，壳面粗壮宽阔，呈椭圆形、线形或提琴形，末端钝圆或尖形。外壳面常具瘤或脊，波状褶曲，一侧具龙骨壳缝系统，另一侧边缘常具脊，连接壳套。线纹通常被1至多条腹板断开，线纹由小圆孔组成，孔外侧多由膜封闭，罕见蜂窝状圆孔。壳缝系统靠近壳面边缘，上下壳面的壳缝关于壳面呈对角线对称，具龙骨和龙骨突。外壳面中缝端非常近，稍微膨大或偏转，偶尔中缝端缺失。内壳面中缝端位于双螺旋舌上。极缝端裂缝短，偏转。龙骨突扁块状，顶轴方向常比横轴方向宽。带面窄，平滑或具稀疏的孔，由断开的环带组成。色素体2个，分别位于中央横切面的两侧。

[379] 维多利亚盘杆藻

Tryblionella victoriae Grunow, Verh. zool. bot. Ges. Wien, p. 553, pl 28/12, fig. 34, 1862; 王全喜等: 中国淡水藻志, Vol. 22, p. 68, plate: LVI: 3～6, 2018.

——盘状菱形藻维多利亚变种 *Nitzschia tryblionella* var. *victoriae* (Grun.) Grun

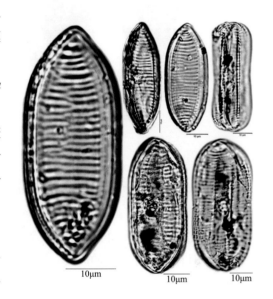

壳面呈宽线形至椭圆形，中部略平直，朝两端楔形变窄，末端呈钝圆形，有时一侧或是两侧中部都凹入。龙骨突与横肋纹的密度一致，在10μm内有6～9个，横线纹看不清楚。壳面长30～65μm，宽15～26μm。

生境: 生长于水坑、水田、沼泽或渗水石表。

国内分布于天津、山西、黑龙江、安徽、福建、湖南、广西、海南、贵州（沅江流域、乌江流域、梵净山）、西藏、新疆；国外分布于俄罗斯、新加坡、美国、巴西、乌拉圭、欧洲、大洋洲；梵净山分布于坝梅村、小坝梅村、亚木沟、寨抱村、郭家湾、德旺茶寨村大溪沟。

（三十二）双菱藻科 Surirellaceae

81. 波缘藻属 *Cymatopleura* W. Smith

原植体为单细胞。壳面椭圆形、纺锤形、披针形或线形，横向呈波状起伏，壳面的整个壳缘由龙骨及翼状构造围绕。龙骨突起上具管壳缝，管壳缝通过翼沟与壳体内部相联系，翼沟间以膜相联系，构成中间间隙。壳面具粗的横肋纹，少数很短，使壳缘呈串珠状，肋纹间具横贯壳面细的横线纹。壳体无间生带，无隔膜，带面矩形、等极或略异极，两侧具明显的波状皱褶。具1个片状的色素体。

[380] 扭曲波缘藻

Cymatopleura aquastudia Q-M You & J. P. Kociolek, in You et al., Fottea, 17(2): 297, 2017; 王全喜等: 中国淡水藻志, Vol. 22, p. 103, plate: LXXXVIII: 1～6; LXXXIX: 1～6; XC: 1～4, 2018.

壳面纵向略扭曲。壳面呈提琴形，一端宽圆形，另一端窄，中部缢缩。壳面具3~6个粗糙的横波纹。肋纹在10μm内有7~9个，壳面边缘较发育，可延伸至轴区。轴区窄线形，横线纹细，光镜难辨析。壳面长60~110μm，中部缢缩处宽20~25μm，最宽处25~30μm。长与宽之比为3~4。

生境：生长于河流或水塘等。

国内分布于新疆；梵净山分布于锦江、德旺岳家寨红石梁（河中浮游）。

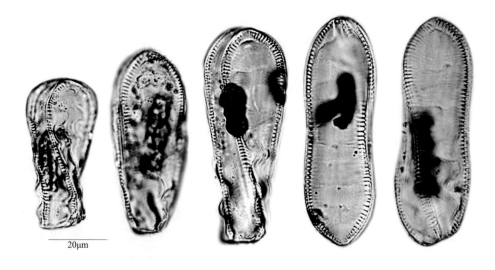

[381] 椭圆波缘藻

Cymatopleura elliptica (Bréb.) W. Smith, Ann. Mag. Nat. Hist. Ser. 2, p. 13, pl. 3, figs. 10~11, 1851；王全喜等：中国淡水藻志，Vol. 22, p. 98, plate: LXXXI: 1~6; LXXXII: 2, 2018.

壳面宽线状椭圆形至宽椭圆形，等极，末端宽圆形至楔圆形。壳缝位于壳面边缘浅的龙骨突上。壳面和带面有4~6条粗糙的波纹。龙骨突在10μm内有4~7个；横线纹在10μm内有17~20条。壳面长50~100μm，宽40~50μm。

生境：生长于湖泊或草原中流水。

国内分布于山西、内蒙古、辽宁、浙江、湖南、贵州（沅江、乌江、北盘江）、云南、西藏、新疆；国外分布于俄罗斯、蒙古国、土耳其、非洲东部、加拿大、美国、乌拉圭、波罗的海、黑海、英国、德国、爱尔兰、马其顿、波兰、罗马尼亚、西班牙；梵净山分布于德旺岳家寨红石梁（锦江河中浮游）。

[382]草鞋形波缘藻

[382a]原变种

Cymatopleura solea (Bréb.) W. Smith var. ***solea*** in Pascher, Süssw.–Fl. Mitteleuropas, Heft 10, p. 425～426, fig. 823, 1930; 王全喜等: 中国淡水藻志, Vol. 22, p. 100, plate: LXXXII: 3～4; LXXXIII: 1～6; LXXXIV: 1～8; LXXXV: 1～4; LXXXVI: 1～6, 2018.

壳面宽线形，等极，壳缘两侧中部缢缩，近末端宽楔形，端部钝圆。龙骨突在10μm内有7～9个。肋纹短，在10μm内有7～9条。横纹线在10μm内有15～20条。壳面长80～150μm，宽13～25μm。

生境：生长于各种淡水水体中或潮湿岩壁上。

国内外广泛分布；梵净山分布于桃源村、亚木沟、锦江、清渡河或张家屯。

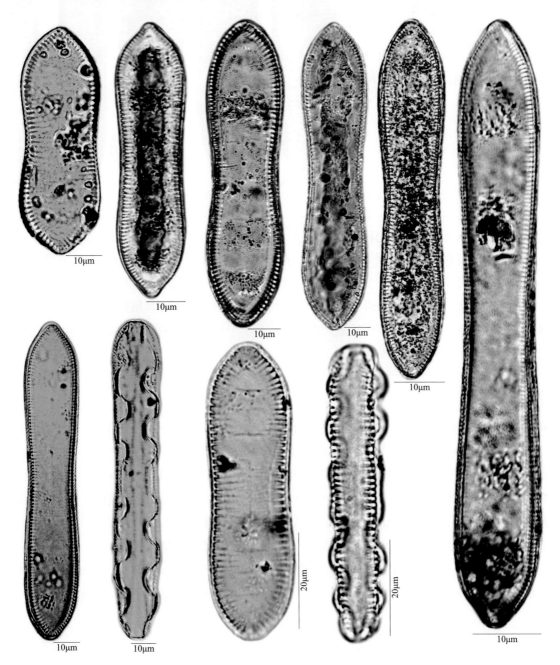

[382b]草鞋形波缘藻整齐变种

Cymatopleura solea var. ***regula*** (Ehr.) Grunow, Verh. zool. bot. Ges. Wien, p. 466(152), 1862; 王全喜等：中国淡水藻志, Vol. 22, p. 102, plate: LXXXVI: 9, 2018.

与原变种的主要区别在于：壳面两侧平直。龙骨突在10μm内有7～9个。带面两侧波状皱褶弱。壳面长50～120μm，宽15～25μm。

生境：生长于河流、河边沼泽、湖边、小水渠或路边积水中。

国内分布于内蒙古、黑龙江、湖南、贵州（沅江流域、乌江流域）、西藏、新疆；国外分布于亚洲（俄罗斯）、北美洲（美国）、欧洲（爱尔兰、罗马尼亚）；梵净山分布于锦江、德旺岳家寨红石梁（河中底栖）。

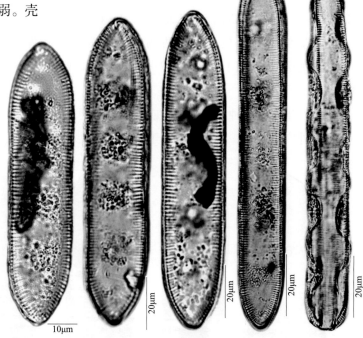

82. 双菱藻属 *Surirella* Turpin

原植体为单细胞。壳面椭圆形、卵圆形、披针形或线形，平直或螺旋状扭曲，等极或异极。龙骨及翼状构造围绕整个壳缘。龙骨上具管壳缝，在翼沟内的管壳缝通过翼沟与细胞内部相联系，管壳缝内壁具龙骨点。翼沟通称肋纹，横肋纹或长或短，肋纹间具横线纹，横贯壳面，壳面中部具线形或披针形的空隙。带面呈矩形或楔形。具1个片状侧生的色素体。主要生长在淡水或半咸水中，多分布于热带或亚热带地区。

[383] 窄双菱藻

Surirella angusta Kuetz., Kies. BacilL Diat., p. 61, fig. 30: 52, 1844; 王全喜等：中国淡水藻志, Vol. 22, p. 106, plate: XCIV: 1～11; XCV; 1～4; XCVI: 1, 2018.

壳体常为等极，极少为略异极。带面线形至矩形。壳面椭圆状披针形至线形，等极，近末端楔形，端部钝圆。没有翼状结构，龙骨突在10μm内有5～8个。壳缘有假漏斗结构，其上有细密的线纹。壳面长20～50μm，宽6～10μm，长宽比例为1/4～1/3，最多可达1/5。

生境：生长于湖泊、溪流、水沟、水塘、水坑、水田、沼泽或水草上附生。

国内外广泛分布；梵净山分布于凯文村、坝梅村、坝溪沙子坎、小坝梅村、陈家坡、张家坝、清渡河、张家屯、高峰村、熊家坡、金厂村、紫薇镇罗汉穴、太平村、德旺净河村老屋场。

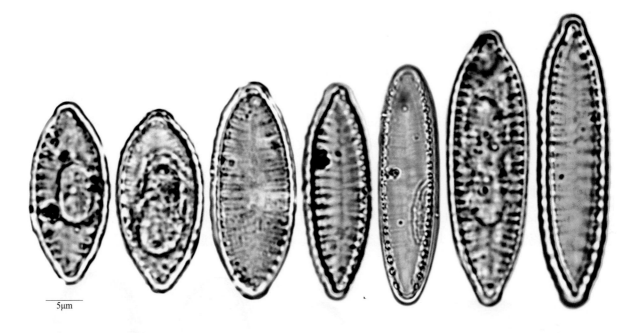

5μm

[384]二列双菱藻

Surirella biseriata Bréb. & Godey, Algues des environs de Falaise, p. 53, pl. 7, 1835; 王全喜等：中国淡水藻志, Vol. 22, p. 117, plate: CXIII: 1～3; CXIV: 2, 2018.

壳面线形至披针形，等极或异极。壳面具横向的波纹，中部具1条清晰的纵向肋纹。壳面具不明显的刺，在波纹靠近壳缘的一端常具多而精细的刺。靠近两端的肋纹偏斜角度大。中部翼状管在100μm内有10个，两端在100μm内有16个。壳面长200～205μm，宽45～48μm。

生境：浮游、底栖或附着种，生长于河流、湖泊、水塘、小水沟、水坑或水田。

国内分布于山西、河北、内蒙古、黑龙江、湖南、海南、贵州（沅江流域、乌江流域、梵净山）、西藏、新疆；国外分布于亚洲（俄罗斯、蒙古国）、非洲东部、北美洲、南美洲、欧洲、大洋洲；梵净山分布于坝梅村的渗水岩下水坑。

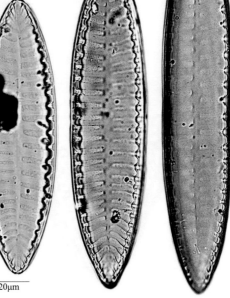

20μm

[385] 卡普龙双菱藻（端毛双菱藻）

Surirella capronii Bréb., in Pascher, Süssw.–Fl. Mitteleuropas, Heft 10, p. 440, fig. 857, 1930; 王全喜等: 中国淡水藻志, Vol. 22, p. 120, plate: CXIV: 1, 2018.

壳面明显异极，呈卵形，上部末端宽圆形，下部渐狭呈楔状，末端近圆形，上下两端的中间各具1个基部宽扁的棘突。上端的棘突大而明显，下端的小，有时不存在，棘突顶端具1短刺。龙骨发达，宽，翼状突起明显。横肋纹略斜向中部呈放射状排列，在100μm内有15～20条。壳面长140～300μm，宽60～120μm。带面宽楔形，极少呈窄矩形。

生境：生长于湖泊、河流、水塘、水坑、小水沟、水田、沼泽等各种淡水水体中。

国内外广泛分布；梵净山分布于护国寺、坝溪沙子坎、桃源村、坝梅村、亚木沟、张家屯、高峰村、锦江、郭家湾、两河口、坪所村、紫薇镇罗汉穴、德旺茶寨村大溪沟。

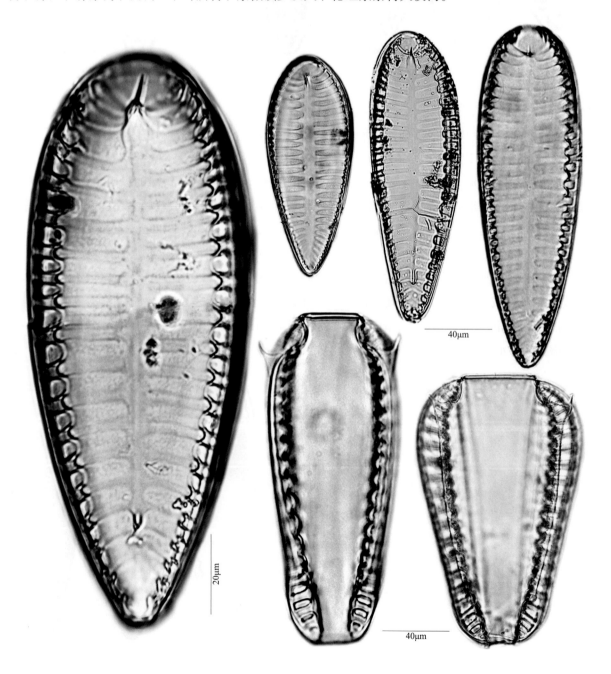

[386] 美丽双菱藻

Surirella elegans Ehr., Verbreitung und Einfluss des mikroskopischen Lebens in Siid–und Nord–Amerika, p. 424(136), pl. 3/1, fig. 22, 1843; 王全喜等: 中国淡水藻志, Vol. 22, p. 120, plate: CXV: 1～2, 2018.

　　壳面异极或近于等极，壳面卵圆形、卵圆披针形至披针形。翼状突几乎垂直于壳面边缘，翼状管在壳面非常窄，看不清楚。带面较宽，呈矩形。翼状管比窗栏开孔宽，在100μm内有12～21个。肋纹几乎平行排列，一般不达中线，常被壳面中部宽披针形的轴区断开。壳面长82～258μm，宽21～61μm。

　　生境：生长于河流、湖泊、水沟、水坑或水田。

　　国内分布于山西、河北、内蒙古、黑龙江、浙江、河南、湖南、贵州（沅江流域）；国外分布于亚洲、北美洲、欧洲、大洋洲（新西兰）；梵净山分布于小坝梅村、德旺岳家寨红石梁（锦江河）、乌罗镇天马寺、净河村老屋场、茶寨村大溪沟、坝溪沙子坎水沟。

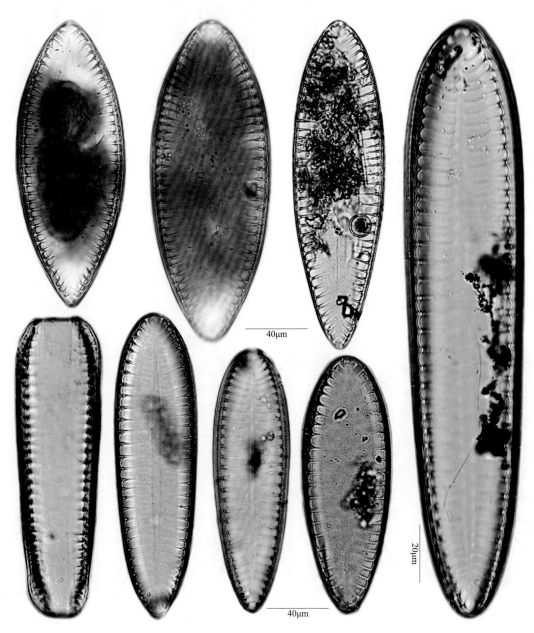

[387]细长双菱藻

Surirella gracilis (W.Smith) Grunow, Verh. zool. bot. Ges. Wien, p. 144 (458), fig. 7/10: 11, 1862; 王全喜等: 中国淡水藻志, Vol. 22, p. 105, plate: XCV: 7～12; XCVI: 2～3; XCVII: 1～3, 2018.

壳体等极。带面观线形。壳面观线形，两侧平行，或稍微凸出或凹入，末端楔圆形。没有翼状结构，假漏斗结构达壳面中部。龙骨突在100μm内有70～90个。横线纹在光镜下看不清楚。壳面长40～100μm，宽11～15μm。

生境：生长于河流、河边渗出水、水渠、路边积水或水草附生。

国内分布于内蒙古、黑龙江、江苏、湖南、贵州（乌江流域）、西藏、新疆；国外分布于亚洲（俄罗斯）、北美洲（美国）、欧洲、大洋洲（澳大利亚、新西兰）；梵净山分布于亚木沟、寨抱村的水田。

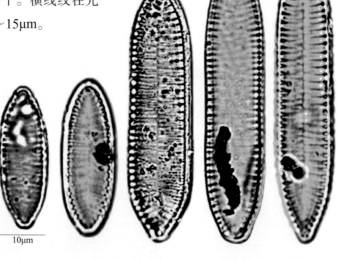

10μm

[388]线性双菱藻

Surirella linearis Wm.Smith, in Pascher, Süssw.–Fl. Mitteleuropas, Heft 10, p. 434, fig. 837～838, 1930. 王全喜等: 中国淡水藻志, Vol. 22, p. 118, plate: CXVI: 1～5, 2018.

壳面长椭圆形，等极，两侧中部平行或略凸出，末端渐狭，呈宽楔形，末端钝圆。翼状突起明显，翼狭窄，在10μm内有2～5个。横肋纹在中部近于平行排列，近两端略斜向中部呈放射状排列，在10μm内有2～5条。壳面长25～120μm，宽10～24μm。

生境：生长于河流、水沟、水塘、水田、水坑、水池等各种淡水水体中或渗水石表上附着。

国内外广泛分布；梵净山分布于马槽河、太平河、清渡河锦江、熊家坡、张家屯等地。

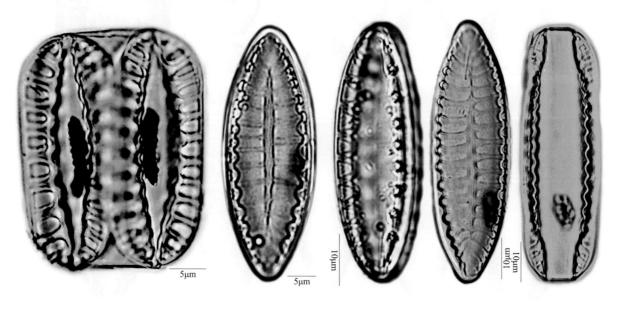

5μm

5μm

10μm

10μm

10μm

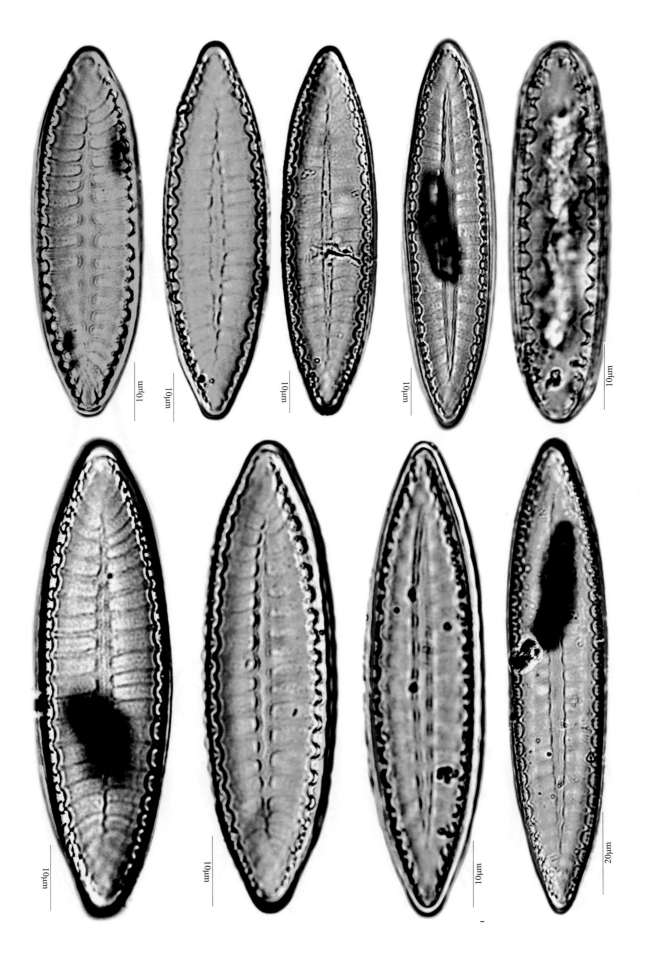

[389]淡黄双菱藻

Surirella helvetica Brun, Diat. Alpes Jura, p. 100, pl. 2, fig. 4, pl. 9, fig. 28, 1880; 王全喜等: 中国淡水藻志, Vol. 22, p. 119, plate: CXVIII: 1～4; CXIX: 1～2, 2018.

——线形双菱藻淡黄变种 *Surirella linearis* var. *helvetica* (Brun) Meister

壳面椭圆披针形，同极或略异极，两侧平行或略凸出，两端楔形或钝圆形。壳面具大量刺，特别是在中线和肋纹上。翼状管较清楚，在100μm内有20～30个，窗栏开孔一般略宽于翼状管。一般横肋纹可到达中线，在壳面中部形成一个线形至披针形区域。壳面长65～95μm，宽17～22μm。

生境：生长于湖泊、河沟或泥坑。

国内分布于辽宁、湖南、贵州（沅江流域、梵净山）、云南、西藏、陕西、新疆；国外分布于北美洲（美国）、南美洲（安第斯山脉）、欧洲（英国、马其顿、波兰）；梵净山分布于高峰村（水洼中底栖）、金厂泥坑、桃源村。

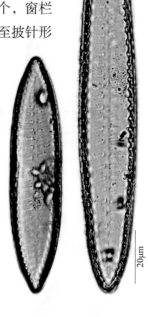

[390]微小双菱藻

Surirella minuta Brébisson in Kützing, Species algarum, p. 38. 1849; 王全喜等: 中国淡水藻志, Vol. 22, p. 108, plate: XCVIII: 1～9; XCIX: 1～2, 2018.

壳体异极。带面观楔形。壳面观卵圆形至线状卵圆形。没有翼状结构。假漏斗结构可到达中线，龙骨突在100μm内有50～80个。横线纹在光镜下清楚。壳面长20～45μm，宽9～11μm。

生境：生长于溪流、小水沟、沼泽、水坑或水田。

国内外广泛分布；梵净山分布于凯文村、坝梅村、郭家湾、德旺茶寨村大溪沟、德旺净河村老屋场。

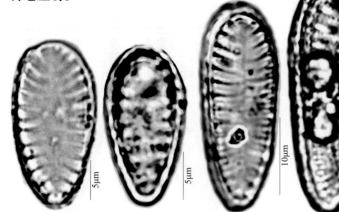

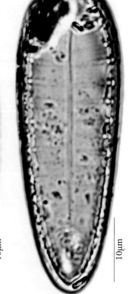

[391]粗壮双菱藻

Surirella robusta Ehr.in Pascher, Süssw.–Fl. Mitteleuropas, Heft 10, p. 437, fig. 850, 1930; Surirella robusta Ehrenberg, Characteristik von 274 neuen Arten von Infusorien, 1840: 215, 1840; 王全喜等：中国淡水藻志, Vol. 22, p. 122, plate: CXX: 1～2, 2018.

壳体大型，异极。壳面观长卵形，上部末端宽钝圆，下部楔形，末端尖圆形。龙骨发达，翼状突起明显。翼发达，宽，翼在100μm内有7～15个。线纹在10μm内有40～60条。带面楔形。壳面长150～400μm，宽50～150μm。

生境：生长于河流、湖泊、溪流、水池、水田或沼泽。

国内分布于山西、内蒙古、辽宁、上海、浙江、湖南、广东、贵州（沅江流域、乌江流域）、云南、西藏、宁夏、新疆；国外分布于美国、巴西、哥伦比亚、澳大利亚、新西兰、亚洲、非洲东部，欧洲；梵净山分布于净河村老屋场洞下、郭家湾、寨沙、坝梅村、团龙清水江、清渡河。

[392]华彩双菱藻

Surirella splendida (Ehr.) Kützing, Kies. Bacill. Diat., p. 62, pl. 7, fig. 9, 1844; 王全喜等：中国淡水藻志，Vol. 22, p. 123, plate: CXXIV: 1~3, 2018.

——粗壮双菱藻华彩变种 Surirella robusta var. splendida (Ehr.) Van Heurck

壳体较大型，异极。带面观广楔形，壳面观呈椭圆至披针形，上部宽钝圆，下部渐狭呈楔形，末端尖圆形。翼状管100μm内有12~18个。壳缝管位于较发达的龙骨上。壳面具波纹，形成波纹的肋纹从壳缘延伸到线形至披针形的透明线形区域。壳面长75~250μm，宽49~65μm。

生境：生长于河流、湖泊、小水渠、路边积水、沼泽或水草附生。

国内外普遍分布；梵净山分布于清渡河、亚木沟、锦江、陈家坡、德旺茶寨村大溪沟、护国寺、太平镇马马沟村、熊家坡、乌罗镇甘铜鼓天马寺。

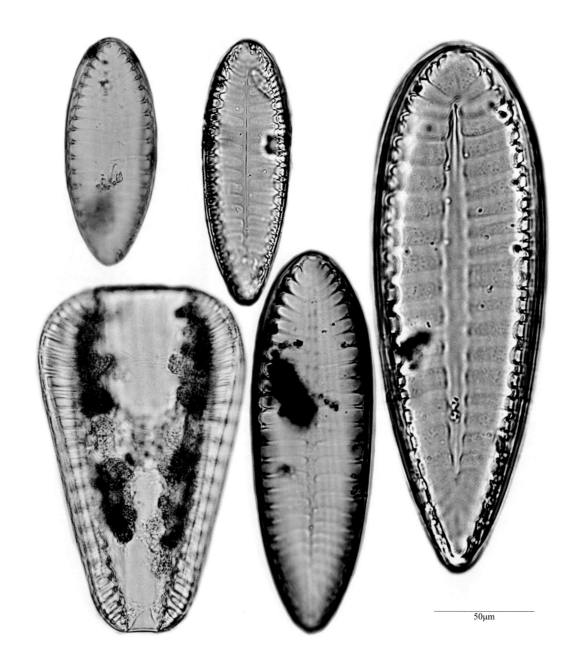

50μm

[393]螺旋双菱藻

Surirella spiralis Kütz., Kies. Bacill. Diat., p. 60, pl. 3, fig. 64, 1844; 王全喜等: 中国淡水藻志, Vol. 22, p. 116, plate: CXXH: 1～2; CXXIII: 1～2, 2018.

壳体较大, 等极, 沿纵轴强烈地呈"8"字形扭曲, 通常上下不等大。壳面椭圆形、线形至椭圆形, 末端楔形至圆形。翼状突起清晰可见, 翼状管比窗栏开孔窄, 肋状, 在内100μm有15～30个。壳面长68～130μm, 宽25～91μm。

生境: 生长于山涧溪流、草地渗出水或路边静水沟中。

国内分布于辽宁、湖南、四川、云南、西藏、宁夏、新疆、贵州(施秉舞阳河、沅江流域、乌江流域); 国外分布于亚洲(蒙古国、新加坡)、北美洲(加拿大、美国)、南美洲(巴西)、欧洲(波罗的海、黑海、英国、德国、爱尔兰、马其顿、波兰、罗马尼亚、西班牙)、大洋洲(澳大利亚、新西兰); 梵净山分布于桃源村(河沟底栖)。

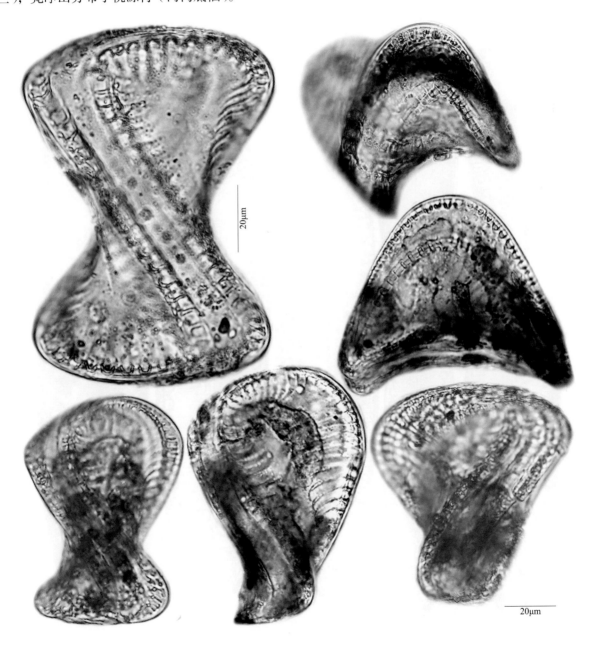

[394] 柔软双菱藻

[394a] 原变种

Surirella tenera Greyory var. ***tenera*** Quarterly Journal of Microscopical Science, 4: 11, fig. 1: 38, 1856; 王全喜等：中国淡水藻志，Vol. 22, p. 121, plate: CXXV: 1～3; CXXVI: 1～3, 2018.

壳面多少异极，长卵形，中部壳缘弓形至略平直，上部近末端宽楔形变窄，末端钝圆；下部渐狭，末端尖圆形。翼状管在100μm内有15～30个。壳面长90～110μm，宽25～35μm。

生境：淡水性，生长于河流、溪流、水沟、水田、水坑、池塘、路边积水、沼泽或渗水石表。

国内分布于内蒙古、辽宁、黑龙江、安徽、福建、河南、湖南、广西、海南、新疆、西藏、贵州（赫章、沅江、梵净山）；国外分布于亚洲、欧洲、北美洲、南美洲、大洋洲；梵净山分布于寨沙太平河、护国寺、太平镇马马沟村、马槽河、凯文村、坝梅村、清渡河茶园坨、高峰村、郭家湾、红石溪、德旺净河村老屋场、黑湾河凯马村。

[394b] 柔软双菱藻具脉变种

Surirella tenera var. ***nervosa*** A. Schmidt, in Schmidt et al., pl. 23, figs. 15～17, 1875；王全喜等：中国淡水藻志，Vol. 22, p. 122, plate: CXXVII: 1～2, 2018.

与原变种的主要区别在于：壳面中部的纵向肋纹上具起伏的齿状结构，中央无线纹区呈线形至披针形。翼状管在100μm内有20～30个。壳面长72～145μm，宽19.5～50μm。

生境：生长于河流、水沟、水塘、水田或岩石上附生。

国内分布于内蒙古、黑龙江、上海、安徽、湖南、贵州（沅江流域、乌江流域）、西藏、新疆；国外分布于亚洲（俄罗斯）、北美洲（美国）、南美洲（巴西）、欧洲（英国、爱尔兰、罗马尼亚、西班牙）、大洋洲（新西兰）；梵净山分布于马槽河、德旺红石梁、净河村老屋场茖湾。

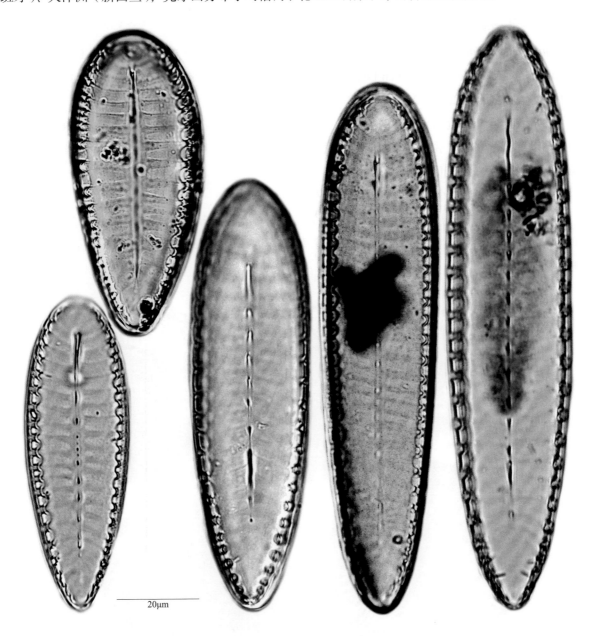

20μm

83. 马鞍藻属 *Campylodiscus* C. G. Ehrenberg ex F. T. Kutzing

原植体为单细胞，壳体呈马鞍形，常示壳面观。上下壳面相似，呈90°扭曲互相连接而成。由于观察的角度不同，细胞可呈"△"或"V"形。壳面圆形或近圆形，壳面沿着顶轴方向突起，横轴方向凹入。上下壳面的顶轴呈90°交叉。外壳面上常具瘤状物和脊，以及折叠。线纹双排至多排，被腹板断开，线纹由小圆孔组成，有时是较大的筛状孔。具一个环绕壳面的壳缝系统，壳缝位于龙骨上，龙骨突小肋状，或是由两边龙骨融合形成较大结构。内外壳面的壳缝末端简单或稍膨大。带面由数条断开的环带组成。色素体1个，由2片大而紧贴壳面的盘状结构组成，通过靠近细胞一端的极窄狭部连接。

[395] 冬生克马鞍藻

Campylodiscus hibernicus Ehrenberg, Vorlaufige zweite Mettheilung über die weitere Erkenntnifs der Beziehungen des kleinsten organischen Lebens zu den vulkanischen Massen der Erde, p. 154, 1845; 王全喜等: 中国淡水藻志, Vol. 22, p. 128, plate: CXXXIV: 1～4, 2018.

壳体马鞍形，壳面近圆形，在壳面边缘可见漏斗结构，窄，漏斗斜向顶端排列，中间区域是一个椭圆形的无线纹区域。壳缝系统靠近壳面边缘，位于龙骨上，并且围绕整个壳面的边缘。漏斗在100μm 内有10～20个。壳面直径80～130μm。

生境：生长于湖泊、小水沟或泉水井边草丛中。

国内分布于湖南、四川、贵州（沅江流域）、云南、西藏、新疆；国外分布于俄罗斯、土耳其、美国、英国、德国、爱尔兰、马其顿、波兰、罗马尼亚、西班牙、澳大利亚，波罗的海；梵净山分布于桃源村（河沟底栖）。

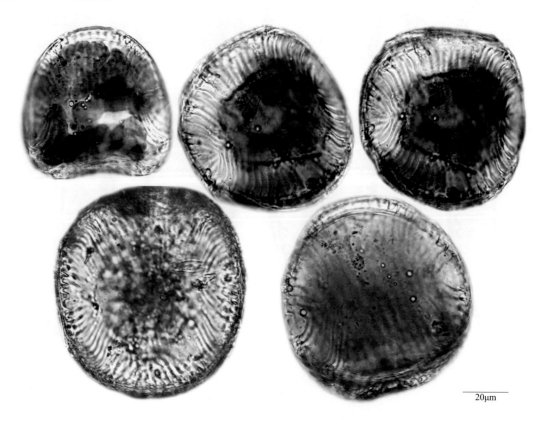

20μm

VI 隐藻门CRYPTOPHYTA

（IX）隐藻纲CRYPTOPHYCEAE

十八 隐藻目CRYPTOMONADALES

（三十三）隐鞭藻科 Cryptomonadaceae

84. 隐藻属 *Cryptomonas* Ehrenberg

植物橄榄绿色或黄褐色。细胞形状为椭圆形、豆形或圆锥形，细胞形状常扭曲、不规则。细胞前端与后端略有不同，前端多为钝圆或截形，后端或宽或狭的钝圆形。细胞有背腹之分，背侧略为隆起，腹侧平直或略凹入。具2条鞭毛，从口沟伸出，其长度略短于细胞的长度，有明显的沟裂和胞咽，沟裂通常较长，从前庭伸长至细胞中部。具1或2个片状色素体，色素体上具1至数个蛋白核，或无，色素体含有藻红素。

[396] 啮蚀隐藻

Cryptomonas erosa Ehrenbeterg, Abh. Königl. Akad. Wissenschaften Berlin 1831: p. 56, 1832; 胡鸿钧，魏印心：中国淡水藻志（系统、分类及生态），p. 425, plate: XI 1: 6～8, 2006.

细胞倒卵形至近椭圆形，前端钝圆形，后端变狭，末端狭钝圆形。背侧明显隆起，腹侧平直，形成角状。沟裂不明显，胞咽从细胞前端腹侧前庭延长至细胞中部。细胞具有2个橄榄绿色、瓣状色素体，无蛋白核。细胞内具多个淀粉粒。细胞长13～20μm，宽6～8μm，厚5～8μm。两条鞭毛长度不等，长度约为细胞长度的1/2至等长。

生境：生长于湖泊、池塘或水坑中。

国内外广泛分布；梵净山分布于张家坝团龙村的水沟。

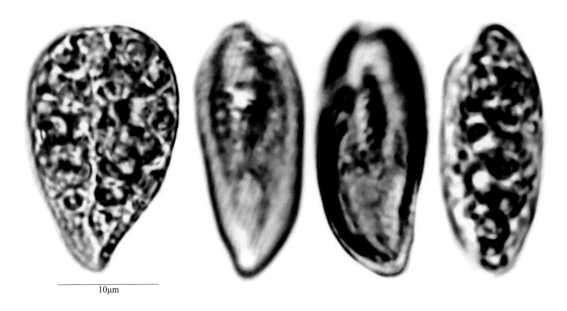

10μm

[397] 卵形隐藻

Cryptomonas ovata Ehrenberg, Abh. Königl. Akad. Wissenschaften Berlin 1831: p. 57(descr. prima) 1832; 胡鸿钧，魏印心：中国淡水藻志（系统、分类及生态），p. 425, plate: XI 1: 4～5, 2006.

细胞椭圆至长卵圆形，细胞微弯。前端斜截形，后端钝圆形，且较前端略宽。背侧略隆起，腹侧扁平或微凹入。具2条鞭毛，长度近相等，一般略短于细胞长度。着生于细胞前端前庭内。沟裂从细胞前端腹侧前庭处伸长至细胞中部，与胞咽相连。沟裂两侧整齐排列，具有数列大型喷射体。细胞具有2个橄榄绿色或黄褐色的瓣状色素体，各具1个蛋白核。细胞内可见有多个淀粉粒。细胞长20～50μm，宽8～10μm，厚7～10μm。

生境：生长于池塘、湖泊、水塘、水池、鱼池、水坑或水田。

我国中东部地区常见，贵州普遍分布；梵净山分布于太平镇马马沟村、坝溪沙子坎、马槽河、陈家坡、清渡河公馆。

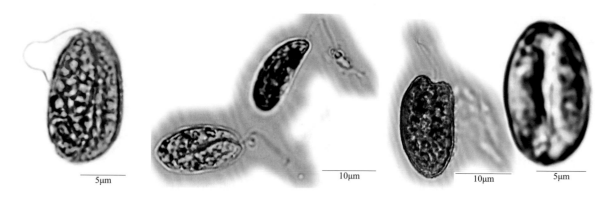

VII 甲藻门DINOPHYTA

（Ⅹ）甲藻纲DINOPHYCEAE

十九 多甲藻目PERIDINIALES

（三十四）裸甲藻科Gymnodiniaceae

85. 裸甲藻属 _Gymnodinium_ Stein.

该属为淡水种类。植物细胞卵形至近圆球形，部分具小突起，细胞多为两侧对称。细胞前后两端钝圆形或顶端钝圆形，末端狭窄。上锥部和下锥部大小相等，或者上锥部较大或者下锥部较大。多数细胞背腹扁平。横沟明显，环绕细胞一周，常见为左旋，极少为右旋。纵沟或深或浅，长度不等，多数种类略向上锥部延伸，少数位于下锥部。上壳面无龙骨突起，细胞裸露或具薄壁，薄壁由许多相同的六角形的小片组成。细胞表面多数为平滑的，罕见具条纹、沟纹或纵肋纹的。色素体多个，金黄色、绿色、褐色或蓝色，盘状或棒状，周生或辐射状排列。有的种类无色素体。或具眼点或无。部分种类具胶被。

[398] 裸甲藻

Gymnodinium aeruginosum Stein, 1883; Popovsky et pfiester, Susswasserflora von Mittel. Band 6. 100, fig. 75, 1990; 胡鸿钧，魏印心：中国淡水藻志（系统、分类及生态），p. 431, plate: XII1: 2, 2006.

细胞长圆形，背腹明显扁平。上锥部常比下锥部稍大且狭，为钝圆铃形，下锥部也为铃形，稍宽，底部末端平，多数具浅的凹入，横沟环状，深凹，沟边缘略凸出。纵沟宽，向上延伸至上锥部，向下伸入锥部末端。具多个褐绿色或绿色色素体，小盘状。不具眼点。细胞长33～34（～40）μm，宽21～22（～35）μm。休眠时期具厚的胶被。

生境：从贫营养型水体到富营养型水体均可生长。

国内外广泛分布；梵净山分布于凯文村（水塘浮游）。

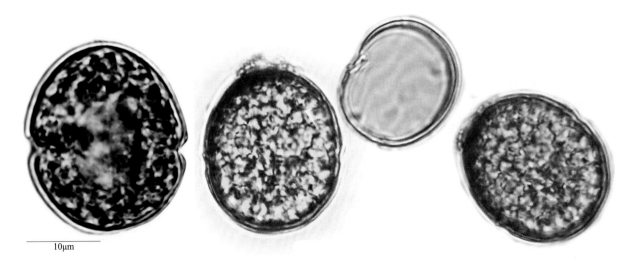

10μm

[399] 钟形裸甲藻

Gymnodinium mitratum Schiller, 1933; 胡鸿钧, 魏印心：中国淡水藻志 (系统、分类及生态), p. 431, plate: XI1: 3~4, 2006.

细胞宽椭圆形，微扁平。上锥部半球形，下锥部等于或略小于上锥部，半球形。横沟位于近细胞中部，纵沟深，位于下锥部，略向上伸。细胞核大，位于下锥部。具小眼点。不具色素体。细胞宽 10~12μm，长 13~18μm，厚 8~11μm。

生境：生长于水库。

国内外广泛分布；梵净山分布于陈家坡的水塘。

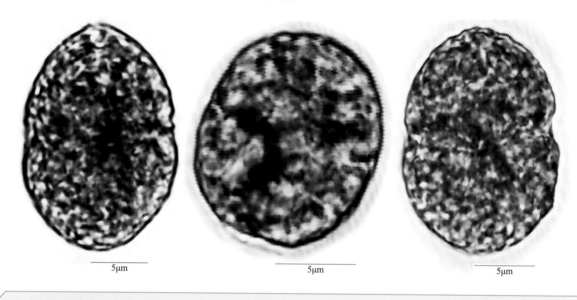

86. 薄甲藻属 *Glenodinium* (Ehr.) Stein.

细胞球形至长卵形，近两侧对称。横断面椭圆形或肾形，背腹侧扁平。具明显的细胞壁，大多数为整块，少数由多角形的大小不等的板片组成，上壳板片数目不定，下壳规则，由5块沟后板和2块底板组成。板片表面通常为平滑的，无网状窝孔纹，有时具乳头状突起。横沟中间位或略偏于下壳，环状环绕，无或很少有螺旋环绕。纵沟明显。色素体多数，盘状，金黄色至暗褐色。有的种类具眼点（位于纵沟处）。营养繁殖通常是细胞分裂。厚壁孢子球形、卵形或多角形，具硬的壁。

[400] 薄甲藻

Glenodinium pulvisculus (Her.) Stein, 1883; 胡鸿钧, 魏印心：中国淡水藻类 (系统、分类及生态), p. 432, plate: XII 1~5, 1980.

细胞近球形，前后两端宽圆，有时后端狭窄。上、下壳接近相等。横沟微左旋，边缘略微凸出，纵沟延伸达末端。细胞壁薄。色素体多个，圆盘状，淡黄色，不具眼点。细胞长 21.5μm，宽 20~21μm。

生境：真性浮游种，常在春季和冬季温度低的水体中出现。

国内外广泛分布；梵净山分布于凯文村的水塘。

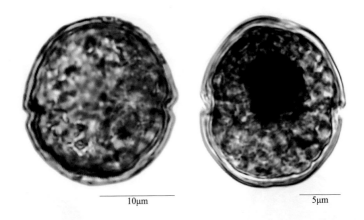

10μm　　　　5μm

（三十五）多甲藻科 Peridiniaeeae

87. 多甲藻属 *Peridinium* Ehrenberg

细胞扁平，顶面观肾形，背部显著凸出，腹部平直或凹入。横沟、纵沟明显，大多数种类横沟位于细胞中部或略靠下部，横沟多为环状，少部分或左旋或右旋。部分种类纵沟略向上伸入上壳，有的仅在下锥部，有的可到达下锥部末端，纵沟常向下逐渐增宽。沟边缘偶有刺状或乳头状突起。多数情况下，上锥部狭而长，下锥部宽而短。有时顶极为尖形，或具孔或无，部分种类底极明显凹陷。板片程式为：4′（2a～3a），7″，5‴，2⁗。板片光滑或具花纹。板间带或狭或宽，宽的板间带常具横纹。细胞有明显的甲藻液泡，常具多个色素体，颗粒状，周生，黄绿色、黄褐色或褐红色。或具眼点或无。部分种类具有蛋白核。储藏物质为淀粉和油。细胞核大，圆形、卵形或肾形，位于细胞中部。

[401] 二角多甲藻

Peridinium bipes Stein Der Organismus der infusionsthiere, III Flagellaten, t. 11, figs. 7, 8. 1883; 胡鸿钧等: 中国淡水藻类, p. 99, plate: 24: 10～12, 1980.

细胞梨形、卵形或球形，背腹扁平，具顶孔。横沟显著左旋。上、下壳大小不相等。纵沟向上明显伸入上壳，向下明显增宽，不到达下壳的末端。板片程式为：4′，3a，7″，5‴，2⁗。两块底板大小不相等。纵沟末端左右两边的板间带具2个短的、尖的、透明的翼状隆起。板片通常很厚，具明显的网状窝孔纹。板间带宽，具横纹。顶板较宽，具透明的梳状横纹（幼体则无）。色素体褐色，边缘位。细胞偶具油滴。细胞长 40～60（～80～90）μm，宽略小于长。

生境：生长于湖泊或池塘。

国内分布于湖北、江苏、四川、贵州；国外广泛分布；梵净山分布于乌罗镇寨朗沟（水库浮游）。

10μm

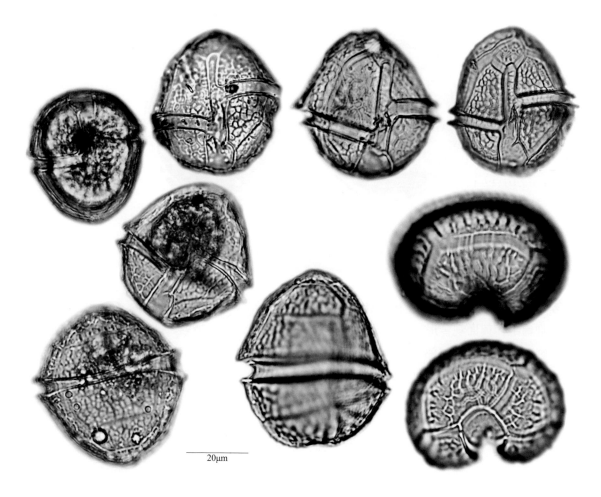

[402] 微小多甲藻

Peridinium pusillum (Pen.) Lemm,1901; 胡鸿钧等: 中国淡水藻类, p. 99, plate: 24: 13～16, 1980.

细胞卵形，背腹扁平，具顶孔。横沟近圆圈环绕，纵沟延伸至上壳，较宽，向下略增宽，不到达下壳的末端。上壳圆锥形，较下壳稍大。板片程式为：4′，2a，7″，5‴，2⁗。下壳为半球形，无刺，具2块大小相等的底板。底板板间带和纵沟边缘具微细的乳头突起。壳面平滑或具很浅的窝孔纹。色素体黄绿色，有时为褐色。细胞长18～25μm，宽13～20μm。

生境：生长于各种静止水体。

国内外广泛分布；梵净山分布于凯文村的水塘、桃源村（鱼塘浮游）。

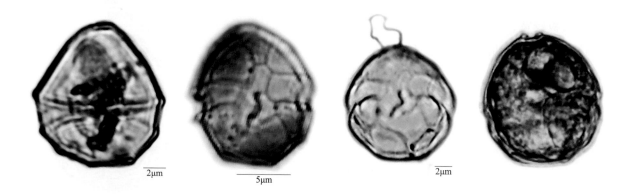

88. 拟多甲藻属 *Peridiniopsis* Lemmermann

细胞椭圆形至圆球形。下锥部等于或小于上锥部。板片可以具刺、似齿状突起或翼状纹饰。板片程式为：（3~5）′，（0a~1a），（6~8）″，5‴，2⁗。

[403] 坎宁顿拟多甲藻

Peridiniopsis cunningtonii Lemm., 1907; Popovsky, Pfiester, Suss. Von. Mitteleu-ropa, Band6, 202~203, fig.16, 1990; 施之新等：西南地区藻类资源考察专集, p. 215, plate: V: 7~10, 1994.

细胞卵形，背腹明显扁平，具顶孔。上锥部圆锥形，明显大于下锥部。横沟左旋，纵沟延伸至上锥部，向下明显增宽，但不到达下壳的末端。板片程式为：5′，0a，6″，5‴，2⁗，上锥部有6块沟前板，1块菱形板，2块腹部顶板，2块背部顶板。下锥部第1、2、4、5块沟后板各具1刺，2块底板各具1刺，板片具网纹，板间带有明显横纹。色素体黄褐色。细胞宽23~27.5μm，长28~32.5μm，厚17.5~22.5μm。

生境：生长于河沟、湖泊、水坑或池塘。

国内外广泛分布；梵净山分布于凯文村、乌罗镇寨朗沟、昔平村。

20μm

[404]佩纳形拟多甲藻

Peridiniopsis penardiforme (Lindemam) Bourrelly, 1968; Popovsky, Pfiester, Süss. Mitteleuropa, Band 6, 197, fig, 214; 施之新等:西南地区藻类资源考察专集, p. 215, platr XII: 2, 12～13, 1994.

细胞五角形，背腹扁平，具顶孔。上锥部圆锥形，下锥部扁半球形，上锥部与下锥部接近相等。横沟近环形，略微左旋，纵沟宽，延伸至上锥部，向下到达下锥部的末端。板片程式为：4′，0a，6″，5‴，2⁗，上锥部具6块沟前板，1块菱形板，2块腹部顶板，1块背部顶板。下锥部具沟后板，2块底板，多数底板等大，板片具明显深网纹，板间带具横线纹。或具或无色素体。细胞核位于细胞中部，圆形。细胞宽23～27.5μm，长28～32.5μm，厚17.5～225μm。

生境：生长于湖泊或池塘等静止水体。

国内外分布较广泛；梵净山分布于坝溪沙子坎的水田、黑湾河凯马村的水沟石表。

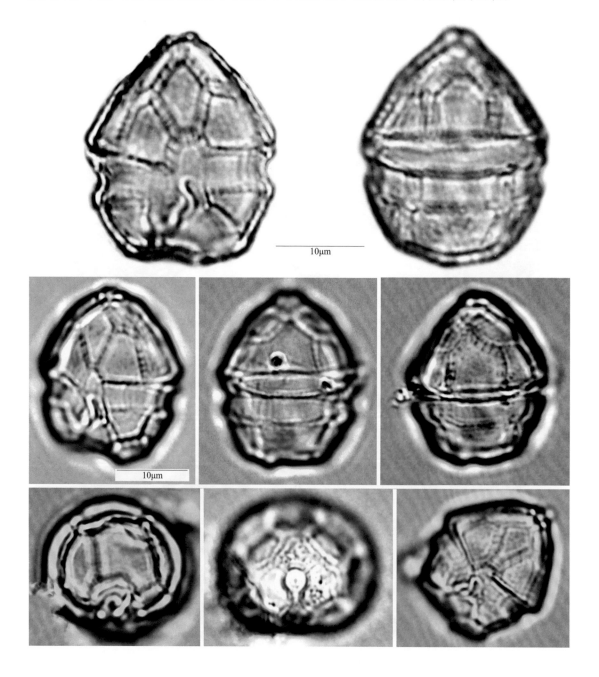

（三十六）角甲藻科 Ceratiaceae

89. 角甲藻属 *Ceratium* (Schütt) Lindemann

　　单细胞，或有时连接成群体。细胞具1个顶角和2~3个底角。顶角末端具顶孔，底角末端开口或封闭。横沟位于细胞中央，环状或略呈螺旋状，左旋或右旋。细胞腹面中央为斜方形透明区，纵沟位于腹区左侧，透明区右侧为一锥形沟，用以容纳另一个体前角形成群体。板片程式为：4′，5″，5‴，2⁗，无前后间插板；顶板联合组成顶角，底板组成一个底角，沟后板组成另一个底角。壳面具网状窝孔纹。色素体多数，小颗粒状，金黄色、黄绿色或褐色。具眼点或无。常见的繁殖方法是细胞分裂。有的种类产生休眠孢子。

[405] 角甲藻

Ceratium hirundinella (Müll.) Schr.; 胡鸿钧，魏印心：中国淡水藻类（系统、分类及生态），p. 438, plate: Ⅻ: 2–16, 1980.

　　细胞背腹显著扁平。顶角狭长，平直而尖，具顶孔。底角2~3个，放射状，末端多数尖锐，平直，或呈各种形式的弯曲。横沟几乎呈环状，极少呈左旋或右旋的，纵沟不伸入上壳，较宽，几乎达到下壳末端。壳面具粗大的窝孔纹，孔纹间具短的或长的棘。色素体多数，圆盘状周生，黄色至暗褐色。细胞长90~450μm。

　　生境：生长于各种静止水体。

　　国内外广泛分布；梵净山分布于德旺茶寨村大水沟的水塘。

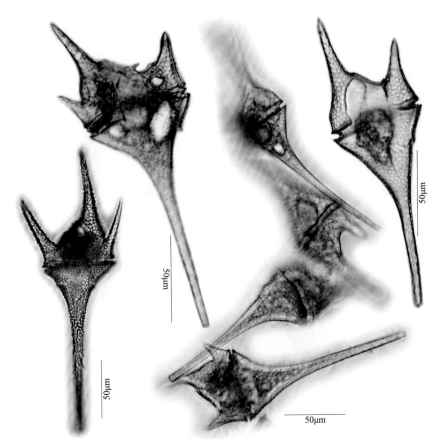

（XI）裸藻纲EUGLENOPHYCEAE

二十 裸藻目EUGLENALES

（三十七）袋鞭藻科 Peranemaceae

90.异丝藻属 *Heteronema* Stein

该属细胞表质柔软，形态不稳定，易变形，游动状态下细胞伸展呈圆柱形或纺锤形。细胞表质具螺旋形的线纹或脊纹。两条鞭毛的长度不相等，游泳鞭毛粗壮且较长，伸展向前，其前端呈波状颤动；拖曳鞭毛细且短，向后伸展。前端的"沟-泡"周围具杆状器。无色素体，以动物性的吞噬营养为主。多数为淡水产，少数为海产。

[406]梭形异丝藻

Heteronema acus (Ehr.) Stein, Org. Inf. Abt. 3(1), pl. 2, XXII, fig. 57~59, 1878; 施之新：中国淡水藻志，Vol. 6, p. 31, plate: VI: 2, 1999.

细胞易变形，游泳状态下为长纺锤形，前端圆形或尖形，后端渐尖呈尾状，表质具线纹，自左上向右下旋转，有时线纹不明显。副淀粉粒小颗粒状，数量不等，或多或少。游泳鞭毛与体长相等或略长；拖曳鞭毛仅为体长的1/3~1/2，具有杆状器。核明显，中位或偏后位。细胞长55μm，宽6μm。

生境：生长于池塘或泉水。

国内分布于山西、湖北、甘肃；国外分布于德国、奥地利、瑞士、英国、波兰、瑞典、拉脱维亚、俄罗斯；梵净山分布于马槽河（泥性水坑底栖）。

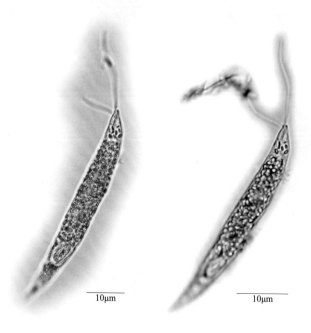

[407]纤细异丝藻

Heteronema leptosomum Skuja, ActaHorti Bot. Univ. Latv. 11/12: 142, pl. IX, fig. 20～23. 1939; 施之新: 中国淡水藻志, Vol. 6, p. 31, plate: IV: 9～12, 1999.

　　细胞易变形，游泳状态下为长梭形或披针形，有时为棍棒形，变形时可呈陀螺形，前端斜截，后端渐尖呈尾状，表质具线纹，自左上向右下旋转，有时线纹不明显。副淀粉粒小，数量不等，或多或少。游泳鞭毛与体长相等或略短，拖曳鞭毛仅为体长的1/3，具杆状器，与前端的"沟－泡"相邻，核中位。细胞长50～80μm，宽5～13μm。

　　生境：生长于池塘、水坑或水田。

　　国内分布于湖北、四川、陕西；国外分布于德国、波兰、拉脱维亚、俄罗斯；梵净山分布于凯文村、高峰村、乌罗镇甘铜鼓天马寺。

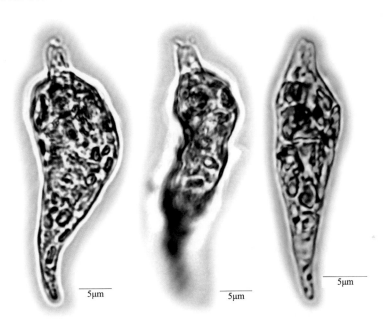

[408]近袋形异丝藻

Heteronema subsacculus Shi, Acta Hydrob. Sinica 10: 65 and 71, fig. 3: i～k, 1986; 施之新: 中国淡水藻志, Vol. 6, p. 30, plate: V: 1～4, 1999.

　　细胞易变形，游动状态下为狭卵形或纺锤形，明显侧扁，有时能扭转，前部渐窄，顶端斜截，中央微凹入，后部约1/4处最宽，然后骤尖，末端突起形成一乳头状的尾突。副淀粉粒小，较少。核椭圆形或圆形，后位。细胞长23μm，宽约10μm，厚3.5～5μm。

　　生境：生长于池塘。

　　国内分布于湖北（武汉）；国外尚未见报道；梵净山分布于凯文村的水塘。

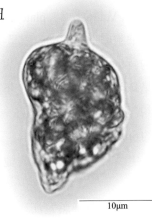

91. 内管藻属 *Entosiphon* Stein

细胞形态固定，卵形、卵圆形或椭圆形，略微侧扁。表质具纵沟或纵纹。两条鞭毛长度不等，游泳鞭毛短，向前延展；拖曳鞭毛较游泳鞭毛长，弯向后方。具"管状"的杆状器，粗壮而长，纵贯整个细胞。核明显，中位、后位或偏于一侧。无色素体，以动物性的吞噬营养为主。淡水产。

[409] 卵形内管藻

Entosiphon ovatum Stokes., Ann. Mag. Nat. Hist. V. 15, p. 440, pl XV, fig. 12, 1885; 施之新: 中国淡水藻志, Vol. 6, p. 38, plate: IX: 4～5, 1999.

细胞卵形或椭圆形，两端宽圆形，前端中央略微凹入，横切面近圆形。表质具12条纵向浅沟。游泳鞭毛与体长近似相等，拖曳鞭毛长度大于体长，约为体长的1.5倍。杆状器纵贯整个细胞。核偏后位。细胞长18～30μm，宽11～18μm，厚9～16μm。

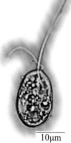

生境：生长于池塘或湖泊沿岸带。

国内分布于北京、山西、山东；国外分布于美国、阿根廷；梵净山分布于护国寺（水池中浮游）。

（三十八）瓣胞藻科 Petalomonadaceae

92. 瓣胞藻属 *Petalomonas* Stein

细胞形状固定，明显扁平，多为卵圆形或三角形，背侧常隆起，具龙骨突起，腹侧常凹入，具纵沟，有时腹侧也具龙骨状的突起。胞口常在腹面凹入或呈纵裂状。"沟-泡"明显地偏向一侧。表质常具纵线纹。具1条鞭毛，约等于体长。副淀粉粒小颗粒状，多数核常偏于一侧。动物性营养，兼有腐生营养。淡水产。

[410] 瓣胞藻

Petalomonas mediocanellata Stein, Org. Inf., Abt. 3(1), pl. XXIII, fig. 12～14, 1878; 施之新: 中国淡水藻志, Vol. 6, p. 47, plate: XII: 9~12, 1999.

细胞卵形，前端收缩呈尖圆形或圆形，后端变宽呈圆形，有时中间略微凹入，背腹具明显且深的纵沟背沟，腹沟不明显。表质具纵线纹。副淀粉粒呈球形或椭圆形，多少不定，小而少。鞭毛长度约等于体长。细胞长15～20μm，宽9～13μm，厚约6μm。

生境：生长于水沟、池塘、沼泽或湖泊的沿岸带。

国内分布于黑龙江、浙江、湖北、湖南、陕

西、甘肃、青海、西藏、四川、云南、贵州；国外分布于缅甸、德国、奥地利、瑞典、瑞士、波兰、拉脱维亚、俄罗斯、美国；梵净山分布于张家坝凉亭坳（水沟中底栖）。

[411] 宽喙瓣胞藻

Petalomonas platyrhyncha Skuja, Symb. Bot. Upsal. 9: 217, pl. XXVI, fig. 1～7, 1948; 施之新: 中国淡水藻志, Vol. 6, p. 53, plate: XV: 10～12, 1999.

细胞卵圆形或椭圆形，前端宽圆形略微突起，后端宽圆形具一乳头形的尾状突起，腹面弯凹形，背面隆起，具3条纵向、在前后两端汇聚的龙骨突起。表质具纵向的细线纹。副淀粉小颗粒状，数量不多。鞭毛约等于体长或略短。核明显，位于一侧。细胞长26～40μm，宽18～20μm，厚10～15μm。

生境：生长于水沟、池塘或水田。

国内分布于安徽、西藏；国外分布于瑞典、波兰、俄罗斯；梵净山分布于坝梅村、小坝梅村、陈家坡。

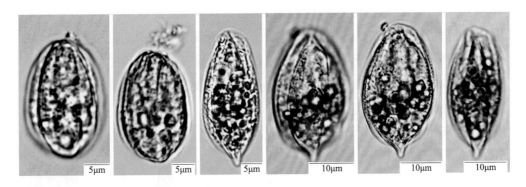

[412] 三棱瓣胞藻

Petalomonas steinii Klebs., Zeitschr. Wiss. Zool. 55: 381, 1893; 施之新: 中国淡水藻志, Vol. 6, p. 52, plate: XIV: 10～15, 1999.

细胞卵圆形或三角形，前端渐窄呈尖形或钝圆形，后端平截或略弯呈宽圆形，横截面呈三棱形，腹面凹入或平直，罕为波形，背面具尖锐的龙骨突起。表质具纵线纹，有时线纹不显著。副淀粉粒小球形，数量多。鞭毛约等于体长或略短。细胞长24～35μm，宽14～20μm，厚6～12μm。

生境：生长于池塘、沼泽、水沟、水田等小静水体中或渗水石表。

国内分布于黑龙江、湖北、四川、贵州（松桃）、西藏、青海；国外分布于德国、奥地利、瑞士、波兰、拉脱维亚、瑞典；梵净山分布于张家坝团龙村、坝梅村、坝溪沙子坎、快场、清渡河靛厂。

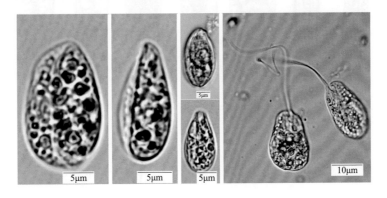

（三十九）裸藻科 Euglenaceae

93.裸藻属 *Euglena* Ehrenberg

细胞形状易变，多为纺锤形或圆柱形，横切面圆形或椭圆形，后端略微延伸成尾状或具尾刺。表质柔软或半硬化，具旋转排列的线纹。色素体1至数个，呈星形、盾形或盘形，蛋白核有或无。副淀粉粒为小颗粒状，数量不等，或为定形大颗粒，2至多个。细胞核较大，中位或后位。鞭毛单条。眼点明显。多数具明显的"裸藻状蠕动"，少数不明显。大多数淡水产，极少数海产。

[413]梭形裸藻

Euglena acus Ehr., Abh. Berl. Acad. Wiss. Physik. aus d. Jahre 1830: 62, 1932; 施之新：中国淡水藻志，Vol. 6, p. 81, plate: XXVI: 8～9, 1999.

细胞狭长纺锤形或圆柱形，略微变形，有时呈扭曲状，前端狭窄圆形或截形，有时为头状，后端渐细形成长尖尾刺。表质具自左向右的螺旋线纹，有时几乎为纵向。色素体小，圆盘形或卵形，多数，无蛋白核。副淀粉粒较大，多数长杆形，有时具卵形小颗粒。核中位。鞭毛较短，为体长的1/8～1/2。具明显淡红色眼点，呈盘形。细胞长80～190μm，宽6～25μm。

生境：生长于各种静水水体中。

国内外广泛分布；梵净山分布于小坝梅村、亚木沟、德旺茶寨村大水沟、黑湾河凯马村。

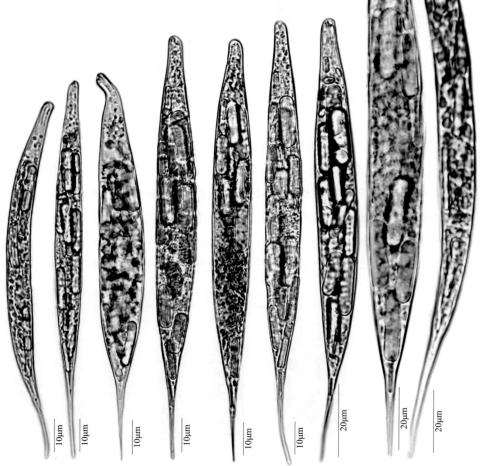

[414]附生裸藻

Euglena adhaerens Matvienko, Uc. Charkov. Univ. 14: 69, 1938; 施之新: 中国淡水藻志, Vol. 6, p. 77, plate: XXV: 1～2, 1999.

细胞易变形，多为圆柱形，前端略窄为平截形，后端渐细呈尾刺状。表质具螺旋线纹，自左向右的螺旋状。色素体圆盘形，较大，数量多，直径为8～11μm，无蛋白核。副淀粉粒为杆形或卵形，多数。核中位。眼点明显。细胞长80～100μm，宽10～14μm。

生境: 生长于池塘、流水沟或水体。

国内分布于黑龙江、湖北、云南、贵州、台湾；国外分布于俄罗斯、捷克、美国；梵净山分布于坝溪沙子坎、陈家坡、郭家湾（河沟中浮游）。

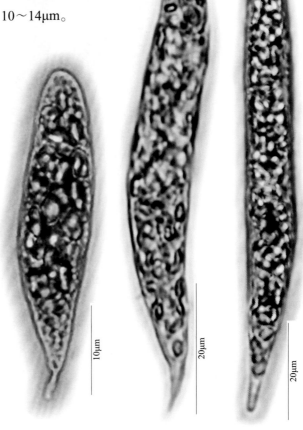

[415]具翅裸藻

Euglena alata Thompson, Univ. Kansas Sci. Bull. 25: 5, 1938; 施之新: 中国淡水藻志, Vol. 6, p. 85, plate: XXVIII: 5～9, 1999.

原植体较大，细胞微变形，呈长圆柱形，略偏侧，常扭曲，前端截形，后端收缢成细长的尖尾刺。细胞具1条宽且螺旋形向后伸展的纵沟，横切面的一侧明显地深凹呈"U"形。表质具螺旋线纹，自右向左的螺旋状，有时或为纵向排列。色素体小圆盘形，多数，无蛋白核。副淀粉粒为2个大环形，分别位于核的前后两端。核中位。鞭毛为体长的1/4～1/2。眼点明显。细胞长100～300μm，宽15～35μm。

生境: 生长于水沟或水田。

国内分布于山西、湖北、四川、云南；国外分布于美国；梵净山分布于寨沙、凯文村、德旺红石梁。

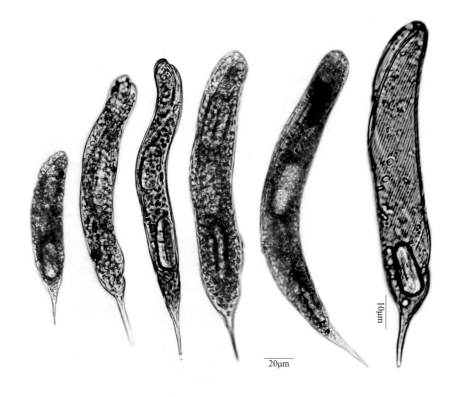

[416]尾裸藻

Euglena caudate Huebner., Euglenaceenfl. Stral., p. 13, 1886; 施之新: 中国淡水藻志, Vol. 6, p. 69, plate: XXI 10, 1999.

细胞易变形，多为纺锤形，前端圆形，后端渐细呈尾状。表质具螺旋线纹，自左向右的螺旋状。色素体圆盘形，4~10个或更多，边缘不整齐，各具1个带副淀粉鞘的蛋白核。副淀粉粒为卵形或椭圆形小颗粒，多数。核中位。鞭毛约等于体长或为体长的1.5倍。具深红色眼点。细胞长70~110μm，宽7~39μm。

生境：生长于各种静水水体中。

国内外广泛分布；梵净山分布于寨沙、桃源村、凯文村。

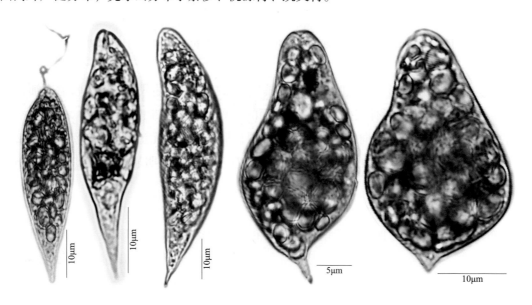

[417] 棒形裸藻

Euglena clavata Skuja., Symb. Bot. Upsal. 9: 3, 1948; 施之新: 中国淡水藻志, Vol. 6, p. 68, plate: XXI 4～5, 1999.

细胞易变形，多为棒形或宽纺锤形，前端狭圆形，后端渐尖呈尾状。表质具螺旋细线纹，自左向右的螺旋状。色素体圆盘形，6～9个，边缘不整齐，呈波状瓣裂，各具1个带副淀粉鞘的蛋白核。副淀粉粒为卵形或椭圆形小颗粒。核中位。鞭毛约为体长的1.5倍。细胞长25～45μm，宽12～20μm。

生境：生长于小水塘或水沟中。

国内分布于浙江、安徽、湖北、西藏；国外分布于瑞典；梵净山分布于寨沙、黑湾河凯马村。

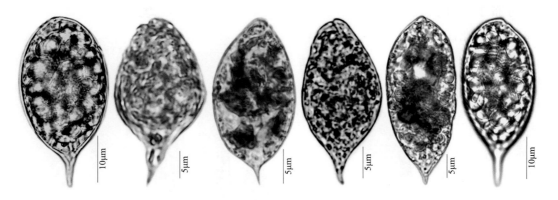

[418] 静裸藻

Euglena deses Ehr., Abh. Berl. Akad. Wiss. Physik aus d. Jahre 1833; 施之新: 中国淡水藻志, Vol. 6, p. 71, plate: XXII 3, 1999.

细胞易变形，常为圆柱形，略偏于一侧，前端狭圆形或尖形，后端渐狭、收缢成为短尾状或乳突状尾突。表质具螺旋线纹，自左向右的螺旋状。色素体圆盘形，6～30个，边缘不整齐，3～4个，各具1个无副淀粉鞘的蛋白核。副淀粉粒为杆状或长砖块状，大型，数量不定，几个至十几个不等。核中位。鞭毛为体长的1/3～1/2。眼点明显，表玻形。细胞长56～160μm，宽7～25μm。

生境：喜生长于富含有机质的水池或水沟中。

国内分布于黑龙江、吉林、北京、山西、山东、江苏、浙江、安徽、四川、云南；国外分布于日本、波兰、捷克、德国、英国、澳大利亚、美国；梵净山分布于太平镇马马沟村的流水沟。

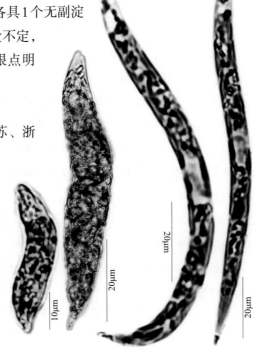

[419]带形裸藻

Euglena ehrenbergii Klebs., Unters. Bot. Inst. Tubingen 1: 304, 1883; 施之新: 中国淡水藻志, Vol. 6, p. 73, plate: XXIII: 1～4, 1999.

原植体较大，细胞易变形，常呈近带形，侧扁，有时扭曲状，前后两端圆形，有时截形。表质具螺旋线纹，自左向右的螺旋状。色素体小圆盘形，多数，无蛋白核。副淀粉粒常具1至多个杆形的大颗粒，此外还有许多呈卵形或杆形的小颗粒，有时仅有小颗粒而无大颗粒。核中位。鞭毛短，易脱落，为体长的1/16～1/2或更长。眼点明显，呈盘形或表玻形。细胞长80～350μm，宽9～60μm。

生境：生长于有机质丰富的各种小水体中。

国内分布于上海、山西、吉林、黑龙江、宁夏、青海、山东、江苏、浙江、安徽、台湾、湖北、湖南、四川、贵州、云南、西藏；国外分布于俄罗斯、波兰、捷克、匈牙利、德国、美国、阿根廷；梵净山分布于马槽河、凯文村、大河堰。

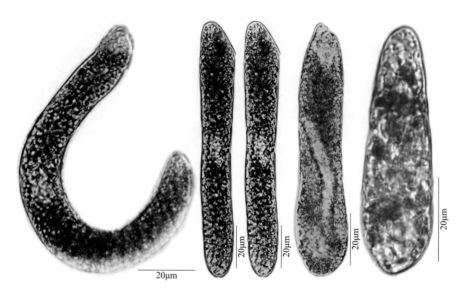

[420]膝曲裸藻

Euglena geniculate Dujardin, Hist. nat. Zooph.–Inf., p. 302, 1841; 施之新: 中国淡水藻志, Vol. 6, p. 61, plate: XVIII: 5～6, 1999.

细胞易变形，常为纺锤形至近圆柱形，前端圆形或斜截形，后端渐尖收缢成尾状或具1短而钝的尾状突起。表质具螺旋线纹，自左向石的螺旋状。具2个星形色素体，分别位于核的两端，每个星形色素体由多个条带状色素体辐射状排列而成，中央为1个带副淀粉粒的蛋白核。副淀粉粒为小颗粒状，大多集中于蛋白核周围，少数分散于细胞中。核中位。鞭毛约与体长相等。具明显眼点。细胞长33～80μm，宽8～21μm。

生境：多生于各种小型静水水体中，有时可形成膜状水华。

国内外广泛分布；梵净山分布于凯文村（水塘中附植）。

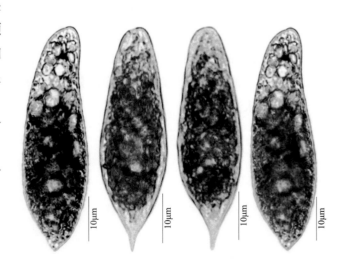

[421] 模糊裸藻

Euglena ignobilis Johnson., Trans. Amer. Mier. Soc. 63: 118, fig. 20, 1944; 施之新: 中国淡水藻志, Vol. 6, p. 89, plate: XXX: 8～9, 1999.

细胞长圆柱形, 略微变形, 前端略窄, 圆形或截形, 后端收缩成尖尾刺。表质具螺旋线纹, 自左向右的螺旋状。色素体小圆盘形, 多数, 无蛋白核。副淀粉粒2个, 较大的为杆形或矩圆形, 分别位于核的前后两端, 其余的为杆形或椭圆形小颗粒。核中后位。鞭毛约为体长的1/4。细胞长70～80μm, 宽10～13μm。

生境: 生长于水沟、水塘或水田。

国内分布于湖北（枝城）; 国外分布于美国; 梵净山分布于坝溪、清渡河公馆。

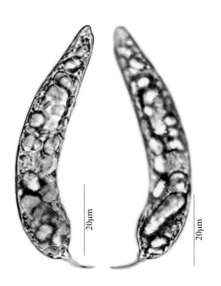

[422] 齿形裸藻

Euglena laciniata Pringsheim., Nova. Acta Leop. N. F. 18: 98, fig. 25: A～G, 1956; 施之新: 中国淡水藻志, Vol. 6, p. 63, plate: XVIII: 7, 1999.

细胞易变形, 游泳状态下为纺锤形, 前端略斜截, 后端渐细成尾状。表质具螺旋线纹, 自左向右的螺旋状。色素体星形, 周生, 约8个, 每个星形色素体具多个辐射状排列的条带, 中央为具副淀粉鞘的蛋白核, 色素体的条带在表质下与线纹近于平行并呈螺旋状排列。副淀粉粒除组成蛋白核鞘以外, 尚有一些卵圆形或椭圆形小颗粒, 集中于细胞中央。核中位。鞭毛约为体长的1/2。眼点明显。细胞长60～80μm, 宽20～27μm。

生境: 生长于水田中。

国内分布于贵州（松桃）; 国外分布于英国; 梵净山分布于黑湾河凯马村的水沟石表。

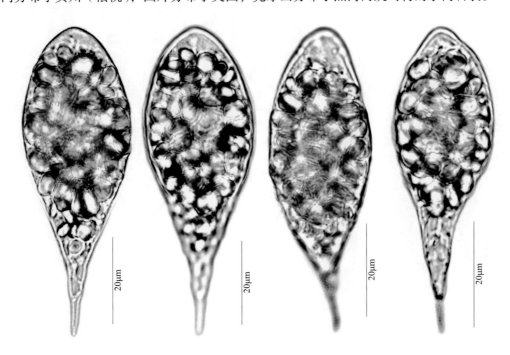

[423] 尖尾裸藻

Euglena oxyuris Schmarda, Klein. Beit. Natur. Infus., p. 17, 1846; 施之新: 中国淡水藻志, Vol. 6, p. 85, plate: XXIX: 1~2, 1999.

原植体较大, 细胞近圆柱形, 稍侧扁, 略微变形, 有时呈螺旋形扭曲状, 具窄的螺旋形纵沟, 前端圆形或平截形, 有时为头状, 后端收缢成尖的尾刺。表质具螺旋线纹, 自右向左的螺旋状。色素体小盘形, 多数, 无蛋白核。副淀粉粒2个大的(有时多个)呈环形, 分别位于核的前后两端, 其余的为杆形、卵形或环形小颗粒。核中位。鞭毛为体长的1/4~1/2。眼点明显。细胞长100~450μm, 宽16~61μm。

生境: 生长于各种静水水体中。

国内外广泛分布; 梵净山分布于小坝梅村、亚木沟明朝古院旁沼泽地、亚木沟、寨抱村、高峰村、黑湾河凯马村、德旺茶寨村大水沟。

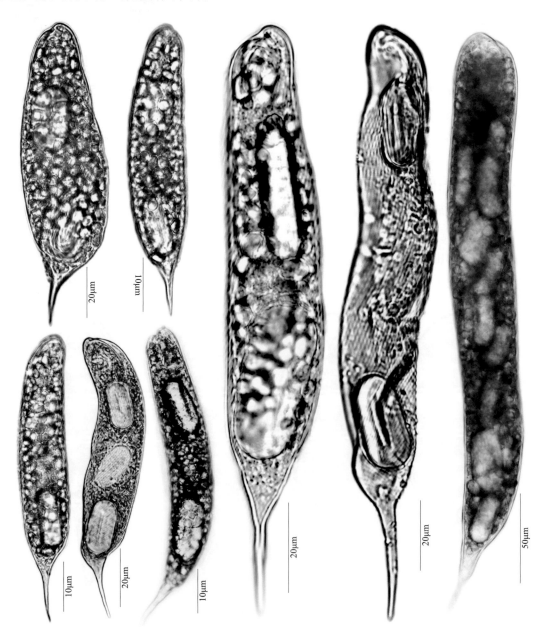

[424] 鱼形裸藻

[424a] 原变种

Euglena pisciformis Klebs. var. ***pisciformis*** Unters. Bot. Inst. Tubingen 1: 302, pl. ID, fig. 12, 1883; 施之新: 中国淡水藻志, Vol. 6, p. 64, plate: XIX: 4~6, 1999.

细胞易变形，多为纺锤形、椭圆形或圆柱形，前端圆形或略斜截，后端圆形或具短尾突或渐尖成尾状。表质螺旋线纹自左向右。色素体片状或盘状，2~3个，边缘不整齐，周生并与纵轴平行，各具1个带副淀粉鞘的蛋白核。副淀粉粒为小颗粒状，通常数量不多。核中位或后位。鞭毛为体长的1~1.5倍。具明显眼点。细胞长18~51μm，宽5~17μm。

生境：生长于水池、湖、溪流等水体中，有时可形成膜状水华。

国内外广泛分布；梵净山分布于德旺净河村老屋场洞下的水塘。

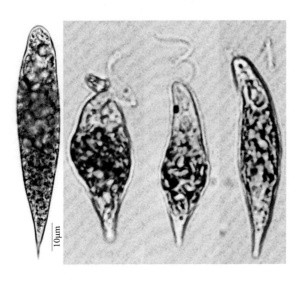

[424b] 鱼形裸藻线纹变种

Euglena pisciformis var. ***striata*** Pringsheim, Nova. Acta Leop. N. F. 18: 70, fig. 11: D, 1956; 施之新: 中国淡水藻志, Vol. 6, p. 65, plate: XIX: 8~9, 1999.

与原变种的主要区别在于：细胞多为梨形，后端渐细成尾状。细胞长49μm，宽28μm。

生境：生长于鱼池中。

国内分布于湖北；国外分布于英国；梵净山分布于德旺净河村老屋场洞下（沟渠中浮游）。

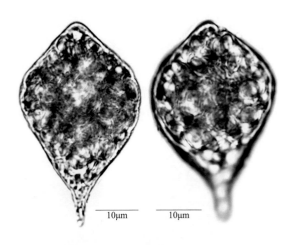

[425] 多形裸藻

Euglena polymorpha Dangeard, Botan. 8: 175, fig. 12, 1901; 施之新: 中国淡水藻志, Vol. 6, p. 69, plate: XXI 8~9, 1999.

细胞易变形，多为圆柱状纺锤形至纺锤形，前端狭圆形、斜截形，后端渐细成短尾状。表质螺旋线纹自左向右。色素体片状，4~10个或更多，边缘不整齐，呈瓣裂状，各具1个带副淀粉鞘的蛋白核。有时具裸藻红素。副淀粉粒为卵形或环形小颗粒，多数。核中位。鞭毛为体长的1~1.5倍。眼点深红色。细胞长70~87μm，宽7~25μm。

生境：生长于水库、鱼池、水田等水体中。

国内分布于山西、安徽、湖北、贵州（威宁、兴义）；国外分布于波兰、捷克、英国、法国、美国；梵净山分布于德旺茶寨村大水沟。

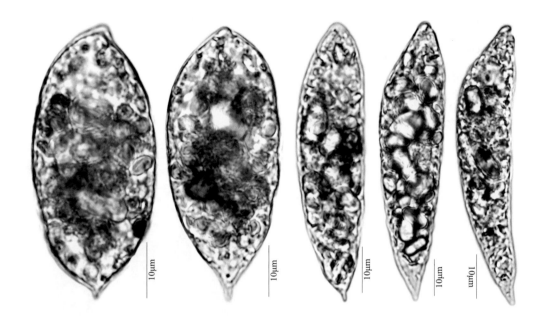

[426] 近轴裸藻

Euglena proxima Dang., Botan. 8: 154, fig. 6, 1901; 施之新：中国淡水藻志, Vol. 6, p. 78, plate: XXV: 6, 1999.

细胞易变形，多为纺锤形，前端渐窄、狭圆形，后端渐细成尖尾状。表质螺旋线纹，自左向右的螺旋状。色素体小圆盘形，多数，无蛋白核。副淀粉粒为卵形或短杆形小颗粒，多数。核中位。鞭毛等于体长或为体长的1.5倍。具明显眼点。细胞长60～97μm，宽9～34μm。

生境：生长于各种静水水体中。

国内外广泛分布；梵净山分布于大河堰的沟边水坑。

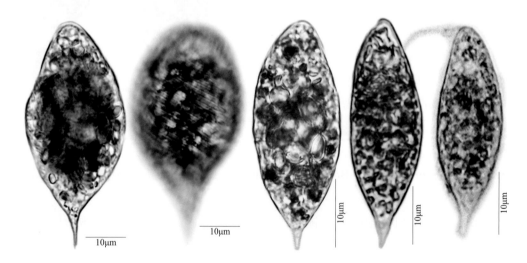

[427] 乡村裸藻

Euglena rustica Schiller., in Huber–Pestalozzi, Phytopl. Süssw. Teil 4, p. 113, fig. 96, 1955; 施之新：中国淡水藻志, Vol. 6, p. 73, plate: XXII: 8～9, 1999.

细胞易变形，多为纺锤形、圆柱形或卵圆形，前端窄圆形，后端圆形，极少为平截形。表质线纹不显著。色素体圆盘形，8～10个或更多，无蛋白核。副淀粉粒为杆形或卵形小颗粒，多数。核中位。鞭毛为体长的0.5～1倍。细胞长23～40μm，宽10～25μm。

生境：生长于水库或水坑中。

国内分布于山西、湖南、云南、西藏、贵州（红枫湖、铜仁）；国外分布于奥地利；梵净山分布于马槽河的河岸岩石上水坑。

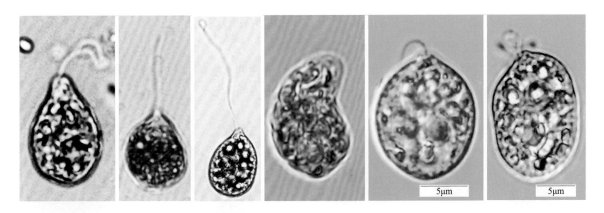

[428] 血红裸藻

Euglena sanguinea Ehr., Abh. Berl. Akad. Wiss. Physik. aus d. Jahre 1830: 71, 1832; 施之新：中国淡水藻志，Vol. 6, p. 64, plate: XVIII: 8～11, 1999.

细胞易变形，常为圆柱状纺锤形，前端略斜截，后端渐尖成尾状。表质具自左向右的螺旋线纹。色素体星形，多个，每一个星形色素体由多个条带辐射状排列而成，中央为副淀粉鞘的蛋白核，色素体的条带在表质下与线纹近于平行并呈螺旋状排列。具裸藻红素。副淀粉粒多数，为卵形或短杆形小颗粒，分散在细胞内。核中位或中后位。鞭毛为体长的1～2倍。具明显眼点，呈盘形。细胞长35～170μm，宽17～44μm。

生境：多生长于有机质丰富的水池、水塘、水坑或水田，常形成红色的膜状水华。

国内分布于山西、黑龙江、江苏、浙江、安徽、湖北、湖南、四川、贵州、云南、西藏；国外分布于日本、芬兰、捷克、德国、英国、美国；梵净山分布于凯文村、大河堰、亚木沟、郭家湾、黑湾河凯马村。

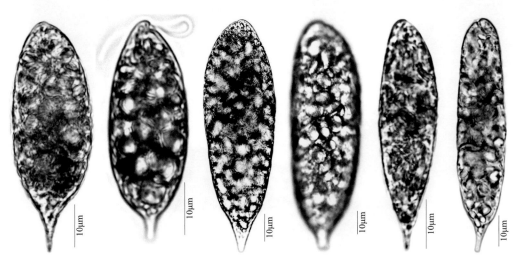

[429] 旋纹裸藻

Euglena spirogyra Ehr., Abh. Berl. Akad. Wiss. Physik. aus d. Jahre 1830 : 83, 1832; 施之新: 中国淡水藻志, Vol. 6, p. 82, plate: XXVI: 2～4, 1999.

原植体较大，细胞圆柱形，略微变形，有时呈螺旋形扭曲状，前端狭圆形，后端收缢成透明的尖刺。表质无色至黄褐色，具自左向右螺旋状排列的珠状颗粒。色素体小盘形，多数，无蛋白核。副淀粉粒2个，大，呈环形，分别位于核的前后两端，其余的为杆形或矩形小颗粒。核中位。鞭毛约为体长的1/4，具明显眼点。细胞长75～250μm，宽8～35μm。

生境：浮游或底栖种，生长于水塘、水坑、水田等各种静水水体或潮湿的土表。

国内外广泛分布；梵净山分布于凯文村、陈家坡、清渡河公馆。

[430] 三棱裸藻

Euglena tripteris (Dujardin) Klebs., Unters. Bot. Inst. Tubingen 1: 306, pl. V, fig. 7, 1883; 施之新: 中国淡水藻志, Vol. 6, p. 86, plate: XXIX: 4～10, 1999.

原植体较大, 细胞狭长, 三棱形, 略微变形, 多数沿纵轴扭转, 有时不扭转, 前端钝圆形或角锥形, 后端渐细或收缢成尖尾刺, 横切面为三角形。表质具线纹, 或纵向或自左向右的螺旋状。色素体小盘形或卵形, 多数, 无蛋白核。具2个大的、长杆形副淀粉粒, 分别位于核的前后两端, 少数位于核的一侧, 其余的为卵形或杆形小颗粒。核中位。鞭毛为体长的1/8～1/2或更长。眼点明显, 桃红色, 表玻形或盘形。细胞长55～220μm, 宽8～28μm。

生境: 生长于各种静水水体中。

国内外广泛分布; 梵净山分布于大河堰、亚木沟、德旺红石梁。

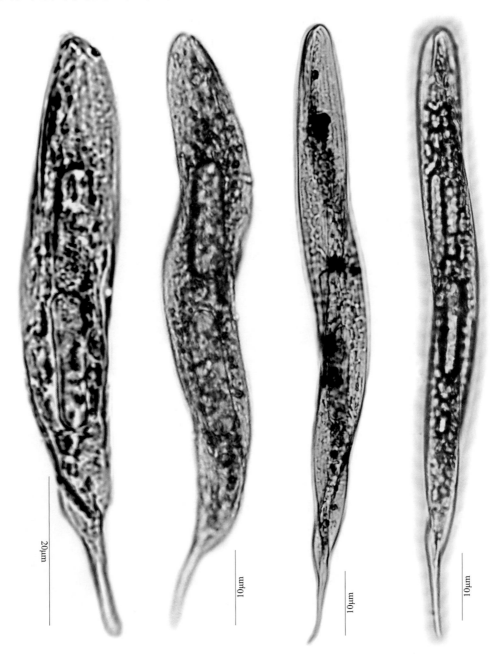

94.囊裸藻属 *Trachelomonas* Ehrenberg

　　该属细胞外具囊壳。囊壳球形、卵形、椭圆形、圆柱形或纺锤形等形状。囊壳表面光滑或具点孔纹、孔纹、颗粒、网纹或棘刺等纹饰。囊壳由胶质和铁、锰化合物的沉积组成，由于铁锰成分和沉积的量不同，囊壳无色、黄色、橙色或褐色，透明或不透明。囊壳的前端具1圆形的鞭毛孔，具领或无领，有或无环状加厚圈。囊壳内的原生质体裸露无壁，其他特征与裸藻属相似。

[431]尾棘囊裸藻

[431a]原变种

Trachelomonas armata (Ehr.) Stein var. ***armata*** Org. Inf. Abt. 3(1), pl. XXII, fig. 37, 1878; 施之新：中国淡水藻志, Vol. 6, p. 144, plate: XLI: 8, 1999.

　　囊壳卵形或椭圆形，前端窄或较窄，后端宽圆形，无色透明或黄褐色，表面光滑或具密集的点纹，后端具1圈长锥刺，8~11根，略向内弯，长度1~9μm，有时具乳头状突起。鞭毛孔无领，有或无环状加厚圈，偶具领状突起或矮领，领口平截或具细齿刻。鞭毛约为体长的2倍。囊壳长32~60μm（不包括刺长），宽24~45μm。

　　生境：生长于池塘、沼泽、水沟、湖泊或鱼池。

　　国内分布于黑龙江、江苏、浙江、湖北、云南、贵州（凯里、铜仁、江口）、台湾；国外分布于缅甸、荷兰、法国、德国、阿根廷；梵净山分布于德旺茶寨村大水沟（水田浮游、底栖）。

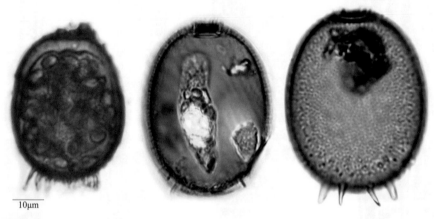

[431b]尾棘囊裸藻斯坦恩变种

Trachelomonas armata var. ***steinii*** Lemmermann, Abh. Nat. Ver. Bremen 18: 165, 1906; 施之新：中国淡水藻志, Vol. 6, p. 145, plate: XLI: 12; LXXXVI: 7, 1999.

　　与原变种的主要区别在于：囊壳前部具短锥刺（有时后端也具少而稀疏的短锥刺）；囊壳长45μm，宽55μm。

　　生境：生长于池塘、水田、沼泽或水坑。

　　国内分布于黑龙江、上海、江苏、湖北、台湾；国外分布于印度尼西亚、拉脱维亚、俄罗斯、波兰、瑞士、德国、奥地利、意大利、委内瑞拉、阿根廷；梵净山分布于德旺茶寨村大水沟。

[432] 南方囊裸藻

Trachelomonas australica (Playf.) Defl., Mon. gen. Trach., p. 82, fig. 249, 1926; 施之新：中国淡水藻志，Vol. 6, p. 142, plate: XL: 18, 1999.

囊壳圆柱状椭圆形，两侧近平行或微弯，黄褐色，表面具密集的棒形刺。鞭毛孔无领。囊壳长32～34μm，宽22～24μm。

生境：生长于水坑、水塘等小水体。

国内分布于山西、黑龙江、江苏、安徽、湖北、贵州（威宁、铜仁）、西藏；国外分布于缅甸、瑞士、德国、澳大利亚、北美洲；梵净山分布于陈家坡的水塘、德旺净河村老屋场的河边水坑。

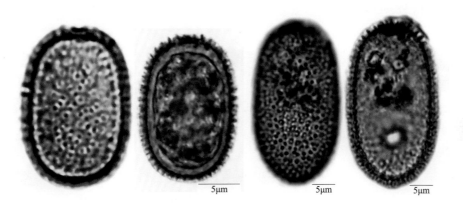

[433] 具棒囊裸藻

Trachelomonas bacillifera Playfair

囊壳近球形或椭圆形，两端宽圆、暗褐色，表面具棒刺。鞭毛孔无领。囊壳长33～40μm，宽22～38μm。

[433a] 具棒囊裸藻微小变种

Trachelomonas bacillifera var. ***minima*** Playfair, Proc. Linn. Soc. N. S. Wales, Sydney 40: 22, pl.III, fig. 15～16. 1915; 施之新：中国淡水藻志，Vol. 6, p. 143, plate: XL: 17; LXXXIII: 4; LXXXIV: 4, 1999.

与原变种的主要区别在于：个体较小，囊壳长22～30μm，宽18～23μm；鞭毛孔直径3～4.5μm。刺长1～2μm。

生境：生长于水田、缓流、沼泽、水坑或水库。

国内分布于山西、黑龙江、安徽、湖南、广西、西藏、台湾、贵州（松桃、铜仁）；国外分布于印度尼西亚、德国、法国、澳大利亚、阿根廷；梵净山分布于张家屯，荷花池、黑湾河凯马村的水沟石表。

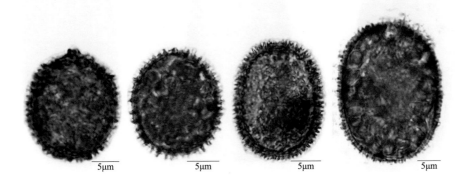

梵净山藻类植物

[434]扁圆囊裸藻

Trachelomonas curta Da Cunha., Mem. Inst. Oswaldo Curz. 5(2): 111, 1913; 施之新: 中国淡水藻志, Vol. 6, p. 107, plate: XXXIVL: 1~2; LXXXV: 1, 1999.

囊壳扁球形，正面观椭圆形，顶面观圆形，黄褐色，表面光滑。鞭毛孔具环形加厚圈。囊壳直径20~30μm，高15~25μm。

生境：生长于缓流、水坑、沼泽、池塘、湖泊、鱼池、水田或水库。

国内分布于山西、黑龙江、湖北、湖南、广西、四川、贵州（铜仁、松桃、江口、沿河）、云南、台湾；国外分布于波兰、荷兰、法国、澳大利亚、委内瑞拉；梵净山分布于桃源村、大河堰、亚木沟、黑湾河凯马村。

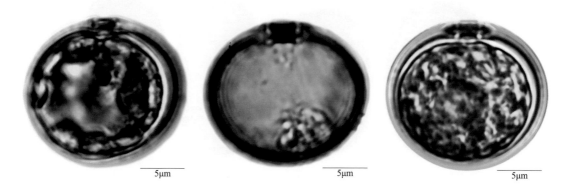

[435]圆柱囊裸藻

Trachelomonas cylindrical Ehr., Inf. Volik. Org., p. 49, pl. II, fig. 30, 1838; 施之新: 中国淡水藻志, Vol. 6, p. 126, plate: XXXVIII: 5, 1999.

囊壳圆柱形，前端略平截或圆形，后端圆形，两侧近平行，无色、浅黄色至深褐色，表面光滑。鞭毛孔具低领，领口平齐。囊壳长11~20μm，宽7~9μm；领高0.5μm，宽2~3μm。

生境：生长于沼泽、水坑或稻田。

国内分布于黑龙江、江苏、安徽、湖北、湖南、广西、贵州（沿河、凯里、威宁）、云南、西藏；国外分布于日本、德国、澳大利亚；梵净山分布于坝溪沙子坎的水沟。

[436] 中型囊裸藻

Trachelomonas intermedia Dangeard, Le Bot. 8: 231, 1901; 施之新: 中国淡水藻志, Vol. 6, p. 114, plate: XXXIV: 22; XXXV: 1; LXXIX: 6; LXXX: 6, 1999.

囊壳近球形或宽椭圆形，橙黄色或黄褐色，表面具细密的点孔纹。鞭毛孔无领，具环状加厚圈。色素体4个，具蛋白核。囊壳长16～22（～53）μm，宽13～23（～40）μm。

生境：生长于沼泽、水坑、小水塘、积水坑、河流、水沟、池塘、鱼池、湖泊或水田。

国内分布于山西、黑龙江、上海、湖北、湖南、贵州（铜仁、松桃）、西藏、新疆、台湾；国外分布于日本、缅甸、俄罗斯、拉脱维亚、波兰、奥地利、瑞士、荷兰、比利时、法国、扎伊尔、委内瑞拉；梵净山分布于寨沙、坝溪沙子坎、小坝梅村、德旺茶寨村大水沟。

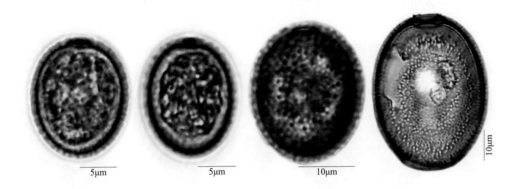

[437] 湖生囊裸藻

Trachelomonas lacustris Drez., Kosmos 50: 217, pl. II, fig. 67, 1925; 施之新: 中国淡水藻志, Vol. 6, p. 127, plate: XXXVIII 22; 7, 1999.

囊壳圆柱形，前端平截，后端圆形，淡褐色，表面具点孔纹，密集均匀。鞭毛孔无领，具环状加厚圈。囊壳长20～40μm，宽11～17μm。

生境：生长于河沟、沼泽、鱼池、湖泊、水坑、池塘或沼泽。

国内分布于山西、黑龙江、浙江、安徽、湖北、湖南、贵州（松桃、铜仁）、西藏、台湾；国外分布于日本、拉脱维亚、波兰、荷兰、比利时、法国、澳大利亚、阿根廷；梵净山分布于坝溪沙子坎、凯文村、亚木沟、寨抱村明朝古院旁、黑湾河凯马村、郭家湾。

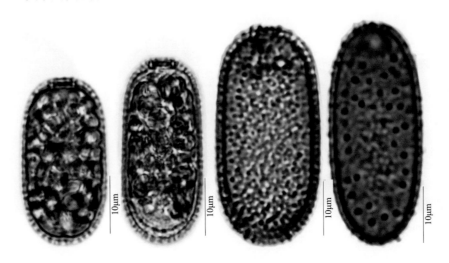

[438] 矩圆囊裸藻

[438a] 原变种

Trachelomonas oblonga Lemm. var. **oblonga** Abh. Nat. Ver. Bremen 16: 344, 1900; 施之新: 中国淡水藻志, Vol. 6, p. 110, plate: XXXIV: 12～15, 1999.

囊壳矩圆形至椭圆形，两端宽圆，表面光滑，黄色、黄褐色或红褐色。鞭毛孔有或无环状加厚圈，偶有突起的矮领，略偏，前端狭圆形或尖形，后端渐狭、收缢成短尾状或形成乳突状的尾突。表质具螺旋线纹，自左向右的螺旋状。色素体圆盘形。细胞长13～18μm，宽10～13μm。

生境：浮游、底栖或附植种，生长于湖泊、池塘、沼泽、水沟、鱼塘、水田。

国内分布于东北、江苏、上海、浙江、安徽、湖北、湖南、西藏、四川、云南、贵州及台湾；世界普生种类；梵净山分布于寨沙、坝溪沙子坎、凯文村、陈家坡、亚木沟、德旺茶寨村大水沟。

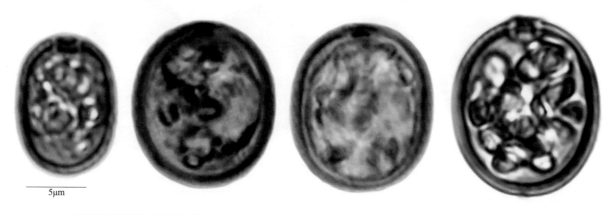

5μm

[438b] 矩圆囊裸藻平截变种

Trachelomonas oblonga var. **truncate** Lemm., Abh. Nat. Ver. Bremen 16: 344, 1900; 施之新: 中国淡水藻志, Vol. 6, p. 110, plate: XXXIV: 16～17, 1999.

与原变种的主要区别在于：囊壳前端平截，两侧近乎平行，后端宽圆；囊壳长11～13μm，宽9～10μm。

生境：生长于鱼池、池塘或湖边草地浅水处。

国内分布于湖北、西藏、台湾；国外分布于亚洲、欧洲、澳大利亚、美洲；梵净山分布于坝溪沙子坎、亚木沟明朝古院、德旺净河村老屋场。

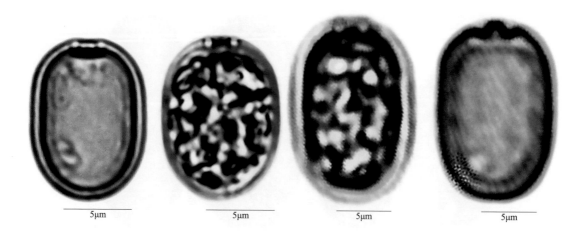

5μm　　5μm　　5μm　　5μm

[438c]矩圆囊裸藻卵圆变型

Trachelomonas oblonga f. ***ovata*** Deflandre, Mon. gen. Trach., p. 70, fig. 127, 1926; 施之新: 中国淡水藻志, Vol. 6, p. 111, plate: XXXIV: 20, 1999.

与矩圆囊变种的主要区别在于: 囊壳卵形, 前宽后窄。鞭毛孔宽, 具1低领。囊壳长12～14μm, 宽9～10μm。

生境: 生长于鱼池。

国内分布于云南; 国外分布于法国; 梵净山分布于坝溪沙子坎 (鱼塘中浮游)。

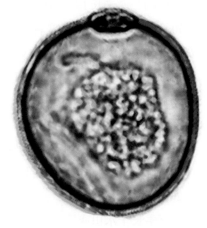

5μm

[439]普莱弗囊裸藻

Trachelomonas playfairii Deflandre, Bull. Soc. France 71: 1125, pl. X, fig. 14～15, 1924; 施之新: 中国淡水藻志, Vol. 6, p. 111, plate: XXXVI: 18～19; LXXXI: 3; LXXXII: 3; LXXXV: 6, 1999.

囊壳椭圆形或矩圆形, 黄褐色, 表面光滑。鞭毛孔具1斜向的长领, 略弯曲, 领口平齐或具不规则齿刻。囊壳长18～20μm, 宽15～18μm; 领高3～3.5μm, 宽3～3.5μm。

生境: 生长于沼泽或水坑。

国内分布于黑龙江; 国外分布于荷兰、法国、安哥拉、澳大利亚, 非洲南部; 梵净山分布于清渡河靛厂的河边水坑。

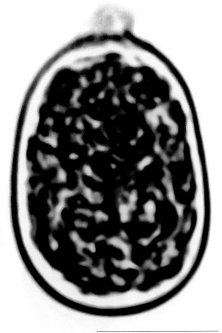

10μm

[440] 极美囊裸藻

Trachelomonas pulcherrima Playfair

囊壳长椭圆形或圆柱状椭圆形，两端渐窄呈圆形，黄褐色，表面光滑。鞭毛孔有或无矮领，有时具环状加厚圈。囊壳长19~21μm，宽9~12μm。

[440a] 极美囊裸藻斑点变种

Trachelomonas pulcherrima var. **_maculata_** Shi, Acta Hydrob. Sinica 21: 220 and 224, fig. 1: 6, 1997; 施之新: 中国淡水藻志, Vol. 6, p. 125, plate: XXXVIII 4, 1999.

与原变种的主要区别在于：囊壳为明显椭圆形，两端略窄，橙黄色，表面具斑点；囊壳长16~20μm，宽8~10μm。

生境：生长于水田或沼泽。

国内分布于黑龙江、西藏；国外尚未见有报道；梵净山分布于德旺茶寨村大水沟。

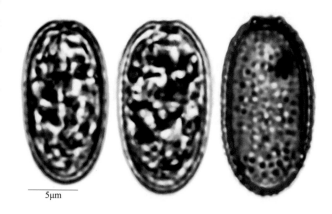

5μm

[441] 相似囊裸藻

Trachelomonas similis Stokes, Proc. Amer. Philos. Soc. Philad. 28: 76, fig. 12, 1890; 施之新: 中国淡水藻志, Vol. 6, p. 120, plate: XXXVI 1; LXXXV: 8, 1999.

囊壳椭圆形，黄褐色，表面具点纹，细密均匀。鞭毛孔具领，倾斜或弯曲，领口具不规则细齿刻。鞭毛约等于体长。囊壳长20~27μm，宽16~20μm；领高2.5~3.5μm，宽3.5~4μm。

生境：生长于沼泽、水沟、池塘或河滩积水。

国内分布于山西、黑龙江、东北、上海、安徽、湖北、湖南、四川、广西、云南、陕西、贵州（遵义）、台湾；国外分布于缅甸、印度尼西亚、印度、俄罗斯、拉脱维亚、委内瑞拉，北美洲；梵净山分布于黑湾河凯马村的水沟。

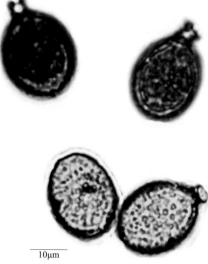

10μm　　　10μm　　　10μm

[442]肋纹囊裸藻

Trachelomonas stokesiana Palmer

囊壳球形或近球形，表质具肋纹，纵向排列或略偏斜，有的为分枝状。鞭毛孔无领，有的具领状突起，具环状加厚圈。囊壳长11～18μm，宽9～16μm。

[442a]肋纹囊裸藻稀肋变种

Trachelomonas stokesiana var. **_costata_** Jao, Acta Hydrob. Sinica 22: 62 and 66, fig. 1: 1～2, 1998; 施之新: 中国淡水藻志, Vol. 6, p. 105, plate: XXXIII: 12～13, 1999.

与原变种的主要区别在于：囊壳呈宽椭圆形，具纵向的细肋纹；囊壳长13～16μm，宽10～12μm。

国内分布于江苏；梵净山分布于坝溪沙子坎（水田中浮游或底栖）。

5μm

[443]斯托克斯囊裸藻

Trachelomonas stokesii Drezepolski emend., Deflandre, Mon. gen. Trach., p. 72, fig. 155～156, 1926; 施之新: 中国淡水藻志, Vol. 6, p. 131, plate: XXXIX: 3, 1999.

囊壳宽倒卵形，前端宽圆形，后端渐窄、尖圆形，表面具细点纹。鞭毛孔无领，具环状加厚圈。囊壳长23～24μm，宽19～20μm。

生境：生长于湖边、农田、小水坑或沼泽。

国内分布于四川、西藏；国外分布于波兰、荷兰、阿尔及利亚、阿根廷；梵净山分布于高峰村（水洼中底栖）、凯文村（水塘中附生）。

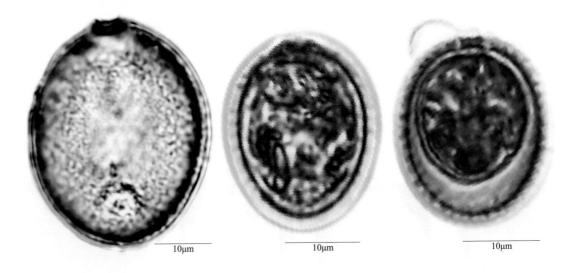

10μm   10μm   10μm

[444] 华丽囊裸藻

Trachelomonas superba Swir. emend. Deflandre; Swirenko, Arch. Hydrob. Plankt. 9: 642, pl. XX, fig. 1～2, 1914; 施之新: 中国淡水藻志, Vol. 6, p. 136, plate: XL: 1; LXXXVI: 1, 1999.

囊壳椭圆形, 褐色或黄褐色, 表面具粗壮的锥形刺, 长度不等, 同时具细密点孔纹。鞭毛孔有或无环状加厚圈, 有时具低领且领口具齿刻。囊壳长35～60μm, 宽27～47μm, 刺长2～8μm。

生境: 浮游、底栖或附着种, 生长于沼泽、水沟、湖泊、水库、池塘或水田。

国内分布于山西、黑龙江、江苏、安徽、湖北、贵州、云南、西藏、台湾; 国外分布于缅甸、印度尼西亚、丹麦、俄罗斯、拉脱维亚、波兰、德国、瑞士、荷兰、法国、委内瑞拉, 北美洲; 梵净山分布于大河堰、德旺茶寨村大水沟。

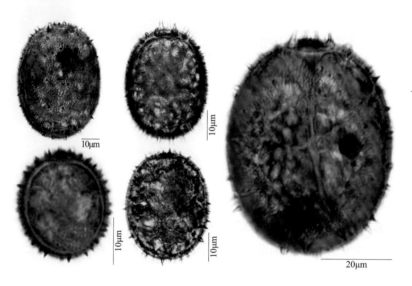

[445] 旋转囊裸藻

[445a] 原变种

Trachelomonas volvocina Ehr. var. ***volvocina*** Phys. Abh. Berl. Akad. Wiss. 1833: 315, 331, 1835; 施之新: 中国淡水藻志, Vol. 6, p. 98, plate: XXXII: 1～2; LXXIX: l; LXXX: 1, 1999.

囊壳球形, 表面光滑。鞭毛孔有或无环状加厚圈, 少数具低领。色素体2个, 片状, 相对侧生, 各具1个带副淀粉鞘的蛋白核。囊壳直径10～25μm。

生境: 浮游、底栖或附植种, 生长于鱼池、水田、水库、水沟、水坑、池塘、沼泽或滴水石壁表。

国内外广泛分布; 梵净山分布于坝溪村、凯文村、陈家坡、张家屯、德旺茶寨村大溪沟。

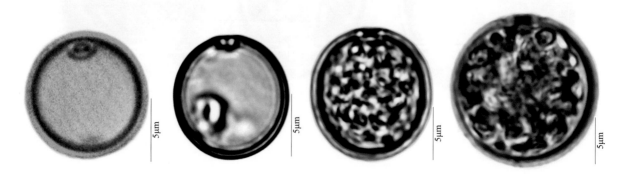

[445b] 旋转囊裸藻具领变种

Trachelomonas volvocina var. ***derephora*** Conrad. Ann. Biol. Lacustre 8: 201, pl. I, fig. 3, 1916; 施之新: 中国淡水藻志, Vol. 6, p. 100, plate: XXXII: 7; LXXIX: 2; LXXX: 2, 1999.

与原变种的主要区别在于：囊壳的鞭毛孔具1明显的领，直向呈圆柱形或伸展呈漏斗形。囊壳直径8～12μm；领高1～2μm，领宽2～2.5μm。

生境：生长于水沟、沼泽或水坑。

国内分布于山西、黑龙江、上海、湖北、西藏、贵州（遵义）；国外分布于日本、印度尼西亚、波兰、比利时、法国；梵净山分布于乌罗镇寨朗沟的水渠中。

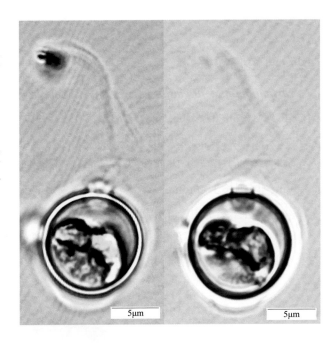

[446] 弗尔囊裸藻

Trachelomonas volzii Lemmermann

[446a] 弗尔囊裸藻圆柱变种

Trachelomonas volzii var. ***cylindracea*** Playfair, Proc. Linn. Soc. N. S. Wales, Sydney 40: 15, pl. II, fig. 21, 1915; 施之新: 中国淡水藻志, Vol. 6, p. 131, plate: XXXIX: 1, 1999.

囊壳椭圆至圆柱形，前端狭窄，后端宽圆，侧边近于平行或稍向外膨胀，表面光滑。鞭毛孔具领，领基部有1环状加厚圈。囊壳长34～38μm，宽15～16μm；领高4～6μm，宽3～4μm。

生境：生长于湖泊。

国内分布于台湾；国外分布于澳大利亚；梵净山分布于凯文村（水塘中附植）。

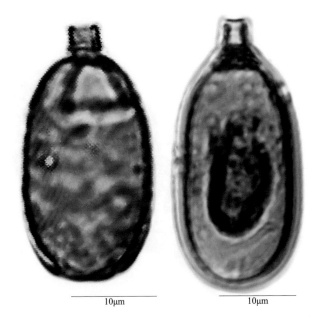

95.陀螺藻属 *Strombomonas* Deflandre

细胞具囊壳。囊壳较薄，前端逐渐收缢成长领，领与壳体之间无明显分界。多数种类的后端渐尖，延伸成尾刺。囊壳的表面光滑或具皱纹和瘤突，没有像囊裸藻那样多的纹饰。原生质体的特征与裸藻属相同。

[447] 河生陀螺藻

Strombomonas fluviatilis (Lemm.) Deflandre, Arch. Protistenk. 69: 580, fig. 52～53, 1930; 施之新：中国淡水藻志，Vol. 6, p. 165, plate: XLVII: 1～3, 1999.

囊壳椭圆形或椭圆状纺锤形，前端渐窄。具圆柱状的领，领口倾斜，具细齿，后端延伸成直向的淡褐色的尖尾刺，表面粗糙并具瘤状颗粒。囊壳长 28～33μm，宽约 15μm；领高 5～6μm，宽 4～5μm；尾刺长 3～6μm。

生境：生长于湖边、稻田或鱼池。

国内分布于江苏、湖北、贵州、西藏、台湾；国外分布于俄罗斯、波兰、印度尼西亚、委内瑞拉；梵净山分布于坝溪沙子坎（水田中底栖）。

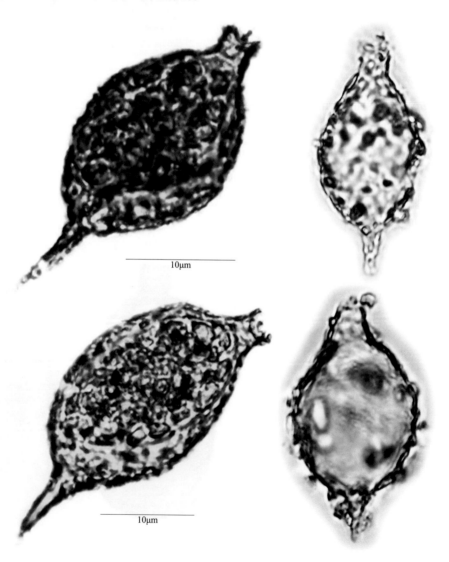

96. 鳞孔藻属 *Lepocinclis* Perty

细胞表质较硬，形状固定，呈球形、卵形、椭圆形或纺锤形，辐射对称，横切面为圆形，后端多数渐尖形或具尾刺。表质具线纹、肋纹、凸纹或颗粒，纵向或螺旋形排列。色素体小盘状，多数，无蛋白核。副淀粉粒多为2个大环形，侧生。鞭毛单条，具眼点，无"裸藻状蠕动"。典型的淡水产藻类。

[448] 舟形鳞孔藻

Lepocinclis cymbiformis Playfair, Proc. Linn. Soc. N. S. Wales, Sydney, 46: 128, pl. VI, fig. 3～4, 1921; 施之新: 中国淡水藻志, Vol. 6, p. 175, plate: XLIX: 11, 1999.

细胞纺锤形，前端渐窄，顶端略微隆起，中央略微凹入，后端渐尖成尾刺。表质具纵线纹，间距略宽。细胞长28～32μm，宽9～12μm。

生境：生长于水塘中。

国内分布于西藏（察隅）；国外分布于澳大利亚；梵净山分布于亚木沟、寨抱村（水田中附植）。

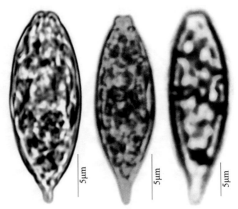

[449] 纺锤鳞孔藻

Lepocinclis fusiformis (Cart.) Lemmermann emend. Conrad, Lemmermann, Ber. Deutsch. Bot. Ges. 19: 89, pl. V, fig. 2, 1901; 施之新: 中国淡水藻志, Vol. 6, p. 180, plate: LI: 6, 1999.

细胞宽纺锤形，前端凸出成喙状或截顶锥状，顶端中央常凹入，后端成乳头状尾突，两侧穹弧形。表质具螺旋线纹，自左向右的螺旋状。副淀粉粒2个大的为环形，侧生，有时还具卵形或椭圆形小颗粒。核中位或后位。鞭毛为体长的1～1.5倍。细胞长27～40μm，宽16～28μm。

生境：生长于各种静水水体中。

广泛分布于世界各地；梵净山分布于凯文村的水塘、德旺茶寨村大水沟（水田浮游、底栖或附植）。

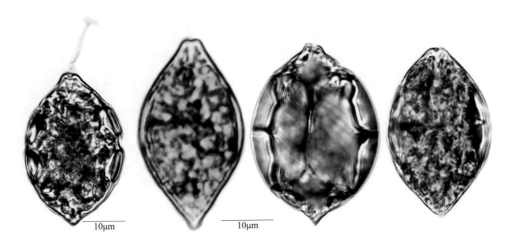

[450]光滑鳞孔藻

Lepocinclis glabra Drezepolski

[450a]光滑鳞孔藻乳突变种

Lepocinclis glabra var. *papillata* Shi., Chin. J. Oceanol. Limnol. 13: 350, fig. 2: 1~2, 1995; 施之新: 中国淡水藻志, Vol. 6, p. 180, plate: L: 11~12, 1999.

细胞近球形或卵形, 前端渐窄, 后端宽圆, 具乳头状小尾突。表质具螺旋线纹, 自左向右的螺旋状。副淀粉粒大, 2个, 呈环形, 侧生。核偏后位。鞭毛接近于体长。具明显眼点。细胞长26~28μm, 宽17~21μm。

生境: 生长于水沟或水池。

国内分布于云南 (昆明); 国外尚未见有报道; 梵净山分布于坝梅村、黑湾河凯马村。

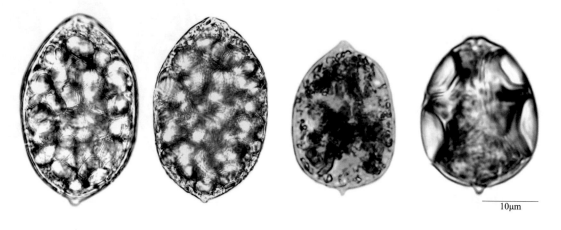

10μm

[451]梭形鳞孔藻

Lepocinclis marssonii Lemm., Conrad; Lemmermann, Biol. Station. Pion. 12: 151, pl. IV, fig. 9, 1905; 施之新: 中国淡水藻志, Vol. 6, p. 173, plate: XLIX: 7~8, 1999.

细胞长纺锤形, 前端收缢成细颈状, 顶端呈头状, 顶部平截或略凹入, 后端渐细成直向的尾刺。表质具纵线纹。副淀粉粒2个大的为环形, 侧生, 有时具几个杆形或卵形小颗粒。核中位或偏后位。鞭毛为体长的1~2倍。细胞长23~64μm, 宽8~19μm; 尾刺长5~6μm。

生境: 生长于水池、鱼塘或湖泊中。

国内分布于黑龙江、江苏、浙江、安徽、台湾、湖北、广西、云南、贵州 (威宁); 国外分布于俄罗斯、波兰、捷克、德国、荷兰、比利时、法国、埃及、澳大利亚; 梵净山分布于寨沙水田。

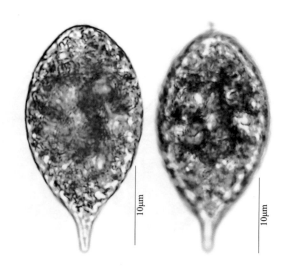

10μm

[452] 卵形鳞孔藻

[452a] 原变种

Lepocinclis ovum var. ***ovum*** (Ehrenberg) Lemmermann, Ber. Deutsch. Bot. Ges. 19: 88, 1901; 施之新：中国淡水藻志, Vol. 6, p. 185, plate: LII: 8～9, 1999.

细胞椭圆形或矩圆状椭圆形，两端宽圆，后端凸出呈锥形短尾刺或乳头状短尾突。表质具螺旋线纹或肋纹，其密度、粗细及倾斜度常可变化。副淀粉粒2个大的为环形，侧生，有时另有一些杆形小颗粒。核中位或偏后位。鞭毛为体长的1～2倍。细胞长18～25μm，宽13～18μm；尾刺长3～4.5μm。

生境：生长于各种静水水体中。

国内外广泛分布；梵净山分布于凯文村（水塘中附植）。

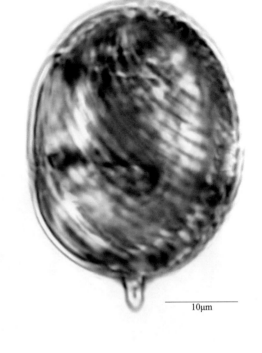

10μm

[452b] 卵形鳞孔藻球形变种

Lepocinclis ovum var. ***globula*** (Perty) Lemmermann, Ber. Deutsch. Bot. Ges. 19: 88, 1901; 施之新：中国淡水藻志, Vol. 6, p. 187, plate: LIII: 8～9, 1999.

与原变种的主要区别在于：细胞近球形或卵圆形，尾较短，鞭毛较长，为体长的2～3倍；细胞长13～29μm，宽10～24μm，尾刺长1～2μm。

生境：浮游、底栖或附植种，生长于水池、水坑或水田。

国内分布于黑龙江、江苏、台湾、湖北、湖南、云南、西藏；国外分布于日本、印度尼西亚、拉脱维亚、俄罗斯、德国、比利时、法国、埃及、美国，非洲南部；梵净山分布于德旺茶寨村大水沟、黑湾河凯马村。

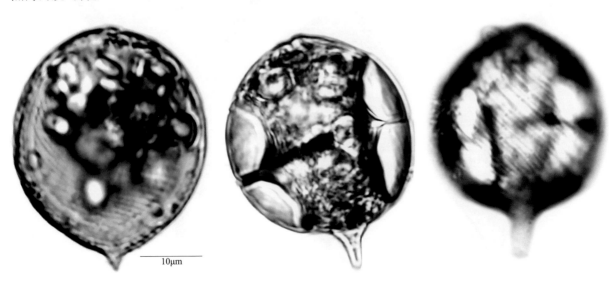

10μm

[453] 喙状鳞孔藻

Lepocinclis playfairiana Defl., Ann. Protistol. 3: 227, pl. XXI, fig. 18～24, 1932; 施之新: 中国淡水藻志, Vol. 6, p. 183, plate: LII: 1, 1999.

细胞宽纺锤形，前端具2瓣唇片，不对称，一侧突起呈喙状，后端渐尖成圆柱形的长尾刺，微弯。表质螺旋线纹不明显。副淀粉粒2个大的为环形，有时还具一些卵形小颗粒。核近中位。鞭毛略短于体长。细胞长32～50μm，宽17～28μm；尾刺长10～16μm。

生境：生长于水池或水坑。

国内分布于山西、吉林、江苏、湖北、西藏；国外分布于法国、澳大利亚、美国；梵净山分布于凯文村的水塘、桃源村（鱼塘浮游）。

[454]盐生鳞孔藻（伪编织鳞孔藻）

Lepocinclis salina Fritsch., New Phytol. 13: 352, 1914; 施之新：中国淡水藻志，Vol. 6, p. 176, plate: L: 5, 1999.

　　细胞卵形，前端狭窄，有时呈两瓣状突起，后端宽圆形。表质较厚，绿褐色，具自右向左的螺旋线纹或凸纹。副淀粉粒为球形、椭圆形或环形颗粒，常多数。核中位或后位。细胞长28.5～70μm，宽25～52μm。

　　生境：浮游、底栖或附植种，生长于水沟、水池、湖泊或水田中。

　　国内分布于山西、吉林、黑龙江、陕西、山东、江苏、浙江、安徽、台湾、湖北、湖南、贵州（沿河、松桃、印江、铜仁、江口）、云南；国外分布于日本、泰国、印度尼西亚、波兰、捷克、德国、英国、埃及、澳大利亚，非洲南部；梵净山分布于德旺茶寨村大水沟、亚木沟景区大门、黑湾河凯马村。

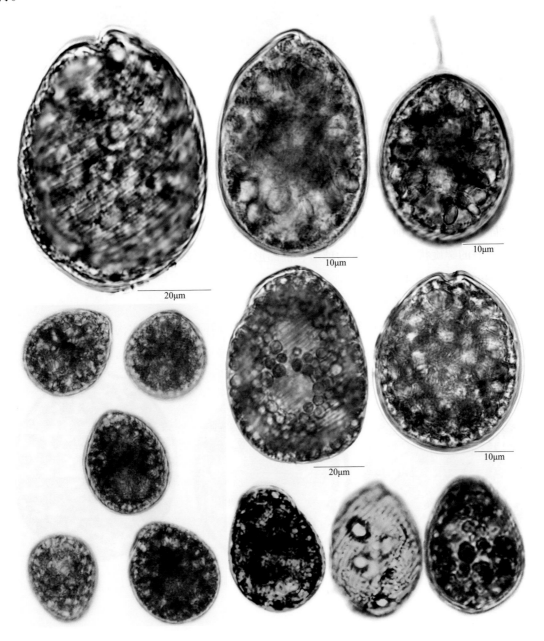

[455]椭圆鳞孔藻

Lepocinclis steinii Lemm. emend. Conr., Lemmermann, Krypt. Fl. Mark Brand 3, p. 506, 1910; 施之新: 中国淡水藻志, Vol. 6, p. 174, plate: XLIX: 12～15, 1999.

细胞纺锤形或近椭圆形，前端平截或略突起，顶端中央凹入，后端具锥形短尾刺，表质具纵线纹，略向右偏。副淀粉粒2个大的为环形，侧生，有时另有若干卵形或杆形小颗粒。核中位或偏后位。鞭毛为体长的1～2倍。细胞长20～30μm，宽7～17μm。

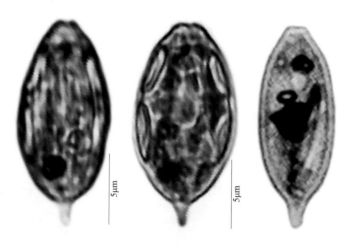

生境：生长于各种静水水体中。

国内分布于宁夏、江苏、安徽、台湾、湖北、湖南、贵州（松桃、舞阳河、贵定）、云南、西藏；国外分布于日本、拉脱维亚、俄罗斯、波兰、捷克、德国、奥地利、瑞士、比利时、法国、埃及、澳大利亚；梵净山分布于陈家坡的水塘。

[456]编织鳞孔藻

[456a]原变种

Lepocinclis texta var. ***texta*** (Dujardin) Lemmermann emend Conrad var. ***texta*** Ber. Deutsch. Bot. Ges. 19: 90, 1901; 施之新: 中国淡水藻志, Vol. 6, p. 175, plate: L: 1, 1999.

细胞近卵形或椭圆形，前端不对称，凹入，有时呈喙状，后端宽圆，无尾刺。表质具明显的螺旋线纹，自左向右的螺旋状。副淀粉粒为球形、椭圆形或卵形颗粒，多数。核后位。鞭毛微长于体长。细胞长30～64μm，宽24～45μm。

生境：生长于水池、沼泽或泉水。

国内外普遍分布；梵净山分布于快场（水坑底栖）、黑湾河凯马村（水沟底栖）。

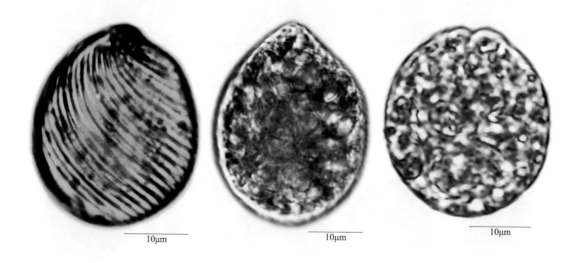

[456b]编织鳞孔藻具尾变种

Lepocinclis texta var. ***richiana*** (Conrad) Huber–Pestalozzi, Phytopl. Süssw. Teil 4, p. 143, fig. 128, 1955; 施之新：中国淡水藻志，Vol. 6, p. 176, plate: L: 4, 1999.

与原变种的主要区别在于：细胞卵形，前端窄，一侧突起成喙状，后端具锥形短尾刺；细胞长35～49μm，宽21～24μm；尾刺长约4μm。

生境：生长于水沟、水坑、水塘、沼泽或荷花池。

国内分布于湖北、西藏；国外分布于非洲南部；梵净山分布于凯文村、坝梅村、大河堰、郭家湾、亚木沟景区大门。

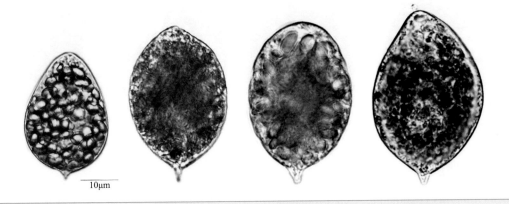

10μm

97.扁裸藻属 *Phacus* Dujardin

该属细胞表质硬化，形状固定，多样，侧扁，后端多数具1尾刺。表质具线纹或肋纹，多数纵向，少数呈螺旋状走向。色素体多数，小盘形，无蛋白核。副淀粉粒常为1～2个大的盘形、环形或假环形（侧面观为喇叭形或线轴形等），中位或侧位。鞭毛单条。具眼点。无"裸藻状蠕动"。绝大多数为淡水产藻类。

[457]奇形扁裸藻

Phacus anomalus Fritsch et Rich., Trans. Roy. Soc. S. Africa 18: 73, fig. 24, 1929; 施之新：中国淡水藻志，Vol. 6, p. 214, plate: LXII: 1～3, 1999.

细胞由"体"和"翼"两部分组成，"体"部大，"翼"部小。正面观呈宽卵形或卵圆形，顶面观呈楔形，楔形的两端宽圆，体部后端具1锥形短尾刺。表质具纵线纹。副淀粉粒常为2个，球形或哑铃状假环形，侧位。细胞长23～27μm，宽17～27μm；"体"部厚12～18μm，"翼"部厚7～12μm；尾刺长约2μm。

生境：生长于池塘、水坑、小河、水田等水体中。

国内分布于山西、山东、江苏、上海、浙江、安徽、江西、福建、湖北、湖南、贵州（松桃、铜仁、江口、印江、沿河、贞丰、威宁）、广西；国外分布于印度尼西亚，非洲南部和欧洲；梵净山分布于德旺茶寨村大水沟、凯文村。

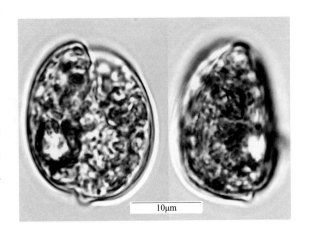

10μm

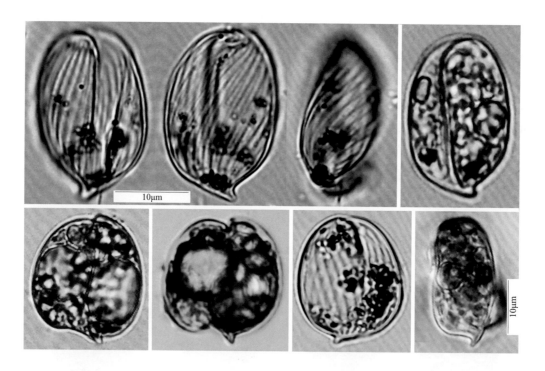

[458]钩状扁裸藻

Phacus hamatus Pochmann., Arch. Protistenk. 95: 182, fig. 86, 1942; 施之新: 中国淡水藻志, Vol. 6, p. 225, plate: LXVI: 8～10, 1999.

细胞三角状宽卵形，前端较窄，后端宽圆形，具向一侧呈钩状弯曲的尖尾刺。横切面观呈半圆形，侧面观呈纺锤形。表质具纵线纹。副淀粉粒较大，2个（扁球形），呈同心相叠的假环形，有时有一些卵形的小颗粒。鞭毛约为体长的3/4。细胞长35～55μm，宽25～36μm，厚16～18μm；尾刺10～14μm。

生境：生长于各种静水水体中。

国内分布于山西、黑龙江、山东、上海、江苏、浙江、安徽、江西、福建、台湾、湖北、湖南、广西、贵州（松桃、铜仁、印江、沿河）、云南、新疆；国外分布于俄罗斯、阿根廷；梵净山分布于凯文村的水塘。

[459] 长尾扁裸藻

Phacus longicauda (Ehr.) Dujardin., Hist. nat. Zooph.–Inf. p. 337, 1841; 施之新：中国淡水藻志, Vol. 6, p. 231, plate: LXXI: 1, 1999.

细胞宽倒卵形或梨形，前端宽圆，顶沟浅而明显，后端渐窄且收缢成细长的尾刺，尾刺直向或略弯曲。表质具纵线纹。副淀粉粒1至数个，较大，环形、圆盘形或假环形，有时伴有一些圆形或椭圆形的小颗粒。核中位偏后。鞭毛约与体长相等。细胞长85～140μm，宽40～50μm；尾刺25～60μm。

生境：生长于各种水体中。

国内外广泛分布；梵净山分布亚木沟、寨抱村的水田、乌罗镇甘铜鼓天马寺的水田。

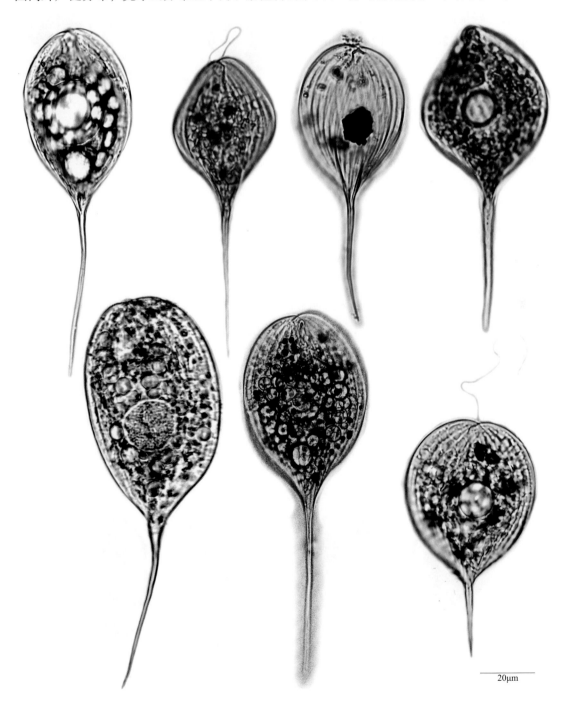

20μm

[460]奇异扁裸藻

Phacus mirabilis Pochmann, Arch. Protistenk. 95: 229, fig. 148, 1942；施之新：中国淡水藻志，Vol. 6, p. 195, plate: LVI: 15～16, 1999.

细胞梨形。正面观近乎圆形或卵圆形，前端略呈圆形或近平截，中央凹入，后端宽圆，具1直向或略弯的长尖尾刺。侧面观狭卵形，横断面为狭椭圆形。表质具螺旋形肋纹，自左上至右下的螺旋状，有时在两条肋纹之间有细线纹。副淀粉粒2个，侧位生，较大，呈介壳形，有时还有一些呈椭圆形的小颗粒。细胞长33～46μm，宽20～24μm，厚12～13μm；尾刺长12～14μm。

生境：生长于小水体中。

国内分布于黑龙江、上海、江苏、湖北、云南、西藏、贵州（铜仁）；国外分布于德国、阿根廷；梵净山分布于桃源村（鱼塘浮游）。

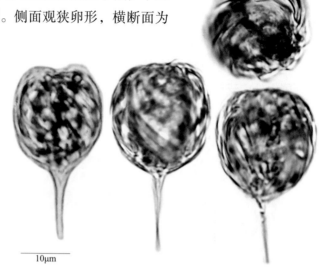

10μm

[461]梨形扁裸藻

Phacus pyrum (Ehr.) Stein, Org. Inf. Abt. 3(1), pl. XIX, fig. 51～54, 1878; 施之新：中国淡水藻志，Vol. 6, p. 194, plate: LV: 4～9, 1999.

细胞梨形，前端宽圆，中央或略凹入或明显凹入，后端渐细狭且收缢成直向或略弯曲的长尖尾刺。顶面观近圆形。表质具螺旋肋纹，自左上向右下的螺旋状，有7～9条，有时在肋纹之间具螺旋线纹。副淀粉粒2个，介壳形，侧生且紧贴表质。鞭毛为体长的1/2～2/3。细胞长30～55μm，宽13～23μm；尾刺长12～20μm。

生境：生长于河流、水池、水洼等水体中。

国内分布于北京、山西、黑龙江、山东、江苏、湖北、湖南、贵州（威宁、铜仁、印江、松桃、沿河）、云南、四川、西藏；国外分布于日本、德国、俄罗斯、美国、阿根廷，非洲；梵净山分布于凯文村。

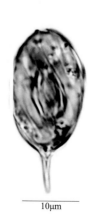

10μm

[462] 蝌蚪形扁裸藻

Phacus ranula Pochmann, Arch. Protistenk. 95: 212, fig. 126, 1942; 施之新：中国淡水藻志, Vol. 6, p. 233, plate: LXXII: 5, 1999.

细胞宽椭圆形或椭圆状卵形，沿纵轴略扭曲，两端宽圆，后端渐狭并收缢成直向或略弯的长尖尾刺。表质具纵线纹副淀粉粒，常有1个较大的呈圆盘形或环形，常伴有一些呈卵形或椭圆形的小颗粒。细胞长70～80μm，宽35～46μm；尾刺长20～26μm。

生境：生长于肥沃的小水体中。

国内分布于山东、上海、浙江、安徽、江西、福建、台湾；国外分布于泰国、印度尼西亚；梵净山分布于凯文村的水塘。

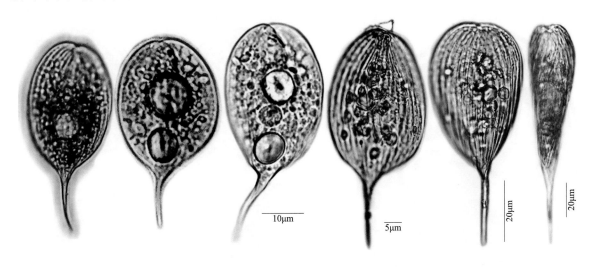

[463] 扭曲扁裸藻

Phacus tortus (Lemm.) Skv., Ber. Deutsch, Bot. Ges. 46: 110, pl. H, fig. 9～10, 1928; 施之新：中国淡水藻志, Vol. 6, p. 234, plate: LXXII: 1～2, 1999.

细胞螺旋形，沿纵轴方向旋转2圈，前端窄，有2唇瓣突起，后端变窄，具1直而尖的尾刺。表质具纵线纹。副淀粉粒1个，中等大，圆盘形或球形。细胞长70～129μm，宽30～52μm；尾刺长17μm。

生境：生长于较肥沃的静水水体中。

国内分布于山东、上海、江苏、浙江、安徽、江西、台湾、湖北、贵州（松桃、铜仁、沿河）；国外分布于印度、印度尼西亚、泰国、俄罗斯、捷克、美国，非洲南部；梵净山分布于德旺茶寨村（水田浮游）。

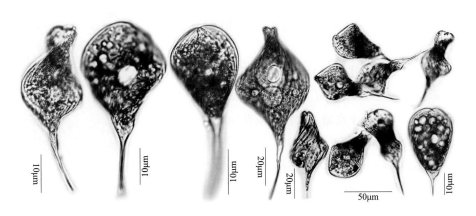

[464]三棱扁裸藻

[464a]原变种

Phacus triqueter (Ehr.) Duj.var. **triqueter** Hist. nat. Zooph.–Inf., p. 338, 1841; 施之新: 中国淡水藻志, Vol. 6, p. 228, plate: LXIX: 11～12, 1999.

细胞宽卵形，两端宽圆，前窄后宽，后端具尖尾刺，向一侧弯曲，腹面略凹，背面具龙骨状纵脊，高而尖，延伸至尾部。顶面观三棱形。表质具纵线纹。副淀粉粒1～2个，较大，圆盘形。鞭毛约等于体长。细胞长40～68μm，宽30～45μm；尾刺长11～14μm。

生境：生长于水塘、水坑、水池、水库或水田中。

国内外广泛分布；梵净山分布于凯文村、德旺茶寨村大水沟。

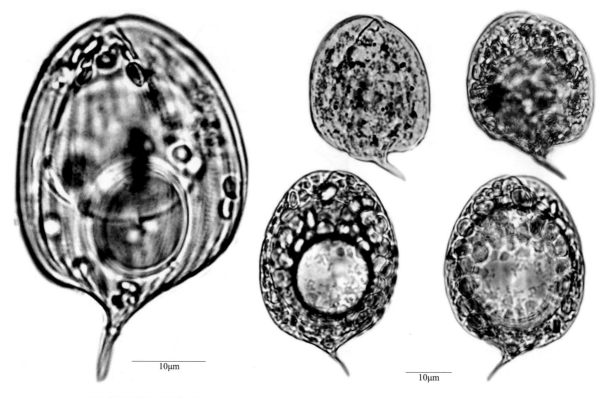

10μm

10μm

[464b]三棱扁裸藻矩圆变种

Phacus triqueter var. **oblongus** Shi, Acta Hydrob. Sinica 11: 360, fig. 2: d～e, 1987; 施之新: 中国淡水藻志, Vol. 6, p. 229, plate: LXIX13～15, 1999.

与原变种的主要区别在于：细胞呈明显的矩圆形；细胞长60～65μm，宽35～38μm。

生境：生长于水塘、水田或荷花池。

国内分布于湖北、湖南、贵州（铜仁、江口）；国外分布于日本；梵净山分布于凯文村、小坝梅村、亚木沟景区大门。

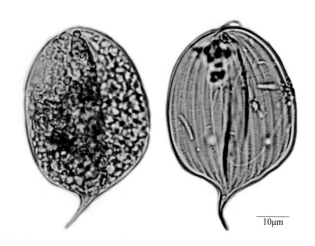

10μm

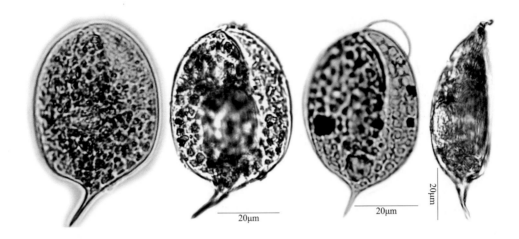

[465] 尖爪扁裸藻

Phacus unguis Pochm., Arch, Protistenk, 95: 192, fig. 98, 1942; 施之新: 中国淡水藻志, Vol. 6, p. 220, plate: LXV: 7～11, 1999.

细胞三角状宽卵形或近梯形，前端窄，后端近平弧形，具弯向一侧近似利爪的尖尾刺，边缘一侧或两侧具波形缺刻，有时无缺刻。侧面观棒形。表质具纵线纹。副淀粉粒有1个较大的呈球形或假环形（侧面观为喇叭形），有时还有一些球形小颗粒。细胞长30～42μm，宽22～35μm，厚约9μm；尾刺长5～8μm。

生境: 生长于水沟、水池、水坑、水田或鱼塘。

国内分布于山西、黑龙江、上海、江苏、浙江、安徽、湖北、湖南、西藏、贵州（沿河）; 国外分布于印度尼西亚、德国、法国、美国; 梵净山分布于凯文村、郭家湾、净心池、桃源村、坝梅村。

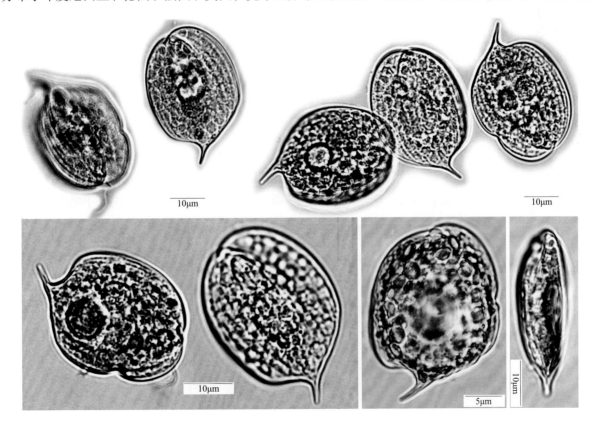

（四十）杆胞藻科 Rhabdomonadaceae

98.弦月藻属 *Menoidium* Perty

细胞形状固定，极少略微变形，两侧明显扁平，多为月牙形或豆荚形，中间宽两端窄，前端多数呈颈状延伸，横切面呈等腰三角形。表质多数具明显的纵线纹。副淀粉粒杆形或环形，较多。鞭毛单条，核中位或偏后位。无色素体，营腐生性营养。淡水产。

[466]钝形弦月藻

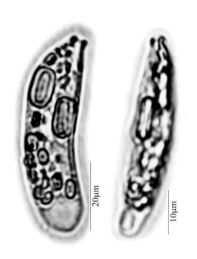

Menoidium obtusum Pringsheim, New Phytol. 41: 199, fig.17, 1942; 施之新：中国淡水藻志, Vol. 6, p. 249, plate: LXXVII: 18~19, 1999.

细胞粗豆荚形，背侧微弯呈弓形，腹侧平直中间略凹入，前端凸出呈短颈状，后端宽圆形。表质线纹不明显。副淀粉粒有2~3个呈椭圆形或环形的大颗粒，常位于细胞的前部，此外还有许多小颗粒。鞭毛约与体长相等。核偏后位。细胞长38~45μm，宽15~16μm，厚6~8μm。

生境：生长于静水沟。

国内分布于湖南、西藏；国外分布于德国、捷克、巴西；梵净山分布于坝溪沙子坎（水田中底栖）。

[467]弦月藻

Menoidium pellucidium Perty, Kenntnis Kleinster Leb., pl. XV, fig. 19, 1852; 施之新：中国淡水藻志, Vol. 6, p. 248, plate: LXXVIII: 1~4, 1999.

细胞呈弦月状弯曲，背面突起，腹面凹入，有时腹线的中段较平直，前端呈颈状，具2片刺形或圆形的唇形突起，后端渐窄，呈钝圆形或尖圆形。表质具纵纹。副淀粉粒多数，常具1~3个呈杆形的大颗粒，此外还有一些杆形或椭圆形的小颗粒。鞭毛为体长的1/3~1/2。核中位略偏后。细胞长43~60μm，宽8~12μm，厚5~8μm。

生境：生长于池塘、沼泽或水田。

国内分布于北京、黑龙江、湖北、四川、云南、西藏、陕西、贵州（金沙冷水河、纳雍珙桐自然保护区）；国外分布于德国、奥地利、瑞士、瑞典、波兰、俄罗斯、美国、澳大利亚；梵净山分布于坝溪沙子坎。

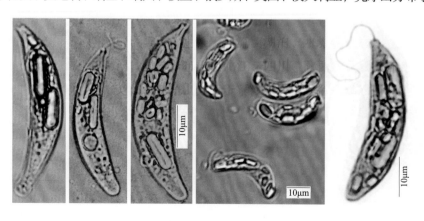

IX 绿藻门CHLOROPHYTA

（XII）葱绿藻纲PRASINOPHYCEAE

二十一　多毛藻目POLYBLEPHARIDALES

（四十一）平藻科 Pedinomonadaceae

99.喙绿藻属 *Myochloris* Beicher & Swale

细胞卵形，明显背腹扁平，背部隆起，腹部扁平，腹部前部末端凸出呈尖形突起，无细胞壁。具2条鞭毛，二者长度不相等，短者的长度只有长者的2/3，着生在细胞腹部前端向后1/3处。色素体淡绿色，周位，位于细胞背部，约占细胞表面的2/3，蛋白核1～3个，具淀粉鞘。眼点红色，位于色素体背侧表面，伸缩泡位于细胞前端，细胞核位于中央色素体之下。

[468] 喙绿藻

Myochloris collorynohus Belcher et Swale, 1961; 胡鸿钧，魏印心：中国淡水藻志（系统、分类及生态），p. 506, plate: XIV: 1～4, 2006.

细胞长20～30μm，宽15～20μm。其他形态特征与属描述相同。

生境：生长于水沟。

梵净山分布于马槽河（林下水沟坑底栖）。

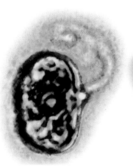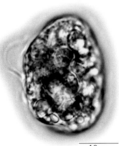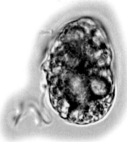

10μm　　10μm

（四十二）多毛藻科 Polyblepharidaceae

100.肾爿藻属 *Nephroselmis* Stein

原植体为单细胞，扁平，无细胞壁，常具1个薄的周质体，宽椭圆形、近六角形或肾形。具2条鞭毛，着生在腹侧中部凹陷处。细胞和鞭毛表面覆盖2～4层鳞片。运动时，2条鞭毛向后伸出。色素体杯状，周位，具或深或浅的凹陷，蛋白核分布在色素体基部，眼点存在或缺乏，当存在时，位于细胞中部或前部，1个伸缩泡位于细胞前部，细胞核分布在色素体凹处。

[469] 淡绿肾爿藻

Nephroselmis olivacea Stein, 1978; 胡鸿钧，魏印心：中国淡水藻志（系统、分类及生态），p. 508, plate: XIV: 1～6, 2006.

细胞正面观肾形，左右不对称，一侧凸出，一侧凹陷，凹陷侧的细胞中部具2条长度不等的鞭毛，较长的一根等于或略长于细胞体长，鞭毛基部具1个伸缩泡。色素体杯状，具1个形状不规则的蛋白核。眼点梨形到水滴形，位于近细胞凹面的一侧，细胞核位于细胞凹面的色素体空腔内。细胞宽7～9μm，长8～12μm，游动方向与细胞纵轴垂直且鞭毛在细胞的一侧。营养繁殖时，细胞从较凸出的一侧裂开，直至凹入一侧鞭毛处。

生境：生长于池塘。

梵净山分布于马槽河的河岸岩石上水坑、凯文村的水塘、桃源村（滴水石表附生）。

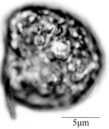

5μm 5μm

（XIII）绿藻纲 CHLOROPHYCEAE

二十二　团藻目 VOLVOCALES

（四十三）衣藻科 Chlamydomonadaceae

101. 衣藻属 *Chlamydomonas* Ehrenberg

单细胞，具有运动性。细胞球形、卵形、椭圆形或宽纺锤形等，纵扁或不纵扁。具平滑细胞壁，具或不具胶被。细胞前端中央具或不具乳头状突起。具2条长度相等的鞭毛，其基部具1个或2个伸缩泡。具1个大型的色素体，大多数杯状，少数片状、"H"形或星状。具1个蛋白核，少数具2个或多个。具橘红色眼点，位于细胞一侧。细胞核常位于细胞的中央偏前端，部分个体位于细胞中部或右端。

[470] 德巴衣藻

Chlamydomonas debaryana Bull. Soc. Imp. Natur. Moscou, N. S. 5: 106, fig, 1: 9～12, 1891; 胡鸿钧：中国淡水藻志，Vol. 20, p. 23, fig. 17, 2015.

原植体细胞椭圆形至椭圆卵形，基部广圆形。具坚硬的细胞壁。细胞前端中央具1个大的半球形的乳头状突起。2条鞭毛等长，长度约等于细胞体长，基部具2个伸缩泡，色素体杯状，基部增厚。基部具1个横椭圆形蛋白核。眼点圆形，位于细胞前端约1/3处。细胞核位于细胞的中央或偏于前端。细胞宽7.5～10μm，长12～20μm。

生境：生长于河流、湖泊或水塘。

国内分布于湖北、贵州（铜仁、江口、红枫湖、百花湖、威宁、兴义）；世界广泛分布；梵净山分布于清渡河公馆的水池。

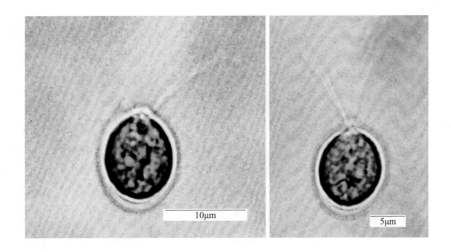

[471]球衣藻

Chlamydomonas globosa Snow, U. S. Fish. Comm. Bull: 389, fig. 3, 1902; 胡鸿钧, 魏印心: 中国淡水藻志（系统、分类及生态), p. 519, plate: XIV: 2～5, 2006; 胡鸿钧: 中国淡水藻志, Vol. 20, p. 21, fig. 12, 2015.

　　细胞近球形，少为椭圆形，细胞外常具透明无色的胶被。细胞前端不具乳突。2条鞭毛等长，长度略大于细胞体长，基部具1个伸缩泡。色素体杯状，基部明显增厚，具1个大的蛋白核。眼点不明显，位于细胞前端近1/3处。细胞核位于细胞的中央。细胞直径5～10μm。

　　生境：生长于河沟、湖泊、池塘或水田。

　　国内分布于西藏、广西、北京、广东、贵州（铜仁、江口、思南、百花湖、红枫湖、阿哈湖、花溪、北盘江、舞阳河、威宁、兴义）；国外分布于美国、挪威、瑞典、罗马尼亚、印度、澳大利亚、捷克、斯洛伐克、法国、匈牙利、苏联；梵净山分布于快场、冷家坝鹅家坳、陈家坡。

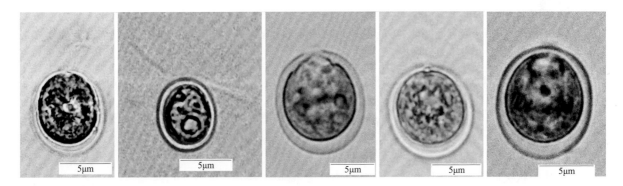

[472] 宽纺衣藻

Chlamydomonas ovata Dangeard, Le Botaniste, p. 147, fig. 17, 1899; 胡鸿钧: 中国淡水藻志, Vol. 20, p. 57, fig. 86, 2015.

　　细胞形状呈椭圆形至宽纺锤形，基部钝到尖细，前端常为尖形。原生质体顶端透明，具楔形乳状突起，鞭毛与细胞等长或略短，前端具2个伸缩泡。色素体片状，位于细胞一侧，在蛋白核存在处增厚。蛋白核球形，眼点大，圆盘状，位于细胞上部，细胞核常在突起的一侧。细胞宽7～9μm，长15～19μm。

　　生境：生长于湖泊、水塘或水坑。

　　国内分布于黑龙江；国外分布于法国、德国、捷克、斯洛伐克；梵净山分布于德旺茶寨村的水坑。

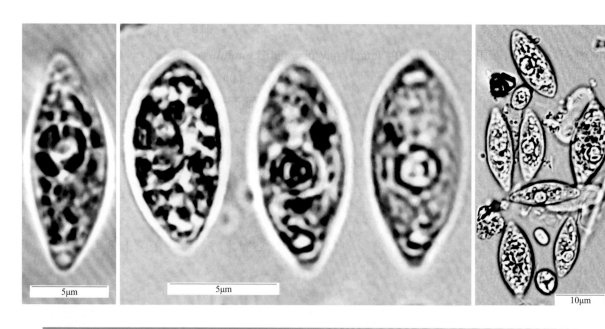

（四十四）壳衣藻科 Phacotaceae

102.球粒藻属 *Coccomonas* Stein

原植体为单细胞。囊壳球形、卵形或椭圆形，横断面为圆形或椭圆形，常具钙或铁的化合物沉积，呈黑褐色。原生质体小于囊壳，前端贴近囊壳，其间的空隙充满胶状物质。原生质体卵形或椭圆形，具2条长度相等的鞭毛，从囊壳前端的1个开孔伸出，基部具2个伸缩泡。色素体大，杯状，基部具1个蛋白核。具1个眼点或无。细胞核位于原生质体的中央。

[473]球粒藻

Coccomonas orbicularis Stein, 1927; Ettl, Süsswasserflora Von Mitteleuropa, 9: 680～681, fig. 1021, 1983; 胡鸿钧, 魏印心: 中国淡水藻类, p. 559, plate: XIV: 12～3, 1980.

囊壳略扁，侧面观椭圆形、宽椭圆形、宽卵形至心形，顶平直或略凹，基部钝圆，壳面平滑或具窝孔纹，黄色至褐色。横断面为椭圆形。原生质体小于囊壳，前端窄，前端贴近，后端远离，其内部的空隙充满胶状物质。原生质卵形，前端中央具乳头状突起，2条鞭毛等长，和细胞体长相当。色素体大，杯状，基部明显增厚，基部具1个圆形的蛋白核。眼点位于原生质体前端约1/3处。细胞长17～25μm，宽17～19μm；原生质体长14～14.5μm，宽8～10μm。

生境：生长于湖泊或水库。

贵州分布于威宁；梵净山分布于大河堰杨家组的水池。

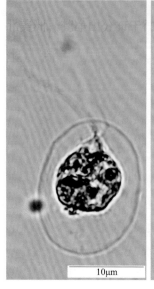
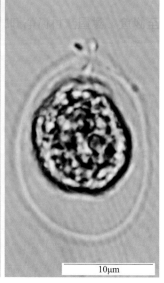

（四十五）团藻科 Volvocaceae

103. 盘藻属 *Gonium* O. F. Müller

　　原植体为多细胞的板状群体，方形，由4～32个细胞组成，排列在1个平面上，具胶被。群体细胞各个细胞的胶被明显，彼此由胶被相连，呈网状，中央具1个大空腔。群体细胞形态构造相同，球形、卵形或椭圆形，前端具2条长度相等的鞭毛，基部具2个伸缩泡。色素体大，杯状，近基部具1个蛋白核。1个眼点，位于细胞近前端。在有机质多的水体中能大量繁殖。

[474] 盘藻

Gonium pectorale O. F. Müller, 1773, in Pascher, 1927; 胡鸿钧, 魏印心: 中国淡水藻类, p. 572, plate: XIV: 15～5, 1980.

　　原植体为定形群体，一般由16个细胞板状排列，呈方形，排成2层，外层12个细胞，其纵轴与群体平面平行，内层4个细胞，其纵轴与群体平面垂直。各个细胞的胶被明显，彼此由极短的胶被突起连接，细胞彼此不远离，外层细胞和内层细胞之间具许多小空腔，群体中央具1个大空腔。细胞宽椭圆形至略为倒卵形，前端具2条长度相等的鞭毛，基部具2个伸缩泡。色素体大，杯状，近基部具1个大的蛋白核。眼点位于细胞的近前端。群体直径45～55μm，单个细胞长8～9μm，宽8～10μm。

　　生境：生长于沼泽、水沟或池塘。

　　国内外广泛分布；梵净山分布于凯文村（水田底栖）。

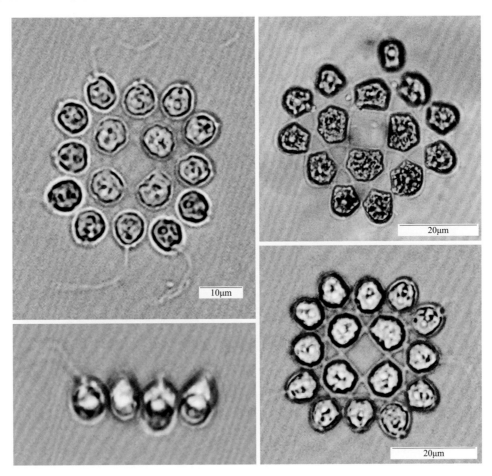

104.实球藻属 *Pandorina* Bory de Vincent

原植体为定形群体，由8、16或32个（常为16个）细胞组成，极少为4个细胞，呈球形或短椭圆形。群体具胶被，细胞之间常无空隙，或仅在群体的中心有小的空间。细胞球形、倒卵形或楔形，前端中央具2条长度相等的鞭毛，基部具2个伸缩泡。色素体多数为杯状，少数为块状或长线状，具1个或多个蛋白核，具1个眼点。无性生殖时形成似亲群体。有性生殖为同配和异配生殖。喜富营养水体。

[475] 实球藻

Pandorina morum (Müell.) Bory., 1824; 胡鸿钧，魏印心：中国淡水藻类，p. 573, plate: XIV 15: 7, 1980.

定形群体球形或椭圆形，由4、8、16或32个细胞组成，由群体胶被包被。群体细胞紧贴于群体中心，常无空隙，仅在群体中心有小的空间。细胞倒卵形或楔形，前端钝圆，向群体外侧，后端渐狭。前端中央具2条长度相等且长度约为1倍细胞体长的鞭毛，基部具2个伸缩泡。色素体杯状，在基部具1个蛋白核。眼点位于细胞的近前端侧。16个细胞的群体直径40～50μm，细胞直径10～15μm。

生境：生长于水塘、水坑、水田、荷花池等各种小水体。

国内外广泛分布；梵净山分布于凯文村、坝梅村、冷家坝鹅家坳、亚木沟。

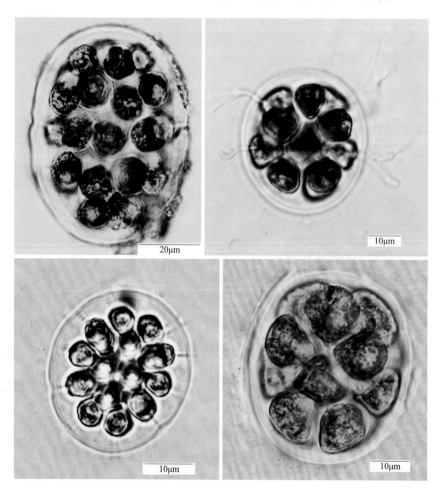

105. 空球藻属 *Eudorina* Ehrenberg

原植体为多细胞的定形群体，椭圆形，极少数球形，由16、32或64个细胞组成，群体细胞彼此分离，排列在群体胶被的周边。群体胶被表面平滑或具胶质小刺，个体胶被彼此融合。细胞球形，壁薄，前端向群体外侧，中央具2条长度相等的鞭毛，基部具2个伸缩泡。色素体杯状，仅1个种色素体为长线状，具1个或数个蛋白核。眼点位于细胞前端。

[476] 空球藻

Eudorina elegans Ehr., 1831; 胡鸿钧, 魏印心: 中国淡水藻类, p. 574, plate: XIV: 15–8, 1980.

群体椭圆形或球形，具胶被，由16、32或64个细胞组成，32个细胞为多见。群体细胞彼此分开一定距离，外周排列，中央具大空腔，群体胶被表面光滑。细胞圆球形，壁薄，前端具2条长度相等的鞭毛，基部具2个伸缩泡，旁边具眼点。色素体大，杯状，少数充满整个细胞，蛋白核数个。32个细胞的群体直径80～110μm，细胞直径10～15μm。

生境：生长于各种小水体。

国内外广泛分布；梵净山分布于坝梅村的水坑。

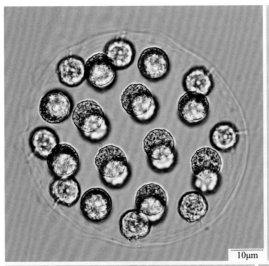
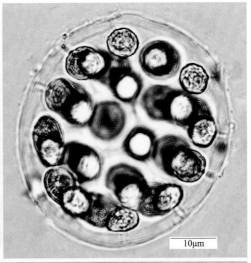
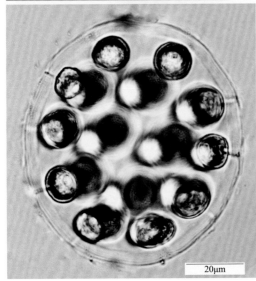
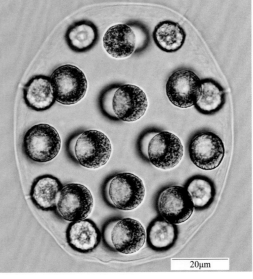

二十三 四孢藻目TETRASPORALES

（四十六）四集藻科Palmellaceae

106.四集藻属Palmella Lyngby emend. Chodat

原植体为多细胞不定形的胶质块状群体。细胞球形至广椭圆形，个体胶被不明显，常与群体胶被融合。色素体杯状，基部具1个蛋白核。每个细胞能自各个方向进行分裂。

[477]粘四集藻（胶块四集藻）

Palmella mucosa Kutzing, Phycol. Gerer. 172, pl. 3, f. 1, 1843; 胡鸿钧，魏印心：中国淡水藻类, p. 277, plate: 59: 11~12, 1980; 刘国祥，胡征宇：中国淡水藻志, Vol. 15, p. 95, plate: XLIX: 4, 2012.

原植体为无定形的胶质团块，大的团块可达几厘米，群体胶被透明，不分层，个体胶被与群体胶被融合，橄榄色。常4个细胞在一个平面上形成一小组，各小组不规则分布于群体内。群体细胞幼时椭圆形，成熟后球形，色素体周生，杯状，蛋白核1个。细胞直径7~8μm。

生境：附生于静水或流水水体中基质上。

国内分布于湖南；国外分布于美国、乌克兰、苏联、奥地利、丹麦；梵净山分布于张家坝团龙村、太平镇马马沟村、熊家坡（水塘底栖）。

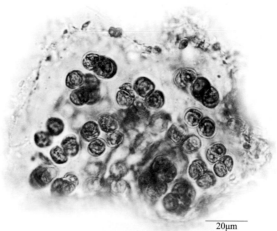

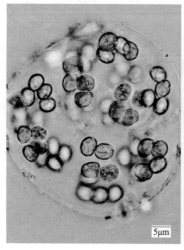

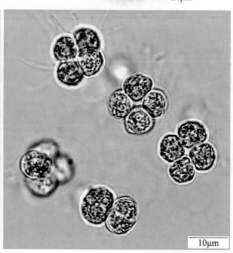

（四十七）胶球藻科 Coccomyxaceae

107. 胶球藻属 *Coccomyxa* Schmidle

原植体为无定形的胶群体，细胞椭圆形或圆柱形，群体细胞无规则分散在胶被内。色素体长片状，占细胞一半左右。有或无蛋白核。以细胞横分裂繁殖。此属植物为亚气生种类。

[478] 分散胶球藻

Coccomyxa dispar Schmidle, Ber. Deutsch. Bot. Gesell., 19, 1901; 胡鸿钧，魏印心: 中国淡水藻类，590, plate: XIV: 19～2, 1980; 刘国祥，胡征宇: 中国淡水藻志，Vol. 15, p. 95, plate: XLIX: 5, 2012.

原植体为大型的无定形胶质团块，群体细胞无规律地分散在胶被中。群体细胞椭圆形，直或略弯。色素体周生，长片状，位于细胞的一侧，与细胞长轴平行，蛋白核1个。细胞长8～12μm，宽4～6μm。

生境: 生长于湖泊、池塘、潮湿土表或树皮上。

国内分布于湖北、贵州（修文）；国外分布于美国、乌克兰、苏联、奥地利、丹麦；梵净山分布于太平镇马马沟村（潮湿腐木上亚气生）。

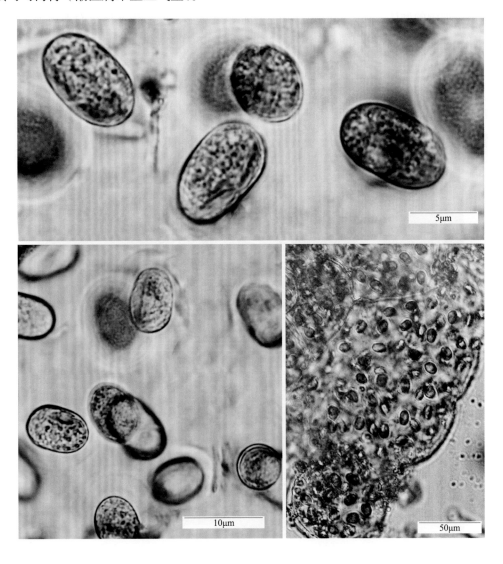

二十四 绿球藻目 CHLOROCOCCALES

（四十八）绿球藻科 Chlorococcaceae

108.绿球藻属 *Chlorococcum* Meneghini

原植体为单细胞或无定形群体，群体呈膜状体或胶质团块。细胞球形、近球形或椭圆形，大小不一，幼时细胞壁薄，老细胞常不规则地增厚。分层，色素体在幼细胞时为周生，杯状，1个，具1个蛋白核，随细胞的生长而分散，并充满整个细胞，具数个蛋白核和数个淀粉颗粒，细胞核1个或多个。此属藻类多为气生或亚气生，生长在潮湿土壤、岩石、树干或砖墙上，尤以潮湿土壤上为多，少数种类生长在水中。

[479] 土生绿球藻

Chlorococcum humicola (Näg.) Rabenh., Fl. Europ. Alp.Leipzig, 3: 58, 1868. 胡鸿钧，魏印心：中国淡水藻类, p. 592, plate: XIV 19: 6~7, 1980; 毕列爵，胡征宇：中国淡水藻志, Vol. 8, p. 4, plate: I: 1~3, 1995.

原植体为多细胞的群体，无共同胶被。细胞球形、近球形，或因相互挤压而不规则，幼期细胞色素体1个，周生、杯状，侧位，老时多个且分散，具空泡及许多淀粉粒。具1个大的蛋白核，明显。细胞直径10~15μm。

生境：气生于各种土质表、沼泽土表、潮湿岩壁、墙面或树皮上。

国内外广泛分布；梵净山分布于张家坝团龙村、张家坝凉亭坳、马槽河、坝溪、大河堰、金厂等。

109.微芒藻属 *Micractinium* Fresenius

原植体为多细胞的群体，由4、8、16、2个或更多的细胞组成，排成四方形、角锥形或球形，无胶被，有时形成复合群体。细胞多为球形或略扁平，细胞外侧壁上有1～10条长粗刺。色素体周生，杯状，1个，具1个蛋白核或无。无性生殖产生似亲孢子。本属植物为真性浮游种类。

[480]微芒藻

Micractinium pusillum Fresenius, Abh. Senckenb. Naturf. Ges. Frankfurt, a. m. 2211～242, 1858; 毕列爵, 胡征宇: 中国淡水藻志, Vol. 8, p. 10, plate: III: 1, 1995.

原植体为群体，常由4个、8个、16个或32个细胞组成，每4个细胞为一组，排列呈四方形或角锥形。细胞球形，细胞外侧具2～5条长粗刺，长短不一，极少数为1条。色素体杯状，1个，具1个蛋白质。细胞直径5～7μm，刺长20～70μm。

生境: 生长于肥沃的小型水体或浅水湖泊。

国内外普遍分布; 梵净山分布于张家屯（荷花池漂浮）。

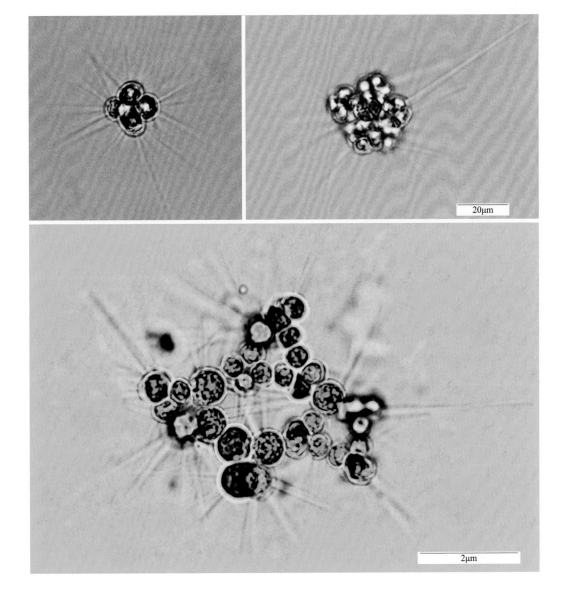

110. 多芒藻属 *Golenkinia* Chodat

原植体为单细胞，有时聚集成群，浮游。细胞球形，细胞壁表面具许多排列不规则的纤细刺。色素体周生，杯状，1个，具1个蛋白核。无性生殖产生动孢子或似亲孢子，动孢子具4条鞭毛。有性生殖为卵式生殖。多生长于有机物质较多的浅水湖泊或池塘中。

[481] 辐射多芒藻

Golenkinia radiata Chodat, Jour de Bot., 8. 305 et seg. 1894; 毕列爵, 胡征宇: 中国淡水藻志, Vol. 8, p. 14, plate: V: 3, 1995.

原植体为单细胞，球形，有时多个细胞聚集成群。外侧的细胞壁具多数纤细的长刺，长短不一。色素体1个，充满整个细胞，1个蛋白质。细胞直径8～13μm，刺长10～30μm。

生境：真性浮游种，生长于湖泊或池塘中。

国内分布于北京、上海、安徽、福建、湖北、台湾；国外分布于亚洲、欧洲、非洲、美洲；梵净山分布于张家屯（荷花池漂浮）。

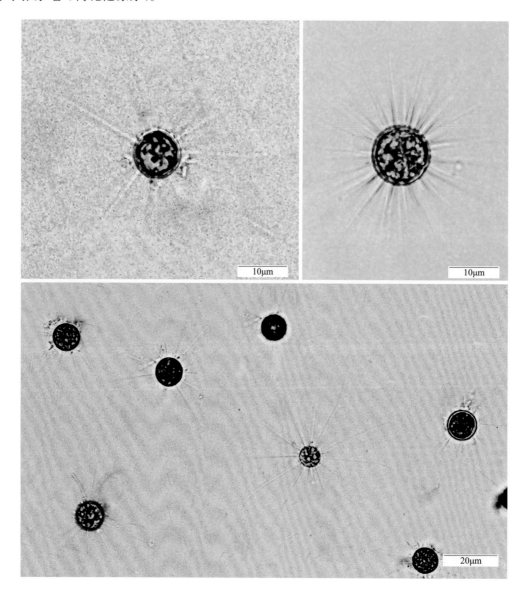

（四十九）小桩藻科 Characiaceae

111. 小桩藻属 *Characium* A. Braun

原植体为单细胞，有时密集成层。细胞纺锤形、椭圆形、圆柱形、卵形、长卵形或近球形等，前端钝圆或突尖，或由顶端细胞壁延长为圆锥形或尖芒状，下端细胞壁延伸成柄，基部常膨大成盘状或圆形的固着器。色素体周生，片状，细胞随着细胞生长，色素体分散，细胞核分裂从1个至多数，蛋白核的数目也随着增加。于各种类型的水体中固着生活，常着生于丝状藻类、水生高等植物等表面。

[482] 喙状小桩藻

Characium rostractum Reinsch ex Printz, 1914; 毕列爵, 胡征宇: 中国淡水藻志, Vol. 8, p. 21, plate: VII: 2～4, 1995.

细胞呈披针形，上部弯曲，顶端尖锐呈刺状，下部尖细，具细长的柄，柄的末端扩大呈盘状。色素体片状，充满近整个细胞，无蛋白核。细胞体长13～20μm，宽5～7μm，柄长4～6μm。

生境：生长于湖泊或池塘中。

国内分布于福建、湖北、贵州（麻阳河）；国外分布于挪威、苏联；梵净山分布于凯文村的水沟石表；高峰村的渗水石表、凯文村（水塘中附植）。

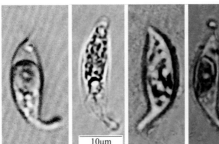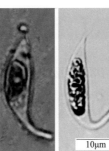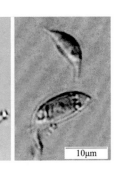

[483] 西康小桩藻

Characium sikangense Jao, Sinensia, 11 (5～6): 540, fig. 2～6, 1940; 毕列爵, 胡征宇: 中国淡水藻志, Vol. 8, p. 20, plate: VII: 2～4, 1995.

细胞披针形，直立，不对称，两端渐窄，顶端尖细，具短柄。细胞柄长2～3μm，细胞长20～30μm，宽6～8μm，基部扩展成盘状的固着器。

生境：生长于水塘、水坑或水田。

国内分布于重庆市(模式产地)、贵州（北盘江）；梵净山分布于大河堰、亚木沟、寨抱村、郭家湾。

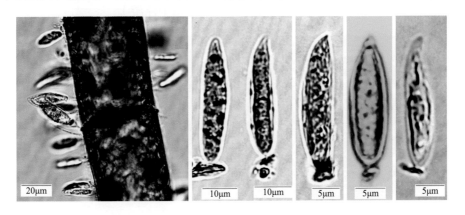

[484]直立小桩藻

Characium strictum A. Braun, Alg. Unicell. g. nov. min. cognita, I～III, 1855; 毕列爵, 胡征宇: 中国淡水藻志, Vol. 8, p. 22, plate: VII 14, 1995.

细胞长椭圆形或棒槌形，直立。细胞顶部广圆，基部与柄相接处略尖圆，近基部具短柄。色素体1个，片状，周生，具1个蛋白核。细胞宽5～7μm，长10～12μm，柄长1～1.5μm。

生境：生长于水田。

国内分布于天津、福建、贵州（松桃）；国外分布于芬兰、南斯拉夫、乌克兰、阿根廷，欧洲中部、斯堪的那维亚等；梵净山分布于清渡河公馆的水田。

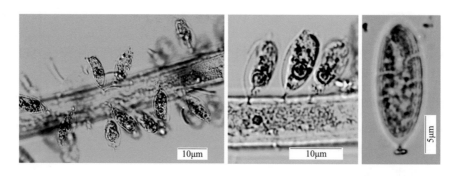

（五十）小球藻科 Chlorellaceae

112. 小球藻属 *Chlorella* Beijierinck

原植体为单细胞或多细胞聚集成的群体。细胞常为球形或椭圆形，大小不一。色素体1个，极少为多个，呈杯状或片状，周生，具1个蛋白核或无。浮游生活。

[485]小球藻

Chlorella vulgaris Beijierinck, Bot. Ztg., 48: 758, 1890; 毕列爵, 胡征宇: 中国淡水藻志, Vol. 8, p. 31, plate: IX: 11～12, 1995.

原植体为单细胞，有时多数聚集成群。细胞球形，细胞壁薄。色素体杯状，1个，只占细胞的一半或略多。具1个蛋白核。细胞直径5～12μm。

生境：生长于湖泊、池塘、水田或水坑。

国内分布于安徽、福建、湖北、江苏、江西、黑龙江、山东、四川、贵州；世界性普生种类；梵净山分布于桃源村（鱼塘浮游）、大河堰杨家组（水坑、水田中浮游）。

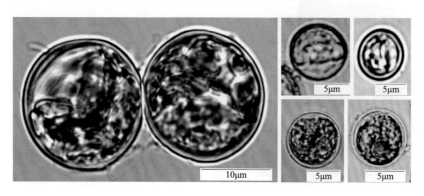

113. 螺翼藻属 *Scotiella* Fritsch

原植体为单细胞，椭圆形至宽纺锤形，两端钝圆或略尖。细胞壁厚，分层，具2到多条与细胞长轴平行、直或螺旋状弯曲的翼状折起。色素体1个或数个，轴生或周生，片状、块状或盘状，具或不具蛋白核。

[486] 中华螺翼藻

Scotiella sinica Jao., Bot. Bull. Acad. Sinica, 1: 243～254, 1947; 毕列爵, 胡征宇: 中国淡水藻志, Vol. 8, p. 33, plate: X: 2～4, 1995.

原植体为单细胞或2、4或6个细胞聚集成的不规则状群体。细胞卵形至纺锤形，细胞两端具尖突，翼状折起6～8条。细胞连翼宽9～11μm，长13～16μm；不连翼宽6～8μm，长9～10μm。色素体1个，轴生，块状，具1个中央蛋白核。生殖以似亲孢子进行。

生境：生长于池塘或缓流水沟，附生或包埋于其他藻类的胶被表或之中。

国内分布于广西、贵州（铜仁、印江、红枫湖、北盘江）；梵净山分布于鱼坳至金顶旅游线1400步处泥炭藓沼地。

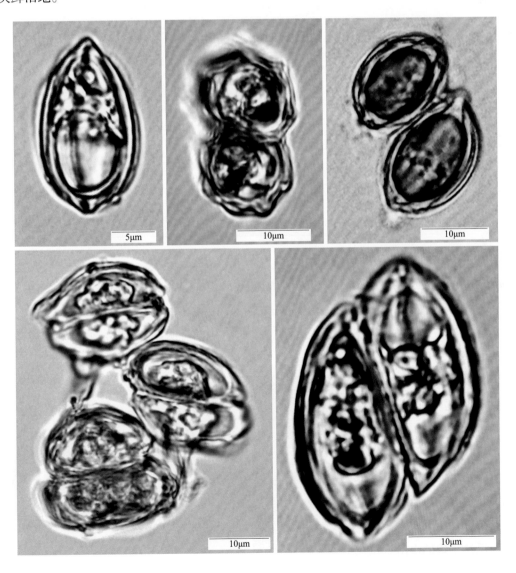

114.顶棘藻属 *Lagerheimiella* Chodat

　　原植体单细胞。细胞椭圆形、卵形、柱状长圆形或扁球形，细胞壁薄，细胞两端或中部具有对称分布的长刺。色素体周生，片状或盘状，1至数个，具1个蛋白核或无。无性生殖产生似亲孢子。浮游。

[487] 盐生顶棘藻

　　Lagerheimiella subsalsa Lemm., Hedwigia, 37: 303～312, 1898; 毕列爵, 胡征宇: 中国淡水藻志, Vol. 8, p. 38, plate: XI: 2, 1995.

　　单细胞椭圆形至长圆形，两端阔圆，每端具3～4根不规则分布的刺。色素体1个，片状，具1个蛋白核。细胞宽5～6μm，长8～10μm，刺长10～25μm。

　　生境：生长于各种淡水或半咸水的小水体中。

　　国内分布于黑龙江、湖北、云南、贵州（红枫湖、百花湖、乌江、北盘江）；世界广泛分布；梵净山分布于护国寺（水池中浮游）。

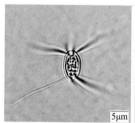
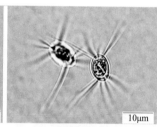

115.四角藻属 *Tetraedron* Kützing

　　原植体为单细胞。细胞扁平或角锥形，具3～5个角，角分叉或不分叉，角延伸成突起或无，角或突起顶端的细胞壁常凸出为刺。色素体周生，盘状或多角片状，1至多个，各具1个蛋白核或无。浮游。

[488] 四棘四角藻

　　Tetraedron arthrodesmiforme (G. W. West) Woloszynska, Hedw., 55: 203, pl. 14, f. 9～10, 1914; 毕列爵, 胡征宇: 中国淡水藻志, Vol. 8, 55, plate: XVI: 10～11, 1995.

　　细胞侧面观扁平，正面观为左右对称，呈"H"形，中间有明显的峡部。侧面观两瓣略交叉，具4个长的、渐狭的角突。色素体多个，盘状，不具蛋白核。细胞长20μm，宽40μm，厚4.5μm。

　　生境：生长于湖泊、水塘、水田等静水水体。

　　国内分布于安徽、湖北、台湾；国外分布于非洲；梵净山分布于坝溪沙子坎的水田。

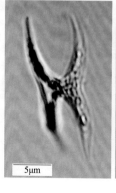
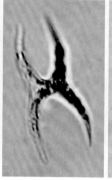
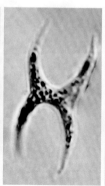
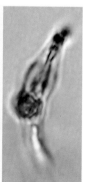

[489]细小四角藻

Tetraedron minimum (A. Braun) Hansg., Hedw., 27: 131, 1888; 毕列爵, 胡征宇: 中国淡水藻志, Vol. 8, p. 49, plate: XIV: 9～10, 1995.

细胞正面观略呈四边形，侧面观椭圆形，具4个钝圆或略尖的角突，顶端无棘刺，罕有1个细小突孔，边缘内凹。细胞壁光滑。细胞直径5～10μm，厚3～6μm。

生境：生长于湖泊、水塘、水田等静水水体。

国内分布于北京、黑龙江、安徽、湖北、江苏、江西、山东、福建、台湾、广东、云南、西藏、贵州（广泛分布）；世界普生性种类；梵净山分布于坝溪沙子坎、亚木沟、快场、新叶乡韭菜塘。

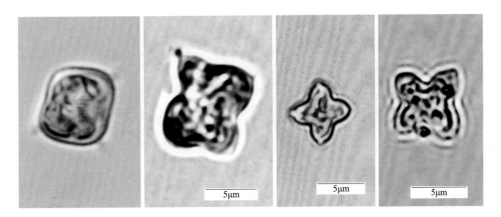

[490]五角四角藻

Tetraedron pentaedricum W. et G. S. West，Trans. Linn. Soe. Bot., 5: 84, 1895; 毕列爵, 胡征宇: 中国淡水藻志, Vol. 8, p. 58, plate: XVII: 9-10, 1995.

细胞具5个方向的角突，其中4个角突略位于同一平面上，细胞边缘凹入，角突的顶端具1根较长的刺。细胞宽10～12μm，刺长3～5μm。

生境：生长于湖泊、水塘、水田等静水水体。

国内分布于黑龙江、湖北、湖南、内蒙古、西藏、贵州（松桃、铜仁、江口、印江、沿河）；国外分布于印度，北美洲、欧洲、非洲；梵净山分布于坝溪沙子坎的水田。

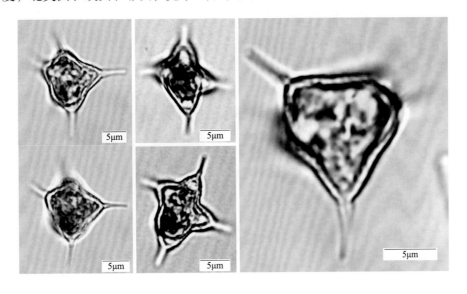

[491]漂浮四角藻

Tetraedron planktonicum G. M. Smith, 1916, Bull. Torr. Bot. Club, 48: 471～483; 毕列爵, 胡征宇: 中国淡水藻志, Vol. 8, p. 56, plate: XXI: 1, 1995.

细胞为多边体, 边缘常具4～5个角锥凸出, 顶端有1～2次分叉, 最后一次分叉在顶端形成2或3个, 常不在一个平面上的刺。细胞不含突起宽15～25μm, 含突起宽35～45μm。

生境: 生长于湖泊、水塘、水田等静水水体。

国内分布于黑龙江、安徽、贵州（威宁）; 国外分布于美国、巴西; 梵净山分布于黑湾河凯马村的水沟石表。

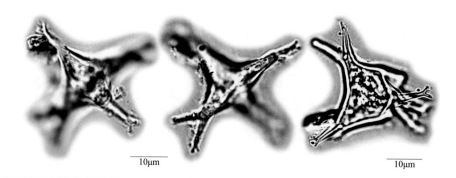

116. 单针藻属 *Monoraphidium* Komarkova-Legnerova

原植体常为单细胞。细胞纺锤形, 或长或短, 或直立或各种弯曲, 两端常渐尖, 有的较宽圆。色素体片状, 周位, 多数充满整个细胞, 极少在中部略有小空隙, 不具或极少具1个蛋白核。以产生似亲孢子繁殖。多为浮游。

[492]弓形单针藻

Monoraphidium arcuatum (Komarkova) Hind., Algol. Stud. Trebon, 1: 25, f. 9, 1970; 毕列爵, 胡征宇: 中国淡水藻志, Vol. 8, p. 64, plate: XVIII: 8～9, 1995.

细胞为细长的纺锤形, 常弯曲成圆弓形, 两侧边大部分近于平行, 两端渐狭, 顶端各具1刺。色素体单个, 片状, 周位, 充满整个细胞, 无蛋白核。细胞长25～40μm, 宽2～4μm。

生境: 生长于水沟、水塘、水田或水池等。

国内分布于台湾; 国外分布于埃及、英国、古巴、乌克兰、捷克、斯洛伐克, 普生性种类; 梵净山分布于坝溪沙子坎、凯文村、清渡河公馆、熊家坡。

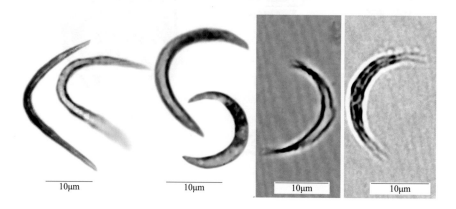

[493]加勒比单针藻

Monoraphidium caribeum Hindak, Algol. Stud. Trebon, 1, 27, f. 11, 1970; 毕列爵, 胡征宇: 中国淡水藻志, Vol. 8, p. 65, plate: XVIII: 10, 1995.

细胞弓形或新月形，两端渐狭，顶端细尖。色素体1个，周位、片状，无蛋白核。细胞长18～30μm，宽2～4μm。

生境：生长于河流、溪沟、水塘、沼泽或渗水石表。

国内分布于台湾；国外分布于古巴；梵净山分布于凯文村、团龙清水江、亚木沟明朝古院、张家屯、高峰村、太平河、快场。

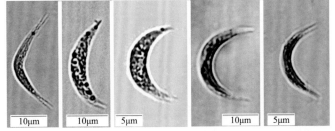

[494]旋转单针藻

Monoraphidium contortum (Thur.) Kom.–Legn., in Fott (ed.), Stud. Phy-col. Ft., 1969; 毕列爵, 胡征宇: 中国淡水藻志, Vol. 8, p. 66, plate: XIX: 2, 1995.

细胞长纺锤形，呈"S"形至螺旋状弯曲扭曲，螺旋只有0.5～1圈，两端渐狭，顶端长芒尖。色素体1个，片状、周位。细胞长30～40μm，宽2～3μm。

生境：生长于河岸水塘、水坑或水田，喜富营养性水体。

国内分布于台湾；世界普生性种类；梵净山分布于亚木沟、寨抱村、德旺茶寨村大上沟、清渡河靛厂、黑湾河与太平河交汇口。

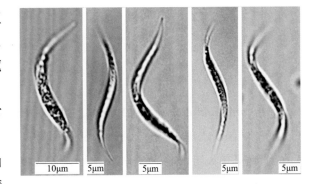

[495]不规则单针藻

Monoraphidium irregulare (G. M. Smith) Komarkova–Legnerova, in Fott (ed), Stud. Phycol., 106, t. 19, f. 1～3, 1969; 毕列爵, 胡征宇: 中国淡水藻志, Vol. 8, p. 65, plate: XIX: 6, 1995.

细胞呈长的纺锤形，多次弯曲或1～2圈螺旋状弯曲，两端渐狭，顶端尖细。色素体1个，片状、周位，无蛋白核。细胞宽1.5～2μm，细胞两顶端距离18～25μm，螺旋宽度8～12μm。

生境：生长于水坑或水田，喜富营养性水体。

国内分布于台湾；国外分布于乌克兰；梵净山分布于凯文村的水塘。

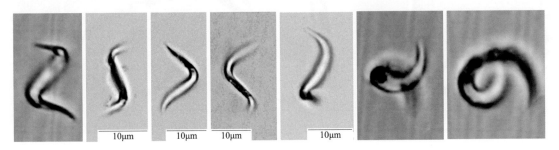

[496]格里佛单针藻

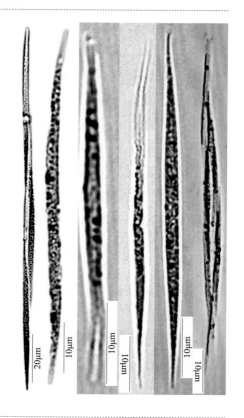

Monoraphidium griffithii (Berk.) Kom.–Legn., in Fott. Stad. Phycol., 98, t. 11, f. 1～4, 1969; 毕列爵, 胡征宇: 中国淡水藻志, Vol. 8, p. 64, plate: XVIII: 5～6, 1995.

细胞狭长纺锤形, 直立或轻微弯曲, 两端渐尖, 顶端细长, 不弯曲或略偏。色素体1个, 周位, 片状。细胞长55～75μm, 宽2～3.5μm。

生境: 生长于水塘、水沟、水坑或水田, 喜富营养性水体。

国内分布于辽宁、台湾; 世界普生性种类; 梵净山分布于坝溪镇沙子坎、凯文村、清渡河公馆、亚木沟、寨抱村、高峰村、冷家坝鹅家坳、德旺茶寨村大上沟。

[497]奇异单针藻

Monoraphidium mirabile (W. et G. S. West) Pankow., Alg. –Fl. Ostsea, U, Plankton, 493, 1976; 毕列爵, 胡征宇: 中国淡水藻志, Vol. 8, p. 65, plate: XVIII: 11, XX: 7, 1995.

细胞呈狭长纺锤形, 略呈"S"形或各式各样的弯曲, 两端渐狭, 顶端尖锐。色素体1个, 充满整个细胞, 但中部略有凹陷, 无蛋白核。细胞直径1.5～2.5μm, 长25～35μm。

生境: 生长于水沟、水坑、鱼塘、滴水或渗水石壁表。

国内分布于北京、重庆、四川、福建、贵州(松桃、印江)、江苏、湖北、西藏、台湾; 国外分布于美国、苏联, 世界性普生种类; 梵净山分布于坝溪沙子坎、大河堰、团龙清水江、熊家坡、紫薇镇罗汉穴、德旺净河村老屋场。

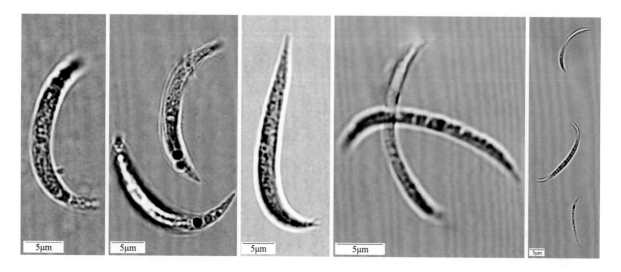

117.纤维藻属 *Ankistrodesmus* Corda

原植体单细胞或偶数个及更多个细胞聚集成群体。细胞纺锤形、针形、弓形、镰形或螺旋形等，直或弯曲，自中央向两端逐渐尖细，末端尖，罕为钝圆的。色素体周生，片状，1个，占细胞的绝大部分，有时裂为数片，具1个蛋白核或无。一般浮游生活，有时附着。

[498]伯纳德氏纤维藻

Ankistrodesmus bernardii Konarek, Nova Hedw., 37, 138, t. 25, f. 65a–g, 1983; 毕列爵，胡征宇：中国淡水藻志, Vol. 8, p. 75, plate: XX: 12, 1995.

原植体为4、8、16或32个细胞聚集成的束状群体。细胞为狭长的纺锤形，呈"S"状扭曲，两端渐尖，各细胞于中部螺旋式缠绕。色素体1个，片状，几乎充满整个细胞。无蛋白核。细胞直径2～3μm，长35～90μm。

生境：浮游种，常见于池塘、水沟、水库等处。

国内分布于台湾、云南；国外分布于印度尼西亚、马来西亚、新加坡、古巴、巴西、乍得共和国；梵净山分布于亚木沟景区大门的荷花池。

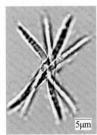

[499]镰形纤维藻

[499a]原变种

Ankistrodesmus falcatus (Corda) Ralfs. var. *falcatus* Brit. desm., 100, t. 34, f. 3a–b, 1848; 毕列爵，胡征宇：中国淡水藻志, Vol. 8, p. 72, plate: XX: 6, 1995.

原植体常由4个细胞组成聚合体，细胞纤细，呈长的纺锤形，两端渐尖细，呈弧形、弓形或镰刀状弯曲，各细胞以凸出的背面相连，长轴互相平行呈束状。色素体1个，片状，具1个蛋白核。细胞直径2～3μm，长30～40μm。

生境：浮游种，常见于池塘、水沟、水库等处。

国内分布于北京、安徽、重庆、四川、湖南、福建、广东、广西、贵州（广泛分布）、黑龙江、江苏、湖北、江西、山东、云南；世界普生性种类；梵净山分布于护国寺的水池、小坝梅村的水田、清渡河公馆的水池。

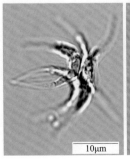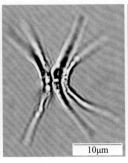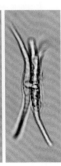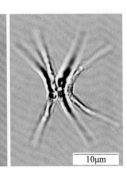

[499b] 镰形纤维藻放射变种

Ankistrodesmus falcatus var. ***radiatus*** (Chodat) Lemme., Arch. Hydrobiol. Plankt., 4 (2): 176, 1900; 毕列爵, 胡征宇: 中国淡水藻志, Vol. 8, p. 74, plate: XX: 8, 1995.

与原变种的主要区别在于：原植体一般为多细胞交结成的群体，细胞以中部相连，两端游离，呈放射状排列；细胞直或呈略弯曲，向两端渐尖；色素体1个，除中部有几处凹入，几乎充满整个细胞，无蛋白核；细胞直径2～4μm，长45～60μm。

生境：浮游种，常见于池塘、水沟、水库等处。

国内分布于安徽、福建、湖北、湖南、云南；国外分布于日本、印度、印度尼西亚、缅甸、新加坡，欧洲；梵净山分布于德旺茶寨村大上沟（水田中浮游、底栖或附植）。

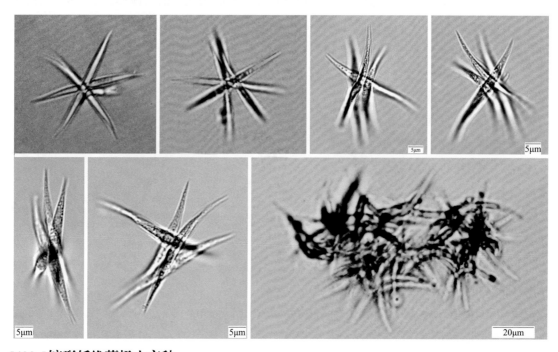

[499c] 镰形纤维藻极小变种

Ankistrodesmus falcatus var. ***tenuissimus*** Jao; 毕列爵, 胡征宇: 中国淡水藻志, Vol. 8, p. 74, plate: XX: 9, 1995.

与原变种的主要区别在于：原植体单细胞或由数个细胞聚集成群体，无共同胶被；细胞小而长，弓形弯曲，由细胞中部向两端渐狭，两端略反向弯曲而尖锐；色素体1个，周位，不具蛋白核；细胞直径0.8～1.2μm，长25～35μm。

生境：浮游种，常见于池塘、水沟、水库等处。

国内分布于湖南（长沙，模式产地）；梵净山分布于坝溪沙子坎（鱼塘浮游）、凯文村（水田底栖）。

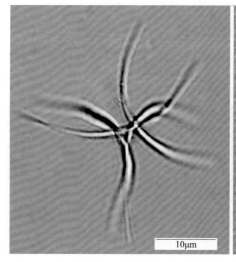

[500]纺锤纤维藻

Ankistrodesmus fusiformis Corda., alman. de Carsbad, 9: 244~312, 1838; 毕列爵, 胡征宇: 中国淡水藻志, Vol. 8, p. 76, plate: XXI: 1, 1995.

原植体常由4、8、16或32个细胞聚集成群体。各细胞于中部交叉接触, 略呈"十"字状或放射状。细胞针状纺锤形, 直或略弯曲, 两端渐尖。色素体1个, 周位, 片状, 充满整个细胞, 无蛋白核。细胞直径2~3μm, 长30~50μm。

生境: 浮游或附植种, 生长于溪沟、水塘、水坑、水田、荷花池或滴水岩壁。

国内分布于台湾、福建、河北、内蒙古; 世界普生性种类; 梵净山分布于凯文村、坝梅村、小坝梅村、团龙清水江、德旺茶寨村大上沟、净河村老屋场、亚木沟。

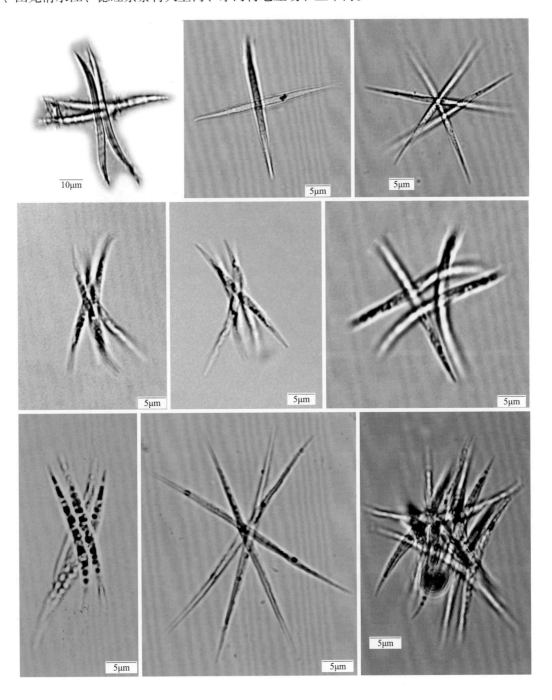

118.蹄形藻属 *Kirchneriella* Schmidle

原植体为多细胞聚集成的群体，常由4或8个为一组，多数包被在胶质的群体胶被中。细胞呈新月形、半月形、蹄形、镰形或圆柱形，两端尖细或钝圆。色素体周生，片状，1个，除细胞凹侧中部外充满整个细胞，具1个蛋白核。无性生殖常产生似亲孢子。生长在湖泊、池塘、水库、沼泽中的浮游种类。

[501] 扭曲蹄形藻

Kirchneriella contorta (Schmidle) Bohlin, Bih. Kgl. Sv. Vet. A k. Handl., 23, afd. 3, no. 7: 120, 1897; 毕列爵, 胡征宇: 中国淡水藻志, Vol. 8, p. 80, plate: XXI: 8, 1995.

原植体为4、8、16个或多数细胞聚集成的群体，群体胶被透明。细胞圆柱形，两端略变细，弯曲成弓形或扭曲，两个端部相距较远。细胞在胶被内有时2或4个为一组，但细胞之间并不紧连，间距一般较大。色素体1个，充满整个细胞，无蛋白核。细胞直径1~2μm，长7~12μm。

生境：生长于湖泊、水库、水塘或水田等。

国内分布于福建、湖南、广东、安徽、湖北、黑龙江、云南、西藏、贵州（红枫湖、威宁）；全世界广泛分布；梵净山分布于护国寺（水池中浮游）、德旺茶寨村大上沟（水田浮游、底栖或附植）。

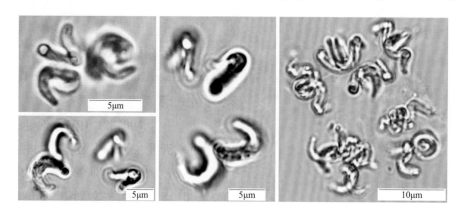

[502] 多瑙河蹄形藻

Kirchnerilla danubiana Hindak, Treat. Biol., 26, 135, t. 57~58, 1980; 毕列爵, 胡征宇: 中国淡水藻志, Vol. 8, p. 83, plate: XXII: 4, 1995.

原植体为4、8、16个或多数细胞聚集成的群体，群体胶被透明。细胞弯曲呈半月形，两端钝圆。色素体1个，片状，周位，靠近细胞的凸出面或充满整个细胞，无蛋白核。细胞长10~15μm，宽4~5μm。

生境：生长于湖泊、水库、水塘或水田等。

国内分布于台湾；国外分布于多瑙河流域；梵净山分布于德旺茶寨村大上沟（水田浮游、底栖或附植）。

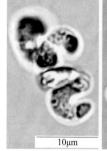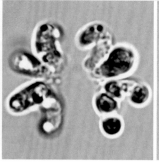

[503] 蹄形藻

Kirchneriella lunaris (Kirch.) Moebius, Abh. d. Senckenb. Naturf. Ges., 18: 331, 1894; 毕列爵, 胡征宇: 中国淡水藻志, Vol. 8, p. 81, plate: XXI: 11, 1995.

原植体为4、8、16个或多数细胞聚集成的群体，有共同透明的胶被。细胞镰形、圆弧形或马蹄形，两端渐尖，顶端尖锐，距离3~5μm。色素体1个，片状，充满整个细胞，具1个蛋白核。细胞直径4~6μm，长6~10μm。

生境：生长于湖泊、水库、水塘或水田等。

国内分布于北京、福建、广东、广西、安徽、黑龙江、江苏、湖北、湖南、云南、西藏、贵州（广泛分布）；国外分布于印度、缅甸、斯里兰卡、印度尼西亚、日本、苏联、美国、欧洲；世界广泛分布；梵净山分布于马槽河的河岸岩石上水坑、凯文村的水田。

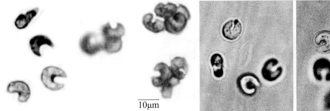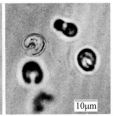

[504] 显微蹄形藻

Kirchneriella microscopica Nygaard, Daner. Plantplank, s2, f. 40, 1995; 毕列爵, 胡征宇: 中国淡水藻志, Vol. 8, p. 84, plate: XXII: 6, 1995.

原植体由8、16、32或64个细胞聚集，偶见单个细胞。细胞新月形、半圆形的弯曲，但不扭曲，两端对称，渐略狭。色素体1个，片状，充满整个细胞，不具蛋白核。细胞宽3.3μm，长约10μm。

生境：生长于湖泊、水库、水塘或水田等。

国内分布于台湾、黑龙江；国外分布于丹麦；梵净山分布于亚木沟、寨抱村（水田中浮游）。

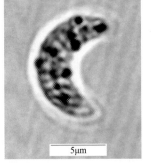

119. 小箍藻属 *Trochiscia* Kützing

原植体为单细胞或多个聚集成群，水生，少为半气生。细胞球形或近球形，细胞壁厚，具窝孔、小刺、网纹、颗粒、瘤或脊状突起等花纹。色素体1至数个，盘状或板状。具1个或多个蛋白核。无性生殖产生似亲孢子。

[505] 网纹小箍藻

Trochiscia reticularis (Reinsch) Hanging, 1888; 胡鸿钧, 魏印心: 中国淡水藻志 (系统、分类及生态), p. 625, plate: XIV: 23: 11-12, 2006.

原植体为浮游单细胞，球形，壁厚，壁上具外凸的脊，由脊构成网纹，网孔多角形，多数。色素体盘状，多数，每个色素体具1个蛋白核。细胞直径30~35μm。

生境：生长于水沟、水塘、湖泊、沟渠、沼泽或水塘。

国内外广泛分布；梵净山分布于马槽河、凯文村、德旺茶寨村大上沟。

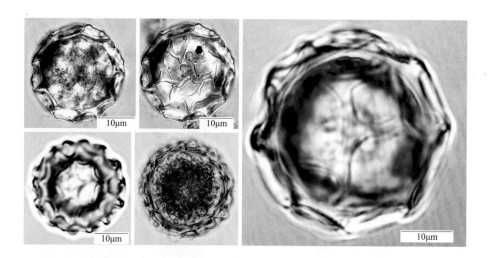

（五十一）卵囊藻科 Oocystaceae

120. 浮球藻属 *Planktosphaeria* G. M. Smith

原植体由2、4、8个或更多细胞聚集为群体，不规则，具透明的群体胶被。细胞球形，大小不一，具透明均匀的胶被，幼时具1个周生、杯状的色素体，成熟后分散为多角形或盘状，每个色素体具1个蛋白核。

[506] 胶状浮球藻

Planktosphaeria gelatinosa G. M. Smith, Trans. Wis. Acad. Sci. Arts Lett., 19: 62, f. 8～11, 1918; 毕列爵, 胡征宇: 中国淡水藻志, Vol. 8, p. 99, plate: XXVI: 5, 1995.

原植体一般为多细胞胶质群体，球形或不规则，细胞排列无固定形态。细胞球形。色素体1个，周位，具1个蛋白核。直径12～16μm，胶被厚4～10μm。

生境：生长于池塘、湖泊或水田。

国内分布于北京、黑龙江、湖北、云南、贵州（红枫湖、百花湖、兴义、铜仁、石阡）；国外分布于英国、德国、瑞典、捷克、巴西、美国、巴基斯坦；梵净山分布于大河堰、亚木沟景区大门。

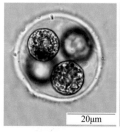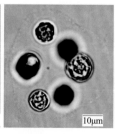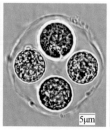

121. 并联藻属 *Quadrigula* Printz

原植体为2、4、8个或更多细胞聚集成的浮游群体，具透明的群体胶被。细胞纺锤形、新月形、近圆柱形至长椭圆形，直或略弯曲，4个为一小组，各细胞长轴近于平行。两端渐尖，色素体周生，片状，1个，位于细胞的一侧或充满整个细胞，具1或2个蛋白核或无。无性生殖通常产生4个似亲孢子，生殖时4个似亲孢子组成1组，以其长轴与母细胞的长轴相平行。

[507]柯氏并联藻

Quadrigula chodatii (Tann.–Fullm.) G. M. Smith., Wisl. Geol. Nat. Hist. Sury., 57 (1): 138, 1920; 毕列爵, 胡征宇: 中国淡水藻志, Vol. 8, p. 87, plate: XXIIIL: 5, 1995.

原植体为2、4、8个或更多细胞聚集成的浮游群体，具透明的群体胶被。细胞纺锤形，略弯曲，两端渐尖，一端较钝，分散在共同胶被内，长轴近于平行，略与群体胶被长轴平行，多数以细胞侧面的一部分相互接触，有时单个分开，方向略倾斜。色素体1个，片状，周位，中部常有空隔，具2个或不具蛋白核。细胞长8～12μm，宽3～4μm。

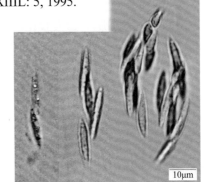

10μm

生境：生长于池塘或湖泊。

国内分布于江苏、湖北、辽宁、安徽、云南；国外分布于瑞士、美国；梵净山分布于坝溪镇沙子坎的水沟。

122. 卵囊藻属 *Oocystis* Nägeli

原植体为单细胞或2、4、8或16个细胞组成的群体，包被在部分胶化膨大的母细胞壁中。细胞椭圆形、卵形、纺锤形、长圆形或柱状长圆形等，细胞壁平滑，部分种类的细胞两端具锥状增厚，细胞壁扩大和胶化时，锥状增厚不胶化。色素体周生，片状、多角形块状或不规则盘状，1个或多个，每个色素体具1个蛋白核或无。无性生殖产生似亲孢子。绝大多数浮游型，喜有机质较丰富的水体。

[508]细小卵囊藻

Oocystis pusilla Hansgirg, Sitzungsber. Kgl. bohm. Ges. Wiss., math. –nat. KI., Prag, 1:9, 1890; 毕列爵, 胡征宇: 中国淡水藻志, Vol. 8, p. 106, plate: XXVIII: 6, 1995.

原植体单细胞或4个细胞包被于原母细胞壁中，母细胞壁膨大胶化。细胞椭圆形，细胞壁两端不增厚。色素体2个，片状，周位，无蛋白核。细胞长8～12μm，宽5～7μm。

生境：浮游种，生长于河沟、水库、水坑、水田或水池中。

国内分布于山西、云南；国外分布于奥地利、乌克兰、阿根廷、美国；梵净山分布于护国寺、大河堰、高峰村、清渡河、亚木沟、木黄垮山湾、紫薇镇罗汉穴、清渡河。

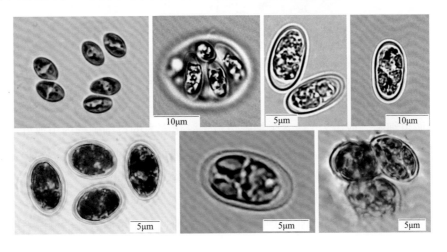

10μm　　5μm　　10μm

5μm　　5μm　　5μm

[509]石生卵囊藻

Oocystis rupestris Kirchner, Beitr. Algenfl. Wurttembereg, 169, 2, f. 2, 1880; 毕列爵, 胡征宇: 中国淡水藻志, Vol. 8, p. 106, plate: XXⅧ: 5, 1995.

原植体单细胞。膨大胶化的母细胞壁内具由2、4个或很多细胞组成的群体，细胞常在侧面略相联接而上下交错，不规则排列。细胞柱状长圆形至长椭圆形，长为宽的2.5～4.2倍，两端阔圆，细胞壁无圆锥状加厚部分。具2个较大的色素体，片状，周生，各具1个蛋白核。细胞长12～25μm，宽6～11μm。

生境：生长于河沟、水沟、水池、水坑或渗水石表。

国内分布于广西；国外分布于德国、奥地利、瑞士、捷克；梵净山分布于坝溪沙子坎、桃源村、坝梅村、小坝梅村杨家组、清渡河、亚木沟、乌罗镇石塘、德旺茶寨村大溪沟、快场。

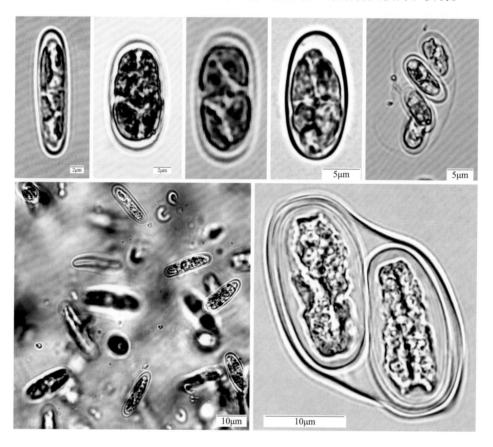

[510]单生卵囊藻

Oocystis solitaria Wittr., Bot. Notiser, 27, 244, f. 1～5, 1897; 毕列爵, 胡征宇: 中国淡水藻志, Vol. 8, p. 102, plate: XXI: 7, 1995.

原植体为浮游单细胞，或由2、4、8个细胞包被于胶化膨大的母细胞壁内组成群体。细胞椭圆形或宽椭圆形，两端钝圆，细胞壁厚，两端具明显加厚呈短圆锥状突起。色素体多角形盘状，周位，多数（常12～18个），各具1个蛋白核。细胞长15～30μm，宽10～20μm。

生境：生长于水沟、水坑、池塘或湖泊。

国内外广泛分布；梵净山分布于张家坝凉亭坳、马槽河、鱼坳至苗香坪的潮湿石壁。

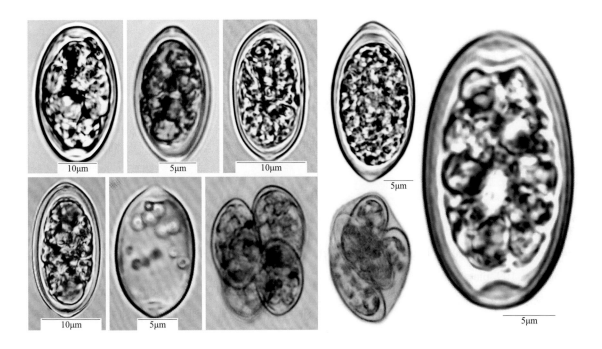

[511]水生卵囊藻

Oocystis submarina Lagerh., Bot. Notiser., 1886: 45, f. 1, 1886; 毕列爵, 胡征宇: 中国淡水藻志, Vol. 8, p. 101, plate: XXVII: 3–5, 1995.

原植体为浮游单细胞。母细胞壁扩大并胶质化，包被2、4个或更多的细胞。细胞长椭圆形，细胞壁两端具短圆锥状的增厚。色素体片状，1~2个，各具1个蛋白核。细胞长14~27μm，宽6~15μm。

生境：生长于水坑、水田、滴水或渗水石壁。

国内分布于湖北、广西、云南、西藏；国外分布于瑞典、乌克兰；梵净山分布于坝溪、团龙清水江、高峰村、乌罗镇石塘、昔平村、新叶乡韭菜塘、大河堰、德旺净河村老屋场、清渡河靛厂。

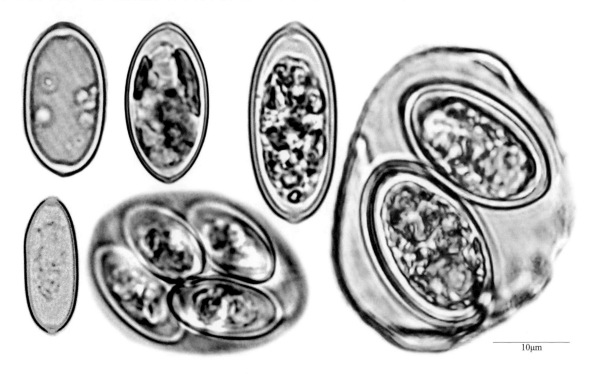

123.胶囊藻属 *Gloeocystis* Nägeli

原植体为多细胞组成的不定形胶质群体，常呈球形，少数为单细胞。通常由2、4、8个或更多的细胞为一组，包被在群体胶被中，胶被无色，宽和坚硬，层理有或无。细胞球形、近球形、椭圆形、卵圆形或圆柱形，个体胶被明显分层，少为不分层的。色素体1个，幼时杯状，周生，成熟后常分散充满整个细胞；具1个蛋白核，并含多数分散的淀粉粒；某些种类具伸缩泡。无性生殖产生似亲孢子或厚壁孢子。生长在池塘、湖泊、水库、沼泽、沟渠中，或附植在潮湿的土壤、岩石或木桩上，浮游或附植。

[512] 卵形胶囊藻

Gloeocystis ampla (Kütz.) Lagerh., of. Kgl. Vet. Acad. Fott., 40～63, 1883; 毕列爵，胡征宇：中国淡水藻志，Vol. 8, p. 109, plate: XXIX: 1, 1995.

原植体为无定形的胶状群体，小群体由2、4或8个细胞组成。细胞长椭圆形至卵形，两端钝圆，个体和群体胶被无色，不分层。色素体杯状，周位，具1个蛋白核。细胞长10～12μm，宽7～10μm。

生境：生长于池塘、湖泊、沼泽，浮游或附生于水中基质上。

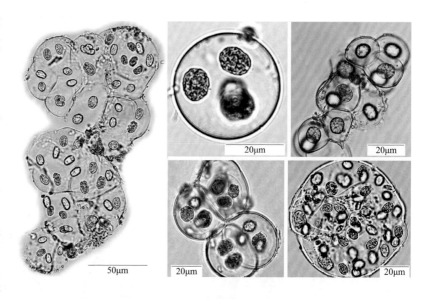

国内分布于陕西、湖北、广西、贵州（印江、安顺、都匀）；国外分布于德国；梵净山分布于太平镇马马沟村（潮湿腐木上亚气生）、小坝梅村的水田、清渡河茶园坨（河沟漂浮）、陈家坡的水塘、冷家坝鹅家坳的水田、熊家坡的水塘、熊家坡的溪沟边滴水石表。

[513] 巨形胶囊藻

Gloeocystis gigas (Kuetz.) Lagerh., of. Kgl. Vet-akad. Forh, 40: 63, 1983; 毕列爵，胡征宇：中国淡水藻志，Vol. 8, p. 109, plate: XXVIII: 11, 1995.

原植体常为2～4个或更多的细胞群体，呈球形或近球形，多附着于丝状藻或水草表面。细胞球形或近球形，个体胶被透明，极厚，有分层或不清晰。成熟细胞内色素体分散，具数个淀粉粒，常伴有油滴。细胞直径15～24μm，包括胶被厚可达10～15μm。

生境：多附着在丝状绿藻或水草上。

国内分布于北京、上海、湖北、武汉、广西、重庆、云南、贵州（北盘江）；国外分布于德国；梵净山分布于小坝梅村、清渡河茶园坨、德旺茶寨村大上沟（河沟、水田中浮游、底栖或附植）。

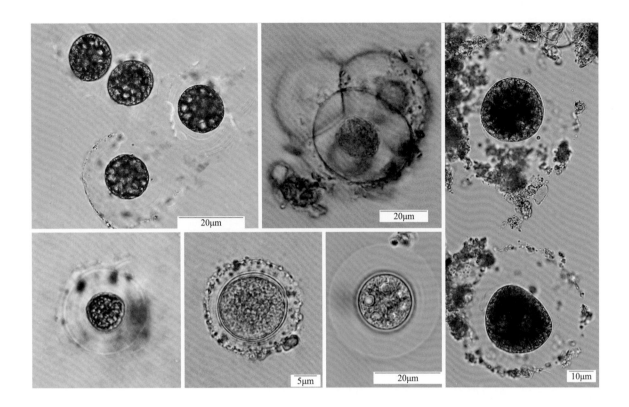

[514] 泡状胶囊藻

Gloeocystis vesiculosa Naeg., Gatt. Einzell. Alg., 66, 1849; 毕列爵, 胡征宇: 中国淡水藻志, Vol. 8, p. 108, plate: XXVIII: 9～10, 1995.

原植体为 2、4、8 个或更多细胞聚集形成的胶质群体, 呈球形或近球形。群体胶被无色, 厚, 具层理, 宽 10～20μm。细胞球形, 胶被极厚, 有层理。细胞直径 7～10μm, 胶被厚 3～5μm。

生境: 生长于水库、水塘、水坑、水田或滴水的岩石上。

国内分布于湖北、湖南、云南、贵州 (贵阳、贵定、兴义、麻阳河); 国外分布于瑞士; 梵净山分布于凯文村、坝梅村、大河堰、小坝梅村、罗镇寨朗沟水库、新叶乡韭菜塘。

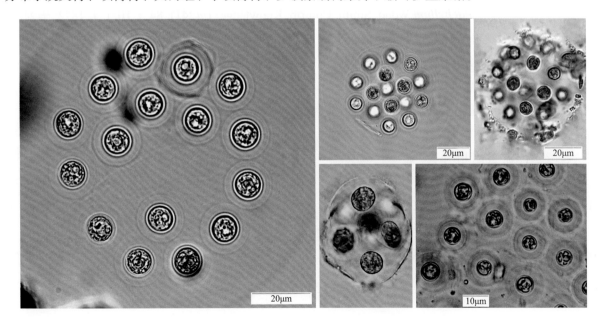

（五十二）网球藻科 Dictyosphaeraceae

124. 网球藻属（胶网藻属）*Dictyosphaerium* Näegeli

原植体为定形群体，由2、4、8、16或更多的细胞组成，常有群体胶被。细胞球形、卵形、椭圆形或肾形。母细胞壁的残余成分形成胶质柄，呈"十"字形的分枝、二分叉或四分叉分枝连接各细胞，或由膜状薄片将彼此分离的细胞连接而成。色素体1个，杯状，周位或位于细胞基部。以似亲孢子生殖。浮游型。

[515] 网球藻（胶网藻）

Dictyosphaerium ehrenbergianum Näg., Gatt. einzell. alge, 73,t. 2, f. E: a～d, 1894; 毕列爵, 胡征宇: 中国淡水藻志, Vol. 8, p. 118, plate: XXX: 3, 1995.

原植体为定形的胶质群体，具无色透明的群体胶被。细胞椭圆形至卵形，每个细胞在长轴一侧中部与胶质柄相连，胶柄二叉分枝。色素体1个，杯状、侧位，具1个蛋白核。细胞长6～8μm，宽4～6μm。

生境：生长于池塘、湖泊或水田。

国内分布于黑龙江、湖北、云南、贵州（广泛分布）、台湾等；国内外广泛分布；梵净山分布于护国寺、凯文村、清渡河公馆、昔平村、德旺茶寨村大上沟。

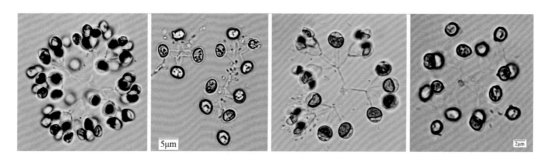

[516] 美丽网球藻（美丽胶网藻）

Dictyosphaerium pulchellum Wood, Smith. Contrib. Knowledge, 19(241): 84, t. 10, f. 4, 1872; 毕列爵, 胡征宇: 中国淡水藻志, Vol. 8, p. 118, plate: XXX: 4, 1995.

原植体为定形的胶质群体，球形或阔椭圆形。细胞球形，胶柄二叉分枝，群体多为每4个细胞一组。色素体1个，杯状，位于细胞底部，具1个蛋白核。细胞直径4～8μm。

生境：浮游或附植种，生长于水沟、池塘、水池、湖泊、沼泽、水坑、水田。

国内外广泛分布；梵净山分布于护国寺、坝溪沙子坎、凯文村、大河堰、清渡河靛厂。

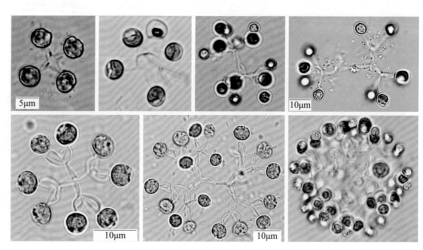

（五十三）水网藻科 Hydrodictyaceae

125.水网藻属 *Hydrodictyon* Roth

原植体为真性群体，大型，由大量的圆柱形或其他形状的细胞组成大型囊状的网，每一网孔由5或6个细胞彼此两端连接围绕而成，网孔多为五或六边形。幼细胞色素体片状，具1个蛋白核，成熟细胞色素体网状，具多个蛋白核和多个细胞核。无性生殖产生双鞭毛的动孢子。动孢子萌发形成小网。

[517]水网藻

Hydrodictyon reticulatum (Linn.) Lagerh., Ofv. Kgl. Vetensk. Akad. Forh., 40: 71, 1883; 毕列爵, 胡征宇: 中国淡水藻志, Vol. 15, p. 18, plate: X: 7, 2012.

原植体由多数细胞头端连接，形成封闭的网状群体，鲜绿色，网孔一般为五或六边形。细胞圆柱状至宽卵形。色素体幼时片状，具1个蛋白核，1个细胞核，成熟后呈网状，具多个蛋白核，多个细胞核。细胞长500～1500μm，宽100～150μm。

生境：生长于水田、河沟、池塘或水坑，常见于水中大面积漂浮。

国内外广泛分布；梵净山分布于寨沙、坝梅村、高峰村、德旺岳家寨红石梁、乌罗镇甘铜鼓天马寺。

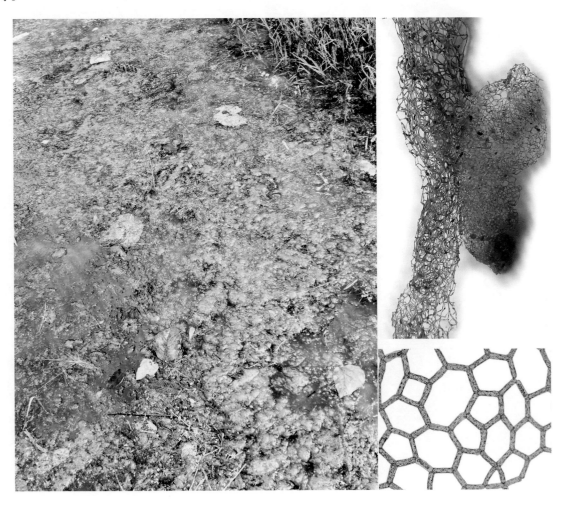

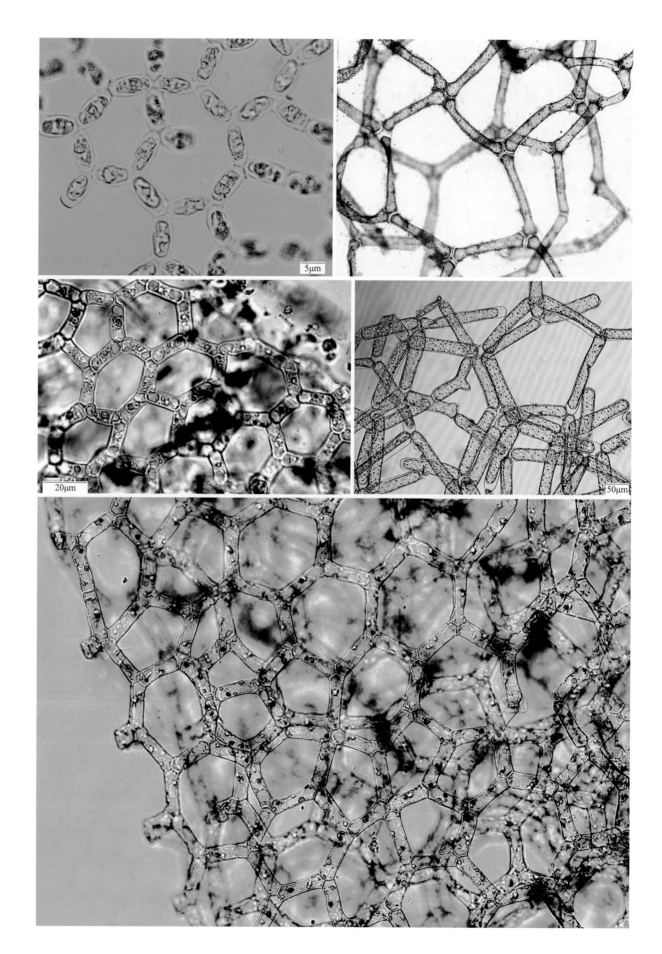

（五十四）盘星藻科 Pediastraceae

126. 盘星藻属 *Pediastrum* Meyen

原植体由4、8、16、32、64（或128）个细胞组成，呈圆盘状，星状，有时卵形或略不整齐，细胞均在一个平面，外缘细胞常具1、2或4个角突，内层细胞常为多角形，具或不具角突。细胞壁较厚，平滑或具颗粒及网纹。幼细胞色素体周生，圆盘状，具1个核，1个蛋白核，成熟细胞色素体逐渐分散，可具多个细胞核，蛋白核1至多数。无性生殖产生具双鞭毛的动孢子，极少数情况形成厚壁休眠孢子；有性生殖为同配生殖。广泛生活于湖泊、池塘、稻田、水坑、沟渠之中，浮游。

[518] 具角盘星藻

Pediastrum angulosum (Ehr.) Meneghini, Linn., 14: 211, 1840; 刘国祥，胡征宇：中国淡水藻志，Vol. 15, p. 9, plate: IV: 5～6, 2012.

群体细胞间不穿孔，外层细胞宽大于长，具2个短的角突，两角突间具浅缺刻，内层细胞四或六角形。细胞壁具网纹，少为平滑。8个细胞的群体直径30～40μm，细胞长宽约相近，宽5～7μm。

生境：生长于湖泊、水池或水坑。

国内分布于黑龙江、湖北；国外分布于欧洲、大洋洲、亚洲；梵净山分布于大河堰的沟边水坑、团龙清水江的渗水石壁。

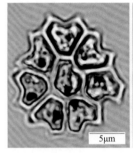
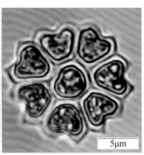

[519] 双射盘星藻

Pediastrum biradiatum Meyen

群体由4或8个细胞组成，具穿孔。细胞两侧都有凹陷，细胞壁光滑，其中外层细胞深裂成2瓣，瓣的末端具分枝状缺刻，细胞间以其基部相互连接；内层细胞分裂成2瓣，但裂端无缺刻。细胞长8～9μm，宽7～9μm。

[519a] 双射盘星藻长角变种

Pediastrum biradiatum var. ***longecornutum*** Gutwinski, Akad. Umiej. Krakow. Rozpr. Wydz. Mat. Przyr., 33:35, 1896; 刘国祥，胡征宇：中国淡水藻志，Vol. 15, p. 15, plate: IX: 1, 2012.

与原变种的主要区别在于：外层细胞的两瓣各具2个分叉、尖锐的长角突，不等长；细胞宽5～10μm，长5～8μm；长的角突长4～8μm。

生境：生长于水沟、池塘或水坑。

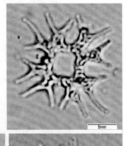

国内分布于黑龙江、浙江、福建、湖北、云南、台湾、贵州；国外分布于西班牙、澳大利亚、印度、日本；梵净山分布于凯文村（水塘中附植）、黑湾河凯马村的水沟石表。

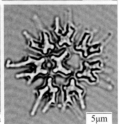

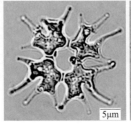
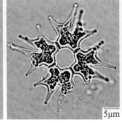

[520] 短棘盘星藻

[520a] 原变种

Pediastrum boryanum (Turpin) Meneghini var. *boryanum* Linnaea, 14: 210, 1840; 刘国祥, 胡征宇: 中国淡水藻志, Vol. 15, p. 9, plate: IV: 7, 2012.

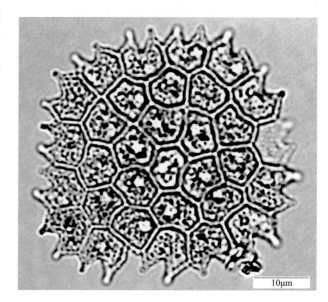

原植体由 8、16、32 个或更多细胞形成, 不具穿孔。群体边缘细胞具 2 个前端钝圆的短角突, 两角突间具较深缺刻, 内部细胞五边形至多边形, 外缘壁微凹。细胞壁具颗粒。16 个细胞的群体直径 25~30μm。边缘细胞长 12~15μm, 宽 10~13μm; 内层细胞长 7~10μm, 宽 8~14μm。

生境: 生长于水库、湖泊、水塘、水田或水坑等。

国内外广泛分布; 梵净山分布于乌罗镇甘铜鼓天马寺 (水田中底栖)。

[520b] 短棘盘星藻短角变种

Pediastrum boryanum var. *brevicorne* Braun, Alg. Unicell., 80, 1855; 刘国祥, 胡征宇: 中国淡水藻志, Vol. 15, p. 9, plate: IV: 8, 2012.

与原变种的主要区别在于: 2 个角突短小, 小头状, 长 0.5~1μm。

生境: 同原变种。

国内分布于山西、黑龙江、河南、湖北、贵州 (毕节)、四川、台湾; 国外分布于欧洲; 梵净山分布于清渡河河边水坑、太平河河水中。

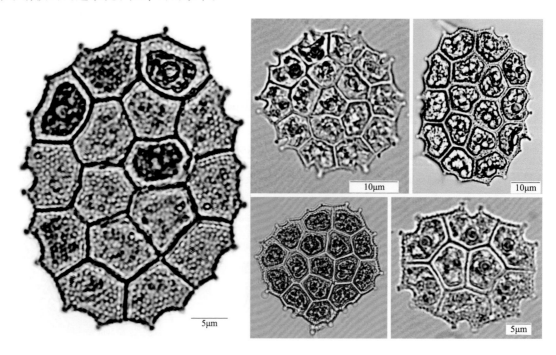

[520c]短棘盘星藻长角变种

Pediastrum boryanum var. ***longicorne*** Reinsch, Algenf. Mittel. Theiles, 96, 1867; 刘国祥, 胡征宇: 中国淡水藻志, Vol. 15, p. 10, plate: V: 3, 2012.

与原变种的主要不同在于: 群体边缘细胞具2个延伸的长角突, 长4～8μm, 角突顶部常具膨大的小球状。

生境: 生长于水库、水坑、湖泊或稻田。

国内分布于黑龙江、山西、河南、福建、西藏、云南、贵州（广泛分布）、台湾; 世界普生性种类; 梵净山分布于护国寺（水池中浮游）。

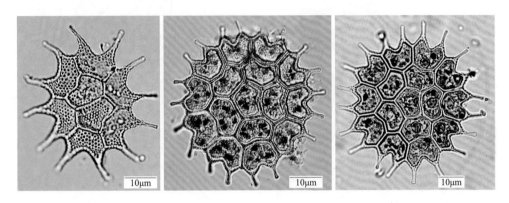

[521]具孔盘星藻

[521a]原变种

Pediastrum clathratum (Schroetor) Lemm. var. ***clathratum*** Z. Fish. 181, f. 1～4, 1897; 刘国祥, 胡征宇: 中国淡水藻志, Vol. 15, p. 7, plate: III: 5～7, 2012.

原植体由16或32个细胞形成, 具明显穿孔。细胞壁光滑。群体边缘细胞三角形, 两侧向内凹, 顶角延长成长角突。细胞之间以2个基角紧密连接, 内层细胞多角形, 游离面内凹; 群体边缘细胞不包括角突长10～15μm, 宽6～9μm; 内层细胞长9～12μm, 宽7～9μm。

生境: 生长于池塘、湖泊或水塘。

国内分布于黑龙江、湖北、四川、云南、贵州（宽阔水、舞阳河）; 国外分布于德国、瑞士、奥地利; 梵净山分布于护国寺（水池中浮游）。

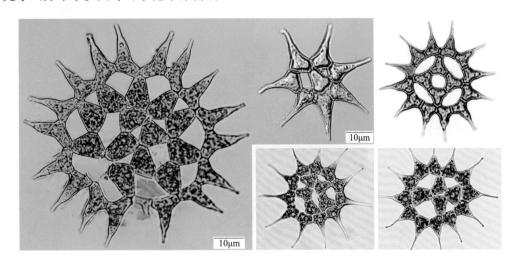

[521b] 具孔盘星藻点纹变种

Pediastrum clathratum var. ***punctatum*** Lemmermann, Z. Fisch, 182, f. 5, 1897; 刘国祥, 胡征宇: 中国淡水藻志, Vol. 15, p. 8, plate: IV: 1, 2012.

与原变种的主要区别在于：细胞壁具有细而密的颗粒；外层细胞长24～26μm，宽7～9μm；内层细胞长10～11μm，宽9～11μm。

国内分布于湖北；国外分布于德国、瑞士、奥地利、越南；梵净山分布于护国寺（水池中浮游）。

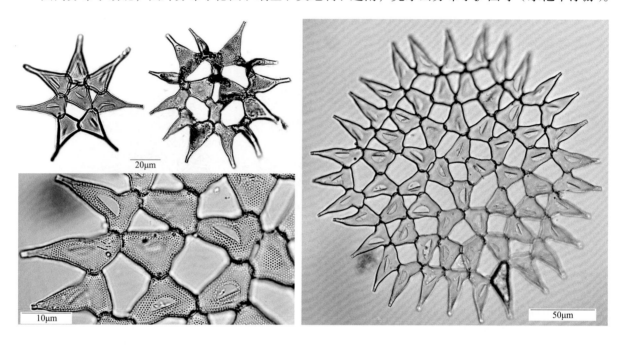

[522] 二角盘星藻

[522a] 原变种

Pediastrum duplex Meyen var. ***duplex*** Nova Acta Phys. Med. Ac. Caes. Leop. Carol. Nat. Cur. 14: 772, pl. 43, f. 6～20, 1829; 刘国祥, 胡征宇: 中国淡水藻志, Vol. 15, p. 12, plate: VI: 4, 2012.

群体由8、16、32或64个细胞组成，具较小的穿孔。细胞壁光滑。外层细胞近四方形，具2个顶端钝圆或平截的角突，细胞间以其基部相接；内层细胞近四方形或多边形，各边凹入。16个细胞的群体直径50～70μm，外层细胞包括角突长12～14μm，宽10～12μm；内层细胞长8～10μm，宽10～12μm。

生境：浮游种，生长于湖泊、池塘等各种水体中。

国内外广泛分布；梵净山分布于凯文村的水塘。

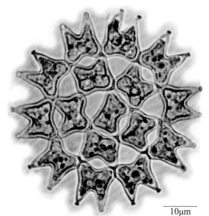

[522b]二角盘星藻大孔变种

Pediastrum duplex var. ***clathratum*** A.Braun Lagerheim, K. Svenska. Uetensk Akad. Forh, 39: 56, 1882; 刘国祥, 胡征宇: 中国淡水藻志, Vol. 15, p. 12, plate: VI: 5, 2012.

与原变种的主要区别在于: 细胞间具较大的穿孔, 内层细胞斜四边形; 细胞直径可达8~9μm。

生境: 生长于各种水体中。

国内分布于山西、黑龙江、福建、河南、湖北、云南; 世界广泛分布; 梵净山分布于凯文村(水塘中附植)。

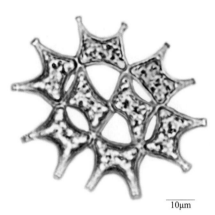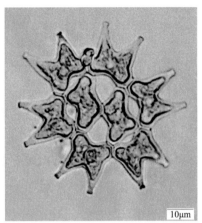

[522c]二角盘星藻冠状变种

Pediastrum duplex var. ***coronatum*** Raciborski, Rozpr. Spraw. Wydz. Akad. Umjet. Krakow., 20: 17, 1889; 刘国祥, 胡征宇: 中国淡水藻志, Vol. 15, p. 12, plate: VI: 6, 2012.

与原变种的主要区别在于: 细胞壁具不规则网纹, 网纹线分布小颗粒; 外层细胞向外延伸的角突边缘具粗齿。

生境: 生长于各种水体中。

国内分布于黑龙江、湖北、云南; 国外分布于德国、奥地利、瑞士、印度, 非洲西部; 梵净山分布于护国寺(水池中浮游)。

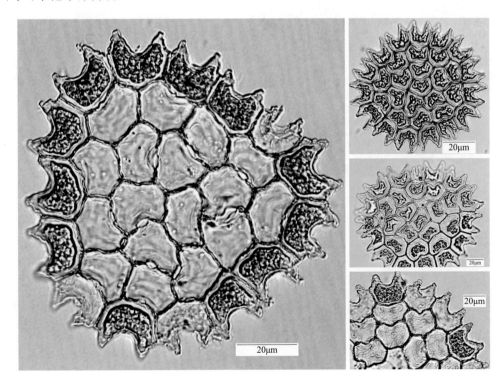

[522d]二角盘星藻皱折变种

Pediastrum duplex var. ***rugulosum*** Raciborski, Rozpr.
Spraw. Wydz. Akad. Umjet. Krakow, 20: 107, pl. 2, f. 29,
1890; 刘国祥, 胡征宇: 中国淡水藻志, Vol. 15, p. 14,
plate: VIII: 2, 2012.

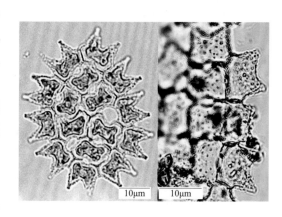

与原变种的主要区别在于：群体具小穿孔，外层
细胞的2个角突极短，呈钝角状；细胞壁微皱褶，具粗
颗粒。

生境：生长于池塘、湖泊、水沟或水坑。

国内分布于湖北、台湾；国外分布于德国、瑞士、
奥地利、美国；梵净山分布于凯文村的水塘。

[522e]二角盘星藻真实变种

Pediastrum duplex var. ***genuinum*** (Braun) Hansgirg, Prodromus der Algenflora VonBohmen, 1: 111,
1886; 刘国祥, 胡征宇: 中国淡水藻志, Vol. 15, p. 13, plate: VII: 2, 2012.

与原变种的主要区别在于：外层细胞具略钝近直的角突；细胞壁具小颗粒。

生境：生长于池塘、湖泊、水沟或水坑。

国内分布于北京、福建、湖北；国外分布于德国、奥地利、瑞士、印度、爪哇、缅甸、日本，非
洲西部；梵净山分布于凯文村的水塘、小坝梅村的水田。

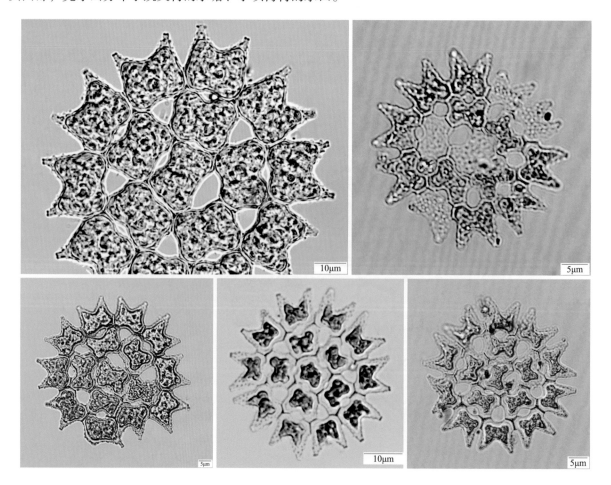

[522f] 二角盘星藻纤细变种

Pediastrum duplex var. ***gracillimum*** W. et G. S. West, J. Bot., Lond., 33: 52, 1895; 刘国祥, 胡征宇: 中国淡水藻志, Vol. 15, p. 13, plate: VII: 3, 2012.

　　与原变种的主要区别在于: 细胞瘦狭, 细胞宽度与角突的宽度相近, 内外层细胞瘦狭、同形。

　　生境: 生长于池塘、水库、水坑、水沟、湖泊或稻田等。

　　国内外广泛分布; 梵净山分布于坝溪的水田。

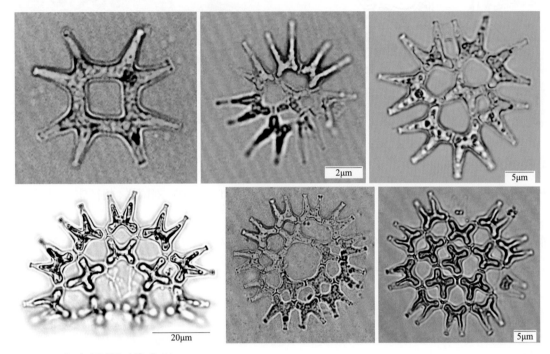

[522g] 二角盘星藻网状变种

Pediastrum duplex var. ***reticulatum*** Lagerh., K. Sv. Vet, Akad. Forh., 39: 56, pl. 2, f. 1, 1882; 刘国祥, 胡征宇: 中国淡水藻志, Vol. 15, p. 14, plate: VII: 7, 2012.

　　与原变种的主要区别在于: 具大型穿孔, 外层细胞具2个长而近平行的角突, 角突中部略膨大, 上端渐狭, 顶端略加宽且平截。

　　生境: 生长于池塘、水库、水坑、水沟、湖泊或稻田等。

　　国内分布于黑龙江、贵州等; 国外分布于巴西、巴拉圭; 梵净山分布于坝溪沙子坎的水田、凯文村(水塘中附植)、黑湾河凯马村的水沟石表。

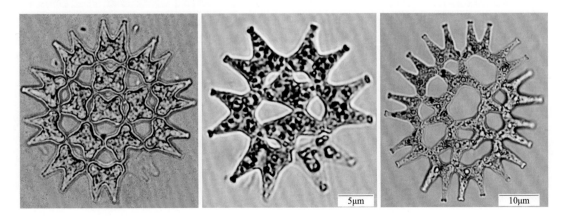

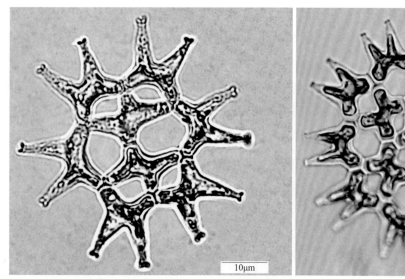

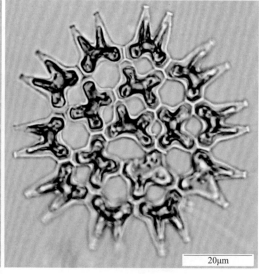

[523]钝角盘星藻

Pediastrum obtusum Lucks, Jb. Westpr. Lelot. Naturk., 43, f. 5, 1907; 刘国祥, 胡征宇: 中国淡水藻志, Vol. 15, p. 16, plate: IX: 3～4, 2012.

群体为4、8、16或32个细胞组成的群体，细胞间隙很小。外层细胞外缘壁的中部深裂，两侧浅凹入，裂瓣顶部形成小角突；内层细胞一侧具浅凹入。4个细胞的群体直径为20μm。外层细胞长宽在12～15μm，内层细胞略小。

生境：生长于各种水体中。

国内分布于黑龙江、安徽；国外分布于德国；梵净山分布于护国寺（水池中浮游）、坝溪沙子坎的水沟石表、大河堰杨家组的河边石坑。

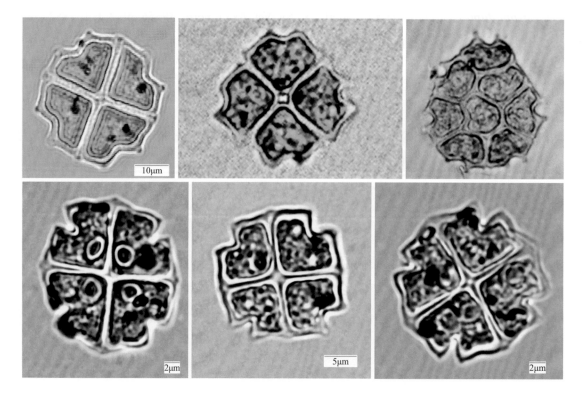

[524] 单角盘星藻

Pediastrum simplex Meyen

原植体由4、8、16、32个或更多的细胞形成，穿孔无或不明显。群体边缘细胞常为五边形，细胞外壁渐狭并伸长成角突，两边凹入，内部细胞为五边形或六边形，细胞壁光滑或具颗粒。

[524a] 单角盘星藻粒刺变种

Pediastrum simplex var. ***echinulatum*** Witt., in Wittrock & Nordstedt, Alg. Exsic. 5: 235, 1883; 刘国祥，胡征宇: 中国淡水藻志, Vol. 15, p. 6, plate: III: 1, 2012.

与原变种的主要区别在于：细胞壁密被颗粒状小刺；边缘细胞长10～13μm，宽13～16μm，内层细胞和边缘细胞大小相仿。

生境：生长于池塘、水坑或稻田。

国内分布于福建、湖北、贵州（普遍分布）、台湾；国外分布于法国、波兰、以色列、伊拉克；梵净山分布于护国寺（水池中浮游）。

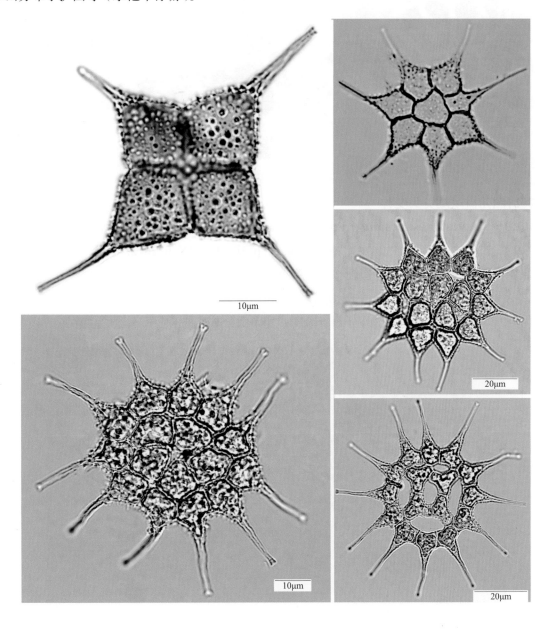

[525]四角盘星藻

[525a]原变种

Pediastrum tetras (Ehrenberg) Ralfs var. ***tetras*** Ann. May. Nat. Hist. 14: 469, 1844; 刘国祥, 胡征宇: 中国淡水藻志, Vol. 15, p. 16, plate: IX: 5, 2012.

原植体由4、8或16个细胞组成，不具穿孔。外层细胞钝齿形，外缘具深缺刻，线形至楔形，由缺刻分裂的2个裂瓣在靠近细胞表层的外壁凹入，细胞间连接面长度小于细胞长度；内层细胞为近直边的四至六边形，具1个深的、线形缺刻。细胞壁光滑。4个细胞的群体呈方形，直径15～18μm。外层细胞长宽相仿，长度为7～8μm。

生境：生长与各种水体中。

国内外广泛分布；梵净山分布于坝溪沙子坎的水沟石表。

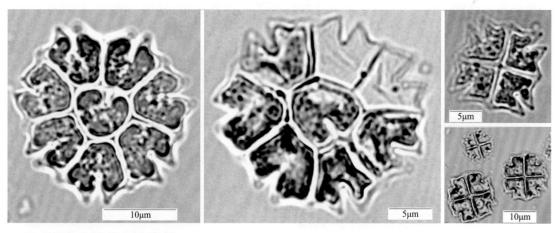

[525b]四角盘星藻尖头变种

Pediastrum tetras var. ***apiculatum*** Fritsch, in Fritsch and Stevens, Trans. Roy. Soc. S. Afr. 9: 10, f 2A～D, 1921; 刘国祥, 胡征宇: 中国淡水藻志, Vol. 15, p. 16, plate: IX: 6, 2012.

与原变种的主要区别在于：外层细胞的角突顶部具延长的小尖角。

生境：生长于江边、湖泊、池塘或水坑。

国内分布于黑龙江、湖北；国外分布于印度；梵净山分布于护国寺（水池中浮游）。

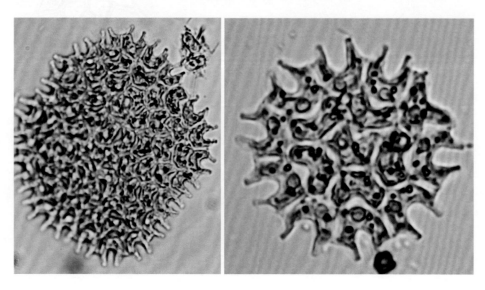

[525c]四角盘星藻四齿变种

Pediastrum tetras var. ***tetraodon*** (Corda) Hansgirg, Pro. Algenfl. Bohmen, 1: 112, 1888; 刘国祥, 胡征宇: 中国淡水藻志, Vol. 15, p. 17, plate: X: 1～2, 2012.

　　与原变种的主要区别在于：边缘细胞外壁中部具深的缺刻，缺刻两边的壁延长成2个内弯尖角突，且相邻细胞处的外壁凸出成短角突。

　　生境：生长于池塘、湖泊、水塘或水田等。

　　国内外广泛分布；贵州分布于北盘江、威宁、麻阳河；梵净山分布于护国寺、凯文村、黑湾河与太平河交汇口、高峰村、黑湾河凯马村。

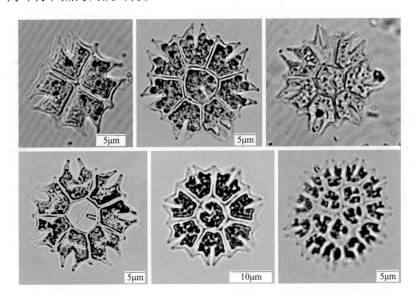

（五十五）栅藻科 Scenedesmaceae

127.栅藻属 *Scenedesmus* Meyen

　　原植体为真性定形群体，常由4、8个细胞或有时由2、16或32个细胞组成，极少数为单细胞。各细胞长轴互相平行、细胞壁相互连接、平列，齐平或互相交错，或2列或多列，极少为末端相接呈屈曲状。细胞椭圆形、卵形、弓形、新月形、纺锤形或长圆形等，细胞壁平滑或具颗粒刺、细齿、齿状突起、隆起线或帽状增厚等。色素体1个，周生，片状，具1个蛋白核。无性生殖产生似亲孢子。淡水水体中常见浮游藻类。

[526]顶棘栅藻

Scenedesmus aculeolatus Reinsch, J. Linn. Soc. London, Bot. 16: 238, pl. 6, f. 1～2, 1877; 刘国祥, 胡征宇: 中国淡水藻志, Vol. 15, p. 66, plate: XXXIII: 1, 2012.

　　原植体多由4或8个细胞组成，直线排成1行。细胞长椭圆形或圆柱形，边缘细胞外侧壁略凸出。细胞不具胶质刺，两端壁较厚，具2或3个短齿，细胞壁表面无肋或脊。细胞直径4～5μm，长10～12μm。

　　生境：生长于河沟、水坑、水田或荷花池等。

　　国内外广泛分布；梵净山分布于马槽河、凯文村、大河堰、张家屯、冷家坝鹅家坳、乌罗镇甘铜鼓天马寺。

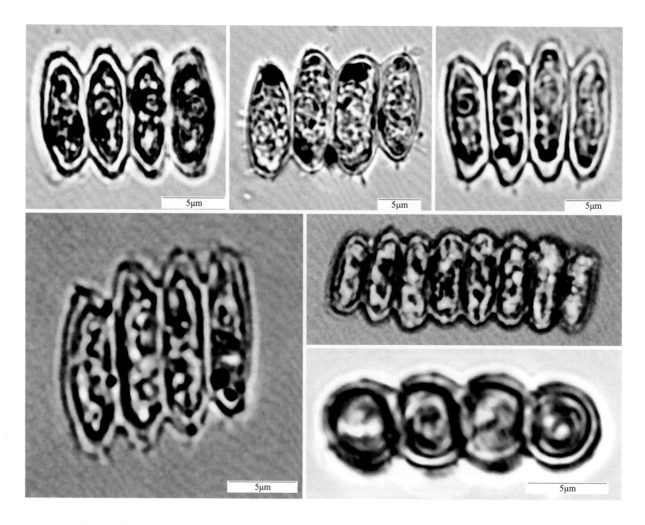

[527] 尖细栅藻

Scenedesmus acuminatus (Lagerh.) Chodat, Alg. Vert. Suisse 1: 211, fig. 88, 1902; 刘国祥, 胡征宇: 中国淡水藻志, Vol. 15, p. 58, plate: XXVIII: 4, 2012.

原植体为4或8个细胞形成的群体, 细胞以其中部侧壁相互连接, 平直或略错位。细胞弓形、新月形或梭形, 两端渐狭, 末端尖细。细胞壁平滑。4个细胞的群体宽25~30μm。内侧细胞长16~25μm, 宽3~5μm。

生境: 生长于各种小水体中。

国内外广泛分布; 梵净山分布于寨沙太平河的河边水坑、凯文村 (水田底栖)、快场的河沟。

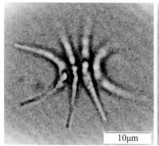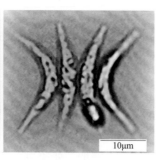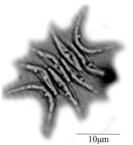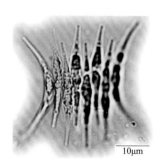

[528]尖形栅藻

Scenedesmus acutiformis Schröder, Forsch. Biol. Stat. Pion 5: 45, pl. II, fig. 4a～b, 1897; 刘国祥, 胡征宇: 中国淡水藻志, Vol. 15, p. 62, plate: XXX: 6, 2012.

　　群体由2、4或8个细胞组成，平齐排成1行。细胞椭圆形或长圆形，两端广圆或略尖，以侧面大部分相连。中间细胞两面各具1条纵脊，外侧细胞具2～4条纵脊，纵脊在两端有时延长成小突起。中间细胞较外侧细胞略长或等长。细胞直径4～6m，长8～12μm。

　　生境：各种小水体中。

　　国内分布于北京、天津、安徽、湖北、河南、福建、广东、黑龙江、内蒙古、山西、新疆、重庆、西藏、台湾、贵州（印江）；世界性广泛分布；梵净山分布于亚木沟景区大门的荷花池。

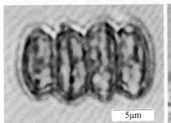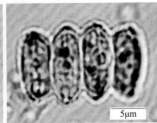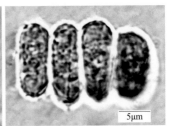

[529]被甲栅藻

[529a]原变种

Scenedesmus armatus (Chodat) Chodat var. ***armatus*** Monogr. Alg. Cult. Pure: 24. 1913; 刘国祥, 胡征宇: 中国淡水藻志, Vol. 15, p. 77, plate: XXXVII: 7, 2012.

　　群体由2、4或8个细胞组成，齐平排成1行。细胞卵形至长椭圆形。所有细胞或仅中间细胞具纵脊，纵脊连续或不连续，于细胞两端延长成小突起。外侧细胞两端各具1根长刺。细胞直径3～7μm，长7～12μm，刺长5～10μm。

　　生境：各种小水体中。

　　国内外广泛分布；梵净山分布于凯文村（水塘中附植）。

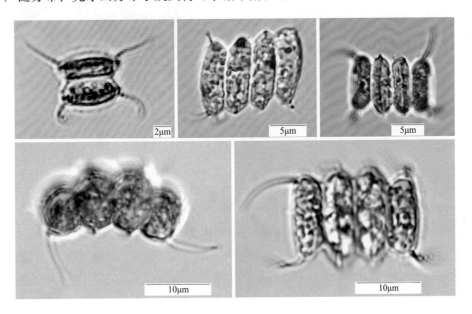

[529b]被甲栅藻具刺变种

Scenedesmus armatus var. ***spinosus*** Fritsch et Rich, Trans. Roy. Soc. S. Afr, 18: 31, fig. 5A–C, 1929; 刘国祥, 胡征宇: 中国淡水藻志, Vol. 15, p. 78, plate: XXXVIII: 1, 2012.

与原变种的主要区别在于: 该变种在于细胞排列略交错; 极少不交错。主刺长度和细胞相近或略短, 近顶生; 内层细胞一端具短刺; 近顶生, 少数两端均具短刺; 外层细胞具纵脊, 1或2条, 常中断, 4细胞群体内层细胞也可具脊, 只在顶端部分发育; 细胞直径3～4μm, 长8～10μm。

生境: 各种静水水体中。

国内分布于湖北; 国外分布于德国、印度; 梵净山分布于凯文村的水田。

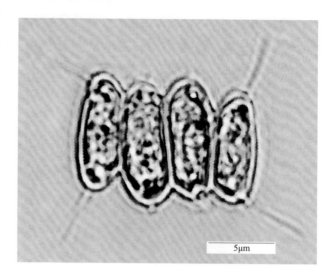

[530]伯纳德栅藻

Scenedesmus bernardii Smith, Trans. Wisc. Acad. Sci. Arts & Lett. 18: 436, pl. 25, fig. 6, pl. 32, figs. 196–208, 1916; 刘国祥, 胡征宇: 中国淡水藻志, Vol. 15, p. 58, plate: XXVIII: 1～2, 2012.

定形群体由细胞不规则地连成一条直线, 内侧细胞以端部和中部与左右相邻细胞连接, 细胞纺锤形或新月形, 两端锐尖。细胞直径3～5μm, 长8～12μm。

生境: 生长于河沟、水田、鱼塘或水池。

国内分布于北京、河北、黑龙江、天津、安徽、河南、山西、广东、重庆、台湾; 世界性广泛分布; 梵净山分布于快场。

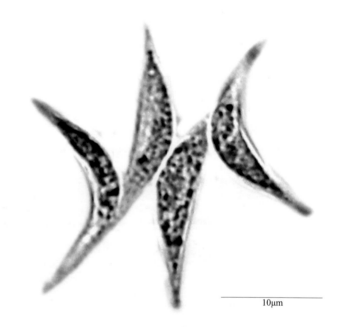

[531]巴西栅藻

Scenedesmus brasiliensis Bohl., Bih. K. Svenska Vet.–Akad. Handl. 23: 22, pl. I, figs. 36～37, 1897; 刘国祥, 胡征宇: 中国淡水藻志, Vol. 15, p. 68, plate: XXXIII: 7～9, 2012.

原植体常由4个细胞组成1行, 直线排成, 近平齐。细胞圆柱形或椭圆形, 两端圆或尖, 常具2～3个齿, 每个细胞两面各具1条贯穿整个细胞的纵脊。细胞直径3～5μm, 长7～12μm。

生境：各种静水水体中。

国内分布于北京、河北、重庆、安徽、湖北、湖南、四川、广东、云南、贵州（普遍分布）、湖北、湖南、黑龙江、辽宁、西藏；世界广泛分布；梵净山分布于德旺茶寨村大溪沟、凯文村。

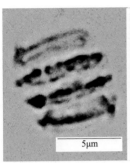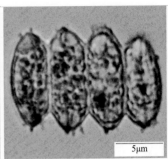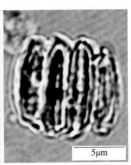

[532] 加勒比栅藻

Scenedesmus caribeanus Komarek, Nova Hedwigia 37:146, pl. 28, fig. 71, 1983; 刘国祥，胡征宇：中国淡水藻志，Vol. 15, p. 62, plate: XXI: 7, 2012.

群体由4个细胞组成，直线排成1行。细胞纺锤形，外侧细胞两端向外弯曲，细胞两侧各具1条贯穿细胞的纵脊。细胞直径4～5μm，长12～15μm。

生境：各种静水水体中。

国内分布于河北、山西、贵州（习水、铜仁、遵义、江口、镇远）；国外分布于巴西；梵净山分布于德旺岳家寨红石梁（锦江河中底栖）、德旺茶寨村大溪沟（水坑底栖）。

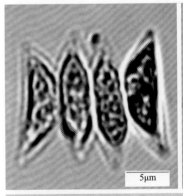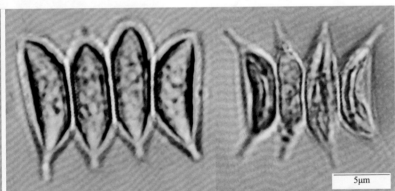

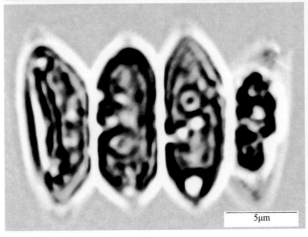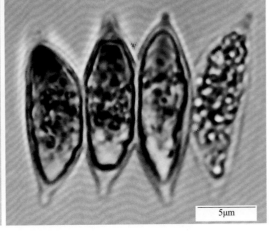

[533]龙骨栅藻

[533a]原变种

Scenedesmus carinatus (Lemm.) Chodat var. ***carinatus*** Mat. Fl. Crypt. Suisse 4:23, 1913; 刘国祥, 胡征宇: 中国淡水藻志, Vol. 15, p. 78, plate: XXXVIII: 3, 2012.

群体常由4个细胞组成, 直线排列成1行, 平齐。细胞纺锤形或长圆形, 外侧细胞两端均具1根刺, 各细胞两侧各具1条纵脊, 贯串全体细胞中部, 全体细胞或仅中间细胞顶端具1或2个小齿。细胞直径3～7μm, 长8～22μm, 刺长5～17μm。

生境: 各种静水水体中。

国内分布于北京、河北、内蒙古、山西、江苏、安徽、湖北、广东、四川、云南、黑龙江、辽宁、贵州（普遍分布）、台湾; 国外分布于匈牙利、德国、意大利、瑞典、印度尼西亚; 梵净山分布于坝溪镇沙子坎的水沟、凯文村的水塘、小坝梅村的水田、德旺茶寨村大上沟（水田浮游）。

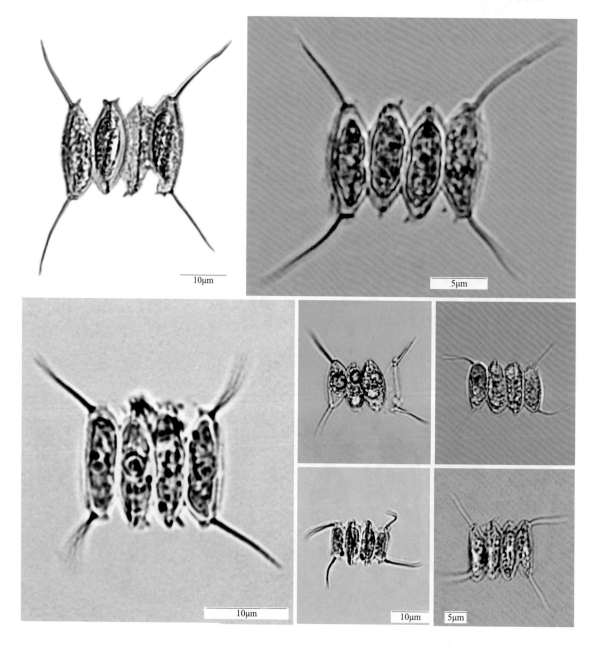

[533b] 龙骨栅藻对角变种

Scenedesmus carinatus var. ***diagonals*** Shen, Rep. Inst. Fish. Biol. Taiwan Univ. 1: 53, pl. 4, fig. 8, 1956; 刘国祥, 胡征宇: 中国淡水藻志, Vol. 15, p. 79, plate: XXXVIII: 5, 2012.

与原变种的主要区别在于: 群体外侧细胞仅一端具1根长刺, 且两侧的刺反向; 细胞直径 3～4μm, 长7～12μm。

生境: 生长于湖泊、水库、水塘、河流中。

国内分布于台湾; 国外分布于匈牙利; 梵净山分布于德旺岳家寨红石梁 (锦江河中底栖)。

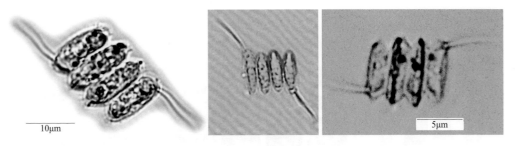

[534] 二形栅藻

Scenedesmus dimorphus (Turp.) Kütz., Linnaea, 8: 608, 1833; 刘国祥, 胡征宇: 中国淡水藻志, Vol. 15, p. 60, plate: XXVIII: 7, 2012.

原植体为4或8个细胞组成, 平直排列成1行或交错排列成2行。中部细胞纺锤形, 两端渐尖, 竖向直立, 外侧细胞新月形或弓形, 两端尖细。细胞壁平滑。细胞长15～30μm, 宽3～5μm。

生境: 生长于水沟、水塘、水池、鱼塘等各种小水体中。

国内外广泛分布; 梵净山分布于护国寺、坝溪沙子坎、凯文村、黑湾河凯马村。

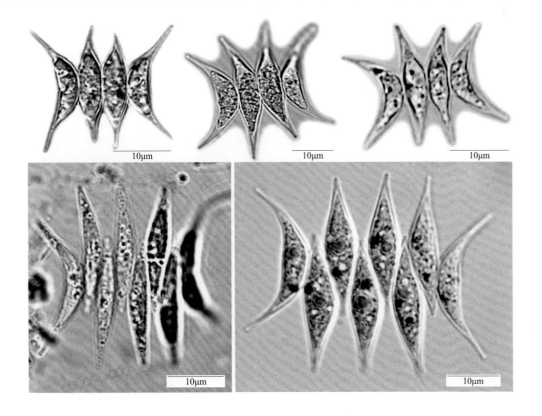

[535]光滑栅藻

Scenedesmus ecornis (Ehr.) Chodat, Z. Hydrol. 3: 170, 1926; 刘国祥, 胡征宇: 中国淡水藻志, Vol. 15, p. 53, plate: XXVI: 1～2, 2012.

原植体常为4个细胞, 少为2或8个细胞, 排列整齐平直或略弯曲, 细胞间以侧壁3/4长度相连。细胞圆柱形或长圆形, 两端钝圆, 细胞壁光滑。细胞长8～12μm, 宽3～4μm。

生境: 生长于湖泊、水池、水坑或水田。

国内分布于河北、福建、山西、广西、西藏; 世界广泛分布; 梵净山分布于坝溪、昔平村、德旺茶寨村大溪沟。

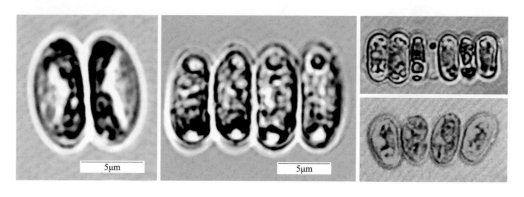

[536]椭圆栅藻

Scenedesmus ellipsoideus Chodat, Z. Hydrol. 3:240, figs. 145, 146, 1926; 刘国祥, 胡征宇: 中国淡水藻志, Vol. 15, p. 84, plate: XLI: 3～4, 2012.

原植体由4或8个细胞组成, 直线或略为交错排列成1行。细胞长圆形或椭圆形, 外侧细胞两端各具1根长刺, 内部细胞两端具长刺或无, 或者一端具1根长刺, 另一端具1小齿。细胞直径4～8μm, 长8～24μm, 刺长6～11μm。

生境: 生长于湖泊、水池、水坑或水田。

国内分布于河北、陕西、山西、黑龙江、新疆; 国外分布于芬兰、瑞士、匈牙利; 梵净山分布于凯文村的水塘。

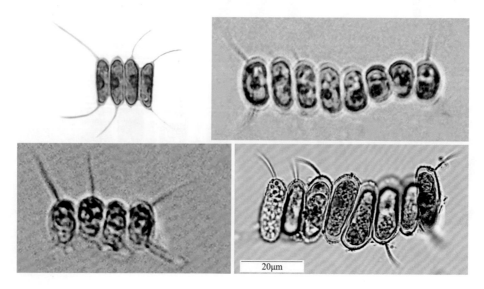

[537]古氏栅藻

Scenedesmus gutwinskii Chodat, Z. Hydrol. 3: 225, fig. 130, 1926; 刘国祥, 胡征宇: 中国淡水藻志, Vol. 15, p. 81, plate: XXXII: 7～9, 2012.

群体常由4个细胞, 极少为2或8个细胞组成, 直线排列成1行。细胞柱状椭圆形至长圆形, 外侧细胞两端各具1根略弯的长刺, 外侧游离面具4～6根等长短刺, 中间细胞两端各具1或2根短刺。细胞直径2～4μm, 长6～8μm, 长刺长6～10μm, 短刺长1～1.5μm。

生境: 各种静水水体。

国内分布于河北、广东、安徽、山西、黑龙江、西藏; 国外分布于英国、法国、芬兰、挪威、波兰、罗马尼亚、瑞典、瑞士、印度、日本; 梵净山分布于坝溪沙子坎的小水沟、凯文村的水塘。

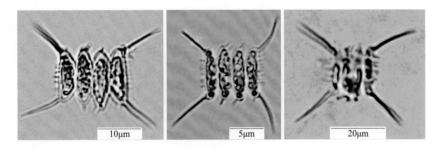

[538]厚顶栅藻

Scenedesmus incrassatulus Bohlin, Bih. K. Svenska Vet. –Akad. Handl. 23: 24, pl. I, figs 45～51, 1897; 刘国祥, 胡征宇: 中国淡水藻志, Vol. 15, p. 60, plate: XXIXI: 8, 2012.

群体由2、4或8个细胞组成, 略呈直线或交错排成1或2行。细胞披针形至纺锤形, 一侧微平直, 另一侧微凸出, 外侧细胞游离面略外凸, 所有细胞的两极均具小乳突。细胞直径4～6μm, 长9～12μm。

生境: 生长于湖泊、水库、水塘、水坑等中。

国内分布于河北、福建、内蒙古、湖北、贵州(毕节、赫章)、西藏; 国外分布于澳大利亚、南非、巴西、阿根廷、挪威、瑞典、匈牙利、罗马尼亚、苏联、加拿大、美国、缅甸、印度、日本; 梵净山分布于德旺红石梁的锦江河边水坑或渗水石表。

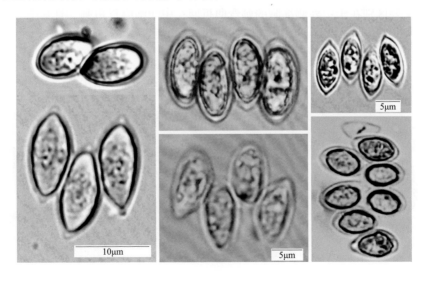

[539] 长形栅藻

[539a] 原变种

Scenedesmus longus Meyen var. ***longus*** Nova Acta Acad. Leop. Carol. 14: 774, pl. 42, f. 28, 1829; 刘国祥, 胡征宇: 中国淡水藻志, Vol. 15, p. 83, plate: XLI: 1, 2012.

群体由4或8个细胞组成, 整齐排列成1行。细胞长圆形或椭圆形。外侧细胞两极各具1根长刺, 所有细胞或仅中间细胞两端各具1根短刺。细胞宽3~4μm, 长9~11μm, 刺长6~8μm。

生境: 各种静水水体。

国内分布于北京、河北、安徽、江苏、南京、湖北; 世界广泛分布。梵净山分布于坝溪沙子坎（鱼塘浮游）、小坝梅村的水田、乌罗镇寨朗沟（水库浮游）。

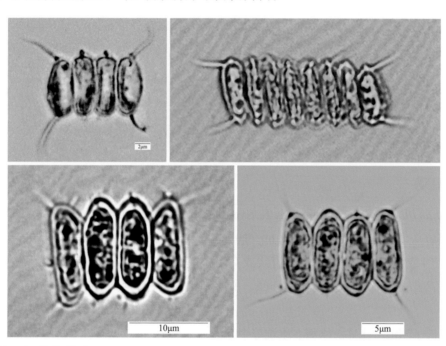

[539b] 长形栅藻莱格变种

Scenedesmus longus var. ***naegelii*** (Brébissom) Smith, Bull. Wis. GeoL Nat. Hist, Surv. 57: 156, 1920; 刘国祥, 胡征宇: 中国淡水藻志, Vol. 15, p. 84, plate: XLI: 2, 2012.

与原变种的主要区别在于: 外侧细胞的刺弯曲折回; 中间细胞具短刺, 且其中一端常弯曲; 细胞长14~18μm, 宽6~8μm, 刺长约10μm, 短刺2~3μm。

生境: 生长于河沟、水塘或水坑中。

国内分布于湖北、安徽; 世界广泛分布。梵净山分布于快场（河沟中底栖）。

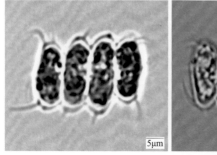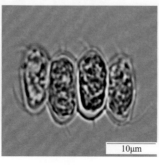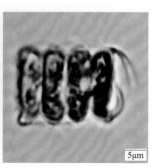

[540]新月栅藻

Scenedesmus lunatus (W. et G. S. West) Chodat, Z. Hydrol., 3: 184, 1926; 刘国祥, 胡征宇: 中国淡水藻志, Vol. 15, p. 66, plate: XXXII: 8, 2012.

原植体由4或8个细胞组成, 整齐排列或略交错, 细胞以2/3长相连。细胞椭圆形, 两端渐狭, 末端略呈三角形, 内层细胞平直, 外层细胞外侧壁有时略凸。细胞两极各具2根相互垂直的短刺。细胞长10～13μm, 宽4～6μm, 刺长2～4μm。

生境: 各种静水水体。

国内分布于河北、贵州(黎平、从江、独山、凯里、罗甸、荔波); 国外分布于巴西、日本、马达加斯加、法国、印度、秘鲁、美国; 梵净山分布于德旺茶寨村大上沟(水田浮游、底栖或附植)。

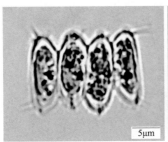

[541]斜生栅藻

Scenedesmus obliquus (Turp.) Kütz., Linnaea 8: 609, 1834; 刘国祥, 胡征宇: 中国淡水藻志, Vol. 15, p. 57, plate: XXVII: 6～7, 2012.

原植体由2、4或8个细胞组成, 平直或交错排列成1或2行。细胞纺锤形, 末端急尖或稍圆。细胞间以侧壁的1/3～1/2长度相连, 外侧细胞的游离面略凸出或凹入, 细胞壁平滑。细胞直径4～7μm, 长8～13μm。

生境: 生长于鱼塘、水池、水田、水坑或水沟。

国内外广泛分布; 梵净山分布于桃源村、坝梅村、太平河、锦江、快场、冷家坝、德旺茶寨村。

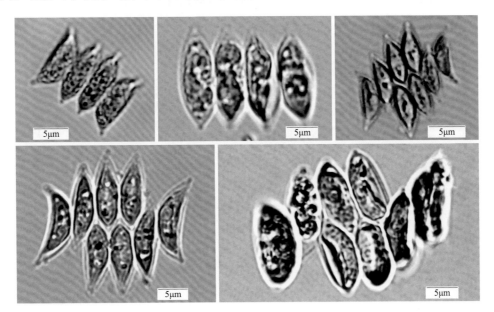

[542]钝形栅藻

Scenedesmus obtusus Meyen

群体由4或8个细胞组成，平齐或交错排列成2行。细胞宽圆形或近卵形，每个细胞交错相嵌的连接处常呈钝角，细胞之间偶有间隙。细胞壁光滑。细胞长6～20μm，宽4～10μm。

[542a]钝形栅藻交错变种

Scenedesmus obtusus var. ***alternans*** (Reinsch) Borge, Ark. Bot. 6: 57, 1906; 刘国祥, 胡征宇: 中国淡水藻志, Vol. 15, p. 55, plate: XXVI: 9, 2012.

与原变种的主要区别在于：群体紧密或疏松地交错排列成1或2行；细胞直径4～6μm，长8～15μm。

生境：各种小水体。

国内分布于黑龙江、内蒙古、江苏、安徽、河南、山东、江西、湖北、广西、四川、重庆、云南、西藏；国外分布于匈牙利、瑞典、东非、美国；梵净山分布于凯文村（水田底栖）。

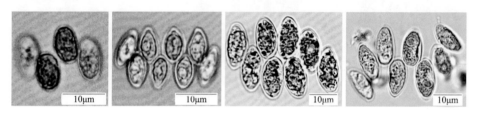

[543]奥波莱栅藻

Scenedesmus opoliensis Richter, Z. Angew. Mikr. 1: 3, 7, fig. a～e, 1895; 刘国祥, 胡征宇: 中国淡水藻志, Vol. 15, p. 79, plate: XXXVIII: 7; XXXII: 1, 2012.

原植体常为4个细胞组成，直线排列，细胞间以侧壁的2/3长度相连。细胞长椭圆形，外侧细胞两端偏外处各具1根长刺，刺的长度与细胞长度相近或略短，中部细胞一端或两端常具1根短刺。细胞圆柱形或长圆形，两端钝圆，细胞壁光滑，长8～13μm，宽3～6μm。

生境：生长于水沟、水塘、水池、水田、鱼塘等各种小水体。

国内外广泛分布；梵净山分布于护国寺、凯文村、桃源村、德旺茶寨村、黑湾河凯马村。

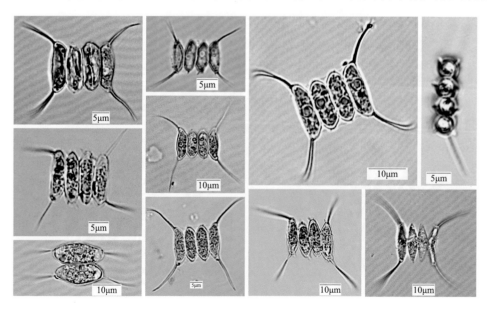

[544] 具孔栅藻（裂孔栅藻）

Scenedesmus perforatus Lemm., Z. Fisch. 11: 104, fig. 3, 1903; 刘国祥，胡征宇：中国淡水藻志，Vol. 15, p. 82, plate: XL: 7, 2012.

　　群体由2、4或8个细胞，直线排列成1行。细胞圆柱形，两端呈纺锤形，外侧细胞外缘略凸，内缘和中间细胞的侧壁内陷，相邻细胞间近两端部分侧壁相连，细胞间形成长形的穿孔。外侧细胞两端各具1根长刺。细胞壁平滑。细胞直径5～8μm，长12～20μm，刺长14～20μm，穿孔1～3μm。

　　生境：各种静水水体。

　　国内分布于广西、河北、贵州（广泛分布）；安徽、湖南、广东、台湾；世界广泛分布；梵净山分布于护国寺（水池中浮游）、亚木沟、寨抱村（水田底栖或浮游）。

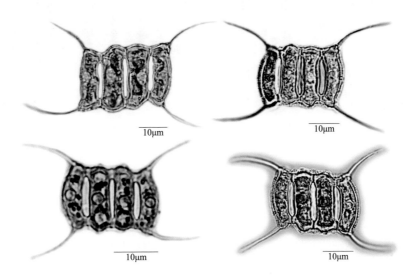

[545] 角柱栅藻

[545a] 原变种

Scenedesmus prismaticus Bruhl et Biswas var. *prismaticus* J. Dep. Sci. Calcutta Univ., 4: 10, pl. 3, fig. 21a–c, 1922; 刘国祥，胡征宇：中国淡水藻志，Vol. 15, p. 61, plate: XXX: 1～2, 2012.

　　群体由2、4或8个细胞组成，平直排列成1行。细胞角柱形，两侧细胞各具4条纵肋，中间细胞各具2条纵肋。细胞直径4～5μm，长8～12μm。

　　生境：各种静水水体。

　　国内分布于安徽、芜湖；国外分布于印度、马来西亚；梵净山分布于大河堰的沟边水坑、陈家坡、水塘、清渡河靛厂的水沟。

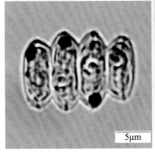
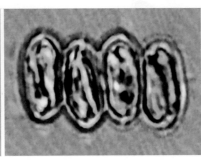
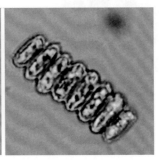

[545b]角柱栅藻具刺变种

Scenedesmus prismaticus var. ***spinosus*** S. S. Wang, Acta Phytotaxonomica Sinica, 27(4): 312, pl. 1, f. 7～8, 1989; 刘国祥, 胡征宇: 中国淡水藻志, Vol. 15, p. 32, plate: XXX: 3～4, 2017

　　与原变种的主要区别在于：细胞两端各具1或2根短刺；细胞直径4～5μm，长10～15μm，刺长0.5～1μm。

　　生境：各种静水水体。

　　国内分布于安徽；梵净山分布于陈家坡、黑湾河凯马村的水塘边石表。

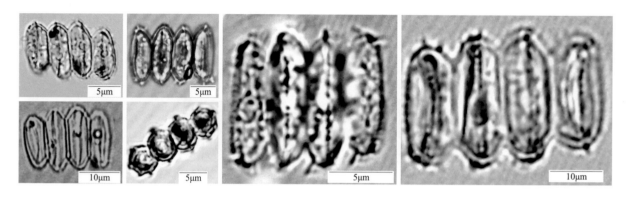

[546]隆顶栅藻

Scenedesmus protuberans Trans. Roy. Soc. S. Afr. 18: 31, fig. 6a～£ 1929.

　　群体由4或8个细胞组成，直线排列成1行。中间细胞纺锤形，具延长且截平的两端，两端有时具小刺或浓密的颗粒；外侧细胞纺锤形，较中间细胞长，两端狭长延伸，各具1根向外弯曲的长刺。

[546a]隆顶栅藻微小变型

Scenedesmus protuberans f. ***minor*** Ley, Bot. Bull. Acad, Sinica 1: 279, fig. l. g, 1947; 刘国祥, 胡征宇: 中国淡水藻志, Vol. 15, p. 80, plate: XXXIX: 4, 2012.

　　与原变型的主要区别在于：中部细胞两端延长突起不明显；细胞直径3～5μm，长11～14μm，刺长12～17μm。

　　生境：各种静水水体。

　　国内分布于山西、湖北、黑龙江、新疆、台湾；梵净山分布于坝溪沙子坎的水田、凯文村（水塘中附植、水田底栖）、护国寺（水池中浮游）、小坝梅村的水田、乌罗镇寨朗沟（水库浮游）。

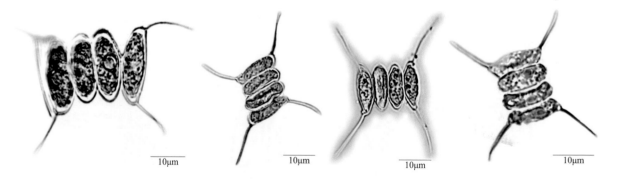

[547] 四尾栅藻

[547a] 原变种

Scenedesmus quadricauda var. ***quadricauda*** (Turp.) Bréb., Alg. Falaise: 66, 1835; 刘国祥, 胡征宇: 中国淡水藻志, Vol. 15, p. 85, plate: XLI: 6, 2012.

原植体为4个细胞组成, 少为2或8个细胞, 细胞整齐排列成1行。细胞长圆形或圆柱形, 两端宽圆, 外侧细胞两端各具1根粗的长刺, 略弯, 中间细胞无刺。细胞壁光滑。细胞长10~20μm, 宽4~6μm。

生境: 生长于各种小水体。

国内外广泛分布; 梵净山分布于凯文村、小坝梅村、桃源村、清渡河公馆、亚木沟、黑湾河、凯马村。

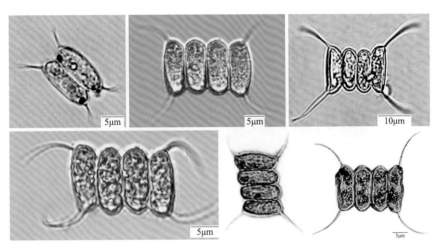

[547b] 四尾栅藻大型变种

Scenedesmus quadricauda var. ***maximus*** W. et G. S. West, Trans. Linn. Soc. London, Bot. 5: 83, pl. 5, figs. 9~10, 1895; 刘国祥, 胡征宇: 中国淡水藻志, Vol. 15, p. 85, plate: XLI: 8, 2012.

与原变种的主要区别在于: 细胞个体大; 细胞直径8~11μm, 长25~30μm, 刺长15~22μm。

生境: 各种静水水体。

国内分布于北京、河北、四川、湖南、湖北、安徽、黑龙江、内蒙古; 国外分布于匈牙利、英国、斯里兰卡、巴西、美国、马达加斯加; 梵净山分布于护国寺 (水池中浮游)、小坝梅村的水田、亚木沟、寨抱村的水田。

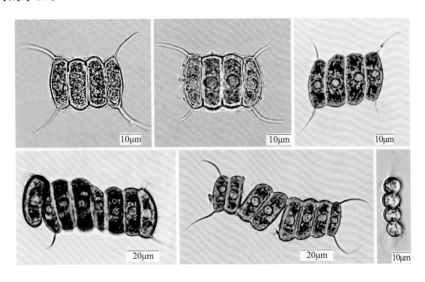

[547c]四尾栅藻四棘变种

Scenedesmus quadricauda var. ***quadrispina*** (Chodat) Smith, Trans. Wise. Acad. Sci. Arts & Lett. 18: 479, 1916; 刘国祥, 胡征宇: 中国淡水藻志, Vol. 15, p. 86, plate: XLI: 10, 2012.

与原变种的主要区别在于：细胞较小，刺相对较短；细胞直径3～4μm，长6～10μm，刺长4～5μm。

生境：各种静水水体。

国内分布于浙江、湖北、重庆、河南、黑龙江、吉林、福建、贵州（普遍分布）；国外分布于美国、斯里兰卡，非洲东部和南部；梵净山分布于凯文村（水田底栖）。

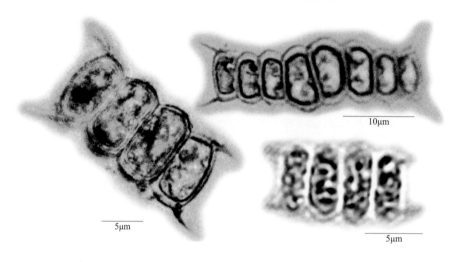

[548]锯齿栅藻

Scenedesmus serratus (Corda) Bohlin, Bih. K. Svenska Vet.–Akad. Handl. 27: 44, 1901; 刘国祥, 胡征宇: 中国淡水藻志, Vol. 15, p. 67, plate: XXXIII: 4, 2012.

原植体4个细胞组成的群体，细胞整齐排列成1行。细胞长圆形或长椭圆形，外侧细胞外缘和中间细胞两面各具1列小齿，所有细胞两端均具1～3个小齿。细胞直径4～5μm，长7～10μm。

生境：各种静水水体。

国内分布于河北、内蒙古、安徽、福建、湖北、四川、云南、黑龙江、西藏、台湾；国外分布于奥地利、匈牙利、葡萄牙、日本、美国、苏联、捷克、斯洛伐克、法国、芬兰、巴西、比利时、罗马尼亚、乍得，格陵兰岛、非洲东部；梵净山分布于德旺茶寨村大上沟的水田。

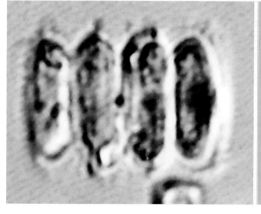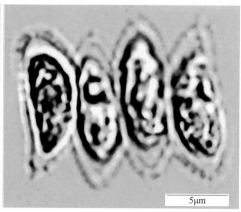

[549]微刺栅藻

Scenedesmus spinulatus Biswas, Hedwigia 74: 20, pl. III, fig. 4a, b, 1934; 刘国祥, 胡征宇: 中国淡水藻志, Vol. 15, p. 66, plate: XXXIII: 3, 2012.

群体由4个细胞组成, 细胞整齐排列成1行。细胞椭圆形, 外侧细胞两端各具2或3根粗壮的短刺, 游离面具1排微细的刺, 中间细胞两端各具1或2根粗壮的短刺。细胞直径5～6μm, 长10～15μm。

生境: 各种静水水体。

国内分布于台湾; 国外分布于印度; 梵净山分布于亚木沟、寨抱村 (水田中附植、底栖)、黑湾河凯马村 (水塘浮游)。

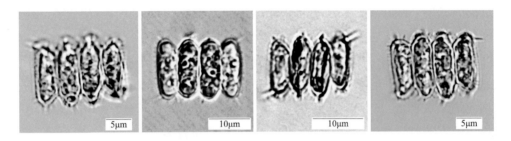

[550]近具棘栅藻 (丰富栅藻)

Scenedesmus subspicatus Chodat, Z. Hydrol. 3: 71～258, 1926; 刘国祥, 胡征宇: 中国淡水藻志, Vol. 15, p. 71, plate: XXXI: 3～4, 2012.

群体常由4个细胞组成, 极少为2或8个细胞, 细胞直线排列成1行或略交错排列。细胞卵形至长椭圆形或长圆形, 两端广圆, 外侧细胞两端各具1根主刺, 外侧具1或2根短刺, 其他各细胞一端或两端具1根刺或无。细胞直径3～4μm, 长7～10μm, 刺长5～7μm。

生境: 各种静水水体。

国内外广泛分布; 梵净山分布于凯文村 (水塘中附植)、陈家坡 (水塘浮游)、太平河 (浮游)、快场 (河沟中底栖)、两河口大河一支流 (河中底栖)。

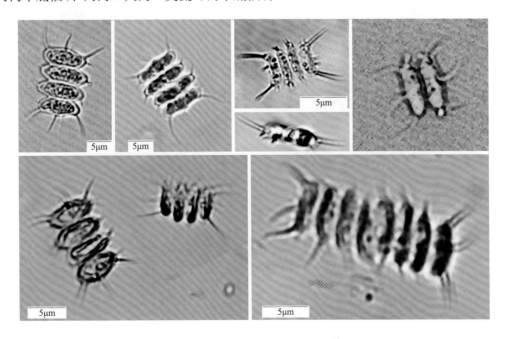

128. 韦斯藻属 *Westella* Wildemann

原植体为复合真性定型群体，每个小群体由4个细胞四方形排列在一个平面上形成，通过细胞壁紧密相连，各小群体又以残存的母细胞壁相互连接，有时具胶被。细胞球形，细胞壁平滑。色素体1个，周生，杯状，老细胞的色素体常略分散，具1个蛋白核。无性生殖产生似亲孢子，每个母细胞的原生质体同时分裂成4或8个，产生8个似亲孢子时，则形成4个细胞的定形群体2个。

[551] 丛球韦斯藻（葡萄韦氏藻）

Westella botryoides (West) Wildeman, Bull. Herb. Boiss. 5: 532, 1897; 刘国祥，胡征宇：中国淡水藻志，Vol. 15, p. 39, plate: XXI: 4～5, 2012.

原植体由16、32个或更多的细胞组成，具胶被或不明显。每个小群体常由4个细胞组成，通过1对细胞狭端相接，呈三菱锥形或"十"字形排列成1个群体，各群体以母细胞壁残余部分相连成复合群体。细胞顶面观长圆形，侧面观球形。色素体1个，杯状，具1个蛋白核。细胞直径3～9μm。

生境：湖泊中的真性浮游藻种类，特别是软水湖泊中数量较多。

国内分布于北京、重庆、安徽、山东、湖北、福建、云南、黑龙江、台湾、贵州（红枫湖、贵阳花溪、威宁、贞丰）；国外分布于印度、斯里兰卡、日本、澳大利亚、西伯利亚、乌克兰，非洲、北美洲、欧洲；梵净山分布于大河堰（沟边水坑中浮游）。

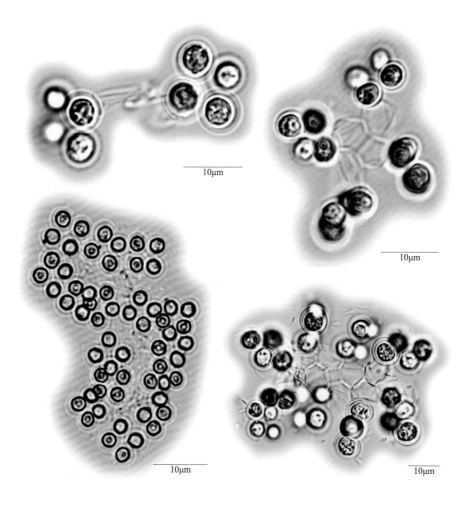

129. 四星藻属 *Tetrastrum* Chodat

原植体由4个细胞组成，"十"字形排列在一个平面上，中心具1个小孔或不具小孔。细胞近三角形或卵圆形，细胞壁平滑，部分具颗粒或刺。色素体单一，片状，周位，具或不具蛋白核。

[552] 高山四星藻

[552a] 原变种

Tetrastrum alpinum (Schmidle) Schmidle var. *alpinum* Beitrage zur kenntnis der Planktonalgenll. Ueber die Gattung Staurogenia ktz. 18: 157, pl. 65, f. 24～25, 1900; 刘国祥, 胡征宇: 中国淡水藻志, Vol. 15, p. 37, plate: XX: 5～6, 2012.

原植体由4个细胞组成，"田"字形排列，中央具近方形的小孔隙。细胞近椭圆形，外缘平直或略凹，具12个乳状突起。色素体单一，片状，周生，具1个蛋白核。细胞直径6～8μm，长7～10μm，群体直径13～18μm。

生境：生长于河流、水沟、水塘和水坑中。

国内分布于安徽、黄山；国外分布于德国；梵净山分布于坝梅村的河边、小坝梅村杨家组的水池或水沟、大河堰的沟边水坑；亚木沟的河床石坑中、快场的河沟中、清渡河靛厂的河边水坑中。

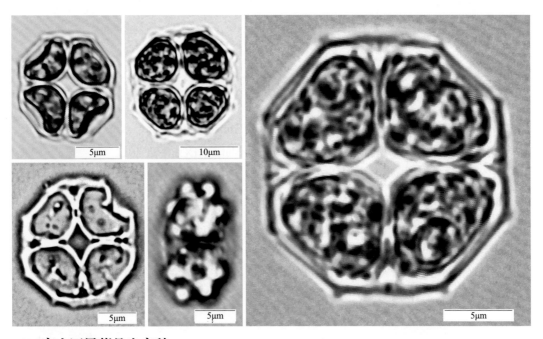

[552b] 高山四星藻具齿变种

Tetrastrum alpinum var. ***deuticulatum*** Wei, In: Shi et al., Comp. Rep. Sur. Alg. Res.South–Western China, 193, f. 11: 4～8, 1994; 刘国祥, 胡征宇: 中国淡水藻志, Vol. 15, p. 37, plate: XXI: 1, 2012.

与原变种的主要区别在于：细胞外侧边缘具4～6个小齿，细胞壁具不规则散生小齿；细胞直径8～12μm，长6～10μm，群体直径16～20μm。

生境：浮游或底栖种，生长于河沟、水沟或渗水石表。

国内分布于贵州（印江、松桃——模式产地）；梵净山分布于坝梅村、大河堰杨家组、小坝梅村杨家组、快场、两河口、德旺茶寨村大溪沟。

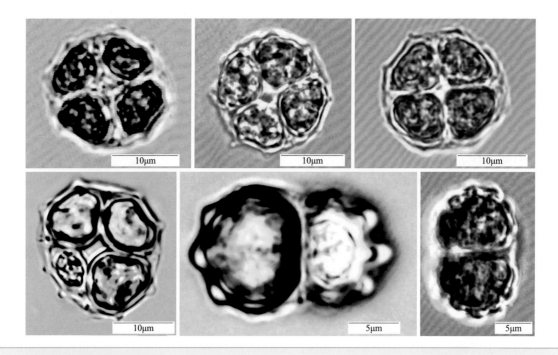

130.四链藻属 *Tetradesmus* Smith

原植体为真性群体，浮游，由4个细胞组成，顶面观"田"字形排列。细胞沿纵轴平行排成2列，通过内侧壁的大部分或仅中部与群体中心相连接。细胞纺锤形，新月形或柱状长圆形。细胞外侧游离面平直、凹入或凸出。色素体片状，周生，具1个蛋白核。

[553]月形四链藻

Tetradesmus lunatus Korshikov, in Lund and Tylka's Translation, Freshw. Alg. Ulkrainian SSR, 369, f. 353, 1987; 刘国祥, 胡征宇: 中国淡水藻志, Vol. 15, p. 33, plate: XIX: 1～2, 2012.

群体由4个细胞组成，中央具方形小孔隙，顶面观"田"字形。各细胞以细胞中部1/3的细胞壁相连接。细胞新月形，外侧壁向内凹入，细胞壁两端延长成刺状，一端稍长，一端微短，末端尖锐。色素体单一，片状，周生，具1个蛋白核。细胞直径3～4μm，长12～15μm。

生境: 各种静水水体中。

国内分布于安徽、福建、湖北；国外分布于乌克兰、法国；梵净山分布于护国寺（水池中浮游）、坝溪沙子坎的水田中。

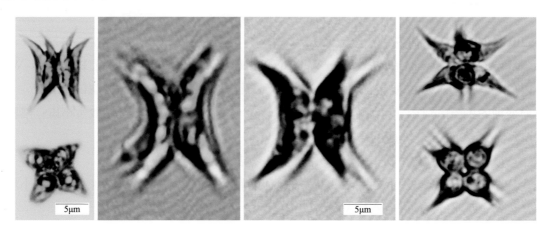

131.十字藻属 *Crucigenia* Morrer

原植体由"十"字形排列4个细胞组成的真性群体，群体单一或多个群体又组成复合群体，常具不明显的胶被。镜面观方形、长方形或偏菱形，中央具或不具空隙。细胞三角形、梯形、椭圆形或半圆形。每个细胞具1个色素体，片状，周位，具1个蛋白核。无性生殖产生似亲孢子。浮游种类。

[554] 十字十字藻

Crucigenia crucifera (Wolle) Collins, Tufts Coll. Stud. 2(3): 170, 1909; 刘国祥, 胡征宇: 中国淡水藻志, Vol. 15, p. 43, plate: XXII: 6, 2012.

群体细胞斜长方形或长方形，中央孔隙菱形。群体常为复合群体。细胞长圆形或肾形，两端圆，内侧壁略向外凸，外侧游离壁常向内凹陷。色素体1个，周位，片状，具1个蛋白核。细胞直径2.5～4μm，长5～8μm。

生境：各种静水水体。

国内分布于福建、山东、广东、贵州（松桃）、台湾；国外分布于北美洲、欧洲、亚洲（印度）；梵净山分布于凯文村（水塘中附植）。

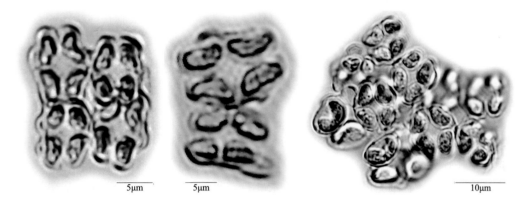

[555] 窗格十字藻

Crucigenia fenistrata (Schmidle) Schmidle, Allg. Bot. Zeifschr. 6: 234, 1900; 刘国祥, 胡征宇: 中国淡水藻志, Vol. 15, p. 41, plate: XXII: 3, 2012.

群体由4个细胞组成，方形排列，中央孔隙大、方形。细胞近圆柱形或长梯形，以两端的内侧壁相连接。色素体1个，周生，片状，无蛋白核。细胞直径3～4μm，长8～10μm，群体直径10～12μm。

生境：各种静水水体。

国内分布于黑龙江、安徽、湖北、贵州（北盘江、思南、印江）、台湾；国外分布于印度，欧洲、北美洲、非洲南部；梵净山分布于黑湾河凯马村的水沟石表。

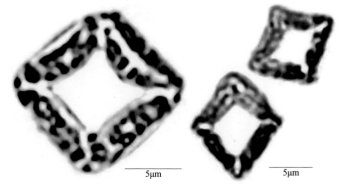

[556]方形十字藻

Crucigenia rectangularis (Braun) Gay, Recherches sur le developpement et la classification de quelques yertes. Paris, 100, pl. 15, f. 151, 1891; 刘国祥, 胡征宇: 中国淡水藻志, Vol. 15, p. 43, plate: XXIII; 4, 2012.

群体细胞长方形或椭圆形，规则排列，中央空隙方形。常由4个单一群体组成16个细胞的复合群体。细胞卵形或长卵形，顶端钝圆，外侧游离壁微外凸，细胞以底部和侧壁与邻近细胞连接。细胞直径2.5~7μm，长5~10μm。

生境：各种静水水体。

国内分布于北京、安徽、福建、湖北、贵州（铜仁、遵义、威宁）、云南、西藏；国外分布于乌克兰、西伯利亚、印度、斯里兰卡、缅甸、日本、南美洲、非洲西部；梵净山分布于桃源村（鱼塘浮游）。

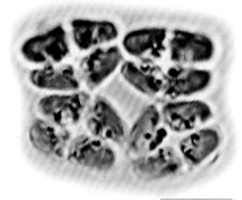

5μm

132. 集星藻属 *Actinastrum* Lagerheim

原植体常为4、8或16个细胞组成的真性群体，浮游，无胶被。细胞长柱状圆形，棒状纺锤形或截顶长纺锤形，各细胞以一端在群体中心相连，呈放射状。色素体单一，片状，周位，边缘不规则，具1个蛋白核。无性生殖时，似亲孢子释放后以中心点连接，呈放射状排列。

[557]拟针形集星藻

Actinastrum raphidioides (Reinsch) Brunnth, in Pascher's Süss. Fl. Deuts. Osterr. Schw., 5: 169, f. 242a~b. 1915; 刘国祥, 胡征宇: 中国淡水藻志, Vol. 15, p. 28, plate: XV: 4, 2012.

群体的细胞圆柱形，各细胞以一端在群体中心相连，呈放射状，游离端尖锐，基端截平，两侧壁近平行。色素体单一，片状，周位，具1个蛋白核。细胞直径3~4μm，长15~25μm。

生境：各种水体。

国内分布于台湾；国外分布于瑞典、瑞士、美国、印度、古巴；梵净山分布于亚木沟。

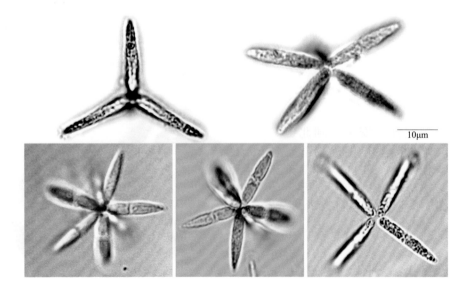

10μm

133. 空星藻属 *Coelastrum* Nägeli

原植体由4、8、16、32、64或128个细胞组成中空的群体，细胞数目较少的群体呈立方形或四面体，细胞数目较多的群体呈球形或椭圆形。细胞球形、卵形或多角形，通过细胞壁或细胞壁的突起相互连接。除连接部分外，细胞壁表面光滑、部分增厚或具管状突起。具细胞间隙，细胞幼时色素体杯状，成熟后扩散，常充满整个细胞，具1个蛋白核。

[558] 星状空星藻

Coelastrum astroideum Notaris, Elem. Stud. Desm. Ital., 80, 1867; 刘国祥，胡征宇：中国淡水藻志，Vol. 15, p. 22, plate: XII: 2～5, 2012.

——球状空星藻 *Coelastrum sphaericum* Nägeli

原植体呈球形，中心具大的空隙，四边形或五边形，细胞间无明显连接带，以基部两侧连接。细胞三角形或三角状阔卵形，内侧钝圆，细胞壁平滑，游离面的外壁顶端略增厚。细胞长10～15μm，宽6～10μm。

生境：浮游、底栖或附植种，生长于水池、水塘或水田。

国内分布于福建、广西、台湾；国外分布于捷克、斯洛伐克、意大利、古巴；梵净山分布于护国寺、凯文村、桃源村、亚木沟、张家屯、德旺茶寨村大上沟。

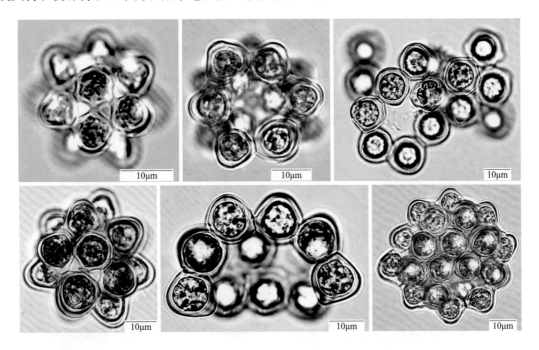

[559] 小空星藻

Coelastrum microporum Näg., in Bruan, Alg. Unicell, 70, 1855; 刘国祥，胡征宇：中国淡水藻志, Vol. 15, p. 20, plate: XI: 1, 2012.

原植体呈群体球形至卵形，中心空隙较细胞直径小，空隙形状三角形至球形，相邻细胞以细胞壁连接。细胞球形至卵形，细胞包被1层薄的胶质鞘，平滑，无突起。细胞直径8～15μm。

生境：浮游、底栖或附植种，生长于水池、池塘、水坑或水田。

国内外广泛分布；梵净山分布于护国寺、高峰村、德旺茶寨村大上沟。

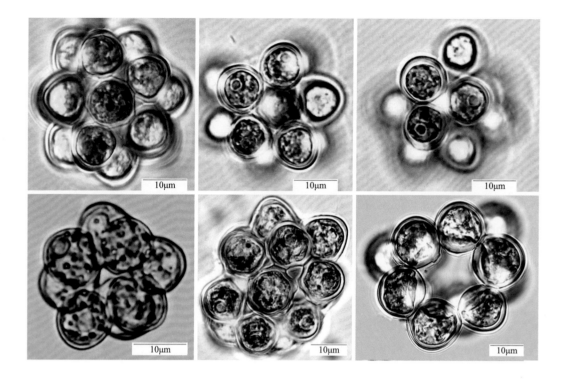

[560] 多凸空星藻

Coelastrum polychordum (Korshikov) Hindak, Treat. Biol., 8 (4): 176, pl. 73, f. 3～6, 1977; 刘国祥, 胡征宇: 中国淡水藻志, Vol. 15, p. 26, plate: XIV: 6～7, 2012.

群体呈球形。细胞球形, 壁厚, 彼此间有一定距离, 每个细胞具1个小的疣状突起及多条辐射状凸出, 相邻细胞具1～3条连接指状带。细胞间隙三角形。细胞直径4～11μm, 8个细胞群体直径约25μm。

生境: 各种水体中。

国内分布于河北、辽宁、湖北、台湾; 国外分布于印度、乍得、美国, 欧洲、非洲中部; 梵净山分布于快场 (河沟中浮游或底栖)。

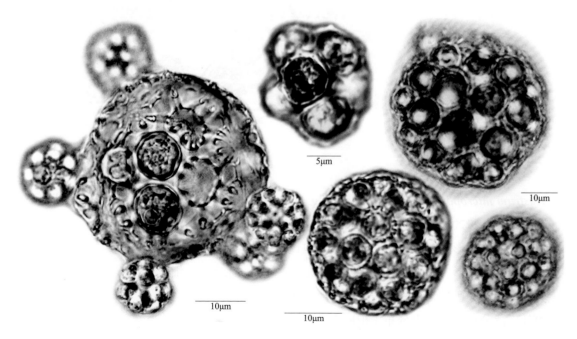

[561] 网状空星藻

Coelastrum reticulatum (Dang.) Senn, Bot.Ztg., 57: 66, pl. 2, f. 1～10, 1899; 刘国祥, 胡征宇: 中国淡水藻志, Vol. 15, p. 25, plate: XIV: 5, 2012.

　　原植体为8、16、32或64个细胞组成的定形群体，群体球形至卵圆形，中心空隙大，呈三角形或不规则圆形，有时游离面由6～9条放射状排列的绳状突起连接，突起长度有时与细胞直径等长。群体间又可通过母细胞壁连接形成大的复合型大群体，群体的各细胞球形，具6～9个突起，细胞包被1层薄的胶质鞘。细胞直径5～8μm。

　　生境：浮游、底栖或附植种，生长于水池、池塘、湖泊或水库。

　　国内外广泛分布；梵净山分布于护国寺、德旺茶寨村大上沟、亚木沟。

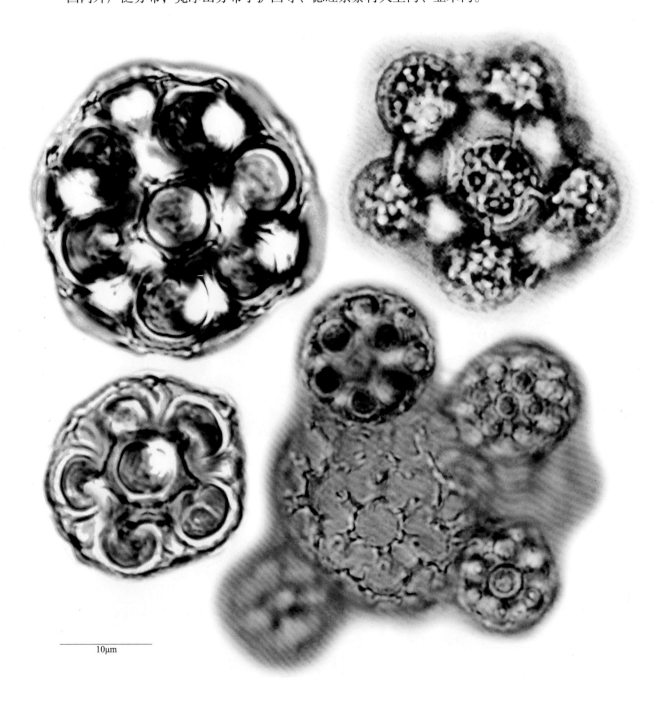

10μm

（五十六）延胞藻科 Ecballocystaceae

134.延胞藻属 *Ecballocystis* Bohlin

原植体为具假分枝的伪丝状体，具由母细胞壁胶质化形成的胶质鞘，固着于基质上生活。原植体是由每个细胞内形成的2、4或8个似亲孢子，通过滑动错位倾斜排列，母细胞内的每个细胞并不两端相接，而是每个子细胞又产生新的似亲孢子，形成与母体相同的结构，最终构成复杂的树状复合群体。细胞长圆柱形或长椭圆形。色素体多个，周生，盘状，各具1个蛋白核。

[562]湖北延胞藻

Ecballocystis hubeiensis Liu et Hu, Arch. Hydrobio.–Algolog. Stud. 116: 39～47, 2005; 刘国祥, 胡征宇: 中国淡水藻志, Vol. 15, p. 87, plate: XLIV～XLVI, 2012.

原植体为大型，呈树状，长1～3mm，无明显主轴，宽达60～300(～650)μm。细胞卵形至长圆柱形，端圆，宽9～11μm，长25～35μm。叶绿体周生，不规则盘状，多个，各具1个蛋白核。

生境：生长于溪流或小滴水瀑布下的岩石上。

国内分布于湖北、湖南；梵净山分布于团龙清水江的溪流边石表。

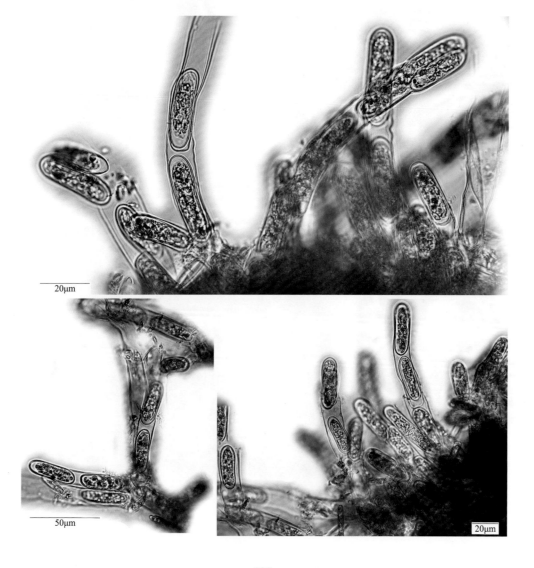

二十五　丝藻目ULOTRICHALES

（五十七）丝藻科Ulotrichaceae

135.丝藻属 *Ulothrix* Kuetzing

　　原植体为单列细胞构成的丝状体。幼丝体固着生活，基细胞卵形或长卵形，有时略分叉呈假根状。细胞圆柱状，有时略膨大，横壁收缢或无。细胞壁一般薄，偶见为厚壁或略分层，少数种类具胶鞘。色素体1个，侧位或周位，部分或整个围绕细胞内壁，充满或不充满整个细胞，含1个或更多的蛋白核。营养繁殖为丝状体断裂。无性生殖形成动孢子，有性生殖产生2根鞭毛的同形配子，为同配生殖。除少数海水及咸水种类外，多生活在淡水中或潮湿的土壤或岩石表面。

[563]柱状丝藻

　　Ulothrix cylindricum Prescott, Farlowia 1: 347, t. 1, f. 7, 1944; 黎尚豪, 毕列爵: 中国淡水藻志, Vol. 5, p. 7, plate: Ⅱ: 7～9, 1998.

　　丝状体极长。细胞圆柱状，横壁不收缢或微收缢，基部细胞有时略膨大成卵形或长卵形，无色或略有不规则的片状色素体，无明显的胶质固着器或假根。色素体带状围绕周壁1/2以上，具1至多个蛋白核。细胞长为宽的2.5～3.5倍，宽10～15μm。

　　生境：漂浮或附着种，生长于河流、水沟、水塘、水坑、水田或沼泽。

　　国内分布于江西、湖南、广东、贵州（威宁）；国外分布于美国；梵净山分布于马槽河、坝溪河、陈家坡、大河堰、亚木沟明朝古院旁、坪所村。

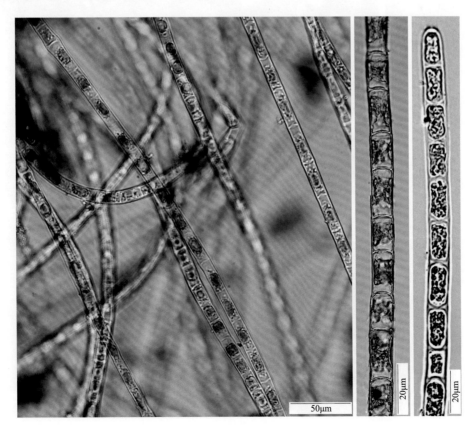

[564]流苏丝藻

Ulothrix fimbriata Bold, Amer. J. Bot., 45: 739, f. 17～28, 38～47, 1958; 黎尚豪, 毕列爵: 中国淡水藻志, Vol. 5, p. 9, plate: II : 11～13, 1998.

丝状体极长。细胞圆柱状, 横壁不收缢, 基部细胞较宽, 无色透明, 形状不规则。细胞色素体带状, 周位, 边缘具流苏状的缺刻, 绕周壁1圈, 位于中部, 上下各具空隙, 具1～2个蛋白核。细胞长为宽的3～5倍, 宽8～11μm。

生境: 生长于水坑或稻田。

国内分布于江西; 国外分布于美国; 梵净山分布于马槽河（林下水沟坑底栖）、凯文村（水田底栖）、大河堰的沟边水坑。

[565]双胞丝藻

Ulothrix geminata Jao, Ocean. limn. Sinica, 6(2): 183～184, t2, f. 1～6, 1964; 黎尚豪, 毕列爵: 中国淡水藻志, Vol. 5, p. 8, plate: Ⅲ : 1～12, 1998.

丝状体横壁或多或少膨大。细胞常每2个为一组，扁形或近方形，或长略大于宽，两端广圆形或截形凸出，凸出处短但明显，细胞壁厚，略胶化，不很明显地分层。色素体环带状，边缘波状或全缘，蛋白核多数，常为2～5个。细胞长5～25μm，宽8～30μm。

生境：生长于湖泊、水塘、沼泽及流水的山沟、小溪或河流，固着于石上或水草表面。

国内分布于山西、江西、湖北、四川、云南、西藏、贵州（兴义、贵定、麻阳河）；梵净山分布于马槽河、大河堰、陈家坡、盘溪河。

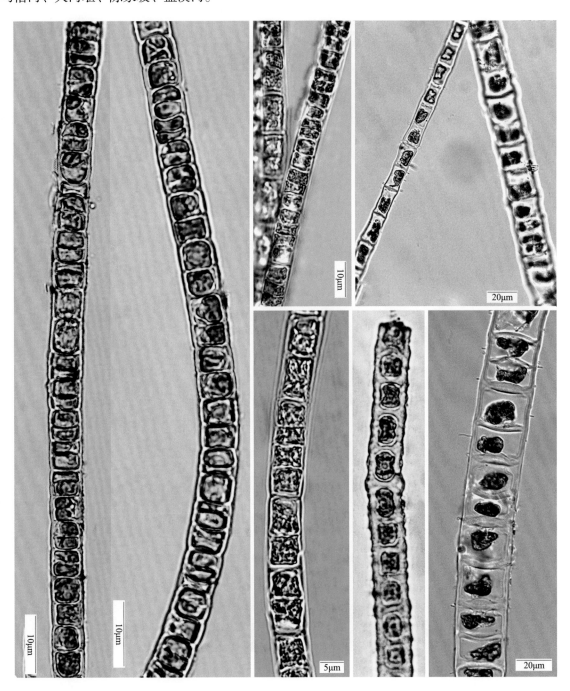

[566] 串珠丝藻

Ulothrix moniliformis Kuetz., Sp. Alg., 347, 1849; 黎尚豪, 毕列爵: 中国淡水藻志, Vol. 5, p. 4, plate: Ⅰ: 8～9, 1998.

丝状体为鲜绿色或黄绿色, 略卷曲。细胞圆筒形, 横壁明显收缢, 细胞排列略呈串珠状, 细胞壁厚, 厚度一般为1～2μm, 宽处具条纹, 色素体位于细胞的一侧, 极少呈带状, 具1～2个蛋白核。细胞长6～12μm, 宽9～12μm。

生境: 河沟中石表、潮湿土壤或岩石表面。

国内分布于内蒙古、黑龙江、安徽、福建、江西、湖北、湖南、广西、重庆、云南、西藏、贵州; 国外分布于新西兰, 欧洲、非洲、美洲; 梵净山分布于乌罗镇甘铜鼓天马寺的沟边潮湿石表。

[567]颤丝藻

Ulothrix oscillatoria Kütz., Phyc. Germ., 197, 1845; 黎尚豪, 毕列爵: 中国淡水藻志, Vol. 5, p. 6, plate: Ⅱ: 1~2, 1998.

　　丝状体细长。细胞壁薄, 常胶化, 横壁处不收缢或略收缢。色素体带状, 侧位, 绕周壁半圈左右, 具2~3个蛋白核。细胞短圆柱状, 长2~10μm, 宽7~10μm。

　　生境: 常生长于流水石上或静水池中。

　　国内分布于北京、天津、河北、内蒙古、吉林、江苏、安徽、江西、福建、河南、湖北、云南、西藏、贵州（宽阔水赤水、兴义）; 国外分布于欧洲、美洲、非洲、亚洲; 梵净山分布于坝梅村的水池。

[568]露点丝藻

Ulothrix rorida Thuret, Ann. Sci. Nat. Bot. Ser. III, 14: 223, t. 18. f. 1~7. 1850; 黎尚豪, 毕列爵: 中国淡水藻志, Vol. 5, p. 9, plate: II; 15, 1998.

丝状体常交织呈团块状或不规则形,黄绿色。细胞方形至圆柱形,横壁处略收缢,壁薄。色素体环带状,周位,宽度不等,环绕整个细胞,但不充满细胞腔。具1个蛋白核。细胞长5~15μm,宽7~10μm。

国内分布于山西、内蒙古、黑龙江; 国外分布于欧洲; 梵净山分布于坝梅村的小水沟底石表、小坝梅村(水田中漂浮)、德旺岳家寨红石梁的锦江河边水中石表、昔平村的金厂河中石表。

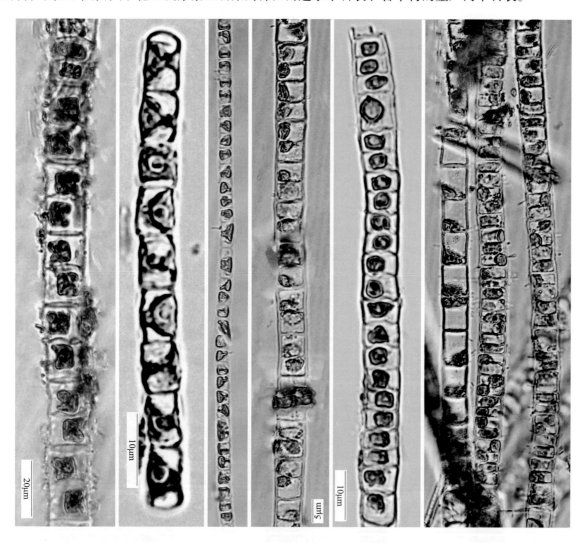

[569]细丝藻

Ulothrix tenerrima Kuetz., Phyc. Gen., 253, 1843; 黎尚豪, 毕列爵: 中国淡水藻志, Vol. 5, p. 5, plate: I: 6~7, 1998.

丝状体极长。细胞近方形至圆柱状,横壁处略收缢。幼体细胞常为球形,胞间距大。细胞色素体带状,周位,幼时充满整个细胞,成熟时分布在细胞中部,上部和下部留有空白区,围绕周壁超过1/2。细胞长8~15μm,宽8~10μm。

生境：漂浮、水底固着或附植种，生长于水塘、水坑、水沟、水田或滴水石表。

国内外广泛分布；梵净山分布于桃源村、德旺茶寨村大上沟、大河堰、郭家湾。

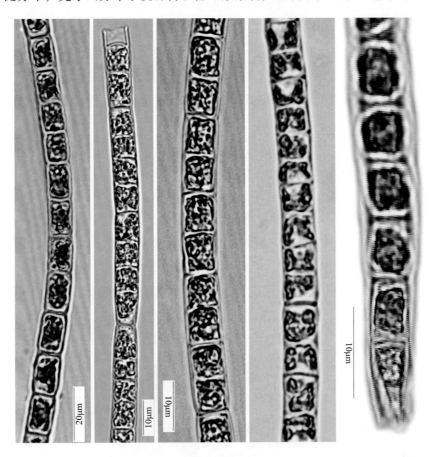

[570]多形丝藻

Ulothrix variabilis Kütz., Sp. Alg. 346, 1849. 黎尚豪, 毕列爵: 中国淡水藻志, Vol. 5, p. 4, plate: Ⅰ : 1, 1998.

构成丝状体的细胞短圆柱状，横壁不收缢。细胞壁薄。色素体不规则片状，侧位，充满细胞上下两端，具1个蛋白核。细胞长5～10μm，宽5～7μm。

生境：多生长于水塘、水坑、稻田等静水水体。

国内分布于黑龙江、北京、河北、山西、山东、安徽、福建、江西、湖北、湖南、广东、四川、重庆、云南、贵州（宽阔水、赤水、百花湖、兴义、贵定、威宁）；国外分布于欧洲、非洲、美洲及亚洲其他国家；梵净山分布于太平镇马马沟村（水田底栖）、亚木沟的渗水石表、昔平村（金厂河底附着）。

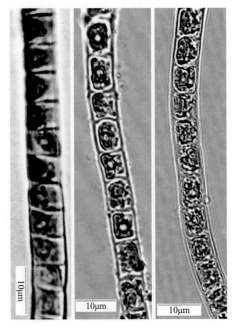

136.尾丝藻属 *Uronema* Lagerheim

丝状体由单列细胞构成，直或略弯曲。基细胞多向下渐窄，前端具有盘状或其他形状的固着器。顶端细胞常向前渐窄或渐尖细，弯曲或不弯曲，但不成为无色的多细胞毛。细胞圆柱状，宽与长的比值变异很大，有时在横壁处收缢。色素体1个，侧位，带状，有的是空心圆筒状，充满或不充满整个细胞，含1～3个或更多的蛋白核。无或极少有断裂生殖。无性生殖时产生动孢子。多生活在水池、水坑、池塘、水沟等较浅的淡水中，固着于其他较大的藻体上。

[571] 非洲尾丝藻

Uronema africanum Borge, Hedw., 68: 96, t.1, f. 2a～d,1928; 黎尚豪, 毕列爵 : 中国淡水藻志, Vol. 5, p. 12, plate: Ⅳ : 13～16, 1998.

丝状体直立，由几个到十余个，极少由更多的细胞组成。基细胞向基部渐窄，有时有盘状固着器；顶细胞前端常略尖，且呈镰刀状向一侧弯曲。细胞圆柱状，横壁不收缢。色素体1个，片状，侧位，具1～2个蛋白核。细胞长10～15μm，宽5～7μm。

生境：生长于路边水沟、坝下水池、水坑等，常附生在其他藻类或沉水植物上。

国内分布于北京、黑龙江、辽宁、山东、安徽、江西、福建、湖北、云南、台湾。国外分布于亚洲、欧洲、非洲；梵净山分布于亚木沟景区大门的荷花池［固着于鞘藻（*Oedogonium* sp.）表面］。

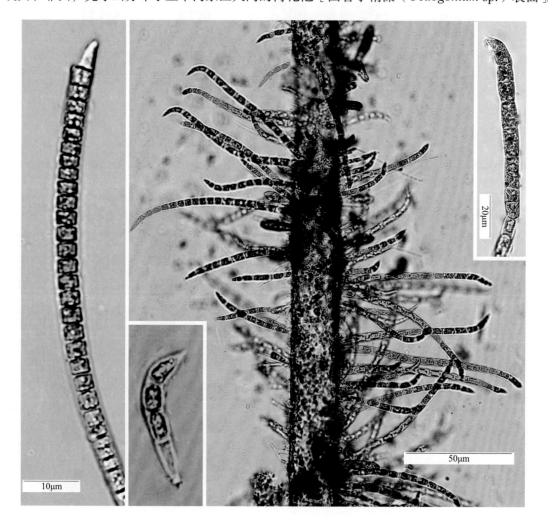

[572] 极大尾丝藻

Uronema gigas Vischer, Beih, Bot. Centralbl., 51(1): 74～77, t. 32, f. 1～18, 1933; 黎尚豪，毕列爵：中国淡水藻志，Vol. 5, p. 12, plate: Ⅳ: 3～6, 1998.

丝状体直，短的由十余个细胞组成，长的由上百个细胞组成，可达数毫米。细胞圆柱状，常2、4或8个为一组而成串，组与组之间横壁上有明显的收缢。基细胞具附着盘；顶端细胞向前渐尖，呈圆锥形或半球形，末端尖锐形成刺状突起。色素体1个，侧位，充满整个成熟细胞，具1～5个蛋白核。细胞长10～15μm，宽7～10μm。

生境：生长于水沟或积水中落叶上。

国内分布于安徽、广德、湖北；国外分布于瑞士；梵净山分布于两河口大河（河中附着于石表）。

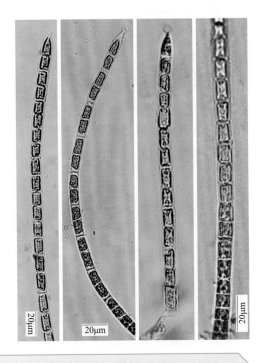

137. 克里藻属 *Klebsormidium* Silva

原植体为单列细胞组成的不分枝的丝状体，无基细胞和顶端细胞的分化。细胞圆柱状，细胞壁薄，黏滑，但不胶质化。色素体较小，侧位，片状或盘状，围绕细胞周壁的1/2或小于1/2，具1个蛋白核。多数种类亚气生，生长在潮湿的土壤，少数种类水生。

[573] 软克里藻

Klebsormidium flaccidum (Kuetz.) Silva, Mattox et Blackwell, Taxon, 21: 643, 1972; 黎尚豪，毕列爵：中国淡水藻志，Vol. 5, p. 16, plate: Ⅴ: 12～13, 1998.

丝状体由单列细胞组成，易断裂形成短丝。细胞圆柱状，壁薄，色素体片状，侧位，绕细胞周边的1/2，具1个蛋白核。细胞长8～15μm，宽8～10μm。以丝状体断裂或产生动孢子进行繁殖。

生境：大多为气生或亚气生，很少生于水中。

国内分布于北京、山西、黑龙江、福建、河南、湖北、四川、西藏、贵州（宽阔水）；国外分布于欧洲、美洲、亚洲；梵净山分布于清渡河靛厂的水沟。

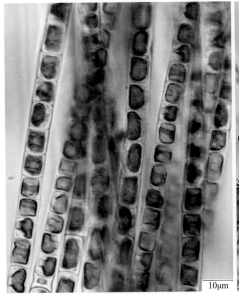

[574]溪生克里藻

Klebsormidium rivulare (Kuetzing) Morrisen et Sheath, Phycol., 24(2): 129～146, 1985; 黎尚豪, 毕列爵: 中国淡水藻志, Vol. 5, p. 18, plate: VI: 8～12, 1998.

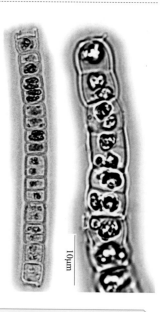

构成丝状体的细胞圆柱形，横壁无或略微收缢。细胞常两两成对，罕为1个细胞。某些细胞略大、凸出，使丝状体在此处呈膝状，有时此细胞垂直分裂面形成2个细胞的假分枝。具1个近球形或椭圆形的、略不规则的、侧位的带状色素体，具1个蛋白核。细胞长5～8μm，宽6～9μm。

生境：水生或亚气生，生长于水沟或水田等。

国内分布于安徽、湖北；国外分布于印度（西爪哇），欧洲、北美洲；梵净山分布于德旺茶寨村大溪沟的水坑。

10μm

138. 双胞藻属 *Geminella* Turpin

原植体为单列细胞丝状体，多数自由漂浮，极少数着生。丝状体具透明胶质鞘。细胞圆柱形、椭圆形或长圆形，两端钝圆，细胞间常被胶质分隔而存在间距，或单个细胞分离，或2个细胞形成一组，而以组分隔。细胞通常长大于宽，少数种类为横向的椭圆形。色素体侧位，片状，占细胞周壁的一部分或充满整个细胞，具或不具蛋白核。本属植物主要生于水池、水沟或水库等处。

[575]小双胞藻

Geminella minor (Naegeli) Heering, in Pascher's Susswass.–F1. 6: 41, 1914; 黎尚豪, 毕列爵: 中国淡水藻志, Vol. 5, p. 23, plate: VII: 1～2, 1998.

丝状体由单列圆柱状或近方形的细胞组成，无明显的横壁收缢，常具胶鞘或不明显，如具胶鞘，宽度可达10μm。细胞彼此连接或有时2个细胞成为一组，细胞具宽圆的角。色素体侧位，占细胞周壁面积的一部分，具1个或多个蛋白核。细胞长5～10μm，宽8～10μm。

生境：生长于河流、水沟、水田或水坑。

国内分布于山西、湖南、广西、云南、贵州（威宁）；国外分布于亚洲、欧洲、美洲；梵净山分布于大河堰杨家组、德旺岳家寨红石梁锦江河边、清渡河靛厂。

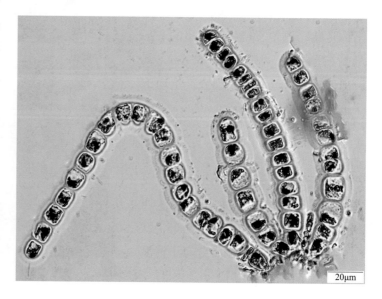

20μm

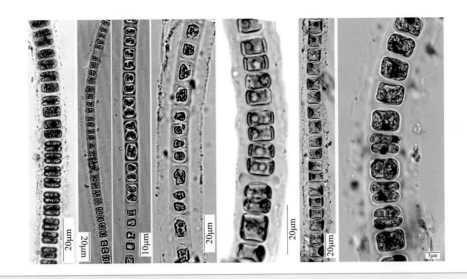

139. 骈胞藻属 *Binuclearia* Wittr.

原植体为单列细胞组成不分枝的丝状体。幼丝体的基部具球形或盘状胶质附着器，固着生活，成熟后自由漂浮。丝状体顶端具纤维素帽状结构，细胞圆柱形，有时2个细胞为一组，具厚而分层的胶鞘，横壁处更厚。细胞中原生质体为圆柱形或椭圆形，两端广圆。具1带状色素体，占细胞周壁的3/4，长度一般不充满整个细胞，单核，蛋白核1个或不明显。

[576] 骈胞藻

Binuclearia tectorum (Kuetz.) Beg. ex Wichm., Pflanzenf., 20: 56, 81, t. 5, f. 1～20; t. 6, f. 1～20; t. 8, f. 4～9, 1937; 黎尚豪, 毕列爵: 中国淡水藻志, Vol. 5, p. 25, plate: Ⅶ: 5～10, 1998.

原植体细胞圆柱形，具平顶圆角，常2个细胞成为一组，细胞壁厚而分层。胶质厚可达7～10μm，两组细胞之间的横壁比同一组的2个细胞之间的横壁更厚。色素体片状，侧位，占细胞周壁的大部分。细胞长为宽的0.5～2倍，宽5～11μm。

生境：生长于河沟边石表或水坑、滴水岩壁下水坑、水池等，或潮湿土壤表面。

国内外普生性种类；梵净山分布于马槽河、小坝梅村杨家组、清渡河、盘溪河。

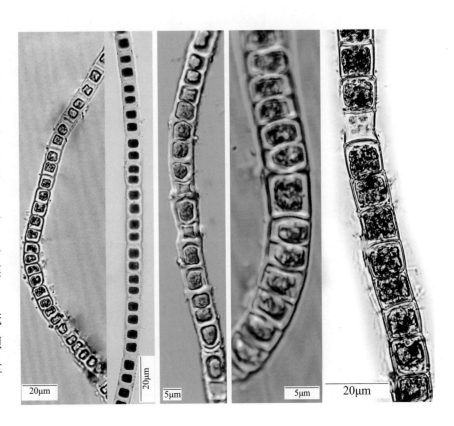

二十六 石莼目ULVALES

（五十八）饶氏藻科 Jaoaceae

140. 饶氏藻属 *Jaoa* (Jao) Fan

原植体在幼时近球形，成熟时为圆盘形或囊泡状，表面具粗大微皱褶，以假根着生。原植体由2~3层细胞组成，内层细胞大，球形或近球形；外层细胞较小，半球形、卵形或圆锥形。每个细胞具1个周生、片状色素体，蛋白核多个。无性生殖时产生动孢子囊。固着生长于流水中岩石、木桩或草根上。

[577] 泡状饶氏藻

Jaoa bullata (Jao) Fan, Acta Phytatax Sinica, 9(1): 101, 1964; 黎尚豪，毕列爵：中国淡水藻志，Vol. 5, p. 77, plate: XXI: 5~7, 1998.

原植体大型，直径可达1~3cm，高0.5~1.5cm，呈囊泡状或不规则膨胀袋状，表面具皱褶，草绿色或暗橄榄色，基部假根分枝或不分枝。原植体由3层细胞组成，内壁细胞大，近球形、近透明，直径40~70μm；中层细胞较内层细胞小，球形至扁球形，直径20~30μm，色素体位于细胞近边缘处；外层细胞小型，卵形或圆锥形，松散排列，充满色素体，细胞宽10~13μm，高10~16μm。

生境：生长于河流及水沟中石表，固着生活。

国内分布于北京、河北、山西、云南、贵州（湄潭、望谟）；梵净山分布于清渡河公馆（山涧水沟中石表清洁水体）。

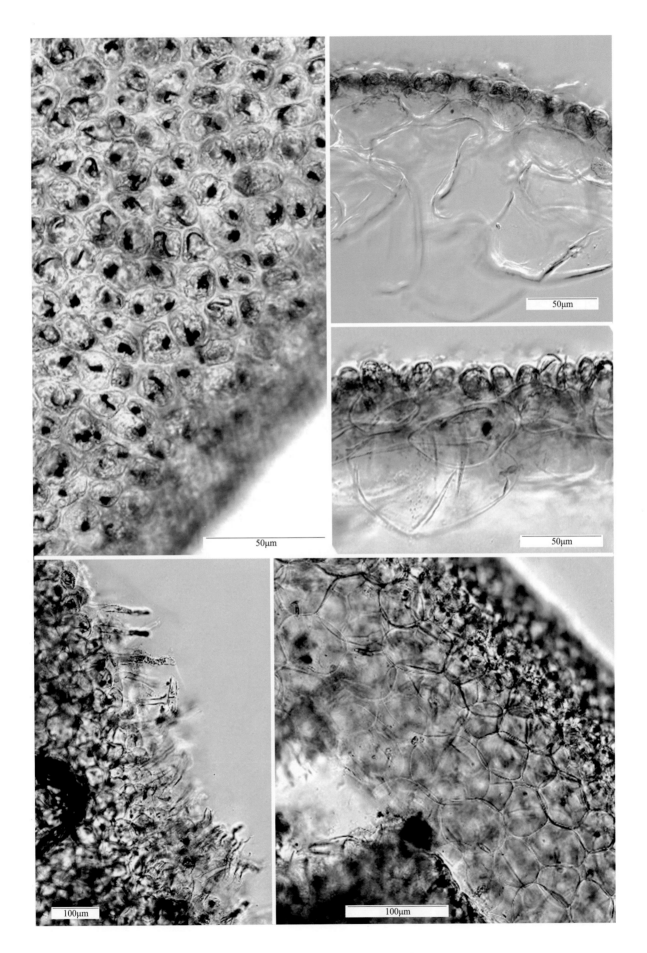

二十七 胶毛藻目 CHAETOPHORALES

（五十九）胶毛藻科 Chaetophoraceae

141. 毛枝藻属 *Stigeoclonium* Kutzing

原植体为由单列细胞组成的分枝丝状体，固着生活。部分种类具胶质，由匍匐部分和直立部分组成，有的种类直立枝发达，有的种类直立枝发育不全，匍匐枝极丰富。主轴与分枝无明显分化，二者宽度相近，直立枝常形成互生或对生的分枝，分枝上的小枝常分散而不呈丛状，顶端渐细，形成多细胞无色的毛。细胞圆柱形或腰鼓形，每个细胞具1个周生的带状色素体，具1个或数个蛋白核，色素体或充满整个细胞内腔，或仅占细胞内腔的一部分。

[578] 夏毛枝藻

Stigeoclonium aestivale (Hazen) Collins, Green Alg. North Amer., 220, 1909; 黎尚豪, 毕列爵: 中国淡水藻志, Vol. 5, p. 52, plate: XIX : 1～3, 1998.

原植体淡绿色，密集固着丛生，高3～4mm，匍匐部分为1层厚的胶群体细胞组成，或为由向下生长的细丝体和假根交织形成团块；直立部分从胶群体状的基部细胞辐射状向上长出，假二叉或互生分枝，下部分枝密集，上部稀疏，小枝细而短，顶端渐尖细，有时形成多细胞无色的毛。细胞圆柱形，壁薄，中部略膨大，横壁微收缢，主轴细胞长10～20μm，宽8～10μm，藻丝体上部细胞长宽相近。

生境：生长于水塘、水坑、稻田等静水水体中的其他水生植物表或水中某些基质上。

国内分布于黑龙江、北京、河南、江苏、安徽、福建、湖北、西藏、重庆、云南、广西、贵州（松桃、铜仁、江口）；国外分布于欧洲、非洲、美洲及亚洲其他国家；梵净山分布于马槽河的林下水沟中、万宝岩净心池的渗水岩壁上、德旺茶寨村大上沟（水田附植）。

[579] 长毛枝藻

Stigeoclonium elongatum (Hassall) Kuetzing, Spec, Alg.,355, 1849; 黎尚豪, 毕列爵: 中国淡水藻志, Vol. 5, p. 57, plate: XXV: 1, 1998.

原植体深绿色, 丛生, 高4～5cm, 直立枝细长。分枝由丝状体上较小的或略呈长方形的细胞产生, 下部分枝少, 向上逐渐增多, 多数为对生, 或同一细胞有2～4个分枝。丝状体上部也有互生分枝的, 分枝顶端细胞尖细或呈鞭状。主轴细胞圆柱形, 横壁略收缢或不收缢, 长11～15μm, 宽9～11μm。

生境: 生长于静水或缓流中石块、树枝或沉水植物上。

国内分布于河北、山西、黑龙江、江西、湖北、四川、云南、西藏; 国外分布于英国、德国、法国、罗马尼亚、意大利、美国、福克兰群岛、巴基斯坦、新西兰; 梵净山分布于金厂村（金厂河中石表固着）。

[580]小毛枝藻

Stigeoclonium tenue (Agardh) Kuetzing, Phy. Germ, 253, 1843; 黎尚豪, 毕列爵: 中国淡水藻志, Vol. 5, p. 57, plate: XXⅥ: 4～5, 1998.

原植体鲜绿色, 垫状丛生, 高约10mm。匍匐部分胶状群体, 有时具丰富的假根, 直立枝丰富, 分枝简单, 互生或对生, 分枝常从具角的短而小的细胞长出, 向前渐细, 顶端圆锥形, 极少具柔细的毛, 上部的次分枝较短, 散生或互生, 或为细长的丛状。主轴细胞圆柱形, 横壁略收缢, 长8～12μm, 宽5～7μm; 分枝细胞膨大, 产生近球形的动孢子囊。

生境: 多数生长在流动水体中。

国内外广泛分布; 贵州分布于舞阳河、梵净山（德旺岳家寨红石梁锦江河中浮游）。

[581] 多形毛枝藻

Stigeoclonium variabilis Naeg., in Kuetzing, Spec. Alg., 352, 1849; 黎尚豪, 毕列爵: 中国淡水藻志, Vol. 5, p. 54, plate: ⅩⅪ: 24, 1998.

原植体通常小型, 鲜绿色, 匍匐部分呈假薄壁组织状和单层细胞, 细胞球形或多角形。直立部分分枝稀疏, 多为互生, 近主轴基部多为双叉型, 少数对生。分枝或长而纤细, 或短而略呈刺状, 分枝顶部通常有明显的尖, 末端偶见有毛; 主轴细胞圆柱形, 或略膨大, 细胞壁薄, 长8～15μm, 宽5～10μm。

生境: 漂浮或附着种, 生长于水塘、水田或滴水石表。

国内分布于山西、安徽、河南、贵州（麻阳河）; 国外分布于瑞士、捷克、斯洛伐克、法国、德国、瑞典、罗马尼亚、希腊、美国、加拿大; 梵净山分布于坝梅村、小坝梅村、坪所村。

142. 羽枝藻属 *Cloniophora* Tiffany

原植体为单列细胞组成的分枝丝状体，大型，多具胶质，以假根着生生活。直立的主轴不分枝或二叉式分枝，分枝比主轴小。主轴上可产生两种不同类型的侧枝：一种是可无限生长的长枝，另外一种为少数细胞形成的短枝，也可在长枝上发生，发生无规律，有时密集、单生、互生、对生或轮生，小枝顶端细胞圆锥形，不形成毛。主轴细胞圆柱形、腰鼓形或哑铃形，膨大，头状、漏头状或楔状，横壁具或不具收缢，色素体带状，边缘具缺刻，蛋白核多个；分枝细胞圆柱形或腰鼓形，略膨大，罕见头状，色素体片状，具1个或几个蛋白核。多分布在热带和亚热带地区。

[582] 粗枝羽枝藻

Cloniophora macrocladia (Nordstedt) Bourrelly, Alg. D'eau Douce de la Guadeloupe 204, 1952; 黎尚豪，毕列爵：中国淡水藻志，Vol. 5, p. 60, plate: XXVII: 4; XXVIII: 1, 1998.

原植体丛生，高可达1.5cm。直立主轴分枝丰富，对生或互生，主轴细胞一般呈短腰鼓形或棒形，略膨大，横壁收缢，长20～40μm，宽40～50μm，在主轴和初级分枝上有许多小短枝，单一或不规则分布；小枝顶部钝圆形，细胞常膨大，横壁具收缢，长7～10μm，宽6～8μm，色素体带状。主轴细胞蛋白核多数；小枝细胞蛋白核2～3个。此种变异较大。小枝产生动孢子或配子。

生境：生长于溪流石表。

国内分布于黑龙江、河北（均采自水库）；国外分布于美国、巴拿马、马来西亚、喀麦隆；梵净山分布于德旺红石梁（锦江河边渗水石表固着）。

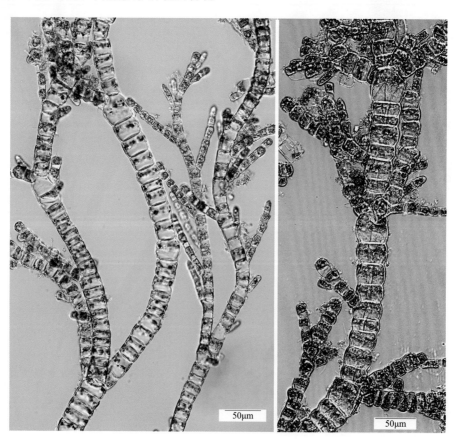

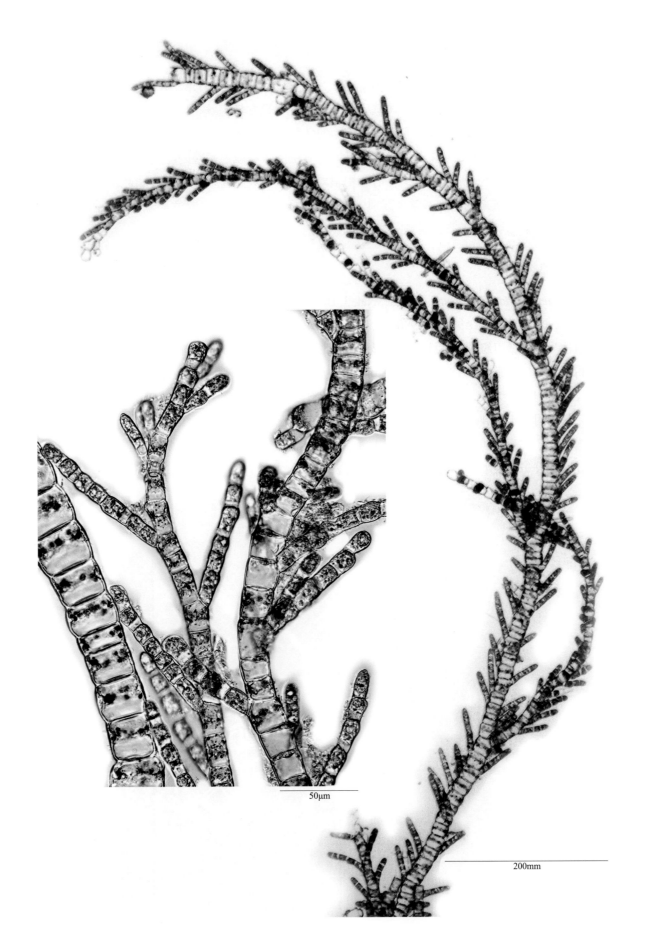

50μm

200mm

（六十）鞘毛藻科 Coleochaetaceae

143.鞘毛藻属 *Coleochaete* de Brébisson

　　原植体由二分叉式的分枝丝状体构成，匍匐，极少有直立枝。丝状体或是自1个中心向外辐射延伸、相邻丝状体侧面联合成为1个单层细胞的伪薄壁组织状盘状体，或者只有中心及其周围附近的丝状体有侧面愈合、越向外围的越在其间留有空隙，不成为完整的盘状形态，或是具丝状体只有分散的疏松的匍匐形态，没有中心和由辐射伸展所形成的盘状体。细胞多为圆柱状，常因挤压呈多角形，分枝末端的细胞常呈圆顶。细胞内含1个侧位的片状的色素体，含1个蛋白核，罕见2个。原植体均有基部具胶质鞘的不分枝的刺毛。

[583]鞘毛藻

Coleochaete scutata Brébisson, Ann Se. Nat. 3, Bot., 1: 2, 1844; 黎尚豪, 毕列爵: 中国淡水藻志, Vol. 5, p. 84, plate: XXVIII: 1; XL: 4～5, 1998.

　　原植体为伪薄壁组织的盘状体，近圆形或长圆形，分枝丝状体自中心向外辐射，侧面联合，直径可达400μm以上。细胞宽（18～）22～46μm，长为宽的1～3倍。鞘毛稀少，精子囊形态与营养细胞的相同。卵囊卵形，无颈，下部裸露，上部具1层细胞被。

　　生境：常附生于各种水体的大型藻类或其他水生植物上。

　　国内分布于北京、黑龙江、内蒙古、上海、江苏、湖北、云南、西藏、贵州（贵阳）；世界广泛分布；梵净山分布于太平村（太平河中附着于石表）。

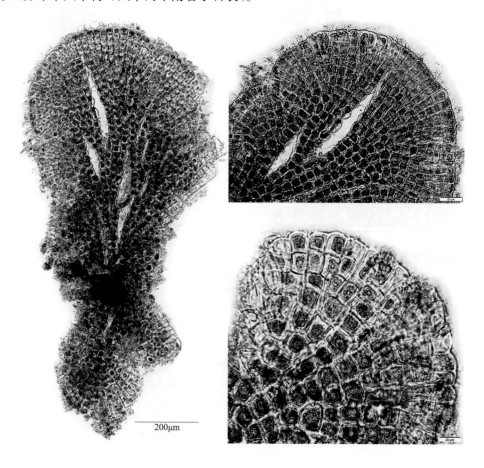

200μm

二十八　橘色藻目TRENTEPOHLIALES

（六十一）橘色藻科 Trentepohliaceae

144.橘色藻属 *Trentepohlia* Martius

原植体为由单列细胞构成的具分枝的丝状体，气生，呈茸毛状，匍匐或多少有直立枝。细胞圆柱状或近球形，细胞壁较厚或有分层，有时细胞顶端具有胶质帽。色素体带状，螺旋形或呈盘状，无蛋白核，不含淀粉，而常有油滴，因含大量血红素而植株呈橘黄色至深橘红色。以丝状体断裂行营养繁殖，无性生殖产生动孢子，有时亦可行单性生殖。此属植物均为气生，主要分布在长江流域以南各地，多生长在树干、岩石、墙壁、土壤和树叶上。

[584]冷杉橘色藻

Trentepohlia abietina (Flotow) Hansg., Oesterr. Bot. Z., 37: 121～122, 1885; 黎尚豪，毕列爵: 中国淡水藻志，Vol. 5, p. 89, plate: ⅩLⅣ: 1～5, 1998.

原植体为密集固着丛生的丝状体，黄绿色或金黄色，高可达0.5～1cm，匍匐或多或少有向上直立的两部分。细胞呈圆柱状或近球形，长10～30μm，宽5～9μm。细胞壁较厚或有分层，有时细胞顶端具有胶质帽。色素体带状、螺旋形或盘状，无蛋白核，不含淀粉，而常有油滴，但因含大量血红素而呈橘黄色或深橘红色。以丝状体断裂行营养繁殖。动孢子囊椭圆形或卵形，具柄或呈钩状或无柄，配子囊球形。

生境：生长于庇荫处的石壁、树干或树叶表面。

国内分布于四川、重庆、云南、贵州（广泛分布）等；国外分布于亚洲、欧洲；梵净山分布于金顶、坝溪河、鱼坳至金顶步道、清渡河茶园坨、德旺净河村老屋场等。

145. 头孢藻属（头霉藻属）*Cephaleuroe* **Kunze**

原植体生于叶角质层与表皮之间，由具分枝的丝状体构成，单层或多层细胞，假薄壁组织状，呈圆形或不规则的盘状。丝状体常为辐射状排列，细胞横隔壁之间有胞间联丝，而纵隔之间没有，下部常具不发达分枝的假根，伸入树叶组织内。丝状体向叶外生出两种直立丝，不分枝的不育丝及顶端或侧面有丛生的有柄孢子囊的生殖丝。色素体周生，多数，带状、盘状或形状不规则，彼此分离或连成网状，无蛋白核，常含有大量血红素而呈红褐色。此属各种均为寄生藻类。

[585] 卡氏头孢藻

Cephaleuroe karstenii Schmidle, Fl. Bd. 83, Marburg, 1897; 黎尚豪, 毕列爵 : 中国淡水藻志, Vol. 5, p. 96, plate: LI: 4～7; LII: 1～3, 1998.

寄生于高等植物叶片上的藻类，原植体为1层细胞，呈扇形盘状体，直径500～2000μm。细胞长方形，长20～40μm，宽13～15μm，盘状体近前部有不育毛和生殖毛，由1列4～6个圆柱状细胞构成。小的不育毛由1列2～5个圆柱状细胞构成，末端渐细而略尖；生殖毛有由1～4个圆柱状细胞组成的柄，顶端细胞膨大成为球形或椭圆形的柄下细胞，外生3～5个具弯曲柄的球形孢子囊。

生境：叶寄生，成为近圆形或不规则的病斑，直径1～2mm，干后呈灰褐色，肉眼可见其凸出于寄主叶表面的毛。

国内分布于云南；梵净山分布于亚木沟、德旺茶寨村大溪沟的渗水石表。

50μm

200μm

50μm

二十九 鞘藻目OEDOGONIALES

（六十二）鞘藻科 Oedogoniaceae

146.鞘藻属 *Oedogonium* Link

原植体为不分枝的丝状体，基细胞附着生活。营养细胞多为柱状，色素体周生，网状，具1至多数蛋白核。顶端细，先端钝圆，极少为其他形态或延长成毛样；除基细胞外，所有营养细胞都有连续分生子细胞的机能。卵孢子囊经由营养细胞一次分裂直接形成。雌雄同株或雌雄异株，水生。

[586] 隐孔鞘藻

Oedogonium cryptoporum Wittrock

原植体雌雄同株。卵孢子囊单生，极少为2个连生，呈近倒卵状扁球形或近扁球形，孢孔中位，裂缝形。卵孢子近扁球形或扁球形，不完全充满卵孢子囊，孢壁平滑。精子单生或2～7个连生，散生，亚上位或亚下位。营养细胞长28～60μm，宽6～10μm；卵孢子囊长27～37μm，宽25～28μm。

[586a]隐孔鞘藻普通变种

Oedogonium cryptoporum var. *vulgare* Wittrock, Nova Acta Soc. Sci Upsal. III. 9: 7, 1894; 饶钦止：中国鞘藻目专志, p. 59, plate: 1: 14～18, 1979.

与原变种的主要区别在于：原植体细胞较原变种小；卵孢子囊单生或2～5个连生；营养细胞长15～48μm，宽5～8μm；卵孢子囊长16～24μm，宽17～25μm。

生境：生长于水塘、水田。

国内分布于黑龙江、四川、重庆、湖北、湖南、安徽、江苏、福建；国外分布于越南、缅甸、斯里兰卡；梵净山分布于小坝梅村（水田）、德旺茶寨村大上沟（水田）、黑湾河凯马村的水塘。

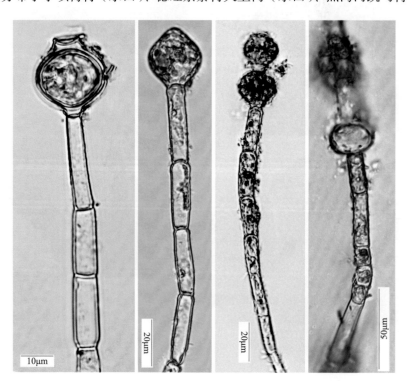

[587]球孢鞘藻

Oedogonium globosum Nordstedt, Minneskr. Fys. Sällsk. Lund. 7: 20, t. 2, f. 16. 1878; 饶钦止: 中国鞘藻目专志, p. 69, plate: 7: 1~4, 1979.

雌雄同株。卵孢子囊单生，近球形，孢孔上位。卵孢子球形，充满卵孢子，孢壁平滑，厚并分层。精子囊单生或2~7个连生，亚上位、亚下位或散生，极少为下位。基细胞延长。顶端细胞先端常具刺毛状突起。营养细胞的长多为宽的4~7倍，长30~80μm，宽10~16μm；卵孢子囊长32~45μm，宽30~40μm。

生境：生长于水塘、池塘或水田。

国内分布于四川、重庆、云南、湖北、广东；国外分布于欧洲、非洲、大洋洲、北美洲，夏威夷；梵净山分布于小坝梅村、德旺茶寨村大上沟。

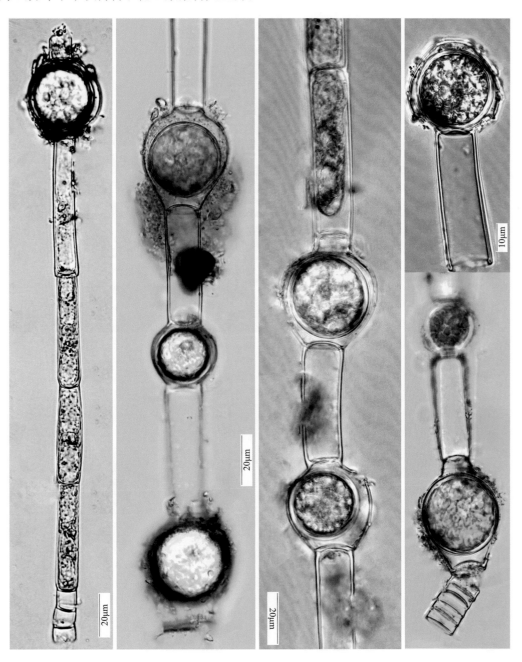

[588]狭小鞘藻

Oedogonium inconspicuum Hirn, Char. Emend, Hirn, Acta Soc. Faun. Fl. Fenn. 11. 23, t. 1, f. 8, 1895; 饶钦止：中国鞘藻目专志, p. 142, plate: 39: 1~4, 1979.

雌雄异株，具大雄。卵孢子囊扁球形或近倒梨状球形，多为单生，极少为2~3个连生，孢缝中位，狭小但明显。卵孢子扁球形，完全充满或有时接近充满卵孢子囊的膨大部分，孢壁平滑。雄株较雌株略纤细；精子囊2~3个。精子单一。顶端细胞先端钝圆。基细胞半球形，有时具不规则的皱纹。营养细胞的长多为宽的3~5倍，雌株长12~30μm，宽3~5μm；雄株长16~28μm，宽3~4μm；卵孢子囊长14~19μm，宽12~15μm。

生境：生长于水塘或水田中。

国内分布于辽宁、云南、广东；国外分布于奥地利等；梵净山分布于德旺茶寨村大上沟的水田。

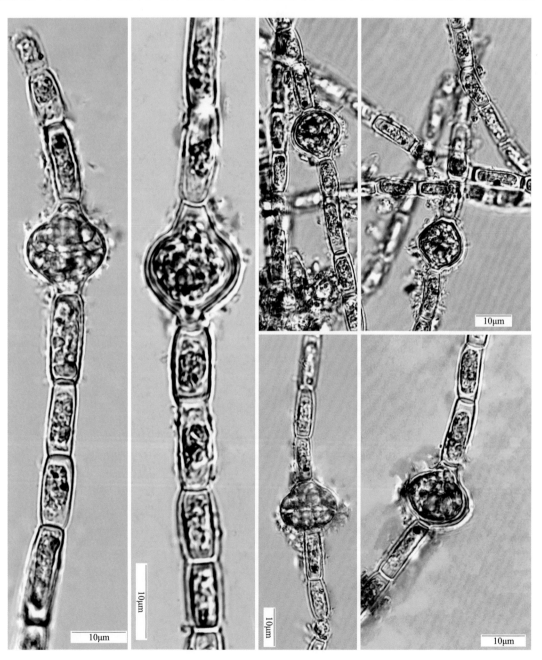

[589]普林鞘藻

[589a]原变种

Oedogonium pringsheimii Gramer var. ***pringsheimii*** Hedwigia 2: 17. t. 1, f. C1～4. 1859; 饶钦止：中国鞘藻目专志，p. 165, plate: 46: 9～11, 1979.

雌雄异株，具大雄。卵孢子囊近倒卵状球形，单生或几个连生，孢缝上位。卵孢子球形，接近于充满卵孢子囊，孢壁平滑，常厚。雄株较雌株略纤细，精子囊多数个连生，常与营养细胞交错排列。精子2个，横分裂。顶端细胞先端钝圆或短突尖形。基细胞延长，不膨大。营养细胞的长一般为宽的2～5倍，雌株长25～60μm，宽15～20μm；雄株宽长25～55μm，13～16μm；卵孢子囊长35～50μm，宽35～45μm。

生境：生长于水沟、水塘、水池或水田中。

国内分布于河北、山东、山西、陕西、重庆、云南、湖北、湖南、江西、安徽、江苏、浙江、福建、广东、贵州（阿哈湖、兴义）；国外分布于德国等；梵净山分布于大河堰杨家组的水坑、小坝梅村杨家组的水沟、亚木沟的水田、张家屯（荷花池漂浮）。

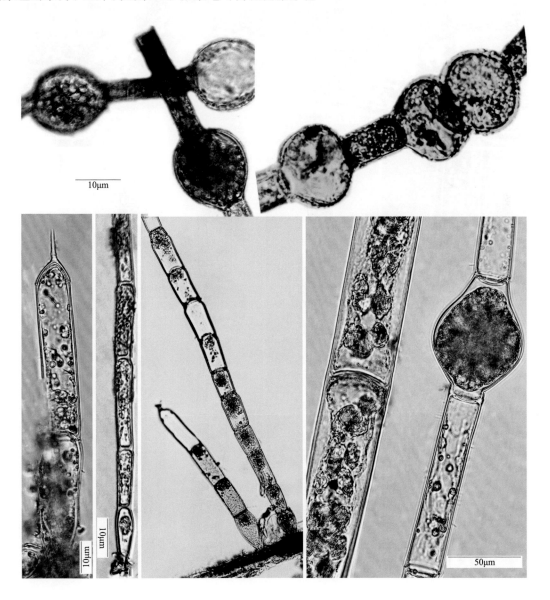

[589b]普林鞘藻小型变种

Oedogonium pringsheimii var. ***nordstedtii*** Wittrock, 1877: Hirn, Acta Socsci. Fenn. 27, f. 156. 1900; 饶钦止：中国鞘藻目专志, p. 167, plate: 46: 15～17, 1979.

与原变种的主要区别在于：较原变种小；卵孢子单生，极少为2个连生，倒卵状球形，不完全充满卵孢子囊；营养细胞的长多为宽的2～4倍，雌株长30～60μm，宽10～16μm；雄株长25～58μm，宽8～15μm；卵孢子囊长27～47μm，宽27～38μm。

生境：生长于水沟、水塘、水池或水田中。

国内分布于河北、新疆、重庆、西藏、云南、湖北、江西、江苏、福建、广东、广西；世界广泛分布；梵净山分布于小坝梅村杨家组（水池中漂浮）。

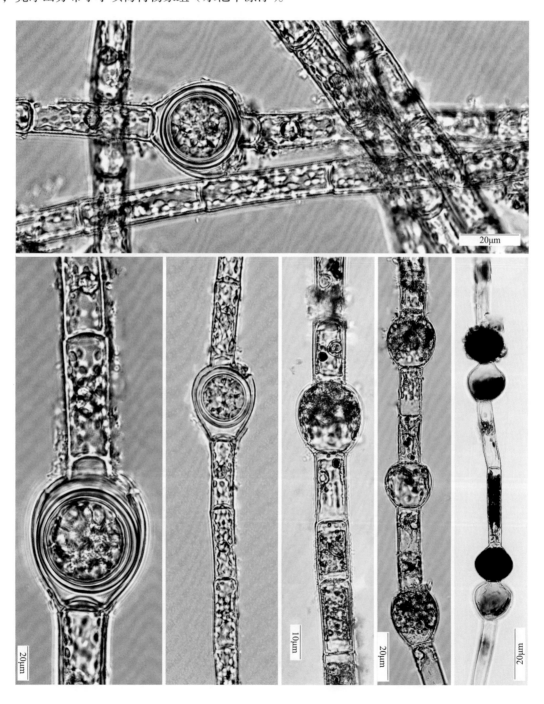

[590]锐刺鞘藻

Oedogonium pungens Hirn., Acta Soc. Sci. Fenn. 27: 199, t. 32, f. 203. 1900; 饶钦止: 中国鞘藻目专志, p. 216, plate: 71: 7, 1979.

　　雌雄异株, 具矮雄, 雄孢子同株。卵孢子近球形, 单生, 孢孔中位或略高于中位, 卵孢子近球形或近扁球形, 接近充满卵孢子囊, 外孢壁具锐刺。支持细胞不膨大。雄孢子囊散生或下位, 单生或2~5个连生。矮雄位于支持细胞之上, 略弯曲, 精子囊外生, 单生。营养细胞的长多为宽的4~6倍, 长50~80μm, 宽10~17μm; 卵孢子囊长37~46μm, 宽35~45μm。

　　生境: 生长于水沟、水塘、水池或水田中。

　　国内分布于云南、湖北、江苏; 国外分布于美国; 梵净山分布于张家屯 (荷花池漂浮)。

[591] 波形鞘藻

Oedogonium undulatum (Bréb.) A. Braun, in De Bary, Abh. Senck, Nat. Ges. 1: 94, 1854; 饶钦止: 中国鞘藻目专志, p. 239, plate: 79: 9～12, 1979.

雌雄异株，具矮雄，雄孢子同株或异株。营养细胞具4个波，长多为宽的3～5倍，长50～80μm，宽14～23μm。基部细胞略膨大呈长倒卵形或纺锤形，长60～70μm，宽14～22μm。卵孢子囊近球形或椭圆状球形，单生或2个连生，孢缝下位，较宽。卵孢子球形或近球形，接近充满卵孢子囊，孢壁平滑，常厚。

生境：生长于水沟、水塘、水池或水田中。

国内分布于黑龙江、新疆、山东、四川、重庆、云南、湖南、江西、江苏、浙江、福建、广东、广西、贵州（威宁）；国外广泛分布；梵净山分布于凯文村（水塘中附植）。

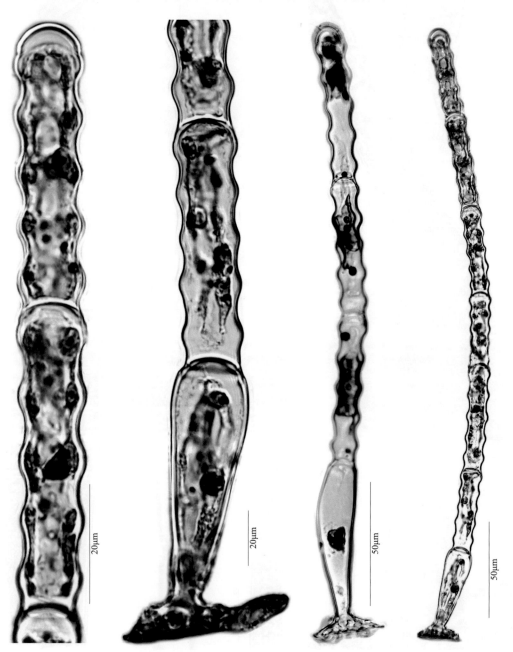

147.毛鞘藻属 *Bulbochaete* Ag.

　　原植体单侧分枝，基细胞具附着器。营养细胞一般向上略扩大呈楔形。多数细胞顶端的一侧具1条细长、管状、基部膨大呈半球形的刺毛。主轴细胞一般限于由基细胞分生，由其他细胞分生的很少。此属藻类多生长于各种静水水体中，附植或固着于物体。

[592] 中型毛鞘藻

　　Bulbochaete intermedia De Bary, Abh. Senck. Nat. Ges. 1: 72, 1854; 饶钦止：中国鞘藻目专志, p. 308, plate: 112: 1, 1979.

　　雌雄异株，具矮雄，雄孢子同株。营养细胞的长为宽的1.5～2.5倍，长15～40μm，宽18～20μm。卵孢子囊近扁球形，侧生，位于雄孢子囊之下。支持细胞的分裂隔壁近中位。卵孢子的外壁具细小圆孔纹，有时圆孔纹不明显，近似于平滑，宽30～40μm，长40～50μm。雄孢子囊单生，罕为2个连生，上位，罕为散生，矮雄位于雄孢子囊之上，矮雄柄短于精子囊，微弯曲。

　　生境：生长于池塘附生水草上或水沟中附生丽藻上。

　　国内分布于云南、湖北、广东、贵州（湄潭、威宁）；国外分布较为广泛；梵净山分布于小坝梅村的水田、黑湾河凯马村的水塘边石表。

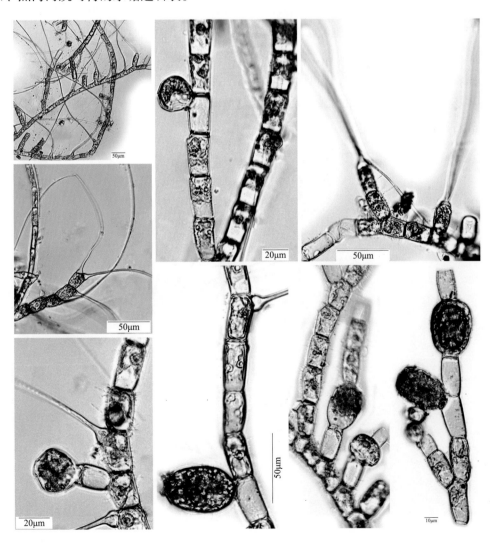

三十 刚毛藻目 CLADOPHORALES

（六十三）刚毛藻科 Cladophoraceae

148.刚毛藻属 *Cladophora* Kützing

原植体着生，有些种类幼原植体着生，成熟后漂浮。分枝丰富，具顶端和基部的分化。分枝为互生型、对生型，或有时为双叉型、三叉型；分枝宽度小于主枝，或至少其顶端略细小。细胞圆柱形或膨大，多数种类壁厚，分层。具多个周生、盘状的色素体和多个蛋白核。营养繁殖为藻丝的断裂作用。无性生殖形成动孢子。有性生殖为同配生殖。大多数对高酸碱度（pH）较敏感，为高pH的指示生物。在淡水、海水或流水、静水等各种水体中分布很广。

[593]团集刚毛藻

Cladophora glomerata (Roth.) Kütz., Phycologia Generalis, p. 226, 1843; 刘国祥，胡征宇: 中国淡水藻志, Vol. 15, p. 115, plate: LXXXI: 1～5; LXXXII: 1～7; LXXXIII: 1～6, 2012.

——绉刚毛藻 *Cladophora crispate* Kütz.

原植体主轴假双叉分枝，末端分枝系统为向顶形态，常呈镰刀形的向内或外弯曲。每一个新细胞在细胞顶端产生一个分枝。末端细胞经常轻微渐尖，当形成孢子囊或厚壁孢子时，为柱形具圆顶或棒状。顶端细胞直径32～43μm，长与宽之比为3.5～13；主轴细胞宽40～70μm，长与宽之比为2.5～8。

生境：固着于水体各种基质中，典型条件为固着于激流中石表。

国内外广泛分布；梵净山分布于寨沙太平河、马槽河、清渡河、黑湾河、快场、乌罗镇甘铜鼓天马寺、德旺红石梁锦江河、牛尾河、金厂河。

（XIV）双星藻纲 ZYGNEMATOPHYCEAE

三十一　双星藻目 ZYGNEMATALES

（六十四）中带鼓藻科 Mesotaniaceae

149. 中带鼓藻属 *Mesotaenium* Nägeli

原植体为单细胞，细胞圆柱形或近圆柱形，少数微弯，由中部逐渐向两端变狭，两端钝圆，极少数平直。细胞壁平滑，透明无色。通常每个细胞有1个色素体，有时具2个，色素体片状、轴生，每个色素体具1个或多个蛋白核。一般细胞内含有油滴，少数种类含藻紫素，原植体呈紫色或紫罗兰色。细胞核位于细胞中部一侧，原植体常见的营养繁殖为细胞分裂，无性生殖通过产生球形的静孢子，有性生殖形成接合孢子，球形或四角形。大多数种类气生或亚气生。

[594] 大中带鼓藻

Mesotaenium macrococcum (Kütz.) Roy & Biss., Ann. Scott. Nat. Hist., 3: 61(sep.), 1894; 魏印心：中国淡水藻志, Vol. 7, p. 24, plate: I: 3～5, 2017.

细胞圆柱形，多数直立，细胞长为宽的2～2.5倍，两端圆形。具1个色素体，片状、轴生，边缘具多个小突起，有1个蛋白核。多数细胞包埋在1个共同的胶质块内。细胞长25～35μm，宽12～14μm。

生境：多生长于滴水岩石上或泥炭沼泽地，广泛分布。

国内分布于山东、湖南、云南、广东、贵州（麻阳河、都匀、平坝）；国外分布于亚洲、欧洲、大洋洲、北美洲；梵净山分布于马槽河的潮湿石表。

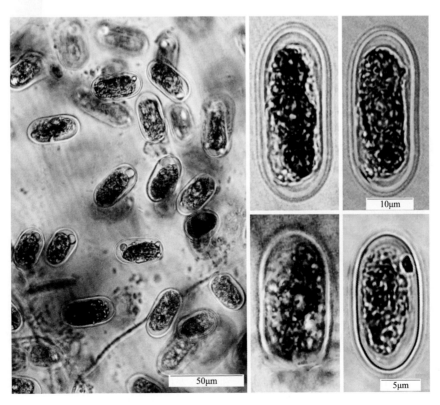

150. 螺带鼓藻属 *Spirotaenia* Brébisson

原植体为单细胞，细胞常包埋在共同的胶质中，细胞长圆柱形、椭圆形或纺锤形，近直立或微弯，细胞两端圆形、狭圆形、近尖圆形。细胞壁平滑，透明无色，每个细胞具1个色素体，多数周生、螺旋带状，少数轴生、螺旋脊状，由细胞一端向另一端自右向左旋绕，蛋白核2个到多个，散生或排成一纵列，细胞核位于细胞中部一侧。有性生殖形成接合孢子，处于2个相接合细胞的接合管中。生长于酸性水体中，常生于水藓沼泽，稀疏地混杂在其他鼓藻类中，偶见生长于潮湿岩石表面。

[595] 晦螺带鼓藻

Spirotaenia obscura Ralfs, Brit. Desm., p. 179, pl. 34, fig. 2, 1848; 魏印心：中国淡水藻志, Vol. 7, p. 26, plate: I: 10, 2017.

细胞包埋在胶质中，圆柱形至宽纺锤形，长为宽的6.7～8.2倍，由中部逐渐向两端狭窄，两端钝圆。色素体轴生，呈螺旋脊状，具3～6个脊片自右向左旋绕，少数近平直，脊的缘边厚，具数个蛋白核，散生。细胞长95～133μm，宽22～24μm。

生境：生长于滴水岩表、泥炭藓沼泽等。

国内分布于西藏；国外分布于欧洲、非洲、大洋洲、北美洲、南美洲，北极；梵净山分布于郭家湾的水沟边及水潮湿石表。

151. 柱胞鼓藻属 *Cylindrocystis* Meneghini

原植体为单细胞，细胞有时包埋在胶质内，细胞圆柱形，长为宽的2～3倍，两端呈圆形、广圆形或截圆形。细胞壁平滑。每个细胞具2个轴生色素体，星状或近星状，每个色素体中部有1个蛋白核，球形、椭圆形或棒形。细胞核位于细胞中部、两色素体中间。营养繁殖为细胞横向分裂，形成2个子细胞。有性生殖形成接合孢子。常生长在潮湿土壤表面或岩表，有时也生长于浅水池塘中。

[596] 柱胞鼓藻

[596a] 原变种

Cylindrocystis brebissonii Men.var. *brebissonii* Nuovi Saggi Accad. Padova, 4: 350, 1838; 魏印心：中国淡水藻志, Vol. 7, p. 27, plate: I: 13, 2017.

细胞圆柱形，长为宽的2～3倍，两端圆形。细胞色素体2个，轴生，具多个大而辐射状的突起，呈星状，每个色素体具1个蛋白核，圆形。细胞长30～50μm，宽15～25μm。

生境：生长于滴水及阴湿岩壁、潮湿土壤、水沟、水田或沼泽等。

国内分布于黑龙江、江西、湖南、重庆、西藏、云南及贵州；世界广泛分布；梵净山分布于山红云金顶、老金顶、张家坝凉亭坳、坝溪、快场、清渡河、大河堰、小坝梅村。

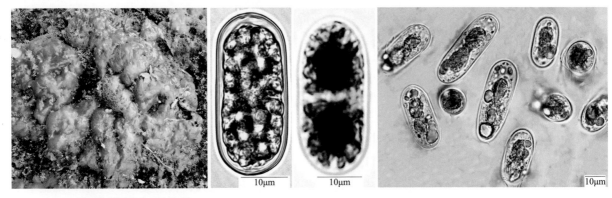

[596b]柱胞鼓藻小型变种

Cylindrocystis brebissonii var. ***minor*** West & West, Trans. Roy. Irish Acad., 32 B(1): 20, pl. 2, fig. 7, 1902; 魏印心：中国淡水藻志, Vol. 7, p. 28, plate: I: 14, 2017.

与原变种的主要区别在于：细胞较狭细、短小；蛋白核圆形或长形；细胞长20～30μm，宽10～13μm。

生境：生长于酸性沼泽或沼泽草甸。

国内分布于广西、西藏；国外分布于亚洲、欧洲、大洋洲、北美洲，北极；梵净山分布于鱼坳旅游线1400步的泥炭藓湿地、张家坝凉亭坳的渗水水泥墙表。

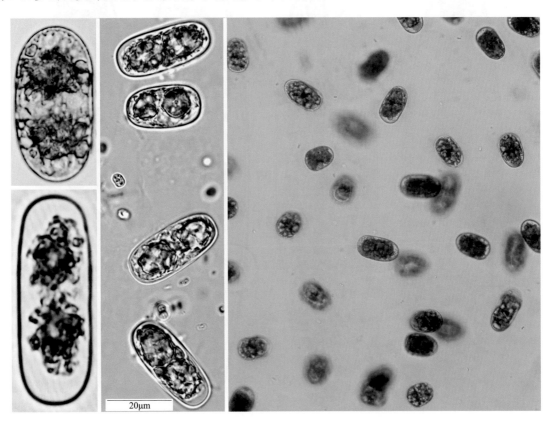

152.梭形鼓藻属 *Netrium* (Nägeli) Itzigson & Rothe

原植体为较大型的单细胞，呈圆柱形、近圆柱形、椭圆形或纺锤形，两端圆形或截圆形，细胞长为宽的2倍及以上。细胞壁平滑，每个细胞具2或4个轴生的色素体，每个色素体具6～12个辐射状的纵脊，边缘具缺刻，中央常具1个蛋白核，呈棒状，有时具数个蛋白核，散生或纵列，球形或不规则形，某些种类细胞两端各具1个液泡，内含结晶的运动颗粒。在色素体辐射状纵脊之间，有时也具结晶的运动颗粒。细胞核位于两色素体之间、即细胞的中央。

[597]指状梭形鼓藻

[597a]原变种

Netrium digitus (Ehr.) Itzigson & Rothe var. ***digitus*** in Rabenhorst′s Alg., Sachsens No. 508, 1856; 魏印心：中国淡水藻志, Vol. 7, p. 29, plate: 1: 11, 2017.

细胞大型，长椭圆形至纺锤形，从中部到两端逐渐狭，末端截圆，长为宽的3～4倍，细胞壁平滑。具2个轴生的色素体，各具6个辐射状的纵脊，其边缘具明显的缺刻，蛋白核多数、散生。细胞长140～200μm，宽32～60μm，顶部宽13～20μm。

国内分布于浙江、安徽、江西、湖北、湖南、广东、广西、重庆、云南、西藏、贵州（松桃、印江、江口）；在世界上除南极外均广泛分布；梵净山分布于凯文村（水田底栖）、坝梅村的渗水石表、大河堰（水田浮游）、郭家湾的路边水沟、新叶乡韭菜塘的滴水石壁。

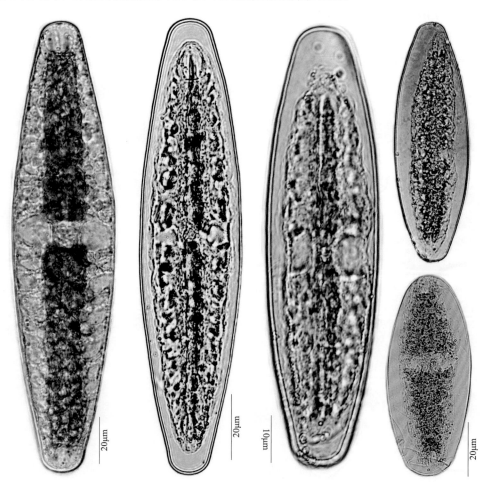

[597b] 指状梭形鼓藻层状变种

Netrium digitus var. ***lamellosum*** (Bréb.) Grönblad, Acta Soc. Fauma Flora Fenn., 47(4): 13, 1920; 魏印心：中国淡水藻志，Vol. 7, p. 30, plate: 1: 12, 2017.

　　与原变种的主要区别在于：细胞较狭长，呈长椭圆形，细胞中段两侧边缘平行至凹入。细胞长140～200μm，宽28～45μm，顶部宽15～20μm。

　　国内分布于湖北、福建、台湾；国外分布于亚洲、欧洲、非洲、大洋洲（新西兰）、北美洲、南美洲；梵净山分布于坝溪沙子坎的滴水石壁表、凯文村（水沟及水田中底栖）；大河堰的沟边水坑、小坝梅村的水田、团龙清水江的溪流边石表、陈家坡的水塘。

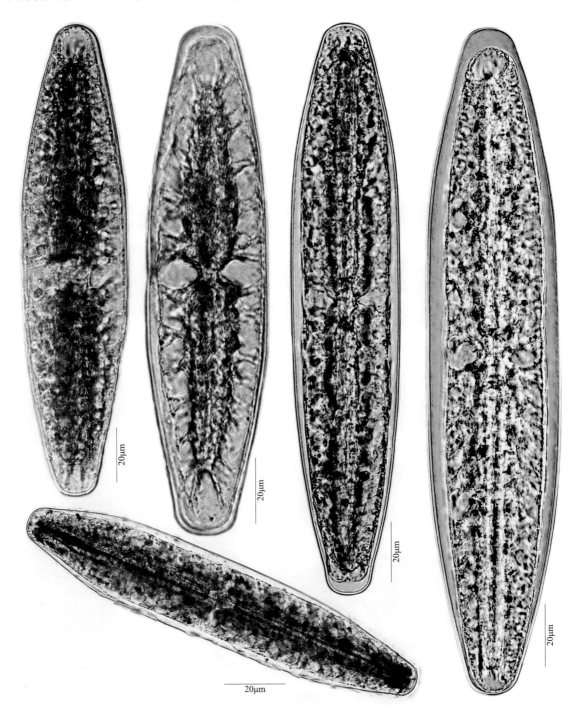

（六十五）双星藻科 Zygnemataceae

153. 双星藻属 *Zygnema* Agardh

原植体为不分枝藻丝体，有时有胶被，营养细胞横壁平直，具2个轴生于细胞中部的色素体，星网状球形，通常每个色素体具数个锥状突起，中央具1个大的蛋白核。无性生殖产生静孢子、厚壁孢子或单性孢子。有性生殖常为梯形接合，少数为侧面接合，配子或孢子母细胞的所有原生质形成配子、静孢子或厚壁孢子，不形成接合孢子囊。孢壁3～4层，中孢壁平滑或具花纹，成熟后呈黄褐色或蓝色。

[598] 星状双星藻

Zygnema stellinum (Vaucher) Agardh, Syst. Alg. 77, 1824; 饶钦止：中国淡水藻志, Vol. 1, p. 18, plate: V: 7–9, 2017.

营养细胞长35～60μm，宽30～40μm。接合生殖为梯形接合，雌配子囊向接合管一侧胀大；接合孢子位于雌配子囊中，球形或近球形，直径35～50μm，孢壁3层，中孢壁具圆孔纹，孔径5～6μm，孔距2～3μm，成熟时黄褐色或棕红色。

生境：生长于稻田、水坑、水沟或水塘。

国内分布于山西、安徽、湖北、湖南、广东、四川、重庆、云南、西藏；国外分布于欧洲、非洲、北美洲；梵净山分布于清渡河茶园坨（水沟边漂浮），另外，张家屯、大河堰、亚木沟、团龙清水江、凯文、马槽河、坝溪等地亦有本属植物分布，但均未采集到有接合孢子的植株。

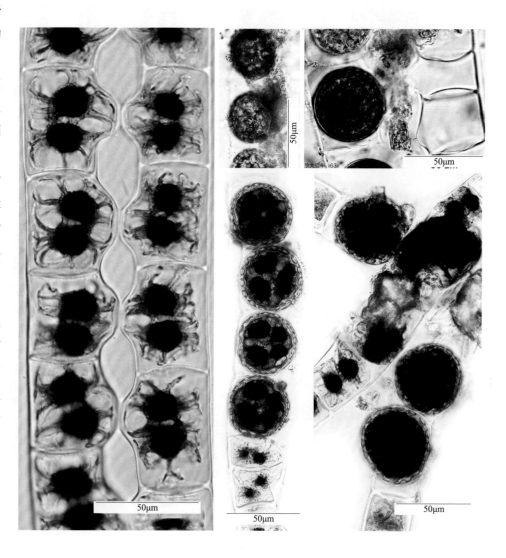

154.转板藻属 *Mougeotia* Agardh

藻丝为不分枝丝状体。营养细胞圆柱形，横壁平直。色素体多为1条，极少为2条，板状，轴生，具多个散生或排列成1行的蛋白核。细胞核位于细胞中部的一侧。接合孢子多由梯形接合产生，其特点为两配子囊的内含物在接合孢子形成后，有一部分细胞质留在原配子囊中。接合孢子囊的囊壁并不是由全部新生而成的，其中一部分是接合管壁或配子囊壁，一部分是紧靠接合孢子并连接于接合管壁或配子囊壁新增生的隔壁。接合孢子的孢壁3或4层，平滑或具花纹。该属植物多数种类的生殖时期在早春和晚秋时节。

[599]青海转板藻

Mougeotia qinghaiensis Zheng, Ocean. Limn. Sinica (Suppl.): 216, t. 1, f. 9, 1981; 饶钦止：中国淡水藻志, Vol. 1, p. 49, plate: XVI: 1, 2017.

营养细胞长80～200μm，宽18～30μm。蛋白核排成1列，3～8个。以梯形接合进行生殖，配子囊略呈膝状弯曲；接合孢子囊位于两侧配子囊和接合管中，囊壁厚度可达6～8μm，接合孢子球形，直径40～50μm。孢壁4层，中孢壁2层，外中孢壁薄，具极大的多角形皱纹，内中孢壁厚，可达5～7μm，明显地分层，表面具细网纹，成熟后黄褐色。

生境：生长于水坑、水田中。

国内分布于青海海西州(模式产地)的水坑；梵净山分布于德旺茶寨村（水田漂浮）。

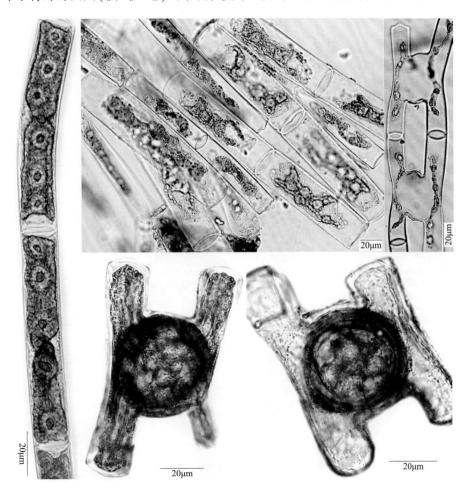

155.水绵属 *Spirogyra* Link

藻丝为不分枝丝状体，少数种类具假根、侧枝或附着器。横壁平直或折叠，极少数为半折叠或束合。色素体周位，带状，螺旋状盘绕，1～16条，每条色素体具1列被有淀粉鞘的蛋白核。细胞核位于细胞中央。有性生殖为梯形接合，侧面接合，或二者兼具，接合管多由雌、雄两配子囊的突起形成，少数为雄配子囊突起形成，极少数的兼有二者。接合孢子由雌、雄两配子囊的全部内含物在雌配子囊中形成。成熟后，中孢壁的构造，特别在花纹上是各式各样的，有些种类外孢壁也具有特殊的构造和花纹。部分种类也产生静孢子、厚壁孢子或单性孢子。多生长在各种较浅的静水水体中。世界各地广泛分布。

[600]扩大水绵

Spirogyra ampliata Liu, Acta Hydrobiol. Sinica 7: 85–86, f. 12, 1980; 饶钦止：中国淡水藻志, Vol. 1, p. 72, plate: XXI: 5, 2017.

营养细胞长37～52μm，宽28～40μm。横壁平直。色素体1条，呈2～3个螺旋。梯形接合，接合管由雌、雄两配子囊形成，接合孢子囊绝大多数明显变短，并向两侧显著胀大，有时膨大，极少呈柱状。不育细胞多膨大。接合孢子椭圆形，长42～52μm，宽27～36μm。中孢壁平滑，孢缝明显，成熟后黄色。

生境：生长于水沟或水田中。

国内分布于湖北、山西、内蒙古；梵净山分布于冷家坝鹅家坳的水田。

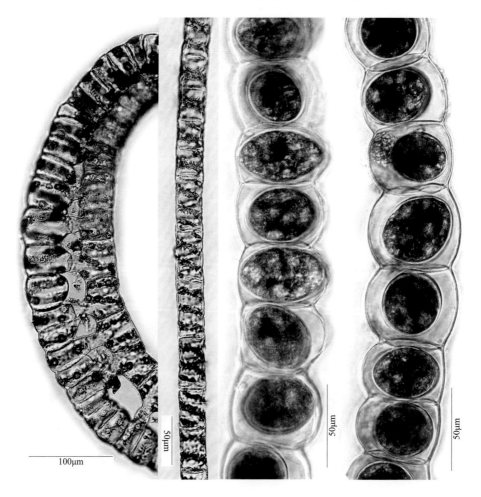

[601]链形水绵

Spirogyra catenaeformis (Hassall) Kützing, Sp Alg. 438, 1849; 饶钦止：中国淡水藻志，Vol. 1, p. 72, plate: XXI: 3～4, 2017.

营养细胞长45～70μm，宽30～35μm。横壁平直。色素体1条，呈1～4个螺旋。具梯形接合和侧面接合，接合管由雌、雄两配子囊形成，接合孢子囊不变短，膨大，不育细胞有时膨大。接合孢子椭圆形，长50～65μm，宽30～38μm。中孢壁平滑，成熟后黄褐色。

国内分布于新疆、山东、江苏、江西、四川、重庆、云南、贵州（百花湖、贵阳）；国外分布于日本、印度，欧洲、北美洲、南美洲、非洲；梵净山分布于昔平村的金厂河。

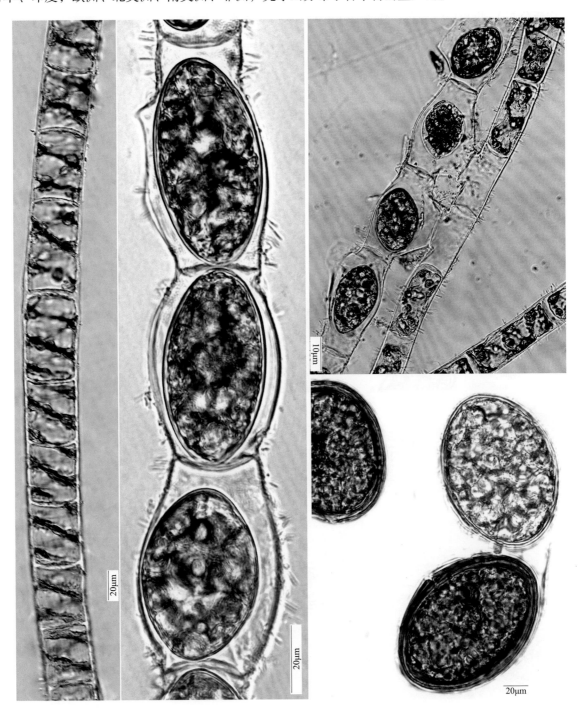

[602] 普通水绵

Spirogyra communis (Hassall) Kützing, Sp. Alg. 439, 1849; 饶钦止：中国淡水藻志，Vol. 1, p. 69, plate: XX: 1, 2017.

营养细胞长40～60μm，宽18～25μm。横壁平直。色素体1条，呈1～3个螺旋。具梯形接合和侧面接合，接合管由雌、雄两配子囊形成，接合孢子囊圆柱形或略胀大。接合孢子呈椭圆形，罕为柱状椭圆形，两端略尖，长25～40μm，宽18～27μm。中孢壁平滑，成熟后黄色。

生境：生长于稻田、水坑或水沟等。

国内分布于北京、天津、江苏、安徽、福建、江西、河南、湖北、重庆、云南、青海、海南、贵州（广泛分布）；世界广泛分布；梵净山分布于桃源村的滴水石表。

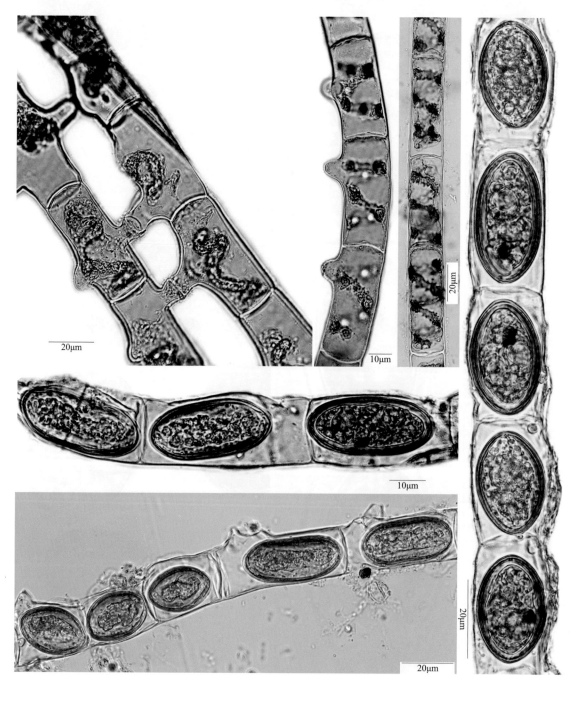

[603]晶莹水绵

Spirogyra hyalina Cleve, Nov. Act. Reg. Soc. Sci. Upsali, Ser. 3, 6, 17, t. 3, f.1~6, 1868; 饶钦止 : 中国淡水藻志, Vol. 1, p. 89, plate: XXX: 1, 2017.

营养细胞长 45~120μm，宽 35~65μm。横壁平直。色素体多为 3 或 4 条，极少数为 2 条，呈 0.5~3 个螺旋。梯形接合或侧面接合，接合管由雌、雄两配子囊形成。接合孢子囊膨大或略膨大，宽度可达 62~70μm。接合孢子呈椭圆形，两端略尖，长 45~60μm，宽 40~50μm。中孢壁平滑，成熟后褐色。

生境：生长于小水沟、水塘、水坑或稻田等。

国内分布于内蒙古、湖北、广东、云南；国外分布于美国，欧洲、非洲；梵净山分布于马槽河的河边水塘。

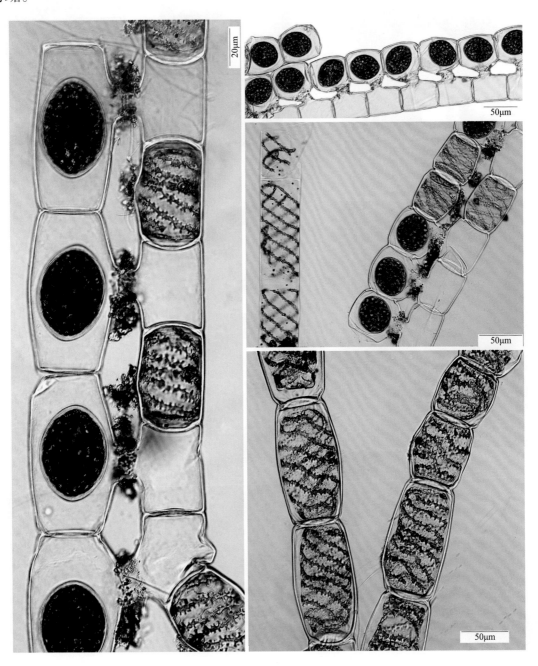

[604]大型水绵

Spirogyra majuscule Kütz., Sp. Alg. 441, 1889; 饶钦止 : 中国淡水藻志, Vol. 1, p. 90, plate: XXXIII: 6, 2017.

营养细胞长 80～180μm，宽 53～68μm。横壁平直。色素体 3～8 条，呈 0.3～2 个螺旋。梯形接合，接合管由雌、雄两配子囊形成。接合孢子囊常缩短，圆柱形或向两侧略微膨大。接合孢子扁球形，直径 78～82μm，厚度 65～70μm。中孢壁平滑，成熟后黄褐色。

国内分布于重庆、江西、福建、湖北、河南、内蒙古、云南；世界广泛分布；梵净山分布于亚木沟（水田中漂浮）。

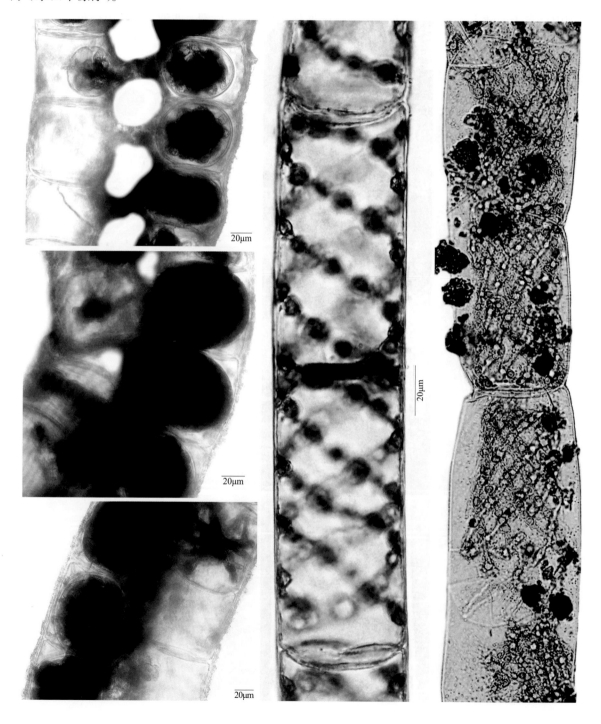

[605] 多形水绵

Spirogyra polymorpha Kirchner, Alg Kryp. Fl. Schl. 124, 1978; 饶钦止: 中国淡水藻志, Vol. 1, p. 75, plate: XXIV: 1, 2017.

营养细胞长40～70μm，宽16～26μm。横壁平直。色素体1条，呈2～8个螺旋，梯形接合，接合管多由雌、雄两配子囊形成，极少数仅由雄配子囊形成。接合孢子囊膨大，宽43～65μm，不育细胞有时膨大，宽度可达64μm。接合孢子多形，椭圆形，有时为长圆形、球形或近球形，长20～34μm，宽20～27μm。中孢壁平滑，成熟后黄色。单性孢子椭圆形。

生境：生长于稻田或水沟中。

国内分布于北京、江西、湖北、湖南、重庆、云南、贵州（舞阳河、贵阳）；国外广泛分布于欧洲；梵净山分布于团龙清水江的溪流边石表。

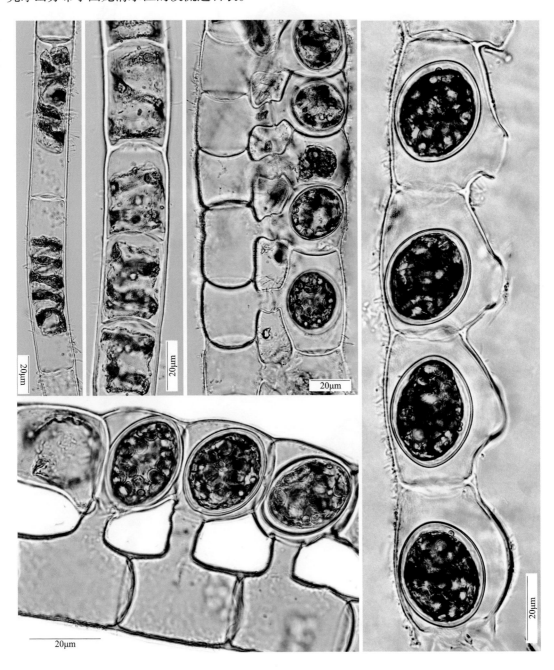

[606] 半饰水绵

Spirogyra semiornata Jao, Sinensia 6: 604, t. 9, f. 97～98, 1935; 饶钦止: 中国淡水藻志, Vol. 1, p. 111, plate: XLV: 6～7, 2017.

营养细胞长130～200μm，宽28～33μm。横壁折叠。色素体1条，呈2～6个螺旋。梯形接合或侧面接合，接合管由雌、雄两配子囊形成。接合孢子囊比接合孢子稍微胀大。接合孢子多为椭圆形，两端钝圆，长60～75μm，宽30～40μm。中孢壁平滑，成熟后黄色至黄褐色。

生境：生长于水塘、水坑或水田。

国内分布于北京市、天津、山西、江苏、浙江、江西、福建、河南、湖北、湖南、广东、四川、云南、西藏；国外分布于美国、阿尔及利亚、摩洛哥、波兰；梵净山分布于清渡河靛厂（河边水塘中漂浮）。

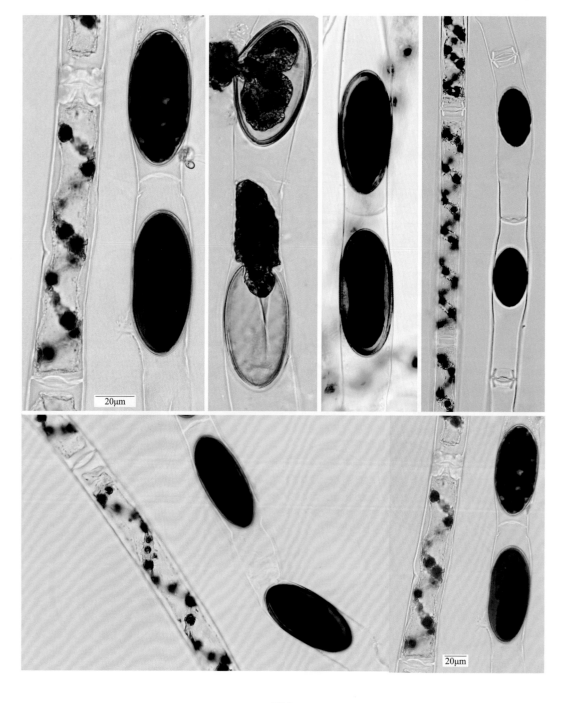

[607] 单一水绵

Spirogyra singularis Nordstedt, Bot. Notiser. 1880: 118, 1880; 饶钦止：中国淡水藻志，Vol. 1, p. 71, plate: XX: 6, 2017.

营养细胞长40～80μm，宽30～32μm。横壁平直。色素体1条，呈2～6个螺旋。梯形接合，接合管由雌、雄两配子囊形成。接合孢子囊柱形，有时略微胀大。接合孢子椭圆形，两端近于钝圆，长35～45μm，宽26～32μm。中孢壁平滑，成熟后深黄色。

生境：此种多产于水沟、水池、池塘、稻田或水坑。

国内分布于北京、天津、河北、安徽、福建、江西、河南、湖北、广东、重庆、云南、西藏、甘肃、青海、贵州（广泛分布）；国外分布于新西兰，欧洲、非洲、美洲；梵净山分布于清渡河靛厂的溪沟。

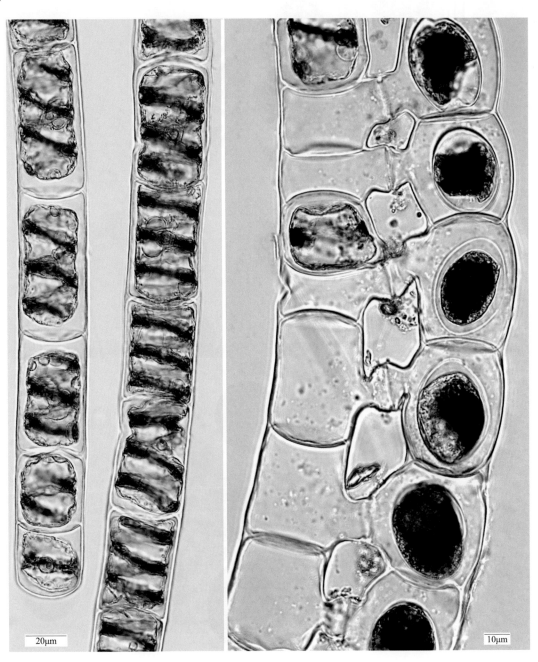

[608] 史密斯水绵

Spirogyra smithii Transeau, Trans. Amer. Micros Soc. 53: 225, 1934; 饶钦止 : 中国淡水藻志 , Vol. 1, p. 100, plate: XXXVIII: 4, 2017.

营养细胞长 70～190μm，宽 35～40μm。横壁平直。色素体 3～4 条，呈 1～5 个螺旋。梯形接合，接合管由雌、雄两配子囊形成。接合孢子囊胀大。接合孢子呈椭圆形，两端钝圆，长 40～70μm，宽 35～40μm。中孢壁 2 层；外中孢壁薄，具皱纹；内中孢壁厚，具细网纹，黄褐色。

生境：生长于水沟或稻田。

国内分布于宁夏、广东、贵州（贵阳、清镇、安顺）；国外分布于美国；梵净山分布于小坝梅村杨家组的水沟。

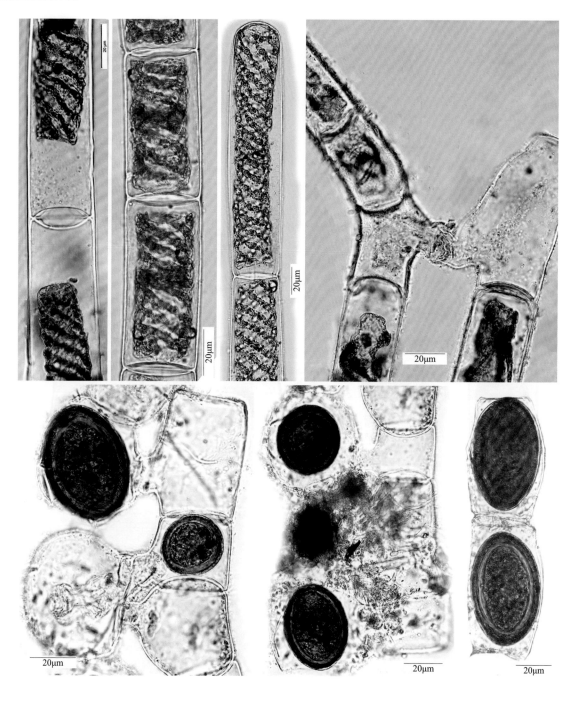

[609] 极小水绵

Spirogyra tenuissima (Hassall) Kützing, Sp Alg., 437, 1849; 饶钦止: 中国淡水藻志, Vol. 1, p. 111, plate: XLVI: 4, 2017.

营养细胞长35～80μm，宽7～10μm。横壁折叠。色素体1条，呈2～5个螺旋。梯形接合和侧面接合，接合管由雌、雄两配子囊形成。接合孢子囊中部膨大，宽19～23μm。接合孢子椭圆形，长32～60μm，宽16～20μm。中孢壁平滑，成熟后黄色。

生境：生长于稻田、塘堰、水坑或水沟。

国内分布于北京、黑龙江、江西、福建、河南、湖北、湖南、广西、重庆、贵州（红枫湖、乌江、北盘江、威宁、松桃）；世界广泛分布；梵净山分布于大河堰杨家组的水坑。

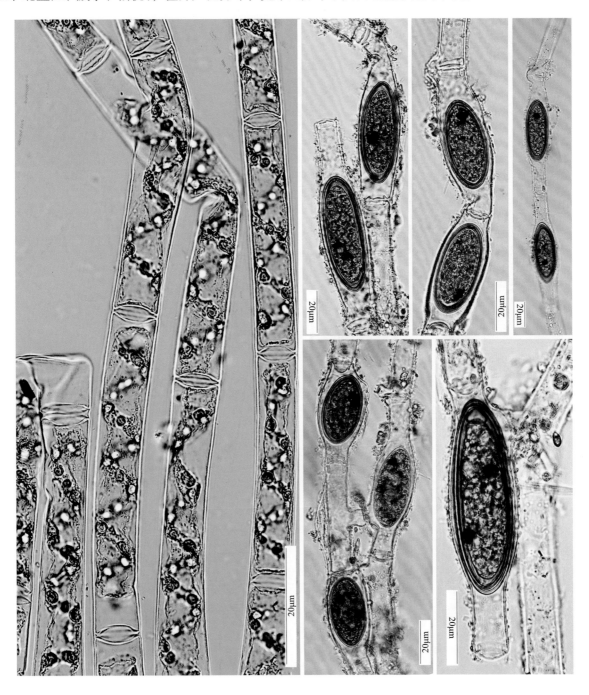

[610] 韦伯水绵

Spirogyra weberi Kütz., Phyc. Germ. 279, 1843; 饶钦止：中国淡水藻志，Vol. 1, p. 109, plate: XLIII: 4～5, 2017.

营养细胞长 120～180μm，宽 17～22μm。横壁折叠。色素体 1 条，呈 2～8 个螺旋。梯形接合，极少为侧面接合，接合管由雌、雄配子囊形成。接合孢子囊略胀大，接合孢子长圆形或柱状长圆形，长 41～65μm，宽 23～27μm。中孢壁平滑，成熟后黄色。

生境：生长于河流、水沟、水坑、水池、藕塘、稻田或溪流。

国内分布于北京、山东、江苏、浙江、江西、福建、河南、湖北、广西、四川、云南、贵州（普遍分布）；世界广泛分布；梵净山分布于团龙清水江、清渡河靛厂、张家屯。

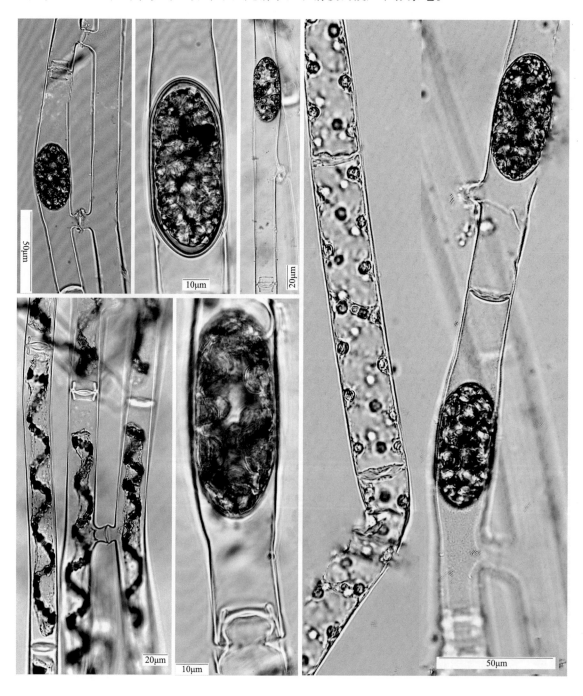

三十二 鼓藻目DESMIDIALES

（六十六）鼓藻科 Desmidiaceae

156.棒形鼓藻属 *Gonatozygon* De Bary

　　原植体彼此相连成单列丝状体，或断裂成单个细胞。细胞长圆柱形、近狭纺锤形或棒形，长一般为宽的8～20倍，两端平直，有时略膨大或近头状。细胞壁平滑，或具颗粒或小刺。色素体轴生，带状，较狭，具2个色素体的从细胞的一端伸展到细胞的中部，少数具1个色素体的从细胞的一端伸展到另一端，其中轴具1列4～16个约成等距离排列的蛋白核。细胞核位于两色素体之间、即细胞的中央，具1个色素体的位于细胞中央的一侧。营养繁殖为细胞横分裂形成子细胞。有性生殖为接合生殖，形成接合管。接合孢子球形，壁平滑。一般为浮游种类。

[611]布雷棒形鼓藻

Gonatozygon brebissonii De Bary, Untersuch. Fam. Conjugat., p. 77, pl. 4, figs. 26～27, 1858; 魏印心: 中国淡水藻志, Vol. 7, p. 36, plate: II: 13, 2017.

　　细胞狭圆柱形至纺锤形，顶部近头状。细胞壁具稠密的小颗粒，颗粒有时稀疏，明显或不明显。色素体2个，轴生，带状，由细胞的一端延伸到细胞的中央，各个色素体具5～10个蛋白核。细胞长为宽的10～36倍，长190～220μm，宽7～9μm，顶部宽5～6μm。

　　生境：生长于水沟、水塘或水坑。

　　国内分布于内蒙古、湖北、湖南、四川、云南、贵州（威宁）；国外除大洋洲的澳大利亚和南极外的所有陆地均有分布；梵净山分布于德旺净河村老屋场茖湾（水坑中浮游）。

157.柱形鼓藻属 *Penium* de Brébisson

　　原植体为单细胞。细胞圆柱形、近圆柱形、椭圆形或纺锤形，长为宽的数倍，细胞中部微收缢或不收缢。细胞中部两侧近平行，向顶部逐渐变狭，顶端圆、截圆形或平截。垂直面观圆形。细胞壁平滑，具线纹、小孔纹或颗粒，纵向或螺旋状排列，无色或黄褐色。每个半细胞内色素体1个，轴生，由数个射状纵长脊片组成，绝大多数细胞每个色素体具1球形至秆形的蛋白核，但常可断裂成许多小球形至不规则的蛋白核，少数种类具中轴1列蛋白核，个别种类半细胞具1个周生、带状的色素体。少数种类细胞两端各具1个液泡，内含数个石膏结晶的运动颗粒。细胞核位于两色素体之间细胞的中部。营养繁殖为细胞分裂，每分裂一次，新形成的半细胞和母细胞中的半细胞间的细胞壁上常留下横线纹的缝线,有些种类在细胞壁上具中间环带。常生长在酸性水体里，散生于其他鼓藻类中。

[612] 圆柱形鼓藻

Penium cylindrus (Ehr.) Bréb., ex Ralfs, Brit. Desm., p. 150, pl. 25, fig.2, 1848; 魏印心：中国淡水藻志, Vol. 7, p. 39, plate: II: 11, 12, 2017.

细胞较小，呈短圆柱形，中部不收缢，顶端截圆形。细胞壁具纵列的或多为散生的粗颗粒，近顶部的颗粒排列极不规律，淡红色，具中间环带。每个半细胞具1个色素体，由8～10个纵长脊片组成，多在中部横裂成2段，每个色素体具1或2个蛋白核。细胞长为宽的2～4.8倍，长42～70μm，宽12～16μm。

生境：生长于河沟或水坑等。

国内分布于湖北、湖南、贵州（江口、习水、赤水、宽阔水、贵定）、云南、西藏；国外分布于亚洲、欧洲、非洲、大洋洲、北美洲、南美洲，北极；梵净山分布于德旺茶寨村大溪沟（水坑底栖）、凯文村（水田底栖）、高峰村（水洼中底栖）。

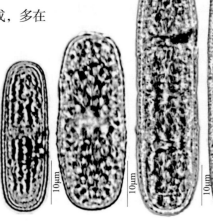

[613] 珍珠柱形鼓藻

Penium margaritaceum (Ehr.) Bréb., ex Ralfs, Brit. Desm., p. 149, pl. 25, figs. 1a–c, pl. 33, fig. 3, 1848; 魏印心：中国淡水藻志, Vol. 7, p. 30, plate: II: 14, 2017.

细胞大，圆柱形至近纺锤形，中部具明显收缢，两端平圆。细胞壁具纵向或不规则排列的颗粒，淡红褐色，具中间环带。每个半细胞具1个色素体，由10个纵向的脊片组成，常在中部横裂成2段，每个色素体具1或2个蛋白核。细胞长为宽的6～13倍，长60～230μm，宽15～25μm，缢部宽12～22μm，顶部宽10～20μm。

生境：生长于河沟、水沟、水坑、水田或滴水石壁表。

国内分布于黑龙江、山东、江西、湖北、湖南、广西、四川、云南、西藏、贵州（普遍分布）、台湾；国外分布于亚洲、欧洲、北美洲、南美洲、大洋洲；梵净山分布于坝溪沙子坎、凯文村、桃源村、大河堰、高峰村、紫薇镇罗汉穴、德旺河村老屋场苕湾、茶寨村大溪沟、陈家坡、小坝梅村。

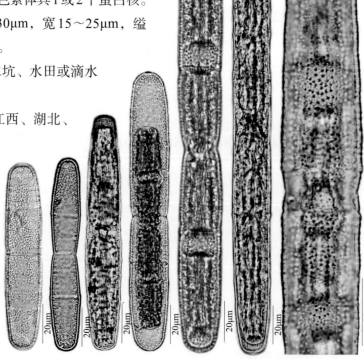

158. 新月藻属 *Closterium* Nitzsch

　　原植体为单细胞，不同程度弯曲，呈新月形或少数平直。细胞壁平滑，具纵向的线纹、肋纹或纵向的颗粒，呈淡褐色或褐色。每个半细胞具1个或数个纵向脊片组成的色素体。蛋白核多数，纵向排成1列或不规则散生。细胞两端各具1个液泡，内含运动颗粒，细胞核位于细胞的中部。细胞分裂新形成的半细胞和母细胞的半细胞间的细胞壁上常留下横线纹的缝线，有些种类的细胞产生的缝线之间具中间环带。

[614] 锐新月藻

[614a] 原变种

Closterium acerosum (Schrank) Ehr. var. ***acerosum*** Symbol. Physicae, pl. fig. 9, 1828; 魏印心：中国淡水藻志，Vol. 7, p. 46, plate: XI: 5, 2017.

　　细胞大，狭长纺锤形。背缘略弯，呈40°～60°的弓形弧度，腹缘近于平直或略凸出，细胞两端渐狭，呈锥形，顶端为窄的截圆形。细胞壁平滑，无色或成熟时为淡黄色，线纹不清楚，具中间环带。色素体5～12个脊，中轴具1纵列多数蛋白核。细胞长为宽的8～13倍，长246～563μm，宽22～54μm。

　　生境：生长于河沟、水田、水坑、水塘、潮湿土表、潮湿或渗水石表或沼泽地。

　　国内分布于黑龙江、江西、湖南、重庆、西藏、云南、贵州（广泛分布）；世界广泛分布；梵净山分布于马槽河、桃源村、大河堰、高峰村、锦河、郭家湾、冷家坝鹅、黑湾河。

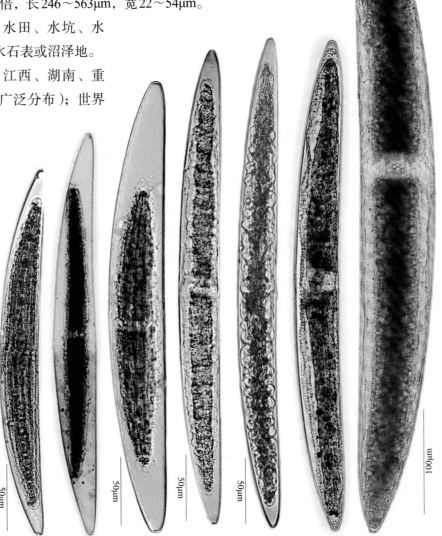

[614b] 锐新月藻长形变种

Closterium acerosum var. ***elongatum*** Brébisson, Mém. Soc. Sci. Nat. Cherbourg, 4: 152, 1856; 魏印心: 中国淡水藻志, Vol. 7, p. 47, plate: XI: 7, 2017.

与原变种的主要区别在于：细胞较长，中部较长区域近平行。到顶部逐渐呈圆锥形。背缘呈30°～35°弓形弧度。细胞壁具精致线纹或点纹，在10μm中具10条，无色或黄褐色。细胞长为宽的11～13.5倍，长550～800μm，宽40～70μm，顶部宽6～8μm。

生境：生长于河流或水沟中。

国内分布于北京、江西、山东、湖北、广西、重庆、四川、贵州（安龙、都匀）、云南、台湾；国外分布于亚洲、欧洲、大洋洲、北美洲；梵净山分布于黑湾河凯马村（水沟底栖）、桃源村（河沟底栖）。

[615] 尖新月藻

Closterium acutum (Lyngbye) Bréb. ex Ralfs, Brit. Desm., p. 177, pl. 30, fig. 5, pl. 34, fig. 5, 1848; 魏印心: 中国淡水藻志, Vol. 7, p. 49, plate: III: 17, 2017.

细胞小，长梭形，中等程度和规则弯曲。背缘呈32°～76°弓形弧度，腹缘不膨大，逐渐向两端狭窄，顶部尖圆。细胞壁平滑、无色。色素体具1纵列2～5个蛋白核，末端液泡具1～5个运动颗粒。细胞长为宽的18～28倍，长110～130μm，宽5～7μm，顶部宽1～1.5μm。

生境：生长于水沟或水田中。

国内分布于黑龙江、浙江、湖北、云南；国外广泛分布于各地；梵净山分布于小坝梅村的水田。

[616]狭新月藻

Closterium angustatum Kütz., Phycol. German., p. 132, 1845; 魏印心：中国淡水藻志，Vol. 7, p. 50, plate: XII: 8, 2017.

细胞中等大小，略弯曲。背缘呈30°～50°弓形弧度或有时几乎直立。细胞中部两侧壁平行，然后逐渐向两端狭窄，两端截圆形，有时圆形，常略膨大和近头状，顶部有时反曲。细胞壁淡黄色至褐色，在10μm内有1.3～2.5条肋纹，有时近螺旋状旋转，具中间环带。纵线纹在10μm内有8～10条。色素体具轴生1纵列4～10个蛋白核，末端液泡具数个运动颗粒，常呈丛状。细胞长为宽的10～15倍，长170～360μm，宽11～18μm，顶部宽6～8μm。

生境：生长于河沟、水塘、水池、水田或沼泽地中。

国内分布于江苏、福建、江西、湖北、广东、贵州（松桃）；国外分布于印度，东印度群岛，亚洲、欧洲、北美洲、南美洲（哥伦比亚）；梵净山分布于小坝梅村的水田、陈家坡的水塘、护国寺（水池中浮游）、凯文村的水塘、亚木沟的明朝古院旁沼地。

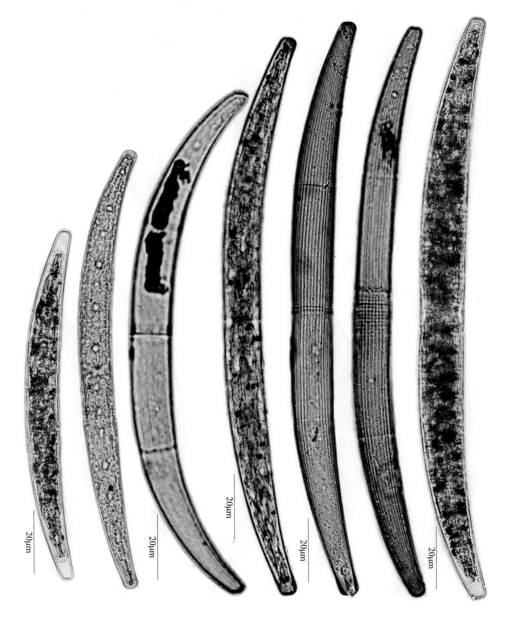

[617]厚顶新月藻

Closterium dianae Ehr., Die Infusionsth, p. 92, pl. 5, fig. 17. 1838; 魏印心：中国淡水藻志, Vol. 7, p. 54, plate: III: 14～15, 2017.

细胞中等大小。背缘呈100°～140°弓形弧度，细胞腹缘中部不膨大或略膨大，两端逐渐变狭，顶端小钝圆，背缘斜截且内壁增厚。细胞壁平滑、无色或淡褐色。色素体具6条纵脊，中轴具1列3～8个蛋白核，末端液泡具1～20个运动颗粒。细胞长为宽的9～12倍，长110～180μm，宽12～20μm，顶部宽3～4μm。

生境：生长于水塘、水田或沼泽地中。

国内分布于黑龙江、河北、浙江、湖北、重庆、四川、贵州（普遍分布）、广东、云南、西藏；国外分布于亚洲、欧洲、非洲、大洋洲、北美洲、南美洲；梵净山分布于坝溪沙子坎（水田中底栖）、小坝梅村的水田、凯文村的水塘、亚木沟的明朝古院旁沼泽、熊家坡（水塘底栖）、昔平村的水田。

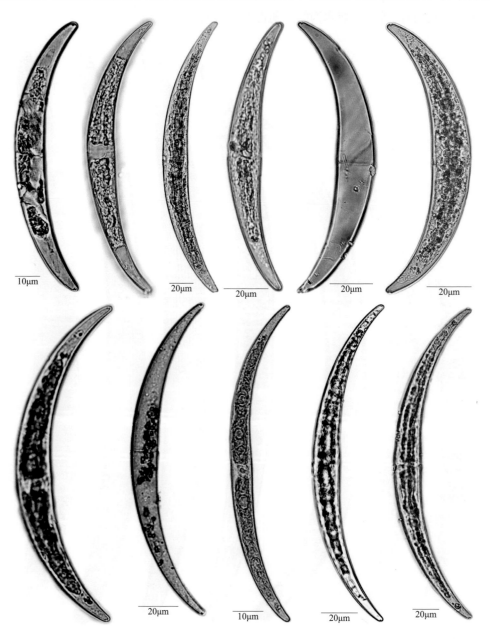

[618] 埃伦新月藻

[618a] 原变种

Closterium ehrenbergii Meneghini var. ***ehrenbergii*** Linnaca 14: 232, 1840;
魏印心：中国淡水藻志，Vol. 7, p. 56, plate: V: 5, 2017.

　　细胞大，粗壮，中等程度弯曲。背缘呈 100°～120° 的弓形弧度，腹缘略凹入，中部常略膨大外凸，细胞向两端渐狭，顶端厚，广圆形。细胞壁平滑，无色。色素体具 8 条纵脊，中轴具 1 列蛋白核，3～6 个，末端液泡含数个运动颗粒。细胞长为宽的 5～7 倍，长 200～770μm，宽 35～80μm。

　　生境：生长于池塘、水坑、水田或渗水石表。

　　国内外广泛分布；梵净山分布于坝溪沙子坎（水田中底栖）、马槽河的水坑中石表。

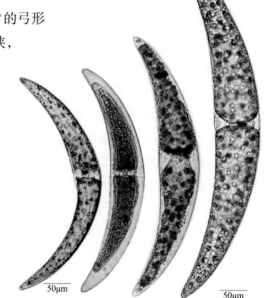

[618b] 埃伦新月藻马林变种

Closterium ehrenbergii var. ***malinvernianum*** (De Notaris) Rabenh., Flor. Europ. Algar., III: 231, 1868; 魏印心：中国淡水藻志，Vol. 7, p. 56, plate: V: 6, 2017.

　　与原变种的主要区别在于：比原变种粗壮。背缘呈 90°～110° 的弓形弧度，腹缘中部膨大外凸。细胞壁具线纹，在 10μm 中有 10～20 条，淡褐色。细胞长为宽的 4～6 倍，长 260～360μm，宽 30～50μm。

　　生境：生长于池塘、水坑、水田或渗水石表。

　　国内外广泛分布；梵净山分布于坝溪、马槽河、寨沙太平河、张家坝团龙村、坝溪沙子坎、凯文村、桃源村、大河堰、熊家坡、张家屯、高峰村、德旺净河村老屋场茚湾。

[619]纤细新月藻

Closterium gracile Bréb., in Chevalier, Microsc. et leur Usage, 1839: 272, 1839; 魏印心：中国淡水藻志, Vol. 7, p. 57, plate: XI: 1, 2017.

细胞小，细长，线形。背缘以25°～30°弓形弧度向腹缘弯曲，细胞长度一半以上的两侧缘近平行，其后逐渐向两端狭窄和背缘顶端钝圆。细胞壁平滑、无色至淡黄色，具中间环带，有时不明显。色素体中轴具1纵列4～7个蛋白核，末端液泡具1到数个运动颗粒。细胞长为宽的20～45倍，长180～300μm，宽6～12μm，顶部宽1～2μm。

生境：生长于水田或沼泽地。

国内外广泛分布；梵净山分布于坝溪沙子坎的水沟、清渡河公馆（水田底栖）、凯文村（水田底栖）、陈家坡的水塘、乌罗镇甘寨铜鼓天马寺（水田中底栖）、大河堰（水田底栖）、亚木沟、寨抱村水田。

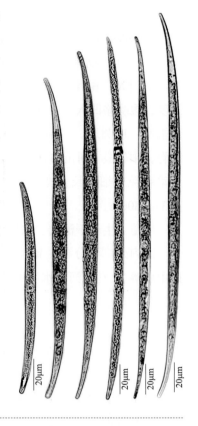

[620]弯弓新月藻

Closterium incurvum Bréb., Mém. Soc. Sci. Nat. Cherbourg, 4; 150, pl. 2, fig. 47, 1856; 魏印心：中国淡水藻志, Vol. 7, p. 58, plate: III: 10, 2017.

细胞小，明显弯曲。腹缘中部不膨大，背缘以180°～200°弓形弧度向腹缘弯曲，从半细胞中部向两端明显变尖细，顶端尖。细胞壁平滑、无色。色素体中轴具1纵列1～7个蛋白核，末端液泡具1至数个运动颗粒。细胞长为宽的5～7倍，长50～80μm，宽9～15μm，顶部宽1～2μm。

生境：生长于水沟、水池或水田中。

国内分布于内蒙古、浙江、湖北、云南、西藏；国外分布于亚洲、欧洲、非洲、大洋洲、北美洲、南美洲，北极；梵净山分布于坝溪沙子坎的水沟、凯文村（水田底栖）、昔平村的水田、张家屯的荷花池。

[621] 中型新月藻

Closterium intermedium Ralfs, Brit. Desm., p. 171, pl. 29, fig. 3a, 1848; 魏印心：中国淡水藻志, Vol. 7, p. 59, plate: X: 8, 2017.

细胞中等大小。背缘呈35°～45°弓形弧度，腹缘中部不膨大，有时平直或略凹入，两端逐渐变狭，顶部截圆形。细胞壁灰黄色或淡黄褐色，在10μm中具5～10条线纹，具中间环带。色素体具6条纵脊，中轴具1列5～8个蛋白核，末端液泡具1个大的或数个小的运动颗粒。细胞长为宽的6～13倍，长160～450μm，宽14～37μm，顶部宽7～9μm。

国内分布于内蒙古、黑龙江、福建、江西、湖南、重庆、云南、西藏、贵州（舞阳河、乌江）；国外分布于亚洲、欧洲、大洋洲、北美洲、南美洲；梵净山分布于坝溪沙子坎的滴水石壁表或水田、德旺净河村老屋场苕湾的水田。

[622] 詹纳新月藻

Closterium jenneri Ralfs, Brit. Desm., p. 167, pl. 28, fig. 6, 1848; 魏印心：中国淡水藻志, Vol. 7, p. 60, plate: IV: 3, 2017.

细胞小，背缘呈110°～180°弓形弧度，腹缘中部平直或内弯，两端逐渐变狭，顶部钝圆。细胞壁平滑或具精致的线纹，无色至灰黄色或褐色。色素体具4或6条纵脊，中轴具1纵列2～7个蛋白核，末端液泡具1或2个运动颗粒。细胞长为宽的7～12倍，长40～70μm，宽6～9μm，顶部宽2～3μm。

生境：生长于水塘或水田。

国内分布于黑龙江、福建、湖北、贵州（江口、赤水、罗甸）、云南、西藏；国外分布于欧洲、亚洲、非洲、大洋洲、北美洲、南美洲；梵净山分布于小坝梅村的水田、高峰村（水塘浮游）。

[623]细长新月藻

Closterium juncidum Ralfs, Brit. Desm., p. 172, pl. 29, figs. 6, 7, 1848; 魏印心：中国淡水藻志, Vol. 7, p. 60, plate: XII: 9, 2017.

细胞细长。中部两侧纵直、平行，其后逐渐向两端变狭，略向腹缘弯曲，背缘呈30°~35°弓形弧度，顶端钝圆，有时在顶端内壁具节状增厚。细胞壁褐色或淡红褐色，具线纹，在10μm中具9~10条，具中间环带。色素体中轴具1纵列4~9个蛋白核，末端液泡具1个大的运动颗粒。细胞长为宽的27~44倍，长150~200μm，宽5~7μm，顶部宽2~3μm。

生境：生长于水塘。

国内分布于内蒙古、黑龙江、江苏；国外分布于亚洲、欧洲、非洲、大洋洲、北美洲、南美洲；梵净山分布于陈家坡的水塘。

20μm

[624]库津新月藻

Closterium kuetzingii Bébisson, Mém. Soc. Nat.Cherbourg, 4: 156, pl. 2, fig. 40, 1856; 魏印心：中国淡水藻志, Vol. 7, p. 61, plate: VIII: 9–10, 2017.

细胞中等大小，细长。中部直立，顶部略向腹缘弯曲，细胞中部呈纺锤形至披针形，两侧缘对称突起，然后向两端逐渐变狭并延长形成无色的长突起，顶端圆形，常略膨大且内壁加厚。细胞壁无色或灰黄褐色，具纵线纹，在中部10μm内有7~9条。色素体中轴具1列4~7个蛋白核，末端液泡膨大，位于长突起基部，内含2~10个运动颗粒。细胞长为宽的21~25倍，长150~500μm，宽15~24μm，顶部宽3~4μm。

生境：生长于池塘或水田。

国内分布于黑龙江、江苏、浙江、江西、湖北、四川、重庆、云南、西藏、贵州（普遍分布）；国外分布于亚洲、欧洲、非洲、大洋洲、北美洲、南美洲；梵净山分布于坝溪沙子坎（水田中底栖）。

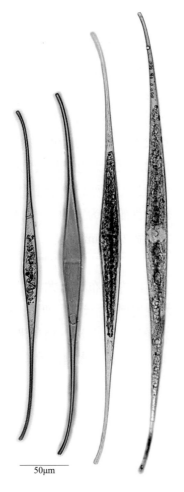

50μm

[625]披针新月藻

[625a]原变种

Closterium lanceolatum Kütz. var. ***lanceolatum*** Phycol. German., p. 130, 1845; 魏印心：中国淡水藻志, Vol. 7, p. 62, plate: VI: 9, 10, 2017.

　　细胞大，近披针形，直立或略弯曲。背缘略突起，呈28°～35°弓形弧度，细胞腹缘直立或略膨大，两端逐渐变狭，顶部圆锥形至尖圆形。细胞壁平滑、无色。色素体具6～10条纵脊，中轴具1列6～12个蛋白核，末端液泡具大约10个运动颗粒。细胞长为宽的5～8倍，长250～380μm，宽32～62μm，顶部宽5～7μm。

　　生境：生长于河沟、水坑、水池或水田中。

　　国内分布于北京、黑龙江、山东、湖南、广东、重庆、四川、云南、西藏、甘肃、新疆、海南、贵州（普遍分布）；国外分布于美国，欧洲、亚洲、非洲、北美洲、南美洲；梵净山分布于马槽河的河边石坑、大河堰的沟边水坑、高峰村的水坑、冷家坝鹅家坳的水田、德旺净河村老屋场苕湾、茶寨村大溪沟的水沟、凯文村的水田、亚木沟（荷花池浮游或底栖）。

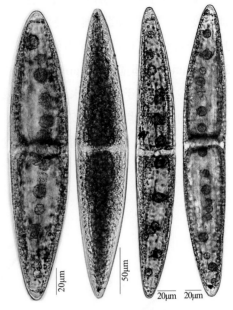

[625b]披针新月藻小变种

Closterium lanceolatum var. ***parvum*** West & West, Jour. Roy. Micr. Soc., 1897: 481, pl.6, fig.3, 1897; 魏印心：中国淡水藻志, Vol. 7, p. 63, plate: V1: 8, 2017.

　　与原变种的主要区别在于：为原变种的一半大，两端狭圆形；细胞长110～200μm，宽23～30μm，顶部宽5～6μm。

　　生境：生长于河沟、水坑、水池或水田中。

　　国内分布于山东、湖北、广东、海南、云南；国外分布于欧洲、亚洲、非洲、北美洲；梵净山分布于大河堰的岩下水坑。

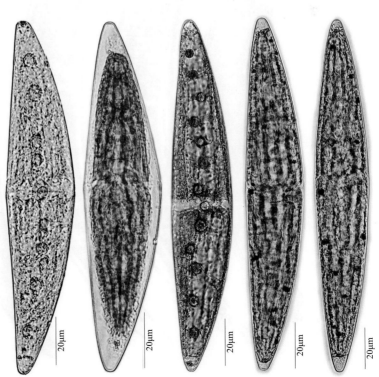

[626] 莱布新月藻

Closterium leibleinii Kütz., Linnaca 8: 596, pl. 18, fig. 79, 1833; 魏印心: 中国淡水藻志, Vol. 7, p. 63, plate: IV: 7, 2017.

细胞中等大小，明显弯曲。背缘呈 140°～180° 弓形弧度，腹缘明显凹入，中部略膨大，逐渐向顶部变狭，顶部尖圆。细胞壁平滑、无色，较少为金黄色或淡黄褐色。色素体约具 6 条纵脊，中轴具 1 列 2～11 个蛋白核，末端液泡大，具数个运动颗粒。细胞长为宽的 5.5～9.5 倍，长 150～200μm，宽 30～35μm，顶部宽 2.5～4μm。

生境：生长于河沟、水坑、水池或水田中。

国内分布于黑龙江、安徽、江西、山东、湖北、湖南、广东、广西、四川、贵州（江口、铜仁、北盘江）、云南、西藏、新疆；世界广泛分布；梵净山分布于大河堰（水田浮游）。

50μm

[627] 小书状新月藻

[627a] 原变种

Closterium libellula Focke. var. ***libellula*** Phys. Stud., 1847: 58, pl. 3, fig. 29, 1847; 魏印心: 中国淡水藻志, Vol. 7, p. 63, plate: VII: 11, 2017.

　　细胞中等大小至大，左右对称，纺锤形。细胞中部两侧凸出，从中部向顶部逐渐略变狭，顶端宽平截形。细胞壁平滑，无色或淡褐色。色素体由5～12条纵脊组成，中轴具1列3～6个蛋白核，末端液泡具6～15个运动颗粒。细胞长为宽的5～8倍，长120～200μm，宽24～40μm，顶部宽10～15μm。

　　生境: 生长于水塘、水沟或水田中。

　　国内分布于江苏、浙江、湖南、广西、云南、西藏; 国外分布于亚洲（东印度群岛）、欧洲、大洋洲（澳大利亚）、北美洲、南美洲，北极; 梵净山分布于凯文村（水塘附植）、小坝梅村的水田。

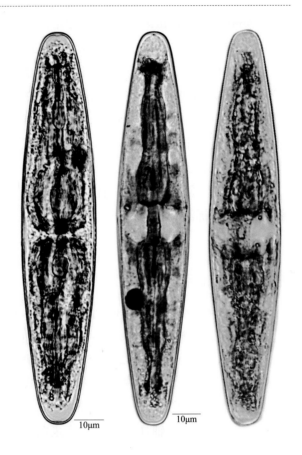

[627b] 小书状新月藻中型变种

Closterium libellula var. ***interrruptum*** (West & West) Donat, Planzenf., 5: 7, 1926; 魏印心: 中国淡水藻志, Vol. 7, p. 52, plate: VII: 13～14, 2017.

　　与原变种的主要区别在于: 比原变种小。背缘呈22°～25°弓形弧度。每个色素体在中部横分裂使每个细胞具4个色素体，4个蛋白核纵向排列。细胞长为宽的6～7.5倍，长80～110μm，宽15～20μm，顶部宽8～10μm。

　　生境: 生长于水塘、水沟或水田中。

　　国内分布于广东、广西、云南; 国外分布于亚洲、欧洲、非洲、大洋洲、北美洲、南美洲; 梵净山分布于坝溪镇沙子坎的水沟或水田。

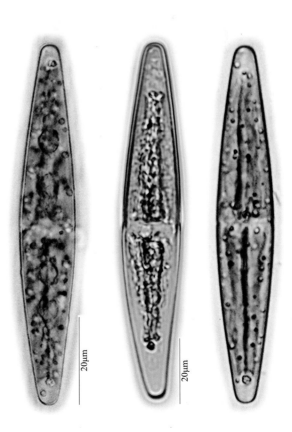

[628]湖沼新月藻

Closterium limneticum Lemmermann, Forsch. Biol. Stat. Plön, 7: 123, pl. 2, fig. 39～41, 1899; 魏印心: 中国淡水藻志, Vol. 7, p. 65, plate: VI: 6～7, 2017.

20μm

细胞小，细长，线形，细胞中段直，边缘近平行，近端部逐渐狭窄呈锥形，两端向腹缘略弯曲，顶端略尖。细胞壁平滑、无色。色素体中轴具1纵列约8个蛋白核，末端液泡具1个运动颗粒。细胞长为宽的近36倍，长122μm，宽3.4μm，顶部宽1μm。

生境：生长于河流、水坑、水池或沼泽地中。

国内分布于江苏、浙江、台湾；国外分布于欧洲；梵净山分布于德旺岳家寨红石梁（锦江河中浮游）。

[629]线痕新月藻

Closterium lineatum Ehrenberg, Phys. Abh. d. K. Akad. d. Wiss. zuBerlin, 1835: 94, 1835; 魏印心: 中国淡水藻志, Vol. 7, p. 65, plate: IX: 5～6, 2017.

细胞大，狭长。背缘呈25°～56°弓形弧度，细胞中部直，向两端逐渐变狭，近末端向腹部中等程度弯曲，顶端略宽，截圆形。细胞壁黄褐色或淡红褐色，具10～38条明显的纵线纹，在10μm中具6～10条，有时在线纹间具点纹。色素体具5～9条纵脊，中轴具1列8～24个蛋白核，末端液泡具数个运动颗粒。细胞长为宽的25～38倍，长450～750μm，宽22～35μm，顶部宽6～8μm。

生境：生长于河流、水坑、水池或沼泽地中。

国内分布于北京、湖北、湖南、重庆、贵州（遵义、安顺、贵阳、清镇、乌江、北盘江、贵定、威宁）、西藏；国外分布于中美洲（墨西哥）、南美洲；梵净山分布于马槽河（泥性水坑底栖）、亚木沟的明朝古院旁沼泽、亚木沟景区大门的荷花池。

50μm　100μm

[630]滨海新月藻

Closterium littorale Gay., Thése Montpellier, p. 75, pl. 2, fig. 17, 1884; 魏印心: 中国淡水藻志, Vol. 7, p. 66, plate: VIII: 4, 2017

细胞中等大小，长为宽的8～11倍，略弯曲。背缘呈35°～50°弓形弧度。腹缘直，略凹入和中部较宽距离略膨大，逐渐向顶部变狭，顶端钝圆。细胞壁平滑、无色；色素体具6～11条纵脊，中轴具一列3～10个蛋白核，末端液泡具数个运动颗粒。细胞长150～200μm，宽18～25μm，顶部宽4～6μm。

生境：生长于水沟、水塘、水田、水藓沼泽、富营养水体、热带稻田等，通常浮游。

国内分布于湖北、广东、云南、西藏；国外分布于欧洲、北美洲；梵净山分布于坝溪沙子坎（水沟、水田中底栖）、陈家坡（水塘、小水沟底栖）、高峰村（水洼中底栖）。

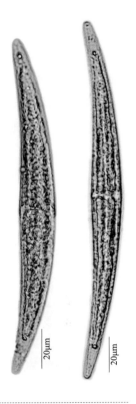

[631]新月形新月藻

Closterium lunula (Müll.) Nitzsch, Neue Schrift, Naturf. Ges. Zu Halle., 3 (1): 60, 67, 1817; 魏印心: 中国淡水藻志, Vol. 7, p. 66, plate: VIII: 1, 2017.

细胞大，强壮，几乎直。背缘呈30°～40°弓形弧度，细胞中部直或略弯，腹缘略膨大，然后向顶部缓慢变狭，顶部钝圆至截圆，略反曲。壁平滑，无色。色素体一般具10～12条纵脊，多数蛋白核散生，末端液泡具多数运动颗粒。细胞长为宽的4.5～6.2倍，长180～280μm，宽33～45μm，顶部宽6～8μm。

生境：生长于河沟或水坑中。

国内分布于黑龙江、江苏、湖北；国外分布于亚洲、欧洲、非洲、大洋洲、北美洲、南美洲；梵净山分布于桃源村（河沟底栖）、德旺茶寨村大溪沟（水坑底栖）。

[632]项圈新月藻

Closterium moniliforum (Bory) Ehrenberg, Infusion, volkomm. Organ., p. 91, pl. 5, fig. 16, 1838; 魏印心: 中国淡水藻志, Vol. 7, p. 67, plate: IV: 12, 2017.

细胞中等大小，粗壮，中等程度弯曲。背缘呈50°～110°的弓形弧度，细胞中部凹入，腹缘膨大凸出或不甚明显，细胞两端渐狭，顶端钝圆。细胞壁平滑，无色。色素体具6条纵脊，中轴具1列6～10个蛋白核，末端液泡含多数运动颗粒。细胞长为宽的5～7倍，长200～400μm，宽35～60μm。

生境：生长于池塘、水坑、水田、沼泽或渗水石表。

世界广泛分布；梵净山分布于太平镇马马沟村、小坝梅村、大河堰、坝梅寺阙家、团龙清水江、陈家坡、清渡河靛厂、高峰村、郭家湾、冷家坝鹅家坳、德旺红石梁、茶寨村大溪沟、净河村老屋场。

[633]舟形新月藻

Closterium navicula (Bréb.) Lütkemüller, Cohn's Beitr. Biol. Pflanzen, 8: 395, 405, 408, 1902; 魏印心：中国淡水藻志, Vol. 7, p. 68, plate: V: 9, 10, 2017.

细胞小，对称，呈纺锤形至长椭圆形。细胞侧缘相同程度凸出，从中部向两端逐渐变狭，顶部宽，达细胞宽度的1/3～1/2，呈广圆形或截圆形。细胞壁平滑，无色。色素体具5～6条纵脊，中轴具1～2个蛋白核，末端液泡具2～3个运动颗粒。细胞长为宽的2.9～3.5倍，长31～40μm，宽11～15μm，顶部宽5～7μm。

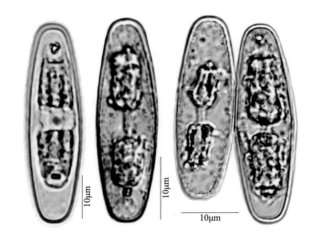

生境：绝大多数生长在软水的水藓沼泽中，也有在苔藓和潮湿的岩石上亚气生。

国内分布于黑龙江、江苏、湖北、四川、西藏、贵州（贵定）；国外分布于亚洲、欧洲、非洲、大洋洲、北美洲、南美洲，北极；梵净山分布于坝溪沙子坎（水沟、渗水裸岩或水坑边石）、凯文村（水田底栖）、陈家坡的水塘。

[634]微小新月藻

Closterium parvulum Näg., Gattung, einz. Alg., p. 106, pl. 6c, fig. 2, 1849; 魏印心：中国淡水藻志, Vol. 7, p. 70, plate: IV: 5, 2017.

细胞小，明显弯曲。背缘呈110°～170°弓形弧度，腹缘中部凹入或平直，向顶部逐渐变狭，顶端尖圆。细胞壁平滑，无色或少数呈淡黄褐色。色素体具5～6条纵脊，中轴具1列2～6个蛋白核，末端液泡具数个运动颗粒。细胞长为宽的6～13倍，长50～100μm，宽8～10μm，顶部宽1～2μm。接合孢子近球形或椭圆形，孢壁平滑。

生境：生长于水沟、水坑、水塘、水池或水田中。

国内外广泛分布；梵净山分布于坝溪沙子坎的水坑边石表或水沟、凯文村的水塘、清渡河公馆的水池、亚木沟（水田中）。

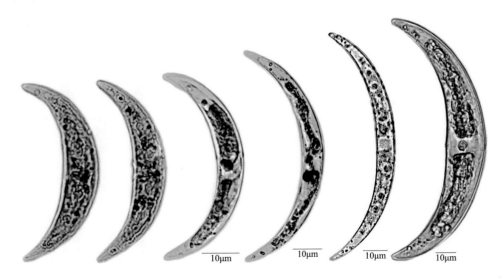

[635]极锐新月藻

Closterium peracerosum Gay, Bull. Soc. Bot. France, 31: 339, 1884; 魏印心: 中国淡水藻志, Vol. 7, p. 71, plate: VII: 4～5, 2017.

细胞中等大小，略弯曲。细胞背缘呈30°～33°弓形弧度，腹缘除近顶部外均纵直，近顶部逐渐变狭，并略向腹缘弯曲，顶端尖，少数尖圆。细胞壁平滑，无色。色素体具2～4条纵脊，中轴具1列4～6个蛋白核，末端液泡具数个运动颗粒。细胞长为宽的8～13倍，长140～300μm，宽10～20μm，顶部宽2～4μm。

生境：生长于水沟或水田中。

国内分布于北京、山东、湖北、四川、贵州（铜仁）、云南、西藏、新疆；国外分布于欧洲、非洲、北美洲；梵净山分布于德旺净河村老屋场（水沟底栖）、茶寨村大上沟（水田浮游、底栖或附植）。

[636]极长新月藻

Closterium praelongum Bréb., Mém. Soc. Sci. Nat. Cherbourg, 4: 152, pl. 2, fig. 14, 1856; 魏印心: 中国淡水藻志, Vol. 7, p. 71, plate: V: 1, 3, 2017.

细胞狭长。细胞中段平行和略凹，两端逐渐变狭并略反曲，顶端钝圆形或截圆形。细胞壁平滑或具不明显线纹，无色或褐色。色素体具3～5条纵脊，中轴具1列7～25个蛋白核，末端液泡具1～5个或多达12个运动颗粒。细胞长为宽的21～32倍，长400～500μm，宽15～20μm，顶部宽3～5μm。

生境：生长于中性或略偏碱性的水体中。

国内分布于黑龙江、湖北、湖南、贵州（松桃）、云南；国外广泛分布；梵净山分布于清渡河茶园坨（水沟底栖）、德旺茶寨村大上沟（水田浮游、底栖或附着）。

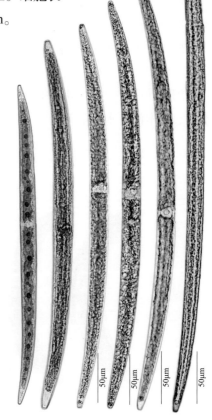

[637]拉尔夫新月藻

Closterium ralfsii Bréb., ex Ralfs, Brit. Desm., p. 174, pl. 30, fig. 2, 1848.

细胞较大，长纺锤形，略弯曲。细胞背缘呈35°～56°弓形弧度和略突起，中段腹缘略突起，其后向顶部明显变狭，端部有时反曲，顶端平截且其内壁略增厚。细胞壁黄褐色至淡红褐色，具28～52条纵长的线纹，在10μm中有7～9条，线纹间具精致的小孔纹，近顶部仅具小孔纹。色素体具4～5条纵脊，中轴具1纵列4～9个蛋白核，末端液泡具4～10个运动颗粒。细胞长为宽的6～10倍，长300～390μm，宽30～36μm。

[637a]拉尔夫新月藻杂交变种

Closterium ralfsii var. ***hybridum*** Rabenhorst, Kryptogamenflora von Sachsens, p. 174, 1863; 魏印心：中国淡水藻志, Vol. 7, p. 75, plate: IX: 2, 2017.

与原变种的主要区别在于：比原变种狭长，背缘呈25°～52°弓形弧度，细胞中部略膨大，顶部狭长，顶端近平截。细胞壁具28～52条纵长的线纹，在10μm内有9～12条。每个色素体中轴具1列可多达21个的蛋白核。细胞长为宽的11～17倍，长250～300μm，宽20～30μm，顶部宽6～8μm。

生境：生长于水沟、水坑或水田中。

国内分布于黑龙江、山东、湖北、广东、四川、西藏、台湾；国外分布于亚洲、欧洲、大洋洲、非洲、北美洲、南美洲；梵净山分布于坝溪沙子坎（水田中底栖）。

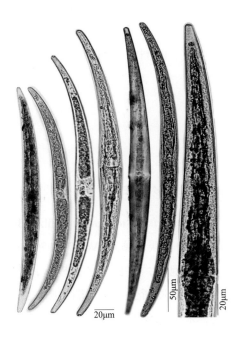

[638]线纹新月藻

[638a]原变种

Closterium striolatum Ehrenberg var. ***striolatum*** Phys. Abh. d. K. Akad. Wiss. Berlin, 1831: 68, 1832: 魏印心：中国淡水藻志, Vol. 7, p. 78, plate: XII: 5, 2017.

细胞中等大小，略弯曲。外缘呈33°～82°弓形弧度，细胞腹缘中段直或略弯，两端逐渐变狭，末端略向腹缘弯曲，顶端宽、平截、角圆，近背缘处内壁略增厚。细胞壁淡黄色或淡褐色，具14～21条明显的纵线纹横贯细胞，在10μm中有10～13条，线纹间具点纹，在顶部退化成点纹。细胞具中间环带。色素体具5～13条纵脊，中轴具1列4～11个蛋白核，末端液泡具许多运动颗粒。细胞长为宽的7～10倍，长125～200μm，宽18～27μm，顶部宽7～10μm。

生境：生长于软水水体及泥炭藓沼泽中。

国内分布于黑龙江、浙江、湖北、湖南、广西、重庆、云南、西藏、贵州（关岭）、台湾；国外广泛分布；梵净山分布于坝溪沙子坎的水田、亚木沟的明朝古院沼地、护国寺水池。

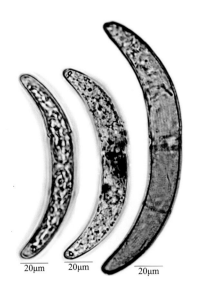

[638b] 线纹新月藻近平截变种

Closterium striolatum var. ***subtruncatum*** (West & West) Krieger, in Rabenhorst's Kryptogamen –Flora, 13: 340, pl. 28, fig. 14, 1937; 魏印心: 中国淡水藻志, Vol. 7, p. 79, plate: XII: 6, 2017.

与原变种的主要区别在于：细胞末端略膨大，顶端宽平截形；细胞长为宽的9～12倍，长140～240μm，宽12～25μm，顶部宽7～8μm。

生境：生长于水池、水塘或水田等中。

国外分布于浙江、湖北、广东及贵州（江口）；国外分布于亚洲、欧洲、美洲；梵净山分布于小坝梅村的水田、护国寺水池。

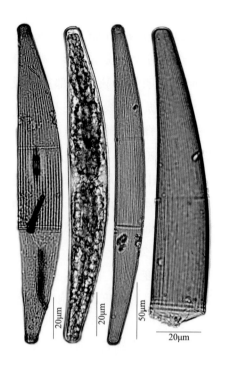

[639] 锥形新月藻

Closterium subulatum (Kütz.) Bréb., in Chevalier, Microscop. et leur Usage., p. 272, 1839; 魏印心: 中国淡水藻志, Vol. 7, p. 79, plate: VI: 3～4, 2017.

细胞小，细长，呈长梭形，略弯曲。背缘呈28°～45°弓形弧度，细胞腹缘中部略膨大，两端逐渐变狭，顶端尖圆。细胞壁平滑，无色。色素体中轴具1列3～5个蛋白核，末端液泡具数个运动颗粒。细胞长为宽的13～23倍，长100～180μm，宽8～9μm，顶部宽2μm左右。

生境：生长于水池、水塘或水田等中。

国内分布于黑龙江、四川；国外分布于亚洲、欧洲、非洲、大洋洲、北美洲、南美洲，北极；梵净山分布于坝溪沙子坎的水田、凯文村的水塘。

[640] 弓形新月藻

Closterium toxon West, Linn. Soc. Jour. Bot. London, 29: 121, pl. 19, fig. 14, 1892; 魏印心：中国淡水藻志，Vol. 7, p. 80, plate: VI: 5, 2017.

　　细胞长，狭线形。细胞中段直，侧缘约2/3的长度近于平行，背缘中部有时略凹入，近末端逐渐狭细，且略向腹缘弯曲，呈20°～30°弓形弧度，顶端略宽，钝圆至平截。细胞壁平滑，无色至黄色或淡褐色。色素体具6～12个蛋白核，末端液泡具1～3个运动颗粒。细胞长为宽的13～30倍，长130～220μm，宽9～12μm，顶部宽5μm。

　　生境：生长于水池、水塘或水田等中。

　　国内分布于湖北、云南；国外分布于亚洲、欧洲、北美洲、南美洲，北极；梵净山分布于坝溪沙子坎的水田、小坝梅村的水田。

[641] 膨胀新月藻

Closterium tumidum Johnson, Bull. Torr. Bot. Club, 22: 291, pl. 232, fig. 4, 1895; 魏印心：中国淡水藻志，Vol. 7, p. 80, plate: VII: 10, 2017.

　　细胞一般大小，强壮，呈梭形。略弯曲呈25°～30°弓形弧度，两侧缘凸出，其后逐渐向两端变狭，且呈凹入状，顶端截圆形。细胞壁平滑，无色。色素体具4～6条纵脊，中轴具1列1～5个蛋白核，末端液泡具1个运动颗粒。细胞长为宽的5.5～6倍，长80～150μm，宽15～30μm，顶部宽3～5μm。

　　生境：生长于水池、水塘或水田等中。

　　国内分布于黑龙江、湖北、贵州（红枫湖、宽阔水）、台湾；国外分布于亚洲、欧洲、北美洲、南美洲；梵净山分布于亚木沟的明朝古院旁沼泽景区大门或荷花池，德旺茶寨村大溪沟（水坑底栖）。

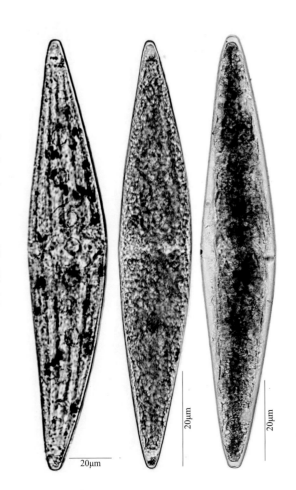

159. 宽带鼓藻属 *Pleurotaenium* Näg.

原植体为单细胞，大或中等大小，长柱形，长为宽的4～35倍，中部略收缢，在两半细胞的连接处细胞壁常1轮增厚，形成缝线。半细胞基部通常膨大，侧缘平直或波曲，具瘤或小节结，其他区域侧缘近平行或向顶部逐渐狭窄，顶端平截或截圆形，平滑或具1轮乳头状或齿状小瘤、小节结。垂直面观圆形或多角形。细胞壁通常具点纹、小圆孔纹，极少数平滑，有时具颗粒或乳头状突起。绝大多数种类的色素体为周生，呈许多不规则纵长带状，具数个蛋白核，有时断裂成菱形或披针形，每块色素体具1个蛋白核，少数种类的色素体轴生，长带状，具数个纵列的蛋白核，顶部有时存在液泡，含有一些运动颗粒。有性生殖为接合生殖，接合孢子球形。一般为浮游种类。

[642] 花环宽带鼓藻

Pleurotaenium coronatum (Bébisson) Rabenhorst, Flora Europ. Alg., p. 143, 1868; 魏印心：中国淡水藻志，Vol. 7, p. 85, plate: XV: 6, 2017.

细胞大，圆柱形。半细胞基部明显膨大，从基部向顶部逐渐变狭，基部至半细胞中部侧缘具数个逐渐减小的浅波纹，中部至末端平直，顶端平截，边缘具1轮10～12个大的圆锥形或平的小节结。细胞壁具圆孔纹。细胞长为宽的8.5～16倍，长350～500μm，基部宽30～40μm，缢部宽22～30μm，顶部宽20～30μm。

生境：生长于湖泊、池塘、沼泽或水田。

国内分布于湖北；国外分布于亚洲、欧洲、非洲、北美洲、南美洲，北极；梵净山分布于小坝梅村的水田。

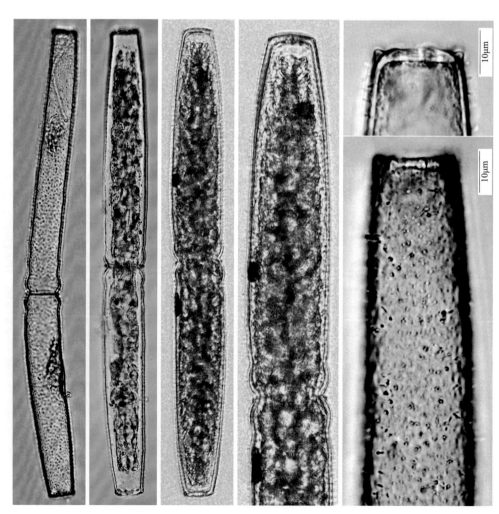

[643]埃伦宽带鼓藻

Pleurotaenium ehrenbergii (Bréb.) De Bary, Untersuch. Fam. Conjug., p. 75, 1858; 魏印心：中国淡水藻志，Vol. 7, p. 87, plate: XV: 2, 2017.

细胞中等大小，狭长圆柱形，半细胞基部略膨大，近基部具1～2个波纹，其后平直或略变窄，顶端平截，其边缘具1轮7～10个、一侧可见4～5个圆形或圆锥形的小节结。细胞壁具点纹。细胞长为宽的11.5～17倍，长230～400μm，基部宽26～35μm，缢部宽20～32μm，顶部宽18～25μm。接合孢子球形或球形至椭圆形，壁平滑。

生境：生长于湖泊、水塘、沼泽或水田等。

国内分布于江苏、浙江、福建、江西、山东、湖北、湖南、广东、重庆、四川、贵州（江口、思南、安顺、普定、镇宁、宽阔水）、云南、西藏；世界广泛分布；梵净山分布于昔平村的水田、大河堰的水田。

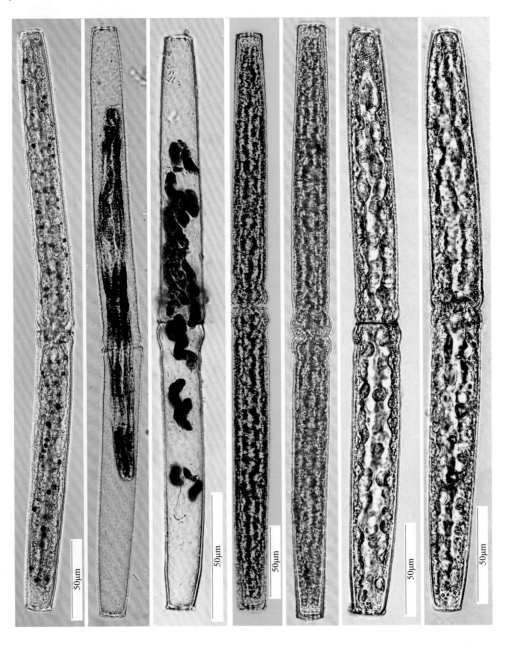

[644] 节球宽带鼓藻

Pleurotaenium nodosum (Bailey) Lundell, Nova Acta Reg. Soc. Sci. Upsal., III, 8(2): 90, 1871; 魏印心: 中国淡水藻志, Vol. 7, p. 92, plate: XVII: 2, 2017.

细胞中等至大型。从半细胞基部向顶部逐渐狭窄，顶部略膨大，顶端截圆，其边缘具1轮6～8个圆锥形的齿，侧缘波状，从基部到顶部具4轮等距离的节结状的环（包括基部的1轮），每个环具6～8个（少数10个）圆锥形的小节结。细胞壁平滑或具点纹。细胞长为宽的6～8倍，长180～240μm，基部宽30～40μm，缢部宽20～22μm，顶部宽18～20μm。

生境：生长于湖泊、水塘、沼泽或水田等。

国内分布于湖北、湖南、广东、重庆、贵州（江口、赤水）、云南、西藏；世界广泛分布；梵净山分布于凯文村（水田底栖）、小坝梅村的水田。

[645] 卵形宽带鼓藻

Pleurotaenium ovatum Nordstedt, Öfv. Kongl. Vet. –Akad. Förhandl., 1877(3): 18, 1877; 魏印心: 中国淡水藻志, Vol. 7, p. 93, plate: XVII: 6, 2017.

细胞中等大小。半细胞卵圆形，下段侧缘宽凸出，中下段渐狭，顶部平截圆形，并具1环8～10个乳突状小节结，侧面观4～5个。细胞壁具点纹，末端液泡具多数颗粒。细胞长为宽的3～4倍，长225μm，宽95μm，缢部宽55μm，顶部齿宽25μm。

生境：生长于水塘或沼泽等。

国内分布于福建、广西、贵州（江口）；国外分布于亚洲、大洋洲；梵净山分布于大河堰的泥沼或水塘中。

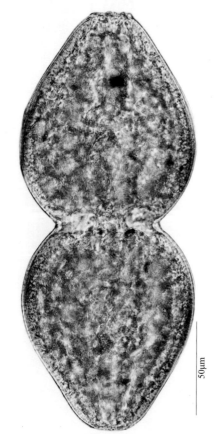

[646] 宽带鼓藻

Pleurotaenium trabecula (Ehr.) Näg., Gattung einz. Algen, p. 104, pl. 6, fig. A, 1849; 魏印心: 中国淡水藻志, Vol. 7, p. 94, plate: XIII: 8, 2017.

细胞中等大小，圆柱形。半细胞基部膨大，下部具1～3个不甚明显的波纹，中部略膨大，上端略渐狭，顶端平截，顶角圆。细胞壁具点纹。色素体3～4个，长带状，蛋白核散生在色素体中。细胞长为宽的11～22倍，长175～550μm，基部宽17～32μm，缢部宽14～26μm，顶部宽12～22μm。

生境: 生长于水塘、小溪、湖泊、水库或沼泽。

国内分布于内蒙古、黑龙江、江苏、浙江、安徽、福建、江西、山东、湖北、湖南、广东、广西、重庆、四川、贵州（广泛分布）、云南、西藏、台湾；国外广泛分布；梵净山分布于凯文村、坝梅村、陈家坡、张家屯。

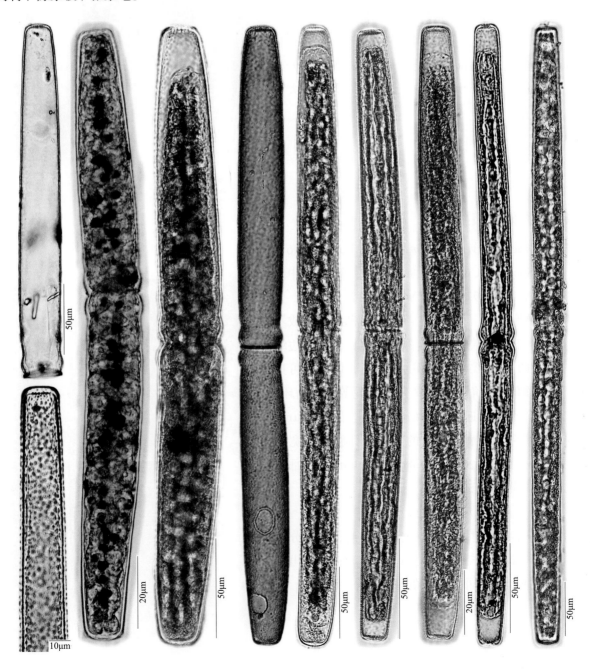

[647] 平顶宽带鼓藻

Pleurotaenium truncatum (Bréb.) Näg., Gattung. Einz. Algen, p. 104, 1849: 魏印心: 中国淡水藻志, Vol. 7, p. 96, plate: XIII: 11, 2017.

细胞较大。半细胞基部膨大，下部几无波纹，中部略膨大，略宽于基部，上端略渐狭。顶端平截，顶角圆，其边缘具1轮12～14个圆形至近长圆形的小节结，侧面观可见6～8个。细胞壁具点纹。具6～8个侧生长带状的色素体。细胞长为宽的8～11.5倍，长300～450μm，基部宽35～42μm，顶部宽18～25μm。

生境：生长于水塘、水坑或水田等。

国内分布于湖北、江西；国外分布于亚洲、欧洲、非洲、大洋洲、北美洲、南美洲，北极；梵净山分布于凯文村的水田、小坝梅村的水田、德旺茶寨村大溪沟的水坑。

[648] 瘤状宽带鼓藻

Pleurotaenium verrucosum (Bailey) Lundell, Nova Acta Reg. Soc. Sci. Upsal., III, 8: 6, 1871; 魏印心: 中国淡水藻志, Vol. 7, p. 97, plate: XVII: 3, 2017.

细胞中等大小，圆柱形。半细胞基部略膨大或不明显，中上部向两端略渐狭，顶端平截圆形，其边缘具1轮8～10个圆形或圆锥形的小节结，侧面观可见5～6个，顶角近直角。细胞具12～15轮等距离的环，每轮由数个不规则近方形的瘤组成，边长5～8μm，近顶部的最后一轮瘤呈纵长的方形。细胞长为宽的9～12倍，长220～320μm，基部宽24～30μm，缢部宽20～25μm，顶部宽15～16μm。

生境：生长于水塘、水坑或水田等。

国内分布于福建、湖北、重庆、台湾；国外分布于亚洲、非洲、大洋洲、北美洲、南美洲；梵净山分布于凯文村的水塘、小坝梅村的水田。

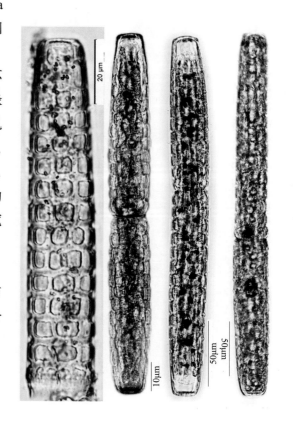

160. 裂顶鼓藻属 *Tetmemorus* Ralfs

原植体为单细胞，大，长为宽的2～8倍，圆柱形或圆柱状纺锤形，中部具收缢，缢缝张开。半细胞顶部广圆形，有时略扁，顶部中间具1深的凹陷。垂直面观圆形或广椭圆形。细胞壁具点纹或小圆孔纹。半细胞内色素体1个，轴生，由8～10个纵向脊片组成，中轴具1列蛋白核。此属的种类多生长在软水、偏酸性的水体中。

[649] 平滑裂顶鼓藻

Tetmemorus laevis (Kützing) Ralfs, Brit. Desm., p. 146, pl. 24, fig. 3, 1848; 魏印心：中国淡水藻志，Vol. 7, p. 99, plate: XVIII: 6～7, 2017.

细胞小，中部略收缢。半细胞正面观圆柱形，从基部向顶部逐渐狭窄，顶部宽、圆形，有时顶部下略凹入，顶部中间具1深的凹陷。半细胞侧面观纺锤形，近顶部较狭。垂直面观广椭圆形。细胞壁具精细的点纹，散生排列。色素体中轴具1纵列3～5个蛋白核。细胞长为宽的3.5～4倍，长75～106μm，基部宽19～27μm，缢部宽17～23μm，顶部宽11～15μm，厚23～27μm。

生境：生长于水塘、水坑或水田。

国内分布于云南；国外分布于亚洲、欧洲、大洋洲、北美洲、南美洲；梵净山分布于小坝梅村的水田。

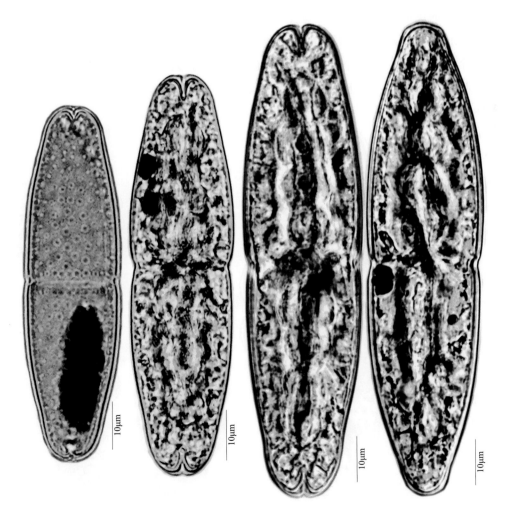

161.凹顶鼓藻属 *Euastrum* Ehrenberg ex Ralfs

原植体为扁平单细胞，多数中等大小或小，长为宽的1.5～2倍，长方形、纺锤形、椭圆形或卵圆形等。缢缝常深凹入，呈狭线形，少数张开。半细胞常呈截顶的角锥形，狭卵形，顶部中央凹入，浅或"V"深凹，极少顶部平直，半细胞近基部的中央通常膨大，平滑或具颗粒及瘤状隆起，半细胞通常分成3叶，1个顶叶和2个侧叶，有时侧叶中央凹入再分2小叶，有时顶叶和侧叶的中央具颗粒、圆孔纹或瘤状突，半细胞中部具或不具胶质孔或小孔。半细胞侧面观常为卵形、截顶的角锥形，少数椭圆形或近长方形，侧缘近基部常膨大。垂直面观常为椭圆形。细胞壁绝少数平滑，通常具点纹、颗粒、圆孔纹、齿、刺或乳头状突起。绝大多数种类的色素体轴生，常具1个蛋白核，少数大的种类具2个或多个蛋白核。

[650]凹顶鼓藻

[650a]原变种

Euastrum ansatum* var. *ansatum Ehr. ex Ralfs, Brit. Desm., p. 85, pl.14, figs. 2a～2f, 1848; 魏印心：中国淡水藻志, Vol. 7, p. 105, plate: XXXI: 1～4, 2017.

细胞缢缝深凹，狭线形，外端略张开。半细胞正面观截顶角锥形，顶缘截圆，中央深凹入，顶角圆，顶叶侧缘从上向下逐渐加宽，侧叶基部加宽，中间具1浅的波形或无，基角圆形，半细胞中部两侧各具1个大的拱形隆起，缢部上端具1个较小的拱形隆起，或在半细胞的基部上端具3个等距离、水平排列的隆起，并与中部两侧的拱形隆起相间排列。半细胞侧面观呈长的角锥形，顶缘钝圆，侧缘具2个拱形隆起。垂直面观椭圆形，两侧呈宽三角形，两端中间具1个拱形隆起，两侧各具1个拱形隆起，或两端具3个等距离的隆起，间隔处具2个拱形隆起。细胞壁具纵列的点纹。细胞长为宽的1.8～2.2倍，长38～65μm，宽23～35μm，厚20～30μm，缢部宽7～12μm，顶部宽10～20μm。

生境：生长于水塘或水田等。

国内分布于江西、湖北、广东、广西、贵州、云南、西藏、新疆、台湾；世界广泛分布；梵净山分布于凯文村（水田底栖）。

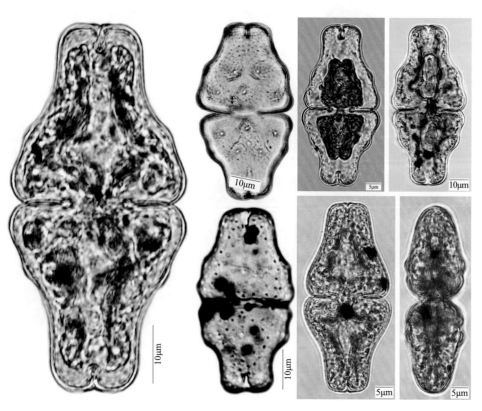

[650b]凹顶鼓藻具盖变种

Euastrum ansatum* var. *pyxidatum Delponte, Mem. R. Acad. Sci. Torino, II, 28, 1876; 魏印心: 中国淡水藻志, Vol. 7, p. 106, plate: XXXI: 5～6, 2017.

与原变种的主要区别在于: 半细胞勉强呈3个分叶, 顶叶近方形, 顶角圆, 侧叶侧缘中间略凹入; 半细胞正面观中央具2个纵向排列的胶质孔; 细胞长45～60μm, 宽25～35μm, 厚18～23μm, 缢部宽8～10μm。

生境: 生长于水塘或水田等。

国内分布于浙江; 国外分布于亚洲、欧洲、非洲、北美洲、南美洲、北极; 梵净山分布于凯文村的水田底栖、小坝梅村的水田。

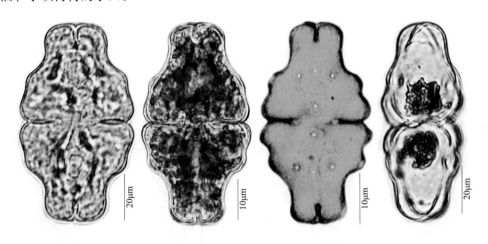

[651]斯里兰卡凹顶鼓藻

Euastrum ceylanicum (West & West) Krieger

细胞中等大小, 缢缝深凹, 狭线形, 从缢缝的一半处略向外张开。半细胞正面观具3个分叶, 顶叶近楔形, 顶缘近平直, 中间略弧形凹入, 顶角圆, 顶角及角内具数个分散的圆锥形齿, 顶叶和侧叶间的凹陷呈直角, 侧叶广圆形, 平展, 侧叶中央具1轮由5～6个小瘤组成的拱形隆起, 缢部上端具2轮小瘤, 内轮约4个, 外轮约9个。半细胞侧面观长卵圆形, 顶角圆形, 具数个圆锥形的齿, 侧缘下部具1个拱形隆起。垂直面观近长方形, 侧缘圆, 具圆锥形齿, 两端中间具3个拱形隆起, 中间一个较大。细胞长约为宽的1.2倍, 长46～78μm, 宽39～63μm, 厚29～40μm, 缢部宽11～16μm, 顶部宽21～25μm。

[651a]斯里兰卡凹顶鼓藻韦斯特变种

Euastrum ceylanicum var. ***westin*** (Jao) Wei, comb. Nov.; 魏印心: 中国淡水藻志, Vol. 7, p. 111, plate: XXII:11～13, 2017.

与原变种的主要区别在于: 半细胞侧叶的侧缘圆形, 半细胞两侧叶中间的隆起由小刺组成; 半细胞侧面观顶缘平直; 细胞长46μm, 具刺宽40μm, 无刺宽38μm, 缢部宽17μm, 顶部具刺宽27～20μm, 顶部无刺宽15μm。

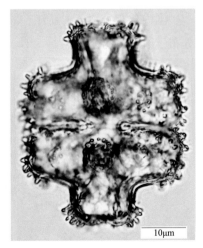

生境: 生长于水塘或水田等。

国内分布于广西 (阳朔); 梵净山分布于小坝梅村的水田。

[652] 小齿凹顶鼓藻

[652a] 原变种

Euastrum denticulatum (Kirchn.) Gay var. ***denticulatum*** Bull. Soc. Bot. France, 31: 335, 1884b. 魏印心：中国淡水藻志, Vol. 7, p. 113, plate: XXXIV: 5～10; LII: 1, 2017.

细胞小，缢缝深凹，狭线形。半细胞正面观近宽的截顶角锥形或近梯形，顶缘平直，中央凹陷呈 "V" 字形凹陷，顶角具小短刺，侧缘上部凹入，基角圆或近直角，具数个颗粒或齿，半细胞中部具数个颗粒组成的拱形隆起，顶角和基角内具数个颗粒或齿；半细胞侧面观卵形，顶端尖，侧缘近基部具1个拱形隆起；垂直面观椭圆形，两侧缘的中间尖，两端中间具1个拱形隆起。细胞长为宽的1.2～1.4倍，长20～25μm，宽12～18μm，厚9～10μm，缢部宽10～12μm，顶部宽8～10μm。

生境：生长于水塘或水田等。

国内分布于江苏、浙江、福建、湖北及贵州（江口、赤水、仁怀、普定、盘县）；国外分布于亚洲、欧洲、北美洲、南美洲；梵净山分布于小坝梅村的水田。

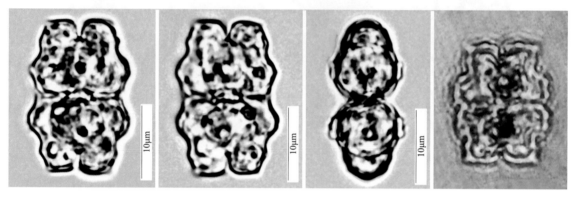

[652b] 小齿凹顶鼓藻狭变种

Euastrum denticulatum var. ***angusticeps*** Grönblad, Acta Soc. Fauna Flora Fennica, 49 (7): 13, pl. 3, fig. 10, 11, 1921; 魏印心：中国淡水藻志, Vol. 7, p. 114, plate: XXXIV: 15～17, 2017.

与原变种的主要区别在于：顶叶较狭，其顶缘中间的凹陷深而狭、略张开，基角广圆，侧叶缘边具3个尖颗粒，半细胞中部具由4个颗粒排成圆形的拱形隆起，顶叶两小叶和侧叶内各具4个尖颗粒；细胞长28～32μm，宽20～22μm，厚14～15μm，缢部宽4～5μm，顶部宽14～18μm。

生境：生长于水塘或水田等。

国内分布于江苏、浙江、福建、湖北、贵州；国外分布于亚洲、欧洲、北美洲、南美洲；梵净山分布于凯文村的水塘。

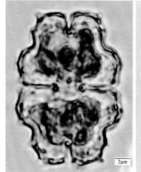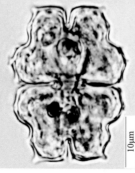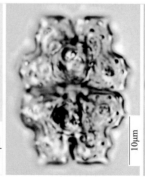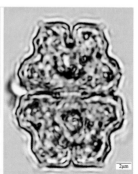

[653] 长圆凹顶鼓藻

Euastrum oblongum (Grev.) Ralfs, Brit. Desm., p. 80, pl. 12, 1848; 魏印心: 中国淡水藻志, Vol. 7, p. 126, plate: XXXIV: 1~4, 2017.

细胞大，长椭圆形，缢缝深凹，狭线形，外端略膨大。半细胞正面观具5个分叶，顶叶宽楔形，顶角圆，顶缘平截，中间具1狭而深的凹陷，顶叶与侧叶间呈深而狭的凹陷，侧叶侧缘中间略张开的深凹陷分侧叶成2个近方形的小叶，角圆，上部的小叶略小于下部的小叶，小叶缘边中间略凹入，内缘各具1个拱形隆起，侧叶两小叶间的凹陷内近中央具1个较小的拱形隆起，缢部上端具1个拱形隆起，3个拱形隆起中央常具1个大的圆孔纹。半细胞侧面观长截顶角锥形，顶缘略突起，近基部具2个拱形隆起。垂直面观广椭圆形，两端中间具1个拱形隆起，其两侧各具1个拱形隆起，其内具2个拱形隆起与两端的3个拱形隆起相间排列，顶叶长椭圆形。细胞壁具点纹。细胞长约为宽的2倍，长140~180μm，宽70~85μm，厚48~60μm，缢部宽20~30μm，顶部宽40~45μm。

生境: 生长于水塘或水田等。

国内分布于湖北、贵州（江口、台江）、云南、西藏；国外分布于亚洲、欧洲、非洲、北美洲、南美洲，北极；梵净山分布于小坝梅村的水田、陈家坡的水塘。

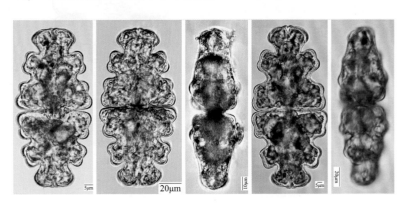

[654] 弯曲凹顶鼓藻

[654a] 原变种

Euastrum sinuosum Lenormand var. **sinuosum** Herbarium, 1845; 魏印心: 中国淡水藻志, Vol. 7, p. 133, plate: XXXII: 5~7, 2017.

细胞中等大小，缢缝深凹，狭线形，外端扩大。半细胞正面观截顶角锥形，顶叶明显，方形到楔形，顶角圆，顶缘平直，中间具1狭的、中等深度的凹陷，侧叶边缘中间具1广开口的凹陷而分成2个圆形小叶，半细胞缢部上端具1个拱形隆起，近基部的小叶内具1个拱形隆起，半细胞中部两侧各具1个拱形隆起与下部的3个拱形隆起相间排列，每一拱形隆起的中央具1个明显的小孔。半细胞侧面观截顶角锥形，顶缘截圆形，侧缘下部具2个拱形隆起，其间具1浅的凹陷。垂直面观椭圆形，两端具3个拱形隆起，其内的间隔处具2个拱形隆起与两端的3个拱形隆起相间排列。细胞壁具点纹。细胞长为宽的1.5~1.75倍，长57μm，宽35μm，厚21μm，缢部宽6μm，顶部宽18μm。

生境: 生长于水塘或水田等。

国内分布于江西、广东、广西、云南、西藏、贵州（赤水、仁怀、息烽、清镇、安顺、六枝、水城、镇远、铜仁）；国外分布于亚洲、欧洲、非洲、大洋洲、北美洲、北极；梵净山分布于凯文村（水田底栖）。

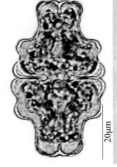
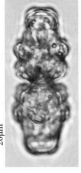
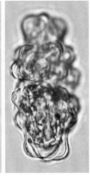

[654b] 弯曲凹顶鼓藻圆孔纹变种

Euastrum sinuosum var. ***scrobiculatum*** (Nordstedt) Krieger, in Rabenhorst's Cryptogamen–Flora, 13: 503～504, pl. 63, figs. 2, 3, 1937; 魏印心：中国淡水藻志, Vol. 7, p. 134, plate: XXXII: 8～10, 2017.

与原变种的主要区别在于：半细胞正面观顶叶短、膨大，其侧缘略斜向上扩大，侧叶的2个小叶广圆，在半细胞正面观5个拱形隆起间具数个胶质孔（具1到4个或6个），每个拱形隆起的中央无小孔。细胞长55～80μm，宽30～40μm，厚21～37μm，缢部宽9～12μm，顶部宽20～21μm。

生境：生长于水塘或水田等。

国内分布于湖北（武汉）；国外分布于亚洲、欧洲、北美洲、南美洲、北极；梵净山分布于小坝梅村的水田、昔平村的水田。

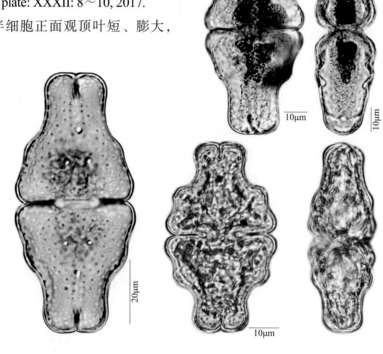

[655] 锤状凹顶鼓藻

Euastrum sphyroides Nordested

细胞小，缢缝深凹，狭线形。半细胞正面观具3个分叶，顶叶领状，顶角广圆并具1个双刺，顶缘平直，顶叶和侧叶间呈直角凹入，侧叶广圆，在边缘具尖颗粒，顶叶和侧叶内各具2～3轮尖颗粒，半细胞缢部上端中央具1个由颗粒组成的圆形隆起。半细胞侧面观狭卵形，顶缘平直，顶缘和缘内具尖颗粒，侧面上端两侧近平行，侧缘的近基部具1个隆起，侧缘和缘内具尖颗粒。垂直面观狭卵形，两侧广圆形，具尖颗粒，缘内也具尖颗粒，两端中央具1个隆起。细胞长约为宽的1.5倍，长49～51μm，宽35～36pμm，厚16～16.5um，缢部宽7～7.5μm，顶部宽12.5～13μm。

[655a] 锤状凹顶鼓藻中间变种

Euastrum sphyroides var. ***intermedium*** Lutkemiller, Ann. des Nat. Hofmuseums, 15: 121, pl. 6, fig. 22,

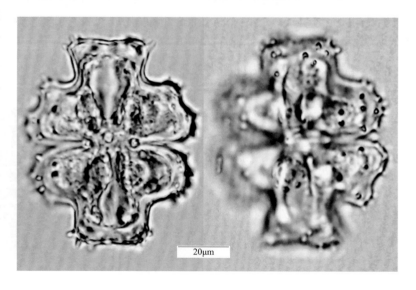

1900; 魏印心: 中国淡水藻志, Vol. 7, p. 135, plate: XXIII: 6, 2017.

与原变种的主要区别在于：细胞较宽，顶叶顶缘中间略凹入，顶叶和侧叶的细胞壁具较多尖而短的小刺；细胞长略大于宽，长82μm，宽70μm，缢部宽11μm，顶部宽32μm。

生境：生长于水塘或水田等。

国内分布于浙江；国外分布于亚洲、北美洲；梵净山分布于凯文村（水塘中附植）。

[656] 小刺凹顶鼓藻

Euastrum spinulosum Delponte

细胞中等大小，长为宽的1.1～1.2倍，缢缝深凹，狭线形，外端张开。半细胞正面观扇形，具3个分叶，顶叶倒三角形，中间略弧形凹入，顶角圆，顶叶和侧叶间斜向内深凹陷，侧叶中间凹陷分成2个小叶，上部小叶斜向上，下部小叶水平位。顶叶和侧叶的边缘及缘内具尖颗粒，半细胞缢部上端具两轮大颗粒，外轮具10～11个、内轮具3～4个。半细胞侧面观狭卵圆形，顶缘广圆形，边缘和缘内具尖颗粒，侧缘下部具1个拱形隆起。垂直面观狭椭圆形，侧缘圆，边缘及缘内具尖颗粒，两端中间具1个拱形隆起。细胞长42～80μm，宽38～73μm、厚22～42μm、缢部宽10～18μm、顶部宽19～27μm。

[656a] 小刺凹顶鼓藻瓦萨变种

Euastrum spinulosum var. **_vaasii_** Scott & Prescott, Hydrobiologia, 17(1～2): 41, pl. 10, fig. 6, 1961; 魏印心: 中国淡水藻志, Vol. 7, p. 137, plate: XXIV: 4～6, 2017.

与原变种的主要区别在于：半细胞顶叶和侧叶内各具2个3齿的瘤，其内侧具1个小瘤；半细胞侧面观和垂直面观这些3齿的瘤特别明显；细胞包括刺长60～100μm，含刺宽50～90μm，厚25～30μm，缢部宽12～20μm，顶部含刺宽20～40μm。

生境：生长于水沟、水塘或水田等。

国内分布于福建、湖北、湖南、广西、贵州（江口）、西藏；国外分布于亚洲；梵净山分布于坝溪沙子坎的水沟、凯文村（水田底栖）、昔平村的水田。

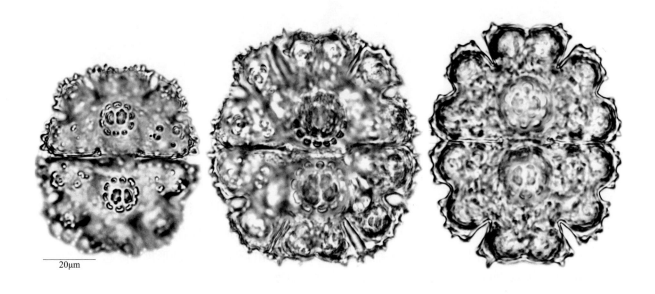

20μm

[657] 近高山凹顶鼓藻

Euastrum subalpinum Messik.

细胞小,长为宽的1.3倍,缢缝深凹,狭线形。半细胞正面观具3个分叶,顶叶宽,近楔形,顶缘平直和中间略呈浅"V"形凹入,顶角具1个圆锥形颗粒,侧叶上部斜向上与顶叶侧缘汇合,侧叶中间略凹入,角圆,缢部上端具1个隆起,顶缘凹入两侧各具1对水平排列的颗粒,侧叶两侧内各具1对纵向排列的颗粒。半细胞侧面观狭卵形,顶缘圆,侧缘下部具1个拱形隆起。垂直面观椭圆形,两侧广圆和中间呈圆锥形,两端中间具1个矮的拱形隆起。

[657a] 近高山凹顶鼓藻方形变种

Euastrum subalpinum var. *quadratulum* Skuja, Algae, in Hand.–Mazz. Symbol. Sinicae, 1: 93, pl. 12, figs. 23~25, 1937; 魏印心: 中国淡水藻志, Vol. 7, p. 138, plate: XXIV: 4~6, 2017.

与原变种的主要区别在于: 顶叶顶缘平截和中间略凹入,半细胞缢部上端的角突明显;细胞壁平滑;细胞长36~30μm,宽19~27μm,长为宽的1.05~1.25倍,厚12~15μm,缢部宽6~7μm。

生境: 生长于水沟中。

国内分布于云南;梵净山分布于坝溪沙子坎的水沟。

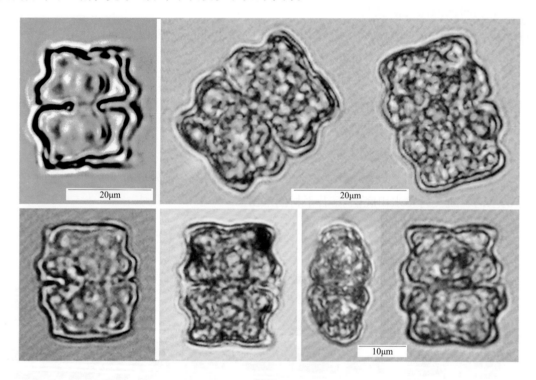

[658] 近星状凹顶鼓藻

Euastrum substellatum Nordstedt, Acta Univ. Lund., 16:8, pl. 1, fig. 12, 1880.

细胞长略大于或约等于宽,缢缝向外张开呈锐角。半细胞正面观具3个分叶,顶叶近长方形,顶缘平直,中间略凹入,顶角圆,顶角及角内具数个刺,顶叶与侧叶间深凹陷呈钝角,侧叶近圆锥形,角圆,水平位,缘边及缘内具数个刺,半细胞缢部上端具1个由颗粒组成的圆形拱形隆起。半细胞侧面观近卵圆形,顶缘截圆形,顶角及角内具数个小刺,侧缘下部具1个拱形隆起。垂直面观椭圆形,侧缘圆形,缘边及缘内具数个小刺,两端中间各具1个拱形隆起。

[658a] 近星状凹顶鼓藻中华变种

Euastrum substellatum var. ***sinense*** Jao, Sinensia, 11: 312, pl. 6, fig. 1, 1940; 魏印心：中国淡水藻志，Vol. 7, p. 141, plate: XXI: 8～10, 2017.

与原变种的主要区别在于：细胞较大，顶叶顶角斜圆，顶角和角内各具1对斜向排列的钝刺，侧叶略弯向上，半细胞缢部上端的拱形隆起由长方形的颗粒以同心圆方式排列组成，外轮具8个，内轮具5～6个；细胞含刺长33～35μm，含刺宽29～31μm，缢部宽6μm，顶部含刺宽13～14μm。

生境：生长于水塘或水田。

国内分布于浙江、湖北、湖南；梵净山分布于凯文村（水田底栖、水塘中附植）、小坝梅村的水田。

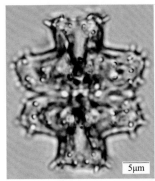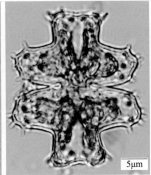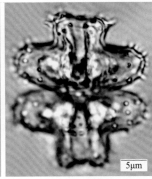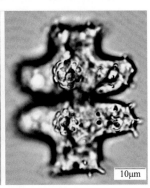

[659] 特纳凹顶鼓藻

Euastrum turnerii West, Linn. Soc. Jour. Bot., London, 29: 141, pl.20, fig. 18, 1892; 魏印心：中国淡水藻志, Vol. 7, p. 142, plate: XXXVII: 11～13, 2017.

细胞缢缝深凹，狭线形。半细胞正面截顶角锥形，顶叶宽短，顶缘近平直，具4个波形，中间凹陷窄、略张开，顶角具1个略斜向上的短刺，顶叶和侧叶间浅凹入，略分成2小叶，每小叶侧缘微凹。缢部上端中央具1轮颗粒，略隆起，顶叶和侧叶内各具数个散生的颗粒。半细胞侧面观卵形至截顶角锥形，顶端尖，侧缘近基部具1个拱形隆起。垂直面观椭圆形，两侧尖圆，两端中间具颗粒组成的隆起。细胞长为宽的1.2～1.4倍，长23～40μm，宽20～30μm，厚11～13μm，缢部宽7～9μm，顶部宽12～17μm。

生境：生长于水塘或水田。

国内分布于黑龙江、福建、浙江、湖北、四川、贵州（威宁、江口、黎平）；国外分布于亚洲、欧洲、非洲、大洋洲、北美洲、南美洲，北极；梵净山分布于凯文村、小坝梅村、昔平村，均采自于水田。

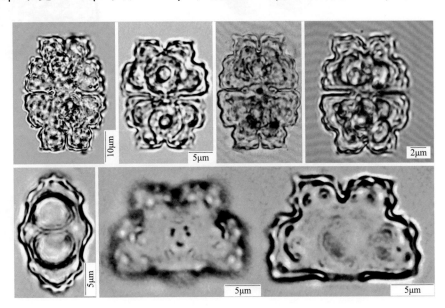

[660] 瘤状凹顶鼓藻

[660a] 原变种

Euastrum verrucosum* var. *verrucosum Ehr. ex Rslfs., Brit. Desm., p. 79, pl. 11, fig. 2a～d, 1848; 魏印心: 中国淡水藻志, Vol. 7, p. 143, plate: XXVIII: 1～2, 2017.

细胞中等大小，缢缝深凹，狭线形，约在一半处向外锐角张开。半细胞正面观具3个分叶，顶叶宽楔形，中央略凹入，顶角圆，顶叶和侧叶间锐角深凹陷，侧叶中间浅凹陷，上部小叶斜向上呈近圆锥形，下部小叶较平展，半细胞具3个由小瘤组成同心圆的隆起，水平位，缢部上端的1个较大，3～4轮小瘤。半细胞侧面观近卵形，顶缘中间略凹入，顶角圆，侧缘下部具1个宽而膨大的拱形隆起。垂直面观椭圆形，两端具3个拱形隆起，中间1个较大。细胞壁具颗粒，角上的颗粒最明显，常尖锐而呈圆锥形。细胞长略大于宽，长95～100μm，宽75～85μm，厚30～40μm，缢部宽20～25μm，顶部宽35～40μm。

生境: 生长于水塘或水田。

国内分布于黑龙江、江苏、湖北、湖南、广东、重庆、四川、贵州（松桃、江口、习水、赤水、仁怀、道真）、云南；世界性分布的种类；梵净山分布于凯文村（水田底栖）、昔平村的水田。

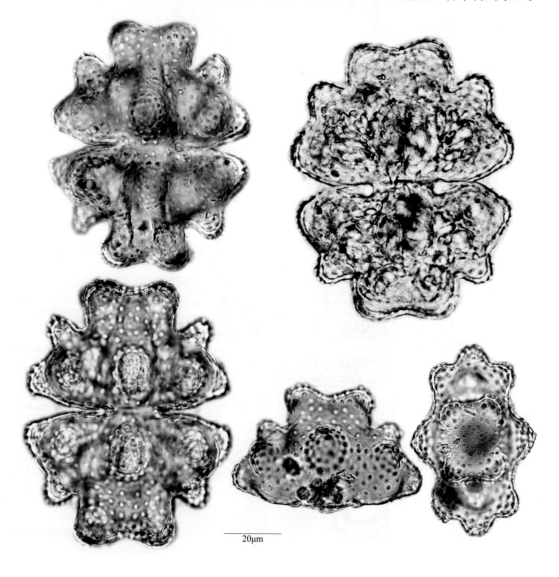

20μm

[660b] 瘤状凹顶鼓藻具翅变种

Euastrum verrucosum var. ***alatum*** Wolle, Desm. U. S., p. 101, pl. 26, fig. 4, 1884；魏印心：中国淡水藻志, Vol. 7, p. 144, plate: XXVIII: 3～4, 2017.

与原变种的主要区别在于：呈锐角张开的缢缝，在近角处呈钩形下垂，半细胞顶叶较凸出呈楔形，侧叶较狭和较凸出；细胞长80～100μm，宽70～90μm，厚37～45μm，缢部宽20～25μm，顶部宽30～35μm。

生境：生长于水塘、水田或渗水石表。

国内分布于黑龙江、湖南、广西、云南；国外分布于亚洲、欧洲、非洲、北美洲、南美洲、北极；梵净山分布于坝梅村的渗水石表、张家屯（荷花池底栖）。

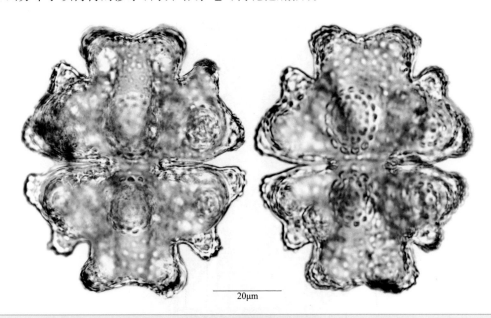

20μm

162. 微星鼓藻属 *Micrasterias* Agardh ex Ralfs

原植体绝大多数均为单细胞，普遍大。细胞圆形或广椭圆形，明显侧扁，缢缝深凹。半细胞正面观近半圆形、宽卵形，半细胞通常分成1个顶叶和2个侧叶，侧叶有时中央凹入再分2小叶，小叶又可再分，顶叶常为宽楔形，顶部中间浅凹入、"V"字形凹陷，少数种类顶部平直，有的顶角延长成突起，基部具小突起，有的顶叶和侧叶具刺、齿。半细胞缢部上端有或无由颗粒、齿或瘤组成的隆起。半细胞侧面观常为长卵形，侧缘近基部常膨大。垂直面观常为椭圆形至披针形、线形披针形。细胞壁平滑或具点纹，齿或刺，不规则或放射状排列。绝大多数具1个轴生的与细胞形态相似的色素体，蛋白核多，散生。

[661] 尖刺微星鼓藻

Micrasterias apiculata (Ehr.) Meneghini, Linnaca, 14: 216, 1840; 魏印心：中国淡水藻志, Vol. 7, p. 146, plate: XLIX:1, 2017.

细胞大，缢缝深凹呈狭线形，向外狭张开。半细胞正面观近半椭圆形，顶叶宽漏斗状，顶角具2～3个二叉刺突，顶叶下半部两侧近平行，顶缘近顶角处具1个大而弯曲的刺，顶缘中间略凹陷，其两侧各具1对刺，顶叶和侧叶间的凹陷深且略向外张开，侧叶中间深凹达半细胞直径的1/3，缝线闭合或略张开，把侧叶分成2个分叶，每个分叶中间凹入，又得到2个小叶，深度约为分叶凹入的一半，各小叶再一次凹陷，或仅上部2个小叶凹陷，得到的一个具2～3个弯曲的刺角突。缢部上端具4个较大的刺呈方形排列；侧面观狭卵形至截顶的角锥形，近基部略膨大；菱形至椭圆形，两端中间具1个隆起。壁具许多小刺，近辐射状排列。细胞长略大于宽，长220～250μm，宽180～210μm，缢部宽35～42μm，顶叶宽75～90μm。

生境：生长于水坑、水田或沼泽。

国内分布于黑龙江、福建、广西、云南；国外分布于亚洲、欧洲、北美洲、南美洲、非洲、北极；梵净山分布于坝梅村的渗水岩下水坑、亚木沟的明朝古院旁沼泽、昔平村的水田。

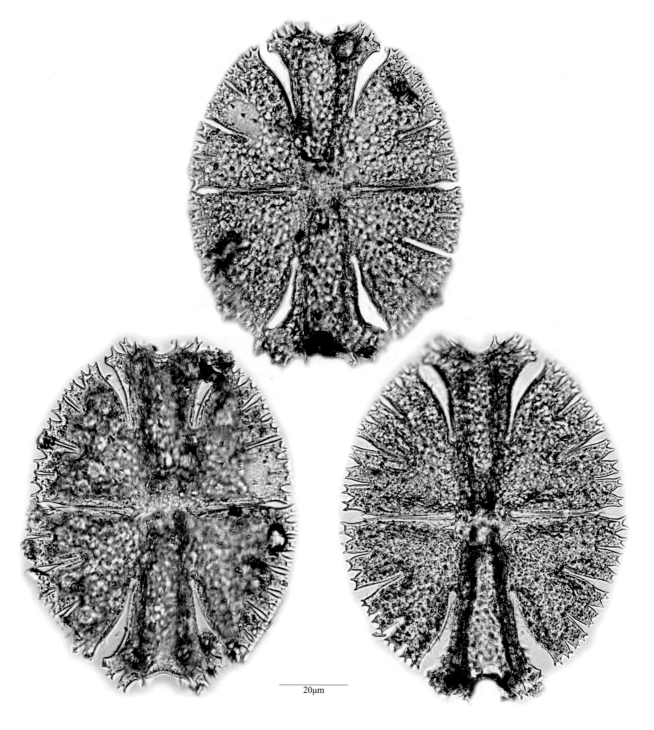

20μm

[662]莫巴微星鼓藻

Micrasterias moebii (Borge) West & West, Linn. Soc. Jour. Bot., London, 33: 162, 1897.

细胞中等大小，长为宽的1.25倍，缢缝深凹，向外张开。半细胞正面观顶叶顶缘宽、近平直，顶角钝圆，角顶具钝齿，顶叶和侧叶间的凹陷呈半圆形，侧叶侧缘中间浅凹陷分成2个近等大的分叶，其边缘具钝齿，缢部上端具1个由许多圆孔纹组成的大而圆的拱形隆起。半细胞侧面观卵形，侧缘近基部膨大。垂直面观椭圆形，两端中间膨大。细胞壁具粗点纹。

[662a]莫巴微星鼓藻爪哇变种

Micrasterias moebii var. ***javanica*** Gutwinski, Bull. Intern. Acad. Sci. Cracovie, Cl. Sci. Mat. Nat., 1902(9): 604, pl.40, fig. 58, 1902; 魏印心：中国淡水藻志, Vol. 7, p. 153, plate: XXXVIII: 4～6, 2017.

与原变种的主要区别在于：半细胞顶叶比原变种略小，顶叶和侧叶间的凹陷较狭的向外张开，侧叶的2个分叶内各具1个较大的具钝齿的瘤，半细胞缢部上端具1个大的、圆形的拱形隆起，由1轮呈同心圆排列的瘤组成；细胞长120～140μm，宽100～120μm，厚60～70μm，缢部宽30～40μm，顶叶宽75～85μm。

生境：生长于水塘、水田或沼泽。

国内分布于福建、广西、西藏；国外分布于印度尼西亚、澳大利亚；梵净山分布于陈家坡的水塘、凯文村（水田底栖）。

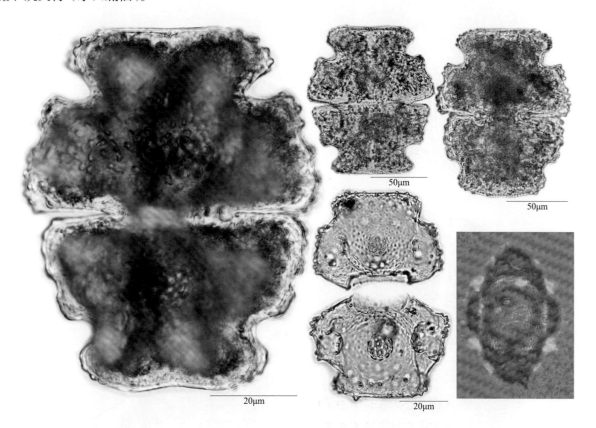

[663]托马森微星鼓藻

Micrasterias thomasina Archer, Quart. Jour. Microsc. Sci., II, 2: 239, pl. 12, fig. 1～5, 1862; 魏印心：中国淡水藻志, Vol. 7, p. 157, plate: XLV: 1～2, 2017.

　　细胞大，正面观阔椭圆形，缢缝深凹，狭线形，顶叶狭楔形，中部凹陷较深，凹陷两侧顶端具角尖，顶角中间凹入，顶叶和侧叶间的凹陷深入、狭线形，侧叶具2个宽楔形的分叶，之间的凹陷深，每一分叶又分2个小叶，之间的凹陷线形，深入细胞半径的1/3～1/2，小叶侧缘中间浅凹陷再分2次，顶端具2～4个齿，半细胞基部具3个突起，中间1个位于缢部上端，呈圆锥形或圆形，两侧各具1个呈锥形的突起，其顶端凹入或具2个齿，顶叶的上部和基部、侧叶2个分叶的基部和各个小叶的基部各具1个向外凸出的圆锥形的齿。半细胞侧面观狭截顶角锥形，侧缘基部具1个隆起。垂直面观纺锤形，两端中间具3个隆起，中间1个圆锥形，侧面2个隆起向两侧弯曲并具2个齿。细胞长约大于宽，长130～230μm，宽120～185μm，厚50～53μm，缢部宽23～26μm，顶叶宽50～55μm。

　　生境：水塘、水田。

　　国内分布于湖南、广西、重庆、贵州；国外分布于亚洲、欧洲、大洋洲、北美洲，北极；梵净山分布于小坝梅村的水田、陈家坡的水塘、熊家坡（水塘底栖）。

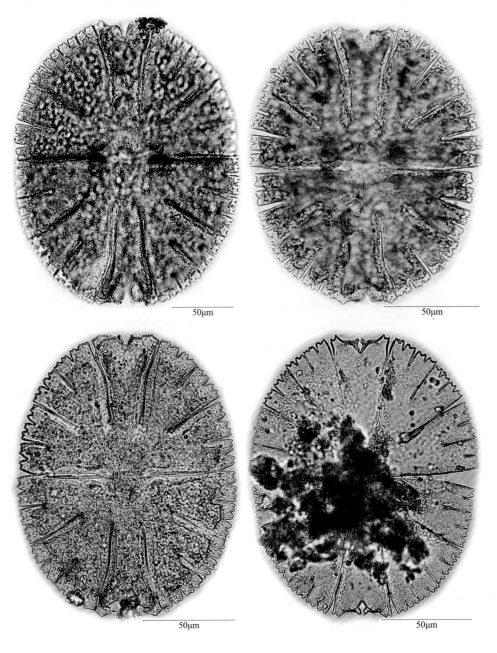

163. 辐射鼓藻属 *Actinotaenium* (Näg.) Teiling

原植体为单细胞，绝大多数短圆柱形、椭圆形或宽纺锤形，中部略收缢。半细胞正面观呈圆锥形、近圆形、半圆形、椭圆形、卵形或截顶角锥形等。顶缘圆至平直，侧缘略突起或直。垂直面观圆形。细胞壁平滑，具不规则或斜向"十"字形排列的密集孔纹，有的种类细胞壁的孔纹在顶部特别大。色素体一般轴生、星状，有的为星状辐射脊片，中央具1个蛋白核，纵切面和横切面均为星状，有的由纵向脊片从中央辐射状辐射出，中央具1个蛋白核，仅横切面为星状，极少数具轴生色素体的种类，色素体为具分叉裂片的星状，由分叉裂片纵向辐射状伸展至细胞壁，在色素体的分叉裂片中具1个或数个蛋白核，较大种类的色素体为周生、纵向带状，每条纵向的带具1个或数个小的蛋白核。

[664] 南瓜形辐射鼓藻

[664a] 原变种

Actinotaenium cucurbita (Ralfs) Teiling ex Růžička & Pouzar var. ***cucurbita***
Folia Geobot. et Phytotax., 13, 44, 1978; 魏印心：中国淡水藻志，Vol. 17, p. 22, plate: II: 1, 2017.

细胞圆柱形，中部浅凹入缢缩。半细胞正面观近方形，顶部钝圆或平直，有时略增厚，顶角圆，两侧近平行或略突起。细胞壁具精致而稀疏的点纹，缢部上端常为水平排列。色素体轴生、星状，每一半细胞具数个不规则的纵脊片，中央具1个蛋白核。细胞长约为宽的2倍，长44μm，宽22μm，缢部宽21μm。

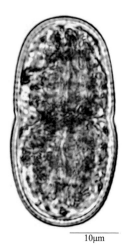

生境：生长于稻田、水坑、池塘、湖泊、河流沿岸带或沼泽。

国内分布于黑龙江、江苏、福建、江西、湖北、广东、云南、西藏、贵州（江口）；世界广泛分布；梵净山分布于冷家坝鹅家坳（水田底栖）。

[664b] 南瓜辐射鼓藻狭顶变种

Actinotaenium cucurbita var. ***attenuatum*** (G. S. West) Teiling, Bot. Notiser, 1954(4): 407, figs. 67~69, 1954; 魏印心：中国淡水藻志，Vol. 17, p. 22, plate: II: 1, 2017.

与原变种的主要区别在于：半细胞明显向顶部渐狭窄，呈圆锥形，顶部圆形至平直，顶部有时略增厚；细胞长25~35μm，宽13~18μm，缢部宽12~14μm。

生境：生长于水沟、水坑、池塘或渗水石表。

国内分布于黑龙江、西藏；国外广泛分布；梵净山分布于大河堰杨家组（水坑底栖或渗水石表）。

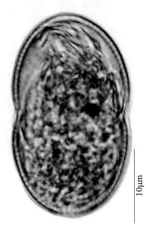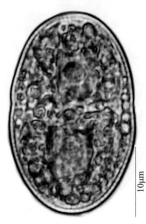

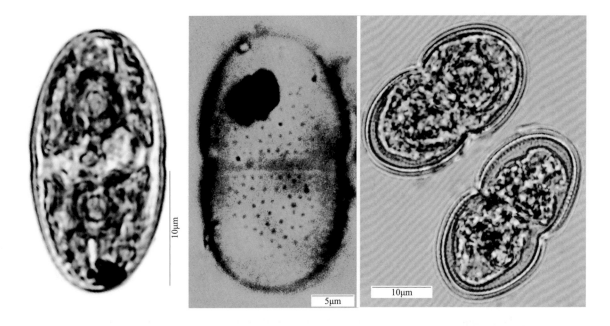

[665]短辐射鼓藻

Actinotaenium curtum (Ralfs) Teiling ex Růžička & Pouzar, 1978, Folia Geobot. et Phytotax. 13: 46, 1978; 魏印心：中国淡水藻志, Vol. 17, p. 24, plate: II: 13, 2017.

细胞小至中等大小，宽纺锤形，中部浅凹陷缢缩。半细胞基部向端部渐狭，呈半椭圆形至锥形，顶部圆、略增厚。细胞壁具精致的点纹。色素体轴生、星状，每个半细胞具6～8个纵长脊片，中央具1个大的蛋白核。细胞长为宽的2～2.2倍，长37～45μm，宽19～20μm，缢部宽17～18μm。

生境：生长于池塘、山溪、山泉、河流的沿岸带或沼泽中。

国内分布于西藏、新疆、贵州（沿河）；国外分布于亚洲、欧洲、非洲、北美洲，北极；梵净山分布于金顶的渗水石表、清渡河（水沟底栖或滴水岩表）。

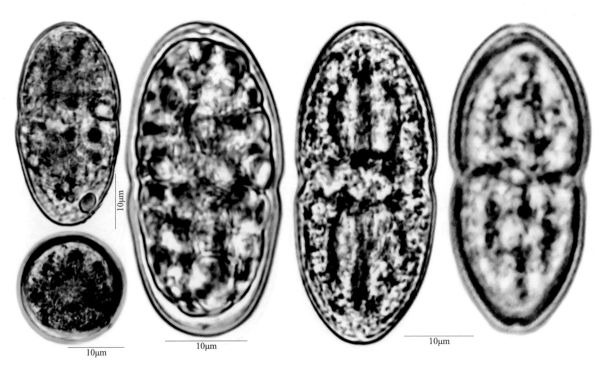

[666] 球辐射鼓藻

Actinotaenium globosum (Bulnheim) Förster., Amazoniana, 2: 43, pl. 12, figs. 6～7, 1969; 魏印心: 中国淡水藻志, Vol. 17, p. 26, plate: II: 4, 2017.

细胞小，中部浅凹入缢缩，向外扩大呈钝角。半细胞正面观呈半椭圆形。细胞壁具小圆孔，小孔间具点纹。色素体轴生、星状，每个半细胞具7～9个纵长脊片，从中间放射状辐射出，其中央具1个蛋白核。细胞长为宽的1.5～1.7倍，长20～35μm，宽15～25μm，缢部宽12～23μm。

生境：生长于水坑、水沟、池塘、湖泊、溪流、河流沿岸带、沼泽或水田。

国内分布于黑龙江、山东、浙江、江西、湖北、湖南、广西、重庆、四川、云南、西藏、贵州（赤水、铜仁、务川、平坝、威宁、都匀）；国外分布于亚洲、欧洲、非洲、大洋洲、北美洲、南美洲，北极；梵净山分布于凯文村、大河堰、小坝梅村、昔平村、德旺茶寨村大溪沟。

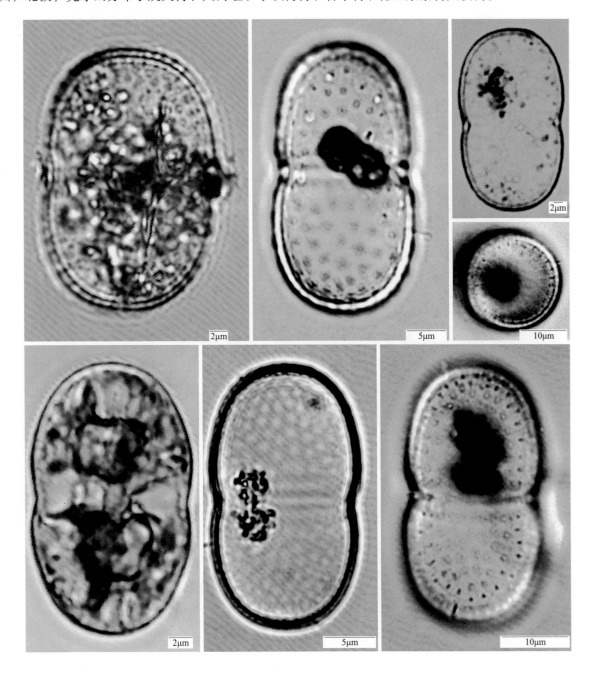

[667] 饱满辐射鼓藻

Actinotaenium turgidum (Ralfs) Teiling ex Růžička & Pouzar, Folia Geobot. et Phytotax., 13, 60, 1978; 魏印心：中国淡水藻志, Vol. 17, p. 29, plate: III: 1, 2017.

细胞大，缢缝圆形或"V"形凹入。半细胞正面观近卵形，顶缘平截圆形，侧缘略突起，逐渐向顶部狭窄，基角略圆。细胞壁具明显的散生小孔，色素体周生，每个半细胞具8条略不规则的纵向带状色素体，每条具数个蛋白核。细胞长为宽的2～2.3倍，长170～190μm，宽80～95μm，缢部宽70～85μm。

生境：生长于池塘、湖泊、沼泽或水坑。

国内分布于江西、香港、重庆、云南、西藏、陕西；国外分布于亚洲、欧洲、大洋洲（新西兰）；梵净山分布于大河堰杨家组（水坑底栖）。

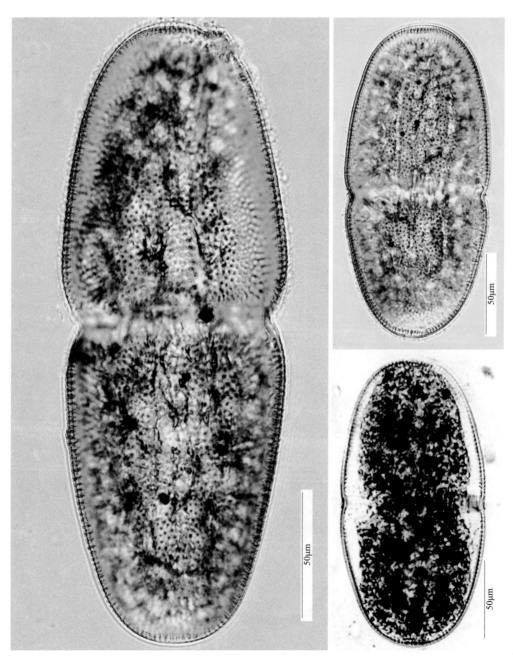

164.鼓藻属 *Cosmarium* Corda ex Ralfs

原植体为单细胞，细胞大小变化很大，侧扁，缢缝常深凹，狭线形或向外张开。半细胞正面观近圆形、半圆形、椭圆形、卵形、肾形、梯形、长方形、方形或截顶角锥形等，顶缘圆、平直或平直圆形，半细胞边缘平滑或具波形、颗粒或齿，中部有或无膨大、隆起或拱形隆起；侧面观绝大多数呈椭圆形或卵形。垂直面观椭圆形、卵形、纺锤形等。细胞壁平滑，具穿孔纹、圆孔纹、小孔、齿、瘤或具一定方式排列的颗粒、乳突等，有的种类半细胞中间部分的文饰与边缘部分的文饰常不相同。色素体轴生或周生，每个半细胞具1、2或4个色素体，极少数具8个，每个色素体具1个或数个蛋白核，有的种类具6~8条周生带状色素体，每条色素体具数个蛋白核。细胞核位于两半细胞之间的缢部。

[668]分离鼓藻

Cosmarium abruptum Lundell, Nov. Acta Reg. Soc. Sci. Upsaliensis, III, 8(2): 43, pl. 2, fig. 22, 1871; 魏印心：中国淡水藻志, Vol. 17, p. 46, plate: XV: 9~11, 2017.

细胞小，缢缝深凹，狭线形。半细胞正面观近长方形至卵形，顶缘平直，顶角略圆，侧缘的近顶部向顶部变狭和略凹入，侧缘略偏上部的侧角略平截，侧缘的近基部略向基角收拢，基角略平截，半细胞中央具1个小乳突。半细胞侧面观近圆形两侧中间各具1个小乳突。垂直面观椭圆形，厚与宽的比约为1∶1.7，两侧广圆，两端中间各具1个小乳突。细胞壁平滑。细胞长略大于宽，长25μm，宽22μm，缢部宽7μm，厚10μm。

生境：生长于池塘或湖泊。

国内分布于陕西、浙江；国外分布于亚洲、欧洲、非洲、大洋洲、北美洲；梵净山分布于张家屯的荷花池。

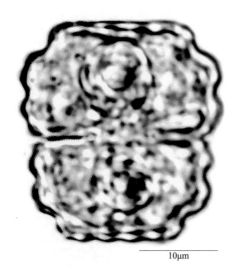

10μm

[669]双头鼓藻

Cosmarium anceps Lund., Nova Acta Reg. Soc. Sci. Upsaliensis, III, 8(2): 48, pl. 3, fig. 4, 1871; 魏印心：中国淡水藻志, Vol. 17, p. 48, plate: XX: 17~22, 2017.

细胞较小。半细胞正面观截顶角锥形，顶部略凹入，顶角和基角圆形，侧缘略凹入，缢缝中等凹入，向外张开。半细胞侧面观卵形，垂直面观宽椭圆形至近圆形，两侧略凸出，厚为宽的1~1.3倍。细胞壁平滑，半细胞内色素体1个，轴生，中央具1个蛋白核。细胞长为宽的2.1~2.2倍，长22~30μm，宽9~14μm，缢部宽8~11μm，厚8~12μm，顶部宽6~9μm。

生境：生长于水坑、池塘、湖泊或水库。

国内分布于福建、山东、贵州（江口、麻阳河）、云南、西藏；国外分布于亚洲、欧洲、大洋洲、北美洲、北极；梵净山分布于马槽河的河岸岩石上水坑、清渡河茶园坨的潮湿石表。

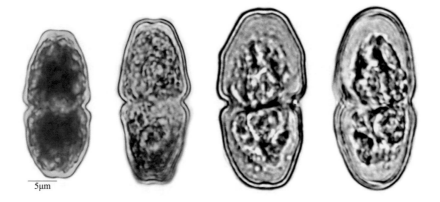

5μm

[670]布莱鼓藻

Cosmarium blyttii Wille., Christiania Vidensk.–Selsk. ForhandL, 1880(11): 25, pl. 1, fig. 7, 1880; 魏印心: 中国淡水藻志, Vol. 17, p. 57, plate: LIII: 15～17, 2017.

细胞小,缢缝深凹,狭线形。半细胞正面观梯形至半圆形,顶缘平直,具4个圆齿,侧缘常具4个圆齿,缘内具1～2列小颗粒,侧缘的圆齿和缘内的小颗粒变化较大,半细胞中央具1个近乳头状的颗粒,基角近直角。侧面观近圆形,侧缘中央具1个近乳头状的颗粒。垂直面观椭圆形或较狭的椭圆形,两端中央各具1个近乳头状的颗粒。半细胞内色素体1个,轴生,中央具1个蛋白核。细胞长略大于宽,长15～28μm,宽13～22μm,缢部宽3～8μm,厚6～13μm。

生境: 生长于河沟沿岸带、水田、水坑、水沟、池塘、湖泊、泉水或沼泽。

国内分布于山西、内蒙古、黑龙江、江苏、浙江、湖北、湖南、广西、重庆、四川、贵州(江口、麻阳河、威宁)、云南、西藏、陕西;世界性分布的种类;梵净山分布于坝溪(河边积水坑中沉积)、郭家湾(河沟中浮游)。

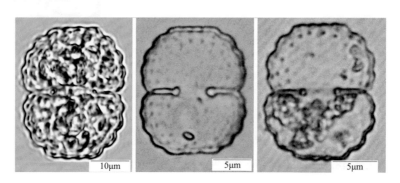

10μm   5μm   5μm

[671]双齿鼓藻

Cosmarium binum Nordst., in Wittrock & Nordstedt, Alg. Exsicc., No. 383, 1880; 魏印心: 中国淡水藻志, Vol. 17, p. 53, plate: LXX: 1～3; LXXIII: 4, 2017.

细胞缢缝深凹,狭线形。半细胞正面观截顶角锥形至梯形,顶缘宽、平直,具5～6个圆齿,侧缘略突起,具6～10个圆齿,每个圆齿由2个颗粒组成,基角圆形至近直角,顶缘和侧缘内具3～4轮呈同心圆或辐射状排列的成对颗粒,近中部的1～2轮为单个的颗粒,中部具6～8列纵向排列的颗粒连成的脊,缢部上端和脊之间具5～8个颗粒,水平排列。半细胞侧面观卵状长圆形,顶部广圆形,侧缘下部具脊状隆起。垂直面观长椭圆形,侧缘圆,两端中间各具1个大的由颗粒组成的脊状隆起。

半细胞内色素体1个，轴生，2个蛋白核。细胞长为宽的1.2～1.3倍，长48～55μm，宽30～42μm，缢部宽11～18μm，25～30μm。

生境：生长于河流沿岸带、水坑、水沟、池塘、湖泊、水库、水田或沼泽。

国内外广泛分布；梵净山分布于坝溪沙子坎、马槽河、凯文村（水田底栖）、桃源村、小坝梅村。

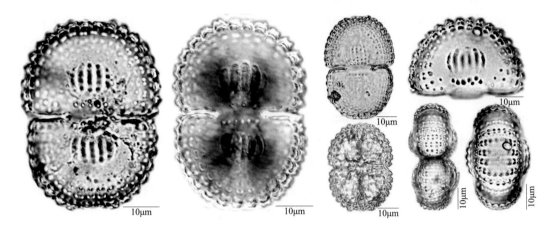

[672] 葡萄鼓藻

Cosmarium botrytis Ralfs, Brit. Desm., p. 99, pl. 16, fig. 1, 1848.

细胞中等大小至大型，长为宽的1.25～1.3倍，缢缝深凹，狭线形，外端略膨大。半细胞正面观卵状截顶角锥形，顶缘较狭、平直或近平直，顶角和基角圆，侧缘略突起。半细胞侧面观广椭圆形。垂直面观椭圆形，厚和宽的比为1∶1.8。细胞壁具均匀的、略呈同心圆或斜向"十"字形排列的颗粒，半细胞边缘具30～36个。半细胞内色素体1个，轴生，具2个蛋白核。

[672a] 葡萄鼓藻近膨大变种

Cosmarium botrytis var. ***subtumidum*** Wittrock, Bih. Kongl. Vet.–Akad. Handl., 1(1): 57, pl. 4, fig. 12, 1872; 魏印心：中国淡水藻志, Vol. 17, p. 61, plate: LXIV: 3～4, 2017.

与原变种的主要区别在于：半细胞略宽，基角较凸出，半细胞中部略膨大，中部膨大处的颗粒排列不规则和略大于细胞壁上的其他颗粒；细胞长38～51μm，宽34～43μm，缢部宽10～14μm，厚20～25μm。

生境：生长于池塘或水坑。

国内分布于黑龙江、福建、四川；国外分布于亚洲、欧洲、北美洲、南美洲，北极；梵净山分布于团龙清水江的沟边水坑。

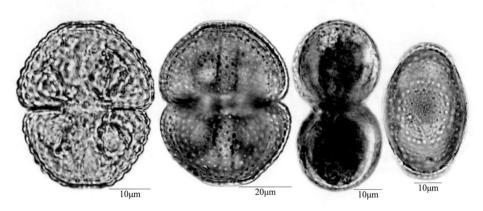

[673] 含钙鼓藻

Cosmarium calcareum Witt., Bih. Kongl Vet.–Akad. Handl., 1(1): 58, pl. 4, fig. 13, 1872; 魏印心：中国淡水藻志，Vol. 17, p. 63, plate: LII: 21～23, 2017.

细胞小，缢缝深凹，狭线形。半细胞正面观梯形至半圆形，顶缘平直，具6～7个小圆齿，顶角略钝圆。侧缘突起，侧缘上段具圆齿，顶端微凹，下段具4个小圆齿，缘内具数轮呈放射状排列的小颗粒，半细胞中部具1个由2轮颗粒形成的隆起，外轮颗粒8～11个，中央颗粒1～4个，基角近直角。半细胞侧面观卵形，侧缘近基部上端具3～4个明显的颗粒。垂直面观略狭椭圆形，两端中间各具1个由颗粒组成的小隆起。半细胞内色素体1个，轴生，中央具1个蛋白核。细胞长略大于宽，长17～27μm，宽15～23μm，缢部宽3～7μm，厚8～13μm。

生境：生长于水田、水坑、水沟、池塘、湖泊、河流沿岸带或沼泽，浮游或附着于基质上。

国内分布于内蒙古、黑龙江、浙江、湖北、四川、西藏、贵州（江口、松桃）；国外分布于亚洲、欧洲、非洲、大洋洲（新西兰）、北美洲、南美洲；梵净山分布于凯文村、高峰村、德旺茶寨村大上沟。

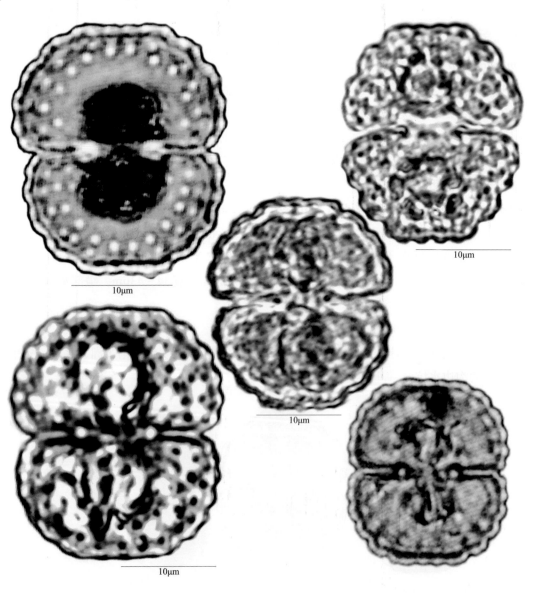

[674] 狭鼓藻

Cosmarium contractum Kircher in Cohn's Kryptogamen–Flora Schlesiens, 2(1): 147, 1878.

细胞小至中等大小，长约为宽的1.5倍，缢缝深凹，近顶端狭线形，向外张开。半细胞正面观近椭圆形，腹缘较背缘突起。侧面观圆形。垂直面观椭圆形，厚和宽的比为1∶1.6。细胞壁具点纹。半细胞内色素体1个，轴生，中央具1个蛋白核。

[674a] 狭鼓藻椭圆变种

Cosmarium contractum var. *ellipsoideum* (Elfving) West & West, Trans. Roy. Irish Acad., 32B (1): 40, pl. 2, fig. 10, 1902; 魏印心：中国淡水藻志，Vol. 17, p. 68, plate: XIII: 20～22, 2017.

与原变种的主要区别在于：细胞较宽，缢缝向外张开度小。半细胞正面观椭圆形，顶缘中部略突起；细胞壁平滑；细胞长为宽的1.1～1.2倍，长14～30μm，宽12～25μm，缢部宽4～6μm。

生境：生长于各种淡水水体。

国内分布于黑龙江、内蒙古、江苏、浙江、湖北、广东、云南、西藏、贵州（江口、松桃、威宁）；世界广泛分布；梵净山分布于护国寺（水池中浮游）、坝溪沙子坎（水田底栖）、凯文村（水塘浮游）。

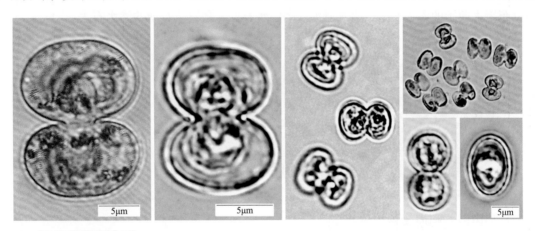

[674b] 狭鼓藻微凹变种

Cosmarium contractum var. *retusum* (West & West) Kircher & Gerloff, Die Gatt., Cosmarium, 2: 76, pl. 17, fig. 10, 1962; 魏印心：中国淡水藻志，Vol. 17, p. 68, plate: XIII: 14～16, 2017.

与原变种的主要区别在于：半细胞正面观顶部中间略凹入；细胞长15～21μm，宽10～16μm，缢部宽5～6μm，厚14～15μm。

国内分布于广西；国外分布于亚洲、欧洲、大洋洲、北美洲；梵净山分布于坝溪沙子坎的水沟或水田。

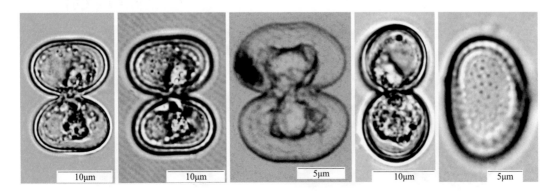

[675]圆齿鼓藻

[675a]原变种

Cosmarium crenatum Ralfs, Brit. Desm., p. 96, pl. 15, fig. 7, 1848; 魏印心：中国淡水藻志, Vol. 17, p. 70, plate: LXIX: 6～8, 2017.

细胞中等大小，缢缝中等深度凹入，线形但不闭合。半细胞正面观截顶角锥形至方形，顶缘平截和具4个圆齿，侧缘具3～4个圆齿，顶缘和侧缘内具1～3轮较小的圆齿，缘中的圆齿内平滑或具1或2轮小颗粒，缢部上端近半细胞中部具3～6列颗粒垂直排列形成的纵脊，颗粒不明显，基角近直角或略圆。半细胞侧面观纵向长方形，顶角具小颗粒，顶缘中间和侧缘上部中间略凹入，基角略膨大。垂直面观椭圆形，两侧近平截和具小颗粒，两端中间各具1个宽的、具3～6个波形的膨大。半细胞内色素体1个，轴生，中央具1个蛋白核。细胞长为宽的1.2～1.5倍，长20～32μm，宽14～23μm，缢部宽7～13μm，厚14～20μm，顶部宽13～20μm。

生境：生长于水沟、水坑或渗水石表。

国内分布于贵州（铜仁地区）；国外分布于亚洲、欧洲、非洲、大洋洲、北美洲，夏威夷，北极；梵净山分布于大园子的渗水岩壁、团龙清水江的渗水石壁、乌罗镇石塘的渗水石表。

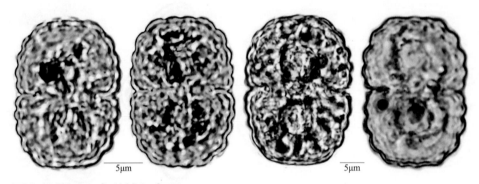

[675b]圆齿鼓藻圆齿变种博尔变型

Cosmarium crenatum var. ***crenatum*** f. ***boldtiana*** (Gutwinski) West & West, Monogr. Brit. Desm., IV: 37, pl. 98, figs. 13～14, 1912; 魏印心：中国淡水藻志, Vol. 17, p. 71, plate: LXV: 7～9, 2017.

与圆齿鼓变种的主要区别在于：半细胞侧缘具5～6个圆齿，近基角的2个圆齿略小；细胞长30～45μm，宽20～30μm，缢部宽15～17μm，厚12～23μm，顶部宽15～18μm。

生境：生长于溪沟、水坑或渗水石壁。

国内分布于贵州（印江）；国外分布于亚洲、欧洲、北美洲，北极；梵净山分布于大河堰杨家组、团龙清水江、张家坝、乌罗镇石塘、木黄垮山湾、德旺茶寨村大溪沟、净河村老屋场苕湾。

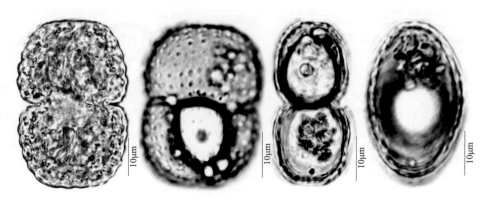

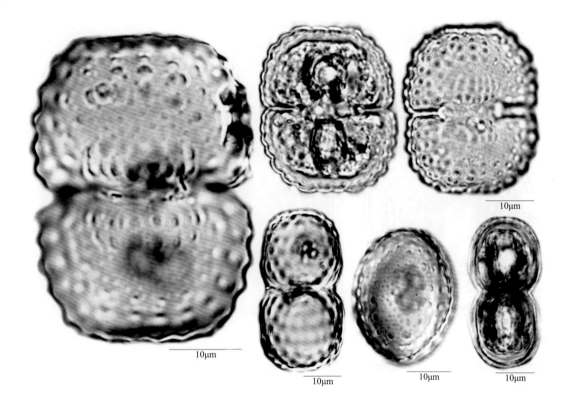

[676] 胡瓜鼓藻

[676a] 原变种

Cosmarium cucumis Ralfs var. ***cucumis*** Brit. Desm., p. 93, pl. 15, fig. 2, 1848; 魏印心：中国淡水藻志，Vol. 17, p. 71, plate: XI: 1～2, 2017.

细胞较大，缢缝深凹，狭线形，顶端略膨大。半细胞正面观半椭圆形，截顶广卵形，顶缘圆或略平直，顶角和基角圆。半细胞侧面观钝卵形。垂直面观椭圆形或椭圆形至长圆形，厚和宽的比例为1/1.3。细胞壁具精致和密集的点纹。半细胞具6～8条周生、不规则纵向带状的色素体，每条色素体具数个蛋白核。细胞长为宽的1.6～1.8倍，长43～80μm，宽25～45μm，缢部宽11～25μm，厚20～35μm。

生境：生长于池塘、湖泊、水库、沼泽、水田或渗水石表。

国内分布于内蒙古、安徽、江西、湖北、香港、重庆、四川、云南、贵州（威宁）；世界广泛分布；梵净山分布于高峰村的渗水石表、熊家坡（水沟底栖）。

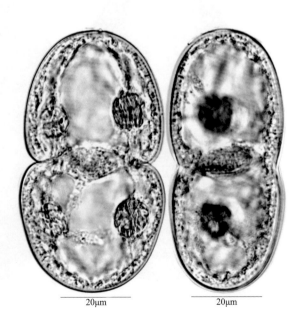

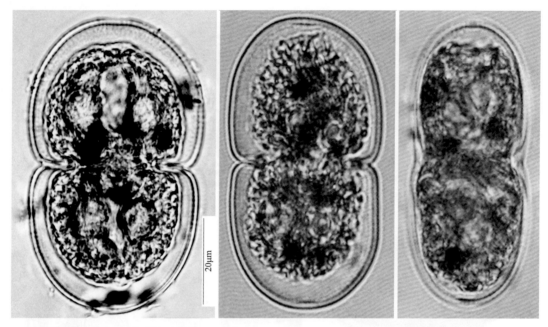

[676b] 胡瓜鼓藻大型变种

Cosmarium cucumis var. ***magnum*** Raciborski., Pamiet. Wydz. III, Akad. Umiej. w Krakowie, 10: 70, 1885; 魏印心: 中国淡水藻志, Vol. 17, p. 72, plate: XI: 3～4; LXXIII: 6, 2017.

与原变种的主要区别在于: 细胞较大, 缢缝较浅凹入; 半细胞正面观截顶角锥形, 顶缘平截或略平截; 细胞壁较厚, 密被点纹; 细胞长约为宽的2倍, 长90～150μm, 宽65～90μm, 缢部宽48～62μm, 顶部宽约20μm。

生境: 生长于水沟或水田。

国内分布于四川、贵州 (江口); 国外分布于亚洲、欧洲、北美洲 (加拿大), 北极; 梵净山分布于亚木沟的水田、小坝梅村的水田、快场的水沟石表。

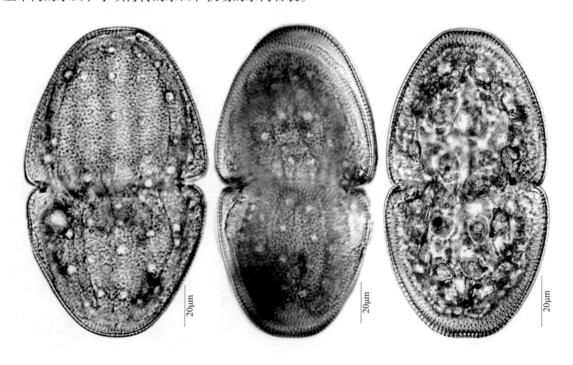

[677]纹饰鼓藻

Cosmarium decoratum West & West, Trans. Linn. Soc. London, Bot, II, 5(2): 61, pl. 7, fig. 21, 1895; 魏印心: 中国淡水藻志, Vol. 17, p. 76, plate: LIX: 1～5; LXXIII: 1～3, 2017.

　　细胞近大型, 缢缝深凹, 狭线形, 顶端略膨大。半细胞正面观截顶半圆形, 顶部近平直或略突起, 顶角钝圆, 基角直角状圆形, 半细胞缘边具30～36个颗粒, 缘内的颗粒呈斜向"十"字形, 每一颗粒由6个三角形的凹孔纹围绕。半细胞侧面观卵形。垂直面观椭圆形, 两端中间略明显膨大, 中央区无颗粒和仅具点纹。半细胞内色素体1个, 轴生, 具4个脊片, 具2个蛋白核。细胞长为宽的1.2～1.3倍, 长47～55μm, 宽37～45μm, 缢部宽15～20μm, 厚26～30μm。

　　生境: 生长于水坑、湖泊、水库、水塘、河流沿岸带、沼泽或水田。

　　国内分布于黑龙江、福建、广东、四川、贵州（江口）、云南、西藏；国外分布于亚洲、非洲、北美洲、南美洲；梵净山分布于小坝梅村的水田、陈家坡的水塘、昔平村的水田。

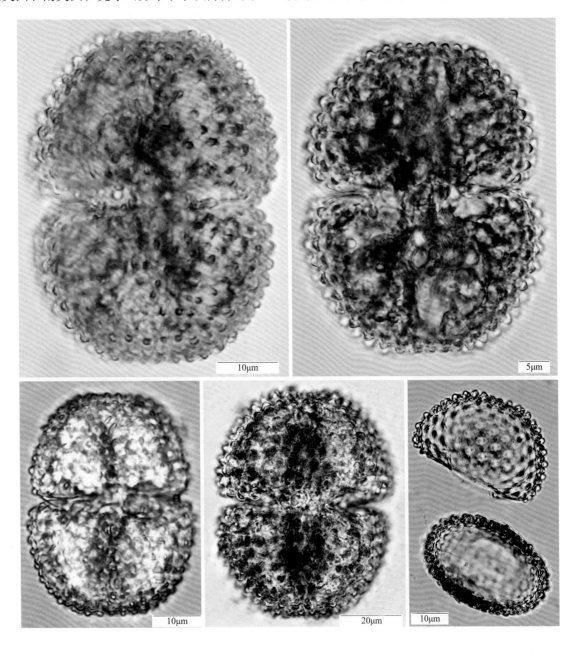

[678] 叉孢鼓藻

Cosmarium furcatospermum West & West, Jour. Roy Microsc. Soc., 1894: 7, pl. 1, fig. 13, 1894; 魏印心: 中国淡水藻志, Vol. 17, p. 87, plate: XXXII: 3～5, 2017.

细胞小, 缢缝深凹, 狭线形。半细胞正面观截顶半圆形, 长略小于宽, 顶缘宽、平直, 具5～6个波纹, 侧缘具4～5个圆齿状颗粒, 顶缘和侧缘内具2轮小颗粒, 少为1轮, 半细胞中央区域平滑或具小点纹, 基角近直角或略圆。半细胞侧面观近圆形, 长略大于宽, 缢缝"V"形凹入。垂直面观椭圆形或长圆状椭圆形, 厚与宽的比为1:1.4, 侧缘具波状颗粒, 两端平滑。细胞长为宽的1.2～1.3倍, 长30～37μm, 宽23～30μm, 缢部宽8～12μm, 厚15～20μm。

生境: 生长于稻田、水坑、池塘、湖泊、沼泽或渗水石表。

国内分布于湖北、云南、西藏; 国外分布于亚洲、欧洲、非洲、北美洲、南美洲, 北极; 梵净山分布于金顶的渗水石表。

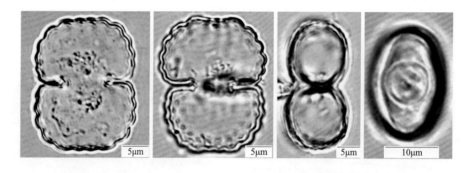

[679] 帽状鼓藻

Cosmarium galeritum Nord., Vid Medd. Naturh. Foren. Kjöbenh, 1869(14/15): 209, pl. 3, fig. 26, 1870; 魏印心: 中国淡水藻志, Vol. 17, p. 87, plate: XXII: 5～6, 2017.

细胞中等大小, 缢缝深凹, 狭线形, 外端略膨大且略张开。半细胞正面观截顶角锥形至梯形或截顶角锥形, 顶缘狭、平直且略突起, 顶角圆, 侧缘略突起和几乎直向顶缘变狭, 基角圆。半细胞侧面观近圆形。垂直面观椭圆形, 厚与宽的比为1:1.2。细胞壁具点纹。半细胞内色素体1个, 轴生, 具2个蛋白核。细胞长为宽的1.2～1.3倍, 长40～50μm, 宽30～40μm, 缢部宽9～12μm, 厚17～20μm。

生境: 生长于水沟、池塘、湖泊、沼泽或渗水石表。

国内分布于黑龙江、湖北; 国外分布于亚洲、欧洲、非洲、北美洲、南美洲, 北极; 梵净山分布于清渡河公馆的水沟或水池、小坝梅村的渗水石表、张家屯的荷花池。

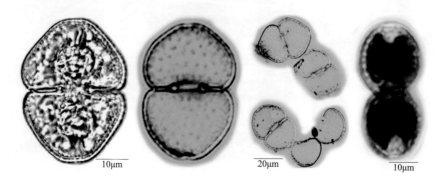

[680] 颗粒鼓藻

[680a] 原变种

Cosmarium granatum Ralfs var. ***granatum*** Brit. Desm., p. 96, pl. 32, fig. 6, 1848; 魏印心: 中国淡水藻志, Vol. 17, p. 91, plate: XXIV: 4～6, 2017.

细胞缢缝深凹，狭线形，顶端略膨大。半细胞正面观截顶的角锥形，顶部狭、平直或略突起，略加厚，顶角钝圆，侧缘下段（约1/3）的基部较直，左右近平行，上段向顶部近直线形变窄，基角圆至近直角。半细胞侧面观椭圆形至卵形。垂直面观椭圆形，厚和宽的比为1∶1.6。细胞壁具精致的点纹。半细胞内色素体1个，轴生，中央具1个蛋白核。细胞长为宽的1.4～1.5倍，长17～20μm，宽11～13μm，缢部宽3～5μm。

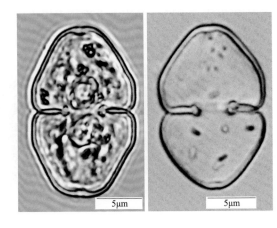

生境：生长于稻田、水坑、水沟、池塘、湖泊、水库、山溪、山泉或沼泽。

国内分布于北京、山西、内蒙古、吉林、黑龙江、福建、山东、江苏、浙江、湖北、湖南、广西、四川、贵州（广泛分布）、云南、西藏、陕西、宁夏、新疆；世界广泛分布；梵净山分布于小坝梅村。

[680b] 颗粒鼓藻眼纹变种

Cosmarium granatum var. ***ocellatum*** West & West, Trans. Linn. Soc. London, Bot., II, 5(5): 246, pl. 15, fig. 19, 1896; 魏印心: 中国淡水藻志, Vol. 17, p. 92, plate: XXV: 18～20, 2017.

与原变种的主要区别在于：细胞较长，半细胞正面观侧缘从圆的基部圆锥形向顶部变窄，半细胞中部具1个圆孔纹；细胞长约为宽的1.6倍，长25～35μm，宽17～23μm，缢部宽5～8μm，厚13～16μm。

国内分布于贵州（江口）；国外分布于亚洲、北美洲；梵净山分布于马槽河（河边水塘底栖）、大河堰的沟边水坑。

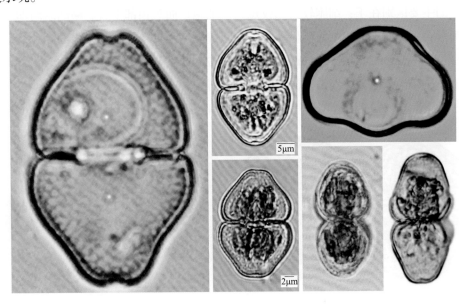

[680c]颗粒鼓藻近哈默变种

Cosmarium granatum var. ***subhammenii*** Jao, Bot. Bull. Acad. Sinica, 3: 51～52, fig. 1: 34, 1949; 魏印心: 中国淡水藻志, Vol. 17, p. 92, plate: XXV: 15～17, 2017.

与原变种的主要区别在于: 半细胞正面观顶部较宽, 侧缘上部略凹入; 半细胞侧面观宽椭圆形; 细胞长 30～40μm, 宽 25～30μm, 缢部宽 8～10μm, 厚 16～18μm, 顶部宽 15～20。

国内分布于广西（修仁）, 采自泉水流入的石池中, 仅分布于中国; 梵净山分布于坝溪沙子坎（渗水石壁上混生苔藓植物）、坝溪沙子坎的渗水裸岩或水沟石表、团龙清水江的溪流边石表、张家屯的荷花池、坝溪沙子坎（水沟、水田中底栖）、马槽河的渗水石表、凯文村（水沟底栖、水塘中附植）、大河堰的水沟流水石表、大园子的渗水岩壁、团龙清水江的渗水石壁。

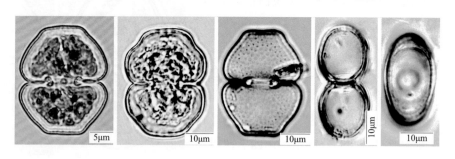

[681] 哈默鼓藻

Cosmarium hammeri Reinsch, Acta Soc. Senck., 6: 115, pl. 22 Bl, figs. 1～10, 1867.

细胞中等大小, 缢缝深凹, 狭线形, 外端略张开。半细胞正面观截顶角锥形至梯形, 顶缘宽、平直或略凹入, 顶角和基角广圆, 侧缘的上部略凹入且向顶部变狭。半细胞侧面观椭圆形至卵形。垂直面观椭圆形, 宽与厚的比为 1:1.8。细胞壁平滑。半细胞内色素体 1 个, 轴生, 中央具 1 个蛋白核。细胞长为宽的 1.25～1.3 倍, 长 16～43μm, 宽 12～26μm, 缢部宽 5.5～10μm, 厚 10～20μm。

[681a]哈默鼓藻平滑变种

Cosmarium hammeri var. ***homalodermun*** (Nordst.) West & West, Monogr. Brit. Desm., II: 182～183, pl. 62, figs. 22～23, 1905; 魏印心: 中国淡水藻志, Vol. 17, p. 93, plate: XXVII: 3～6, 2017.

与原变种的主要区别在于: 细胞较大和较短; 半细胞正面观顶部平直、略凸或略凹入; 半细胞侧面观卵形至圆形; 垂直面观两侧中间明显隆起; 细胞壁厚、常具精致和不明显的穿孔纹; 细胞长约为宽的 1.21 倍, 长 33～35μm, 宽 25～30μm, 缢部宽 6～7μm, 厚 17～18μm。

生境: 生长于溪沟、池塘、湖泊、沼泽或滴水岩石表。

国内分布于福建、湖北、四川; 国外分布于亚洲、欧洲、北美洲; 梵净山分布于张家屯（荷花池浮游）。

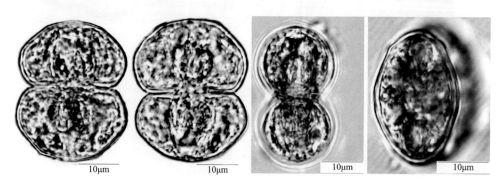

[682] 霍姆鼓藻

Cosmarium holmiense Lund. Nova Acta Reg. Soc. Upsaliensis, III, 8 (2): 49, pl. 2, fig. 20, 1871; 魏印心: 中国淡水藻志, Vol. 17, p. 95, plate: XXVII: 3~6, 2017.

细胞中等大小, 缢缝中等凹入, 狭线形。半细胞正面观宽截顶角锥形, 顶缘宽、略为平直, 具2个浅波状突起, 顶角钝圆, 侧缘直, 于顶角下方凹入, 上段略具波状圆齿, 基角近圆形。半细胞侧面观方椭圆形, 顶部突起或平直。垂直面观阔椭圆形, 宽和厚的比为1:1.4。细胞壁平滑或具点纹。半细胞内色素体1个, 轴生, 中央有1个蛋白核。细胞长为宽的1.6~1.8倍, 长50~60μm, 宽30~36μm, 缢部宽15~20μm, 厚22~26μm。

生境: 生长于各种淡水水体、潮湿或渗水石表。

国内分布于云南、西藏、贵州 (麻阳河); 国外分布于亚洲、欧洲、非洲、美洲、大洋洲, 夏威夷; 梵净山分布于张家坝凉亭坳的渗水水泥墙表、张家坝凉亭坳 (水沟中底栖)、团龙清水江的沟边水坑、清渡河靛厂的水沟、乌罗镇石塘的渗水石表、德旺茶寨村大溪沟的渗水石表。

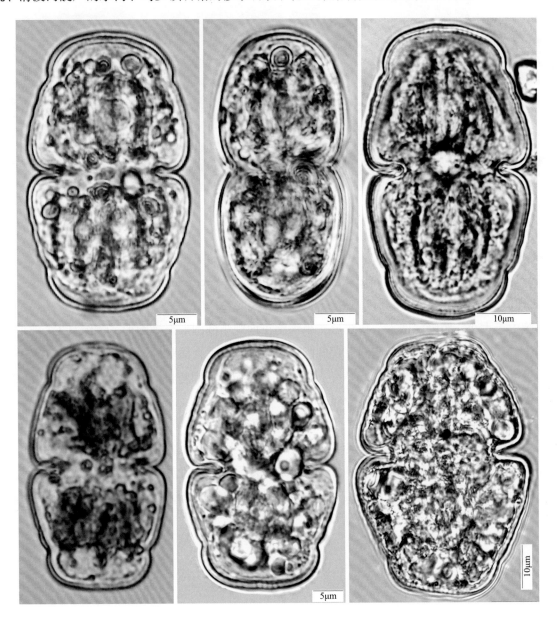

[683] 矮小鼓藻

Cosmarium humile (Gay) Nordst., in De Toni, Sylloge Algar., III: 965, 1889; 魏印心：中国淡水藻志，Vol. 17, p. 97, plate: LII: 11～13; LXXV: 6, 2017.

细胞小，缢缝深凹，狭线形，顶端略膨大。半细胞正面观梯形，顶缘平截，具2～4个波纹，顶角近直角，顶尖微凹，侧缘上部凹入，下部突起，具3个波纹，半细胞缘内具少数不规则散生的小颗粒，有时2～3个一组，半细胞中央具1个较大的颗粒，基角略圆。半细胞侧面观近圆形，侧缘中间偏下具1个平的颗粒。垂直面观椭圆形，两端中间各具1个平的颗粒。半细胞内色素体1个，轴生，中央具1个蛋白核。细胞长略大于宽，长15～20μm，宽14～18μm，缢部宽4～7μm，厚8～12μm。

生境：生长于水坑、池塘、湖泊、沼泽或水田。

国内分布于黑龙江、浙江、湖北、四川、云南；国外分布于亚洲、欧洲、非洲、大洋洲、北美洲、南美洲，北极；梵净山分布于寨沙村（太平河河边水坑底栖）。

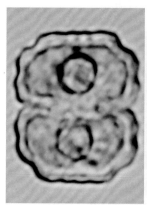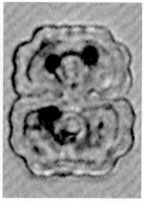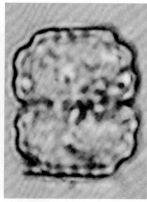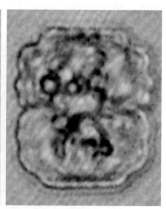

[684] 凹凸鼓藻

[684a] 原变种

Cosmarium impressulum Elfving var. ***impressulum*** Acta Soc, Fauna Flora Fennica, 2(2): 13, fig. 9, 1881; 魏印心：中国淡水藻志，Vol. 17, p. 98, plate: VI: 9～12, 2017.

细胞中等大小，缢缝深凹入，狭线形。半细胞正面观半椭圆形至半圆形，侧缘具3个波形凸出，顶缘凹入，顶角波形凸出。半细胞侧面观椭圆形至近圆形。垂直面观椭圆形，宽为厚的1.5～1.6倍。细胞壁平滑。半细胞内色素体1个，轴生，中央有1个蛋白核。细胞长约为宽的1.5倍，长20～30μm，宽13～25μm，缢部宽4～9μm，厚9～16μm。

生境：生长于各种淡水水体、沼泽、潮湿或渗水石表。

国内外广泛分布；梵净山分布于坝溪沙子坎的水沟、快场的水沟石表、凯文村（水田底栖）、鱼坳至苗香坪的水坑、坝梅村的水坑、坝溪河的河床石表、大河堰杨家组（水坑底栖或渗水石表）、清渡河公馆的水池、熊家坡的溪沟边滴水石表、德旺茶寨村（水田、渗水石表或浮游、底栖或附着）。

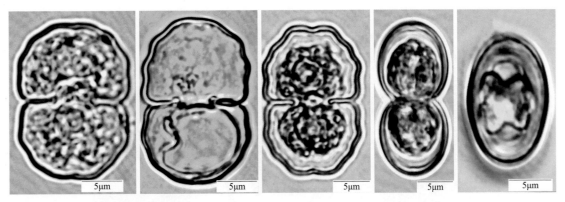

[684b] 凹凸鼓藻近直角变种

Cosmarium impressulum var. ***suborthogonum*** (West & West) Taft, Ohio Jour. Sci., 45(5): 195, pl. 3, fig. 9, 1945; 魏印心: 中国淡水藻志, Vol. 17, p. 99, plate: VI: 13～15, 2017.

与原变种的主要区别在于: 半细胞近半圆形, 半细胞最宽处位于中下部; 顶部狭、中间凹入和具2个波形, 两侧缘下部近平行; 垂直面观两端中间各具1个节结状隆起; 细胞长21～25μm, 宽16～19μm, 缢部宽5～6μm, 厚9～10μm。

生境: 生长于河流、水坑或湖泊。

国内分布于四川、西藏; 国外分布于亚洲、欧洲、非洲、北美洲、南美洲; 梵净山分布于德旺岳家寨红石梁 (锦江河中底栖)。

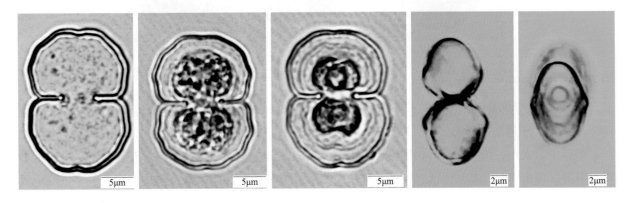

[685] 爪哇鼓藻

Cosmarium javanicum Nordstedt, Acta Univ. Lund, 16: 7, pl. 1, fig. 10, 1880; 魏印心: 中国淡水藻志, Vol. 17, p. 100, plate: X: 3～4, 2017.

细胞大, 缢缝浅凹入, 狭线形。半细胞正面观纵向半椭圆形, 顶缘窄, 近平直, 顶角圆, 基角近直角圆形, 两侧缘下部略直, 中上部渐狭至顶缘。半细胞侧面观近卵形。垂直面观扁圆形。细胞壁具小孔纹或点纹。每一半细胞具6条周生、纵向带状的色素体, 每条色素体具数个蛋白核。细胞长为宽的2～2.3倍, 长85～120μm, 宽45～70μm, 缢部宽35～45μm, 厚40～50μm。

生境: 生长于稻田、池塘、湖泊、水库或沼泽。

国内分布于浙江、福建、江西、湖北、湖南、广东、广西、重庆、四川、贵州 (赤水、习水、仁怀、毕节、清镇、都习)、云南; 国外分布于亚洲、大洋洲、北美洲; 梵净山分布于凯文村 (水田、水沟中底栖)。

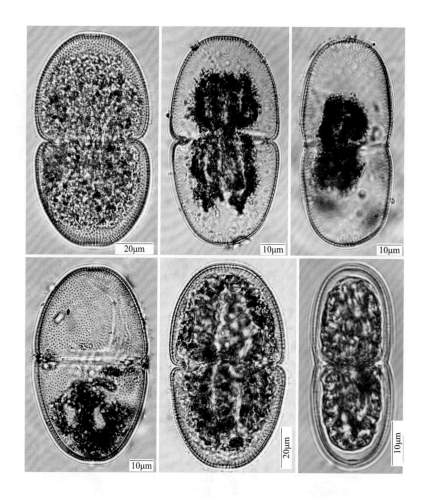

[686]杰尼塞鼓藻

Cosmarium jenisejense Boldt., Öfv. Kongl. Svenska Vet.–Akad. Förhandl, 1885 (2): 107, pl. 5, fig. 13, 1885; 魏印心: 中国淡水藻志, Vol. 17, p. 101, plate: XL: 1～4. 2017.

细胞中等大小，缢缝深凹，狭线形，外端略张开。半细胞正面观横向长圆形至椭圆形，顶部近平直，平滑，顶角广圆，基部比顶部较平，基角广圆形，侧缘具7～9个颗粒，缘内具颗粒，半细胞中部颗粒大而明显。半细胞侧面观圆形，侧缘中间具1个由颗粒形成的小隆起。垂直面观椭圆形，两侧中间隆起，由3个颗粒构成。细胞长约等于宽，长20～28μm，宽18～24μm，缢部宽7～10μm，厚11～14μm。

生境：生长于稻田、水坑或池塘。

国内分布于内蒙古、贵州（江口、印江）；国外分布于亚洲、欧洲、北美洲，北极；梵净山分布于凯文村的水塘。

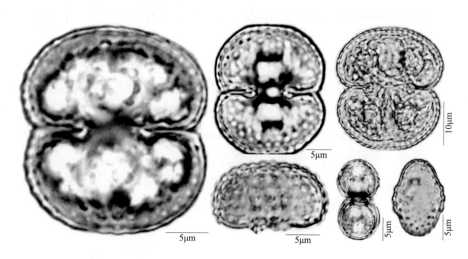

[687] 光滑鼓藻

[687a] 原变种

Cosmarium laeve Rabenhorst var. ***laeve*** Flor. Europ. Alg. III, p. 161, 1868; 魏印心：中国淡水藻志，Vol. 17, p. 104, plate: IX: 7~9, 2017.

细胞小，缢缝深凹，狭线形。半细胞正面观1/2椭圆形至2/3椭圆形，顶缘狭、平直或略凹入，基角略圆或圆。半细胞侧面观卵形至椭圆形。垂直面观椭圆形。厚与宽的比约为1：1.5。细胞壁具精致的点纹或稀疏的圆孔纹。半细胞内色素体1个，轴生，中央具1个蛋白核。细胞长约为宽的1.5倍，长19~40μm，宽15~30μm，缢部宽7~11μm，厚12~20μm。

生境：生长于各种淡水水体，适应性广泛。

国内外广泛分布；梵净山分布于太平镇马马沟村的流水沟石壁表、凯文村（水塘中附植）、桃源村（鱼塘浮游）、亚木沟景区大门荷花池、清渡河靛厂的渗水石表、滴水石表或河边水坑。

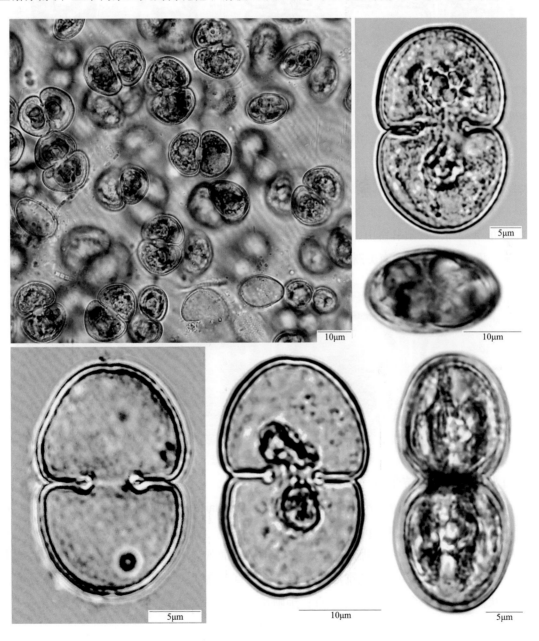

[687b] 光滑鼓藻八角形变种

Cosmarium laeve var. ***octangulare*** (Wille) West & West, Monogr. Brit. Desm., III: 101～102, pl. 73, fig. 20, 1908; 魏印心: 中国淡水藻志, Vol. 17, p. 105, plate: IX: 10～12, 2017.

与原变种的主要区别在于: 半细胞八角形, 包括宽的基部共具8条边, 顶缘中间略凹入, 每一侧缘具3个短而直或略凹入的边缘; 细胞长22～45μm, 宽17～30μm, 缢部宽5～8μm, 厚12～15μm。

生境: 生长于河流、池塘、湖泊或水坑。

国内分布于湖北、西藏、新疆; 国外分布于亚洲、欧洲、北美洲; 梵净山分布于马槽河、鱼坳、德旺茶寨村大溪沟。

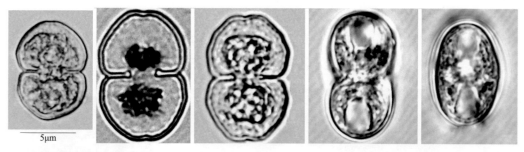

5μm

[687c] 光滑鼓藻肾形变种

Cosmarium laeve var. ***reniforme*** Hirano., Mem. Coll. Sci. Univ. Kyoto., Ser. B, 19(2): 66, fig. 11, 1948; 魏印心: 中国淡水藻志, Vol. 17, p. 103, plate: IX: 13～14, 2017.

与原变种的主要区别在于: 半细胞正面观为近肾形状六角形, 顶部凹入, 顶角圆, 侧缘上部和下部略突起; 细胞长12～17μm, 宽10～13μm, 缢部宽2.5～3μm, 厚7～9μm。

生境: 生长于水沟、池塘、水库或湖泊

国内分布于贵州 (贵阳、雷山、黎平、罗甸、清镇、安顺、兴义、普定、荔波、麻阳河); 国外分布于亚洲、欧洲、北美洲、南美洲; 梵净山分布于坝溪沙子坎的水沟石表、快场 (水沟底栖)。

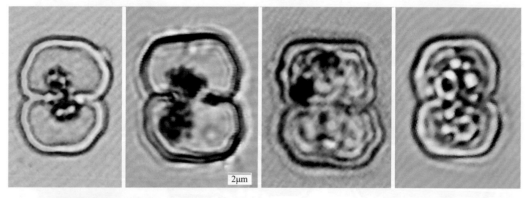

2μm

[687d] 光滑鼓藻韦斯特变种

Cosmarium laeve var. ***westii*** Krieger & Gerloff, Gatt. Cosmarium, 3～4: 264, pl. 44, fig. 13, 1969; 魏印心: 中国淡水藻志, Vol. 17, p. 106, plate: IX: 16～17, 2017.

与原变种的主要区别在于: 细胞呈六角形, 半细胞正面观顶缘狭, 平直或略凹入, 两侧缘下部约1/3近平行或略斜向上, 侧缘上部圆锥形向顶部变狭, 直、略凹入或具2个波纹, 基角呈直角; 半细胞侧面观卵状椭圆形; 垂直面观侧缘近平直; 细胞长33μm, 宽24μm, 缢部宽6μm, 厚15μm。

生境：生长于稻田、水坑、池塘、湖泊、溪流或河流，有时为亚气生。

国内分布于浙江、湖南、四川、云南、西藏、甘肃、新疆；国外分布于亚洲、欧洲、非洲、大洋洲、北美洲，北极；梵净山分布于德旺岳家寨红石梁（锦江河中浮游）。

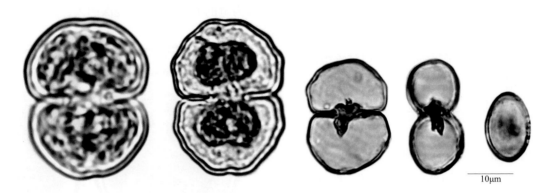

[688] 平滑显著鼓藻

Cosmarium levinotabile Croasdale, in Prescott,et al. North Amer.Desm., II. 3: 172–173, pl.198, figs.1–5, 1981; 魏印心：中国淡水藻志, Vol. 17, p. 106, plate: XXI: 9～11, 2017.

细胞小至中等大小，缢缝中等深度凹入，向外略张开。半细胞正面观截顶角锥形，顶缘平直，具2个波纹或不明显，顶角略圆，侧缘略突起，顶角和基角间具3个波纹，基角略圆并呈直角。半细胞侧面观半长圆状椭圆形。垂直面观近椭圆形。细胞壁平滑或具点纹。半细胞具1个轴生的色素体和具数个纵脊，具1个蛋白核。细胞长为宽的1.3～1.5倍，长32～36μm，宽22～23μm，缢部宽14～15um，厚17～18μm。

生境：生长于水坑、水沟、池塘、湖泊、沼泽、泉水、滴水或潮湿岩表。

国内分布于浙江、四川、西藏；国外分布于亚洲、欧洲、非洲、北美洲；梵净山分布于清渡河。

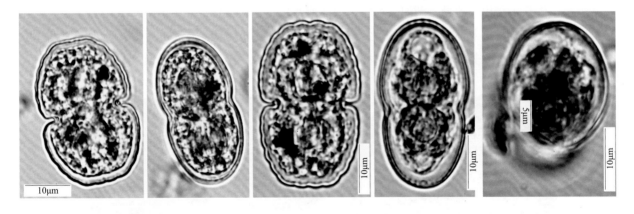

[689] 伦德尔鼓藻

Cosmarium lundellii Delponte, Mem. R. Acad. Sci. Torino, II, 30: 13, pl. 7, figs. 62～64, 1877.

细胞大，近圆形，长大于或等于宽，缢缝中等深度凹入，狭线形，顶端略膨大。半细胞正面观近半圆形或截顶角锥形至半圆形，顶部呈角状升高，基角广圆。半细胞侧面观近圆形；垂直面观菱形至椭圆形，宽与厚的比为1∶1.94。细胞壁具点纹，半细胞中部通常增厚。半细胞具1个轴生的色素体，明显的脊状，具2个大的蛋白核。细胞长38～80μm，宽32～65μm，缢部宽18～30um，厚22～35μm。

[689a]伦德尔鼓藻椭圆变种

Cosmarium lundellii var. ***ellipticum*** West & West, Jour. Roy, Microsc. Soc., 1894: 5, pl. 1, fig. 11, 1894; 魏印心：中国淡水藻志, Vol. 17, p. 108, plate: VII: 4～5, 2017.

与原变种的主要区别在于：细胞较小，较长，长约为宽的1.3倍，缢缝较深凹入，缢部较狭；细胞长61～98μm，宽47～76μm，缢部宽25～32μm，厚31～51μm。本次采集到的标本相对较小，细胞长35.8μm，宽26.3μm，缢部宽15.9μm，厚20μm。

生境：生长于水坑、池塘、水库或湖泊，浮游或附着在基质上。

国内分布于黑龙江、湖北、四川、贵州（雷山）、云南、台湾；国外分布于亚洲、欧洲、非洲、大洋洲、北美洲、南美洲，北极；梵净山分布于太平镇马马沟村（水田底栖）。

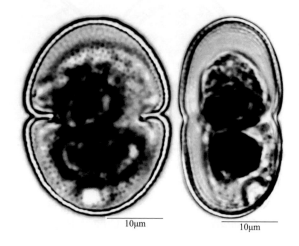

[690]珍珠鼓藻

Cosmarium margaritatum (Lund.) Roy & Bissett, Jour. Bot., 24: 194, 1886; 魏印心：中国淡水藻志, Vol. 17, p. 112, plate: XLVIII: 1; LXXI: 1～2, 2017.

细胞大，圆角长方形，缢缝深凹，狭线形，顶端略膨大。半细胞正面观近长方形至椭圆形，顶缘直或略凸，顶角广圆，侧缘略凸，基角圆，半细胞边缘具28～32个颗粒。壁具规则排列的大筛孔，围绕每个孔呈六角形排列，孔间具小点纹。侧面观近圆形至椭圆形。垂直面观长圆状椭圆形，两端略突起。半细胞具一个轴生的色素体及2个蛋白核。细胞长60～90μm，宽52～80μm，缢部宽15～25μm，厚30～40μm。

生境：生长于稻田、池塘、湖泊、水库、沼泽或水田，适应性广泛。

国内分布于浙江、福建、山东、湖北、湖南、广西、四川、云南、贵州；国外分布于亚洲、欧洲、非洲、大洋洲、北美洲、南美洲，北极；梵净山分布于太平镇马马沟村、凯文村、坪所村。

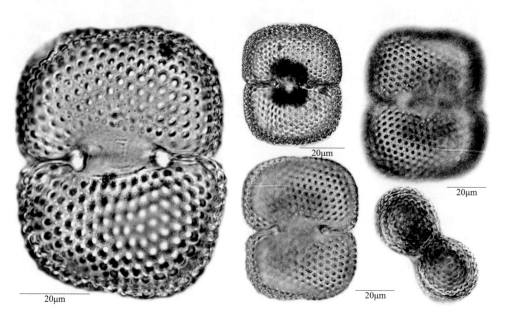

[691]大型鼓藻

Cosmarium magnificum Nordstedt, Bot. Notiser, 1887: 162, 1887.

细胞大，缢缝深凹，狭线形，顶端略膨大。半细胞正面观近半圆形，顶部平或中间略凹入，侧缘突起且向顶部渐狭，半细胞缘边和缘内具3～4轮相互交错呈同心圆排列的平面微凹的瘤，缢部上端、半细胞的下部具1个大的圆形至椭圆形的隆起，由6个圆孔纹围绕每个中空颗粒组成，在2个中空颗粒之间具一对圆孔纹，共约有6横列呈水平排列，基角圆。半细胞侧面观卵形，近基部具1个隆起。垂直面观广椭圆形，两端中间各具1个隆起。细胞长约为宽的1.3倍，长83.5～85.5μm，宽63～64.5μm，缢部宽25～27μm，厚37～39.5μm。

[691a]大型鼓藻中华变种

Cosmarium magnificum var. *sinicum* Jao, Sinensia, 11(3 & 4): 329～330, pl. 7, fig. 10, 1940; 魏印心：中国淡水藻志, Vol. 17, p. 110, plate: XXX: 3～5, 2017.

与原变种的主要区别在于：半细胞中部具斜向和垂直排列的圆孔纹和平截锥状中空颗粒，由6个圆孔纹围绕每个颗粒，则2个圆孔纹间具1个颗粒，圆孔纹从中间到周边逐渐变小，半细胞侧面观两侧近基部不膨大。垂直面观两端不膨大。细胞长70～105μm，宽55～75μm，缢部宽21～28μm，厚34～40μm。

生境：生长于水沟、湖泊、稻田、水塘或沼泽，浮游或附着在基质上。

国内分布于浙江、湖南、贵州（江口），仅分布在中国；梵净山分布于小坝梅村、凯文村。

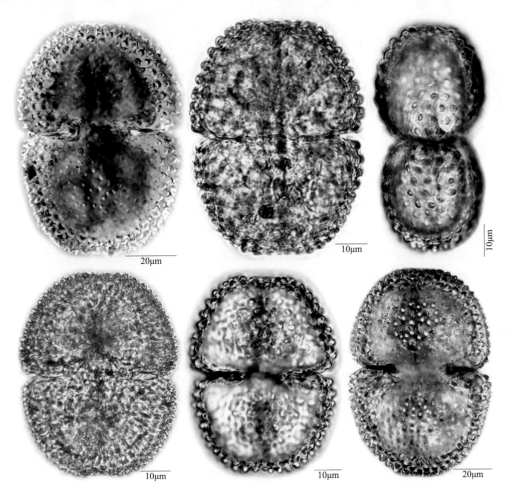

[692]极小鼓藻

Cosmarium minimum West & West, Trans. Linn. Soc. London Bot., II, 5(2): 58, pl. 8, fig. 10, 1895.

细胞小，长大于或等于宽，缢缝中等深度凹入，近线形，略张开。半细胞正面观长方形，顶角略圆，顶缘平直，两侧缘近平行，基角广圆。半细胞侧面观近圆形。垂直面观椭圆形，厚与宽的比为1：1.7。细胞壁平滑。半细胞内色素体1个，轴生，中央具1个蛋白核。细胞长8～12μm，宽7～12μm，缢部宽3～4μm，厚4.5～6μm。

[692a]极小鼓藻近圆形变种

Cosmarium minimum var. ***subrotundatum*** West & West, Trans. Linn. Soc. London Bot., II, 5 (2): 59, pl. 8, fig. 11, 1895；魏印心：中国淡水藻志，Vol. 17, p. 115, plate: XV: 28～30, 2017.

与原变种的主要区别在于：半细胞正面观近卵圆形，缢缝近线形，顶角和基角圆形；细胞长9.5～12μm，宽7.4～12μm，缢部宽2.5～3μm，厚5～6μm。

生境：生长于池塘、湖泊或水田。

国内分布于湖北；国外分布于欧洲、非洲、北美洲；梵净山分布于小坝梅村的水田。

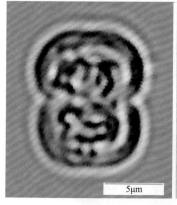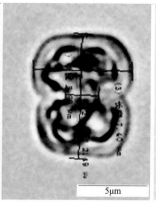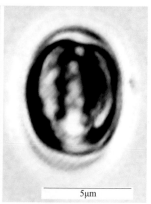

[693]模糊鼓藻

Cosmarium obsoletum (Hantzsch) Reinsch, Acta Soc. Senck, 6: 142, pl. 22 D1, figs 1～4, 1867.

细胞中等大小，缢缝深凹，狭线形，顶端略膨大。半细胞正面观扁半圆形，顶部有时略平，基角具1乳头状增厚，有时半细胞中部略增厚，半细胞侧面观扁圆形，垂直面观椭圆形，两侧略凸出呈钝圆锥形，厚和宽的比为1：2.1，有时半细胞两端中部略增厚，细胞壁具点纹，较大的个体具大的孔或圆孔纹。半细胞内色素体1个，轴生，具2个蛋白核。细胞宽为长的1.1～1.2倍，长34～89μm，宽32～79μm，缢部宽10～40.5μm，厚22～45μm。

[693a]模糊鼓藻具孔变种

Cosmarium obsoletum var. ***sitvense*** Gutwinski, Bull. Acad. Sci. Cracovie Classe Sci. Math. et Nat., 1902(9): 594, pl. 38, fig. 39, 1902；魏印心：中国淡水藻志，Vol. 17, p. 122, plate: V: 5～9; LXXVI: 1, 2017.

与原变种的主要区别在于：半细胞正面观基角处明显增厚，具1个大的钝圆锥形胶质孔，其较宽的一端位于细胞的内壁；细胞宽为长的1.04～1.13倍，细胞长42～70μm，宽47～75μm，缢部宽22～40μm，厚25～40μm。

生境：浮游或底栖种，生长于稻田、水沟、池塘、湖泊、水库、泉水或沼泽中。

　　国内分布于黑龙江、江苏、浙江、福建、湖北、广东、广西、四川、贵州（江口）、云南、西藏；国外分布于印度及马来西亚的热带和亚热带地区，澳大利亚、新西兰，欧洲；梵净山分布于凯文村（水田底栖、水塘中附植）、小坝梅村的水田。

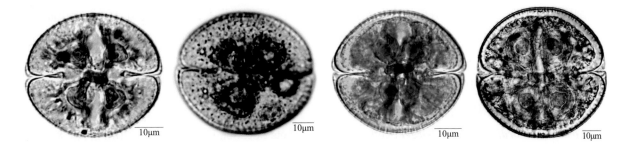

[694]钝鼓藻

Cosmarium obtusatum Schmidle, Engler's Bot. Jahrb., 26 (1): 38, 1898; 魏印心：中国淡水藻志, Vol. 17, p. 123, plate: LVIII: 1～4, 2017.

　　细胞中等大小，缢缝深凹，狭线形，顶端略膨大。半细胞正面观截顶宽角锥形，侧缘略凸出，常具7～8个波纹，缘内具2轮颗粒，顶缘平直至截圆，顶角圆，基角略圆。半细胞侧面观广椭圆形。垂直面观长圆形至椭圆形，宽为厚的2倍。细胞壁具粗点纹。半细胞内色素体1个，轴生，中央有2个蛋白核。细胞长约为宽的1.2倍，长50～73μm，宽42～60μm，缢部宽15～20μm，厚25～35μm。

　　生境：生长于河流、水沟、水坑、水塘、水田、沼泽或渗水石表。

　　国内外广泛分布；梵净山分布于马槽河、太平河、张家坝凉亭坳、快场、凯文村、桃源村、大河堰、张家屯、高峰村、郭家湾、冷家坝鹅家坳。

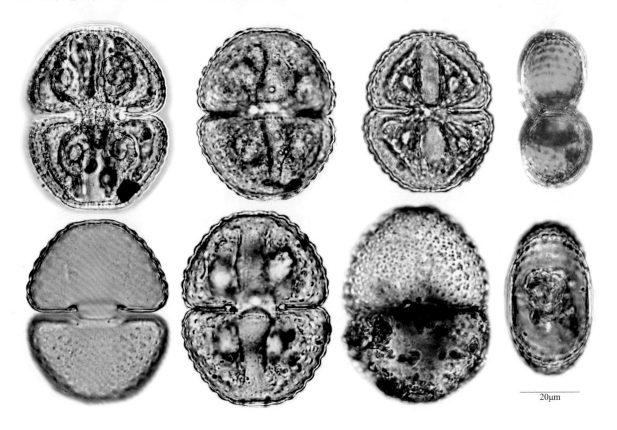

[695] 规律鼓藻

Cosmarium ordinatum (Börgesen) West & West, Trans. Linn. Soc. London Bot., II, 5(5): 251, pl. 15, fig. 14, 1896.

细胞中等大小，长与宽相等或长略大于宽，缢缝深凹，顶端略膨大，向外略张开。半细胞正面观半圆形至椭圆形，顶缘突起或平直，顶角广圆，侧缘突起，基角呈直角，半细胞边缘具14～15个由颗粒组成的瘤和波纹，缘内具5～6纵列，每一纵列具3～5个由2～4个颗粒组成的瘤或微凹的瘤。半细胞侧面观近圆形，边缘具颗粒组成的瘤和波状。垂直面观椭圆形，边缘具颗粒组成的瘤和波纹，中央区平滑。

[695a] 规律鼓藻博格变种

Cosmarium ordinatum var. ***borgei*** Scott & Grönblad, Acta Soc. Sci. Fennicae, II, B, 2(8): 20, pl. 8, fig. 4, 1957; 魏印心: 中国淡水藻志, Vol. 17, p. 125, plate: XXXVII: 12～14, 2017.

与原变种的主要区别在于：半细胞正面观中部具3纵列大瘤，每个瘤绝大多数由4个颗粒组成，有时由2～3个颗粒组成；细胞长26～30μm，宽24～27μm，缢部宽8～9μm，厚17～20μm。

生境：生长于湖泊、池塘，偶然性浮游或附着在基质上。

国内分布于浙江、湖北；国外分布于亚洲、北美洲、南美洲；梵净山分布于凯文村（水塘中附植）。

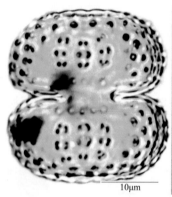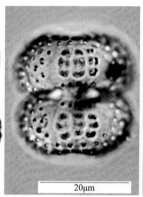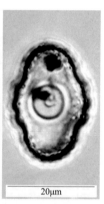

10μm   20μm   20μm   20μm

[696] 厚皮鼓藻

[696a] 原变种

Cosmarium pachydermun Lund.var. ***pachydermun*** Nova Acta Reg. Soc. Sci. Upsaliensis, III, 8 (2): 39, pl. 2, fig. 15, 1871; 魏印心: 中国淡水藻志, Vol. 17, p. 128, plate: X: 1～2, 2017.

细胞大，缢缝中等深入，狭线形，顶端膨大。半细胞正面观半广椭圆形或半圆形，顶缘广圆，基角圆形。半细胞侧面观近球形。垂直面观椭圆形，宽为厚的1.5～1.6倍。细胞壁厚，具密点纹。半细胞内色素体1个，轴生，中央有2个蛋白核。细胞长约为宽的1.3倍，长50～90μm，宽46～70μm，缢部宽19～35μm，厚27～49μm。

生境：生长于河边及沟边水坑、水塘、水田、荷花池等各种静水水体或沼泽、渗水石表。

国内外广泛分布；梵净山分布于坝溪河、马槽河、大河堰、陈家坡、张家屯、郭家湾、乌罗镇石塘。

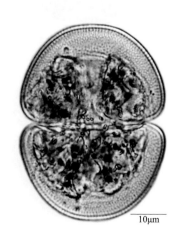

10μm

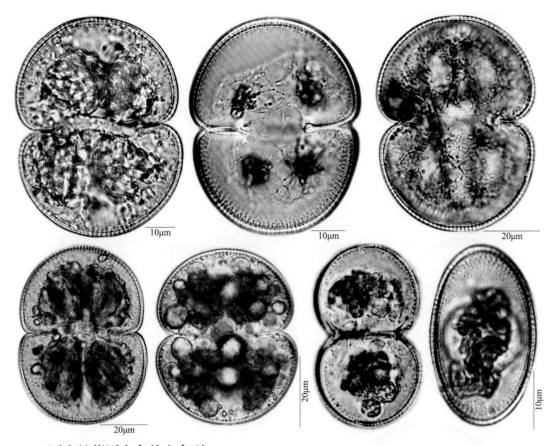

[696b] 厚皮鼓藻厚皮变种小变型

Cosmarium pachydermum var. ***pachydermum*** f. ***parvum*** Croasdale, in Prescott et al., North Amer. Desm., II, 3: 217. pl. 162, fig. 7, 1981; 魏印心: 中国淡水藻志, Vol. 17, p. 129, plate: IX: 2～3, 2017.

与厚皮鼓变种的主要区别在于: 细胞较小, 顶缘近平直, 细胞壁薄, 具精致点纹; 细胞长 50～75μm, 宽40～60μm, 缢部宽20～25μm, 厚26～35μm。

生境: 生长于水沟、水坑、池塘、湖泊或沼泽。

国内分布于湖北; 国外分布于亚洲、欧洲、非洲、大洋洲, 北美洲、北极; 梵净山分布于马槽河、凯文村、黑湾河凯马村。

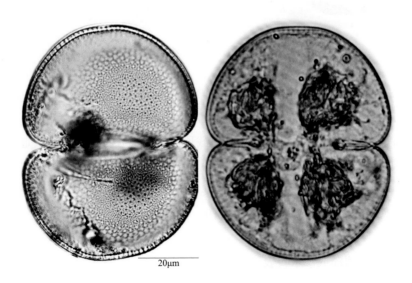

[696c]厚皮鼓藻增厚变种

Cosmarium pachydermum var. ***incrassatum*** Scott et Gronblad, Acta Soc.Sci. Fennicae, II, B, 2(8): 20, pl. 4, fig. 3, 1957; 魏印心: 中国淡水藻志, Vol. 17, p. 129, plate: IX: 4~6, 2017.

与原变种的主要区别在于: 比原变种细胞小; 半细胞正面观中部的圆形区域细胞壁增厚; 细胞壁具稀疏圆孔纹; 色素体具4个蛋白核, 有的3或5个; 细胞长45~60μm, 宽36~51μm, 缢部宽15~20μm, 厚32~35μm。

生境: 生长于池塘、湖泊或沼泽。

国内分布于内蒙古、湖北; 国外分布于美国、加拿大; 梵净山分布于马槽河 (林下水沟坑底栖)、凯文村 (水田底栖)、大河堰的沟边水坑、小坝梅村的水田。

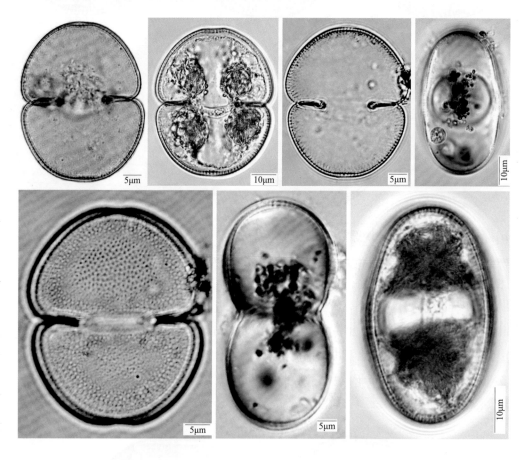

[697] 小鼓藻

Cosmarium parvulum Brébisson, Mem. Soc. Sci. Nat. Cherbourg, 4: 133, pl. 1, fig. 18, 1856; 魏印心: 中国淡水藻志, Vol. 17, p. 129, plate: XX: 11~16, 2017.

细胞小, 缢缝浅 "V" 形凹入。半细胞正面观截顶角锥形, 顶缘平直、略突起或少数略凹入, 顶角略圆, 侧缘常略凹入, 有时直或略凸出, 基角圆, 凸出。细胞壁平滑或具小的不规则的点纹。垂直面观宽椭圆形。半细胞内色素体1个, 轴生, 具3~5个纵脊, 少数具7个纵脊, 中央具1个蛋白核。细胞长为宽的2~2.5倍, 长20~22μm, 宽10~11μm, 缢部宽7~8μm, 厚10~11μm, 顶部宽8~10μm。

生境: 生长于水坑、沼泽或渗水石表。

国内分布于西藏；国外分布于亚洲、欧洲、大洋洲（新西兰）、南美洲；梵净山分布于德旺茶寨村大溪沟的渗水石表。

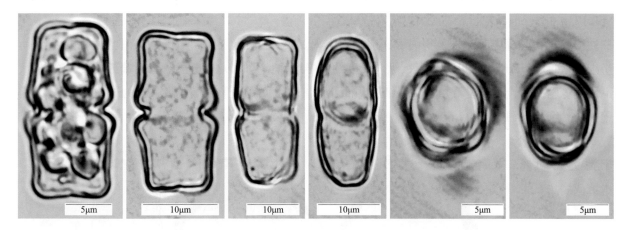

[698]折叠鼓藻

Cosmarium plicatum Reinsch, Acta Soc. Senck., 6: 114, pl. 22, fig. C. II, 1867; 魏印心：中国淡水藻志，Vol. 17, p. 133, plate: XXI: 1～2, 2017.

细胞中等大小，缢缝中等深度凹入，狭线形。半细胞正面观截顶角锥形，顶缘圆和顶角广圆形，基角圆直角，侧缘直或略突起。半细胞侧面观椭圆形。垂直面观椭圆形，厚和宽的比为1∶1.6。细胞壁具稠密的点纹。细胞长为宽的1.7～1.8倍，长40～80μm，宽22～40μm，缢部宽13～20μm，厚16～32μm。

生境：生长于水沟、湖泊、池塘、沼泽或滴水石表，喜贫营养的水体，偶然性浮游，有时亚气生。

国内分布于湖北、西藏、贵州（江口）；国外分布于亚洲、欧洲、非洲、大洋洲（新西兰）、北美洲，北极；梵净山分布于凯文村（水沟底栖）、坝梅村滴水石表、坝溪沙子坎水沟、马槽河的渗水石表或河岸岩石上水坑、快场的水沟石表、德旺茶寨村大溪沟的渗水石表。

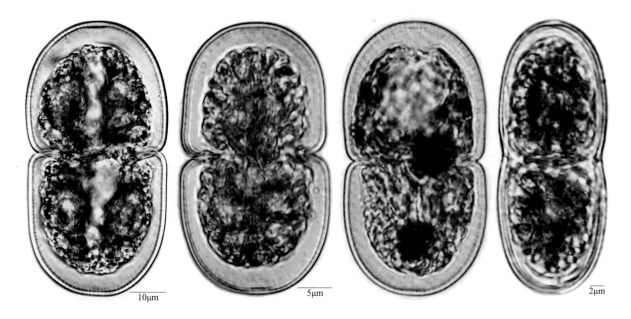

[699] 波科鼓藻

Cosmarium pokornyanum (Grun.) West & West, Jour. Bot., 38: 292, 1900; 魏印心：中国淡水藻志，Vol. 17, p. 133, plate: XX: 3～5, 2017.

细胞小，缢缝中等深入，狭线形，顶端略膨大。半细胞正面观角锥形，侧缘上部明显凹入，使半细胞呈近3个分叶，顶叶近方形，纵向长度约占半细胞长度的2/3，上段侧缘上端部变狭，略内凹，下段侧缘略凹入，基角呈直角形。半细胞侧面卵形。垂直面观菱形至椭圆形，宽为厚的1.3倍。细胞壁平滑。细胞长约为宽的1.6～1.9倍，长21～25μm，宽14～19μm，缢部宽6～8μm，厚8～11μm。

生境：生长于池塘、湖泊、水坑或渗水石表。

国内分布于黑龙江、陕西、云南；国外分布于亚洲、欧洲、非洲、美洲，北极；梵净山分布于金顶的渗水石表、清渡河靛厂的河边水坑、黑湾河凯马村的水塘边石表。

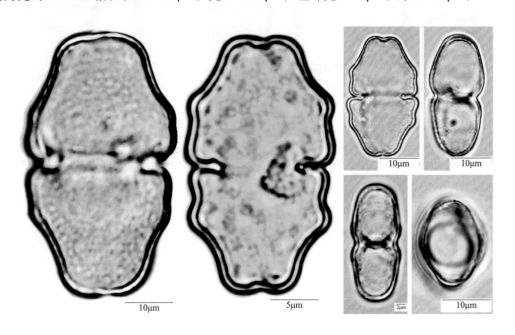

[700] 伪华丽鼓藻

Cosmarium pseudamoenum Wille, Bih. Kongl. Svenska Vet. –Akad. Handl., 8(18): 18, pl. 1, fig. 37, 1884; 魏印心：中国淡水藻志, Vol. 17, p. 139, plate: XXIX: 8～10, 2017.

细胞中等大小，正面观"8"字形，半细胞正面观长圆形。缢缝浅且凹入，向外张开呈"U"形凹陷，顶缘广圆或在中间平截，侧缘直或稍微突起。半细胞侧面观长圆形，顶缘圆。垂直面观近圆状椭圆形。细胞壁具多少呈纵向排列的小颗粒，有时呈斜向"十"字形或不规则排列。半细胞内色素体1个，轴生，中央具1个蛋白核。细胞长约为宽的2倍，长53μm，宽28μm，缢部宽19μm，厚23μm。

生境：生长于水田、池塘或沼泽。

国内分布于浙江、福建；国外分布于亚洲、欧洲、非洲、大洋洲（新西兰）、北美洲、南美洲，北极；梵净山分布于凯文村的水田。

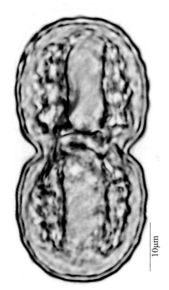

[701]伪近缘鼓藻

Cosmarium pseudoconnatum Nord., Vid. Medd. Nat. Foren. Kjobenh., 1869(14/15): 214, pl. 3, fig. 17, 1870.

细胞中等大小至大型。半细胞正面观椭圆形。缢缝浅且凹入，从内向外张开呈钝角。垂直面观圆形或近圆形。细胞壁具点纹，近缢部的点纹有时排成横列。半细胞具4个周生的色素体，每个色素体具1个蛋白核。细胞长约为宽的1.5倍，长40～86μm，宽31～58μm，缢部宽29～54μm。

[701a]伪近缘鼓藻近收缩变种

Cosmarium pseudoconnatum var. ***subconstrictum*** Jao, Bull. Acad. Sinica, 3: 57, fig. 3: 2, 1949; 魏印心：中国淡水藻志，Vol. 17, p. 142, plate: IX: 15, 2017.

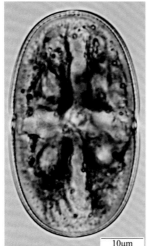

10μm

与原变种的主要区别在于：细胞中部略收缢，呈一个小凹波状；半细胞正面观为纵向的半椭圆形，基部不向缢部收缩；垂直面观圆形；细胞壁具小点纹；细胞长55μm，宽32μm，缢部宽29μm。

生境：生长于稻田、池塘。

国内分布于广西，仅产于中国；梵净山分布于陈家坡（水塘）。

[702]伪布鲁鼓藻

Cosmarium pseudobroomei Wolle., Bull. Torr. Bot. Club., 11(2): 16, pl. 44, figs. 36～37, 1884; 魏印心：中国淡水藻志，Vol. 17, p. 140, plate: L: 3～4, 2017.

细胞小至中等大小，缢缝深凹，狭线形，外端略张开。半细胞正面观呈略方的长圆形，顶缘宽、平直或略突起，顶角和基角略圆，侧缘略突起。半细胞侧面观近圆形。垂直面观长圆形，侧缘广圆，两端近平行。细胞壁具斜向或近垂直排列的粗颗粒，半细胞边缘具22～26个颗粒。半细胞内色素体1个，轴生，具2个蛋白核。细胞长宽相近，长22～32μm，宽20～28μm，缢部宽6.5～8μm，厚17～19μm。

生境：生长于稻田、池塘、湖泊或沼泽，偶尔会浮游或附着于基质上。

国内分布于浙江、湖南、广西、重庆、贵州（威宁）；国外分布于亚洲、欧洲、非洲、大洋洲、北美洲、南美洲，北极；梵净山分布于凯文村、小坝梅村、德旺茶寨村大上沟、清渡河靛厂。

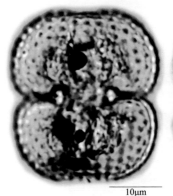

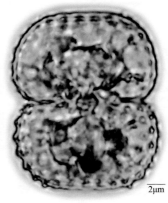

10μm　　　　5μm　　　　2μm　　　　2μm

[703]斑点鼓藻

[703a]原变种

Cosmarium punctulatum Bréb. var. ***punctulatum*** Mem. Soc. Sci. Nat. Cherbourg, 4: 129, pl. 1, fig. 16, 1856; 魏印心: 中国淡水藻志, Vol. 17, p. 146, plate: LIV: 7～8, 2017.

细胞缢缝深凹，狭线形，外端张开。半细胞正面观长圆状梯形，顶缘宽、平直或略突起，顶角和基角圆，侧缘略突起并向顶部渐狭；侧面观圆形；垂直面观椭圆形，有时在两侧中间略膨大，宽为厚的1.7倍。细胞壁具均匀、垂直或斜向排列的颗粒，半细胞边缘具22～24个，中央区具稀疏纵向排列的颗粒或不明显。细胞长略大于宽，长30～38μm，宽25～35μm，缢部宽8～11μm，厚15～20μm。

生境：生长于稻田、池塘、湖泊或沼泽，偶然性浮游或附着在基质上。

国内分布于内蒙古、黑龙江、浙江、福建、湖北、湖南、重庆、贵州（红枫湖、阿哈湖、赤水、贵定、威宁）、陕西、台湾；世界广泛分布；梵净山分布于小坝梅村的水田、张家屯（荷花池底栖）。

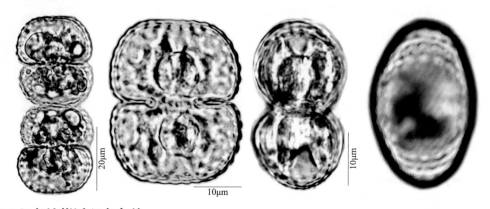

[703b]斑点鼓藻近斑点变种

Cosmarium punctulatum var. ***subpunctulatum*** (Nordst.) Börgesen., Medd. om Gronland, 18: 11, 1894; 魏印心: 中国淡水藻志, Vol. 17, p. 147, plate: LIV: 10～11, 2017.

与原变种的主要区别在于：半细胞正面观顶部平滑或具颗粒，半细胞中间略膨大，常由6～8个围绕中间1个大颗粒组成；垂直面观顶部中央区平滑或具大颗粒。

生境：生长于水坑、水沟、池塘、湖泊、水库或水田。

国内分布于内蒙古、黑龙江、吉林、江苏、浙江、湖北、四川、贵州（松桃、江口、独山）、云南、西藏；国外广泛分布；梵净山分布于德旺红石梁的锦江河边渗水石。

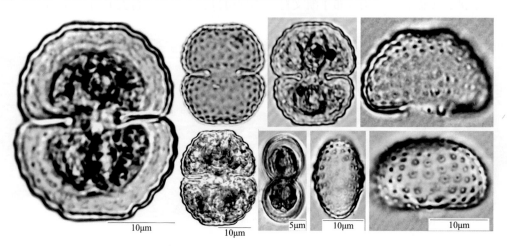

[704] 方鼓藻

Cosmarium quadrum Lund., Nova Acta Reg. Soc. Sci. Upsaliensis, III, 8(2): 25, pl. 2, fig. 11, 1871; 魏印心：中国淡水藻志，Vol. 17, p. 152, plate: XLVII: 1～2, 2017.

细胞较大，呈圆角方形，缢缝深凹，狭线形，顶端略膨大。半细胞正面观近长方形，顶缘近平直或微凸，中央略凹入，有时平直，顶角广圆，侧缘略凸或近平直，基角圆。半细胞侧面观近圆形。垂直面观长圆形至椭圆形，两端近平行。细胞壁具密集的颗粒，半细胞边缘具34～37个，颗粒呈斜向"十"字形或有时略呈垂直排列，顶部中间的颗粒略变小。半细胞内色素体1个，轴生，具2个蛋白核。细胞长宽相近或长略大于宽，长80～90μm，宽70～91μm，缢部宽22～28μm，厚40～45μm。

生境：生长于溪流、水沟、水坑、池塘、湖泊、水库、水田或沼泽，偶然性浮游或附着在基质上。

国内分布于黑龙江、江苏、浙江、福建、江西、山东、湖北、广东、香港、广西、重庆、四川、云南、西藏、陕西、新疆、贵州（广布）；国外广泛分布；梵净山分布于昔平村的水田。

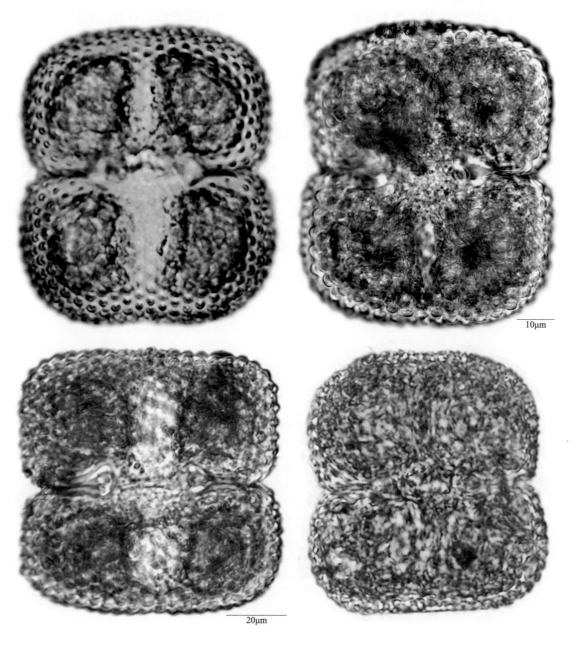

[705] 相似鼓藻

Cosmarium quasillus Lund., Nova Acta Reg. Soc. Upsaliensis, III, 8(2): 29, pl. 3, fig. 10, 1871; 魏印心：中国淡水藻志，Vol. 17, p. 153, plate: LIII: 10～11, 2017.

细胞中等大小，缢缝深凹，狭线形，顶端膨大。半细胞正面观梯形或截顶角锥形，基部逐渐向顶部变狭，在近顶部突然变狭，顶部略凸出，顶缘平或微内凹形成2个波形，顶角钝圆，侧缘具20～24个小波状突起，波形弧度逐渐向顶部增大，基角钝圆和具小的波状圆齿，半细胞中部具约3轮同心圆排列的大颗粒形成的隆起。细胞壁具颗粒，呈放射状和同心圆排列，颗粒和隆起间具1小的平滑区。半细胞侧面观卵形，近基部具1个隆起。垂直面观狭椭圆形，两侧尖圆，两端中间各具1个隆起。细胞长略大于宽，长40～60μm，宽35～50μm，缢部宽10～18μm，厚20～30μm，顶部宽12～15μm。

生境：生长于水沟、水坑、湖泊、池塘或渗水石表。

国内分布于湖北、贵州（江口、印江）、新疆；国外分布于亚洲、欧洲、北美洲、南美洲，北极；梵净山分布于马槽河的水坑、亚木沟景区大门外荷花池的明朝古院旁渗水石表、张家屯（荷花池底栖）、高峰村（水洼中底栖）。

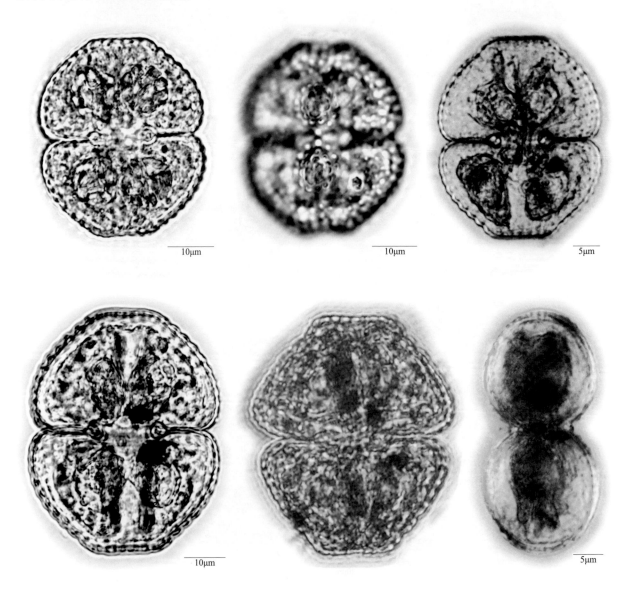

[706] 雷尼鼓藻

Cosmarium regnellii Wille., Bih. Kongl. Svenska Vet.–Akad. Handl., 8(18): 16, pl. 1, fig. 34, 1884; 魏印心：中国淡水藻志, Vol. 17, p. 156, plate: XVIII: 13～15, 2017.

细胞小，缢缝深凹，狭线形，顶端略膨大。半细胞正面观梯形至六角形，顶缘宽、平直，中央微凹。侧缘中部凸出，为细胞最宽处，上部明显凹入，下部略凹，下部比上部略长。半细胞侧面观圆形至卵形。垂直面观近长圆形至椭圆形，厚与宽的比为 1：2.4。细胞壁平滑。半细胞内色素体 1 个，轴生，中央具 1 个蛋白核。细胞长约等于宽，长 17～25μm，宽 13～22μm，缢部宽 4～7μm，厚 8～14μm。

生境：生长于水坑、水沟、池塘、湖泊、水库、溪流、河流、山泉、沼泽、水田或渗水石表。

国内分布于内蒙古、黑龙江、浙江、湖北、四川、贵州、云南、西藏；世界广泛分布；梵净山分布于凯文村、坝梅村、大河堰杨家组、高峰村、熊家坡、昔平村、德旺茶寨村大溪沟。

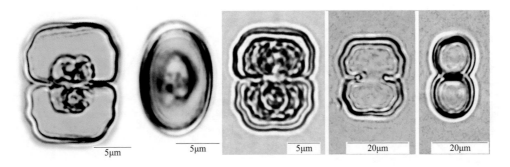

[707] 浅波状鼓藻

Cosmarium repandum Nord., Bot. Notiser, 1887: 162, 1887.

细胞中等大小，长约为宽的 1.25 倍，缢缝深凹，狭线形，顶端略膨大。半细胞正面观梯形至长圆形，顶部近平直，顶角广圆，侧缘中部凸出、广圆，为细胞最宽处，从中部分别向上向下渐窄，上部变窄幅度大，基角钝圆，倾斜观察基角时，基角具 3 个圆齿或齿。半细胞侧面观近圆形，垂直面观椭圆形，厚与宽的比为 1：1.5，两侧圆。细胞壁具精致的点纹半细胞内色素体 1 个，轴生，具 2 个蛋白核。细胞长 23～32μm，宽 17～24μm，缢部宽 5～8μm，厚 9～15μm。

[707a] 浅波状鼓藻小型变种

Cosmarium repandum var. *minus* (West & West) Krieger & Gerloff, Die Gatt Cosmarium, 2: 234, pl. 41, fig. 18, 1965; 魏印心：中国淡水藻志, Vol. 17, p. 160, plate: XIX: 33～35, 2017.

与原变种的主要区别在于：细胞较小，倾斜观察基角时不存在 3 个圆齿或齿；细胞长约为宽的 1.4 倍，长 22～25μm，宽 16～18μm，缢部宽 4.5～5μm，厚 8～10μm。

生境：生长于池塘、湖泊或渗水石表。

国内分布于湖北、广西；国外分布于亚洲、欧洲、非洲、北美洲、南美洲；梵净山分布于坝梅村的渗水石表。

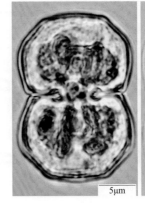

[708]六角形鼓藻

[708a]原变种

Cosmarium sexangulare Lundell var. ***sexangulare*** Nova Acta Reg. Soc. Sci. Upsaliensis, III, 8(2): 35, pl. 2, fig. 23, 1871; 魏印心: 中国淡水藻志, Vol. 17, p. 162, plate: XIV: 9～11, 2017.

细胞中等大小, 缢缝深凹, 狭线形, 顶端膨大。半细胞正面观椭圆形至六角形, 顶部平直, 侧缘下部突起, 细胞的最宽处中位或略偏下, 侧缘上部逐渐向顶部变狭, 有时略凹入, 侧角圆。半细胞侧面观近圆形。垂直面观椭圆形, 厚和宽的比为1:1.5。细胞壁具小点纹。半细胞内色素体1个, 轴生, 中央具1个蛋白核。细胞长约为宽的1.2倍, 长27～30μm, 宽22～25μm, 缢部宽5～6.5μm, 厚15～17μm。

生境: 生长于水坑、沼泽或水田。

国内分布于四川、贵州（松桃）、西藏; 世界广泛分布; 梵净山分布于大河堰杨家组的水坑。

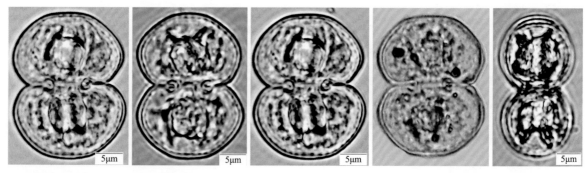

[708b]六角形鼓藻小型变种

Cosmarium sexangulare var. ***minus*** Roy & Bissett, Jour. Bot., 24: 195, 1886; 魏印心: 中国淡水藻志, Vol. 17, p. 163, plate: XIV: 12～13, 2017.

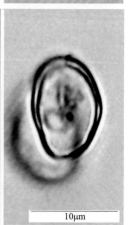

与原变种的主要区别在于: 细胞小, 半细胞正面观顶缘凹入且略增厚; 侧缘上部略凹入。垂直面观椭圆形或两侧中间略膨大; 细胞长13～15μm, 宽11～13μm, 缢部宽3μm, 厚8～9μm。

生境: 生长于池塘或沼泽。

国内分布于云南、西藏; 国外分布于亚洲、欧洲、非洲、大洋洲、北美洲、南美洲, 北极; 梵净山分布于小坝梅村的水田。

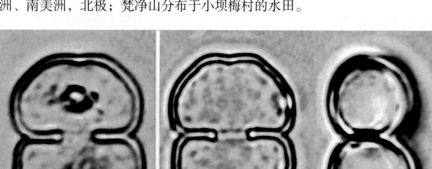
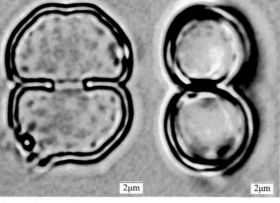

[709] 华美鼓藻

[709a] 原变种

Cosmarium speciosum Lund. var. ***speciosum*** Nova Acta Reg. Soc. Sci. Upsaliensis, III, 8 (2): 34, pl. 3, fig. 5, 1871; 魏印心: 中国淡水藻志, Vol. 17, p. 165, plate: XLV: 1~3, 2017.

细胞中等大小, 缢缝中等深入, 狭线形, 顶端略膨大。半细胞正面观呈截顶三角状圆形, 顶缘略平直, 顶角圆形, 基角略圆, 从基部至顶部渐狭, 边缘具圆齿, 侧缘两边各具8个, 顶缘4个, 缘内具3~4轮同心圆且放射状排列的颗粒, 颗粒从外至内渐小, 半细胞的缢部上端具5列颗粒, 每列4~5个。半细胞侧面卵形至长圆形, 顶缘广圆。垂直面椭圆形。半细胞内色素体1个, 轴生, 中央有1个蛋白核。细胞长约为宽的1.4~1.6倍, 长68~70μm, 宽47~50μm, 缢部宽17~20μm, 厚32~33μm。

生境: 生长于池塘、湖泊、沼泽或水坑。

国内分布于湖北、云南; 国外分布于亚洲、欧洲、非洲、大洋洲、美洲, 北极; 梵净山分布于熊家坡的溪沟边滴水石表。

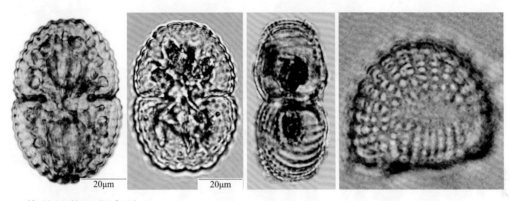

[709b] 华美鼓藻罗斯变种

Cosmarium speciosum var. ***rostafinskii*** (Gutwinski) West & West, Monogr. Brit. Desm., III: 251~252, pl. 89, figs. 8~10, 1908; 魏印心: 中国淡水藻志, Vol. 17, p. 166, plate: XLVI: 1, 2017.

与原变种的主要区别在于: 半细胞正面观截顶角锥形, 顶部宽而平直; 细胞长56~58μm, 宽39~40μm, 缢部宽19~20μm, 厚21~22μm。

国内分布于西藏; 国外分布于亚洲、欧洲、非洲、北美洲、南美洲; 梵净山分布于马槽河 (林下水沟坑底栖)、马槽河的水坑中石表、亚木沟的明朝古院旁渗水石表、张家屯 (荷花池底栖)。

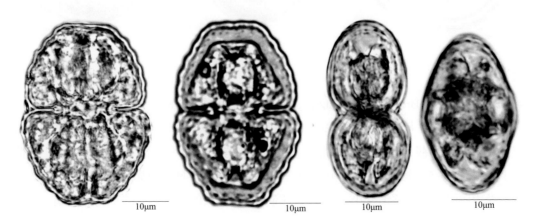

[709c]华美鼓藻西藏变种

Cosmarium speciosum var. ***tibeticum*** Wei, Acta Phytotax. Sinica, 22(4): 334~335, fig. 4: 7~9, 1984;
魏印心: 中国淡水藻志, Vol. 17, p. 166, plate: XLVI: 2~4, 2017.

与原变种的主要区别在于: 缢缝较浅, 略张开呈锐角, 半细胞正面观缢部上端垂直排列的颗粒小, 不明显; 半细胞侧面观卵形, 侧缘近基部略隆起; 垂直面观菱状圆形; 细胞长50~55μm, 宽30~35μm, 缢部宽20~20μm, 厚24~26μm。

生境: 生长于水坑、沼泽或渗水石表。

国内分布于西藏; 梵净山分布于大河堰沟边水坑、德旺茶寨村大溪沟的渗水石表。

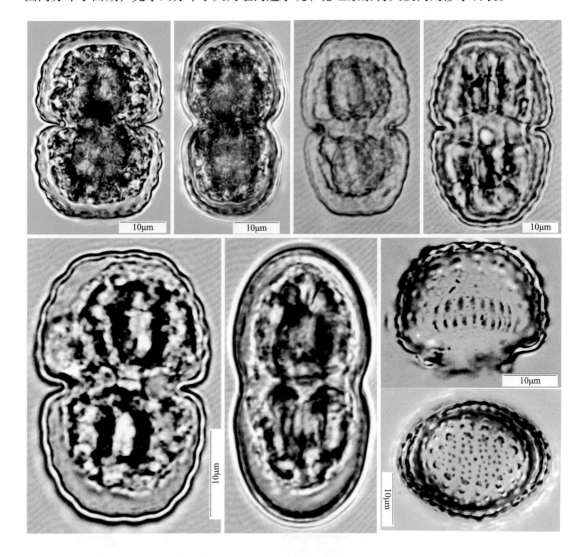

[710] 蓝状鼓藻

Cosmarium sportella Brébisson, in Kützing, Spec. Algar., p. 176, 1849.

细胞中等大小, 长略大于宽, 缢缝深凹, 狭线形, 顶端略膨大。半细胞正面观短截顶角锥形, 顶部略突起, 顶缘宽、平截, 顶角钝圆, 侧缘上部连接顶缘处具不明显凹入, 基角广圆, 细胞壁具颗粒, 顶缘平滑或具4~5个矮小颗粒, 侧缘具6~7个颗粒, 顶角具1对强壮的颗粒, 缘内具不规则散生颗粒, 从缘边向缘内颗粒逐渐变小, 半细胞中部具7个较大的颗粒形成的不明显隆起, 颗粒间具点纹。半细胞侧面观卵形至椭圆形，顶缘圆。垂直面观椭圆形，两端中间各具3个大颗粒形成的不明显的隆起，侧缘广圆或具颗粒。半细胞内色素体1个，轴生，具2个蛋白核。细胞长30～58μm，宽25～45μm，缢部宽10～12μm，厚17～26μm。

[710a]蓝状鼓藻近波状变种

Cosmarium sportella var. ***subundum*** West & West, Monogr. Brit. Desm., III: 186, pl. 82, fig. 14, 1908; 魏印心: 中国淡水藻志, Vol. 17, p. 167, plate: LVI: 9～10, 2017.

与原变种的主要区别在于：半细胞正面观截顶角锥形，基角略圆，半细胞中央的颗粒和隆起退化缺失；细胞长约为宽的1.3倍，长38～45μm，宽25～35μm，缢部宽11～15μm，厚15～18μm。

生境：生长于池塘、泉水、水田或渗水石表。

国内分布于北京、江苏；国外分布于亚洲、欧洲、非洲、大洋洲、北美洲，北极；梵净山分布于小坝梅村的水田、德旺茶寨村大溪沟的渗水石表。

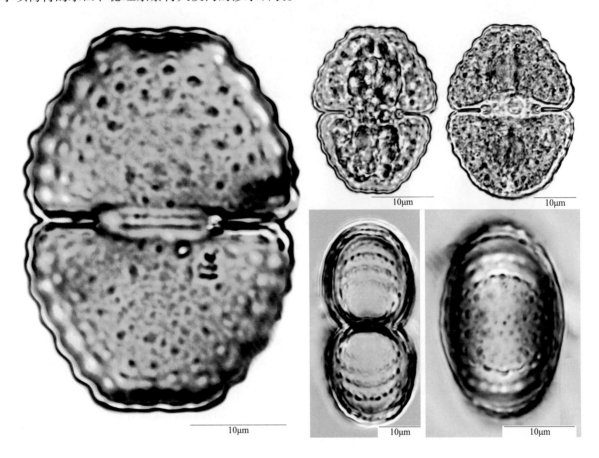

[711]近耳状鼓藻

Cosmarium subauriculatum West & West, Trans. Linn. Soc. Bot.,II, 5(2): 41～90, pl. 6. fig. 31, 1895; 魏印心: 中国淡水藻志, Vol. 17, p. 170, plate: XLI: 1～3, 2017.

细胞中等大小，长略大于宽，缢缝中等深入，近顶端部分狭线形，然后向外略张开呈锐角。半细胞正面观三角状半椭圆形，侧缘近基部具3个颗粒，基角圆形。半细胞侧面观圆形。垂直面观椭圆形，两侧具颗粒。细胞壁具小圆孔纹，孔纹间具点纹。半细胞内色素体1个，轴生，具2个蛋白核。细胞长22～46μm，宽21～41μm，缢部宽5～12μm，厚12～22μm。

711b. 近耳状鼓藻广西变种

Cosmarium subauriculatum var. ***kwangsiense*** Jao,Bull.Acad.Sinica,3:58,fig2: 16,1949; 魏印心：中国淡水藻志，Vol. 17, p. 170, plate: XLI: 14～16, 2017.

与原变种的主要区别在于：细胞较大，缢缝较宽，张开呈锐角，半细胞正面观半圆形，顶部近平截，基角近直角且具1个齿；细胞长45～65um，宽40～60um，缢部宽22～35um，厚26～35um。

生境：生长于水沟、湖泊、水塘或水田。

仅分布于我国的浙江、广西、贵州（江口、印江）；梵净山分布于凯文村、昔平村。

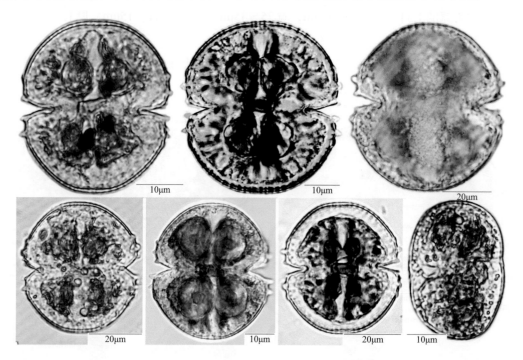

[712] 亚脊鼓藻

[712a] 原变种

Cosmarium subcostatum Nordstedt var. ***subcostatum*** in Nordsted & Wittrock, Ofv. Kongl. Vet.–Akad Forhandl. 1876(6): 37, pl. 12, fig. 13, 1876; 魏印心：中国淡水藻志，Vol. 17, p. 172, plate: LII: 4～6, 2017.

细胞小至中等大小，缢缝深凹，狭线形，顶端略膨大。半细胞正面观近梯形，顶部平，具4个矮小圆齿，顶角常有小缺刻，侧缘突起，侧缘上缘具4个大的微凹的圆齿，或成对颗粒，越往端部圆齿越大。缘内具2～3轮呈放射状或同心圆排列的成对颗粒，最内的一轮为单一的颗粒，缢部上端、近半细胞中部具1个由4～5列近纵向排列的颗粒组成的隆起，每列4个颗粒，基角广圆。半细胞侧面观卵形，侧缘近基部具1个隆起。垂直面观略狭椭圆形，两端中间各具1个隆起。半细胞内色素体1个，轴生，2个蛋白核。细胞长约为宽的1.2倍，长27～32μm，宽21～27μm，缢部宽7～9μm，厚14～16μm。

生境：生长于稻田、水坑、池塘、湖泊、水库、溪流、河流沿岸带、沼泽或沼泽化水体。

国内分布于河北、黑龙江、江苏、浙江、湖北、四川、贵州（各地广泛分布）、云南、西藏；国外分布于亚洲、欧洲、非洲、北美洲、南美洲，北极；梵净山分布于马槽河（河边水塘底栖）、快场的水沟石表、凯文村（水田底栖）、德旺岳家寨红石梁（锦江河中底栖）。

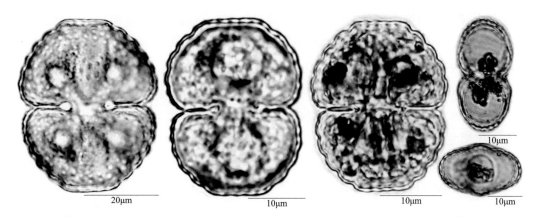

[712b]亚脊鼓藻小型变型

Cosmarium subcostatum var. ***subcostatum*** f. ***minor*** West & West, Monogr. Brit. Desm., III: 238, pl. 87, figs. 6～9, 1908; 魏印心: 中国淡水藻志, Vol. 17, p. 172, plate: LII: 8～9, 2017.

与亚脊鼓变种的主要区别在于: 细胞小, 半细胞正面观侧缘上缘具2～3个微凹的圆齿; 细胞长25～30μm, 宽22～27μm, 缢部宽7～8μm, 厚15～17μm。

生境: 生长于稻田、水坑、池塘、湖泊、河流沿岸带或沼泽。

国内分布于内蒙古、江苏、浙江、四川、云南、西藏; 国外分布于亚洲、欧洲、非洲、大洋洲、北美洲、南美洲, 北极; 梵净山分布于凯文村、陈家坡、张家屯、德旺茶寨村大溪沟、坝溪沙子坎。

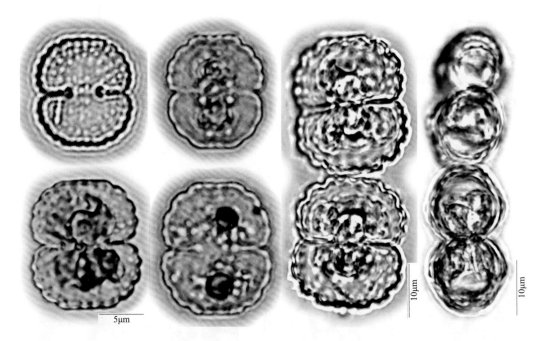

[713]近圆齿鼓藻

Cosmarium subcrenatum Hantz., in Rabenhorst, Algen Europa's, No. 1213, 1861; 魏印心: 中国淡水藻志, Vol. 17, p. 173, plate: XXXVII: 3～5, 2017.

细胞小, 缢缝深凹, 狭线形。半细胞正面观呈半圆形或近梯形, 顶部平直, 具4个圆齿, 顶角圆, 基角略圆或近直角形, 侧缘两边各具5～6个圆齿, 越往端部圆齿越宽大, 侧缘下段略圆或近平行。侧缘内具1轮成对的颗粒, 基部有时为1个, 成对的颗粒内具1或2轮单颗粒, 呈放射状和同心圆排列，缢部上端近半细胞中部具1个宽而平的隆起，由5～8列垂直颗粒组成，每列3～6个颗粒。半细胞侧面观卵形，顶缘略平直，近基部略膨大突起，中部略凹入。垂直面椭圆形。半细胞内色素体1个，轴生，中央有1个蛋白核。细胞长为宽的1.1～1.3倍，长25～30μm，宽18～25μm，缢部宽8～10μm，厚18～20μm。

生境：水塘、水沟、水田、沼泽、渗水或潮湿石表。

国内分布于黑龙江、陕西、福建、湖北、湖南、新疆、四川、西藏、云南、贵州（松桃、铜仁、江口、印江、沿河）；国外分布于亚洲、欧洲、非洲、大洋洲、北美洲、南美洲，北极；梵净山分布于张家坝凉亭坳、小坝梅村杨家组、清渡河靛厂、大河堰杨家组、昔平村。

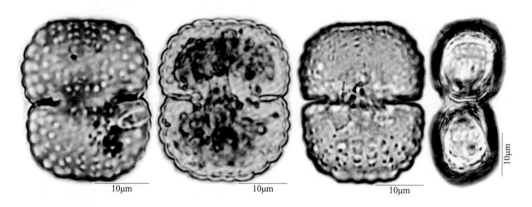

[714]近胡瓜鼓藻

Cosmarium subcucumis Schmidle, Ber. Naturf. Ges. Freiburg i Br., 7(1): 98, pl. 4, figs. 20～22, 1893; 魏印心：中国淡水藻志，Vol. 17, p. 174, plate: X: 9～10, 2017.

细胞较大，缢缝深凹，狭线形，顶端略膨大，外侧略张开。半细胞正面观纵向半椭圆形，顶缘略突起或有时较平，基角圆。半细胞侧面观椭圆形至卵形。垂直面观椭圆形，厚和宽的比为1：1.5。细胞壁平滑。细胞长为宽的1.4～1.7倍，长43～70μm，宽23～40μm，缢部宽10～20μm，厚18～30μm。

生境：生长于湖泊、池塘、溪流、沼泽、水田或渗水岩表，浮游、附着或有时亚气生，多分布于山区。

国内分布于内蒙古、湖北、重庆、四川、贵州（印江、威宁）、云南、西藏；国外分布于亚洲、欧洲、非洲、大洋洲、北美洲、南美洲，北极；梵净山分布于太平镇马马沟、德旺净河村老屋场。

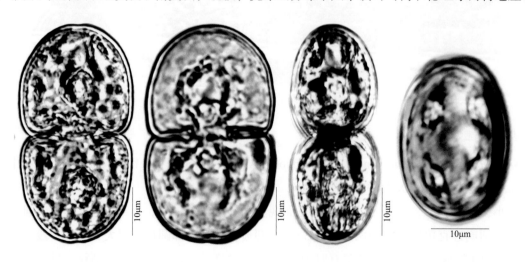

[715] 近颗粒鼓藻

[715a] 原变种

Cosmarium subgranatum (Nord.) Lütk. var. ***subgranatum*** in Cohn, Beitr. Boil. Pflanzen, 8: 364, 1902; 魏印心：中国淡水藻志，Vol. 17, p. 175, plate: XXI: 14～15, 2017.

细胞小，缢缝深凹，狭线形。半细胞正面观略呈截顶的角锥形，顶部窄，近平直或略凹，基角圆直角形，侧缘中上部两边各具2个浅波纹，下部近平行或向上外扩，中间略凹入。半细胞侧面椭圆形。垂直面椭圆形。细胞壁具点纹。半细胞内色素体1个，轴生，中央有1个蛋白核。细胞长为宽的1.3～1.4倍，长25～30μm，宽20～25μm，缢部宽6～8μm，厚12～14μm。

生境：生长于池塘、湖泊、沼泽、水坑或水田。

国内分布于黑龙江、北京、福建、湖北、湖南、四川、西藏、云南、台湾；国外分布于夏威夷，亚洲、欧洲、非洲、大洋洲、北美洲、南美洲，北极；梵净山分布于寨沙水田。

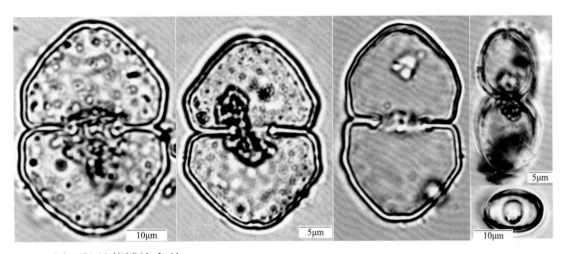

[715b] 近颗粒鼓藻博格变种

Cosmarium subgranatum var. ***borgei*** Krieger, Ber. d. Deutsch. Bot. Ges., 61(5): 269, fig. 49, 1944; 魏印心：中国淡水藻志，Vol. 17, p. 176, plate: XXI: 16～17, 2017.

与原变种的主要区别在于：半细胞正面观近半圆形至三角形，边缘具较多的波形，约10个；细胞长27～29μm，宽20～21μm，缢部宽6～7μm，厚12.5～13μm。

国内分布于西藏、台湾；国外分布于亚洲、欧洲、北美洲；梵净山分布于张家屯的荷花池。

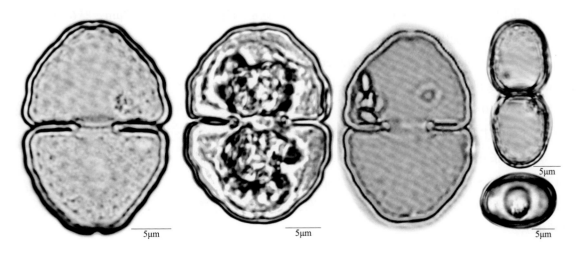

[716] 近膨胀鼓藻

Cosmarium subtumidum Nordst., Alg. Exsicc., No. 172, 1878.

细胞小，长为宽的1.1～1.2倍，缢缝深凹，狭线形，顶端略膨大。半细胞正面观截顶角锥形至半圆形，顶缘宽、平直，侧缘突起，顶角和基角广圆。半细胞侧面观圆形。垂直面观广椭圆形。侧缘圆形，有时略突起，两端中间略膨大。细胞壁具点纹。半细胞内色素体1个，轴生，其中央具1个蛋白核。细胞长30～70μm，宽20～60μm，缢部宽6～20μm，厚15～27μm。

[716a] 近膨胀鼓藻圆变种

Cosmarium subtumidum var. **rotundum** Hirano, Acta Phytotax. Geobot., 14(3): 70, fig. 2, 1951; 魏印心：中国淡水藻志, Vol. 17, p. 182, plate: XXV: 12～14, 2017.

与原变种的主要区别在于：细胞半细胞正面观半圆形或近半圆形，顶部略突起，少数近平直。细胞长为宽的1.3～1.4倍，长27～34μm，宽20～27μm，缢部宽5～7μm，厚14～17μm。

生境：生长于池塘或湖泊。

国内分布于江苏、湖北；国外分布于亚洲、北美洲；梵净山分布于大河堰（水田浮游）。

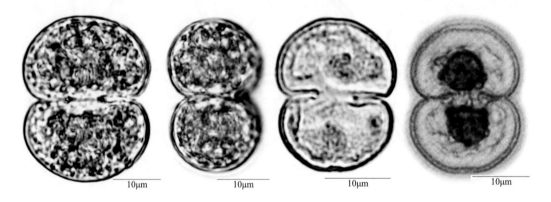

10μm 10μm 10μm 10μm

[717] 骤断鼓藻

Cosmarium succisum West, Linn. Soc. Jour. Bot., 29 (199/200): 146, pl. 20, fig. 22～23, 1892.

细胞小，缢缝中等深入，从顶端向外略张开，呈"V"形或"U"形。半细胞正面观梯形至椭圆形，顶缘宽、平直或略凹入，顶角圆，侧缘直或略凹入并向顶部变狭，基角尖圆。半细胞侧面观圆形，垂直面观椭圆形，两端中间略膨大。细胞壁平滑，黄色或红褐色。半细胞内色素体1个，轴生，中央具1个蛋白核。细胞长约等于宽，长10～12μm，宽8～11μm，缢部宽3～5μm，厚6～6.5μm。

[717a] 骤断鼓藻饶氏变种

Cosmarium succisum var. **jaoi** Krieger & Gerloff, Die Gatt Cosmarium, 1: 90, pl. 22, fig. 1962; 魏印心：中国淡水藻志, Vol. 17, p. 183, plate: XIX: 30～32, 2017.

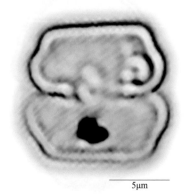

与原变种的主要区别在于：半细胞缢缝深凹，狭线形，顶端略膨大，外端略张开；垂直面观椭圆形，两端中间不膨大；细胞长11～12μm，宽12～13μm，缢部宽4μm，厚8μm。

国内分布于广西；国外分布于亚洲、北美洲；梵净山分布于凯文村的水塘。

5μm

[718]波缘鼓藻

Cosmarium undulatum Ralfs, Brit. Desm., p. 97, pl. 15, figs. 8a, b, 1848; 魏印心：中国淡水藻志，Vol. 17, p. 194, plate: XI: 12～14, 2017.

细胞小，缢缝中等深凹，狭线形，顶端膨大。半细胞正面观纵向半椭圆形，近基部略向上加宽，其后呈近半圆形，半细胞一侧边缘具4～5个微凹的波。半细胞侧面观近圆形。垂直面观广椭圆形，厚和宽的比为1∶1.3。细胞壁平滑。半细胞内色素体1个，轴生，中央具1个蛋白核。细胞长为宽的1.3～1.5倍，长28～50μm，宽20～35μm，缢部宽10～16μm，厚8～20μm。

生境：生长于水坑、池塘、荷花池或水田。

国内分布于福建、山东、西藏、新疆；国外分布于亚洲、欧洲、非洲、大洋洲、北美洲、南美洲；梵净山分布于张家屯、紫薇镇罗汉穴、茶寨村大上沟、德旺净河村老屋场洞下。

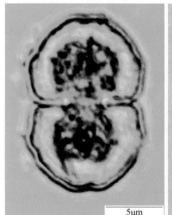 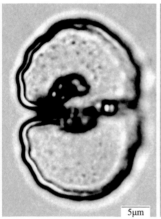 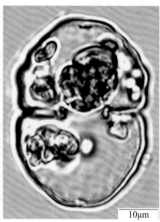 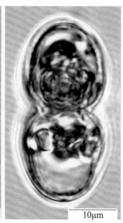

[719]痘斑鼓藻

Cosmarium variolatum Lund., Nova Acta Reg. Soc. Sci. Upsaliensis, III, 8(2): 41, pl. 2, fig. 19, 1871; 魏印心：中国淡水藻志，Vol. 17, p. 197, plate: XII: 19～21, 2017.

细胞小至中等大，缢缝深凹，狭线形。半细胞正面观三角状半椭圆形，顶缘很狭、略平截，中央加厚且略凹入，侧缘突起，向顶部渐狭，基角略圆；侧面观倒卵形至椭圆形；垂直面观广椭圆形，厚和宽的比为1∶1.8。细胞壁具密集的、明显的圆孔纹。细胞长为宽的1.45倍，长44.5μm，宽30.7μm，缢部宽9μm，厚18μm。

生境：生长于水坑，一般喜贫、中营养的水体，浮游、偶然性附着在水生植物上。

国内分布于新疆；国外分布于亚洲、欧洲、非洲、大洋洲、北美洲、南美洲、北极；梵净山分布于乌罗镇甘铜鼓天马寺（水沟中底栖）。

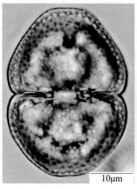 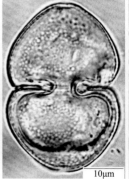 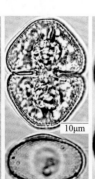 

165. 角星鼓藻属 *Staurastrum* Meyen

原植体为单细胞，一般长略大于宽，辐射对称，少数为两侧对称及侧扁，多数种类缢缝深凹，从内向外呈锐角、直角或钝角张开，有的为狭线形。半细胞正面观半圆形、近圆形、椭圆形、圆柱形、近三角形、倒楔形、四角形、梯形、碗形、杯形或楔形等，许多种类半细胞顶角或侧角向水平方向、略向上或向下延长形成长度不等的突起，缘边一般呈波形，具数轮齿，其顶端平或具2至多个刺。垂直面观多数为三角形至五角形，少数圆形、椭圆形、六角形或多至十二角形。细胞壁平滑，具点纹、圆孔纹、颗粒及各种类型的刺或瘤。半细胞常具1个轴生的色素体，中央具1个蛋白核，少数种类半细胞的色素体周生，具数个蛋白核。多数生长在贫、中营养偏酸性的水体中，是鼓藻类中主要的浮游种类。

[720] 弓形角星鼓藻

Staurastrum arcuatum Nordstedt, Acta Univ. Lund., 9: 36, fig. 18, 1873; 魏印心: 中国淡水藻志, Vol. 18, p. 45, plate: XLIX: 7～8, 2017.

细胞相对较小，不包括突起，细胞长宽略等，缢缝深凹入，呈锐角张开，半细胞正面观近椭圆形或碗形，两侧略上翘，顶部近平直，具1轮6个短突起，突起斜向上，末端分叉成2个长刺，侧角略延伸，呈圆锥形突起，末端具强壮长刺，纵向2叉分开，腹缘宽突起并向上扩展。细胞壁围绕侧角突起至体部具同心圆排列的钝头或尖锐的颗粒。垂直面观呈三角形，角略伸长形成呈圆锥形短突起，末端具2个强壮的长刺，围绕角的短突起具同心圆排列的钝头或尖锐的颗粒，侧缘略弧形内凹，缘内具1轮小的附属短突起，共6个，末端亦具2叉的短刺。细胞长27μm，包括突起宽30μm，不包括突起宽25μm，缢部宽7μm。

生境：生长于池塘或湖泊。

国内分布于湖北；国外分布于亚洲、欧洲、北美洲、南美洲、大洋洲；梵净山分布于凯文村（水塘中附植）。

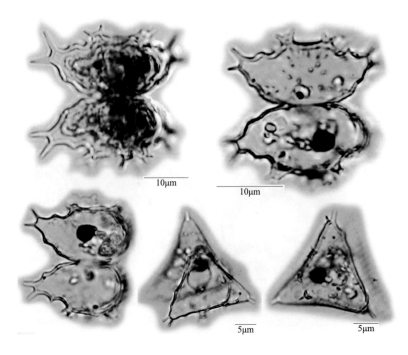

[721] 阿维角星鼓藻

Staurastrum avicula Ralfs, Brit. Desm., p. 140, pl. 23, fig. 11, 1848; 魏印心: 中国淡水藻志, Vol. 18, p. 46, plate: XXI: 7~8, 2017.

细胞个体小, 缢缝深凹, 向外呈锐角张开。半细胞正面观近椭圆形或倒楔形, 顶缘略斜向上突起, 顶角具1对刺, 呈纵向排列, 上端刺略大于下端刺, 基角圆弧形。垂直面观三角形, 侧缘略凹入或平直, 角钝, 角顶具2个小刺, 呈纵向排列。细胞壁围绕粗糙小颗粒, 围绕角呈同心圆排列。细胞长略大于宽, 不包括刺长20~25μm, 宽18~23μm, 缢部宽6~8μm。

生境: 生长于池塘、湖泊、河滩或沼泽, 浮游或附着在水生植物上。

国内分布于四川、云南、西藏、贵州 (松桃、江口); 国外分布于亚洲、欧洲、大洋洲、美洲; 梵净山分布于凯文村 (水塘中附植)、桃源村 (鱼塘浮游)。

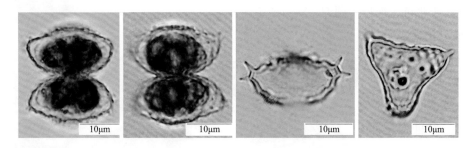

[722] 毛角角星鼓藻

Staurastrum chaetoceras (Schroeder) G. M. Smith, Wisconsin Geol. Nat. Hist. Surv. Bull., 57(2): 99, pl. 76, figs. 21~24, pl. 77, fig. 1, 1924; 魏印心: 中国淡水藻志, Vol. 18, p. 53, plate: XXIX: 5~6, 2017.

细胞个体较大, 包括突起长宽相近, 缢缝深凹入, 顶端呈 "U" 形。半细胞正面观近倒三角形, 顶缘中间近平直, 其两侧凹入, 顶角斜向上方形成长突起, 突起具轮状的小短刺或颗粒, 末端具3~4个齿, 腹缘斜向上扩大, 半细胞顶部具散生颗粒, 缢部上端具1横列颗粒。垂直面观长圆形至纺锤形, 角向两侧伸展成长突起, 具轮状小颗粒或短刺, 末端具3~4个齿。细胞不包括突起长15~23μm, 不包括突起宽10~15μm; 包括突起长30~53μm, 包括突起宽42~65μm; 厚9~10μm, 缢部宽4.5~6μm。

生境: 生长于河流、池塘或湖泊。

国内分布于浙江、云南、贵州 (松桃、江口、沿河); 国外分布于欧洲、北美洲, 北极; 梵净山分布于护国寺 (水池中浮游)。

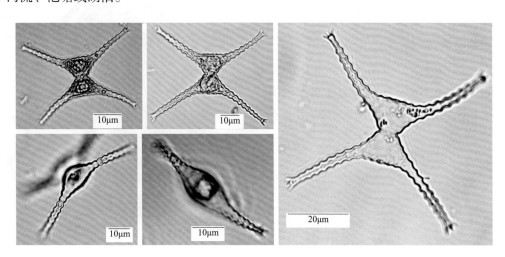

[723]膨胀角星鼓藻

[723a]原变种

Staurastrum dilatatum Ralfs var. ***dilatatum*** Brit. Desm., p. 133, pl. 21, fig. 8, 1848; 魏印心：中国淡水藻志, Vol. 18, p. 60, plate: XVII: 3～5, 2017.

细胞小，长宽相近或长略大于宽，缢缝深凹，呈锐角向外张开。半细胞正面观椭圆形至近纺锤形，顶缘略突起，顶角圆至平圆，腹缘斜向顶部，侧角圆或平圆形，向水平方向或斜向下略凸出。垂直面观三角形至五角形，多为四角形，侧缘深凹，角圆或平圆形。细胞壁具小颗粒，围绕角呈同心圆排列，顶部平滑或具点纹。上下2个半细胞常交错。细胞长20～30μm，宽20～30μm，缢部宽7～10μm。

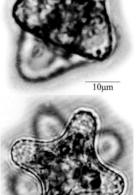

10μm

生境：生长于水坑、池塘、湖泊、溪流或沼泽。

国内分布于北京、山西、湖北、重庆、四川、贵州（广泛分布）、云南、西藏、宁夏、新疆；国外分布于亚洲、欧洲、非洲、大洋洲、北美洲、南美洲，北极；梵净山分布于凯文村（水田底栖）。

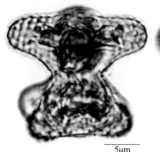

5μm

10μm

2μm

[723b]膨胀角星鼓藻冬季变种

Staurastrum dilatatum var. ***hibernicum*** West & West, Monogr. Brit. Desm., IV: 175, pl. 126, fig. 18, 1912; 魏印心：中国淡水藻志, Vol. 18, p. 60, plate: XVII: 6～7, 2017.

与原变种的主要区别在于：半细胞基部略加长、膨大或突起；细胞壁具密集小颗粒，围绕角呈同心圆排列，不规则散生于细胞体部；细胞长20～25μm，宽18～20μm，缢部宽7～7.5μm。

生境：生长于河流、湖泊、水坑或渗水石表。

国内分布于黑龙江、湖北；国外分布于亚洲、欧洲；梵净山分布于坝溪沙子坎的渗水裸岩表、大河堰的沟边水坑。

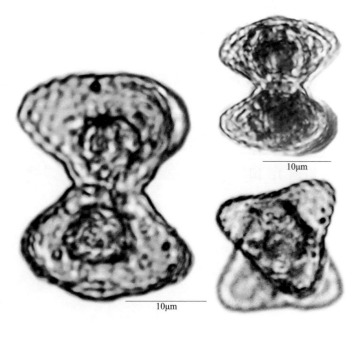

10μm

10μm

[724] 不等角星鼓藻

Staurastrum dispar Brébisson, Mem. Soc. Imper. Sci. Nat. Cherbourg 4: 144. pl. 1, fig. 27, 1856; 魏印心: 中国淡水藻志, Vol. 18, p. 61, plate: XVII: 8～9, 2017.

细胞缢缝深凹，顶端钝圆，呈锐角向外张开。半细胞正面观椭圆形至纺锤形，背缘和腹缘突起，背缘突起较腹缘显著，侧角尖圆。细胞壁具小颗粒，绕侧角呈垂直向或同心圆排列。垂直面观三角形或四角形，边缘近平直或略凹入，角尖圆。上下2个半细胞在缢部扭转发生交错。细胞长宽相近，长24～30μm，宽26～32μm，缢部宽6～7μm。

生境: 生长于湖泊、沼泽、河流中，浮游或附着在水生植物上。

国内分布于内蒙古; 国外分布于亚洲、欧洲、大洋洲（新西兰）、北美洲、南美洲，北极; 梵净山分布于德旺茶寨村大上沟（水田浮游、底栖或附植）。

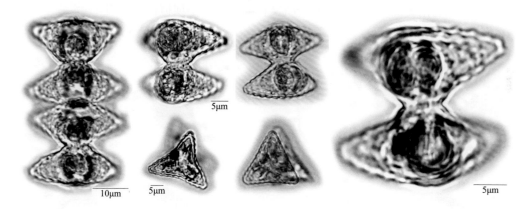

[725] 叉形角星鼓藻

Staurastrum furcigerum (Ralfs) Archer, in Pritch Infuse p. 743, pl. 3, fig. 32～33, 1861; 魏印心: 中国淡水藻志, Vol. 18, p. 67, plate: LVI: 7～8, 2017.

细胞中等大小至大，缢缝深凹，顶端尖，呈锐角向外张开。半细胞正面观椭圆形，背缘和腹缘外突程度相似，顶角略斜向上延长形成1个短突起，具数横轮的小齿，呈同心圆排列，末端具2～3个刺，侧角略膨大，角向水平方向伸长形成1个强壮的短突起，与顶角的附属短突起相似或略长，具数横轮的小齿，呈同心圆排列，末端具2～3个刺。垂直面观三角形至九角形，侧缘凹入，顶角斜向上伸长形成1个短突起，末端具2～3个刺，侧角略膨大，角伸长形成强壮的短突起，与顶角的短突起相似或略长，末端具2～3个刺。细胞不包括突起长略大于宽，长40μm，宽37μm，缢部宽10μm。

生境: 浮游或附着种，生长于河流、湖泊或水塘。

国内分布于内蒙古、黑龙江、湖南; 世界广泛分布; 梵净山分布于陈家坡的水塘。

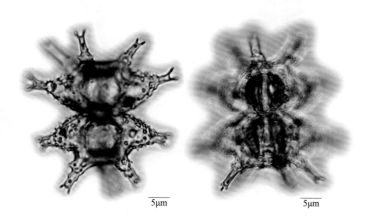

[726]成对角星鼓藻

Staurastrum gemelliparum Nordstedt, Vid. Medd. Naturh Foren Kjöbenh., 1869(14/15): 230, pl. 4, fig. 54, 1870; 魏印心: 中国淡水藻志, Vol. 18, p. 67, plate: LIII: 6～9, 2017.

细胞缢缝深凹入，呈锐角向外张开。半细胞正面观近椭圆形，顶缘近平直，顶角具2个斜向上伸长的宽突起，末端具2～3个刺，不等长，侧角具2个水平方向伸长的宽突起，末端具2～3个刺，腹缘略突起。垂直面观三角形或四角形，侧缘略凹入，每个侧角具2个强壮的短突起，上端具2个强壮的短附属突起。细胞不包括突起长25～30μm，不包括突起宽25～30μm；包括突起长大于或等于宽，包括突起长30～35μm，包括突起宽35～40μm；缢部宽10～13μm，刺长2～4μm。

生境：浮游种，生长于稻田、池塘、湖泊、水库或沼泽。

国内分布于内蒙古、湖北、湖南、广西、重庆、贵州（江口，威宁）、云南、西藏；国外分布于亚洲、欧洲、北美洲、南美洲；梵净山分布于凯文村的水塘、小坝梅村的水田。

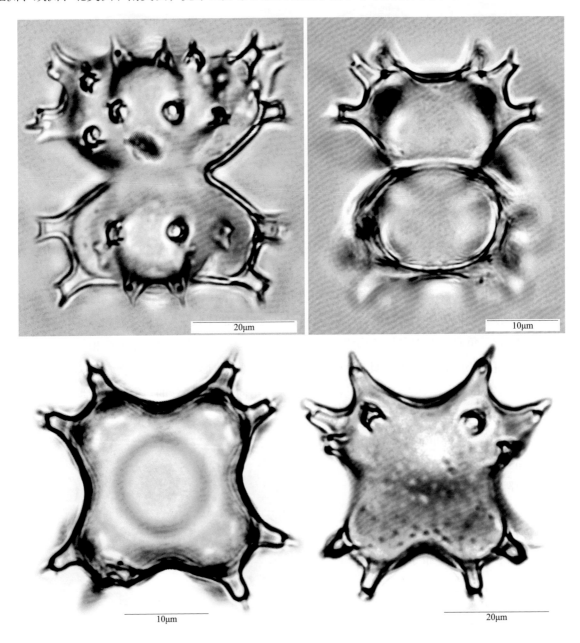

[727] 汉茨角星鼓藻

Staurastrum hantzschii Reinsch, Acta Soc. Senck., 6: 129, pl. 22 D II, figs. 1–6, 1867.

细胞中等大小，包括突起长宽略相等，缢缝深凹，呈锐角向外张开。半细胞正面观卵圆形至五角形，顶部平或略突起，顶部具1轮6个斜向上伸长的短突起，末端具2～4个刺，侧角及同一水平方向的细胞中部具平展的短突起，共4个，末端具2～4个刺，腹缘突起。垂直面观三角形，侧缘略凹，侧角具1个平展短突起，短突起间、同一水平面上具2个形状相似的短突起，顶部具1轮6个斜向上的突起。细胞长100～106μm，宽68～70μm，缢部宽约27μm。

[727a] 汉茨角星鼓藻日本变种

Staurastrum hantzschii var. *japonicum* Roy & Bissett, Jour. Bot., 24: 240, pl. 268, fig. 5, 1886; 魏印心: 中国淡水藻志, Vol. 18, p. 72, plate: LIII: 3～5, 2017.

与原变种的主要区别在于：半细胞顶部的附属短突起和半细胞侧角的短突起形状和大小相似，突起末端具2或3个刺；包括突起细胞长45μm，包括突起宽40μm，缢部宽12μm。

生境：生长于稻田、池塘或湖泊。

国内分布于浙江、湖北、湖南、广西；国外分布于亚洲；梵净山分布于凯文村（水塘中附植）。

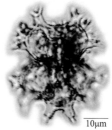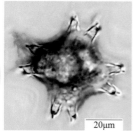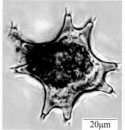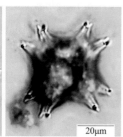

[728] 弯曲角星鼓藻

Staurastrum inflexum Brébisson, Mem. Soc. Sci. Nat. Cherbourg, 4: 140, pl. 1, fig. 25, 1856; 魏印心: 中国淡水藻志, Vol. 18, p. 74, plate: XXIX: 11～12, 2017.

细胞小，缢缝深凹，呈近直角向外张开。半细胞正面观近楔形，顶部略突起，顶角略向下延长形成细长的突起，突起边缘波状，具数轮小齿，末端具2～3个小刺，腹缘膨大。垂直面观三角形，侧缘浅凹入，缘内具一列小颗粒，具3个细长的突起，上面具数轮小齿，末端具2～3个小刺。2个半细胞一定角度交错排列。细胞长20～25μm，包括突起宽为长的1.3～1.4倍，缢部宽5～7μm。

生境：生长于河流的沿岸带、溪流、水坑、水沟、池塘、湖泊、沼泽或水田。

国内分布于内蒙古、黑龙江、吉林、湖北、重庆、四川、贵州（贵阳、清镇、乌江、威宁、兴义、江口、安顺）、云南、西藏；国外分布于亚洲、欧洲、大洋洲（新西兰）、北美洲；梵净山分布于护国寺（水池中浮游）。

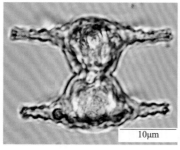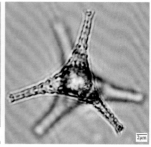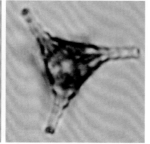

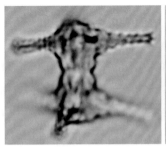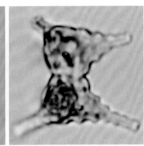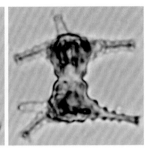

[729] 长臂角星鼓藻

Staurastrum longipes (Nordstedt) Teilling, Bot. Notiser, 1946 (1): 80, fig. 23, 1946.

细胞包括突起长宽相近，缢缝浅凹，呈锐角向外张开。半细胞正面观杯形，顶缘近平直，顶角斜向上方伸长形成纤细的长突起，突起边缘锯齿状，末端具4个齿，侧缘略突起，宽展开斜向突起腹缘基部。垂直面观三角形或四角形，侧缘凹，角延长形成纤细的长突起，突起缘边锯齿状，末端具4个齿。

[729a] 长臂角星鼓收缩变种

Staurastrum longipes var. ***contractum*** Teilling, Bot. Notiser, 1946 (1): 81, fig. 24, 37, 1946; 魏印心：中国淡水藻志，Vol. 18, p. 83, plate: XXXI: 3～6, 2017.

与原变种的主要区别在于：包括突起细胞长略大于宽，缢缝略向外张开，半细胞正面观杯形或碗形，腹缘宽，斜向上达突起基部，顶角斜向上伸长形成纤细的长突起。细胞不包括突起长20μm，不包括突起宽10μm，缢部宽6μm。

生境：中营养的水体里浮游，生长于鱼塘、池塘或湖泊。

国内分布于黑龙江、内蒙古、浙江、湖北、云南；国外分布于亚洲、欧洲、大洋洲、北美洲、南美洲；梵净山分布于凯文村（水塘中附植）。

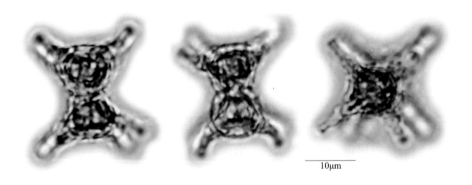

10μm

[730] 珍珠角星鼓藻

[730a] 原变种

Staurastrum margaritaceum Ralfs, Brit Desm., p. 134, pl. 21, fig. 9, 1848; 魏印心：中国淡水藻志，Vol. 18, p. 87, plate: XXVI: 1～4, 2017.

细胞小，缢缝"U"形、浅凹。半细胞正面观常为杯形至近纺锤形，顶缘略突起或平直，顶角具钝而短的突起，平展或略向下延伸，具数轮颗粒，围绕角呈同心圆排列，末端具4～6个颗粒，半细胞基部有时具1轮明显的颗粒。垂直面观三角形至多角形，常为四角形至六角形，侧缘凹，顶部中间平滑，角延伸形成短而钝的突起，具数轮颗粒，围绕角呈同心圆排列，末端具4～6个颗粒。细胞包括突起长大于或等于宽，长30μm，包括突起宽35μm，缢部宽7μm。

生境：生长于湖泊、水库、沼泽、池塘、稻田或水沟等。

国内外广泛分布；梵净山分布于亚木沟的水田。

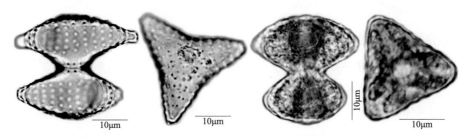

[730b]珍珠角星鼓藻雅致变种

Staurastrum margaritaceum var. ***elegans*** Jao, Bot. Bull. Acad. Sinica, 2: 57, fig. 3, a, 1948; 魏印心：中国淡水藻志, Vol. 18, p. 88, plate: XXVI: 5～8, 2017.

与原变种的主要区别在于：半细胞顶部中间具12个瘤，1轮排列、每个瘤由3个乳突组成，半细胞每个突起的基部两侧各具1个较小的瘤、由3个乳突组成；细胞长28～45μm，包括突起宽40～46μm，缢部宽11～13μm。

生境：生长于池塘、湖泊或稻田。

国内分布于湖北、西藏、陕西，仅分布于中国；梵净山分布于凯文村（水塘中附植）。

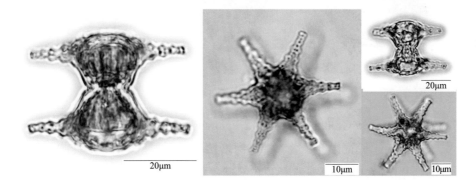

[731]圆形角星鼓藻

[731a]原变种

Staurastrum orbiculare Ralfs var. ***orbiculare*** Brit. Desm., p. 125, pl. 21, fig. 5h–i, 1848; 魏印心：中国淡水藻志, Vol. 18, p. 91, plate: XVI: 1～2, 2017.

细胞中等大小，长略大于宽，近圆形，缢缝深，呈狭线形凹陷，顶端略膨大。半细胞正面观近半圆形，顶部略压扁和近平截，基角平圆。垂直面观三角形，角广圆，侧缘略凹入。细胞壁具点纹。细胞长33～42μm，宽27～47μm，缢部宽5～6μm。

生境：浮游或附着在水生植物上，生长于池塘、湖泊、沼泽。

国内分布于黑龙江、湖北、浙江；世界广泛分布；梵净山分布于凯文村（水塘、水田底栖）、熊家坡的溪沟、亚木沟（水田中漂浮）。

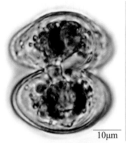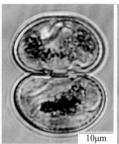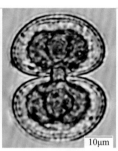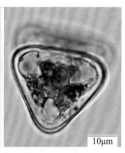

[731b]圆形角星鼓藻扁变种

Staurastrum orbiculare var. *depessum* Roy & Bissett, Jour. Bot., 24: 237, pl. 268, fig. 14, 1886; 魏印心：中国淡水藻志，Vol. 18, p. 91, plate: XVI: 3～4, 2017.

与原变种的主要区别在于：细胞的长约等于宽，半细胞较扁，呈扁半圆形或扁卵形；细胞壁平滑；细胞长14μm，宽13μm，缢部宽4μm。

生境：生长于水沟、池塘、沼泽，通常喜贫营养或中营养的水体中，浮游或附着在水生植物上。

国内分布于陕西、黑龙江、浙江、湖北、贵州（江口）；国外分布于亚洲、欧洲、非洲、大洋洲、北美洲、南美洲、北极；梵净山分布于凯文村（水塘附植）。

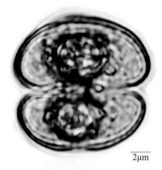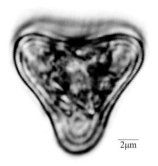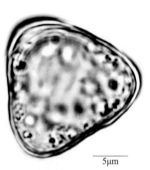

[732]全波缘角星鼓藻

Staurastrum perundulatum Grönblad, Acta Soc. Fauna Flora Fenn., 47(4): 71, pl. 3, figs. 95～97, 1920.

细胞较小，不包括突起长宽相近，缢缝中等深度凹入，顶端呈"U"形钝圆，呈锐角向外张开。半细胞正面长方形到宽楔形，顶缘近平直，顶角斜向上伸长形成长的突起，突起边缘波状，末端具4个齿，半细胞体部中间具1个隆起。垂直面观纺锤形，角伸长形成长的突起，突起边缘波状，末端具4个齿，两端中间具1个隆起。

[732a]全波缘角星鼓藻尖齿变种

Staurastrum perundulatum var. *dentatum* Scott & Prescott, Hydrobiologia, 17: 101, pl. 52, fig. 10, 1961; 魏印心：中国淡水藻志，Vol. 18, p. 94, plate: XXVII: 1～2, 2017.

与原变种的主要区别在于：半细胞的突起较细长，末端具2～3个齿，基角具1个小刺，垂直面观突起略反向弯曲；包括突起细胞长26～50μm，不包括突起长10～12μm，包括突起宽23～50μm，缢部宽5～7μm，厚7.5～12.5μm。

生境：生长于池塘、湖泊或水沟。

国内分布于浙江、四川、云南；国外分布于印度尼西亚等热带和亚热带地区；梵净山分布于护国寺。

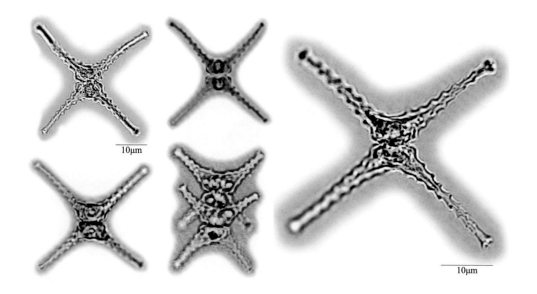

10μm

10μm

[733]伪四角角星鼓藻

Staurastrum pseudotetracerum (Nordstedt) West & West, Trans. Linn. Soc. London Bot., II, 5(2): 79, pl. 8, fig. 39, 1895; 魏印心: 中国淡水藻志, Vol. 18, p. 100, plate: XVII: 11~12, 2017.

细胞小, 缢缝中等深度凹入, 近直角向外张开。半细胞正面观楔形或近倒三角形, 顶缘平直或略突起、略凹入, 顶角斜向上伸长形成短突起, 具数轮尖的颗粒, 呈同心圆排列, 末端具3个小齿。垂直面观三角形或四角形, 侧缘凹入, 角延长形成短突起。包括突起长宽相近, 细胞包括突起长18μm, 不包括突起宽14μm; 缢部宽5μm。

生境: 生长于稻田、池塘、湖泊的沿岸带或沼泽, 浮游或有时附着在水生植物或潮湿的岩石上。

国内分布于内蒙古、江苏、湖北、重庆、贵州（广泛分布）、云南; 国外分布于亚洲、欧洲、非洲、大洋洲、北美洲、南美洲, 北极; 梵净山分布于小坝梅村的水田。

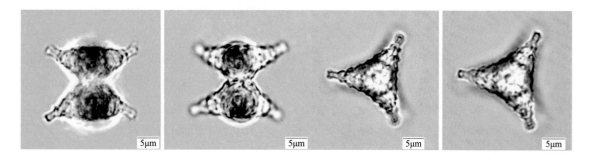

5μm   5μm   5μm   5μm

[734]颗粒角星鼓藻

[734a]原变种

Staurastrum punctulatum Ralfs var. ***punctulatum*** Brit. Desm., p. 133, pl. 22, fig. 1, 1848; 魏印心: 中国淡水藻志, Vol. 18, p. 100, plate: XVIII: 7~9, 2017.

细胞缢缝深凹, 呈锐角向外张开。半细胞正面观椭圆形至纺锤形, 顶缘广圆, 侧角略呈尖圆形。垂直面观三角形至五角形, 侧缘中间略凹, 角略呈尖圆形。细胞壁具均匀的颗粒, 围绕角呈同心圆排列, 上下2个半细胞常交错排列。细胞长略大于宽, 长33~35μm, 宽25~32μm, 缢部宽10~11μm。

生境：生长于河流、水库、水塘、水坑、水沟、水田、渗水石表，对各种水环境有较强的耐受能力。

国内外广泛分布；梵净山分布于坝溪沙子坎、马槽河、凯文村、小坝梅村杨家组、牛尾河、黑湾河、太平河、高峰村、冷家坝鹅家坳、熊家坡、乌罗镇寨朗沟、昔平村、德旺茶寨村大溪沟。

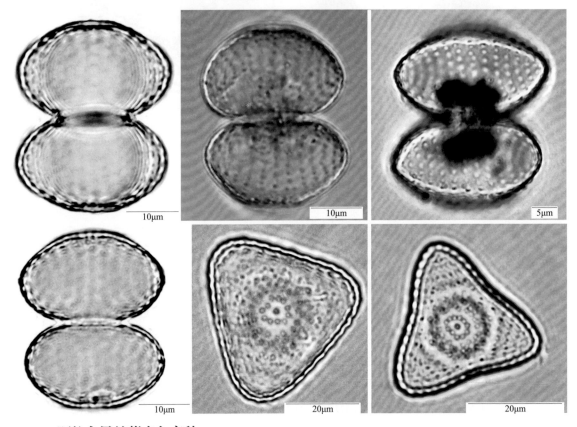

[734b] 颗粒角星鼓藻杰尔变种

Staurastrum punctulatum var. ***kjellmani*** Wille, in Wille & Kolderup–Rosenvinge, Dijamphna–togtets Zool.–Bot. Udbytte. Kjöbenhavn, 86, 1886; 魏印心：中国淡水藻志, Vol. 18, p. 101, plate: XVIII: 14～15, 2017.

与原变种的主要区别在于：缢缝宽，张开呈直角；半细胞正面观侧角较圆；垂直面观侧缘近直或略突起；细胞壁具较细小、密集的颗粒；细胞长30～32μm，宽27～29μm，缢部宽14～15μm。

生境：生长于水沟、河流或沼泽。

国内分布于黑龙江、福建、贵州（松桃）、西藏；梵净山分布于德旺净河村老屋场的渗水岩石。

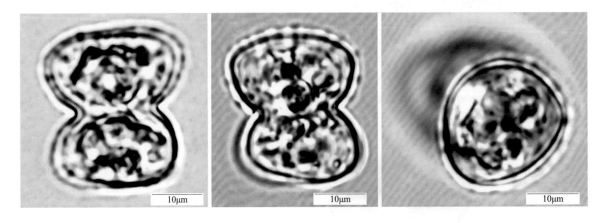

[734c]颗粒角星鼓藻近纺锤形变种

Staurastrum punctulatum var. ***subfusiforme*** Jao, Bot. Bull. Acad. Sinica, 3: 69, fig. 4: 3, 1949; 魏印心：中国淡水藻志, Vol. 18, p. 102, plate: XVIII: 3～4, 2017.

与原变种的主要区别在于：半细胞正面观倒三角形至纺锤形，顶部略突起，侧角近尖圆；垂直面观侧缘明显凹陷；细胞长20μm，宽25μm，缢部宽7μm。

生境：生长于池塘。

国内分布于广西（修仁），采自池塘中，仅产于中国；梵净山分布于张家屯（荷花池中浮游）。

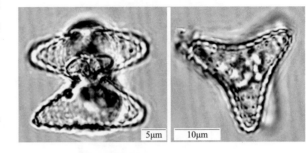

[734d]颗粒角星鼓藻三角形变种

Staurastrum punctulatum var. ***triangulare*** Jao, Bot. Bull. Acad. Sinica, 3: 69, fig. 4: 2, 1949; 魏印心：中国淡水藻志, Vol. 18, p. 103, plate: XVIII: 1～2, 2017.

与原变种的主要区别在于：半细胞正面观顶部平截，中部略突起，侧角较圆，腹缘直斜向达顶角；垂直面观侧缘略凹入，角圆；细胞长31μm，宽37μm，缢部宽10μm。

生境：生长于池塘、湖泊或水田。

国内分布于湖北、广西，仅分布在中国；梵净山分布于凯文村（水田底栖）、昔平村的水田。

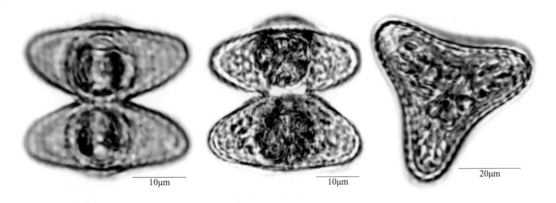

[735]具刚毛角星鼓藻

Staurastrum setigerum Cleve, Öfv. Kongl. Vet.-Akad. Forhandl., 10 (1863): 490, pl. 4, fig. 4, 1864; 魏印心：中国淡水藻志, Vol. 18, p. 110, plate: XXIII: 1～2, 2017.

细胞中等大小，壳体长略大于宽，缢缝凹陷深入，向外锐角张开。半细胞正面观呈椭圆形，背缘宽，弧形突起、具5～6个长刺，腹缘比背缘略突起，侧角钝圆、具3～4个强壮长刺，纵向排列或轮状排列，半细胞体部具长刺并围绕角略呈同心圆排列，侧角的长刺比体部的长刺强壮。垂直面观三角形，角尖圆、具3～5个强壮的长刺。侧缘近平直或略凹，具5～6个长刺，缘内的长刺围绕角略呈同心圆排列。细胞不含刺长37～40μm，不含刺宽31～35μm，缢部宽13～15μm，刺长4～8μm。

生境：生长于湖泊、沼泽、水塘或水田。

国内分布于内蒙古、浙江；国外分布于亚洲、欧洲、非洲、大洋洲、北美洲、南美洲；梵净山分布于凯文村（水塘浮游、水塘中附植）、小坝梅村的水田。

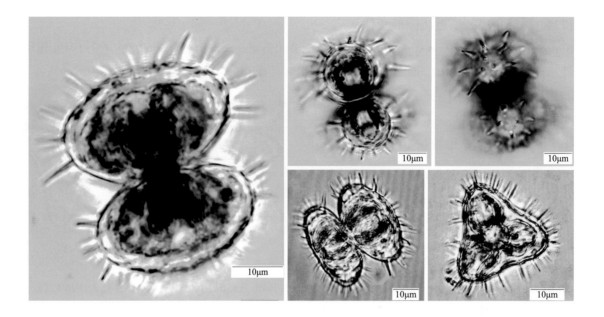

[736] 海绵状角星鼓藻

Staurastrum spongiosum Ralfs, Brit. Desm., p. 141, pl. 25, fig. 4, 1848; 魏印心: 中国淡水藻志, Vol. 18, p. 112, plate: XXIV: 1～4, 2017.

细胞缢缝深凹, 近顶端呈狭线形, 随后向外略张开。半细胞正面观近半圆形或截顶角锥形, 表面分布许多由2～3齿构成的瘤。其中, 边缘具8～10个瘤或刺状瘤, 顶角和基角各具1个2～3齿的瘤, 围绕角具3轮瘤或刺状瘤, 呈同心圆排列。垂直面观三角形, 侧缘略突起和具6～8个瘤或刺状瘤, 角顶具1个强壮的瘤, 围绕角具3轮瘤或刺状瘤, 呈同心圆排列, 瘤向角顶逐渐变小, 顶部中央平滑。细胞长大于或等于宽, 细胞不含刺长30～36μm, 宽27～28μm, 缢部宽12～13μm, 刺长2～3μm。

生境: 生长于水坑、湖泊或沼泽。

国内分布于黑龙江、四川、云南; 国外分布于亚洲、欧洲、非洲、北美洲、南美洲, 北极; 梵净山分布于德旺茶寨村大溪沟的渗水石表。

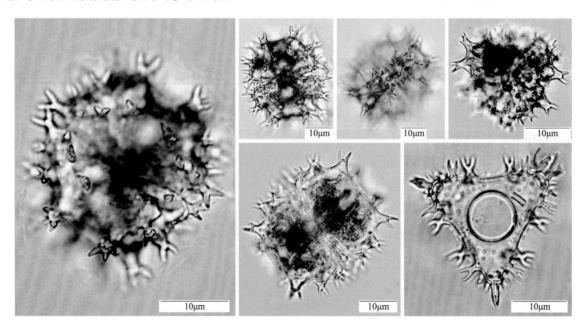

[737] 条纹角星鼓藻

Staurastrum striolatum (Nägeli) Archer, in Pritchard, Infusor., p. 740, 1861; 魏印心：中国淡水藻志，Vol. 18, p. 113, plate: XVII: 10～13, 2017.

细胞的缢缝深凹，顶端呈"U"形，向外张开。半细胞正面观长圆形至椭圆形，顶缘平直或略凹，顶角圆或近平圆，腹缘圆形突起。垂直面观三角形或四角形，侧缘凹入，角圆或近平圆。细胞壁具颗粒，围绕角呈同心圆排列，在体部略散生，在角上的颗粒比细胞其他部分的略大。细胞长宽近相等，长25～27μm，宽25～27μm，缢部宽9～10μm。

生境：生长于稻田、池塘、湖泊或沼泽等中营养至富营养的水体中。

国内分布于湖北、广西、贵州（松桃）；国外分布于亚洲、欧洲、非洲、南北美洲，北极；梵净山分布于乌罗镇寨朗沟的水塘。

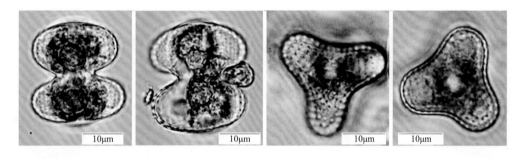

[738] 四角角星鼓藻

Staurastrum tetracerum Ralfs., Brit. Desm., p. 137, pl. 23, fig. 7, 1848; 魏印心：中国淡水藻志，Vol. 18, p. 119, plate: XXVIII: 5～8, 2017.

细胞小，缢缝深凹，顶端"V"形，呈锐角向外张开。半细胞正面观倒三角形，顶缘近平直或略凹，顶角明显斜向上伸长形成长突起，边缘具4～5个波纹，末端微凹入。垂直面观纺锤形，角延伸形成长突起，细胞常在缢部扭转，两个半细胞呈一定角度交错排列。细胞包括突起长宽相近或略大于宽，细胞不包括突起长10～20μm，宽8～16μm，缢部宽4～7μm，厚7～10μm。

生境：生长于稻田、池塘、湖泊、水库、河流的沿岸带或沼泽。

国内分布于北京、黑龙江、山西、浙江、江西、湖北、湖南、重庆、四川、贵州（广泛分布）、云南、台湾；世界广泛分布；梵净山分布于亚木沟景区大门的荷花池、黑湾河凯马村的水沟石表。

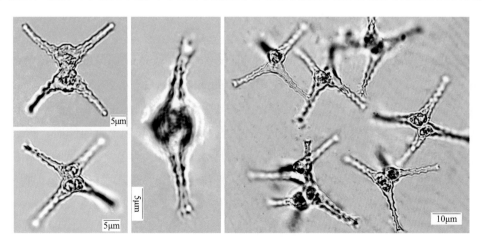

[739]膨大角星鼓藻

Staurastrum turgescens De Notaris, Desm. Ital., p. 51, pl. 4, fig. 43, 1867; 魏印心：中国淡水藻志，Vol. 18, p. 122, plate: XVII: 16～17, 2017.

细胞小至中等大小，缢缝深凹入，顶端呈"V"形，呈锐角向外张开。半细胞正面观椭圆形至长圆形，顶缘宽突起，侧角广圆，腹缘突起。垂直面观常为三角形，少部分四角形，侧缘略凹入，角广圆。细胞壁具不规则排列的密集颗粒。细胞长为宽的 1.1～1.2 倍，长 33～39μm，宽 28～36μm，缢部宽 12～13μm。

生境：生长于池塘、湖泊或沼泽。

国内分布于黑龙江、江西、湖北、四川、云南；国外分布于亚洲、欧洲、非洲、大洋洲、北美洲、南美洲，北极；梵净山分布于清渡河公馆的水池。

 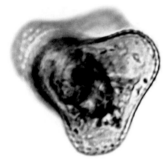 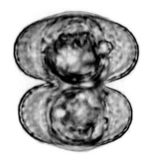 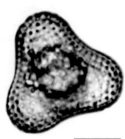

10μm

166. 叉星鼓藻属 *Staurodesmus* Teiling

原植体为单细胞，不包括刺或突起长略大于宽。顶面观常呈辐射状对称，少数种类两侧对称及细胞侧扁，缢缝常深凹，从内向外张开呈锐角、直角、钝角，部分种类缢部伸长呈短圆柱形。半细胞正面观呈半圆形、椭圆形、圆柱形、倒三角形、四角形、梯形、碗形、杯形、纺锤形等形状。半细胞顶角或侧角尖圆、广圆或圆形，具平展、略向上或略向下的乳突、刺或小尖头，有的角细胞壁增厚。垂直面观多数三角形至五角形，少数近圆形或椭圆形，角顶具乳突、刺或小尖头，有的角细胞壁增厚。细胞壁平滑或具穿孔纹。半细胞一般具 1 个轴生的色素体，具 1 至数个蛋白核，少数种类色素体周生，具数个蛋白核。鼓藻类中主要的浮游种类之一，多生长在各种贫营养、偏酸性的水体中。

[740]近缘叉星鼓藻

Staurodesmus connatus (Lundell) Thomasson, Nova Acta Reg. Soc. Sci. Upsaliensis, IV, 17(12): 34, pl. 11, fig.16, 1960; 魏印心：中国淡水藻志, Vol. 18, p. 130, plate: XI: 1～4, 2017.

细胞小，缢缝深凹陷，顶端"V"形，呈近直角向外张开。半细胞正面观近倒半圆形或碗形，顶缘近平直或中部略突起，顶角尖圆，角顶具 1 条强壮的、斜向上的长刺，直向伸展，腹缘略突起，斜向上。垂直面观三角形，侧缘略凹入，角狭圆，顶端具 1 个强壮的直刺。细胞壁平滑。细胞不包括刺长宽相近或长为宽的 1.1 倍，不包括刺长 19～30μm，宽 18～25μm，缢部宽 6～10μm，刺长 4～7μm。

生境：生长于水坑、池塘、湖泊、沼泽等小水体中，附生，有时浮游。

国内分布于内蒙古、黑龙江、浙江、湖北、广西、重庆、四川；国外分布于亚洲、欧洲、非洲、大洋洲、北美洲、南美洲，北极；梵净山分布于坝溪沙子坎的水田、凯文村（水塘中附植）。

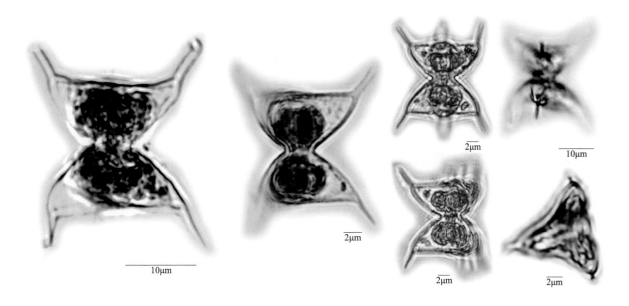

[741] 尖头叉星鼓藻

Staurodesmus cuspidatus (Ralfs) Teiling, Bot. Notiser, 1948 (1): 60, 1948; 魏印心：中国淡水藻志，Vol. 18, p. 134, plate: XIV: 5～9, 2017.

细胞小，缢缝浅凹入，向外张开，顶端加宽呈"颈"状，缢部伸长呈圆柱形。半细胞正面观倒三角形或纺锤形，顶缘平直或略突起，腹缘比顶缘略突起，顶角角顶具1水平向、略向上或略向下的刺，刺的长度不定。垂直面观常为三角形，少四角形，侧缘略凹，顶角角顶具1个长度有变化的刺。细胞壁平滑。细胞不包括刺长宽相近或长略大于宽，不包括刺长28～30μm，宽22～25μm，缢部宽7～8μm，刺长3～5μm。

生境：生长于河流、池塘、湖泊、水库、泉水、沼泽或水田。

国内分布于内蒙古、黑龙江、江苏、浙江、湖北、湖南、广东、重庆、四川、贵州（威宁、桐梓）、云南、西藏；世界广泛分布；梵净山分布于凯文村（水塘中附植）。

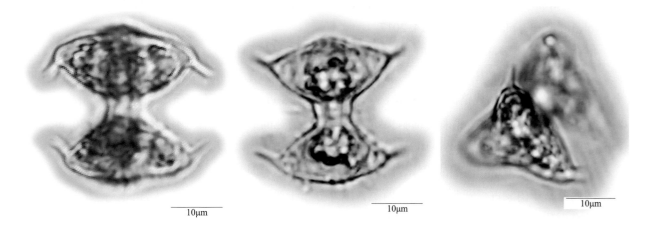

[742] 平卧叉星鼓藻

Staurodesmus dejectus (Ralfs) Teiling, Compt. Rend. VIII-e Congr. Intern. Bot. Paris Sec. 17: 128, 1954.

细胞中等大小，不包括刺细胞长宽相近，缢缝深凹，顶端广圆或钝圆，向外张开呈近直角。半细胞正面观倒三角形或碗形，顶缘略突起或平直，顶角狭圆，具1个斜向上、少数直向上或水平方向延长的长刺，腹缘直或略突起。垂直面观三角形，少数四角形，边缘略凹，角钝圆或狭圆，角顶具1个钝长刺。细胞长18~30μm，不包括刺宽17~38μm，包括刺宽20~57μm，缢部宽6~8μm，刺长2~10μm。

[742a] 平卧叉星鼓藻尖刺变种

Staurodesmus dejectus var. ***apiculatus*** (Brébisson) Teiling, Compt. Rend. VIII-e Congr. Intern. Bot, 17: 128–129, fig. 2, 1954; 魏印心：中国淡水藻志, Vol. 18, p. 135, plate: XII: 5~6, 2017.

与原变种的主要区别在于：半细胞较扁，缢缝呈"V"形凹入，锐角向外张开，侧缘膨大，上部回缩向上，角顶的刺短，直向上；不包括刺细胞长16μm，宽15μm，缢部宽4μm，刺长1.5μm。

生境：生长于水坑、水沟、池塘、湖泊、水库和河流的沿岸带、沼泽或稻田，适应各种变化的生态环境。

国内分布于内蒙古、黑龙江、浙江、湖北、湖南、广西、四川、贵州（广泛分布）、云南、西藏；国外分布于亚洲、欧洲、非洲、大洋洲、北美洲、南美洲，北极；梵净山分布于凯文村（水塘中附植）。

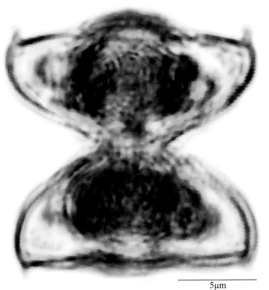

5μm

[743] 伸长叉星鼓藻

Staurodesmus extensus (Borge) Teiling, Bot. Notiser, 1948(1): 67, fig. 11, 1948; 魏印心：中国淡水藻志, Vol. 18, p. 137, plate: XIV: 12~14, 2017.

细胞较小，缢缝深凹，向外广圆形张开，缢部伸长呈近圆柱形。半细胞正面观近楔形，顶部宽、直或略凹，顶角较尖，具1个斜向上伸出或平展的长刺，直立伸展。侧缘上部平直或略凸且斜向上，下部侧缘直、略凸或略凹，基角钝圆。半细胞侧面观近椭圆形至纺锤形。垂直面观椭圆形至纺锤形，侧角具1长刺。不包括刺时细胞长约等于宽或长为宽的1.1倍，细胞不包括刺长17~20μm，宽14~17μm，缢部4~6μm，厚5~10μm，刺长5~10μm。

生境：生长于池塘、湖泊或沼泽，附着在水生植物上，有时浮游。

国内分布于内蒙古、湖北、四川、西藏；国外分布于亚洲、欧洲、非洲、大洋洲、南北美洲、北极；梵净山分布于德旺茶寨村大上沟（水田浮游、底栖或附植）。

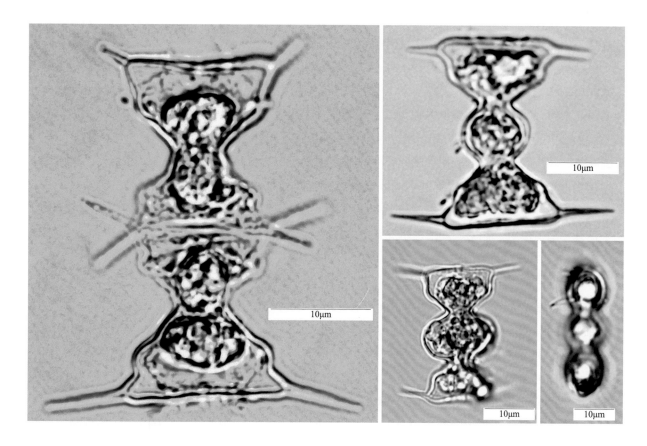

[744]具厚缘叉星鼓藻

Staurodesmus pachyrhynchus (Nordstedt) Teiling, Ark. f. Bot., II, 6 (11): 499–500, pl. 3, fig. 9–11, 13, 1967; 魏印心: 中国淡水藻志, Vol. 18, p. 142, plate: X: 1～3, 2017.

细胞小至中等大小，缢缝呈"V"形深凹，呈锐角向外张开。半细胞正面观近椭圆形或椭圆形至倒三角形，顶缘宽、突起或明显突起，侧角略突出、钝圆，角顶细胞壁增厚，腹缘突起。垂直面观三角形至五角形，侧缘凹入，角钝圆和角顶细胞壁增厚。细胞壁平滑或具精致点纹。细胞长宽相近，长25μm，宽26μm，缢部宽7μm。

生境：生长于溪流、湖泊、水塘或沼泽。

国内分布于湖北、福建；国外分布于亚洲、欧洲、非洲、大洋洲、北美洲、南美洲，北极；梵净山分布于陈家坡。

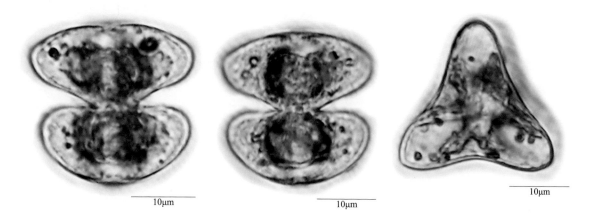

167.多棘鼓藻属 *Xanthidium* Ralfs

原植体为单细胞，一般中等大小，常两侧对称及侧扁，有的种类呈三角形，辐射对称，缢缝深凹或中等凹，呈狭线形或"V"形向外张开。半细胞正面观呈椭圆形、梯形、六角形或多角形等，顶缘近平直，顶角或侧角或近顶角或侧角内具1个或1对强壮的粗刺，每个半细胞通常有4个或更多的单一或叉状短刺或长刺，半细胞中部常具不同程度的增厚，增厚区平滑，或具小孔、圆孔纹、颗粒、瘤或具刺的拱形隆起。半细胞侧面观近圆形或多角形。垂直面观椭圆形，两端中间常增厚，少数三角形。细胞壁平滑，或具点纹或圆孔纹。半细胞具轴生或周生的色素体，每个色素体具1个蛋白核或数个蛋白核。多数种类广泛分布，多生长在贫营养、偏酸性的淡水水体中，在稻田、水坑、池塘、湖泊、水库或沼泽中浮游，偶然性附着于基质上。

[745]约翰逊多棘鼓藻

Xanthidium johnsonii West & West, Linn. Soc. Jour. Bot., 33: 299, pl. 17, fig. 1, 1898.

细胞较小，不包括刺细胞长宽相近，缢缝深凹，顶端钝，呈锐角向外张开。半细胞正面观形状多变，近椭圆形至六角形，顶缘近平直，顶角具1对斜向上伸出的直刺，侧缘上部向顶部变狭，侧角具1条水平向伸出的直刺，侧缘下部略突起并向基部变狭，基角具1对斜向下伸出的直刺，半细胞中部具1个拱形隆起，拱形隆起的顶端具1对纵向叉开的刺。半细胞侧面观圆形，顶缘具1对刺，侧缘中间具1个拱形隆起，拱形隆起顶端具1对刺，纵向叉开。垂直面观椭圆形，侧角具1条直刺，其两侧各具1条直刺，两端中间具1个拱形隆起，拱形隆起顶端具1对刺，纵向叉开，两端的缘内两侧各具1条直刺。细胞壁平滑。细胞不包括刺长10～11μm，不包括刺宽10～11μm，缢部宽2.5～3μm，厚5～5.5μm，刺长2～2.5μm。

[745a]约翰逊多棘鼓藻约翰逊变种微凹变型

Xanthidium johnsonii var. ***johnsoni*** f. ***retusum*** Scott, in Prescott et al., North Amer. Desm., II, 4: 72, pl. 310, fig. 12, 1982; 魏印心：中国淡水藻志，Vol. 18, p. 25, plate: III: 12～14, 2017.

与约翰逊变种的主要区别在于：半细胞较宽，缢缝张开角度较大，半细胞顶部和侧缘上部略凹；细胞长7～10μm，宽7～10μm，缢部宽3～4μm，厚4～6μm。

生境：生长于湖泊、水塘或沼泽。

国内分布于浙江；国外分布于美国；梵净山分布于凯文村的水塘。

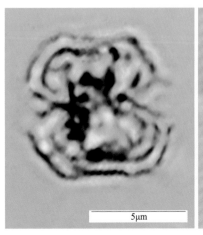

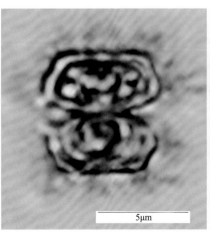

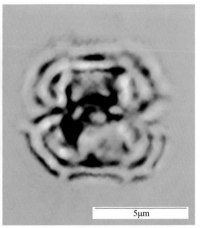

168. 角丝鼓藻属 *Desmidium* Agardh ex Ralfs

　　原植体为不分枝的丝状体，常螺旋状缠绕，藻丝有时具厚的胶质外被。细胞宽常大于长，缢缝浅至中等深度凹入。半细胞正面观长方形、狭长圆形、长圆形至半椭圆形、梯形、截顶角锥形或桶形，顶部平直或凹入，每个半细胞的顶部与相邻半细胞的顶部彼此互相连接形成丝状体，相邻两个半细胞间无空隙，每个半细胞顶角的连接突起与相邻半细胞顶角的连接突起彼此互相连接形成丝状体，相邻两个半细胞顶部间具1个大小变化的空隙。垂直面观椭圆形，通常两侧中间具乳突或三角形至五角形，角广圆，侧缘中间略凹入。每个半细胞内色素体1个，轴生，具辐射状脊片从中央辐射到每个角或有时辐射到每一侧缘内，每个大的片状脊片具1个蛋白核。

[746] 扭联角丝鼓藻

Desmidium aptogonum Kützing, Spec. Alg., p. 190, 1849; 魏印心：中国淡水藻志, Vol. 18, p. 160, plate: LXII: 5, 2017

　　藻丝体细胞螺旋状扭转，有时具胶被。细胞宽约为长的2倍，缢缝中等程度凹入，呈锐角向外张开，呈"V"形。半细胞正面观狭长圆形，顶部宽和中间凹入，侧角广圆，基部膨大，半细胞每个顶角具1个较长的连接突起，以此与相邻半细胞相连，相邻细胞间具1个近椭圆形的较大空隙。垂直面观三角形，有时四角形，角广圆，侧缘略凹入。每个半细胞内色素体1个，轴生，具辐射状脊片从中央辐射到每个角内，每个辐射状脊片具1个蛋白核。细胞壁具小颗粒。细胞长15~25μm，宽25~38μm，缢部宽18~24μm。

　　生境：水坑、稻田、沟渠、池塘、湖泊沿岸带或沼泽。

　　国内外广泛分布；梵净山分布于张家屯的荷花池。

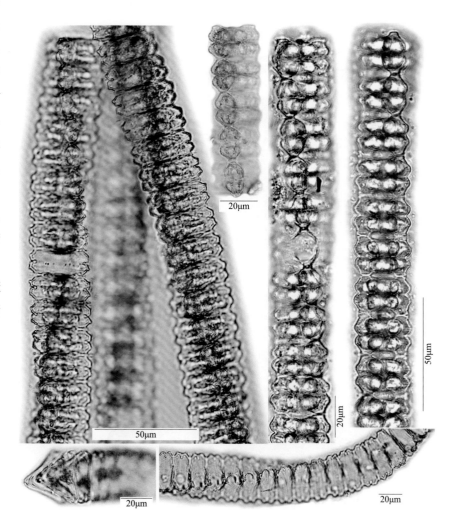

169.圆丝鼓藻属 *Hyalotheca* Ralfs

原植体为不分枝的丝状体，具厚的胶被。细胞近圆柱形，长略大于或小于宽，缢缝轻微凹入。半细胞正面观梯形、近长方形、长圆形、长圆形至圆柱状盘形，顶缘宽、平直，侧缘平直或略突起，1个半细胞的顶部与相邻半细胞的顶部彼此互相连接形成丝状体。垂直面观圆形。细胞壁平滑、具孔，孔中渗出的胶质颗粒状，半细胞近顶部有时具1～2轮横脊。每个半细胞内色素体1个，轴生，具数个辐射状的纵脊。垂直面观星状，具1个中央的蛋白核。

[747] 裂开圆丝鼓藻

Hyalotheca dissiliens Ralfs, Brit. Desm., p. 51, pl. 1, fig. 1, 1848; 魏印心: 中国淡水藻志, Vol. 18, p. 156, plate: LXI: 1～3, 2017.

藻丝常透明，具胶被，厚度与藻丝细胞宽度相当。细胞小至中等大小，缢缝极浅凹入。半细胞正面观长圆形至短柱形，顶缘宽、平直，顶缘的宽度约等于缢部的宽度，侧缘略突起，基部略膨大，半细胞的顶部与相邻半细胞的顶部相连，横壁收缢。垂直面观圆形。色素体中具数个辐射状的纵脊和1个中央的蛋白核。细胞宽约为长的1.25倍，长8～11μm，宽16～20μm，缢部宽15～18μm。

生境：生长于稻田、水坑、水沟、池塘、湖泊沿岸带、泉水、河流或沼泽。

国内外广泛分布；梵净山分布于坝溪沙子坎的水田、大河堰的沟边水坑、陈家坡的水塘、张家坝（水沟底栖）。

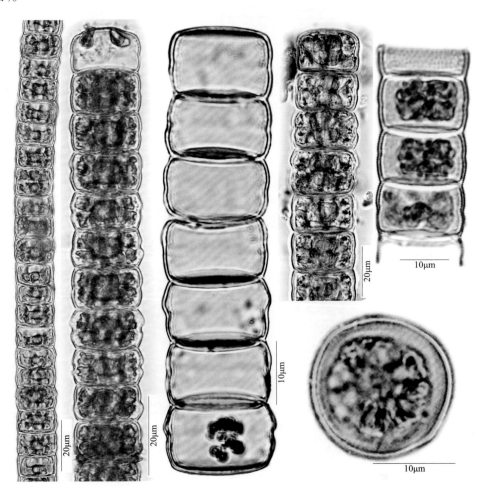

170.泰林鼓藻属 *Teilingia* Borrelly

原植体为不分枝的丝状体，具或不具胶被。细胞小，正面观椭圆形或方角形，侧扁，缢缝深凹或中等凹入，狭线形、"U"或"V"形，从内向外张开。半细胞正面观椭圆形、近长方形或长圆形，顶部具4个小颗粒或小圆瘤与相邻半细胞顶部的4个小颗粒或小圆瘤互相连接形成丝状体，侧缘圆、凹入或平截，侧缘或缘内具颗粒或刺。半细胞侧面观近圆形。垂直面观椭圆形。细胞壁平滑或具小颗粒。每个半细胞内色素体1个，轴生，中央具1个蛋白核。

[748]颗粒泰林鼓藻

Teilingia granulata (Roy & Bissett) Bourrelly ex Compére, Bourrelly, Rev. Algol., II, 7(2) 190, fig9, 1964; 魏印心: 中国淡水藻志, Vol. 18, p. 153, plate: LX: 8～9; LXVI: 4, 2017.

藻丝状有时细胞小型，具胶被，缢缝深凹，顶部圆形，向外张开。半细胞正面观椭圆形、长圆形，顶缘平圆形，侧缘广圆，通常具3个小颗粒，缘内具1个或2个小颗粒，顶部近外缘处具4个颗粒，正面观可见2个。半细胞侧面观近圆形，中央具1个小颗粒，周围约6个小颗粒。垂直面观椭圆形。细胞长宽相近，长8～11μm，宽8～12μm，缢部宽4～6μm，厚6～7μm。

生境：生长于稻田、水坑、水沟、池塘、湖泊沿岸带或沼泽。

国内外广泛分布；梵净山分布于凯文村（水塘中附植）。

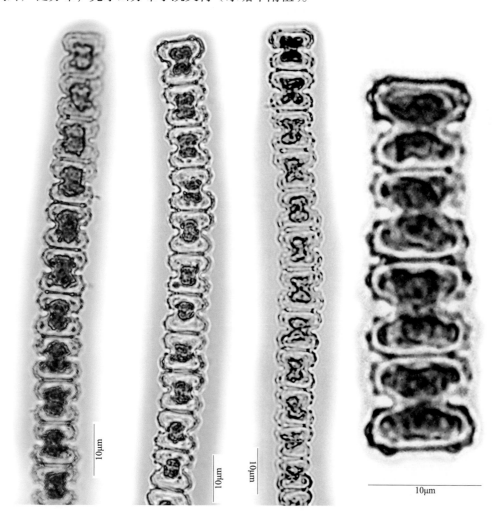

（XV）轮藻纲 CHAROPHYCEAE

三十三 轮藻目 CHARALES

（六十七）轮藻科 Characeae

171.丽藻属 *Nitella* Agardh

植株一般较细，多不被钙质，质地较为柔软。在茎节上常具2个对生的侧枝。小枝单轮或2～3轮，多为等势、少单轴分叉或不分叉，能育小枝较短而密集，有的被有胶质。末射枝由1至多个细胞组成。雌雄同株或雌雄异株，藏精器顶生于小枝的分叉上，藏卵器生于一侧，少数生于小枝基部。受精卵纵扁，外膜平滑或具有粒状、瘤状、乳头状、刺状、网状等各种突起。在热带和亚热带地区透明度大、污染物少、呈微酸性的湖泊、池塘、水田等淡水水体中广泛分布。

[749]细形丽藻

Nitella graciliformis J. Groves, Journ. Linn. Soc. London, Bot. 48: 128. 1928; 斯福山，李克英：中国淡水藻志，Vol. 3, p. 93, plate: 70, 2017.

雌雄同株，鲜绿色，株高达10～20cm。主茎直径为中等粗壮，直径400～600cm。节间长19～22mm，为小枝长度的1.5倍。能育小枝与不育小枝相似，多6枚一轮，2～3次分叉，长14～16μm。一级射枝为小枝全长的1/3～1/2，直径280～320μm；二级射枝3～6枚，常有副枝或1枚中央射枝；三级射枝4枚；末射枝2～3枚，长2700～3000μm，直径110～120μm，由2～3个细胞组成。末端细胞呈圆锥形，长90～120μm，基部宽45～50μm。

生境：生长于池塘、水沟或水田。

国内分布于湖南、贵州（毕节）、西藏；国外分布于日本，非洲（马达加斯加）；梵净山分布于坝溪沙子坎的水沟。

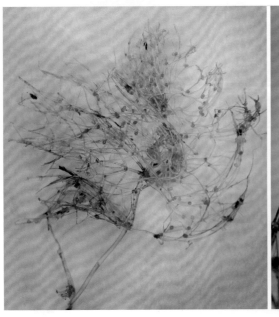
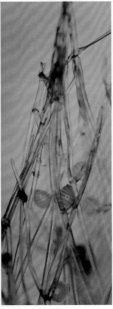
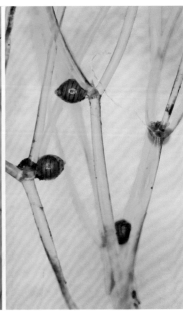

172.轮藻属 *Chara* Vaill. ex L.

植株多呈灰绿色或褐绿色，体表常被有大量钙质，较脆。茎和小枝有或无皮层。茎节上具托叶，1～2轮，少数退化。小枝具有4～18个节片，节上着生5～7枚苞片细胞，内苞片发达，外苞片一般较短或退化。小苞片多为2枚。雌雄同株或异株，雌雄同株的雌雄配子囊在小枝节上混生时，藏精器位于藏卵器的下方，有的配子囊也生于小枝轮基部。内陆各种水体中均有生长，特别是在含钙量高、微碱性的水体中。

[750]布氏轮藻

Chara braunii Gmelin., Flor. Badens. Alsat. 4(Supp.): 646. 1826; 斯福山, 李克英: 中国淡水藻志, Vol. 3, p. 158, plate: 116, 2017.

雌雄同株，鲜绿色或暗绿色，被少量钙质，高10～30μm。茎中等粗壮，无皮层，直径450～600μm。节间与小枝多等长。托叶单轮，与小枝数相等，二者互生，长500～1000μm，宽150～200μm，急尖。小枝8～11枚一轮，长20～25μm，具有4～5个节片。末端节片甚短，长多不超过末端节上的苞片细胞，与苞片细胞形成冠状，直伸或内曲。长短不一，外侧苞片细胞极短或退化，内侧发育良好，苞片长度相等或短于藏卵器，生于末端节上的多与末端节片相似；小苞片与内侧苞片相似，多为2枚。

生境：生长于稻田、鱼塘、荷花池、水沟、积水坑或盐地积水。

国内分布于贵州；国外广泛分布；梵净山分布于寨抱村的水田、亚木沟景区大门的荷花池。

[751]裸枝轮藻

Chara gymnopitys Braun, in Linn. 25: 708.1852; 斯福山, 李克英: 中国淡水藻志, Vol. 3, p. 171, plate: 128, 2017.

雌雄同株, 鲜绿色或暗绿色, 被钙质, 易碎, 高9～30cm。植株的茎直径400～500μm。节间为小枝长的1～3倍。茎具二列式皮层, 原生列较次生列明显突出或等于直径。刺细胞单生, 长500～1500μm。托叶单轮, 常2倍于小枝数, 长1000～2000μm, 宽100～110μm, 顶端渐尖或急尖。小枝8～14枚一轮, 具有4～5个节片, 全无皮层。苞片细胞4～9枚, 均发育良好, 有时外侧者略短, 长500～1 800μm, 顶端急尖。小苞片与内侧苞片细胞相似, 常为受精卵长的2～3倍。雌雄配子囊混生于小枝下部的2～3个节上。不包括冠部藏卵器长500～600μm, 宽400～450μm, 囊壁具有8～12个螺旋环。冠高90～110μm, 基宽140～150μm。藏精器多单生, 直径280～290μm。

生境: 生长于水沟、池塘、水坑或水田。

国内分布于北京、河北、山西、江苏、浙江、福建、湖北、湖南、海南、广西、四川、重庆、贵州（遵义、安顺、望谟）; 国外分布于印度、日本、缅甸、斯里兰卡、越南、马来西亚、印度尼西亚、也门、菲律宾、土库曼斯坦、美国、利比亚、马达加斯加、澳大利亚, 帝汶岛, 非洲南部; 梵净山分布于坪所村的水坑。

[752]普生轮藻

Chara vulgaris Linn., New York Bot. Gard., Bull. 4(12～14): 269. 1906; 斯福山, 李克英: 中国淡水藻志, Vol. 3, p. 213, plate: 162, 2017.

　　雌雄同株, 灰绿色, 被钙质, 易碎, 高达30～60cm。植株的茎中等粗壮, 直径620～670μm。茎具规则的二列式皮层, 原生列较次生列细胞小。刺细胞单生, 尖端略钝, 常为乳头状, 有时脱落, 长度可达400～500μm。托叶双轮, 两轮长短相似, 粗壮, 尖端钝圆, 长170～180μm。小枝7～9枚一轮, 内曲或反曲, 长达6～7mm, 具有6～8个节片, 顶端2～3个节片无皮层。苞片细胞4～6枚, 外侧1～3枚退化成瘤状, 内侧2枚长度超过藏卵器, 达1000～1200μm, 小苞片与内侧苞片相似。雌雄配子囊混生于小枝下部的2～4个节上。藏卵器单生, 广椭圆形或卵形, 不包括冠部长680～700μm, 宽410～420μm, 具有14～16个螺旋环, 高100～120μm, 基宽170～190μm。藏精器单生, 直径450～500μm。

　　生境: 生长于湖泊、河流、水塘、水沟、水坑等各种水体。

　　国内外广泛分布; 梵净山分布于清渡河靛厂、清渡河公馆。

参考文献

B. 福迪【捷】, 1981. 藻类学 [M]. 罗迪安译. 上海: 上海科学技术出版社.

毕列爵, 胡征宇, 1995. 中国淡水藻志 (第八卷): 绿藻门绿球藻目 (上)[M]. 北京: 科学出版社.

陈茜, 吴斌, 邵卫伟, 等, 2010. 浙江省主要常见淡水藻类图集 [M]. 北京: 中国环境科学出版社.

冯佳, 谢树莲, 2011. 中国金柄藻科 (Stylococcaceae) 植物研究 [J]. 山西师范大学学报 (自然科学版), 25(3): 94–97.

冯佳, 谢树莲, 2011. 中国锥囊藻科 (Dinobryonaceae) 植物研究 [J]. 山西师范大学学报 (自然科学版), 34(3): 492–499.

韩福山, 1994. 中国淡水藻志 (第三卷): 轮藻门 [M]. 北京: 科学出版社.

何立贤, 韩至钧, 王砚耕, 1990. 梵净山山体的形成及其与自然环境的关系 [M]. 贵阳: 贵州人民出版社.

胡鸿钧, 魏印心, 2006. 中国淡水藻类: 系统、分类及生态 [M]. 北京: 科学出版社.

胡鸿钧, 2015. 中国淡水藻志 (第二十卷): 绿藻门绿藻纲团藻目 (II) 衣藻属 [M]. 北京: 科学出版社.

克拉默 (德), 兰格-贝尔塔洛 (德), 2012. 欧洲硅藻鉴定系统 [M]. 刘威, 朱远生等译. 广州: 中山大学出版社.

黎尚豪, 毕列爵, 1998. 中国淡水藻志 (第五卷): 绿藻门丝藻目、石莼目等 [M]. 北京: 科学出版社.

李家英, 齐雨藻, 2018. 中国淡水藻志 (第二十三卷): 硅藻门舟形藻科 (III)[M]. 北京: 科学出版社.

李家英, 齐雨藻, 2014. 中国淡水藻志 (第十九卷): 硅藻门舟形藻科 (II)[M]. 北京: 科学出版社.

李家英, 齐雨藻, 2010. 中国淡水藻志 (第十四卷): 硅藻门舟形藻科 [M]. 北京: 科学出版社.

李巧玉, 王晓宇, 石磊, 等, 2021. 梵净山国家级自然保护区不同生境藻类多样性 [J]. 贵州大学学报 (自然科学版), 38(2:): 11–14.

梁正其, 姚俊杰, 李燕梅, 2016. 锦江河国家级水产种质资源保护区浮游植物群落时空变化 [J]. 水生态学杂志, 37 (06): 23–29.

林昌虎, 2020. 梵净山土壤 [M]. 贵阳: 贵州科学技术出版社.

刘国祥, 胡圣, 储国强, 等, 2008. 中国淡水多甲藻属研究 [J]. 植物分类学报, 46 (5): 754–771.

刘国祥, 胡征宇, 2012. 中国淡水藻志 (第十五卷): 绿藻门绿球藻目 (下)、四胞藻目等 [M]. 北京: 科学出版社.

刘静, 韦桂峰, 胡韧峰, 2013. 珠江水系东江流域底栖硅藻图集 [M]. 北京: 中国环境科学出版社.

刘清玉, 刘冰, 李燕, 等, 2019. 中国硅藻 1 新记录种: 喙状比利牛斯山微小曲壳藻 [J]. 西北植物学报, 39(2): 359–362.

刘妍, 范亚文, 王全喜, 2015. 大兴安岭曲壳类硅藻分类研究 [J]. 水生生物学报, 39(3): 554–563.

路岑, 张珍明, 刘隆超, 等, 2015. 贵州梵净山固氮蓝藻资源及综合利用 [J]. 浙江农业科学, 56 (06): 901–905.

齐雨藻, 李家英, 2004. 中国淡水藻志 (第十卷): 硅藻门羽纹纲 [M]. 北京: 科学出版社.

齐雨藻, 1995. 中国淡水藻志 (第四卷): 硅藻门 [M]. 北京: 科学出版社.

饶钦止, 1988. 中国淡水藻志 (第一卷): 双星藻科 [M]. 北京: 科学出版社.

饶钦止, 1979. 中国鞘藻目专志 [M]. 北京: 科学出版社.

施之新, 魏印心, 陈嘉佑, 等, 1994. 西南地区藻类资源考察专集 [M]. 北京: 科学出版社.

施之新, 魏印心, 陈嘉佑, 等, 1994. 西南地区藻类资源考察专集 [M]. 北京: 科学出版社.

施之新, 1999. 中国淡水藻志 (第六卷): 裸藻门 [M]. 北京: 科学出版社.

施之新, 2004. 中国淡水藻志 (第十二卷): 硅藻门异极藻科 [M]. 北京: 科学出版社.

施之新, 2013. 中国淡水藻志 (第十六卷) 硅藻门桥弯藻科 [M]. 北京: 科学出版社.

施之新, 2006. 中国淡水藻志 (第十三卷): 红藻门、褐藻门 [M]. 北京: 科学出版社.

王全喜, 2017. 中国淡水藻志 (第二十二卷): 硅藻门管壳缝目 [M]. 北京: 科学出版社.

王全喜, 2007. 中国淡水藻志 (第十一卷): 黄藻门 [M]. 北京: 科学出版社.

魏印心, 2018. 中国淡水藻志 (第二十一卷): 金藻门 (II)[M]. 北京: 科学出版社.

魏印心, 2003. 中国淡水藻志 (第七卷): 绿藻门 (第 1 册)[M]. 北京: 科学出版社.

魏印心, 2014. 中国淡水藻志 (第十八卷): 绿藻门鼓藻目鼓藻科 (第 3 册)[M]. 北京: 科学出版社.

魏印心, 2013. 中国淡水藻志 (第十七卷): 绿藻门鼓藻科 (第 2 册)[M]. 北京: 科学出版社.

熊源新, 杨林, 曹威, 2021. 贵州省非维管束植物名录 [M]. 北京: 中国林业出版社.

张凤海, 张明, 1990. 梵净山土壤类型和特征 [M]. 贵阳: 贵州人民出版社.

张琪, 刘国祥, 胡征宇, 2012. 中国淡水拟多甲藻属研究 [J]. 水生生物学报, 36(4): 751–764.

郑洪萍, 耿军灵, 庄惠如, 等, 2012. 福建大中型水库常见淡水藻类图集 [M]. 北京: 中国环境科学出版社.

周政贤, 杨业勤, 1990. 梵净山研究 [M]. 贵阳: 贵州人民出版社.

朱浩然, 李尧英, 1991. 中国淡水藻志 (第二卷): 色球藻纲 [M]. 北京: 科学出版社.

朱浩然, 2007. 中国淡水藻志 (第九卷): 藻殖段纲 [M]. 北京: 科学出版社.

朱蕙忠, 陈嘉佑, 2000. 中国西藏硅藻 [M]. 北京: 科学出版社.

朱婉嘉, 1988. 中国西南真枝藻科 (Stigonemataceae) 植物志要 [J]. 中山大学学报, 3: 79–93.

中文名索引

学名索引